"十二五"国家重点图书出版规划项目

电力电子新技术系列图书

电力半导体
新器件及其制造技术

王彩琳　编著

机械工业出版社

本书介绍了电力半导体器件的结构、原理、特性、设计、制造工艺、可靠性与失效机理、应用共性技术及数值模拟方法。内容涉及功率二极管、晶闸管及其集成器件（包括 GTO、IGCT、ETO 及 MTO）、功率 MOSFET、绝缘栅双极型晶体管（IGBT）以及电力半导体器件的功率集成技术、结终端技术、制造技术、共性应用技术、数值分析与仿真技术。重点对功率二极管的快软恢复控制、GTO 的门极硬驱动、IGCT 的透明阳极和波状基区、功率 MOSFET 的超结及 IGBT 的电子注入增强（IE）等新技术进行了详细介绍。

本书可作为电子科学与技术、电力电子与电气传动等学科的本科生、研究生专业课程的参考书，也可供从事电力半导体器件制造及应用的工程技术人员和有关科技管理人员参考。

图书在版编目（CIP）数据

电力半导体新器件及其制造技术/王彩琳编著. —北京：机械工业出版社，2014.9（2023.1 重印）

电力电子新技术系列图书 "十二五"国家重点图书出版规划项目

ISBN 978-7-111-47572-9

Ⅰ.①电…　Ⅱ.①王…　Ⅲ.①电力系统 – 电子器件 – 生产工艺　Ⅳ.①TN303

中国版本图书馆 CIP 数据核字（2014）第 170024 号

机械工业出版社（北京市百万庄大街22号　邮政编码100037）

策划编辑：罗　莉　责任编辑：罗　莉

版式设计：赵颖喆　责任校对：樊钟英

封面设计：马精明　责任印制：刘　媛

涿州市殷润文化传播有限公司印刷

2023 年 1 月第 1 版第 2 次印刷

169mm×239mm · 35.5 印张 · 712 千字

标准书号：ISBN 978-7-111-47572-9

定价：99.00 元

电话服务

客服电话：010 – 88361066

010 – 88379833

010 – 68326294

封底无防伪标均为盗版

网络服务

机　工　官　网：www.cmpbook.com

机　工　官　博：weibo.com/cmp1952

金　书　网：www.golden – book.com

机工教育服务网：www.cmpedu.com

电力电子新技术系列图书
序　　言

1974 年美国学者 W. Newell 提出了电力电子技术学科的定义，电力电子技术是由电气工程、电子科学与技术和控制理论三个学科交叉而形成的。电力电子技术是依靠电力半导体器件实现电能的高效率利用，以及对电机运动进行控制的一门学科。电力电子技术是现代社会的支撑科学技术，几乎应用于科技、生产、生活各个领域：电气化、汽车、飞机、自来水供水系统、电子技术、无线电与电视、农业机械化、计算机、电话、空调与制冷、高速公路、航天、互联网、成像技术、家电、保健科技、石化、激光与光纤、核能利用、新材料制造等。电力电子技术在推动科学技术和经济的发展中发挥着越来越重要的作用。进入 21 世纪，电力电子技术在节能减排方面发挥着重要的作用，它在新能源和智能电网、直流输电、电动汽车、高速铁路中发挥核心的作用。电力电子技术的应用从用电，已扩展至发电、输电、配电等领域。电力电子技术诞生近半个世纪以来，也给人们的生活带来了巨大的影响。

目前，电力电子技术仍以迅猛的速度发展着，电力半导体器件性能不断提高，并出现了碳化硅、氮化镓等宽禁带电力半导体器件，新的技术和应用不断涌现，其应用范围也在不断扩展。不论在全世界还是在我国，电力电子技术都已造就了一个很大的产业群。与之相应，从事电力电子技术领域的工程技术和科研人员的数量与日俱增。因此，组织出版有关电力电子新技术及其应用的系列图书，以供广大从事电力电子技术的工程师和高等学校教师和研究生在工程实践中使用和参考，促进电力电子技术及应用知识的普及。

在 20 世纪 80 年代，电力电子学会曾和机械工业出版社合作，出版过一套电力电子技术丛书，那套丛书对推动电力电子技术的发展起过积极的作用。最近，电力电子学会经过认真考虑，认为有必要以"电力电子新技术系列图书"的名义出版一系列著作。为此，成立了专门的编辑委员会，负责确定书目、组稿和审稿，向机械工业出版社推荐，仍由机械工业出版社出版。

本系列图书有如下特色：

本系列图书属专题论著性质，选题新颖，力求反映电力电子技术的新成就和新经验，以适应我国经济迅速发展的需要。

理论联系实际，以应用技术为主。

本系列图书组稿和评审过程严格，作者都是在电力电子技术第一线工作的专家，且有丰富的写作经验。内容力求深入浅出，条理清晰，语言通俗，文笔流畅，便于阅读学习。

本系列图书编委会中，既有一大批国内资深的电力电子专家，也有不少已崭露头角的青年学者，其组成人员在国内具有较强的代表性。

希望广大读者对本系列图书的编辑、出版和发行给予支持和帮助，并欢迎对其中的问题和错误给予批评指正。

第 2 届电力电子新技术系列图书
编辑委员会

前　言

电力电子技术是利用电力半导体器件实现电能的变换和控制，目前已广泛地应用于国民经济的各个领域。电力半导体器件是电力电子技术的基础，是电力电子装置的核心部件，决定了电力电子系统的性能与可靠性。电力半导体器件是以半导体物理为理论基础、半导体制造技术为核心，属电力电子学与微电子学交叉领域。随着电力半导体器件的快速发展，越来越受到研究者和使用者的关注。

作者致力于电力半导体器件的学习与研究已有三十年，曾在西安电力电子技术研究所半导体工艺线上从事过晶闸管、GTR、GTO 等器件研发工作，参与了电力半导体器件的设计、研制、生产及测试等全过程，自在西安理工大学从教十五年来，对电力半导体器件的基本理论和专业知识有了更深入的理解，在电力半导体器件的计算机辅助设计与数值分析方面也积累了丰富的经验，同时掌握了电力半导体新器件、新工艺等前沿知识。

在长期的教学和研究工作中，作者深深地体会到，要真正掌握电力半导体器件的制造与应用技术，需要深入了解电力半导体器件的结构与工作原理。本书正是在这样的背景下编写的，力求从电力半导体器件的结构和工作原理的角度诠释和分析其电热特性及失效机理。全书共分为 10 章，第 1 章是电力半导体器件技术概述，主要介绍了电力半导体器件的归属关系、定义、分类及发展趋势等；第 2 章主要介绍了功率二极管的结构、原理及特性等；第 3 章主要介绍了晶闸管及其集成器件的结构类型、原理、特性及设计方法和应用可靠性技术；第 4 章简述了功率 MOSFET 与超结 MOSFET 的结构、原理、特性及设计方法和应用可靠性技术；第 5 章重点介绍了绝缘栅双极型晶体管（IGBT）的结构、原理及特性，并简要介绍了 IGBT 派生结构与超结 IGBT 的特性，以及 IGBT 的设计方法与应用可靠性和失效问题；第 6 章是电力半导体器件的功率集成技术，主要介绍了功率集成电路（PIC）和功率模块（PM）的衬底材料制备技术，PIC 中横向高压器件的结构、特性及隔离技术，以及功率模块的特性、内部各种电连接与散热等技术；第 7 章是电力半导体器件的结终端技术，主要介绍了结终端结构的设计方法与耐压机理，并针对浅结器件和深结器件分别介绍了几种新的终端结构；第 8 章是电力半导体器件的制造技术，详细介绍了衬底材料制备技术、芯片制造的基本工艺技术、封装技术，以及寿命控制与硅-硅直接键合等特殊技术；第 9 章介绍了电力半导体器件的驱动、串并联、保护及热传导等应用共性技术；第 10 章介绍了电力半导体器件的数值分析与仿真技术，以及常用软件的使用方法。

　　本书的编写内容结合了作者多年来在电力半导体器件方面的研究成果。书中关于 SJMOS 的仿真工作由硕士生孙军同学完成，TPMOS 的仿真工作由硕士生孙丞、庞超同学完成，IGCT 的仿真工作分别由硕士生孙永生、付凯、孙海刚及王允等同学完成，IGBT 的仿真工作由硕士生贺东晓同学完成，LDMOS 的仿真工作由硕士生于凯同学完成，结终端的仿真工作由硕士生王一宇同学完成，热特性的仿真工作由硕士生杨鹏飞同学完成，在此对他们的工作表示感谢。此外，在本书的校对过程中还得到了硕士生张军亮、赵晨凯、高秀秀、张磊、井亚会、杨晶、李丹及刘雯娇等同学的支持，在此也一并表示感谢。

　　本书编写过程中，得到了西安理工大学陈治明教授、聂代祚教授，以及西安工程大学高勇教授的支持和帮助，特别是聂代祚教授对本书的内容提出了非常好的修改意见，在此深表感谢。本书中的 IGCT 与快速软恢复二极管等内容是在国家自然科学基金项目（50877066，51077110）资助下完成的，在此对国家自然科学基金委的资助表示衷心感谢！

　　本书内容涉及面较宽，由于作者水平有限，编写时间较长，且电力半导体器件处于快速发展之中，书中难免有错漏之处，恳请广大读者批评指正。

　　本书编写提纲曾由"电力电子新技术系列图书"编委会组织审查，并提出宝贵意见，作者在此向他们深表谢意。

作者
2014 年 2 月于西安

目　　录

第1章 绪 论

本章阐述了电力半导体器件与电力电子技术之间的关系，主要介绍了电力半导体器件的定义、分类及发展概况。

1.1 电力半导体器件概述

1.1.1 与电力电子技术关系

1. 电力电子技术

电力电子技术是一门新兴的应用于电力领域的电子技术，它与信息电子技术共同构成了电子技术。因两者处理的对象不同，考虑的关键问题也不同。信息电子技术包括模拟电子技术与数字电子技术，主要用于信息检出、传送和处理，多用于低电平电路，对效率要求低，可以不考虑转换效率和散热等问题；而电力电子技术则包括电力半导体器件与电力电子变流技术，主要用于电力传送、变换、控制或开关，对效率要求较高，必须优先考虑转换效率和散热等问题。电力电子技术所变换的"电力或功率（Power）"可大到数百兆瓦（MW）甚至吉瓦（GW），也可小到数瓦（W）甚至毫瓦（mW）级，根据功率大小可分为大功率、中功率及小功率。通常把电力电子电路中能实现电能变换和控制的器件称为电力电子器件（Power Electronic Device）。由于它是采用半导体材料制成的，也称为电力半导体器件（Power Semiconductor Device）或简称为功率器件（Power Device）。

从工程技术领域与学术角度讲，电子技术对应于电子学，信息电子技术对应于微电子学，电力电子技术对应于电力电子学。电力电子学是以电力电子技术为研究对象的电子学。1974 年，美国学者 W. Newell 提出电力电子学是由电力、电子和控制理论三个学科交叉而形成的，并用倒三角形对电力电子学进行了描述，被全世界普遍接受。目前，随着电力电子学不断发展，电力电子技术被赋予新的定义，如图 1-1 所示[1]，由电子科学与技术、电气工程与技术及控制理论组成。其研究内容涉及数字电路、模拟电路、控制理论、电力半导体器件、电力变换电路与系统、信息技

图 1-1 电力电子技术的定义

术、微电子技术、计算机应用及其计算机辅助设计（CAD）技术等，覆盖了材料、器件、电路与控制、磁学、热设计、封装、制造、电力及电工应用等，已逐渐发展成为多学科相互渗透的综合性技术学科。目前，电力电子技术几乎渗透到国民经济的各行各业，已成为现代社会的支撑科技，在推动科学技术和经济发展中发挥着越来越重要的作用。

电力电子技术是依靠电力半导体器件实现电能的高效率变换与控制，或是对电机运动实现精密的控制。电力半导体器件的性能决定了电力电子应用技术水平，同时电力电子技术发展对电力半导体器件提出了更高的要求，又促进了新型电力半导体器件的发展。

电力半导体器件是以半导体物理为理论基础，以半导体制造技术为核心。新型电力半导体器件的发展，越来越多地体现了微电子技术的特征，同时微电子技术也向功率系统芯片（Power System on Chip，PSoC）方向发展。可见，电力电子技术与微电子技术相结合已成为当今技术发展的主流。

2. 电力电子系统组成

电力电子系统是由控制电路、驱动电路和以电力半导体器件为核心的主电路组成的，如图1-2所示[2]。控制电路按系统的工作要求形成控制信号，通过驱动电路去控制主电路中电力半导体器件的开通或关断，来完成整个系统的功能。检测电路主要是对主电路或应用现场的信号进行检测，并转换为控制电路所能接收的信息。驱动电路是将控制电路传递的信息（电压、电流）转换为可以被主电路所接收的信息。在主电路和控制电路之间附加一些保护电路，以保证电力半导体器件和整个电力电子系统正常可靠运行。因为主电路中有电压和电流的冲击，而电力半导体器件承受过电压和过电流的能力有限，所以保护电路是非常必要的。

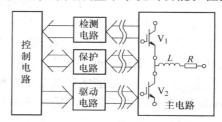

图1-2　电力电子系统的组成

从广义上讲，往往将主电路以外的其他电路都归为控制电路。可以说，电力电子系统是由主电路和控制电路组成的。由于主电路中的电流和电压一般都较大，而控制电路中的电流和电压较小。所以，在主电路和控制电路连接的路径上需要进行电气隔离，通过光、磁等来传递信号。

电力电子技术传统的应用主要包括电能的高效率变换，为计算机、通信、自动化装置、仪表、工业装置等提供高质量交流或直流电源，以及工业过程中对运动的高效率、精密及快速控制。目前，电力电子技术新应用主要是节约资源、开发新能源、电力环境治理、节能降耗及环境保护。

1.1.2 定义与分类

电力半导体器件是电力电子技术的基础，也是电力电子系统的核心部件，被誉为电力电子产品的"中央处理器（CPU）"。离开了电力半导体器件，电力电子技术将成为"无米之炊"。

1. 定义与特征

在电力半导体器件标准中，通常将电力半导体器件定义为基本特性由半导体内载流子流动决定，并主要用于电力的变换、调节和开关的器件[3]，也可称之为进行功率处理的半导体器件[4]。典型的功率处理功能包括变频、变压、变流、功率放大和功率处理等。

理想的电力半导体器件通常工作在饱和导通或阻断两种工作状态。在饱和导通状态时，器件能够通过很大的电流，且通态压降很小；在阻断状态时，器件能够承受很高的阻断电压，且有极小的漏电流。此外，还要求器件能在通态与断态之间快速转换，在所有工作状态下的损耗都很小，近似于理想开关。

图1-3比较了电力半导体器件理想的 $I-U$ 特性与实际的 $I-U$ 特性。可见，理想的器件特性是断态时器件能承受无限高的电压，通态时器件能通过无限大的电流，并且能在断态与通态之间快速转换。实际器件的阻断电压和通流能力有限，并且通、断之间的转换不是瞬时完成的，要经过一个

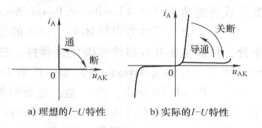

a) 理想的 $I-U$ 特性　　b) 实际的 $I-U$ 特性

图1-3　电力半导体器件 $I-U$ 特性

转换过程，所需转换时间称为开关时间。在开关过程中，开关时间越长或开关频率越高，开关功耗越大。

就应用要求而言，电力半导体器件除了具有尽可能低的静态损耗和开关损耗外，还要能承受很高的浪涌电流（电流在数十毫秒的瞬间数倍于稳态值）冲击以及关断过程中高电压引起的动态雪崩。

2. 电力半导体器件的分类

电力半导体器件主要分为功率分立器件（Power Discrete Device）与功率集成电路（Power Integrated Circuit，PIC）两大类，见表1-1。功率分立器件主要包括功率二极管（Power Diode）、功率晶体管（Power Transistor）及晶闸管（Thyristor）。其中，功率晶体管又包括功率双极型晶体管（Power Bipolar Transistor）、功率金属氧化物半导体场效应晶体管（Metal Oxide Semiconductor Field Effect Transistor，MOSFET）及绝缘栅双极型晶体管（Insulated Gate Bipolar Transistor，IGBT）。功率集成电路包括智能功率集成电路（Smart Power Integrated Circuit，SPIC）和高压集成电路

（High Voltage Integrated Circuit，HVIC）。如果从工作机理与组成来分，功率二极管、功率双极型晶体管及晶闸管均属于双极型器件，功率 MOSFET 属于 MOS 型器件，IGBT 则属于 MOS 双极型复合器件。

表1-1　电力半导体器件的分类

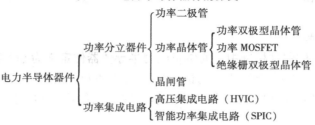

功率集成电路（PIC）是把驱动、控制、保护电路和功率器件集成在一起的。目前，电源管理集成电路（Power Management Integrated Circuit）也被纳入 PIC 的范畴。将功率器件与其过电压、过电流、过热等传感与保护电路及驱动和控制电路等集成于同一芯片，可形成智能功率集成电路（SPIC）；或通过模块的形式封装在一起形成智能功率模块（Intelligent Power Module，IPM）。

表1-2 给出了电力半导体分立器件的分类及其派生系列器件[5]。按材料不同来分，目前主要有硅器件和碳化硅器件。按器件结构不同来分，有对称（Symmetry）型与非对称（Asymmetry）型，或者非穿通（Non - Punch Through，NPT）型与穿通（Punch Through，PT）型，逆导型与逆阻型等。按制作工艺不同来分，功率二极管可分为功率肖特基二极管（Power Schottky Diode）、外延快恢复二极管及双扩散整流二极管；功率晶体管可分为功率双极型晶体管、功率 MOSFET 及复合型 IGBT；晶闸管可分为普通晶闸管、快速晶闸管、门极关断（Gate Turn - Off，GTO）晶闸管（简称为 GTO）、集成门极换流晶闸管（Integrated Gate Commutated Thyristor，IGCT）、MOS 控制晶闸管（MOS - Control Thyristor，MCT）、MOS 关断（MOS Turn - Off，MTO）晶闸管（简称为 MTO）及发射极关断（Emitter Turn - Off，ETO）晶闸管（简称为 ETO）等，其中 IGCT、MTO 及 ETO 都是由 GTO 派生的集成器件。碳化硅器件主要包括碳化硅功率二极管和碳化硅功率晶体管。

3. 特点

双极型器件用电流来控制，输入阻抗低，驱动功率大。由于导通期间内部有少数载流子（简称为少子）存储，会发生电导调制效应，所以通态压降低，电流容量大，阻断电压高。同时开关速度慢，容易发生热集中或二次击穿，导致安全工作区（Safe Operating Area，SOA）较窄。

功率 MOSFET 用电压来控制，输入阻抗高，驱动功率小。导通期间内部无少子存储，故开关速度快，同时导通电阻较高，使得阻断电压和电流定额也较小。导通电阻具有正的温度系数，不会发生热集中，故 SOA 较宽。

表1-2 电力半导体分立器件的分类及其派生器件

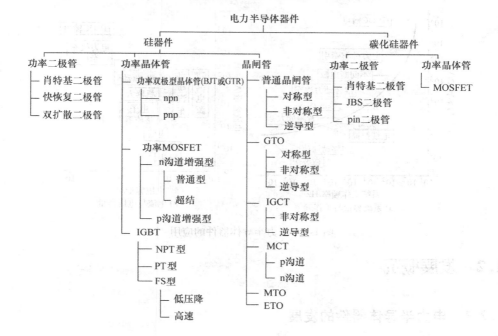

MOS - 双极型复合器件是将 MOS 型器件和双极型器件有机地结合成一体，用 MOS 型器件作为输入端，双极型器件作为输出端，实现用很小的功率来驱动或控制很大的功率，具有双极型和 MOS 型器件的共同优点。

4. 应用

电力电子系统要求电力半导体器件必须工作在一个很宽的功率和频率范围。如图 1-4a 所示[6]，电力半导体器件的应用场合与工作频率有关。大功率系统，如高压直流（HVDC）输电的电力传输、电力机车牵引等，需要兆瓦级功率控制，工作频率相对较低。随着工作频率增加，器件的功率容量逐渐下降，如典型的微波器件的处理功率仅为 100W。对现有的硅器件而言，晶闸管更适合低频率、大功率使用，IGBT 适合中频率、中功率使用，功率 MOSFET 适合高频率、小功率使用。

电力半导体器件应用的另一种分类方法是依据电流和电压处理需求来划分，如图 1-4b 所示。晶闸管处理的电流和电压分别在 2kA 和 6kV 以上，单个器件就可以控制 10MW 以上的功率。这些器件适合 HVDC 输电的电力传输和电力机车牵引应用。对于工作电压要求在 300～3000V 范围、电流处理能力较强的功率系统应用，IGBT 是最佳选择。当电流要求在 1A 以下时，PIC 可以提供更多的功能，如电信系统与显示驱动等。当电流超过几安培时，用性价比高的功率 MOSFET，更适用于汽车电子和开关电源。总之，没有单个器件结构能适合所有的应用，所以未来的器件创新仍有很大的空间。

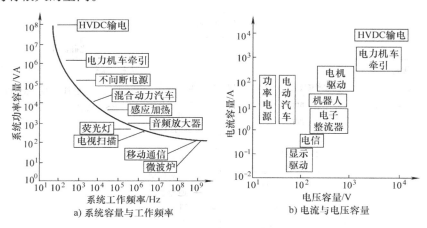

a) 系统容量与工作频率 b) 电流与电压容量

图1-4 电力半导体器件的应用

1.2 发展概况

1.2.1 电力半导体器件的发展

1. 发展历程

电力半导体器件的诞生是以 1957 年美国通用电气（GE）公司研制出第一个晶闸管为标志，目前已经历了以下几个时代：

（1）晶闸管时代 晶闸管属于半控型器件，只能通过门极信号控制使其导通，而不能使其关断。晶闸管的关断通常依靠外部强迫换相电路来实现，这使晶闸管的广泛应用受到很大限制。

（2）全控型器件和功率集成电路 在 20 世纪 70 年代后期，以功率双极型晶体管、GTO 及功率 MOSFET 为代表的全控型器件迅速发展。这类器件通过对其控制极（基极、门极或栅极）施加电流或电压信号，来实现器件开通和关断。功率集成电路（PIC）则是通过封装把驱动电路、控制电路、保护电路与横向功率器件集成在一起而形成一个独立器件。

（3）复合型全控器件和智能功率集成电路 在 20 世纪 80 年代中期，以 IGBT 为代表的复合型全控器件异军突起。90 年代，在 IGBT 的基础上发展了注入增强型栅极晶体管（Injection Enhanced Gate Transistor, IEGT），在 GTO 的基础上发展了 IGCT、ETO 及 MTO 等新一代大功率的复合型器件。此外，由 IGBT 与驱动电路、控制电路、保护电路及检测电路的集成，形成了智能功率集成电路（SPIC）或智能功率模块（IPM）。目前，功率集成技术包括以 PIC 为代表的单片集成技术、混合集成技术以及系统集成技术。

由于功率 MOSFET 和 IGBT 等新一代电力半导体器件的诞生，将电力电子电路的工作频率提高到 20kHz 以上。相对于传统功率器件而言，这些器件除了具有高工作频率外，都是电压控制型的器件，其驱动电路简单，逐渐成为电力半导体器件的主流和发展方向，被称为现代电力半导体器件，都是以超大规模集成电路（VLSI）的微细加工技术和 MOS 工艺为基础，为电力半导体器件的集成化、智能化和单片系统化提供了可能，促进了 PIC 的迅速发展。

2. 发展现状

表 1-3 给出了目前商用电力半导体器件的基本性能参数极限值[7]。表中 U_D 是最大额定断态电压，U_T 是通态压降，I_T 是最大额定通态电流，t_{on} 和 t_{off} 分别是最小开通时间和最小关断时间，f_s 是最大开关频率（不考虑动态功耗）。可见，纵向双扩散 MOSFET（Vertical Double – Diffused MOSFET，VDMOSFET，简称为 VDMOS）有很好的开关性能和高工作频率，但其阻断电压和电流容量明显低于 IGBT、GTO 及 GCT，并且双极型器件中，IGBT 的开关性能远比 GTO 和 GCT 好。

表 1-3　常用电力半导体器件的基本性能参数极限值（商用）

参数		VDMOS	IGBT	GTO	GCT
U_D/V	最大	1200	6500	6500	6500
I_T/A	最大	350	3500	3000	3000
U_T	—	很高	低	很低	低
t_{on}/μs	最小	0.005	0.02	3	5
t_{off}/μs	最小	0.008	0.1	12	3
f_s/kHz	最大	10000	400	5	10

图 1-5 给出了 2012 年统计的电力半导体器件额定值[8]。其中 IGCT 额定值是指 U_{DRM}/I_{TGQM}，IGBT 额定值是指 U_{CES}/I_{CM}。可见，ABB 公司 IGCT 样管最高容量为 10kV/3kA，产品额定值为 6.5kV/3.8kA 和 4.5kV/5kA，东芝（Toshiba）公司 IEGT 产品容量为 4.5kV/5.5kA，西码

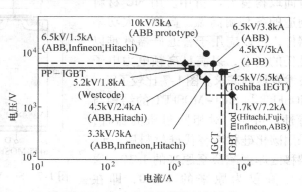

图 1-5　电力半导体器件的额定值

（Westcode）公司压接式 IGBT 容量为 5.2kV/1.8kA，ABB 公司、英飞凌（Infineon）公司、日立（Hitachi）公司及富士（Fuji）公司的 IGBT 模块容量分别为 6.5kV/1.5kA 和 1.7kV/7.2kA。

3. 发展趋势

为了获得高压、高频及低损耗的电力半导体器件，研究者正朝着两个方向进行

探索：一是沿用成熟的硅器件工艺，通过理论、结构及技术的创新来改善现有器件的综合性能及可靠性；二是采用宽禁带新材料，如碳化硅（SiC）、氮化镓（GaN）等来开发各种新器件。

目前硅基电力半导体器件仍向高电压、大电流、高容量、低损耗及快速高频化方向发展。图1-6给出了几种主要电力半导体器件的工作频率与功率容量[9]。其中实线表示目前的发展现状，虚线表示未来的发展趋势。其次，采用单片集成、组件、模块等多种形式实现多功能集成化、智能化。采用"硬驱动"技术，

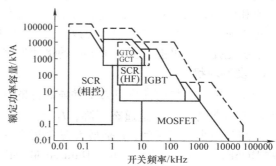

图1-6 电力半导体器件的频率与功率容量

输入信号由电控制转向光控制，驱动更容易，实现小型、轻量、廉价化等，也成为目前电力半导体器件的发展方向。此外，进一步减小生产和原材料应用中的污染，尤其是器件使用中的电磁干扰（EMI）及射频干扰（RFI）；同时提高器件的可靠性、耐用性及便携性等，已成为电力半导体器件的研究热点。

碳化硅（SiC）材料具有高临界电场强度、高热导率和高饱和漂移速度等，可以在耐压、导通电阻和温度特性等方面取得良好的折中。用 SiC 材料制造的各种耐高温、高频、大功率器件，可以应用于普通硅器件难以胜任的场合，以满足高频电力电子技术发展的需求。图1-7 比较了Si – MOSFET 与 SiC – MOSFET 的结构与特性。可见，对相同耐压的器件，采用碳化硅材料替代硅材料后，n⁻漂移区厚度减薄至原来的1/10，通态压降仅为原来的 1/200，即在

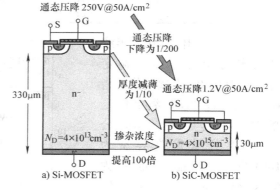

图1-7 Si – MOSFET 与 SiC – MOSFET 的比较

50A/cm² 的电流密度下仅为 1.2V。显然，采用 SiC 材料可以极大地降低器件的通态损耗和开关损耗，并使器件的工作结温大大提高。

目前，碳化硅 pin 二极管（SiC – pin）的阻断电压已达到 5kV，碳化硅肖特基势垒二极管（SiC – SBD）的阻断电压已达到 3kV[7]。采用 SiC – SBD 可以显著改善 IGBT 模块的性能。表1-4 比较了用 Si 器件与 SiC 器件研制的 1200V/5A IGBT 模块的开关功耗。可见，与 Si – IGBT + Si – pin 二极管组成的模块单元相比，采用

Si – IGBT + SiC – SBD 组成的模块单元在 125℃ 下的功耗可降低 49%，且比 SiC – MOSFET 和 SiC – BJT 分别与 SiC – SBD 所组成单元都要低。

表 1-4　1200V/5A Si 器件与 SiC 器件开关功耗比较

参　数 \ 单元（125℃）	Si – IGBT	Si – IGBT	SiC – MOSFET	SiC – BJT	SiC – BJT（250℃）
	Si – pin	SiC – SBD	SiC – SBD	SiC – SBD	SiC – SBD
反向峰值电流 I_{RM}/A	6	1	2	1.9	1.3
反向恢复时间 t_{rr}/ns	148	30	14	15	20
反向恢复电荷 Q_{rr}/nC	540	20	14	14	13
二极管关断损耗 E_{Doff}/mJ	0.16	0.02	0.015	0.016	0.014
二极管开通损耗 E_{Don}/mJ	0.03	0.02	0.014	0.02	0.013
二极管总损耗 E_{Dts}/mJ	0.19	0.04	0.029	0.036	0.027
主器件开通损耗 E_{Son}/mJ	0.98	0.44	0.2	0.29	0.28
主器件关断损耗 E_{Soff}/mJ	0.57	0.41	0.13	0.34	0.3
主器件总损耗 E_{Sts}/mJ	1.55	0.85	0.33	0.63	0.58
模块总损耗 E_{ts}/mJ	1.74	0.89	0.36	0.67	0.61
降低率	100%	49%	79%	61%	65%

图 1-8 比较了 Si 器件与 SiC 器件的开关容量。显然，SiC – pin 二极管、SiC – SBD 及 SiC – MOS-FET 的开关容量和频率明显高于所有的 Si 器件。高频、大功率仍是 SiC 器件的发展方向。目前，正在研究混合型 Si – SiC 设计[7]，使 SiC 二极管可以更好地工作在较高的功率水平。

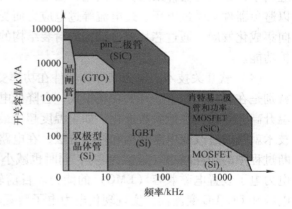

图 1-8　Si 器件与 SiC 器件开关容量的比较

PIC 的发展方向是高集成化、规范化和智能化，向功率系统芯片（PSoC）发展。除常规 SoC 外，PSoC 还包含功率管理、电源和功率驱动等知识产权（Intellectual Property，IP）核，以实现智能化控制系统的功能。PIC 的发展趋势是工作频率更高、功率更大、功耗更低、功能更全。PIC 主要技术难点在于高、低压电路之间的绝缘，以及温升和散热处理等，而 IPM 在一定程度上回避了上述两个难点，近几年获得了迅速发展。

4. 应用共性技术的发展

应用共性技术包括电力半导体器件的驱动、串并联、过电应力（如过电压、

过高的电压上升率 du/dt、过电流、过高的电流上升率 di/dt 及过热等）保护，以及软开关等技术。

（1）驱动技术　电力半导体器件的驱动是通过对控制极加以电流或电压信号使器件开通或关断。产生驱动信号的电路即为驱动电路。虽然各种不同的电力半导体器件有不同的驱动要求，但总的来说，都是对驱动信号的电压、电流、波形及驱动功率的要求，以及对驱动电路抗干扰和与主电路隔离的要求。减小驱动电路的杂散电感，开发"硬驱动技术"是目前的发展方向。

（2）串并联技术　电力半导体器件的容量虽逐渐增加，但在许多高压、大电流的应用场合仍不能满足要求，需要采用串并联技术。通过多个器件的串联以提高电压、多个器件的并联以提高电流。串并联时必须遵守一定的法则，保证串联各器件承受的电压尽可能均匀，并联各器件流过的电流尽可能相同，以免电压或电流分配不均而损坏。目前，串并联技术由多器件串并联逐渐向多芯片串并联发展，以减小寄生电感，实现一体化封装。

（3）过电应力保护技术　电力电子装置在工作过程中会产生各种过电压及过高 du/dt、过电流及过高 di/dt 等过电应力。由于电力半导体器件承受这些过电应力的能力通常较低，如果超过其额定值，会引起器件的损坏或失效。为此，在实际应用中，必须对器件采用保护措施，在电路状态变化时为电磁能量消散提供通路，以避免器件承受过电压、过电流等过电应力而受损。目前，过电应力保护技术逐渐向集成化发展，通过芯片自身结构或封装结构的改进，使电力半导体器件具有自保护功能。

（4）软开关技术　电力半导体器件在功率变化过程中自身会产生一定的损耗，特别是在高频工作下，开关功耗很大，会降低电能变换效率，并引起开关器件的结温升高，导致其性能参数退化。如果温度超过最高结温，会导致器件损坏。软开关技术就是通过改变电路结构和控制方法，在电路中引入谐振使开关器件在开通或关断过程中的功耗减小（近似为零），同时也减小了开关时产生的电磁噪声，可提高电力电子装置电磁兼容（EMC）的能力。目前软开关谐振变流器已成功用于开关电源和 DC/DC 变流器。实现现代电力电子装置小型轻量化、高频化，还要减轻滤波器与变压器的重量，并缩小其体积。但这势必会导致器件开关损耗增加、电磁干扰增大。因此，发展软开关技术，有利于降低开关损耗和开关噪声，进一步提高开关频率。目前，软开关技术的发展趋势是用器件中的寄生电容和封装结构中的寄生电感作为谐振元件[7]，可获得更高的功率密度，有望在大功率 DC/DC 变流器中应用。

1.2.2　制造技术的发展

1. 硅器件制造技术的发展

（1）基本工艺技术　传统的电力半导体器件常采用扩散工艺来实现掺杂，采用热氧化和物理气相淀积来进行薄膜生长。在新型电力半导体器件（如功率 MOS-FET、IGBT 和 GCT）中，由于结深较浅或浓度较低，必须用离子注入工艺来实现掺杂；薄膜制作技术也由原来的真空蒸发转为磁控溅射，同时等离子体增强化学气相淀积（PECVD）和高密度等离子体化学气相沉积（HDPCVD）等技术也用于各种薄膜生长。随着芯片线条越来越细，特征尺寸已达到 0.35μm，晶圆尺寸已达 ϕ8in（ϕ200mm），光刻技术也逐渐采用集成电路制造中的曝光方法，刻蚀技术也由湿法腐蚀逐渐转向干法刻蚀和干湿法相结合。

（2）少子寿命控制技术　在传统的电力半导体器件中，为了协调通态特性和开关特性之间的矛盾关系，常采用掺金、掺铂及电子辐照等技术来控制少子寿命。在新型电力半导体器件中，目前多采用质子辐照或轻离子（H^+、He^{++}）辐照及各种复合技术来实现局部的少子寿命控制[7,10]。

（3）硅 – 硅直接键合技术　随着新型电力半导体器件的性能不断优化，器件结构越来越复杂，制作工艺难度也随之加大。在器件的制造过程中引入硅 – 硅直接键合（Silicon – to – Silicon Direct Bonding，SDB）技术，不仅可以简化制作工艺，减小高温过程带来的不良影响，也可用于复杂的衬底材料制作，如 n^-p/p^+ 硅外延片和绝缘层上的硅（Silicon – on – Insulator，SOI）衬底等。目前，SDB 技术已用于制作超高压晶闸管、IGBT 及 MTO 等器件[11~12]。

（4）工艺集成技术　目前功率集成电路制作主要采用双极 – 互补 MOS – 双扩散 MOS（Bipolar – CMOS – DMOS，BCD）工艺，它是将双极模拟电路、CMOS 逻辑电路与 DMOS 高、低压功率器件集成在同一个芯片上的工艺集成技术。SOI 是功率集成电路的关键衬底材料。SOI 基 BCD 工艺正向高压、大功率、高密度方向发展。2006 年日本 Renesas 公司报道了 0.25μm 的 SOI 基 BCD 工艺，2009 年东芝公司推出了 60V 0.13μm 的体硅 BCD 工艺，应用于高效 DC/DC 的电源管理和 SoC 的单片集成。目前，1200V 的 BCD 技术也已在仙童（Fairchild）公司完成。

除了硅基和 SOI 基功率集成技术不断发展外，GaN 功率集成在近两年也受到国际关注。GaN 智能功率技术将实现传统硅功率器件所不能达到的工作安全性、工作速度及高温承受能力。由于 GaN 器件可基于硅衬底进行研制，因此异质集成有可能成为 GaN 功率器件的研究热点。

2. 碳化硅器件制造工艺

与硅器件制备工艺相比，碳化硅材料与器件的制备工艺难度较大。主要是由于碳化硅在常压下难以熔融，且加热到 2400℃ 左右就会升华，所以不能像硅晶体那样通过籽晶在熔体中的缓慢生长来制备单晶，大多采用升华法让籽晶直接在碳化硅蒸气中生长[13]。碳化硅器件制造目前仍主要采用 4H – SiC 或 6H – SiC 晶片为衬底，用高阻的外延层作为耐压层。因此，高阻厚外延技术将成为碳化硅外延工艺的研发重点。

碳化硅器件的制造工艺与硅器件有很强的兼容性，但工艺温度一般要比硅器件高得多。其掺杂工艺主要靠离子注入和材料制备过程中的外延掺杂来实现。常用的 p 型杂质也是硼（B）和铝（Al），n 型杂质则是氮（N）。由于硼原子与碳原子尺寸相当，并且硼和氮注入引起的损伤很容易用退火的方式消除，所以硼是常用的 p 型注入杂质。因铝原子比碳原子大得多，会产生严重的注入损伤，且杂质激活率也较低，因此铝必须在相当高的衬底温度下进行注入，并在更高的温度下退火。

3. 封装技术的发展

随着电力半导体器件向小型轻量化、多功能集成化等方向发展，出现了许多新的封装技术，如分立器件的单片压接式封装、多芯片串联封装、多芯片并联封装以及模块化、组件化等封装形式。

（1）芯片电连接方式　传统的电力半导体器件封装时，电连接通常采用焊接方法来实现。由于封装结构中各种材料的热膨胀系数不同，经过多次热循环后，会使硅芯片与焊接层之间产生热机械应力而失效。新型电力半导体器件多采用压接式封装，即将芯片与钼片等辅助缓冲片通过压力安装在一起，不仅可以避免因热疲劳而失效，同时使器件拆装更方便。另一方面，由于新型电力半导体器件（如 GCT、IGBT 及 IEGT 等）阳极区或集电区的掺杂浓度较低、厚度较薄，采用传统的焊接方法根本无法保证其电极的可靠性，故需采用多层金属化膜来实现电连接。通常采用钛/镍/银（Ti/Ni/Ag）或铝/钛/镍/银（Al/Ti/Ni/Ag）等多层金属化电极，可以显著减小金属电极膜与硅片之间的热机械应力。

（2）管芯的封装技术　电力半导体器件的封装有多种形式。对于小功率器件，如功率 MOSFET 与 IGBT 则采用塑料封装。对于大功率器件，如晶闸管、整流二极管等器件，采用金属 – 陶瓷（侧面）管壳封装。集成电路封装所用的倒装（FP）技术也可用于分立器件的封装，如 FlipFET 和 DirectFET 等，采用倒装方式可以大大降低热阻和寄生电感。除了单片封装外，功率模块是目前电力半导体器件发展的主流封装技术。它是将 IGBT 或其他主开关器件与二极管按一定的电路连接形式封装在一个管壳内，实现一定的电路功能；也可将 IGBT 及其驱动电路、传感器、保护电路等一起封装在壳内，形成智能功率模块。由于功率模块采用紧凑的互连和低感封装材料，可显著减小电路中的寄生参数，降低电路的开关应力和噪声，提高电路的电磁兼容性和可靠性。

（3）集成化的封装技术　普通晶闸管利用"强迫换相"电路来关断，GTO 是利用能提供负门极信号的驱动电路来实现"自关断"，这些附加的电路均会导致电力电子装置体积庞大、重量增加。为了降低器件关断瞬态功耗，并实现无吸收关断，通过改进驱动电路，开发了 MOSFET 和 GTO 的复合器件[14]，如 ETO、MTO。同时，为了实现门极"硬驱动"，将 GCT 或透明阳极 GTO 与驱动电路通过印制电路板连接在一起，形成 IGCT，并与散热器压接成一个不可分割的组件。为了进一步缩小 IGCT 或 ETO 等器件的体积，降低驱动电路的分布电感，还可将驱动电路中的 MOSFET 和电容器置入器件封装体内，形成内部换流晶闸管（ICT）[15]或集成 ETO（IETO）[16]。这种集成化的封装技术对简化电力电子系统设计、降低装置成本及提高系统性能有重要意义。

参 考 文 献

[1] 徐德鸿，陈治明，李永东. 现代电力电子学 [M]. 北京：机械工业出版社，2013.

[2] 王兆安，刘进军. 电力电子技术 [M]. 5 版. 北京：机械工业出版社，2009.

[3] 秦贤满. 电力半导体器件标准应用指南 [M]. 北京：中国标准出版社，2000.

[4] 张波. 功率半导体技术与产业发展 [C]. 中国半导体产业发展文集，2012.

[5] Bernet S. Recent developments of high power converters for industry and traction applications [J]. IEEE Transactions on Power Electronics, 2000, 15 (6)：1102 – 1117.

[6] Baliga B J, Fundamentals of Power Semiconductor Devices [M]. Springer, 2008.

[7] Lutz, J, Schlangenotto H, Scheuermann U, et al. Semiconductor Power Devices Physics, Charac-teristics, Reliability [M]. Berlin Heidelberg. Springer – Verlag, 2011.

[8] Felipe Filsecker, Rodrigo Alvarez, Steffen Bernet. Comparison of 4.5 – kV Press – Pack IGBTs and IGCTs for Medium – Voltage Converters [J]. IEEE Transactions on Industrial Electronics, 2013, 60 (2)：440 –449.

[9] Wladyslaw Grabinski, Thomas Gneiting. Power/HVMOS Devices Compact Modeling [M]. Springer, 2010：131.

[10] Simon Eicher, Tsuneo Ogura, Koichi Sugiyama, et al. Advanced Lifetime Control for Reducing Turn – off Switching Losses of 4.5 kV IEGT Devices [C]//Proceedings of the ISPSD '98：39 –42.

[11] 何进，王新，陈星弼. 基于 SDB 技术的新结构 PT 型 IGBT 器件研制 [J]. 半导体学报，2000, 21 (9)：877 – 881.

[12] Meyer C, De Doncker R W. Power electronics for modern medium – voltage distribution systems [C]//Proceedings of the IPEMC' 2004, 1：58 – 66.

[13] 陈治明. 碳化硅电力电子器件研发进展与存在问题 [C]//中国电工技术学会电力电子学会第八届学术年会论文集，2002.

[14] Li Y, Huang A Q, Motto K. Analysis of the snubberless operation of the emitter turn – off thyristor (ETO) [J]. IEEE Transactions on Power Electronics, 2003, 18 (1)：30 –37.

[15] Köllensperger P, Doncker R W D. The Internally Commutated Thyristor – A new GCT with inte-grated turn – off unit [C]//Proceedings of the CIPS'2006：1 – 6.

[16] Michael Bragard, Marcus Conrad, Hauke van Hoek, et al. The Integrated Emitter Turn – Off Thyristor (IETO) –An Innovative Thyristor – Based High Power Semiconductor Device Using MOS Assisted Turn – Off [J]. IEEE Transactions on Industry Applications, 2011, 47 (5)：2175 –2182.

第 2 章 功率二极管

本章介绍功率二极管的结构类型，简述了普通 pin 二极管和功率肖特基二极管的工作原理与特性，重点介绍了快速软恢复二极管及其设计方法，最后讨论功率二极管应用及可靠性问题。

2.1 普通功率二极管

2.1.1 结构类型

普通功率二极管的分类很多。从制造工艺来分，有扩散二极管和外延二极管；从用途来分，有整流二极管、开关二极管及续流二极管；从工作机理来分，有双极型 pin 二极管和单极型功率肖特基二极管。

1. 封装结构

常见的功率二极管的外形结构如图 2-1 所示，普通功率整流二极管（Power Rectifier Diode）常采用平板型封装结构，快恢复二极管（Fast Recovery Diode，FRD）常采用塑封结构或模块结构。

a) 功率整流二极管

b) FRD 及其模块

图 2-1　常见的功率二极管外形封装

2. 基本结构

根据器件容量的不同，功率二极管的管芯结构主要采用 p^+nn^+ 结构和 p^+pnn^+ 结构。图 2-2 给出了两种常见的功率二极管剖面结构。

（1）p^+nn^+ 结构　如图 2-2a 所示，采用 p^+nn^+ 结构的功率二极管，中间层为轻掺杂区（常称为基区），当掺杂浓度很低时，可近似看作本征半导体，p^+nn^+ 结构可近似为 pin 结构。这种结构通常采用外延工艺形成，因此也称为外延功率二极管。它是先在 n^+ 衬底上利用外延工艺形成 n 层，然后在 n 层上通过硼扩散形成阳极 p^+ 区。最后通过蒸铝、合金等工艺形成电极。

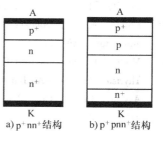

a) p^+nn^+ 结构　　b) p^+pnn^+ 结构

图 2-2　功率二极管剖面结构

由于 n 区厚度较薄，使得二极管的正向压降低、反向恢复快，所以 p^+nn^+ 结构是一种理想的快恢复二极管结构。

（2）p^+pnn^+ 结构　如图 2-2b 所示，p^+pnn^+ 结构的功率二极管通常采用扩散工艺形成，因此也称为扩散功率二极管。它是先在 n 衬底上通过磷扩散形成 n^+ 层，然后磨掉一侧的 n^+ 层，再在其上通过硼、铝双质扩散形成阳极 p 区和 p^+ 欧姆接触区。最后通过蒸铝、合金等工艺形成电极。

采用 p^+pnn^+ 结构的功率二极管，不仅能提高注入效率，增强电导调制效应，使得二极管具有较理想的正向导通特性，同时反向也能承受高电压。所以，p^+pnn^+ 结构是一种较理想的高电压、大电流的整流管结构。

2.1.2　工作原理与 $I\text{-}U$ 特性

尽管功率二极管的结构有所不同，其核心仍是 p^+n 结。正向偏置时，p^+n 结势垒降低，空间电荷区变窄，p^+ 区向 n 区注入空穴，致使 n 区产生电导调制效应，从而获得低的电压降，流过大的正向电流；反向偏置时，p^+n 结势垒升高，空间电荷区变宽，并主要向低掺杂的 n 区展宽，以承受高的反向电压，流过极小的反向漏电流。

功率二极管是基于 p^+n 结，在重掺杂的 p^+、n^+ 层之间增加了一个较厚的低掺杂 n 型（或 p 型）高阻区作为耐压层，构成 p^+nn^+（或 p^+pn^+）结构。这种结构统称为 pin 结构。下面以 pin 二极管为例，来分析功率二极管的工作原理。

1. 工作原理

功率二极管工作时，当阳-阴极之间加反向电压（$U_{AK} < 0$）时，p^+n 结反偏，承担反向电压，功率二极管处于反向截止状态，此时漏电流很小，且趋于饱和。当 U_{AK} 继续增加，直到大于 p^+n 结雪崩击穿电压 U_{BD} 时，p^+n 结才发生雪崩击穿。功率二极管处于反向击穿状态，此时漏电流急剧增加。

当阳-阴极之间加上正向电压（$U_{AK} > 0$）时，p^+n 结正偏，p^+ 区向 n 区注入空穴，n^+ 区向 n 区注入电子，n 区充满大量的非平衡载流子（即电子和空穴），从而减小了 n 区的体电阻，此效果称为电导调制效应。此时功率二极管处于正向导通状态，可以流过很大的阳极电流，两端的压降很低。

当撤走阳-阴极之间所加的正向电压（即 $U_{AK} = 0$），导通状态下存储在 n 区中的大量非平衡载流子开始通过复合而消失。功率二极管进入反向恢复过程，此时若在阳-阴极间加上反向电压（$U_{AK} < 0$），可以加速非平衡载流子的抽取，缩短反向恢复过程，直到 n 区中的非平衡载流子彻底消失，功率二极管才完全截止。

2. $I\text{-}U$ 特性曲线

功率二极管具有类似 pn 结的正向导通特性和反向击穿特性，即单向导电性。

只是功率二极管的正向电流和正向压降均较大，使得导通特性曲线离纵轴（$U=0$）更远；同时击穿电压更高，漏电流也较大，使得击穿特性曲线离横轴（$I=0$）稍远。图 2-3 为功率二极管的 I–U 特性曲线和电路图形符号[1]。由图 2-3a 可见，通常功率二极管正向电压 U_F 很小，约为 1V，正向电流 I_F 很大，在几十安以上；反向击穿电压 U_{BD} 很高，在几百伏以上，反向漏电流 I_R 很小，在毫安级以下；并且击穿特性曲线较直，具有所谓的"硬"特性。功率二极管的电路图形符号如图 2-3b 所示，阳极为 A，阴极为 K。

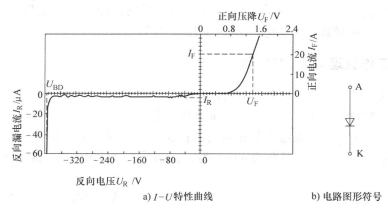

a) I–U特性曲线   b) 电路图形符号

图 2-3 功率 pin 二极管的 I–U 特性曲线及电路图形符号

3. 特性参数

功率二极管的静态特性参数包括正向平均电流 $I_{F(AV)}$、正向压降 U_F、反向击穿电压 U_{BD} 及反向漏电流 I_R。动态特性参数包括开通时的正向恢复时间 t_{fr} 与正向峰值电压 U_{FM}；反向恢复电荷 Q_{rr}、反向恢复时间 t_{rr}、反向恢复峰值电流 I_{RM} 及软度因子 S 等。

（1）正向平均电流 $I_{F(AV)}$　在规定的结温和散热条件下，允许流过的最大正弦半波电流平均值。

（2）正向压降 U_F　指在一定温度下，流过某一指定的稳态正向电流时对应的管压降。

（3）反向重复峰值电压 U_{RRM}　所能重复施加的最高反向电压，为其雪崩击穿电压 U_B 减 100V。U_{RRM} 为功率二极管的额定电压。

（4）反向漏电流 I_R　反向截止时 pn 结的漏电流。

（5）反向恢复时间 t_{rr}　指反向恢复过程中，从 I_F 过零到 I_R 下降到其最大值的 1/4 时的时间间隔，由存储时间 t_s 和下降时间 t_f 组成。

（6）反向恢复峰值电流 I_{RM}　反向恢复期间的反向电流最大值。

（7）反向恢复电荷 Q_{rr}　反向恢复期间抽取的电荷量，可定义为反向电流对时间的积分。

（8）软度因子 S　反向恢复时间内的下降时间 t_f 与存储时间 t_s 的比值，是描述反向恢复特性软度的专用参数。

（9）浪涌电流 I_{FSM}　功率二极管所能承受的连续一个或几个工频周期的最大过电流。I_{FSM} 表征二极管抗短路冲击电流的能力。

（10）最高工作结温 T_{jm}　在 pn 结不损坏的前提下，所能承受的最高平均温度（125～175℃）。

在实际应用中，为了获得低的静态功耗，要求功率二极管的正向压降 U_F 和反向漏电流 I_R 尽可能小，且正向压降有正的温度系数（即 $dU_F/dT > 0$），高温漏电流也要小。为了获得低的开关功耗，并减小电磁干扰（EMI），提高电力电子设备可靠性，要求功率二极管的正向恢复时间 t_{fr} 短、正向峰值电压 U_{FM} 低、反向恢复电荷 Q_{rr} 少、反向恢复时间 t_{rr} 短、反向恢复峰值电流 I_{RM} 小，以及软度因子 S 大。

2.1.3　静态与动态特性

1. 反向击穿特性

当功率二极管两端加上反向电压时，pn 结反偏，功率二极管处于截止状态。当反向电压较高时，pn 结的空间电荷区向两侧展宽，由于 p^+n 扩散结可看作是突变结，于是空间电荷区主要向轻掺杂一侧展宽，所以击穿电压 U_{BR} 主要由轻掺杂侧的掺杂浓度决定。

（1）截止状态下的电场强度分布　图 2-4 比较了两种功率二极管的掺杂浓度分布及在截止状态下的电场强度分布[1]。可见，p^+nn^+ 二极管的 n 区通常为原始衬底，其掺杂浓度通常为 $10^{12} \sim 10^{13} cm^{-3}$，$p^+$ 阳极区和 n^+ 阴极区是通过扩散形成的，表面掺杂浓度为 $10^{20} cm^{-3}$。而 p^+nn^+ 二极管的 n^+ 阴极区通常为衬底材料，掺杂浓度约为 $10^{20} cm^{-3}$，n 层为外延层，掺杂浓度为 $10^{12} \sim 10^{13} cm^{-3}$，$p^+$ 阳极区是通过扩散形成的，表面掺杂浓度也很高，在 $10^{19} cm^{-3}$ 以上。相比较而言，p^+pnn^+ 结构的 n 区掺杂浓度稍高，且厚度 W_n 较厚。

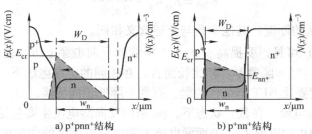

a) p^+pnn^+结构　　　　b) p^+nn^+结构

图 2-4　功率二极管结构的掺杂浓度分布及在截止状态下的电场强度分布

在截止状态下，如果 p^+pnn^+ 结构的 n 区厚度 W_n 大于 p^+n 结在 n 区空间电荷区的宽度 W_D，则其电场强度分布为三角形分布，如图 2-4a 所示，该结构称为非穿通（NPT）型结构。如果 p^+nn^+ 结构中 n 区厚度 W_n 较薄，反向电压较高时，p^+n 结的空间电荷区在 n 区扩展会穿通进入 n^+ 区，该结构称为穿通（PT）型结构，其电场强度分布为梯形，如图 2-4b 所示。

（2）反向击穿电压 功率二极管的反向击穿电压通常为电场沿耗尽层的积分。对 p^+pnn^+ 二极管，反向击穿电压 U_{BD} 为三角形的面积，如图 2-4a 中阴影所示。

$$U_{BD} = \frac{1}{2}E_{cr}W_D \tag{2-1}$$

式中，E_{cr} 为临界击穿电场强度；W_D 为空间电荷区在 n 区的扩展宽度，它与阻断电压有如下关系：

$$W_D = \sqrt{\frac{2\varepsilon_0\varepsilon_r U_{BD}}{qN_D}} \tag{2-2}$$

式中，q 为电子电荷；$\varepsilon_0\varepsilon_r$ 为介电常数；N_D 为 n 区掺杂浓度。

将式（2-2）代入式（2-1），简化后可得

$$U_{BD} = \frac{\varepsilon_r\varepsilon_0 E_{cr}^2}{2qN_D} \tag{2-3}$$

临界击穿电场强度 E_{cr} 通常由 n 区掺杂浓度 N_D 决定，可表示为

$$E_{cr} = 4010 N_D^{1/8} \tag{2-4}$$

从式（2-3）可见，要提高 p^+pnn^+ 二极管的击穿电压，就要降低 n 区的掺杂浓度 N_D（即选择高电阻率的衬底材料），同时 n 区要厚，才能为反偏 pn 结提供较宽的空间电荷区，但同时又会导致功率二极管的正向压降增加。因此，在保证击穿电压的情况下，必须严格地控制 n 区的厚度，并确保 n 区有较高的载流子寿命，以获得低的正向压降。

对 p^+nn^+ 二极管，反向击穿电压 U_{BD} 为梯形电场的面积，如图 2-4b 中的阴影所示，可用下式表示：

$$U_{BD} = E_{cr}W_n - \frac{qN_D W_n^2}{2\varepsilon_r\varepsilon_0} \tag{2-5}$$

式中，W_n 为 n 区的厚度；其他参数与上述含义相同。

从式（2-5）可见，要提高 p^+nn^+ 二极管的反向击穿电压，也必须降低 n 区的掺杂浓度 N_D，同时 n 区要厚。相比较而言，在相同的击穿电压下，采用 PT 型结构所需的 n 区厚度要比 NPT 型结构的薄，有利于降低正向压降。

（3）反向漏电流 在截止状态下，pn 结的反向漏电流主要包括以下三个部分：空间电荷区外的扩散电流 I_D、表面漏电流 I_S 和空间电荷区的产生电流 I_G。高温下，表面漏电流和扩散电流要远小于空间电荷区的产生电流，故空间电荷区的产生电流

I_G成为漏电流的主要组成部分。I_G可由空间电荷区产生率的积分得到，即

$$I_G = \int_0^{W_D} Aq \frac{n_i}{2\tau_{SC}} dx = \frac{qAW_D n_i}{\tau_{SC}} \tag{2-6}$$

式中，A 为 pn 结的面积；n_i 为本征载流子浓度；W_D 为空间电荷区的宽度；τ_{SC} 为空间电荷区载流子的产生寿命。

由式（2-6）可知，如果器件的结构参数一定，则漏电流与本征载流子浓度 n_i 和空间电荷区电荷产生寿命 τ_{SC} 有关。随温度升高，由于本征载流子浓度 n_i 按指数上升，少子寿命按二次方关系上升，所以产生电流 I_G 随温度升高会急剧增大，使器件的高温漏电流远大于常温漏电流。

2. 正向导通特性

（1）正向导通过程　p^+pnn^+ 功率二极管在正向偏置时，由于 p^+ 阳极区和 n^+ 阴极区掺杂浓度远比中间的 p 区和 n 区掺杂浓度高，于是 p^+ 阳极区向 p 区注入空穴，n^+ 阴极区向 n 区注入电子。当注入区的非平衡载流子浓度高出本底掺杂浓度许多倍（$\Delta p = \Delta n \gg N_D$）时，会改变 p 区和 n 区的电导率。在低电流密度下，p^+pnn^+ 功率二极管类似于一个简单的 pn 结，在较高电流密度下，p^+pnn^+ 二极管则与 pin 二极管完全一致。对于功率器件而言，在稳定的工作条件下，电流密度可以达到 $30 \sim 100 A/cm^2$，甚至更高。所以，对耐压较高的器件来说，在如此高的正向电流密度下，完全工作在大注入状态，此时注入的非平衡少子浓度很高，n 区会发生电导调制效应。

（2）正向导通期间载流子浓度分布与电位分布

图 2-5 所示为大注入状态下载流子的浓度分布和电位分布。可见，不论是 p^+nn^+ 结构，还是 p^+pnn^+ 结构，由于非平衡载流子的注入，都会导致功率二极管的通态载流子分布近似为 U 形分布。在此统一用 pin 来说明其电流的形成过程。在 p^+i 结处，电流几乎由从 p^+ 区注入到 i 区的空穴承担，只有很少的电子从 i 区注入到 p^+ 区。在 n^+i 结处，情况正好相反，电流几乎由从 n^+ 区注入到 i 区的电子承担，只有很少的空穴从 i 区注入到 n^+ 区。并且，从 p^+ 区注入到 i 区的空穴电流与从 i 区注入到 n^+ 区的空穴电流两者之差为 i 区内复合的空穴电流。对电子电流也有相似的情况。

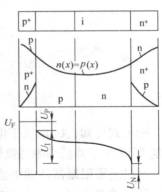

图 2-5　大注入下的载流子浓度分布和电位分布

（3）正向压降　如图 2-5 所示，功率二极管的正向压降 U_F 由三部分组成：

$$U_F = U_N + U_P + U_I \tag{2-7}$$

式中，U_P 和 U_N 分别表示 p^+i 结和 n^+i 结上的压降；U_I 表示 i 区压降。三者均与电

流密度有关。

结压降 U_P 和 U_N 可用下式表示：

$$U_N + U_P = K_0 + \frac{\alpha kT}{q}\ln J \tag{2-8}$$

式中，K_0 为取决于温度和二极管掺杂浓度分布的常数；α 为参数，随电流密度而变化；kT/q 为常数（常温下为 0.0258V）；J 为电流密度。

对功率二极管而言，高阻 i 区一般比较宽，其压降 U_I 较大。可用下式来简化：

$$U_I = \frac{3kTW_n^2}{8qD_a\tau_H} \tag{2-9}$$

式中，W_n 为 n 区的厚度；D_a 为大注入下的双极扩散系数；τ_H 为大注入下的载流子寿命，由 τ_{n0} 和 τ_{p0} 之和来决定（见 8.4.1 节）。

实际上，U_I 随电流密度的变化关系很复杂，因为 U_I 与注入的载流子浓度有关，而载流子浓度本身又与 J 有关。可用下式来表示[2]：

$$U_I = \frac{kT}{q} \cdot \frac{8b}{(b+I)^2} \cdot \frac{\sinh W}{(1-\delta^2\tanh^2 W)^{1/2}}\arctan\left[(1-\delta^2\tanh^2 W)^{1/2}\sinh W\right] + \delta\ln\left(\frac{1+\delta\tanh^2 W}{1-\delta\tanh^2 W}\right) \tag{2-10}$$

式中，W、b 及 δ 分别可表示为

$$b = \frac{\mu_n}{\mu_p} \tag{2-11a}$$

$$\delta = \frac{\mu_n - \mu_p}{\mu_n + \mu_p} \tag{2-11b}$$

$$\frac{D_a}{\mu_a} = \frac{kT}{q} \tag{2-11c}$$

$$W = \frac{W_n}{2L_a} = \frac{W_n}{2\sqrt{D_a\tau_H}} \tag{2-11d}$$

由上式可知，U_F 取决于电流密度 J、大注入下的载流子寿命 τ_H，以及 n 区的厚度 W_n。为了降低功率二极管的正向压降，不仅要增加少子寿命、减小 n 区的厚度，同时还需限制器件的电流密度。考虑到浪涌电流的限制，当电流密度 J 增加时，U_F 就会急剧增加。正向电流 – 电压可表示为[2]

$$U_F = K_0 + K_1\ln J + K_2 J^m \tag{2-12}$$

式中，K_0，K_1，K_2 为取决于温度和二极管结构的特征参数；m 为常数，其值在 0.6~0.8 之间。

在实际使用中，为了估算功率二极管的正向压降，产品数据单中通常会给出门限电压 U_{TO} 和导通特性曲线的斜率电阻 r_T，于是可利用下式计算出正向电流为 I_F 时对应的正向压降：

$$U_F = U_{TO} + r_T I_F \tag{2-13}$$

根据图 2-6a 所示的功率二极管 $I-U$ 特性曲线可知，门限电压 U_{TO} 由 $3\pi I_{F(AV)}/2$ 与 $\pi I_{F(AV)}/2$ 电流所确定的直线与横轴交点的电压来确定，该直线的斜率即为导通电阻 r_T 的倒数。图 2-6b 所示为功率二极管在常温（25℃）和高温（150℃）下的 $I-U$ 特性曲线。

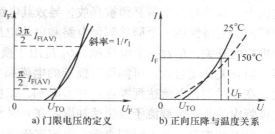

图 2-6　二极管的特性参数与温度的关系

可见，高温下功率二极管的门限电压会减小，并且两条曲线相交，该交点通常被称为零温度系数（ZTC）点。在交点之下，U_F 随温度的增加而减小，即 U_F 具有负的温度系数，容易引起热集中；在交点之上，U_F 随温度的增加而增加，即 U_F 具有正的温度系数，有利于均温均流。故可根据高、低温导通特性曲线上 ZTC 点的高低来判别器件的特性优劣。该交点越低，表示器件的高温特性越好。

3. 开通特性

（1）开通过程　功率二极管的开通过程是指截止转为导通的过程，也称为正向恢复过程。图 2-7 为功率二极管的开通特性曲线[3]。在开通过程中，随着阳极电流的上升，阳极电压会先上升达到正向峰值电压 U_{FM}，然后才恢复至正向压降 U_F 的水平。这是由于开通过程开始时 n 区缺少电导调制所致。电流上升率越高，U_{FM} 越高，产生的开通功耗就越大。

（2）开通特性　开通时间即正向恢复时间 t_{fr}，定义为阳极电压由 $0.1U_{FM}$ 经峰值再降为 $1.1U_F$ 这段时间间隔。相对关断过程而言，功率二极管开通过程很快。

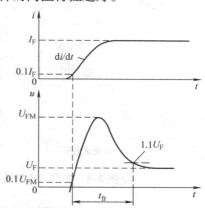

图 2-7　功率二极管开通时的电流与电压曲线

值得注意的是，作为续流和吸收用的功率二极管，其 U_{FM} 很重要。因为开通过程中的电流上升率 di/dt 很高，产生的 U_{FM} 要比导通状态的 U_F 高出许多。在实际应用中，由于吸收二极管只有在导通后才能发挥作用，要求 U_{FM} 值较低是其重要标志之一。在主器件关断时，电路中的寄生电感会感应出一个电压尖峰，叠加在续流二极管的 U_{FM} 之上，两者之和可能导致过电压。

4. 反向恢复特性

（1）反向恢复过程　功率二极管关断过程是指由通态转为截止的过程，也称为反向恢复过程。在导通期间，器件内部存储了大量的非平衡载流子，在反向恢复过程中，这些存储电荷必须被释放，导致其电流反向流动。图 2-8 给出了功率二极管反向恢复特性的一个简单测量电路和电流电压特性曲线。图 2-8a 中的 S 代表一个理想的开关，I_L 为一个电流源，U_R 是用于换流的电压源，L_K 是换流电路中的电感。当开关 S 闭合后，可测得二极管的电流和电压特性曲线，如图 2-8b 所示。可见，在 t_0 时刻，电流达到零点。在 t_1 时刻，二极管开始承受反向电压。在此期间，二极管内的非平衡载流子被快速抽取。在 t_2 时刻，反向电流达到最大值 I_{RM}，此时 p^+n 结开始恢复。在 t_2 时刻之后，电流逐步衰减至其漏电流值，其轨迹完全由二极管内残余载流子的复合来决定。由于换流电路存在电感，导致二极管两端会出现一个反向恢复尖峰电压 U_{RM}，随着反向电流逐渐减小到零，反向电压经过峰值后也逐渐恢复到外加的反向电压 U_R。在反向恢复过程中，如果电流衰减过程很快，即 di_r/dt 很大，则对应的 U_{RM} 很高，称为硬（Snappy）恢复；如果衰减过程很缓慢，即 di_r/dt 很小，则对应的 U_{RM} 也较低，可称为软（Soft）恢复。

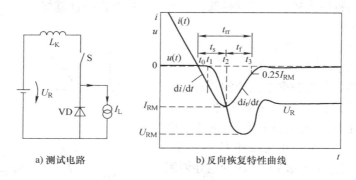

a) 测试电路　　　　　b) 反向恢复特性曲线

图 2-8　功率二极管的反向恢复特性测试电路与测试曲线

（2）反向恢复特性　反向恢复特性常用反向恢复峰值电流 I_{RM}、反向恢复尖峰电压 U_{RM}、反向恢复时间 t_{rr}、反向恢复电荷 Q_{rr} 及软度因子 S 等指标来表征。

反向恢复时间 t_{rr} 定义为从 t_0 时刻电流过零开始到 t_3 时刻电流衰减到 $0.25I_{RM}$ 时的时间间隔。如图 2-8b 所示，t_{rr} 由存储时间 t_s 和下降时间 t_f 两部分组成。t_s 表示从 t_0 时刻开始到反向电流达到最大值 I_{RM} 时所经历的时间，t_f 表示从反向电流达到最大值 I_{RM} 开始到衰减至 $0.25I_{RM}$ 时所经历的时间，即反向恢复时间可表示为

$$t_{rr} = t_s + t_f \tag{2-14}$$

反向恢复电荷 Q_{rr} 定义为反向恢复期间反向电流对时间的积分，若用直线来表示电流波形，其反向恢复电荷为

$$Q_{rr} = \int_0^{t_{rr}} i(t)\, dt = \frac{1}{2} I_{RM} t_{rr} \tag{2-15}$$

由此可知，Q_{rr}随反向恢复电流峰值 I_{RM} 和反向恢复时间 t_{rr} 的增加而增大。I_{RM} 值与 pn 结两侧的非平衡载流子抽取速度有关。

由于反向恢复电荷 Q_{rr} 近似等于正向导通时二极管 n 区的存储电荷 Q_s，假设功率二极管有源区的面积为 A，则

$$Q_{rr} = Q_s = \frac{\tau_H}{q} A J_F \tag{2-16}$$

联立式（2-15）与式（2-16），可解得反向恢复时间 t_{rr} 为

$$t_{rr} = \frac{2\tau_H}{q}\left(\frac{J_F}{J_{RM}}\right) \tag{2-17}$$

式中，τ_H 为大注入载流子寿命；J_F 为正向电流密度；J_{RM} 为反向峰值电流密度。

由式（2-17）可知，要减小反向恢复时间 t_{rr}，需降低大注入寿命 τ_H。在200 ~ 450K 范围内，载流子寿命 τ_{n0}、τ_{p0} 随温度升高而会显著增加，必然导致反向恢复时间延长。

软度因子 S 可以用下降时间 t_f 与存储时间 t_s 的比值来表示，即

$$S = t_f/t_s \tag{2-18}$$

S 越大，表示反向恢复特性越软。为了提高反向恢复特性的软度，常要求 t_f 大于 t_s。但并不是 t_f 大于 t_s 就一定能获得软恢复特性。

图 2-9 给出了功率二极管的三种恢复特性曲线[3]。如图 2-9a 所示，$t_s > t_f$，且反向恢复末期出现了电流振荡，可认为该二极管是硬恢复；如图 2-9b 所示，尽管 $t_f > t_s$，但在反向恢复末期，di_r/dt 较高，仍存在电流振荡，因此也属于硬恢复特性。如图 2-9c 所示，$t_f > t_s$，且 di_r/dt 较低，曲线变化缓慢，这属于软恢复特性。可见，不论 t_f 是否大于 t_s，只要 di_r/dt 较高，即为硬恢复特性；而软恢复特性要求曲线有一个较长的拖尾，同时不会引起电流和电压振荡。

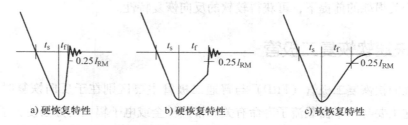

a) 硬恢复特性　　　　　b) 硬恢复特性　　　　　c) 软恢复特性

图 2-9　功率二极管反向恢复特性曲线

软度因子 S 用下式来定义会更好：

$$S = \left|\frac{-di/dt\,|_{i=0}}{(di_r/dt)_{max}}\right| \tag{2-19}$$

式中，di/dt 为换流电流的上升率，表示载流子抽取的速度或电路换流速度；$(di_r/$

$dt)_{max}$ 为最大反向电流下降率。

于是, 反向恢复尖峰电压 U_{RM} 可以用下式表示[2]:

$$U_{RM} = U_R \left[1 + \frac{di_r/dt}{(-di/dt)} \right] \approx U_R \left(1 + \frac{t_s}{t_f} \right) = U_R \left(1 + \frac{1}{S} \right) \qquad (2-20)$$

由此可知, di_r/dt 决定了反向恢复尖峰电压的高低。U_{RM} 越低, 表示反向恢复特性越软。在测试电路中, U_{RM} 由最大反向电流下降率 $(di_r/dt)_{max}$ 和电感 L_k 来决定。所以, 在一定测量条件下, 出现的反向恢复尖峰电压 U_{RM} 可表示为

$$U_{RM} = U_R + \Delta U = U_R + L_k (di_r/dt)_{max} \qquad (2-21)$$

(3) 反向恢复功耗 功率二极管在反向恢复期间会产生一定的损耗。反向恢复过程可分为两部分: 第一部分为电流上升至反向恢复峰值电流阶段以及之后按 di_r/dt 速率下降过程。如果二极管的 di/dt 和 di_r/dt 大致相当, 即 t_s 与 t_f 相近, 则反向恢复峰值电流 I_{RM} 对器件的冲击最大, 此时的反向尖峰电压也很大, 将会产生很高的功耗。第二部分为拖尾过程, 即由反向恢复电流缓慢衰减至零的过程。此时, 功率二极管上已有恢复电压, 故此时的损耗主要取决于拖尾电流。

在电力电子电路中, 功率二极管通常作为整流或续流用, 主要目的是降低功耗, 保护主开关器件, 以提高电路的可靠性等。整流用的功率二极管通常对静态要求较高, 而续流用的功率二极管对动态要求较高。对续流二极管来说, 当主开关器件刚开通, 续流二极管处于反向恢复初期时, 由于主开关器件两端的电压还处于母线电压水平, 此时主开关器件的开通功耗最大。当主开关器件已经完全开通, 二极管处于反向恢复的拖尾阶段, 主开关器件两端的电压已经降至很低, 所以拖尾电流对主开关器件的损耗影响较小。在实际应用中, 主开关器件的开关损耗远高于续流二极管的损耗。为了使主开关器件和续流二极管的总损耗最小, 应减小续流二极管反向恢复峰值电流, 并将其大部分存储电荷保留至拖尾阶段再释放, 于是在满足二极管低开关损耗的前提下, 可获得较软的反向恢复特性。

2.2 快速软恢复二极管

传统的快恢复二极管 (FRD) 与普通二极管主要区别在于反向恢复时间 t_{rr} 的长短, 这主要与非平衡载流子寿命有关。常用掺金或电子辐照的方法使少子寿命降低, 以获得较短的反向恢复时间。随着电力电子技术的发展, 传统的快恢复二极管远不能满足新器件应用的要求, 不是简单地缩短 t_{rr}, 还要求有较软的恢复特性。特别是在大功率开关电路中, 由于负载往往是感性的, 在开关过程中会产生较大的感应电压。为了保护主开关器件不被损坏, 需要并联一只续流二极管, 使其产生的高电压在回路以电流方式消耗, 因此要求续流二极管有快而软的反向恢复特性。本节介绍的快速软恢复二极管 (Fast Soft Recovery Diode, FSRD) 就是为了满足开关

电源或逆变电路要求而开发的。

2.2.1 结构类型

为了实现二极管的快速软恢复特性，需要控制阳极的注入效率。对于低压二极管，常采用浅结、肖特基结或 pn 结与肖特基相结合等方法。对于高压二极管，由于其中有深结、欧姆接触以及漏电流等要求，需采用一些特殊的阳极或阴极结构来调节其注入效率。

1. 快恢复二极管结构

为了获得较快的反向恢复特性，通过改进阳极结构来控制其注入效率，以降低导通期间的少子注入。图 2-10 所示的快恢复二极管采用了不同阳极剖面结构。

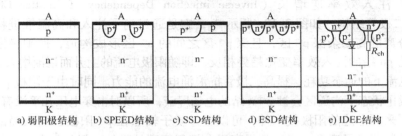

| a) 弱阳极结构 | b) SPEED结构 | c) SSD结构 | d) ESD结构 | e) IDEE结构 |

图 2-10　具有不同阳极注入效率的功率二极管结构

（1）弱阳极二极管结构　如图 2-10a 所示，它是通过降低普通 pin 二极管的阳极掺杂浓度形成的。其 n^+ 衬底与 n 外延层与普通 pin 二极管相同，只是 p 阳极区的掺杂浓度比普通 pin 二极管的 p^+ 阳极区掺杂浓度更低。采用此结构可降低阳极注入效率，提高反向恢复速度，并降低开关损耗。故这种结构也称为低损耗二极管（Low Loss Diode，LLD）结构。

（2）发射极注入效率自调整二极管（Self – adjustable p^+ Emitter Efficiency Doide，SPEED）结构[4]　如图 2-10b 所示，它是在低掺杂的 p 阳极区中嵌入了高掺杂浓度的 p^+ 区。低电流密度下，pn 结的注入效率较低，所以二极管的压降由正向压降较低的 pnn^+ 部分决定；高电流密度下，p^+pn 结的注入效率较高，所以二极管的压降由正向压降较低的 p^+pnn^+ 部分决定。与普通 pin 二极管相比，SPEED 结构在高电流密度下正向压降增加更少，有助于提高器件抗浪涌电流的能力，并提高反向恢复速度。

（3）静电屏蔽二极管（Static Shielding Diode，SSD）结构[5]　如图 2-10c 所示，它的阳极是由一个高掺杂的 p^+ 区环绕浅轻掺杂 p 区构成。由于轻掺杂 p 区有较低的注入效率，导致存储电荷减小。该结构可以改善反向恢复特性，但击穿电压较低。

（4）发射极短路型二极管（Emitter Short Type Diode，ESD）结构[6]　如图 2-10d 所示，它是在阳极区增加了部分 n^+ 控制区，以降低阳极的注入效率。同时在阳极侧也产生了一个寄生的 n^+pn^-n 晶体管。通过适当降低 p 阳极区的掺杂剂量，并控制 n^+ 区的尺寸，可以减小 n^+ 区下方 p 阳极区的横向电阻，从而避免寄生晶体管在反向恢复期间导通，并获得高击穿电压和低阳极注入效率。通常将 p^+ 与 n^+ 区做成精细的接触结构（如宽度 $L_{n^+}=1\mu m$，$L_p=3\mu m$，结深均为 $1\mu m$，掺杂浓度为 $1\times 10^{19}\mathrm{cm}^{-3}$），可以保证反向恢复期间 n^+p 结的正偏压低于 0.5V 而不发生注入。东芝（Toshiba）公司采用该 ESD 结构已研制出 4kV 耐压的二极管，在 20℃ 下漏电流低于 $10\mu A$，在 125℃ 下漏电流在 1mA 左右，在 $100A/\mathrm{cm}^2$ 的正向电流密度下正向压降为 1.24V，且反向恢复峰值电流、恢复时间及反向恢复电荷明显减小。

（5）注入效率逆增长（Inverse injection Dependency of Emitter Efficiency，IDEE）二极管结构　如图 2-10e 所示[7]，它是通过离子注入和高温推进将阳极区做成了分离的高掺杂深 p^+ 区，且深 p^+ 区之间的 n^- 区形成沟道，使阳极注入效率与常规的 pn 结的注入效率变化趋势相反，即随阳极电流的上升而逐渐增大，有利于降低大电流下的通态功耗，提高二极管抗浪涌电流的能力。同时由于阳极 p^+ 区间距很小，截止状态下沟道区会被 p^+n 结的电场屏蔽，所以对击穿电压几乎没有影响。

除了采用上述的阳极技术外，可以通过质子辐照在 p^+ 阳极区引入局部的复合中心来控制载流子寿命，以达到提高反向恢复速度的目的。但是复合中心的位置对反向漏电流的影响较大。在截止期间，如果 pn 结形成的空间电荷区与局部寿命控制产生的辐射缺陷区重叠（见图 2-11a），会导致高温漏电流增大。为了改善高温击穿特性，可采用电场屏蔽阳极（Field Shielded Anode，FSA）二极管结构[8]，如图 2-11b 所示。其阳极区是由高掺杂浓度的浅 p^+ 区和低掺杂浓度的深 p 区组成，辐照产生复合中心的缺陷区位于 p^+ 阳极区内，并远离 pn 结空间电荷区（间距为 d），这样不仅降低了阳极注入效率，获得较快的反向恢复特性，而且可以降低高温漏电流，从而提高二极管的高温反向击穿能力。ABB 公司采用 FSA 结构研制出了 4.0kV 二极管，正向压降为 2.1V，在 125℃ 下的漏电流仅为 0.6mA，而常规二极管的高温漏电流高达 2mA。

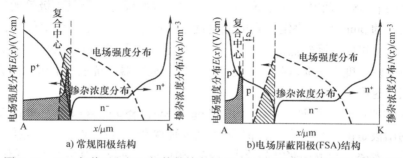

a) 常规阳极结构　　　b) 电场屏蔽阳极（FSA）结构

图 2-11　FSA 与普通阳极二极管的掺杂剖面、电场强度分布及缺陷分布比较

2. 软恢复二极管结构

为了获得较软的反向恢复特性，通过改进二极管的阴极结构以调整反向恢复末期体内的载流子浓度。图 2-12 所示的软恢复二极管采用了不同的阴极结构。

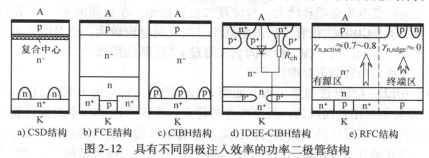

图 2-12　具有不同阴极注入效率的功率二极管结构

（1）载流子存储二极管（Carrier Stored Diode，CSD）结构[9]　如图 2-12a 所示，是将 n$^+$ 阴极区和 n 缓冲层做成梳状结构，同时在靠近阳极的 n$^-$ 区采用局部少子寿命控制技术形成复合中心，以降低阳极侧的载流子注入。由于梳状开口处的掺杂浓度较低，可增加反向恢复期间阴极侧的载流子浓度，以获得小而长的拖尾电流。通过调整梳状阴极的开口宽度，可减小拖尾电流的斜率，抑制电流和电压振荡。三菱（Mitsubishi）公司采用 CSD 结构已研制出 4.5kV 的二极管，在 1570A 电流下的正向压降为 3.5V。在 $I_F = 500A$，$di/dt = 2kA/\mu s$，$U_R = 3kV$ 和 125℃ 条件下，测得反向恢复能耗为 6.5W，软度因子为 11。

（2）场抽取电荷（Field Charge Extraction，FCE）二极管结构[10]　如图 2-12b 所示，它是在 n$^+$ 阴极侧增加了低掺杂的浅 p 控制区，于是在阴极侧形成了一个寄生的 pnp 晶体管。由于 p 控制区的掺杂有限，对 FCE 二极管的反向截止和导通特性不会产生明显的影响。反向恢复期间，随着阳极电压的逐渐上升，p 控制区与 n 场阻止（Field Stop，FS）层形成的 pn 结会向 nFS 层注入空穴，且注入效率随器件两端电压的上升而增大，导致 FCE 有较软的反向恢复特性。与常规二极管的不同之处在于，FCE 二极管在反向恢复中期，阴极寄生的 pnp 晶体管就开始工作，反向恢复电流由存储电荷的抽取电流和阴极注入的附加电流两部分组成。在反向恢复末期，因为有注入的空穴电流和存储在附加 p$^+$n 结处的残余载流子，使得反向电流缓慢地减小到零。ABB 公司采用 FCE 结构已开发出 6.5kV 二极管，正向压降具有正的温度系数，且高温稳定性好，即使在极限应力条件下，也呈现出一个较宽高的 SOA。

（3）背面空穴注入可控（Controlled Injection of Backside Hole，CIBH）二极管结构[11]　如图 2-12c 所示，是将多个 p 控制区隐埋在 n$^-$ 区中，形成隐埋型 p 浮置区，由此导致阴极面增加了两个 pn 结。由 n$^+$ 阴极区与 p 浮置区形成的 pn$^+$ 结相当于一个雪崩二极管，其击穿电压很低，在反向截止期间会发生雪崩击穿，可将阴极侧的电场峰值控制在很低的范围，从而有效地抑制了反向恢复期间动态雪崩的发生。由于 p 浮置区所起的作用与 FCE 结构中的 p 控制区相同，所以，CIBH 二极管也具有软恢复特性。提高 p⁺隐埋区掺杂浓度时，CIBH 二极管的反向恢复特性更软，但反向恢复电流会明显增大。与常规二极管相比，在相同的 n⁻区、阳极区及阴极区参数下，CIBH 二极管反向击穿电压较低且漏电流较大。这是因为阳极电压反向时阴极附加 pn⁻结正偏，注入的空穴通过 n⁻区到达阳极，增加了二极管的漏电流，并导致二极管的击穿电压下降。

（4）IDEE – CIBH 二极管结构　如图 2-12d 所示，它是由 IDEE 二极管阳极与 CIBH 二极管阴极结合而成的，具有两者的优点，不仅可以使功率二极管获得良好通态特性和反向恢复特性，而且可以提高二极管抗浪涌冲击和动态雪崩能力。

（5）场扩展阴极（Relaxed Field of Cathode，RFC）二极管结构[12]　如图2-12e所示，它分为有源区和终端区两部分。在有源区内，阳极采用低掺杂的 p 区，阴极增加了多个 p 控制区；在终端区内，阳极侧采用了 p 场限环和 n 截止环结构，阴极侧的 n⁺区则完全被 p 区替代，于是终端区和有源区具有两种不同的阴极电子注入效率，即有源区的电子注入效率 $\gamma_{n,active} = 0.7 \sim 0.8$，说明反向恢复期间有源区阴极侧电子的抽取能力减弱；而终端区的电子注入效率 $\gamma_{n,edge} \approx 0$，说明阴极侧的电子不会从终端区抽走，从而使 RFC 二极管具有较软的反向恢复特性，并减小反向峰值电压随电路杂散电感 L_s 的变化。三菱公司采用 RFC 结构，研制了 1700V 的二极管，与常规的功率二极管比，其反向恢复能耗降低 40%，正向压降降低了 30%，峰值功率密度可达 $1.4W/cm^2$，并且有较宽的安全工作区（SOA）和正的温度系数。

2.2.2　软恢复的机理及控制

对快速软恢复二极管而言，不仅要求反向恢复时间短、反向恢复峰值电流小或反向恢复电荷少，而且还要求其反向特性要有一定的软度。由于正向导通特性和反向恢复特性与阳极注入效率及导通期间的载流子浓度分布密切相关。下面先分析快速软恢复二极管内部载流子浓度分布与特性参数的关系。

如图 2-13 所示，功率二极管工作在不同时期，内部的载流子浓度分布完全不同。正向峰值电压 U_{FM} 与导通初期 pn 结两侧载流子的积累有关，正向压降 U_F 与导通期间 n 区的载流子浓度分布有关；反向电流峰值与反向恢复初期 pn 结两侧的载流子浓度有关；软度因子 S 与反向恢复末期 nn⁺结处载流子浓度有关。所以，为了获得良好的电学特性，需要对功率二极管中的载流子浓度分布进行严格控制。

1. 软恢复机理

下面通过图 2-14 所示的反向恢复期间载流子衰减过程来分析软恢复机理[3]。在导通状态下，二极管 n 区内充满了大量的电子和空穴，且电子和空穴的浓度相等，均大于 $10^{16}cm^{-3}$，远高于 n 区的掺杂浓度。t_1 时刻开始换流，随着载流子的抽

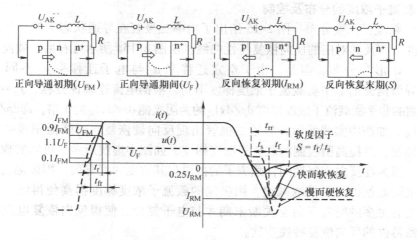

图 2-13　功率二极管中的载流子浓度分布与其特性参数之间的联系

取在外电路形成反向电流，阴极电流由电子电流组成，阳极电流由空穴电流组成。在换流期间从 t_2 到 t_4 之间，n 区一直存在载流子的堆积。如图 2-14a 所示，在 t_4 和 t_5 之间，二极管突然从载流子积累状态跳到载流子耗尽状态，反向电流急剧衰减，故表现为硬恢复特性。如图 2-14b 所示，在 t_4 和 t_5 之间，载流子的积累情况始终存在，并不断提供反向电流。直到 t_5 时刻，二极管开始承受反向电压，此后的恢复过程会导致拖尾电流。可见，功率二极管是否具有软恢复特性取决于其中载流子数的衰减速度，尤其在反向恢复末期，只有当 nn^+ 结附近的载流子浓度达到一定值时才能保证其软度。也就是说，在反向恢复末期仍存在较多的载流子时才能实现真正的软恢复。

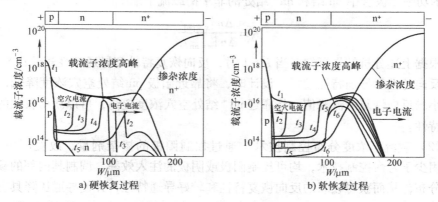

图 2-14　功率二极管的掺杂浓度分布及反向恢复期间载流子空穴的衰减过程

2. 载流子浓度的分布及控制

（1）载流子浓度分布 图 2-15 给出了功率二极管在导通状态下的 n 区内部载流子浓度分布及其对应的反向恢复特性曲线。由图 2-15a 所示可看出，载流子浓度近似为"U 形"分布。但是，由于空穴迁移率 μ_p 与电子迁移率 μ_n 不同（$\mu_n \approx 3\mu_p$），导致两侧的非平衡载流子浓度梯度不同，根据电流连续性方程，$J_n \approx J_p$，于是阳极侧的非平衡载流子浓度梯度 $dp/dx|_A$ 约为阴极侧 $dn/dx|_K$ 的 3 倍，即 $dp/dx|_A \approx 3dn/dx|_K$，如图中实线所示，导致二极管出现反向硬恢复。若降低阳极侧的载流子浓度梯度，并提高阴极侧的载流子浓度梯度，如图中虚线所示，可以实现二极管软恢复。因为在反向恢复期间，载流子的抽取与其浓度梯度有关，阳极侧的载流子浓度梯度降低使得空穴抽取减慢，阴极侧的载流子浓度梯度提高使得电子抽取加快，于是有更多的空穴保留至关断末期才与电子复合，使得反向恢复电流拖尾变长，导致器件的反向恢复特性变软。

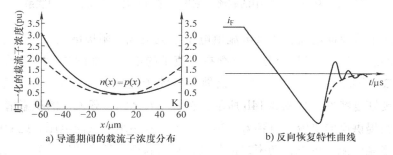

a) 导通期间的载流子浓度分布　　　　b) 反向恢复特性曲线

图 2-15　功率二极管中的载流子浓度分布及其对应的反向恢复特性曲线

为了表示非平衡载流子浓度分布与功率二极管特性之间的依赖关系，定义参数 K 表示功率二极管中 pn 结和 nn^+ 结处的非平衡载流子浓度比[13]，则

$$K = \frac{\Delta n\big|_{x=pnj}}{\Delta n\big|_{x=nn^+j}} \tag{2-22}$$

根据上述分析结果可知，当 $K > 1$ 时，反向恢复特性和导通特性较差；当 $K < 1$ 时，反向特性和导通特性较好。设计时，将靠近阳极 pn 结处空穴浓度降低，可获得较小的反向恢复电流峰值；将靠近 nn^+ 结处空穴浓度提高，可以获得较软的反向恢复特性。

（2）载流子浓度分布控制技术 通过控制阳极的掺杂剂量、改变阳极结构，或采用少子寿命控制技术，均可控制阳极或阴极的注入效率，调制其内部的载流子浓度分布，从而获得较软的反向恢复特性和较好导通特性，并使导通压降具有正的温度系数。表 2-1 给出了采用不同阳极控制技术的二极管特性参数（$I_F = 200A$）[14]。其中二极管 $p^+n^-n^+$（A）只采用了寿命控制技术，$p^+n^-n^+$（B）只采用了降低阴极注入效率技术，pn^-n^+（C）采用了降低阳极注入效率技术和适当寿命控制，pn^-n^+（D）则采用降低阳极注入效率和大幅度寿命控制。相比较而言，只有pn^-n^+（C）和pn^-n^+（D）结构的正向压降低、反向恢复电荷少，且反向电流峰值也明显较小。此外，pn^-n^+（D）结构还可保证其正向压降的温度系数dU_F/dT（mV/100K）为正。这说明只有将降低阳极注入效率与寿命控制技术结合时，才能达到理想的效果。

表 2-1　不同二极管结构对应的特性参数（$I_F = 200A$）

二极管结构	$p^+n^-n^+$（A）	$p^+n^-n^+$（B）	pn^-n^+（C）	pn^-n^+（D）
控制技术	寿命控制	降低阴极注入效率	降低阳极注入效率，寿命控制	降低阳极注入效率，大幅度寿命控制
U_F/V（25℃，150A/cm²）	2.90	3.62	2.85	2.07
$Q_{rr}/\mu A \cdot s$（125℃）	83	70	65	75
I_{RM}/A（125℃）	235	205	150	160
$dU_F/dT/$（mV/100K）	−423	−319	−144	+72
Q_{rr}（125℃）/Q_{rr}（25℃）	2.18	2.10	1.92	1.53

3. 阳极注入的效率及控制

（1）阳极注入效率　导通期间载流子的浓度分布与阳极 pn 结的空穴注入效率γ_A密切相关，可用下式来表示[2]：

$$\gamma_A = \frac{J_p}{J_A} \tag{2-23}$$

式中，J_p为阳极空穴电流密度；J_A为阳极总电流密度，由电子电流密度和空穴电流密度两部分组成，即$J_A = J_n + J_p$。

由式（2-23）可知，阳极空穴注入效率γ_A随阳极电流密度增加而下降，其变化曲线如图 2-16 所示。对常规的p^+阳极，由于其掺杂浓度较高，p^+区载流子复合很强烈，故γ_A随J_A增加而急剧下降，如图中虚线所示。为了获得良好的导通特性，理想的注入效率如图中实线所示，即在中、小电流水平下，希望有低的注入效率，以降低反向恢复峰值电流I_{RM}，并实现软恢复；在大电流水平下，比如有浪涌电流发生时，希望有较高的注入效率。

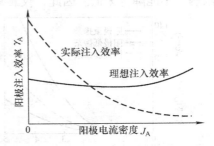

图 2-16　阳极注入效率与电流密度的关系

如果将式（2-23）中的空穴电流密度J_p用电子电流密度J_n（$= J_A - J_p$）代替，阳极 pn 结的注入效率γ_A可表示为

$$\gamma_A = 1 - \frac{J_n}{J_A} \tag{2-24}$$

由式 (2-24) 可知，如果限制 J_n 随 J_A 的增加（如采用短路阳极），则会导致阳极注入效率与电流的依赖关系发生逆转，即注入效率 γ_A 随阳极电流密度的增加而增加。在低电流密度下，γ_A 较低；在高电流密度下，γ_A 较高。

对图 2-12d 所示的 IDEE 二极管而言，在低电流密度下，因为阳极 p^+n 结存在附加势垒，穿过 p^+ 区的电流很小，所以几乎所有电流都通过 n 沟道。随着总电流密度的增加，由于受 n 沟道电阻 R_{ch} 限制，电子电流密度 J_n 仍然较低，而通过 p^+ 区的电流逐渐增加，从而导致注入效率 γ_A 逐渐增大。

IDEE 二极管阳极的电子电流密度可表示为

$$J_n = \frac{U_{J,pn}}{R_{ch}A_{ch}} \tag{2-25}$$

式中，$U_{J,pn}$ 是 p^+n 结两端压降；R_{ch} 是 n 沟道电阻；A_{ch} 是 n 沟道面积。

由式 (2-25) 可知，在高电流密度 J_A 下，由于 R_{ch} 仍较大，限制了 J_n 的增长，使得注入效率 γ_p 随 J_p 的增加而增大，故采用 IDEE 阳极可实现理想的注入效率，从而使二极管获得很高的抗浪涌电流能力。

（2）控制阳极注入效率的措施　通过限制阳极的掺杂或利用少子寿命控制技术来控制阳极的注入效率。图 2-17 所示给出了采用不同的阳极掺杂浓度分布时，功率二极管的正向导通特性与反向恢复特性曲线[15]。相比较而言，阳极采用弱掺杂（即降低掺杂浓度和厚度），会导致功率二极管反向恢复峰值电流明显减小，高电压振荡也明显减弱，但通态特性明显变差。这说明采用弱掺杂的阳极有利于获得软的恢复特性，但对其导通特性影响较大。并且阳极表面浓度要满足欧姆接触制作的限制，不能降得太低。因此，仅靠减弱阳极的掺杂浓度是远远不够的。

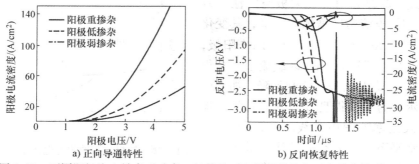

a) 正向导通特性　　　　b) 反向恢复特性

图 2-17　不同阳极注入效率对功率二极管的正向导通特性与反向恢复特性的影响

常用的寿命控制技术包括掺金与掺铂、电子辐照及质子辐照等。表 2-2 列出了不同少子寿命控制技术对二极管特性参数的影响[16]。显然，掺金二极管的截止漏电流及正向峰值电压较高；电子辐照二极管的反向恢复峰值电流大，软度小；只有质子辐照的二极管综合特性最佳。由此可见，不同的寿命控制技术对器件特性产生的影响也不同。

表 2-2　采用不同少子寿命控制技术的 4.5kV 功率二极管特性参数比较

寿命控制技术	导通	截止	开通(1kA/μs)		反向恢复($di/dt = 100\text{A}/\mu s$, $U_{DC} = 1\text{kV}$, $I_F = 1\text{kA}$)		
	正向压降 U_F (3kA, 125℃)	漏电流 I_R (4.5kV, 125℃)	正向峰值电压 U_{FM} (25℃)	正向峰值电压 U_{FM} (125℃)	反向恢复峰值电流 I_{RM}	反向恢复电荷 Q_{rr}	软度因子 S
掺金	6.5V	24mA	90V	145V	185A	615mC	1.2
电子辐照	6.8V	6mA	55V	120V	235A	585mC	0.7
质子辐照	6.5V	11mA	52V	115V	175A	620mC	1.4

图 2-18 给出了电子辐照和质子辐照二极管反向恢复初期内部的载流子浓度分布与反向恢复电流曲线。相比较而言，质子辐照二极管导通期间靠近 nn⁺ 结处的载流子浓度明显较高，即 $K < 1$，而电子辐照二极管的 $K > 1$。图 2-18b 说明电子辐照二极管在高压下表现出明显的硬恢复特性，且伴随电流振荡；而质子辐照二极管则表现出很好的软恢复特性。

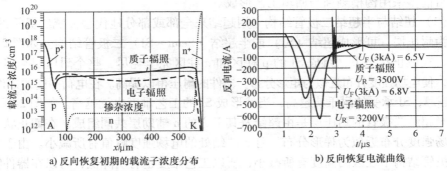

a) 反向恢复初期的载流子浓度分布　　　b) 反向恢复电流曲线

图 2-18　采用电子辐照和质子辐照的二极管在反向恢复期间空穴浓度分布与电流曲线

利用二极管在反向恢复期间的电场强度分布可以解释上述原因。如图 2-19 所示[17]，对于电子辐照的二极管，pn 结和 nn⁺ 结两侧均形成了空间电荷区，使得有效的中性 n⁻ 基区厚度减小，于是在低于静态穿通电压下，两侧的空间电荷区就能相遇，导致反向电流回跳（Snap－off）。对于质子辐照的二极管，pn 结电场强度分布斜率更陡，空间电荷区较窄，要使其空间电荷区扩展"穿通"至阴极所需时间更长，因而此处的载流子浓度较大，抑制了 nn⁺ 结空间电荷的形成，故可获得较软的反向恢复特性。相比较而言，利用质子辐照技术，既可以调节二极管通态期间非平衡载流子的浓度分布，又可以在反向恢复期间获得优良的动态电场强度分布，使反向电流在 pn 结的耗尽层穿通到 n⁺ 区之前不会突然减小，从而获得较软的反向恢复特性。

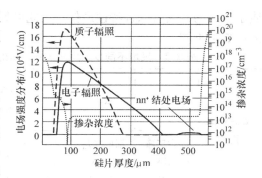

图 2-19　电子辐照和质子辐照 FRD 反向恢复期间电场强度分布比较

4. 超结结构及 nn⁺ 结电场的抑制

为了提高功率二极管的击穿电压、降低正向压降，并获得快软恢复特性，除了采用上述的阴极与阳极结构外，还可以采用超结结构。超结（Super Junction，SJ）的概念最初是为了协调功率 MOSFET 的导通电阻与击穿电压之间的矛盾关系而提出的[18]，随后被推广到功率二极管和 IGBT 等其他器件。

（1）超结定义与特征　超结是指由 p 区和 n 区交替形成的一种梳齿状结面的 pn 结，且 p 区和 n 区之间必须满足电荷平衡条件。为了表示与器件结构中原有的 n 区和 p 区不同，通常将组成超结的 p 区和 n 区分别称为 p 柱区和 n 柱区。超结技术的关键是要保证 p 柱区和 n 柱区之间的电荷平衡，即 p 柱区宽度 W_p 和掺杂浓度 N_p 的乘积与 n 柱区宽度 W_n 和掺杂浓度 N_n 的乘积相等（$W_n N_n = W_p N_p$），使净掺杂浓度等于零。这在实际工艺中较难控制。超结最初采用离子注入与外延工艺交替形成，目前多采用沟槽刻蚀与回填工艺形成。

（2）超结与半超结二极管结构　用超结来全部或部分地代替传统二极管的 n⁻ 区作为耐压层，可形成超结（SJ）或半超结（Semi – SJ）二极管结构。如图 2-20a 所示，在截止状态下，组成 SJ 的 p 柱区和 n 柱区完全耗尽，整个耐压层类似于本征层，使电场强度分布近似为矩形分布，器件的耐压得以提高。在电荷平衡的条件下，柱区越厚，SJ 承受的耐压就越高，当然形成 SJ 的工艺难度也就越高。如图 2-20b 所示，半超结二极管的耐压层是由超结及其下方的 n 辅助层共同组成。在截止状态下的电场强度分布近似为梯形分布，且 nn⁺ 结处的电场强度峰值有所减小。由于半超结二极管结构中柱区的高度有所减小，所以工艺难度也有所降低，可以在器件特性和工艺难度之间取得折中。

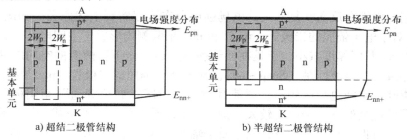

a) 超结二极管结构　　　　　b) 半超结二极管结构

图 2-20　超结与半超结二极管的结构及电场分布示意图

（3）超结二极管的特性 当 SJ 二极管阳－阴极间加上正向电压时，p^+ 阳极区与 p 柱区同时向 n 柱区注入空穴，而 n^+ 阴极区与 n 柱区同时向 p 柱区注入电子，于是 p 柱区与 n 柱区内充满大量非平衡载流子，产生电导调制效应，因而 SJ 二极管导通后与普通 pin 二极管相似，具有较低的正向压降。当 SJ 二极管阳－阴极电压反向时，SJ 二极管进入反向恢复过程。由 p 柱区与 n 柱区形成的 pn 结很快恢复截止。所以，SJ 二极管具有快而硬的反向恢复特性。相比较而言，由于 Semi－SJ 二极管存在底部 n 辅助层，在反向恢复后期，可以确保 nn^+ 结处有一定数目的载流子。所以，Semi－SJ 二极管具有比 SJ 二极管、普通 pin 二极管更软的反向恢复特性。

图 2-21 比较了 SJ、Semi－SJ 及普通 pin 二极管结构的反向击穿和反向恢复特性，当阳极、阴极及耐压层的厚度和掺杂浓度都相同（只是半超结中含有 $1 \times 10^{16} \mathrm{cm}^{-3}$、$5 \mu\mathrm{m}$ 的底部辅助层）时，三者的反向击穿与反向恢复特性有明显的差异。SJ 与 Semi－SJ 二极管的击穿电压明显高于普通 pin 二极管，但 SJ 二极管的反向恢复特性明显较硬，只有 Semi－SJ 二极管的反向恢复特性最好。这说明采用半超结二极管结构可在正向导通、反向击穿及反向恢复特性之间取得很好的折中。

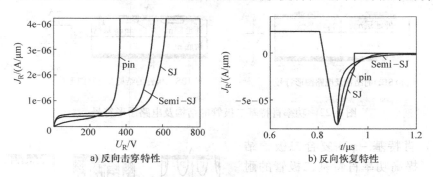

a) 反向击穿特性　　　　　　　b) 反向恢复特性

图 2-21　SJ、Semi－SJ 及普通 pin 二极管结构的特性比较

2.3　功率肖特基二极管

功率肖特基二极管包括普通功率肖特基势垒二极管（Power Schottky Barrier Diode）、结势垒控制的肖特基（Junction Barrier Controlled Shottky，JBS）二极管[19]，以及肖特基与 pin 的复合二极管，如 pin 与肖特基并联结构（Merged Pin and Schottky，MPS）二极管[20]、沟槽氧化物的 pin－肖特基复合结构（Trench Oxide Pin Schottky，TOPS）二极管[21] 及软快恢复二极管（Soft and Fast Diode，SFD）[22] 等，此外，还有肖特基－超结（SJ－SBD）复合二极管[23]。

2.3.1 结构类型与制作工艺

1. 结构类型

肖特基二极管的整流作用是由金属与半导体硅之间形成的接触势垒来实现的。由于肖特基的势垒高度低于 pn 结的势垒高度，使其在小电流下正向压降低，击穿电压低，反向漏电流大。功率肖特基二极管旨在提高其功率特性，有以下三类结构。

（1）普通功率肖特基势垒二极管（SBD）结构　如图 2-22a 所示，它是在肖特基二极管中增加了一个低掺杂浓度的 n^- 漂移区，由肖特基结和 n^- 漂移区及 n^+ 阴极区组成。结势垒控制的肖特基二极管（JBS）结构如图 2-22b 所示[2,24]，在形成肖特基结之前，先通过离子注入或扩散在 n^- 漂移区上形成 p 区，使 p 区与肖特基结形成网状平面结构。于是由 p 区、n^- 漂移区及 n^+ 衬底形成了一个 pin 结构，所以，JBS 二极管相当于一个功率肖特基势垒二极管与 pin 二极管的并联。在反偏电压下，pn 结空间电荷区扩展，通过 JFET 的作用将肖特基结屏蔽起来，使其不受外加电压的影响。

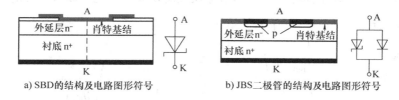

a) SBD的结构及电路图形符号　　b) JBS二极管的结构及电路图形符号

图 2-22　功率肖特基二极管的结构及电路图形符号

（2）肖特基 – pin 复合二极管结构　为了提高功率肖特基二极管的耐压，降低正向压降，并增加反向恢复软度，在 JBS 二极管结构的基础上发展了图 2-23 所示的肖特基 – pin 复合二极管结构。

如图 2-23a 所示，MPS 二极管结构与 JBS 二极管结构很相似。其反向击穿与 JBS 二极管的相同，只是在低

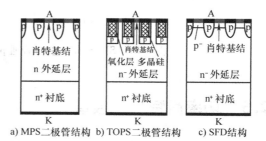

a) MPS二极管结构　b) TOPS二极管结构　c) SFD结构

图 2-23　各种肖特基 – pin 复合二极管结构比较

电流密度下，pin 二极管不导通，但在较高的电流密度下，p 区向 n^- 漂移区注入空穴，会产生电导调制效应，所以能降低正向压降，并允许很大的电流流过金属 – 半导体接触。

如图 2-23b 所示，TOPS 二极管结构是在 n 外延层上先选择性刻蚀出深沟槽，

然后在沟槽底部通过离子注入形成 p 区，最后用二氧化硅和多晶硅依次填充沟槽。与 MPS 二极管结构相比，该结构可以使靠近阳极侧的空穴浓度进一步降低。目前，采用 TOPS 二极管结构制作的二极管反向击穿电压已达到 1.2kV[26]，可作为 IGBT 的续流二极管，显著减小 IGBT 的开通功耗，并抑制开关噪声。

如图 2-23c 所示，SFD 结构是通过用 Al – Si 替代 Al 电极在 p 区之间的 n^- 漂移区表面形成一个极薄的 p^- 区，以控制浅 p^- n 结的注入效率，并保护肖特基结。Al – Si/Si 接触在 $500 \sim 550℃$ 退火后形成的势垒高度为 $0.89 \sim 0.79eV$，这与 Pt/Si 的势垒高度相近，比纯 Al 势垒高度更高，从而实现高耐压和低漏电流，并获得比普通 pin 二极管更快、更软的反向恢复特性。目前，采用 SFD 和超软快恢复（U – SFD）结构已使二极管的反向电压分别达到 4kV[22] 和 6.5kV[27]。

（3）超结 – 肖特基二极管（SJ – SBD）结构[27]　如图 2-24a 所示，SJ – SBD 二极管结构是利用自对准工艺在轻掺杂上的 p 或 n 区上形成硅化物肖特基结，在重掺杂的 p^+ 或 n^+ 区形成欧姆接触。由于超结能提高二极管的反向击穿能力，肖特基可降低其正向压降。所以，采用 SJ – SBD 结构，可以实现高击穿电压和低漏电流，并提高通流能力，克服功率肖特基二极管的不足。图 2-24b 所示为半超结 – 肖特基二极管结构，其中增加了 n 缓冲层与 p 缓冲层，可进一步增强 JBS 电场屏蔽作用，减小漏电流，并改善反向恢复特性。

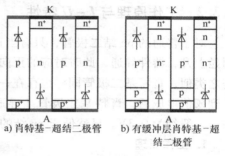

a) 肖特基 – 超结二极管　　b) 有缓冲层肖特基 – 超结二极管

图 2-24　基于超结的功率肖特基二极管结构

2. 制作工艺

功率肖特基二极管制作的关键是肖特基结的形成。通过在轻掺杂的 n^- 型硅外延层上蒸发或溅射相应的金属或硅化物（Silicide），然后经过适当退火便可形成。硅化物有很稳定的功函数 W_F，故形成的肖特基二极管有较好的稳定性和重复性。功率肖特基二极管也能用 p 型硅来做，但因其正向偏置电压非常低，使得漏电流很大，所以很少使用。

制作肖特基结的金属有很多种，如镍（Ni）、铬（Cr）、铂（Pt）、钯（Pd）、钨（W）或钼（Mo）等。为了降低功耗，可采用低势垒高度的金属。当环境温度较高时，为了抑制漏电流，需采用高势垒的金属。肖特基势垒高度 U_{bi} 取决于金属的功函数。表 2-3 给出了 n 型硅表面形成肖特基的金属功函数及势垒高度[25]。可见，势垒高度 U_{bi} 随金属功函数的增加而增加。当退火温度提高时，金属与硅界面会发生反应而生成金属硅化物。表 2-4 给出了 n 型硅与硅化物形成的肖特基势垒高度[25]。可见，采用 $MoSi_2$ 形成的势垒高度最低，采用 $PtSi_2$ 形成的势垒高度最高，故在高温环境下工作的功率肖特基二极管可用 $PtSi_2$ 来制作。

表 2-3　n-Si 上金属的功函数及肖特基势垒高度

金属	铬（Cr）	钨（W）	钼（Mo）	铂（Pt）
功函数 W_F/eV	4.50	4.60	4.60	5.30
势垒高度 U_{bi}/eV	0.57	0.61	0.59	0.81

表 2-4　n-Si 上金属硅化物的肖特基势垒高度

金属硅化物	硅化铬（CrSi₂）	硅化钨（WSi₂）	硅化钼（MoSi₂）	硅化铂（PtSi₂）
势垒高度 U_{bi}/eV	0.57	0.65	0.55	0.78

2.3.2　工作原理与 $I-U$ 特性

对于普通的 pn 结二极管，只有当正向电压上升到一定值后，正向电流才开始明显上升，器件导通，此时对应的正向电压称为阈值电压或门限电压，约为 0.6V。与之类似，肖特基二极管同样也存在一个阈值电压（用 U_{TO} 表示），当正向电压上升到阈值电压后，肖特基二极管才导通，并且其阈值电压 U_{TO} 与金属势垒高度有关，一般约为 0.3V。显然低于 pn 结的阈值电压。

1. 工作原理

对于普通 SBD，在外加正向电压 U_A 下，当 $U_A > U_{TO}$ 时，功率肖特基二极管导通，只有多子（电子）参与电荷输运。在导通状态下，n⁻ 漂移区不会像 pin 二极管那样发生电导调制。因此，如果 n⁻ 漂移区很薄，在低电流密度下，肖特基二极管的正向压降低于 pin 二极管的压降；但在高电流密度下，其正向压降很高。在开关过程中，开关速度只受金属-半导体（M-S）接触处空间电荷区电容充放电时间的限制，不会出现诸如少子复合与非平衡载流子抽取等现象，故开关速度很快。在截止状态下，由金属与半导体之间的接触面构成了阻断结，反向耐压取决于空间电荷区向 n⁻ 漂移区的扩展宽度。由于在肖特基接触边缘处空间电荷区弯曲所引起的电场强度较为集中，使其击穿电压被限制在 100V 以下。对于 JBS 二极管，通过在肖特基结处增加 pn 结，利用反偏 pn 结空间电荷区的扩展宽度来屏蔽肖特基结，可将击穿电压提高到 200V 以上。在正偏时，pn 结不导通，即 p 区不会向 n⁻ 漂移区注入空穴，所以，JBS 的导通与普通功率 SBD 相同，只是利用反偏 pn 结的势垒来提高击穿电压。

MPS 反向工作时与 JBS 相同，但正向工作时则完全不同。当 MPS 二极管反偏时，pn 结的空间电荷区相连，屏蔽了肖特基结，使之不承受外加反向电压，如图 2-25a 所示。当 MPS 二极管正偏时，若正向电压 $U_A > 0.45V$ 时，则肖特基结开通，p 区之间的沟道中有较低的正向电流；当 $U_A > 0.6V$ 时，pn 结开通，于是 p 区向

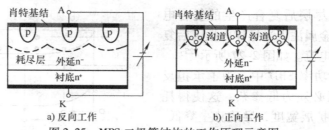

图 2-25　MPS 二极管结构的工作原理示意图

n⁻沟道区和 n⁻漂移区注入空穴，如图 2-25b 所示。当注入到 n⁻漂移区的非平衡载流子浓度远高于衬底掺杂浓度时，会产生电导调制效应，使 n⁻漂移区电阻下降，正向电流增大。随外加电压进一步升高，注入的空穴和积累的电子浓度不断增大，电导调制区开始向肖特基势垒区扩展，直至扩展到肖特基势垒区。当 $U_A > 0.9V$ 以后，漂移区的载流子浓度变化很慢，而沟道区和肖特基势垒区的载流子浓度变化很快。可见，MPS 二极管的导通机制随外加电压的变化而改变，随外加正向电压的增加，由肖特基结控制的单极工作转向由 pn 结控制的双极工作。

2. $I-U$ 特性曲线

图 2-26a 给出了采用不同金属形成的肖特基二极管的 $I-U$ 特性曲线[25]。其中用 Cr_2Si 形成的肖特基二极管的阈值电压最低，用 PtSi 形成的肖特基二极管的阈值电压最高。图 2-26b 比较了功率 SBD、MPS 二极管及 pin 二极管正向特性曲线[2]。可见，在较低的电流密度下，肖特基二极管的正向压降很小；在较高的电流密度下，pin 二极管的正向压降较小；MPS 二极管的正向特性则介于 SBD 二极管与 pin 二极管之间。

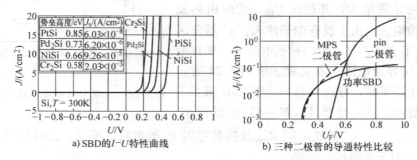

a) SBD的$I-U$特性曲线　　　　b) 三种二极管的导通特性比较

图 2-26　功率 SBD、MPS 二极管及 pin 二极管正向特性比较

2.3.3　静态特性

1. 导通特性

肖特基二极管的电流输运包括以下四个基本过程：①电子从半导体进入金属势垒产生的热发射电流；②电子通过量子机制隧穿通过势垒产生的隧穿电流；③电子

和空穴进入耗尽层后复合产生的复合电流；④空穴从金属注入半导体中性区后复合产生的少子电流。如图 2-27 所示[25]。

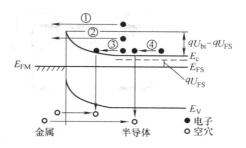

图 2-27　在正向偏压下 M–S 结的能带图

在实际的功率 SBD 中，为了承担反向电压，n⁻ 区必须为低掺杂，这使得耗尽层有充分的扩展宽度，导致势垒降低，不足以使相当大的衬底电流隧穿通过。并且空间电荷区的复合电流仅维持在很低的电流水平。为了减小正向压降，势垒高度降低，空穴注入引起的电流输运通常可以忽略。所以，只有通过热发射过程的电流在功率 SBD 中占主要优势。

用热发射理论来描述通过肖特基界面的电流

$$J = AT^2 \mathrm{e}^{-qU_{bi}/(kT)} \left(\mathrm{e}^{qU/(kT)} - 1 \right) \tag{2-26}$$

式中，A 是有效理查逊（Richardson）常数，对硅材料，A 为 110A/cm² K²；k 是玻耳兹曼（Boltzmann）常数；T 是绝对温度；U_{bi} 是势垒高度；U 是外加偏压。

当外加正向电压时，式（2-26）括号中第一项起主要作用，于是正向电流可表示为

$$J_{\mathrm{F}} = AT^2 \mathrm{e}^{-qU_{bi}/(kT)} \mathrm{e}^{qU_{FS}/(kT)} \tag{2-27}$$

式中，U_{FS} 为肖特基接触的正向电压。

对于功率 SBD 而言，由于存在较厚的低掺杂 n⁻ 区，该区上产生的压降会导致肖特基二极管的正向压降增大，并超过 U_{FS}。此时由热发射来传输电流。由于没有少子注入，n⁻ 漂移区电阻 R_D 不会被调制。同时衬底电阻 R_{sub} 和接触电阻 R_C 对导通电阻也有贡献。由图 2-28 所示的等效电路可知，导通状态的功率 SBD 相当于一个理想的金属–半导体（M–S）接触和 n⁻

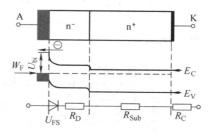

图 2-28　功率 SBD 结构及其等效电路

漂移区电阻 R_D、n⁺ 衬底电阻 R_{Sub} 及接触电阻 R_C 的串联。于是，总特征导通电阻 $R_{S,SP}$ 可以由下式给出：

$$R_{S,SP} = R_{D,SP} + R_{Sub,SP} + R_{C,SP} \tag{2-28}$$

式中，$R_{D,SP}$ 为 n⁻ 漂移区特征电阻（$\Omega \cdot$ cm²）；$R_{Sub,SP}$ 为 n⁺ 衬底特征电阻（$\Omega \cdot$ cm²）；$R_{C,SP}$ 为接触特征电阻（$\Omega \cdot$ cm²）。

漂移区特征电阻 $R_{D,SP}$ 与击穿电压 U_{BR} 的关系式为

$$R_{D,SP} = 5.93 \times 10^{-9} U_{BR}^{2.5} \tag{2-29}$$

式中，$R_{D,SP}$ 的单位为 $\Omega \cdot cm^2$；U_{BR} 的单位为 V。

于是，功率 SBD 的正向压降可以表示为

$$U_F = U_{FS} + U_{n^-} = \frac{kT}{q}\ln\left(\frac{J_F}{J_S}\right) + R_{S,SP}J_F \tag{2-30}$$

式中，$R_{S,SP}$ 为总串联特征电阻（$\Omega \cdot cm^2$）；J_F 为正向电流密度；J_S 为饱和电流密度，可由下式给出：

$$J_S = AT^2 e^{-qU_{bi}/(kT)} \tag{2-31}$$

由式（2-31）可知，J_S 是肖特基势垒高度和温度的函数。随温度的升高和势垒高度 U_{bi} 的降低，J_S 增加，不仅会影响正向压降，而且会严重影响反向漏电流。

将式（2-28）和式（2-31）代入式（2-30），可得功率 SBD 正向压降为

$$U_F = U_{bi} + \frac{kT}{q}\ln\left(\frac{J_F}{AT^2}\right) + (R_{D,SP} + R_{Sub,SP} + R_{C,SP})J_F \tag{2-32}$$

可见，正向压降与势垒高度、温度及电流密度有关。由于上式中对数项为负值，所以，功率 SBD 的正向压降随温度升高而降低，即具有负的温度系数。这虽然有利于降低功耗，但会引起器件内部电流集中。

图 2-29 为功率 SBD 的正向导通特性随关键参数的变化曲线。图 2-29a 显示，正向压降随势垒高度升高而增大，随温度升高而降低。由图 2-29b 显示，饱和电流密度随势垒高度升高而快速下降，随温度升高而明显增加。图 2-29c 显示，对于击穿电压为 50V 的器件，在一定电流密度下，正向压降随势垒高度升高成正比增加，这说明降低势垒高度可降低正向压降。图 2-29d 显示，当势垒高度 U_{bi} 为 0.7V 时，击穿电压 U_{BR} 不同，功率 SBD 的通态特性差异很大。在 100A/cm^2 额定电流密度下，U_{BR} 为 50V 器件，正向压降很低；当 U_{BR} 超过 100V 时，由于 R_{DP} 显著增大，正向压降也随之增加。故在开关电源电路中，通常要求功率 SBD 工作在 100V 以下。

2. 反向击穿特性

当功率 SBD 加上反偏压时，由 n$^-$ 漂移区来承担电压，峰值电场强度位于金属 – 半导体接触处[25]。由于金属层不承担电压，所以功率 SBD 的反向击穿能力可以用突变 pn 结来处理。假设为平行平面结的击穿，则 n$^-$ 漂移区的掺杂浓度 N_D 和宽度 W_D 与击穿电压 U_{BR} 的关系分别为

$$N_D = 2 \times 10^{18} U_{BR}^{-4/3} \tag{2-33}$$

$$W_D = 2.58 \times 10^{-6} U_{BR}^{7/6} \tag{2-34}$$

当然，实际功率 SBD 的击穿电压包括体击穿电压和终端击穿电压。这里主要分析体击穿电压，关于终端击穿电压将在第 7 章介绍。

功率 SBD 的反向漏电流包括三部分：耗尽层的产生电流、中性区载流子的扩散电流及金属 – 半导体接触的热发射电流。由于 Si 肖特基的势垒高度较低，所以，热发射电流是漏电流的主要成分。

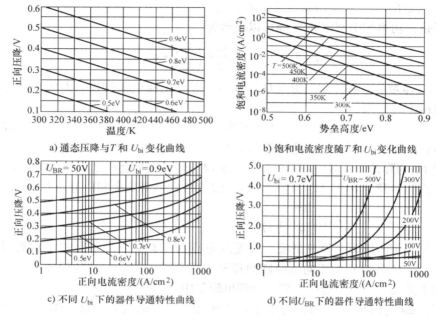

a) 通态压降与 T 和 U_{bi} 变化曲线

b) 饱和电流密度随 T 和 U_{bi} 变化曲线

c) 不同 U_{bi} 下的器件导通特性曲线

d) 不同 U_{BR} 下的器件导通特性曲线

图 2-29 功率肖特基二极管的正向导通特性曲线

根据式 (2-26) 漏电流可表示为

$$J_R = AT^2 e^{-qU_{bi}/(kT)} \left(e^{-qU_R/(kT)} - 1 \right) \tag{2-35}$$

在截止状态下，由于反偏压 U_R 远高于热电压（kT/q），括号中的指数项很小。因此，漏电流主要由饱和电流决定。

$$J_R = -AT^2 e^{-qU_{bi}/(kT)} = -J_S \tag{2-36}$$

实际功率 SBD 的漏电流随外加反偏压增加会急剧增加。一是因为反偏工作时，肖特基势垒镜像力（Image Force）降低导致势垒高度降低；二是因为预击穿时雪崩倍增导致大量自由载流子在高电场下通过肖特基结传输。若考虑镜像力引起的势垒高度降低效应后，SBD 漏电流可由下式给出：

$$J_R = AT^2 e^{-q(U_{bi} - \Delta U_{bi})/(kT)} \tag{2-37}$$

漏电流与势垒高度和温度的关系如图 2-30a 所示。漏电流随温度的升高而急剧增加，随势垒高度增加而下降。所以，为了降低漏电流和断态功耗，需要采用较高的势垒高度。这与低正向压降对低势垒高度的要求正好相反。漏电流随外加反向电压的变化曲线如图 2-30b 所示[25]。若只考虑势垒高度降低的影响，在反向电压 U_R 达到 50V 而接近击穿电压 U_{BR} 时，漏电流比低偏压下增加近 5 倍。考虑势垒高度降低和雪崩倍增两个因素时，在 40V 额定电压下的漏电流比低偏压下的漏电流增加近 1 个数量级。

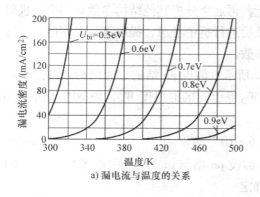

a) 漏电流与温度的关系

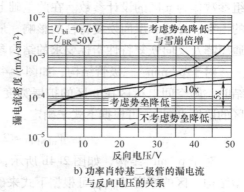

b) 功率肖特基二极管的漏电流
与反向电压的关系

图 2-30　功率 SBD 的反向击穿特性曲线

2.4　功率二极管的设计

功率二极管的应用场合不同，对其性能的要求不同，设计的侧重点也就不同。对于整流用普通功率二极管，需要高击穿电压和低正向压降，以提高通流能力，并降低通态损耗，对反向恢复特性要求不是很高。对于开关用功率二极管，则对其开关速度要求较高，关键是要缩短反向恢复时间，并降低正向压降。对续流用功率二极管，不仅要求有快恢复速度和低正向压降，而且要求有较高的软度。如果要求功率二极管在高频下能超快恢复，则需采用功率肖特基二极管。综上所述，功率二极管设计的关键是在满足击穿电压要求的前提下，通过结构优化或少子寿命控制，以获得快速而且较软的恢复特性，并尽可能降低正向压降。

2.4.1　普通功率二极管的设计

1. 设计考虑

普通功率二极管主要做整流用，设计考虑相对比较简单。主要是保证高电压、大电流及低损耗。通常采用 p^+pn^+ 结构。除了需要采用重掺杂的 p^+ 区和 n^+ 区外，工艺上还需要提高少子寿命，以降低正向压降。

2. 结构设计

普通功率二极管设计的关键是 n 区的设计，必须兼顾击穿特性和导通特性。对于不同的耐压结构，n 区结构参数的选取原则是相同的。通常先根据耐压指标估算出 n^- 区的掺杂浓度和厚度，然后利用模拟软件分析掺杂浓度和厚度变化对击穿电压和导通特性的影响，通过对比分析，找出满足耐压要求、并且导通特性最好的一组参数作为 n 区的设计参数。在此基础上,再逐个分析其他结构参数对功率二极管的击穿、导通和反向恢复特性的影响,最后进行折中考虑,提取满足击穿电压、导通压降及反向恢复特性指标要求的结构参数。

对于 p^+nn^+ 二极管结构,如图 2-4a 所示,假设 pn 结的空间电荷区到达 nn^+ 结时,则空间电荷区在 n 区的扩展宽度 W_D 等于 n 区的厚度 W_n,则 NPT 型结构 n 区的厚度 $W_{n(NPT)}$ 可根据下式来确定:

$$W_{n(NPT)} = 2.6 \times 10^{-6} U_{BD}^{7/6} \tag{2-38}$$

对于 p^+nn^+ 结构,如图 2-4b 所示,假设 pn 结与 nn^+ 结处的电场相同,则 PT 型结构 n 区的厚度 $W_{n(PT)}$ 可根据下式来确定:

$$W_{n(PT)} = 1.6 \times 10^{-6} U_{BD}^{7/6} \tag{2-39}$$

对比式(2-38)和式(2-39),如果两种结构的击穿电压和 n^- 区的掺杂浓度相同,则 $W_{n(PT)}$ 约为 $W_{n(NPT)}$ 的 62%。考虑到 nn^+ 结处的高电场对终端不利,假设 nn^+ 结处电场强度 E_{nn^+} 是 pn 结处峰值电场强度的 1/2,则 PT 结构所需的最小 n^- 区厚度 $W_{n(PT)-min}$ 为 NPT 结构所需厚度 $W_{n(NPT)}$ 的 70%。换言之,如果两种结构 n^- 区的掺杂浓度和厚度相同,则采用 PT 结构的功率二极管可以获得更高的击穿电压。

图 2-31 所示给出了功率二极管的击穿电压 U_{BD} 与其 n 区厚度 W_n 之间的关系[25]。可见,对 NPT 型和 PT 型两种耐压结构而言,在相同的电压下,$W_{n(PT)-min}$ 明显小于 $W_{n(NPT)}$,特别是在高击穿电压下,这种差异更大。两种结构所需的 W_n 厚度不同,意味着其正向压降也有很大的差异。对 1200V 的器件,正向压降可能相差 0.8V,对高压器件,正向压降的差别将更大。

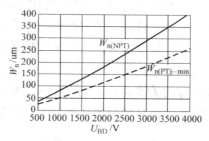

图 2-31　NPT 和 PT 耐压结构的
U_{BD} 与 W_n 之间关系

在实际设计时,考虑到 n 区厚度与掺杂浓度的容差等因素,需要对二极管的厚度作进一步的折中。在多数情况下,因终端击穿电压并不能达到体击穿电压的 100%,故 PT 结构的 W_n 可以按下式来估算:

$$W_{n(PT)} = 2.3 \times 10^{-6} U_{BD}^{7/6} \tag{2-40}$$

对于 1.2kV 以下的功率二极管,由于 n 区较薄,通常采用外延工艺来形成,即在外延片上通过扩散形成 p^+ 阳极区,并对 n^+ 衬底进行减薄即可。对中等电压的整流二极管,若采用常规的外延片,因外延层厚度有限,无法达到设计要求,因此通常采用扩散工艺来实现,需要长时间的高温推进,才能减小 n 区厚度,以获得低的正向压降。除了扩散方法外，另一种方法是采用反外延片，即在 n 区熔单晶衬底上外延一层高掺杂浓度的 n^+ 区作为阴极区，但 n 区的厚度也需要适当减薄，否则会导致正向压降增加。

对于超高压的二极管，必须选择穿通（PT）型结构或场阻止（FS）型耐压结构。例如对于 10kV 的功率二极管，n^- 区的掺杂浓度很低，对应的电阻率大于 $500\Omega \cdot cm$，厚度约为 1mm。这样厚的硅片，很难保证其均匀性，可采用硅-硅直接键合（SDB）工艺来制作。如利用 SDB 工艺将 p^+/n^- 硅片和 $n/n^-/n^+$ 硅片键合在一起，在靠近阴极侧的 n^- 区内实现了一种隐埋的 n FS 层（buried FS layer）结构[28]，隐埋层距阴极侧的深度 d_{FS} 为硅片总厚度的 13%。键合后还可以通过氢注入（类似于质子辐照）并在 $400 \sim 500℃$ 下退火 30min 形成有效的双空位、氧空位等缺陷作为复合中心，以降低少子寿命。从而减小反向恢复时间，并获得低的正向压降。Infineon 公司采用隐埋的 FS 结构开发的 13kV 二极管，在 4kA 电流下的正向压降为 3.1V，并有较软的反向恢复特性。在实际应用中，可将这种超高压的二极管与超高压的非对称晶闸管串联压接在一个管壳内，替代超高压对称晶闸管，以获得更低的通态损耗。

2.4.2　快速软恢复二极管的设计

由于功率二极管导通期间会产生电导调制效应，使得正向压降减小，但同时由于这些少子的存储效应，导致反向恢复时间变长。为了满足高频、大功率应用要求，可通过对结构参数进行优化设计，在击穿特性、通态特性和反向恢复特性之间取得折中，从而获得最佳的综合性能。为了提高击穿电压、降低正向压降，可通过采用缓冲层或 FS 层，以及新的阴极或阳极结构来实现。此外，还可利用局部少子寿命控制技术来协调正向压降、反向恢复时间及软度因子三者之间的矛盾关系。下面介绍快速软恢复二极管（FSRD）各区的设计方法。

1. 缓冲层/FS 层的设计

为了改善反向恢复特性，除了采用低掺杂的阳极区外，还需在 n^+ 阴极区和 n^- 区之间增加一层 n 缓冲层，以改变阴极侧的掺杂浓度分布，从而控制反向恢复期间载流子的抽取速度。对 600V 以下的 FSRD 而言，通常利用外延来形成 n 缓冲层，如图 2-32a 所示。如 APT 公司的 15DQ60B 型快速软恢复二极管就是在 15D60B 型快速软恢复二极管的基础上增加一个 n 缓冲层，使得反向峰值电流和反向恢复电荷降低，反向恢复特性更软。对于 1.2kV 以上器件，通常采用高阻区熔（FZ）硅单晶以降低衬底成本，n 缓冲层通常采用离子注入工艺来形成，如图 2-32b 所示。也可采用场阻止层或软穿通（Soft Punch Through，SPT）结构[29]，如 Infineon 公司的 Emcon4 二极管就是采用薄片工艺实现了一个较深的、低浓度场阻止（deep field stop）层[30]，使得在反向恢复期间，n^-n 结处电场强度减小，载流子的抽取速率减小，从而显著减小高电压振荡，获得更软的恢复特性。图 2-32c 是一种中部高浓度的宽缓冲层（Middle Broad Buffer Layer，MBBL）二极管结构，它是利用外延工艺在 n^- 区形成一个中心处浓度为 N_p，两侧浓度约为 $1/3N_p$ 的类"山"形掺杂浓度分布[31]。这种较宽的"山"形掺杂浓度分布，也可在 FZ 硅单晶片上利用 P 或 As 离子注入来实现[32]。采用 MBBL 结构可以获得快而软的反向恢复特性，并抑制反向高电压的振荡。将 MBBL 结构与质子辐照技术结合，可进一步降低反向峰值电流，抑制高压振荡。

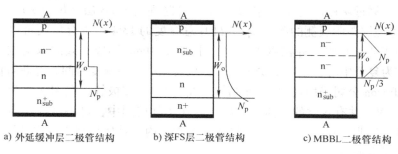

a) 外延缓冲层二极管结构   b) 深 FS 层二极管结构   c) MBBL 二极管结构

图 2-32   具有不同缓冲层或 FS 层的二极管结构

2. 阳极区的设计

功率二极管阳极区的设计，首先要考虑降低阳极的注入效率，以协调通态特性与反向恢复特性之间的矛盾关系。此外，还需考虑功率二极管安全工作区及可靠性等因素。降低阳极掺杂浓度，不仅可以降低阳极注入效率，缩短反向恢复时间，而且可使 pn 结压降减小，有利于降低器件的正向压降。如采用 IDEE 阳极结构，可使阳极注入效率随电流密度升高而增大，不仅可以改善功率二极管的反向恢复特性，还可降低高电流密度下的正向压降，提高功率二极管抗浪涌电流的能力。此外，对阳极区进行局部寿命控制，如采用图 2-11b 所示 FSA 结构，使复合中心位于反偏 pn 结空间电荷区之外的中性阳极区，就可降低高温漏电流[33]。

3. 辅助门极的设计

除了对快恢复二极管的 n 缓冲区、阳极区及阴极区进行优化设计外，还可以在阴极侧增加一个控制极，形成门极控制二极管（Gate Controlled Diode，GCD）[34]。如图 2-33 所示，它是利用台面工艺将 p^+ 门极区从 n^+ 阴极区中分离，并形成独立的门极接触。

GCD 反向恢复期间，通过在门极上加一正向电流脉冲来改善其反向恢复特性，如图 2-34 所示。当 GCD 的反向恢复峰值电流开始下降时，在门极上加一个很小的正电流脉冲，向 n^- 区中注入空穴，以延长反向恢复末期的拖尾电流，从而获得较软的反向恢复特性。脉冲宽度 t_{pulse}、延迟时间 t_{delay} 及门极电流幅度 I_G 都会影响

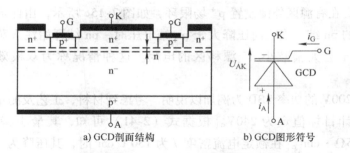

a) GCD剖面结构　　　　b) GCD图形符号

图 2-33　GCD 的剖面结构及图形符号

GCD 的反向恢复特性。如果在 GCD 的门极上加 5V 或 6V 电压，可获得幅值为 300A 的门极电流 I_G，于是可关断 1300A 的通态平均电流，并且有较软的反向恢复特性。

采用门极控制技术虽然可以得到较好的特性，但增加了门极控制电路及其功耗。当然，GCD 也可以采用与 GCT 相同的驱动方式，将门极驱动电路通过印制电路板与 GCD 做在一起，形成集成化

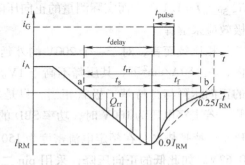

图 2-34　GCD 门极脉冲及其对应的
反恢复特性曲线

的 GCD（IGCD）。用 IGCD 与 IGCT 反并联可替代串联 IGCT 的吸收网络，实现对称的静态与动态均压，同时反并联的 IGCD 还可以减小 IGCT 的关断损耗。

2.4.3　功率肖特基二极管的设计

功率肖特基二极管的设计关键是 n⁻ 区的设计及肖特基结材料的确定。比如对于硅功率 SBD，当击穿电压为 240V 时，按最低导通电阻设计，则 n⁻ 漂移区的掺杂浓度为 $1.1 \times 10^{15} \sim 1.5 \times 10^{15}\ \mathrm{cm^{-3}}$，厚度为 11 ~ 13μm。当有源区面积为 0.01cm² 时，导通电阻约为 0.45Ω。若按 NPT 结构设计，则 n⁻ 漂移区掺杂浓度为 $1.34 \times 10^{15}\ \mathrm{cm^{-3}}$，厚度为 15μm，导通电阻约为 0.5Ω。

由式（2-29）可得到功率肖特基二极管最小特征导通电阻 $R_{\mathrm{S,SPmin}}$（Ω·cm²）为[1]

$$R_{\mathrm{S,SPmin}} = 0.9R_{\mathrm{D}} = 5.33 \times 10^{-9}U_{\mathrm{BR}}^{2.5} \tag{2-41}$$

对实际的功率 SBD 而言，利用式（2-41）设计的特征导通电阻值与实际测试值有偏差，且实际测试值小于理论设计值。因为在功率 SBD 制作时，为了提高击

穿电压，需要在有源区外围设置 p$^+$ 场限环，如图 7-15c 所示，由此形成一个与肖特基结并联的 pn 结，当正向压降大于 pn 结电压时，pn 结开始注入载流子，注入的少数载流子会大幅减小 n$^-$ 漂移区的电阻。这种情况称为双极效应（Bipolar Effect）。

下面以 200V 的功率 SBD 为例加以说明。考虑到材料、工艺及测量误差，将击穿电压的设计目标值定为 240V。根据式（2-41）可知，其最小特征导通电阻 $R_{S,SPmin} = 4.5\Omega \cdot cm^2$。在额定电流密度 J 为 150A/cm^2 时，其压降为 0.68V。所采用的肖特基接触材料为 PtSi，其阈值电压 U_{TO} 为 0.5V。因此正向压降 $U_F = U_{TO} + R_{S,SPmin}J = 1.18V$。而实际测量的正向压降 $U_F < 0.9V$。这个偏差可用上面提到的双极效应来解释。

相比较而言，对于一个 200V 的外延 pin 二极管，结电压在 0.7 ~ 0.8V 的范围内，在 150A/cm^2 下，其压降不高于 1V。可见，对于 200V 器件，采用 pin 二极管的正向压降与肖特基二极管相当。只是外延 pin 二极管开关速度低于肖特基二极管。若击穿电压为 100V 时，功率 SBD 的特征导通电阻 $R_{S,SP} = 8.2\Omega \cdot cm^2$。仍采用 PtSi 肖特基势垒，在额定电流密度为 150A/cm^2 时，其正向压降 $U_F = U_{TO} + R_{S,SP}J = 0.62V$。如此低的正向压降，采用 pin 二极管是无法达到的。可见，与 pin 二极管相比，功率 SBD 在 200V 以下可显现出其优越性。

2.5 功率二极管的应用与失效分析

2.5.1 安全工作区及其限制因素

1. 安全工作区

功率二极管的安全工作区（SOA）是由极限工作电流、电压及功耗决定的。最高电压受制于反向重复峰值电压 U_{RRM}，最大电流由浪涌电流 I_{FSM} 决定。不论是导通期间浪涌电流通过时产生的功耗，还是反向恢复期间，受电路寄生电感的影响，阳极电压出现过冲诱发动态雪崩而产生的功耗，都必须低于功率二极管所允许的最大功耗，或工作结温低于最高结温 T_{jm}。

图 2-35 所示为功率二极管的安全工作区。在任何工作条件下，二极管中通过的电流必须低于峰值电流 I_M、工作电压必须低于击穿电压 U_{BD}、产生的功耗必须低于峰值功耗。否则，功率二极管就会有失效的风险。但在实际制作或使用中，不论是受工艺或材料参数影响，还是因动态雪崩出现了电流集中或功耗过大，都会导致二极管的 SOA 缩小。在反向恢复期间，由于 di/dt 过高，引起过高的反向恢复电

压，易诱发动态雪崩，产生很高的额外损耗，超过安全恢复区会导致二极管失效。因此，快速软恢复二极管的 SOA 远小于普通功率二极管的 SOA。通常用反向恢复期间二极管所承受的峰值功耗来衡量其 SOA。为了保证二极管能安全恢复，要求二极管反向恢复期间的峰值电流、尖峰电压及功耗必须限制在图 2-35 中由 I_{RM}、U_{RM} 及 P_{RM} 构成的安全恢复区内。

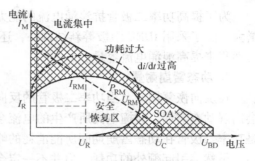

图 2-35　功率二极管的 SOA

2. 浪涌电流容量

功率二极管导通期间，当浪涌电流（Surge Current）通过时会产生很高的功耗，由此引起的温升低于二极管所允许的最高结温时，则说明该二极管承受浪涌电流的能力较强。如图 2-36 所示，功率二极管的动态 $I-U$ 特性是浪涌电流密度 J_{FSM} 的函数。随电流密度增加，曲线位于静态特性附近，并且电流密度越高，产生的压降越大，功耗就越高。对于不同的结构二极管，为了评价其承受浪涌电流的能力，通常在 10ms 的时间内加上脉宽为 1~2s 的正弦电流脉冲，使 J_{FSM} 由 500A/cm² 增加到 2kA/cm²，通过测量给定电流脉冲下的动态 $I-U$ 特性，就可预测二极管在浪涌电流下是否会引起失效。图 2-37 给出了 IDEE-CIBH 二极管与普通 pin 二极管在 10ms 半正弦脉冲期间动态 $I-U$ 特性的比较[7]。可见，当浪涌电流 I_{FSM} 从额定电流 $I_{F(AV)}$ 的 5 倍增至 10 倍时，IDEE-CIBH 二极管的导通特性明显优于普通 pin 二极管。这说明采用 IDEE-CIBH 二极管结构有利于提高功率二极管的浪涌电流容量。

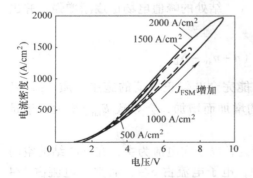

图 2-36　功率二极管的动态 $I-U$ 特性

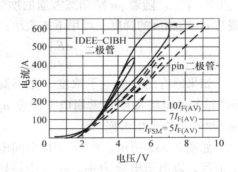

图 2-37　IDEE-CIBH 二极管与常规 pin 二极管的动态 $I-U$ 特性比较

为了提高功率二极管抗浪涌电流的能力，要求阳极注入效率随电流密度增加而增大。除了采用 IDEE 阳极等新结构外，还可通过采用厚金属化电极或增加压焊点的面积来提高浪涌电流容量。

3. 动态雪崩耐量

在反向恢复期间，当功率二极管的反向尖峰电压超过 pn 结的雪崩击穿电压时，会出现动态雪崩，碰撞电离所产生的电流会导致其功耗显著增加。动态雪崩耐量就是功率二极管在动态雪崩期间所能消耗的峰值功率密度。功率二极管发生动态雪崩后，虽然会引起额外的功耗，但并不一定会损坏二极管，除非阳极与阴极双侧均发生雪崩击穿，引起电流集中。

如图 2-38a 所示，当阳 - 阴极间的反向电压很高时，pn 结会发生雪崩击穿。雪崩产生大量的电子 - 空穴对，在耗尽层电场的作用下，其电子向阴极侧漂移，空穴向阳极侧漂移，导致阳极 pn 结处的载流子浓度增加，于是峰值电场强度增大，此处的电场梯度分布变得很陡（图中 a 段），可用下式来表示：

$$\frac{\mathrm{d}E}{\mathrm{d}x}\bigg|_{x=pn} = \frac{q}{\varepsilon}(N_\mathrm{D} + p + p_\mathrm{av}) \tag{2-42}$$

式中，q 为电子电荷；ε 为介电常数；N_D 为 n^- 区正施主电荷；p 为自由空穴浓度；p_av 为雪崩产生的空穴浓度。

在离 pn 结稍远的 n^- 区中，因电子浓度 n_av 增加，补偿了其中原有的空穴浓度 p，导致此处电场梯度变缓（图中 b 段），可用下式来表示：

$$\frac{\mathrm{d}E}{\mathrm{d}x}\bigg|_{x>pn} = \frac{q}{\varepsilon}(N_\mathrm{D} + p + p_\mathrm{av} - n_\mathrm{av}) \tag{2-43}$$

式中，n_av 为雪崩产生的电子浓度。

在等离子区边沿处，电场强度必须为零，所以此处的电场梯度分布又变陡（图中 c 段）。随着 pn 结动态雪崩的增强，nn^+ 结处的峰值电场也逐渐增强，并出现与 pn 结相反的梯度，可用下式表示：

$$-\frac{\mathrm{d}E}{\mathrm{d}x}\bigg|_{x=nn^+} = \frac{q}{\varepsilon}(n + n_\mathrm{av} - N_\mathrm{D}) \tag{2-44}$$

如果原有的自由电子浓度 n 足够高，能完全补偿正电荷的施主杂质 N_D，则 nn^+ 结处的电场梯度随雪崩电子浓度 n_av 的增加而增加，会导致 E_{nn^+} 增大，于是 nn^+ 结处也会发生雪崩。

如图 2-38b 所示，在 pn 结的空间电荷区，以空穴电流为主；在 nn^+ 结的空间电荷区，以电子电流为主。在 n 中性区中，电子电流占 3/4，而空穴电流占 1/4（由于 $\mu_\mathrm{n} \approx \mu_\mathrm{p}$，即 $i_\mathrm{n} \approx 3i_\mathrm{p}$），即电子电流 i_n 大于空穴电流 i_p，所以增加了 nn^+ 结处的雪崩载流子与雪崩电流，大量的雪崩载流子使得 nn^+ 结的空间电荷区变窄，E_{nn^+} 进一步提高。当 E_{nn^+} 达到临界击穿电场强度时，nn^+ 结也会发生雪崩击穿。

于是极高电流密度在阴极侧的局部区域内产生，触发二极管热损坏，引起局部失效。因此，抑制 E_{nn+} 有利于减小雪崩电流，提高动态雪崩耐量和可靠性。

为了提高功率二极管的动态雪崩耐量，可从以下几方面考虑：一是通过降低阳极发射效率、控制少子寿命来改善正向导通时 n 区的载流子浓度分布；二是改善二极管电流分布均匀性，不仅要保证工艺和材料参数变化最小，防止局部出现电流集中，而且需要改善终端结构，避免有源区和终端连接处局部出现电流集中或发生动态雪崩；三是采用 CIBH 或 FCE 二极管结构有效抑制 n^-n 结电场[36]，避免 nn^+ 结在强场下发生雪崩碰撞电离。四是采用双质子辐照（即二极管的阳极和阴极都采用质子辐照），具有较高的动态雪崩耐量和超软的反向恢复特性。比如，采用双质子辐照的 4.5kV FRD，在 125℃、$U_{DC} = 3.2kV$ 电压下关断 90A/cm² 正向电流时，反向恢复电流密度最大值为 270A/cm²，过电压 U_{RM} 为 4kV，由动态雪崩产生峰值功率密度（$J_{rr} \cdot U_{RM}$）可达 $1MW/cm^{2[35]}$。

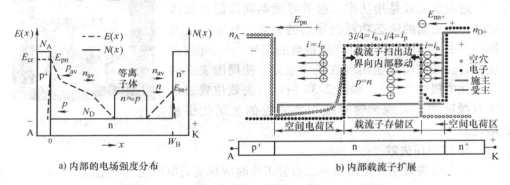

a) 内部的电场强度分布   b) 内部载流子扩展

图 2-38　功率二极管发生双侧雪崩时内部电场强度分布与载流子的扩展

2.5.2　失效分析

功率二极管损坏包括过热失效、过电流失效、过电压失效，以及动态雪崩引起的失效。

1. 过热失效

过热失效是指功率二极管工作时产生的功耗引起结温升高，超过器件所允许的最高结温 T_{jm}，导致器件发生热击穿。过热失效与器件的工作温度有关。通常用一个本征温度 T_{int} 来预测温度升高时器件内部的失效机理。T_{int} 是指当热产生导致温度升高时的载流子浓度 $n_i(T)$ 等于衬底掺杂浓度 N_D 时的温度。当温度高于 T_{int} 时，载流子浓度随温度按指数增长，热产生成为主导因素。T_{int} 与本底掺杂浓度有关，一般高压器件（N_D 约为 $10^{13} cm^{-3}$）的 T_{int} 要比低压器件（N_D 约为 $10^{14} cm^{-3}$）低得多。由于受材料、工艺等因素的影响，器件 T_{jm} 通常远小于 T_{int}。

　　由于实际器件并非工作在热平衡状态下，所以还需考虑器件工作模式与温度的关系。如导通状态由浪涌电流产生的功耗，截止状态由漏电流引起的功耗，反向恢复期间由高反向电压产生的功耗，这些功耗均会导致器件的工作温度升高，并引起温度与电流之间出现正反馈，器件最终发生热击穿。所以，热击穿发生的条件是，热产生的功率密度大于由器件封装系统所决定的耗散功率密度。为了避免器件热失效，通常将其工作温度限制在 T_{jm} 以下。

　　过热失效通常表现为器件出现局部熔化。如果局部温度过高，发生在点状区域内，还会导致管芯产生裂纹。如果功率二极管的工作频率很高，在断态和通态之间高频转换，会产生很大的功耗，此时器件的过热失效形貌可能会不同。随着温度的升高，首先是阻断能力丧失，几乎所有的平面终端器件都会在边缘处发生击穿。因此，损坏点通常位于器件的边缘处，或至少是边缘的一小部分。

2. 过电流失效

　　过电流失效是指功率二极管导通期间浪涌电流通过时产生很高的通态功耗而导致的失效。在浪涌电流期间，由大电流和高压降产生很高的损耗[37]，导致温度上升。最高温度会出现在压焊点处，使周围表面的金属化电极熔化[38]。如图 2-39 所示，失效位置通常在有源区内，表现为键合线引脚附近的金属化层被熔化。

图 2-39　过电流引起的
二极管失效图例

3. 过电压失效

　　过电压失效主要是由功率二极管工作时所承受的电压超过额定电压所致的。过电压引起的损坏通常出现在结边缘终端区[1]。对于 1.7kV 二极管而言，过电压引起的损坏点位于有源区与终端区第一个场限环之间，如图 2-40a 所示。这是由于该处的高电场强度所致。从失效形貌来看，损坏点较小，说明失效点并没有通过大电流，可能是由于器件使用中两端所加电压超过额定电压所致，也可能是器件制造过程中引入的缺陷所致。如图 2-40b 所示，对 3.3kV 二极管，过电压导致大部分有源区和部分结终端区被烧毁，说明失效后有大电流流过。因此，可认为破坏点首先出现在终端区，然后延伸至有源区的键合线。

4. 动态雪崩导致的失效

　　功率二极管反向恢复期间发生动态雪崩后引起电流集中，会导致功率二极管局部失效。图 2-41 给出了功率二极管因动态雪崩引起的失效波形与图例。由图 2-41a 可见，当功率二极管流过 360A 的 I_{RM}（对应的电流密度约为 400A/cm²）后，在 200ns 内反向电压已升到 2kV，此后不久便失效了。如图 2-41b 所示，动态雪崩引起的失效发生在有源区，有一个小的熔化通道，并伴随有裂纹，裂纹呈 60° 角分布，这与点状应力作用于 <111> 晶向的硅片所致的破坏一致。说明在很小的区域

 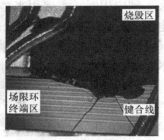

a) 1.7kV二极管失效图例　　　　　　　b) 3.3kV二极管失效图例

图 2-40　过电压引起的功率二极管失效图例

内存在电流集中，并且电流密度和温度极高。

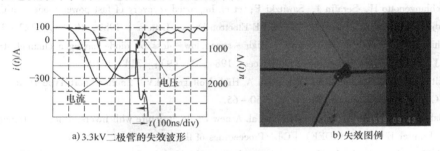

a) 3.3kV二极管的失效波形　　　　　　　b) 失效图例

图 2-41　功率二极管因动态雪崩引起的失效波形与图例

此外，由于材料或工艺均匀性等问题（如存在缺陷、扩散均匀性、寿命控制和电极接触等），在很小面积内通过很大的电流时，也会引起失效。比如掺金二极管在高反向尖峰电压下会直接失效，就是因为金扩散引起非均匀的寿命分布而导致器件内部很小的面积内发生了雪崩击穿。

2.5.3　特点与应用范围

1. 特点

普通功率二极管导通期间存在电导调制效应，因而具有正向压降低、击穿电压高等优点，同时也存在反向恢复时间较长、工作频率较低（<1kHz）等缺点。

功率肖特基二极管是一种多子器件，导通期间无少子存储效应，故正向压降低，工作频率高，热稳定性好，工作温度高达 150~175℃，但反向耐压较低。

肖特基-pin 复合二极管结合了功率肖特基二极管和 pin 二极管两者的优点，具有正向压降低、导通电流密度高及反向击穿电压较高等优点。

2. 应用范围

功率二极管几乎在所有电力电子电路中都起到重要作用，可用于整流、开关及续流电路。在工频应用时，主要用来整流；作为快速开关应用时，可用于开关电源、不间断电源（UPS）及交流电动机；在逆变电路中，与晶闸管、GTO、GCT 及 IGBT 等主器件反并联使用。普通功率肖特基二极管只适合低压（<100V）、小电流和高频率的场合。功率 pin 二极管可用于电压在 200V 以上的电力电子电路中。

参 考 文 献

[1] Lutz J, Schlangenotto H, Scheuermann U, et al. Semiconductor Power Devices Physics, Characteristics, Reliability [M], Heidelberg Dordrecht London New York: Springer, 2011.

[2] Benda V, Gowar J, Grant D A. Power Semiconductor Device Theory and Application [M]. England: Johy willey & Sons, 1999.

[3] Infineon. 功率模块应用手册. 2007.

[4] Schlangenotto H, Serafin J, Sawitzki F, et al. Improved recovery of fast power diodes with self-adjusting p emitter efficiency [J]. IEEE Electron Device Letters., 1989, 10 (7): 322 - 324.

[5] Shimizu Y, Naito M, Murakami S. High - speed low - loss pn diode having a channel structure [J]. IEEE Transaction on electron devices, 1984, 31 (9): 1314 - 1319.

[6] Kitagawa M, Matsushita K, Nakagawa A. High Voltage (4kV) Emitter Short Type Diode (ESD) [C]//Proceedings of the ISPSD'92: 60 - 65.

[7] Baburske R, Lutz J, Schulze H J, et al. A new Diode Structure with Inverse Injection Dependency of Emitter Efficiency (IDEE) [C]//Proceedings of the ISPSD'2010: 165 - 168.

[8] Matthias S, Vobecky J, Corvasce C, et al. Field Shielded Anode (FSA) Concept Enabling Higher Temperature Operation of Fast Recovery Diodes [C]//Proceedings of the ISPSD'2011: 88 - 91.

[9] Satoh K, Nakagawa T, Morishita K, et al. 4. 5kV Soft Recovery Diode With Carrier Stored Structure [C]//Proceedings of the ISPSD'98: 313 - 316.

[10] Kopta A, Rahimo M. The field charge extraction (FCE) diode: A novel technology for soft recovery high voltage diodes [C]//Proceedings of the ISPSD'2005: 83 - 86.

[11] Chen M, Lutz J, Domeij M, et al. A novel diode structure with controlled injection of backside holes (CIBH) [C]//Proceedings of the ISPSD'2006: 1 - 4.

[12] Masuoka F, Nakamura K, Nishii A, et al. Great impact of RFC technology on fast recovery diode towards 600 V for low loss and high dynamic ruggedness [C]//Proceedings of the ISPSD'2012: 373 - 376.

[13] Rahimo M T, Shammas N Y A. Freewheeling diode reverse - recovery failure modes in IGBT applications [J]. IEEE Transactions on Industry Applications, 2001, 37 (2): 661 - 670.

[14] Porst A, Auerbach F, Brunner H, et al. Improvement of the Diode Characteristics Using Emitter - Controlled Principles (EMCON - Diode) [C]//Proceedings of the ISPSD'97: 213 - 216.

[15] Humbel Oliver. Application - Specific Improvements on Fast Recovery 4. 5kV Press - Pack Rectifiers. [D], Technische Wissenschaften ETH Zürich, Nr. 13773, 2000.

[16] Norbert Galster, Mark Frecker, Eric Carroll. Application - Specific Fast - Recovery Diodes: Design and Performance [C]//Proceedings of the PCIM'98.

[17] Baburske R, Lutz J, Schulze H J, et al. The trade – off between surge – current capability and re-verse – recovery behavior of high voltage power diodes [C]//Proceedings of the ISPS'2010: 87 – 92.

[18] Chen X – B. Semiconductor power devices with alternating conductivity type highvoltage breakdown regions: US, Patent 5 216 275 [P], 1993 – 6 – 1.

[19] Shankar Sawant, Baliga B J. 4kV Merged PiN Schottky (MPS) Rectifiers [C]//Proceedings of the ISPSD'98: 297 – 300.

[20] Baliga B J. Analysis of a high – voltage merged p – i – n/Schottky (MPS) rectifier [J]. IEEE Electron Device Letters, 1987, 8 (9): 407 – 409 .

[21] Chang H R, Winterhalter C, Gupta R, et al. 1200V, 50A Trench Oxide PiN Schottky (TOPS) diode [C]//Proceedings of the IAS'1999: 353 – 358.

[22] Mori M, Yasuda Y, Sakurai N, et al. A novel soft and fast recovery diode (SFD) with thin p – layer formed by Al – Si electrode [C]//Proceedings of the ISPSD'1991: 113 – 117.

[23] Khemka V, Zhu R, Khan T, et al. Bipolar Schottky rectifier: A novel two carrier Schottky recti-fier based on superjunction concept [C]//Proceedings of the ISPSD'2009: 92 – 95.

[24] Baliga B J . The pinch rectifier: A low forward – dorp, high – speed power diode [J]. IEEE Elec-tron Device Letters, 1984, 5 (6): 194 – 196.

[25] Baliga B J. Fundamentals of Power Semiconductor Devices [M]. Springer, 2008.

[26] Nemoto M, Otsuki M, Kirisawa M, et al. Great improvement in IGBT turn – on characteristics with Trench oxide PiN Schottky (TOPS) diode [C]//Proceedings of the ISPSD'2001: 307 – 310.

[27] Mori M, Kobayashi H, Yasuda Y. 6. 5 kV Ultra soft & fast recovery diode (U – SFD) with high reverse recovery capability [C]//Proceedings of the ISPSD'2000: 115 – 118.

[28] Niedernostheide F J, Schulze H J, Kellner – Werdehausen U, et al. 13 – kV rectifiers: studies on diodes and asymmetric thyristors [C]//Proceedings of the ISPSD'2003: 122 – 125.

[29] Laska T, Lorenz L, Mauder A. The Field Stop IGBT Concept with an Optimized Diode [C]//Proceedings of the PCIM'2000: 1 – 7.

[30] Hille F, Bassler M, Schulze H, et al. 1200V Emcon4 freewheeling diode – a soft alternative [C]//Proceedings of the ISPSD'2007: 109 – 112.

[31] Nemoto M, Naito T, Nishiura Akira, et al. MBBL diode: a novel soft recovery diode [C]//Pro-ceedings of the ISPSD'2004: 433 – 436.

[32] Mizushima T, Nemoto M, Kuribayashi H, et al. Inhibiting effect of middle broad buffer layer di-ode using hydrogen – related shallow donor on reverse recovery oscillation [C]//Proceedings of the ISPSD'2010: 115 – 118.

[33] Sven Matthias, Arnost Kopta, Munaf Rahimo, et al. 3300V HiPak modules for high – temperature applications [C]//Proceedings of the PCIM'2011.

[34] Bhalerao P. Characterization of Gate Controlled Diodes for IGCT Applications [D]. Universitätsbib-liotbek, 2008.

[35] Humbel O, Galster N, Bauer F, et al. 4. 5 kV – fast – diodes with expanded SOA using a multi –

energy proton lifetime control technique ［C］//Proceedings of the ISPSD'1999: 121 –124.

［36］ Lutz J, Baburske R, Chen M, et al. The nn + –junction as the key to improved ruggedness and soft recovery of power diodes ［J］. IEEE transactions on electron devices, 2009, 56 (11): 2825 –2832.

［37］ Hunger T, Schilling O, Wolter F. Numerical and experimental study on surge current limitations of wire –bonded power diodes ［C］//Proceedings of the PCIM'2007.

［38］ Heinze B, Baburske R, Lutz J, et al. Effects of metallization and bondfeets in 3. 3kV free – wheeling diodes at surge current conditions ［C］//Proceedings of the ISPSD'2008: 223 –228.

第3章 晶闸管及其集成器件

晶闸管（thyristor）是 1957 年由美国通用电气公司开发成功的一种大功率半导体器件，早期称为可控硅（Silicon Controlled Rectifier，SCR），它不仅有定向导通的特性，而且对导通电流有可控的特性。本章简述了晶闸管及其集成器件（GTO、IGCT、ETO 及 MTO）的结构类型、工作原理与特性，设计方法及应用可靠性，重点介绍了 IGCT 的透明阳极、波状基区及硬驱动等技术。

3.1 普通晶闸管结构

3.1.1 结构类型

1. 结构分类

晶闸管是一种包括 pnpn 四层或更多半导体层的三端可控开关，能从断态转变为通态或由通态转变为断态的双稳态器件。它用很小的电流就可以控制很大的电流，从而使半导体器件由弱电扩展到强电领域。并由此派生出许多新型器件，形成了一个家族。因此，晶闸管的分类有多种。

按控制信号来分，晶闸管可分为电控晶闸管、光控晶闸管和温控晶闸管。按结构来分，它可分为普通晶闸管、非对称晶闸管、快速（或高频）晶闸管、双向晶闸管、逆导晶闸管、门极关断晶闸管、发射极关断晶闸管、MOS 关断晶闸管及集成门极换流晶闸管等。按电压容量来分，它

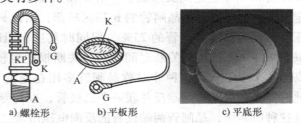

a) 螺栓形　　b) 平板形　　c) 平底形

图 3-1　晶闸管的金属封装结构示意图

可分为低压晶闸管、中压晶闸管、高压晶闸管及超高压晶闸管。按功率容量来分，它可分为大功率晶闸管、中功率晶闸管和小功率晶闸管三种。按封装形式来分，它可分为金属封装晶闸管、塑料封装晶闸管和陶瓷封装晶闸管三种类型。通常高压或超高压、大功率晶闸管均采用金属壳封装，而低压和中、小功率晶闸管多采用塑料封装或陶瓷封装。其中，金属封装晶闸管又分为螺栓形、平板形、平底形等多种，如图 3-1 所示。

2. 基本结构

晶闸管的基本结构及电路图形符号如图 3-2 所示[1]，它是一个四层三结三端的器件，n_1 基区较厚，也称为长基区，p_2 基区较薄，也称为短基区；p_1 区为阳极区，底部为阳极 A（Anode）；n_2 区为阴极区，上部为阴极 K（Cathode）、控制极为门极 G（Gate），从 p_2 基区引到表面。由 $p_1 n_1 p_2 n_2$ 四层形成的三个 pn 结分别称为 J_1（$p_1 n_1$）结、J_2（$p_2 n_1$）结和 J_3（$p_2 n_2$）结。由于该晶闸管的 p_1、p_2 区以 n_1 区为对称，也称为对称晶闸管（Symmetry Thyristor）。图 3-2b 所示为晶闸管的电路图形符号。

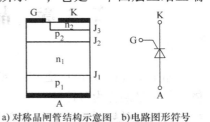

a) 对称晶闸管结构示意图　b) 电路图形符号

图 3-2　晶闸管的基本结构与
电路图形符号

制作对称晶闸管常用的工艺流程：选择 n 型高阻硅衬底→双面铝（镓）扩散形成 p 区→氧化→正面光刻→磷扩散形成 n^+ 发射区→烧结→蒸铝→反刻→合金→磨角保护→封装测试。

3. 派生结构

（1）非对称晶闸管　如图 3-3 所示，非对称晶闸管（Asymmetry Thyristor）是一个五层四结三端的器件。与对称晶闸管结构相比，其 n_1 基区与 p_1 阳极区之间增加一 n 缓冲层（Buffer Layer），使得 n_1 区两侧不再对称，故称之为非对称晶闸管。在原有三个 pn 结的基础上，n 缓冲层和 n_1 基区之间又形成了一个 $n^- n$ 高低结。在相同的电压额定值下，由于非对称晶闸管的 n 基区较薄，因此具有更低的通态压降，仅为普通晶闸管的 25%，但同时其反向阻断能力也降低，只有 20～30V，并且关断时间较短，关断损耗也较小，可以在更高的频率下工作。这种非对称晶闸管多用在逆变和斩波电路中，

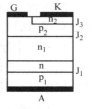

图 3-3　非对称
晶闸管结构

此时需要在晶闸管两端反并联一个二极管，以传导晶闸管电路中的反向负载电流。在这种电路中，晶闸管两端仅有的反向电压由该二极管的通态压降再加上由杂散电感引起的电压分量 $L_s \mathrm{d}i/\mathrm{d}t$ 两部分组成。除了频率很高的情况外，在多数情况下，这个电压值可限制在 30V 以下。因此，在逆变和斩波电路中所用的晶闸管，不需要很高的反向阻断能力，非对称晶闸管就是最佳选择。

制作非对称晶闸管常用的工艺流程：选择 n 型高阻硅衬底→双面铝（镓）扩散形成 p 区→磨去一侧 p 扩散→磷扩散形成 n 缓冲层→氧化→正面光刻→磷扩散形成 n^+ 发射区→背面硼扩散形成阳极→烧结→蒸铝→反刻→合金→磨角保护→封装测试。

在非对称晶闸管中，n 缓冲层的掺杂在很大程度上是由其所承受的反向电压来决定的。例如要求反向电压为 30V 时，掺杂量取 $2 \times 10^{16} \mathrm{cm}^{-3}$ 比较合适。由于所需

的掺杂剂量低于普通的扩散工艺，因此需要对扩散条件进行特殊控制，如采用低温预沉积与再分布或外延工艺来形成[2]。此时缓冲层相当于场阻止（FS）层。超高压晶闸管的场阻止层浓度比 n 缓冲层更低[3]，除了采用低温预沉积外，还可采用离子注入工艺形成，也可采用硅片键合（SDB）工艺实现[4,5]。此外，将高压非对称晶闸管和高压二极管串联，通过压接式封装成对称结构，可以同时满足正、反向耐压的要求。

（2）逆导晶闸管　如图 3-4 所示[3]，逆导晶闸管（Reverse Conducting Thyristor, RCT）是由一个晶闸管和一个二极管反并联地集成在同一个芯片上[2]，并且晶闸管与二极管共用同一个 n_1 基区，中间有一个电阻隔离区，将晶闸管的 p_2 基区和二极管 p 阳极区部分隔开。晶闸管通常处于圆形芯片的中央，二极管处在圆形芯片外围，这种布局有利于简化结终端斜角造型。

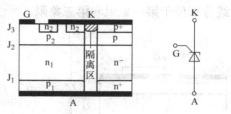

a) 逆导晶闸管结构示意图　　b) 电路图形符号

图 3-4　逆导晶闸管（RCT）的结构及电路图形符号

由于 RCT 无反向阻断能力，所以 p 阳极区可以做得较薄，也可在阳极区设置短路点，以降低阳极 pnp 晶体管的电流放大系数。此外，进一步减薄 n 基区厚度，可使器件在给定的少子寿命下有较低的通态损耗。由图 3-4b 可见，集成二极管的阳极与晶闸管的阴极共用，阴极与晶闸管的阳极共享。

RCT 制作工艺与普通晶闸管相似，集成二极管的阴极区与非对称晶闸管的阴极区可在双面光刻后通过磷扩散同时形成。晶闸管与集成二极管之间的隔离区可通过腐蚀挖槽来实现，同时还需对隔离区进行少子寿命控制，也可在晶闸管 n_2 发射区靠近二极管的边缘区域增加一个环形的短路区，以消除两个器件之间非平衡载流子的互相影响，提高换流的可靠性。可见，RCT 的工艺成本要比普通晶闸管高。

RCT 主要用于电力机车牵引。在逆变电路中，用 RCT 代替一个晶闸管和一个反并联的续流二极管，可节约器件的封装成本和散热器，并减小电路中互连线的电感，从而改善器件的静动态特性及其整个电路的性能。反并联的二极管导通后将晶闸管的反向电压限制在 $1\sim2V$，可避免高电压的冲击。但是，当二极管处于反向恢复时，晶闸管两端具有很高的 $\mathrm{d}u/\mathrm{d}t$。这时需用很大的 RC 吸收电路来抑制瞬态电压。随着 RCT 的应用范围扩展到较高频率，高反向恢复电荷导致关断过程产生较高的功耗，所以，存储电荷显得越来越重要。

（3）双向晶闸管　双向晶闸管是指三端交流开关（Triode AC Switch，简称 TRIAC），是将两只晶闸管反并联地集成在同一个硅片上，并且不再区分阴极和阳极，而用"主端子 1 即 MT1"和"主端子 2 即 MT2"分别来表示，其剖面结构及电路图形符号如图 3-5a 所示。可以用同一个门极来控制正向和反向电流，既能使它阻断，也能使它导通。因此双向晶闸管是一种非常灵活的交流控制开关。

ABB 公司开发的双向控制晶闸管（Bidirectional Control Thyristor，BCT）也是将两只晶闸管反并联的集成在同一个硅片上，但各自具有分立的门极，其剖面结构及电路图形符号如图 3-5b 所示[6]。BCT 中的两个晶闸管完全对称，中间的隔离区将两个晶闸管完全分开。其中晶闸管 A（ThA）的 p 基区由浅 p 基区与深 p 基区两部分组成，它又相当于晶闸管 B（ThB）的阳极区。两个门极 G_A 和 G_B 分别控制晶闸管 A 和晶闸管 B。这两种双向晶闸管正、反向均有导通和阻断能力，其 $I-U$ 特性曲线分别位于第一象限和第三象限。

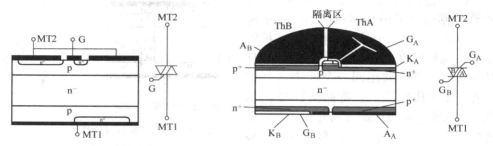

a) TRIAC的结构及电路图形符号　　　　　　b) BCT的结构示意图及电路图形符号

图 3-5　双向晶闸管的结构及电路图形符号

由于 BCT 的结构完全对称，可采用完全对称的工艺来实现。当然，也可以用硅-硅直接键合工艺来实现，电极的制作需要双面光刻技术。ABB 公司开发的 BCT 电压范围为 2.8 ~ 6.5kV，电流范围为 940 ~ 2500A。由于 BCT 重量轻、尺寸小、成本低，广泛应用于静止无功补偿器（SVC）、工业传动装置、变压器调压器及软起动器等中。

晶闸管的派生器件还有门极关断晶闸管和集成门极换流晶闸管（IGCT），这两部分将分别在 3.2 节和 3.3 节中详细介绍。

3.1.2　工作原理与特性

1. 晶闸管的等效电路

晶闸管可用双晶体管的模型来等效。图 3-6 给出了晶闸管的等效结构及等效电路。由图 3-6a 可见，晶闸管的 p_1 阳极、n_1 基区和 p_2 基区相当于一个以 p_1 阳极区为发射极的 $p_1 n_1 p_2$ 晶体管，晶闸管的 n_2 阴极、p_2 基区和 n_1 基区相当于一个以 n_2 阴极区为发射极的 $n_2 p_2 n_1$ 晶体管，其共射极电流放大系数分别用 β_1、β_2 来表示。如图 3-6b 所示，其 $p_1 n_1 p_2$ 晶体管的 n 基区、p 集电区分别与 $n_2 p_2 n_1$ 晶体管的 p 基区、n 集电区共用。门极相当于 $n_2 p_2 n_1$ 晶体管的基极和 $p_1 n_1 p_2$ 晶体管的集电极。

由图 3-6c 可见，当门极加上电流信号 i_g，则相当于阴极 $n_2 p_2 n_1$ 晶体管加上基极电流 i_{b2}（$i_{b2} = i_g$），触发 $n_2 p_2 n_1$ 晶体管导通后，形成其集电极电流 i_{c2}（$i_{c2} = \beta_2 i_{b2} = \beta_2 i_g$），而 i_{c2} 又相当于阳极 $p_1 n_1 p_2$ 晶体管的基极电流 i_{b1}（$i_{b1} = i_{c2} = \beta_2 i_g$），

驱动 $p_1 n_1 p_2$ 晶体管导通后，形成集电极电流 i_{c1}（$i_{c1} = \beta_1 i_{b1} = \beta_1 i_{c2} = \beta_1 \beta_2 i_g$），而 i_{c1} 又相当于 $n_2 p_2 n_1$ 晶体管的基极电流 i_{b2}（$i_{b2} = \beta_1 \beta_2 i_g$）。可见，经过一个正反馈后，$n_2 p_2 n_1$ 晶体管基极电流 i_{b2} 被放大了 $\beta_1 \beta_2$ 倍。此时，即使撤去晶闸管的门极电流，$n_2 p_2 n_1$ 晶体管与 $p_1 n_1 p_2$ 晶体管依靠正反馈仍然可以维持导通。

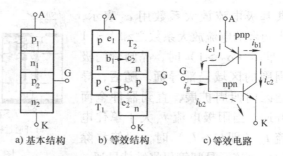

a) 基本结构　　b) 等效结构　　c) 等效电路

图 3-6　晶闸管基本结构及其等效电路

所以，晶闸管属于驱动信号非连续控制的器件。

2. 工作原理

普通晶闸管及其派生器件几乎都是以 pnpn 四层结构作为基本单元，并可以用双晶体管组成的等效模型来解释其工作原理。下面以对称晶闸管结构为例，来分析晶闸管的工作原理。图 3-7 给出了普通晶闸管工作原理示意图。

（1）反向阻断　当晶闸管门极未加触发信号（即 $I_G = 0$）时，如图 3-7a 所示，在 A、K 间加上反向电压（即 $U_{AK} < 0$），由反偏的 J_1 结来承受外加反向电压，器件中只有微小的漏电流流过，即晶闸管处于反向阻断状态。当反向电压 U_{AK} 足够大，达到 J_1 结雪崩击穿电压 $U_{BR(J1)}$ 时，J_1 结发生击穿，于是晶闸管处于反向击穿状态。

（2）正向阻断　当晶闸管的门极未加触发信号（即 $I_G = 0$）时，如图 3-7b 所示，若在 A、K 间加上正向电压（即 $U_{AK} > 0$），由反偏的 J_2 结来承受外加正向电压，器件中只有微小的漏电流流过，即晶闸管处于正向阻断状态。当 U_{AK} 足够大，达到 J_2 结的雪崩击穿电压 $U_{BR(J2)}$ 时，晶闸管发生转折导通，可通过很大的阳极电流。

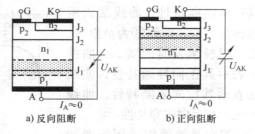

a) 反向阻断　　　　　b) 正向阻断

图 3-7　晶闸管阻断特性示意图

（3）开通过程　当门极加正向触发电压（$U_{GK} > U_{GT}$）时，如图 3-8a 所示，由于 $U_{AK} > 0$，一旦有足够的门极电流 I_G 输入，就会触发阴极 $n_2 p_2 n_1$ 晶体管导通，其集电极电流 I_{c2} 又会触发阳极 $p_1 n_1 p_2$ 晶体管导通，于是在阴极 $n_2 p_2 n_1$ 晶体管和阳极 $p_1 n_1 p_2$ 晶体管之间会形成如下的正反馈过程：

$$I_G = I_{b2} \uparrow \rightarrow I_{c2} \uparrow \rightarrow I_{b1} \uparrow \rightarrow I_{c1} \uparrow \rightarrow I_{b2} \uparrow$$

若阳极 $p_1 n_1 p_2$ 晶体管的共基极电流放大系数用 α_1 表示，阴极 $n_2 p_2 n_1$ 晶体管的共基极电流放大系数用 α_2 表示，当两者的电流放大系数之和大于 1（即 $\alpha_1 + \alpha_2 > 1$）时，晶闸管门极周围的区域局部导通。随后，导通区向四周扩展，直到器件全面开通。当阳极电流 I_A 大于擎住电流 I_L（即 $I_A > I_L$）时，即使移除门极电流，晶闸管仍将维持导通。

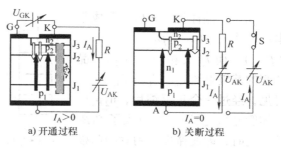

a) 开通过程　　　b) 关断过程

图 3-8　晶闸管工作原理示意图

（4）导通过程　晶闸管导通后，J_1、J_2、J_3 均正偏，此时 p_2 基区和 n_1 基区内充满大量的非平衡载流子，其浓度远大于其本底的掺杂浓度，于是两基区发生电导调制效应，可以通过很大电流，同时呈现较低的通态压降。此时，晶闸管类似于 pin 二极管，处于正向导通状态。

（5）关断过程　如图 3-8b 所示，减小外加正向电压 U_{AK} 或加大回路电阻 R，或采用换相电路令 U_{AK} 反向，晶闸管中的电流会逐渐减小，当 I_A 减小到维持电流 I_H 以下，$\alpha_1 + \alpha_2 < 1$ 时，正反馈将不能维持，内部载流子通过复合逐渐消失，最后晶闸管又恢复到阻断状态。

3. $I-U$ 特性曲线

晶闸管的 $I-U$ 特性曲线如图 3-9 所示，图中曲线①表示其正向阻断特性，曲线②表示其转折特性，曲线③为负阻区，表示门极触发时的瞬态；曲线④表示其正向导通特性，曲线⑤表示其反向阻断特性，曲线⑥表示其反向击穿特性。

当在晶闸管阳-阴极两端

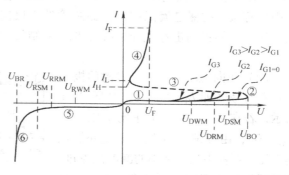

图 3-9　晶闸管的 $I-U$ 特性曲线

加上正向电压（即 $U_{AK} > 0$），门极未加触发电流（即 $I_G = 0$）时，晶闸管处于正向阻断状态。此时，J_2 结反偏，承担正向电压，晶闸管只能流过很小的漏电流 I_{CO}。随着正向电压 U_{AK} 的增加，J_2 结反偏空间电荷区不断向两侧展宽。当 U_{AK} 增加到接近 J_2 结的雪崩击穿电压 U_{BJ2} 时，J_2 结空间电荷区展宽的同时，电场也增加，引起载流子倍增，于是通过 J_2 结的漏电流也迅速增加。阳极漏电流可用下式来表示：

$$I_A = \frac{MI_{CO}}{1 - M(\alpha_1 + \alpha_2)}(I_G = 0) \tag{3-1}$$

式中，I_{CO} 为流过 J_2 结的反向漏电流；M 为晶体管的倍增因子，是 J_2 结上电压的函数。此时晶闸管进入转折区（雪崩区）。当 $M(\alpha_1 + \alpha_2) = 1$ 时，晶闸管由图 3-9 所示的转折区②进入到负阻区③，进而转为导通区④，器件导通。由此看出，在正向阻断状态（$I_G = 0$），当增大 U_{AK} 时，器件也会发生转折导通。此时晶闸管如同一个两端器件。根据此原理设计制造的 pnpn 四层两端器件称转折二极管（Breakover Diode，BOD），主要用于电路的过电压保护。

下面就晶闸管 $I-U$ 特性曲线出现负阻效应的物理过程解释如下：如图 3-7b 所示，当 $U_{AK} > U_{BJ2}$ 时，J_2 结空间电荷区产生的大量电子–空穴对，在电场的抽取作用下，电子进入 n_1 基区，空穴进入 p_2 基区，积累在空间电荷区两侧。这些积累在空间电荷区两侧的载流子，一方面可以补偿空间电荷区离化的杂质电荷，使空间电荷区变窄，J_2 结的电场减弱，电压减小，雪崩倍增也随之减弱；另一方面，会使 p_2 区电位升高、n_1 区电位下降，使 J_3、J_1 结更加正偏，导致注入增强，电流增大，器件进入负阻区。随着空间电荷区两侧载流子的不断积累，电流不断增大，结电压不断下降。当结电压下降到雪崩倍增完全停止而两侧仍有载流子积累时，J_2 结变为正偏。此时，三个结均正偏，可以通过很大的电流，器件进入低阻导通区。所以，两端晶闸管的工作相当于转折二极管。

当 $I_G > 0$ 时，晶闸管导通前，$\alpha_1 + \alpha_2 < 1$，晶闸管的 I_A 随 I_G 而变。其阳极电流可表示为

$$I_A = \frac{M\alpha_2 I_G + M I_{CO}}{1 - M(\alpha_1 + \alpha_2)} \quad (I_G > 0,\ \alpha_1 + \alpha_2 < 1,\ M = 1) \tag{3-2}$$

由上式可知，对于同样的外加电压，由于 M 是 J_2 结上电压的函数，即 M 相同，$I_G > 0$ 时的漏电流比 $I_G = 0$ 时的漏电流大。式（3-2）分母中的 α_1、α_2 也因 I_G 而增大，分母变小，漏电流将增大。当 $M(\alpha_1 + \alpha_2) \to 1$ 时出现转折，在特性曲线上则表现为 I_G 越大，曲线向大电流转移，如图 3-9 所示。因此，利用 I_G 可以控制晶闸管触发导通的时刻。I_G 越大，晶闸管导通提前，转折电压减小。

晶闸管导通后，$\alpha_1 + \alpha_2 > 1$，I_A 不随 I_G 而变。减小或撤去门极信号，依靠正反馈，晶闸管仍可导通。只有当阳极电流 I_A 减小到维持电流 I_H 以下，$\alpha_1 + \alpha_2 < 1$ 时，晶闸管才会阻断。

4. 特性参数

晶闸管的静态特性参数包括断态和通态的电压和电流，动态参数包括开关时间、开通过程中的阳极电流临界上升率（临界 di/dt）及关断过程中的阳极电压临界上升率（临界 du/dt）等。

（1）正、反向工作峰值电压（U_{DWM}，U_{RWM}）　是指应用设计中的工频正弦波每个周期重复出现的最大电压值，电压持续时间为 10ms 和 8.3ms。

（2）正、反向重复峰值电压（U_{DRM}，U_{RRM}）　是指可重复的、大于工作峰值电压的最大电压值，是晶闸管额定的标称电压值。比如，对于 4kV/4.5kA 晶闸管，表示 U_{DRM} 为 4kV。实际应用电路中，施加到晶闸管上的重复电压不得超过该规

定值。

(3) 正、反向不重复峰值电压（U_{DSM}，U_{RSM}） 是指外部因素偶然引起的，其值通常大于重复峰值电压。一般取 $U_{DSM} = 1.1U_{DRM}$，$U_{RSM} = 1.1U_{RRM}$。实际应用电路中应考虑一切偶然因素引起的过电压都不得超过该规定值。

(4) 正向转折电压（U_{BO}）和反向击穿电压（U_{BR}） 是指器件固有的或主特性反向时其值大于不重复峰值电压的极限值。器件工作时，若正向电压超过 U_{BO}，晶闸管进入通态，可能会引起器件特性恶化或损坏。若反向电压超过 U_{BR}，即使时间极短，晶闸管也很容易损坏。

(5) 通态平均电压（$U_{T(AV)}$） 即管压降。在规定的条件下，通过正弦半波平均电流时，晶闸管阳 - 阴极间的电压平均值。可见，通态压降的大小与电流有关，一般为 1V 左右。

(6) 维持电流（Holding Current）I_H 晶闸管在室温下被触发导通后，门极开路，维持导通状态所需的最小阳极电流。即维持两个晶体管正反馈所需的最小电流。与触发信号无关，一般为几十到一百多毫安。I_H 值过小，高温特性和动态参数都不好；I_H 值过大，导致维持通态和触发单元的功率增加。I_H 值通常有上、下限要求。

(7) 擎住电流（Latching Current）I_L 晶闸管从断态转换到通态，并移除触发信号之后，维持导通状态所需的最小阳极电流。I_L 不仅要维持两个晶体管的正反馈作用，还要为导通区的横向扩展提供足够的载流子。故 I_L 比 I_H 大，其值为 I_H 的（2～4）倍，I_L 与工作条件有关。

(8) 通态平均电流 $I_{T(AV)}$ 环境温度为 40℃ 和规定的冷却条件下，在电阻性负载、单相工频正弦半波、导电角不小于 170° 的电路中，晶闸管允许的最大通态平均电流。选用晶闸管时，要根据所通过的具体电流波形来计算允许使用的电流有效值，该值要小于额定电流对应的有效值。对于单相工频正弦半波，当有效值为平均电流的 π/2，晶闸管才不会被损坏。实际应用中，一般取（1.5～2）倍的安全裕量。

(9) 浪涌电流 I_{TSM} 由于电路异常情况（如故障）引起、并使结温超过额定值的不重复性最大过载电流。浪涌电流期间，结温可能达到 200℃ 左右或更高，必须将结温降到额定结温（通常为 125℃ 或 150℃）以下时，器件才能多次承受浪涌电流。由于浪涌电流对器件的寿命有影响，在器件寿命期内，应限定浪涌电流出现的次数，如 20 次，最高 100 次。

(10) 门极触发电压 U_{GT} 和门极触发电流 I_{GT} 在室温下，阳极电压为直流 12V 时，晶闸管完全导通所必需的最小门极电压、电流。U_{GT} 为 1～5V，I_{GT} 为几十到几百毫安。

(11) 门极最大不触发电压 U_{GD} 和门极最大不触发电流 I_{GD} 在室温下，阳极电压为断态重复峰值电压 U_{DRM} 的 2/3 时，晶闸管不开通的最大门极电压和电流。

（12）阳极电流的临界上升率（简称临界 di/dt 或 $(di/dt)_{crit}$） 在晶闸管开通过程中，所能承受的、不会导致有害效应的通态电流最大上升率。为了避免晶闸管的电特性遭到不可逆的破坏，通态电流上升率必须低于此最大值。

（13）阳极电压的临界上升率（简称临界 du/dt 或 $(du/dt)_{crit}$） 在晶闸管关断过程中，在额定结温和门极开路条件下，晶闸管不会从断态转换到通态的最大正向电压上升率。表示晶闸管不会被 J_2 结位移电流触发导通所需的 du/dt 最大值。

为了便于理解晶闸管的各种电压和电流参数，图 3-10 给出了晶闸管的电压与电流波形及其参数示意图[7]。晶闸管正常工作时，要求其阳 – 阴极间的电压值处于正、反向工作峰值电压之间。图 3-10b 中的 I_{TRM} 为通态重复峰值电流，I_{ov} 为过载电流，$I_{T(RMS)}$ 为通态方均根电流。

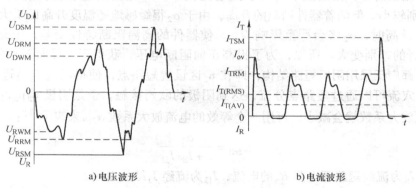

a) 电压波形   b) 电流波形

图 3-10 晶闸管的电压、电流波形与参数

3.1.3 静态与动态特性

1. 阻断特性

晶闸管的正、反向阻断电压因受阴极 $n_2 p_2 n_1$ 晶体管或阳极 $p_1 n_1 p_2$ 晶体管的影响，要比 J_2 结、J_1 结的雪崩击穿电压低，并且晶闸管的结构不同、掺杂浓度分布不同，其正、反向的阻断能力就不同。

（1）对称晶闸管的阻断特性 对称晶闸管具有正、反向阻断特性。在门极不加触发信号（即 $I_G = 0$）的情况下，当 $U_{AK} > 0$ 时，晶闸管具有正向阻断能力，此时由反偏的 J_2 结来承受正向阻断电压。当 $U_{AK} < 0$ 时，晶闸管具有反向阻断能力，此时由反偏的 J_1 结来承受反向阻断电压。

普通晶闸管的反向阻断电压 U_{BR} 可用下式来表示：

$$U_{BR} = U_B (1 - \alpha_1)^{\frac{1}{n}} \tag{3-3}$$

式中，U_B 为 J_1 结的雪崩击穿电压，与原始单晶的电阻率有关；α_1 为阳极 $p_1 n_1 p_2$ 晶体管的电流放大系数；n 为一常数，取值为 4。可见，由于有 J_2 结的作用，普通晶闸管的反向阻断电压 U_{BR} 低于 J_1 结的雪崩击穿电压。

普通晶闸管的正向阻断电压 U_{BF}（即正向转折电压 U_{BO}）可用下式来表示：

$$U_{BF} = U_B \left(1 - \alpha_1 - \alpha_2\right)^{\frac{1}{n}} \tag{3-4}$$

式中，U_B 为 J_2 结的雪崩击穿电压；n 为一常数，取值为 4；α_1、α_2 分别为阴极 $p_1 n_1 p_2$ 晶体管、阳极 $n_2 p_2 n_1$ 晶体管的电流放大系数，且两者都与温度有关。温度升高，α_1 和 α_2 增大，于是正向阻断电压下降。

由于晶闸管通常采用扩散形成，p_1 和 p_2 层是同时形成的，J_1 和 J_2 结两侧具有相同的掺杂浓度分布，即式（3-3）与式（3-4）中的击穿电压 U_B 是相同的。由于式（3-4）中多了一个 α_2，因此，$U_{BF} < U_{BR}$。

相比较而言，在室温下，由于漏电流较小，α_2 相应地也较低，所以，U_{BF} 与 U_{BR} 差别较小。但随着器件结温的升高，由于 α_2 很敏感地随温度升高而增大，因此当结温升高时，α_2 将会严重影响 U_{BF}，使器件的高温阻断特性变差，于是 U_{BF} 与 U_{BR} 两者的差别变大。所以，为了提高正向阻断电压，获得正、反向对称的耐压，晶闸管都广泛采用阴极短路结构，即在 n_2 区设置短路点，使得经过 J_2 结进入到 p_2 区的空穴流可以通过短路点分流，达到阴极的欧姆接触，于是阴极 $n_2 p_2 n_1$ 晶体管的电流放大系数就会减小，可用一个等效的电流放大系数 α_{2eff} 来表示[8]：

$$\alpha_{2eff} = \frac{\alpha_2}{1 + I_S / I_{J3}} \tag{3-5}$$

式中，I_S 为流经短路区电阻 R_S 的电流；I_{J3} 为流经 J_3 结的电流。

采用阴极短路点结构，不仅可以提高晶闸管的正向阻断电压，还可以提高 $\mathrm{d}u/\mathrm{d}t$ 耐量，并改善其高温特性。

（2）非对称晶闸管的阻断特性　非对称晶闸管的正向阻断电压也由 J_2 结承受，反向阻断电压也由 J_1 结承受。但由于其中存在掺杂浓度较高的缓冲层，减小了阳极的注入效率，从而减小了阳极 $p_1 n_1 p_2$ 晶体管的电流放大系数 α_1，使非对称晶闸管的正向阻断电压高于对称晶闸管的，而反向阻断电压则明显降低。

图 3-11 比较了对称晶闸管与非对称晶闸管的掺杂浓度分布及电场强度分布。由图 3-11a 可知，由于对称晶闸管的 n_1 基区掺杂浓度较低，在正、反向电压下，耗尽层主要在 n_1 基区展宽。当 n_1 基区厚度 W_n 足够宽（至少比耗尽层宽度 W_{dn} 大一个 L_P 的余量）时，电场强度分布为三角形。由于 n_1 基区并未完全穿通，因此对称晶闸管的耐压结构属于非穿通（NPT）型结构，其正、反向阻断电压值为电场强度分布沿 n_1 基区的积分，也可根据下式来估算[8]：

$$U_{B(NPT)} = \frac{1}{2} E_{cr} W_{dn} \tag{3-6}$$

式中，W_{dn} 为 n_1 基区的耗尽层展宽；E_{cr} 为临界击穿电场强度，与 n_1 基区的掺杂浓

度 N_D 有关，可用下式表示[9]：

$$E_{cr} = 4010 N_D^{\frac{1}{8}} \tag{3-7}$$

如图 3-11b 所示，非对称晶闸管的 n_1 基区很薄，且掺杂浓度较低。正向阻断时，n_1 基区耗尽层会穿通到 $n_1 n$ 结，电场强度分布为梯形。因此，非对称晶闸管的耐压结构属于穿通（PT）型结构，其正向阻断电压值为电场强度分布沿 n_1 基区的积分，可根据下式来估算[8]：

$$U_{B(PT)} = E_{cr} W_n - \frac{q N_D W_n^2}{2 \varepsilon_0 \varepsilon_r} \tag{3-8}$$

式中，E_{cr} 和 N_D 与上述含义相同；W_n 为 n_1 基区的厚度；ε_0 为真空介电常数；ε_r 为硅的介电常数；q 为电子电荷。

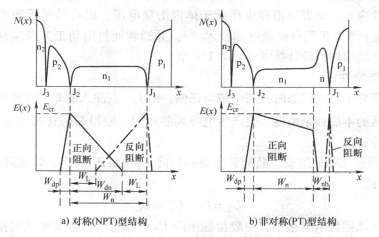

a) 对称(NPT)型结构　　　　b) 非对称(PT)型结构

图 3-11　对称（NPT）型与非对称（PT）型晶闸管的结构及电场强度分布比较

将式（3-7）代入式（3-8），可得到穿通（PT）型结构的最大阻断电压估算公式为

$$U_{B(PT)} = 4010 N_D^{\frac{1}{8}} W_n - \frac{q N_D W_n^2}{2 \varepsilon_0 \varepsilon_r} \tag{3-9}$$

由于非对称晶闸管 J_1 结两侧的掺杂浓度较高，导致其反向击穿电压很低，即为图 3-11b 所示的小三角形面积。可见，非对称晶闸管的正反向耐压不对称，且正向阻断电压明显高于反向阻断电压。

由上述分析可知，非穿通（NPT）型结构适合对正、反向阻断电压都有要求的场合，但因 n_1 基区较厚，导致通态特性和开关特性变差；穿通（PT）型结构适合对正向阻断电压要求较高，且不要求反向耐压的场合。对超高压晶闸管，目前采用场阻止（FS）型的耐压结构。FS 型与 PT 型结构的主要区别在于缓冲层不同。PT 型结构中的缓冲层掺杂浓度较高，不仅可以压缩 n_1 基区的电场，同时可以阻挡阳极区注入的空穴。而 FS 型结构中的 FS 层掺杂浓度较低，在阻断时只起压缩 n_1 基区电场的作用，对阳极注入的空穴并无阻挡作用。采用 FS 型耐压结构，在保证高阻断电压的同时，可使 n_1 基区在导通时有更多的非平衡载流子注入，增强电导调制效应，以降低通态压降。

（3）提高阻断电压的措施　晶闸管的击穿分为体内击穿和表面击穿两种情况。体内击穿是指受体内因素影响而发生在体内的击穿，如 pn 结的雪崩击穿、基区的穿通击穿等。通过 n_1 基区和 p_2 基区以及 n 缓冲层（或场阻止层）的优化设计，可提高 J_1 结和 J_2 结的雪崩击穿电压，同时避免 p_2 基区发生穿通击穿，从而提高体内击穿电压 U_{Bulk}。表面击穿是指受表面因素影响发生在表面的击穿。由于晶闸管中常含有表面终止的 pn 结，在其附近存在局部的电场集中、表面离子吸附及金属电极的边缘效应等，使表面击穿电压低于体内击穿电压。提高晶闸管表面击穿电压 U_{surf} 的措施主要是采用台面结终端技术[10]，并通常通过磨角工艺来实现。关于晶闸管的结终端结构，设计技术详见 7.1.2 节。

2. 通态特性

晶闸管处于导通状态时，三个结均正偏。由 J_1、J_3 注入的非平衡载流子浓度远大于两基区的本底掺杂浓度，会产生电导调制效应，使得晶闸管的导通稳态与 pin 二极管十分相似。

（1）通态压降的组成　晶闸管的通态压降 U_T 由结压降 U_J、体压降 U_m 和接触压降 U_C 组成。

$$U_T = U_J + U_m + U_C \tag{3-10}$$

由于欧姆接触电阻很小，一般接触压降 U_C 可以忽略。但如果欧姆接触处理得不好，在电流很大时，可能成为 U_T 的主要部分。结压降 U_J 与非平衡载流子的注入水平有关。在小注入水平下，结压降 U_J 与电流放大系数 α_1 和 α_2 有关；在大注入水平下，结压降 U_J 与 J_1 结的压降 U_{J_1} 和 J_3 结的压降 U_{J_3} 的大小有关。

晶闸管的体压降 U_m 与二极管的相同。在小注入水平下，$J \approx 30 A/cm^2$，体压降可以忽略。在中注入水平下，$J \approx 30 \sim$ 几百 A/cm^2，体压降不可忽略。在大注入水平下，$J >$ 几百 A/cm^2，体压降明显增大，通态压降 U_T 可表示为

$$U_T = \frac{kT}{q}\ln\left(\frac{n_{n2} W_{p2} J_T}{2q D_a n_i^2}\right) + \frac{W_T^2}{2\mu_a L_a}\sqrt{\frac{D_a J_T}{2q n_{n2} W_{n2}}} \cdot \frac{\sinh\left(\frac{W_T}{L_a}\right)}{\cosh\left(\frac{W_T}{L_a}\right) - 1} + U_C \tag{3-11}$$

式中，W_T 为耐压层（包括 n_1 基区、p_2 基区及 p_1 阳极区）的总厚度；W_{p2} 为 p_2 基区的厚度；n_{n2} 为 n_2 阴极区的掺杂浓度；n_i 为本征载流子浓度；L_a 为载流子的双极扩散长度；μ_a 为双极迁移率；D_a 为双极扩散系数；J_T 为通态电流密度。

（2）导通功耗　导通期间的功耗 P_D 为通态压降 U_T 与通态电流 I_T 的乘积，可以用下式来表示：

$$P_D = I_T U_T \tag{3-12}$$

可见，要降低通态功耗，必须降低通态压降。

（3）降低通态压降的措施　为了降低晶闸管的通态压降，以获得较低的通态损耗，可采用以下措施：一是在保证阻断电压 U_{BR} 的条件下，减小硅片厚度（包括减小 p_1 区、n_1 区及 p_2 区的厚度），可降低通态压降；二是提高少子寿命（提高 n_1 区及 p_2 区的大注入寿命），可降低通态压降；三是提高 n_2 区的掺杂浓度，结压降 U_J 按对数增大，体压降 U_m 则按平方根的倒数下降，且 U_m 的变化比 U_J 的变化快，所以提高 n_2 区掺杂浓度可降低通态压降。

3. 开通特性

（1）开通过程　晶闸管的开通原理电路与开通特性曲线如图 3-12 所示。图 3-12a 中，R_A 为负载电阻，E_A 为外加电压。要求门极触发脉冲有足够的功率，使触发电压和触发电流大于晶闸管的门极触发电压和门极触发电流；并要求触发脉冲应有足够的宽度和陡度，且触发脉冲宽度一般应保证晶闸管阳极电流在脉冲消失前能达到擎住电流，使晶闸管导通。一般触发脉冲前沿陡度大于 $10V/\mu s$ 或 $800mA/\mu s$。由图 3-12b 可见，其开通过程分为延迟、上升和扩展三个阶段。

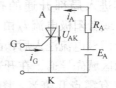

a) 晶闸管的开通原理电路

（2）开通时间　晶闸管的开通时间主要由延迟时间和上升时间组成。

延迟时间 t_d 定义为从门极电流 i_G 达到其最大值的 10%（即 $i_G = 0.1I_{GM}$）起，到阳极电压 u_A 下降到其初始值的 90%（即 $u_A = 0.9E_A$）或者阳极电流 i_A 上升为最大值的 10%（即 $i_A = 0.1I_A$）为止的时间间隔。延迟时间与两种载流子穿过两基区的渡越时间有关，此外还与外加的门极电流大小有关。随外加门极电流的增大，延

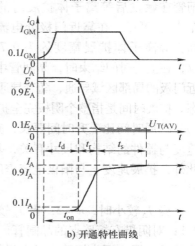

b) 开通特性曲线

图 3-12　晶闸管的开通原理电路与
开通特性曲线

迟时间变短。尤其是缩短阴极 $n_2 p_2 n_1$ 晶体管的渡越时间，可显著缩短延迟时间。对高压晶闸管而言，两基区较宽，所以其延迟时间要长些。在开通过程中，当阳、阴极间施加的正向偏压 U_{AK} 增加时，其延迟时间会缩短。这是因为空间电荷层变宽，压缩了非耗尽区的宽度，从而缩短了载流子在两个有效基区的渡越时间。

上升时间 t_r 是阳极电压 u_A 由 $0.9E_A$ 下降到 $0.1E_A$ 或者阳极电流 i_A 由 $0.1I_A$ 上升为 $0.9I_A$ 的时间间隔。上升阶段可看成是晶闸管中非平衡载流子积累的阶段。所以，上升时间可近似为载流子在 n_1 基区和 p_2 基区渡越时间的几何平均值。上升时间随两基区渡越时间的增长而增长，也随电流放大系数的减小而增长。对快速晶闸管而言，要求阳极 $p_1n_1p_2$ 晶体管和阴极 $n_2p_2n_1$ 晶体管都有高的电流放大系数，以缩短上升时间。但这个要求与对快速关断是相矛盾的。因为快速或高频晶闸管通常要求同时实现快速开通和快速关断。

除了与器件的参数有关外，上升时间还受外电路中电流上升的影响。因此，晶闸管的上升时间通常都是用电压降到 $0.1E_A$ 所用的时间来定义，不采用电流上升的定义。

延迟阶段和上升阶段结束后，随着阳极电压的下降，阳极电流开始增大，晶闸管随即进入局部开通的扩展阶段。扩展时间 t_s 是 u_A 由 $0.1E_A$ 下降到通态压降 $U_{T(AV)}$ 或者阳极电流 i_A 由 $0.9I_A$ 上升为 I_A 的时间间隔。

当门极电流注入后，晶闸管内部靠近门极的区域先导通，在开通瞬间导通区的宽度仅有零点几毫米。图 3-13 给出了晶闸管在触发后等离子体扩展时的电流分布[11]。可见，在靠近门极处电流密度很高，等离子体扩展宽度约为 0.7mm。所以，在上升时间结束时，晶闸管中只有靠

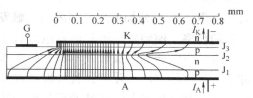

图 3-13　开通过程中等离子体
扩展时的电流分布

近门极的局部区域导通，随着导通区等离子体的扩展，其余部分才转入完全导通的状态。扩展时间是指整个阴极完全扩展导通所需要的时间。此后晶闸管已经全面导通。

扩展时间比上升时间要长，完成扩展可能会占用几百个微秒。等离子体的扩展速度与器件的结构和尺寸有关，基区较窄、寿命较长的晶闸管，其扩展时间较短。此外，扩展速度 v_s 与阳极电流密度 J_A 有关，可以用下式表示[11]：

$$v_s \propto J_A^{1/n} \tag{3-13}$$

当 J_A 较小时，$n = 2$；当 J_A 较大时，$n = 4\sim6$。对阴极无短路点的晶闸管，$n = 2.1$；对阴极有短路点的晶闸管，$n = 2.7$。可见，阴极短路点会影响晶闸管中等离子体的扩展。因为短路点只在局部位置起作用，使 p_2 基区横向电流在该处被分流，必然会减慢等离子体的扩展速度。当电流密度为 $100A/cm^2$ 时，阴极短路点会使扩展速度降低至约 $30\mu m/\mu s$。另外，对快速晶闸管而言，需进行少子寿命控制。采用短路点和低的少子寿命，v_s 会进一步降至 $10\mu m/\mu s$。对高压晶闸管，n_1 基区较厚，扩展速度与少子扩散长度 L_a 和 n_1 基区厚度 W_n 有关，可用下式表示[11]：

$$v_s \propto L_a/W_n \tag{3-14}$$

由此可知，v_s 随 W_n 的增加而减小。如对 4.5kV 的晶闸管，v_s 在 $20\mu m/\mu s$ 左右。

如果扩展速度很慢，则靠近门极接触附近的阴极发射区电流密度很高，晶闸管过应力的危险增加，所以必须对晶闸管开通过程中的阳极电流上升率 di/dt 进行测试。

当 di/dt 很高时，由于器件导通区面积受扩展速度的限制，导致开通区中的电流密度极高。因此，在扩展阶段，器件的峰值压降 U_{TM} 取决于 di/dt，远大于晶闸管完全扩展后的通态压降 U_T。

晶闸管的开通时间 t_{on} 通常定义为延迟时间 t_d 和上升时间 t_r 之和。

$$t_{on} = t_d + t_r \tag{3-15}$$

开通时间 t_{on} 的长短取决于门极电流脉冲的峰值及上升率，可以是几微秒，因此晶闸管开通期间的功耗也很高。特别是当晶闸管工作在较高频率时，通常在所允许的额定值之内选取最大门极电流值，以减少其开通时间。值得注意的是，与其他器件的开通时间 t_{on} 进行比较时，必须指定晶闸管的门极电流的波形以及 U_D、di/dt 等参数。

（3）开通功耗与临界 di/dt　在开通过程中，为了避免晶闸管的电特性遭到不可逆的破坏，对通态电流上升率 di/dt 进行限制。通常将通态电流的最大上升率称为临界 di/dt，它与初始导通面积和扩展速度有关。开通区内的电流密度比通态时高很多，并且随 di/dt 增大而增大，最大可达 $10^3 \sim 10^5 \text{A/cm}^2$。导致晶闸管两端的电压在电流上升时仍然会保持在较高的水平，其典型值在 $10 \sim 100\text{V}$ 范围内，并且是 di/dt 的增函数。

图 3-14 给出了开通过程中电压、电流及功耗的变化曲线。当 di/dt 在 $100\text{A/} \mu\text{s}$ 时，瞬态功耗可达几十千瓦。由该功耗转换的热量将集中在晶闸管中一个很小的体积内。当 di/dt 超过临界 di/dt 时，开通区内因局部过热可能造成晶闸管的特性显著退化，甚至经过一次冲击，晶闸管就烧毁了。提高临界 di/dt 的主要措施是增大晶闸管的初始导通面积。如采用放大门极结构、叉指状的门极－阴极图形及场触发门极[8]。

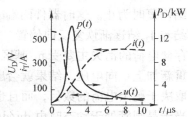

图 3-14　开通过程中电压、电流及功耗

（4）缩短开通时间的方法　从器件自身考虑，减薄 n_1 基区和 p_1 阴极区的厚度，或增加 p_2 基区的浓度梯度可有效地缩短两基区的渡越时间；提高 n_2 阴极区的掺杂浓度可提高 α_2，缩短开通时间；减小门极周围的短路点，使门极电流更有效，作用面积更大，以增大初始导通面积。从外电路考虑，增加阳极电压，晶体管的电流放大系数增加，开通时间缩短；还可以采用强触发，$I_G \gg I_{GT}$，不仅延迟时间缩短，同时对提高 di/dt 耐量也有效。

4. 关断特性

晶闸管处于通态时，两个基区中存储了大量的非平衡载流子，并随通态电流密度升高而增大。晶闸管关断时，这些存储电荷必须被移走，才能使晶闸管由通态转为断态。常用两种方法来实现晶闸管关断：一是减小或断开阳极电流，二是阳极加反向电压。第一种方法是使用一串联转换开关，让电流流向晶闸管的旁路电路，或者增大负载电阻，使阳极电流降到维持电流值以下。在这种情况下，晶闸管仍保持正向偏置，且存储少子的复合逐渐消失。第二种方法是在晶闸管上施加反向电压，迫使阳极电流反向流动，这可以通过自然换相来实现，如交流电路中的每个半周的情况；或者用强迫换相的办法，即用一个分离的换相电路，使晶闸管阳-阴极间电压反向，部分存储电荷依靠施加的反向电压而被抽走，使得关断过程加快。这种转换过程是最常用的，也称为强迫关断。

（1）关断过程　图 3-15 给出了晶闸管的关断原理电路与关断波形[12]。图3-15a 中 R_A 为负载电阻，E_A 为外加正向电源，E_R 为外加反向电源。当增加电阻 R_A 或减小 E_A，使得晶闸管中的电流 I_A 下降到 I_H，则晶闸管可以自行关断。还可以通过闭合电路中的开关 S，在晶闸管两端加以反向电源 E_R 来抽取其中的非平衡载流子，使晶闸管快速关断。如图 3-15b 所示，当在 t_1 时刻闭合开关 S 后，由于晶闸管中存在大量的非平衡载流子，所以关断有一个过程。因为在正向导通期间，晶闸管的三个结都是正偏的。当晶闸管开始关断时，J_3 结将首先恢复阻断。这是因为 p_2 基区的少子寿命要比 n_1 基区的短，并且阴极区任一个短路点都有助于电荷抽取。反向电流持续从晶闸管中抽取电荷，一直到靠近阳极的 J_1 结的电荷浓度足够低，使 J_1 结恢复时为止。这时器件两端的电压反偏，J_1 结承受了大部分的反偏电压，随着 J_1 结和 J_3 结逐渐恢复反向偏置，晶闸管就像是一个基极开路的 $p_1 n_1 p_2$ 晶体管，此后存储电荷的消失主要受 n_1 基区中少子复合过程控制。如果在所有的电荷消失之前重新加上正向电压，结果就会出现一个正向恢复电流脉冲，该恢复电流的大小不仅取决于剩余电荷的数目，而且也取决重加正向电压的上升率（简称重加 du/dt），相当于晶闸管处于动态时由 du/dt 感应的位移电流。如果正向恢复电流太大时，同样会使晶闸管重新转换到导通状态，导致关断失败。

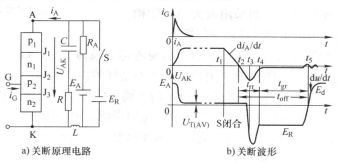

a) 关断原理电路　　　　　b) 关断波形

图 3-15　晶闸管的关断原理电路与关断波形

（2）关断时间　在关断之前，假定晶闸管处在稳态条件下，则基区中存储电荷 Q_F 的数量不仅取决于通态电流 I_T，也取决于 n_1 基区少子寿命 τ_p 和 $p_1n_1p_2$ 晶体管的电流放大系数 α_1，可表示为 $Q_F \propto I_T\tau_p\alpha_1$。

在 t_1 时刻外加电压反向，但是由于感性负载的作用，电流不能立即反向。如图 3-15b 所示，该电流以 di_A/dt 的速率不断下降，直到在某个时刻 t_2 时电流过零点为止，此点定义为器件关断时间的起始点。该 di_A/dt 值由外加反向电压和电路电感决定。在电流过零的 t_2 时刻，存储电荷已减少到 Q_{t2}，并可表示为

$$Q_{t2} = Q_F \frac{\tau_p}{(t_2 - t_1)}\left[1 - \exp\left(\frac{t_2 - t_1}{\tau_p}\right)\right] \tag{3-16a}$$

当感性负载较小、电流下降较快（即 di_A/dt 较高）时，$(t_2 - t_1) \ll \tau_p$，则 $Q_{t2} \approx Q_F \propto I_T$。但是当电感较大、电流下降较慢（即 di_A/dt 较低）时，$(t_2 - t_1) \gg \tau_p$，则存储电荷变为

$$Q_{t2} \cong Q_F \frac{\tau_p}{t_2 - t_1} \propto \tau_p^2 \frac{di_A}{dt} \tag{3-16b}$$

因此，对于较低的 di_A/dt，电流过零时的存储电荷与原来的通态电流值无关。而对于较高的 di_A/dt，存储电荷只与通态电流值有关。

由图 3-15b 可知，晶闸管的关断过程分为反向恢复和剩余电荷消失两个阶段。从 t_2 到 t_4 期间，反向电流在器件中流过，使 J_1 结得以恢复，此段时间内，存储电荷减少量并不等于恢复电荷积分 Q_{rr} 值（等于 $I_{rr}t_{rr}/2$），只是 Q_{rr} 中的一部分。因为在恢复初始阶段，载流子仍继续向基区注入。因此，t_4 时刻剩余的电荷量与外加的反偏电压 E_R 密切相关。因为 E_R 很高时，恢复电荷会被很快地抽走，那么存储电荷减少量会变成 Q_{rr} 中的一大部分。当 J_1 结完全恢复后，电荷的消失就由复合过程来决定。所以 t_4 到 t_5 的时间间隔就由 n_1 基区的少子寿命 τ_p 来决定，而与外电路的作用无关。如果在 t_5 时刻重加一个上升率为 du/dt 的正向电压 E_d，剩余的存储电荷不足以引起正向触发，则关断过程就完成了。

因此，关断时间 t_{off} 定义为反向恢复时间 t_{rr} 和断态恢复时间（或门极能力恢复时间）t_{gr} 之和，即图 3-15b 中的 $t_2 - t_5$ 时间段，可表示为

$$t_{off} = t_{rr} + t_{gr} \tag{3-17}$$

与二极管的反向恢复相似，t_2 时刻后存储电荷按指数规律衰减，可表示为

$$Q(t) = Q_{t2}\exp\left(-\frac{t - t_2}{\tau_p}\right) \tag{3-18}$$

通常把 t_5 时刻剩余的存储电荷称为临界电荷 Q_{cr}。Q_{cr} 越大，关断时间就越短。如果假定由 Q_{cr} 引起的电流刚好小于维持电流 I_H，那么关断时间 t_{off} 变为

$$t_{off} = \tau_p\ln\left(\frac{Q_{t2}}{Q_{cr}}\right) = \tau_p\ln\left(\frac{I_T}{I_H}\right) \tag{3-19}$$

由此可知，与通态电流和维持电流的变化（I_T/I_H）对关断时间的影响相比，少子寿命对关断时间的影响更敏感。

（3）临界 du/dt　在晶闸管的关断过程中，门极开路情况下，晶闸管恢复阻断状态时所能承受的最大正向电压上升率，称为临界 du/dt。在此值以下，晶闸管不会被 J_2 结的位移电流所触发导通。

为了提高临界 du/dt，可采用图 3-16 所示的阴极短路点[11]，使位移电流流向阴极，不会引起 n_2 阴极区向 p_2 基区注入电子。但增加阴极短路点会降低开通后的扩展速度，同时会增加开通功耗和通态压降。

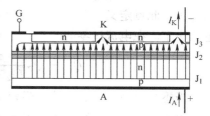

图 3-16　阴极短路点及其电流分布

阴极短路点在关断过程的两个阶段会产生重要影响。第一个阶段是当电流已经下降到过零点以后，在没有阴极短路点的器件中，其 J_3 结恢复到反偏后就开始阻断电流，会阻止电子从阴极抽走。而在有短路点的器件中，因为在空穴电流经过短路点时会使电子注入到 p_2 基区，$n_2p_2n_1$ 晶体管持续导通，所以大量的电子电流会继续流过 J_3 结，这种影响会加速存储电荷的消失。短路点起作用的第二个阶段是重加正向 du/dt 期间，因为这些短路点有效地降低了 J_3 结的注入效率，并使存储电荷和 J_2 结的位移电流均从短路点抽出，不会引起晶闸管重新开通，因此对重加 du/dt 特别有利。

在关断期间，在两基区的边缘处电子和空穴浓度消失得很快，而在 n_1 基区中间部分电子和空穴的浓度仍然较高，并且载流子寿命也较长。如采用质子辐照在 n_1 基区中心处、垂直于电流方向的适当位置设立一个低寿命区，会使 n_1 基区存储电荷快速减少，并使通态压降增加得最少。若采用传统的掺金、铂等方法很难做到，采用质子辐照则可以实现。

为了缩短晶闸管的关断时间，从器件自身考虑，需降低少子寿命、控制基区厚度或适当增加短路点的密度等，均可缩短关断时间。从外电路考虑，增加反向电压 U_R、减小重加正向电压及上升率 du/dt，都可缩短关断时间。从实际应用考虑，通过控制结温来减小关断时间。因为温度升高，载流子寿命和晶体管的电流放大系数增大，导致 t_{off} 变长。

（4）开关功耗　晶闸管由断态经开通过程到通态、再由通态经关断过程又恢复到断态。由于断态时的漏电流很小，所以断态功耗可忽略。则晶闸管在每个周期内的平均功耗 P_{AV} 可以表示为

$$P_{AV} = (\overline{P}_{on}t_{on} + \overline{P}_{off}t_{off} + \overline{P}_D\Delta t)f \tag{3-20}$$

式中，$\overline{P}_{on}$、$\overline{P}_{off}$ 分别为开通过程和关断过程中的平均功耗；$\overline{P}_D$ 为通态平均功耗，Δt 为每个周期内晶闸管处于通态的时间；f 为开关频率。

由式（3-20）可见，频率与总功耗成正比，当工作频率很高时，开通损耗和关断损耗在总功耗中占很大比例。在正常情况下，开通损耗占优势，因为 di/dt 较高。如果开通初期导通面积较大，则电流完全扩展所用的时间就会缩短。因此，为了减小开通损耗，门极结构必须保证在导通初期有更大的初始导通面积，可采用放大门极结构。此外，还可以通过缩短基区厚度、提高少子寿命、减小门极周围短路点的数目来降低开通和扩展损耗。

当晶闸管的封装结构和散热系统确定后，总的耗散功率就确定。当开关损耗较高时，所允许的通态损耗就较低。由于开关损耗与频率有关，高频器件的开关损耗很大，因此通态电流额定值就很小。对一般的晶闸管而言，在 3kHz 工作时的电流容量将为工频（50Hz 的交流电）电流的 1/7 左右。额定高频通态平均电流与额定工频通态平均电流之间的差值，根据各生产厂商的设计要求不同而异。例如，对 20A/20kHz 高频晶闸管，在 20kHz 频率下的额定高频通态平均电流为 20A，其额定工频通态平均电流可能是 30～40A，甚至更大。

（5）工作频率　晶闸管最高工作频率受 du/dt 耐量和反向恢复过程的限制，为防止晶闸管因 du/dt 误触发，并考虑关断过程中非平衡载流子的复合作用，其最高工作频率通常可用式（3-21）表示[13]：

$$f_{max} = \frac{1}{12\tau_H} \qquad (3-21)$$

式中，τ_H 为载流子大注入寿命。对于工作在 2kV 以上的晶闸管，为了获得低的通态压降，要求其高水平的复合寿命 τ_H 为 100μs，则工作频率被限制在 1kHz 以下。

5. 门极特性

（1）门极触发　根据晶闸管工作原理可知，当外加门极电压大于门极触发电压，产生的门极电流大于门极触发电流，即 $U_G > U_{GT}$、$I_G > I_{GT}$ 时，晶闸管可由门极电信号正常触发而导通。也就是说，用很小的门极控制信号触发，可将晶闸管从断态转变为通态。因此，门极特性的优劣直接决定着晶闸管工作的可靠性和稳定性。

门极特性参数包括门极触发电压 U_{GT} 和门极触发电流 I_{GT}、门极最大不触发电压 U_{GD} 和门极最大不触发电流 I_{GD}，以及门极触发功率。这些参数是设计晶闸管触发电路的依据。门极触发参数的取值应符合国标规定，或者满足用户的特殊要求进行设计。在实际应用中，还要考虑温度变化对这些参数的影响。

图 3-17 所示为门极电压与门极电流的关系[7]。可见，当晶闸管的门极电压和门极电流大于门极最大不触发电压 U_{GD} 和门极最大不触发电流 I_{GD}、而小于门极触发电压和门极触发电流，即 $U_{GD} < U_G < U_{GT}$，$I_{GD} < I_G < I_{GT}$ 时，晶闸管处于可能触发区；否则，处于不触发区或必定触发区。为了保证可靠、安全的触发，触发电路所提供的触发电压、电流和功率应限制在必定触发区。晶闸管的门极特性应具有触发灵敏、抗干扰能力强等特点。为适应强触发要求，门极允许的耗散功率要大。

（2）非门极触发　晶闸管除了利用门极电信号触发外，还有以下四种非门极触发方式：一是外加电压增加引起转折导通。这相当于转折二极管（BOD）情况。二是du/dt误触发。晶闸管关断过程中，当阳极电压的上升率du/dt较高时，J_2结的位移电流会导致晶闸管重新导通。实际中应避免这两种情况发生。三是热触发。当温度升高，J_2结的反向饱和漏电流增加；同时，少子的寿命也增加，使电流放大系数α_1和α_2增加，晶闸管转折导通。利用这

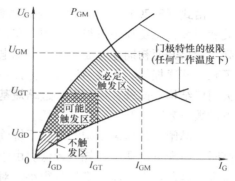

图 3-17　晶闸管门极电压与门极电流的关系

个原理可制成温控晶闸管，在电路中作为温度报警器。四是光触发。当光照到p_2基区时产生电子–空穴对，其电子被反偏J_2结的电场扫入到n_1基区，导致p_1阳极区向n_1基区注入空穴。当有足够的载流子产生，并满足$\alpha_1 + \alpha_2 \geqslant 1$时，光电流导致晶闸管开通。利用这个原理可制成光控晶闸管，在高压直流（HVDC）输电等大功率场合使用。

6. 温度特性

温度会影响晶闸管的阻断电压及其漏电流、通态压降、门极触发电压和触发电流，关断时间以及临界du/dt等参数，表3-1所示为其变化趋势。

表3-1　晶闸管的特性参数随温度升高的变化趋势

特性参数	对称晶闸管	非对称晶闸管
正向阻断电压 U_{BF}	先↑后↓	先↑后↓
反向阻断电压 U_{BR}	先↑后↓	—
阻断漏电流 I_R/断态功耗	↑↑	↑
通态压降 U_F/通态功耗	先↓后↑	先↓后↑
门极触发电压 U_{GT} 与门极触发电流 I_{GT}	↓	↓
关断时间 t_{off}/关断能耗 E_{off}	↑↑	↑
临界 du/dt	↓	↓

3.2　门极关断晶闸管（GTO）

3.2.1　结构概述

普通晶闸管应用在直流电路时，只能用正门极信号使其触发导通，不能用负门

极信号使其关断。要想关断晶闸管，必须设置专门的换相电路，由此导致整机电路复杂、重量增加、能耗增大、体积变大，并产生较强的电噪声。为此，开发了一种具有快速自关断能力的晶闸管，这种器件可借助施加的正或负门极信号，既能实现开通又能实现关断，故称之为门极关断晶闸管（简称为 GTO）。

1. 基本结构

GTO 的基本结构及等效电路图形符号如图 3-18 所示[1]。与普通晶闸管结构相似，它也是 $p_1n_1p_2n_2$ 四层三结三端子器件，具有普通晶闸管的全部特性，如具有高电压、大电流，触发功率小等特点。GTO 与普通晶闸管之间的不同之处在于，GTO 采用了分立的门 – 阴极结构，其阴极呈指条状，被门极所环绕，并且阴极无短路点。如图 3-18a 所示，GTO 的阴极被门极分成很多指条，故一个 GTO 可以看成由许多个 $p_1n_1p_2n_2$ 基本单元并联而成的晶闸管。

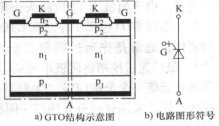

a) GTO结构示意图　　b) 电路图形符号

图 3-18　GTO 的基本结构与电路图形符号

2. 结构类型与特点

为了提高 GTO 的关断能力，改善通态与开关特性，在普通 GTO 基础上，开发了对称、非对称及阳极短路 GTO 结构，如图 3-19 所示。其中，阳极短路 GTO 也是一种属于非对称结构。在实际应用中，GTO 通常与二极管反并联使用，为了消除寄生电感，还开发了逆导 GTO 结构。为了减小拖尾电流，还开发了双门极 GTO 结构。

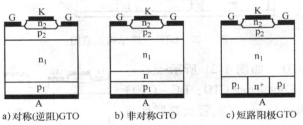

a) 对称(逆阻)GTO　　b) 非对称GTO　　c) 短路阳极GTO

图 3-19　GTO 的结构类型

（1）逆阻 GTO　如图 3-19a 所示，逆阻 GTO（Reverse Blocking GTO，RB – GTO)[1] 具有反向阻断能力，故也称对称 GTO（Symmetry GTO，S – GTO）。两个逆阻 GTO 反并联可用作交流开关。它与普通晶闸管相同，也是 $p_1n_1p_2n_2$ 四层三结三端的器件，只是门极与阴极不在同一个平面上，是利用刻蚀技术形成一个约 $15\mu m$ 的门 – 阴极台面，并通过压接式结构实现各阴极单元之间的电连接。制作对称 GTO 时，p 基区采用硼、铝双质扩散可以同时形成高表面掺杂浓度和深结。

（2）非对称 GTO　如图 3-19b 所示，非对称 GTO（Asymmetry GTO，AS - GTO）也是一个五层四结三端的器件，并采用了分立的门 - 阴极结构。与对称 GTO 结构相比，其 n_1 基区与 p_1 阳极区之间增加了一个 n 缓冲层，以减小阳极 $p_1n_1p_2$ 晶体管的注入效率。

（3）短路阳极 GTO　如图 3-19c 所示，短路阳极 GTO（Short Anode GTO，SA - GTO）的 p_1 阳极区有一部分被 n^+ 短路区代替，以减小阳极 $p_1n_1p_2$ 晶体管的注入效率。由于阳极 J_1 结短路失去阻断能力，其反向阻断电压由 J_3 结承受。所以，短路阳极 GTO 也属于非对称 GTO 结构。制作短路阳极 GTO 的关键工艺是短路区的制作，通常是先通过磷预沉积形成 n^+ 短路区，然后利用硼扩散形成阳极区[14]。最后通过挖槽将阴极单元从门极区中分离出来。如图 3-20 所示，这些分立的阴极单元像一个个被门极"大海"所包围的台面晶闸管，很容易实现多单元的压接式互连。采用这种分立的门 - 阴极结构，一个 GTO 相当于许多小 GTO 单元的并联。

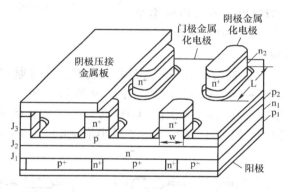

图 3-20　GTO 三维结构示意图

（4）逆导 GTO　如图 3-21 所示[1]，逆导 GTO（Reverse Conducting GTO，RC - GTO）是由一个 GTO 和一个 pin 二极管反并联地集成在同一个芯片上，并且 GTO 与 pin 二极管共享同一个 n_1 基区，中间的沟槽隔离区将 GTO 的 p_2 基区和二极管 p 阳极区部分隔开。GTO 采用了分立的门 - 阴极结构，其 n_2 阴极与 pin 二极管的 p 阳极区高度相同，通过压接

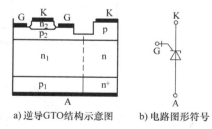

a)逆导GTO结构示意图　b)电路图形符号

图 3-21　逆导 GTO 的结构与电路图形符号

形成 RC - GTO 的阴极。此外，RC - GTO 的阳极区也可以设置短路点，以减小阳极 $p_1n_1p_2$ 晶体管的电流放大系数，在保证阻断特性或通态特性的情况下，可提高器件的关断速度。对于反并联的二极管，除了要求与 GTO 有同等的电流和电压容量

外，还必须具有快速的反向恢复特性。

RC – GTO 的制作工艺与对称 GTO 相似。为了提高换相性能，除了做成短路阳极结构外，同时还需要采用少子寿命控制技术，来降低 GTO 与二极管之间隔离区的少子寿命。

（5）双门极 GTO　如图 3-22 所示，双门极 GTO（Double Gate GTO，DG – GTO）有两个门极。其中，G_1 位于阴极侧，G_2 位于阳极侧[8]。当 G_2 相对于阳极加正电压时，阳极的注入效率会降低，同时存储在 n_1 区的过剩电荷（电子）可以通过 G_2 被抽取出来。当 G_2 加一个正的电流脉冲之后，再向 G_1 施加一个负的电流脉冲，就可以使 DG – GTO 关断。由于有 G_1、G_2 两个门极抽取，使得 GTO 内部存储的载流子减少得很快，因此拖尾电流就会明显

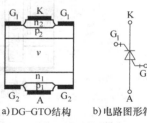

a) DG–GTO结构　　b) 电路图形符号

图 3-22　双门极 GTO 的结构及电路图形符号

下降，对应的关断功耗可降到相同电压和电流容量单门极 GTO 的 20% 以下。采用双门极结构，可使 6kV DG – GTO 的工作频率提高到 1kHz。这种结构的缺点是需要两个隔离的门极驱动电路，并且 G_2 侧还必须在高压端。

3.2.2　工作原理与特性

1. 工作原理

GTO 与普通晶闸管的工作原理很相近，只是因两者的门 – 阴极结构和阴极 $n_2p_2n_1$ 晶体管所处的导通状态不同，导致其关断原理有所不同。下面以对称 GTO 结构为例，分析其工作原理。

图 3-23 给出了 GTO 开关原理示意图。其中 GTO 的 $p_1n_1p_2n_2$ 四层结构可等效为 $p_1n_1p_2$ 晶体管和 $n_2p_2n_1$ 晶体管的耦合。用 α_1 和 α_2 分别表示 $p_1n_1p_2$ 晶体管和 $n_2p_2n_1$ 晶体管的电流放大系数，通常 α_2 较大，α_1 较小。GTO 导通时，由于 $n_2p_2n_1$ 晶体管处于临界饱和状态，GTO 也处于浅饱和导通状态。因而，可以用负门极电流去关断阳极电流。而普通晶闸管导通时，$n_2p_2n_1$ 晶体管处于深饱和状态，故很难用负门极电流去关断阳极电流。这是 GTO 与普通晶闸管的一个重要区别。

（1）开通过程　GTO 的门极触发开通原理与普通晶闸管相似，其触发开通过程如图 3-23a 所示。当阳 – 阴极两端加上正向电压（$U_{AK} > 0$），门极加正触发脉冲电流（$I_G > I_{GT}$）后，靠近门极的 J_3 结边缘的区域开始注入电子，使阴极 $n_2p_2n_1$ 晶体管导通，其集电极电流会触发阳极 $p_1n_1p_2$ 晶体管也导通，于是两者之间形成正反馈。导通条件仍是 $\alpha_1 + \alpha_2 > 1$。与普通晶闸管相同，GTO 最初的开通发生在靠近门极的 n_2 阴极区边缘处，只是局部导通。此时靠近门极的 J_2 处已经正偏，而阴极正下方 J_2 结中央的区域仍处于反偏，阴极中心仍存在一个未导通的细条区域。随

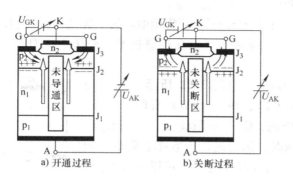

图 3-23　GTO 开关过程示意图

后，当门极电流继续增加，导通区不断由边缘向中心区域扩展，直到器件全面开通。可见，GTO 的开通过程分为一维的纵向开通和二维的横向扩展两个阶段。

（2）关断过程　GTO 正向导通持续 $20 \sim 150 \mu s$ 后，在门极加上一负脉冲信号，如图 3-23b 所示，靠近门极边缘的 p_2 基区的载流子（空穴）不断从门极抽走，使得此处的 J_3 结变成反偏，首先关断，而阴极正下方的 J_2 结中央区域仍处于正偏。随后导通区不断由边缘向中心区压缩，直至导通压缩成一个很窄的区域，其阳极电流 I_A 不变，但电流密度 J 很高。随着门极电流的不断抽取，p_2 基区有足够多的电荷被抽走，当存储电荷减小到维持导通所需的数量以下（对应的 $\alpha_1 + \alpha_2 < 1$ 时），正反馈不能维持，阳极电流开始下降。直到内部过剩载流子完全消失后才彻底关断，GTO 恢复到阻断状态，阳极电流几乎为零。所以，GTO 的关断过程也可分为二维的横向压缩和一维的纵向关断两个阶段。

GTO 与普通晶闸管的主要区别有以下几个方面：

1）GTO 关断由门极信号控制，不需要阳极电压反向，且工作电压也很低。所以 GTO 的关断电路比普通晶闸管简单。

2）GTO 用门极关断的主要原因在于，一是采用了分立的门 - 阴极结构，二是导通时阴极 $n_2 p_2 n_1$ 晶体管处于临界饱和状态，$\alpha_1 + \alpha_2 \approx 1.05$；而普通晶闸管导通时 $n_2 p_2 n_1$ 晶体管处于深饱和状态，$\alpha_1 + \alpha_2 \approx 1.15$。

3）GTO 中每个阴极单元都要被门极脉冲同时触发开通或同时关断。因此，GTO 开通后，要加一个较小的门极后沿电流来维持所有单元的开通，而普通晶闸管驱动信号是非连续控制的，开通后即可撤走。

4）GTO 在一维关断期间，为了防止关断功耗引起局部过热，或者由高电场诱发雪崩注入而引起二次击穿，要限制阳极电压上升率 du/dt，因此必须强制性地加入吸收电路。

2. 基区的横向效应

GTO 关断期间，当靠近门极的 J_2 结已恢复阻断，而远离门极的阴极中心正下方的区域仍处于导通状态时，于是部分阳极电流从 p_2 基区横向流入门极，并在其横向电阻上会产生压降，阻碍空穴向门极区流动。这个现象被称为 p 基区横向效应，如图 3-24 所示。由于它容易引起 J_3 结击穿，故从设计与工艺上要减小横向效应。

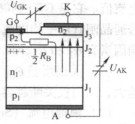

图 3-24 p 基区横向效应示意图

通常要求门极电流 I_G 在 p_2 基区横向电阻 R_B 上产生的压降 U_{GR} 必须小于 J_3 结的雪崩击穿电压 $U_{BR(J3)}$，即

$$U_{GR} = \frac{1}{2}R_B \times \frac{1}{2}I_G < U_{BR(J3)} \tag{3-22}$$

式中，R_B 可表示为

$$R_B = \rho_B \frac{w}{W_{p2}l} = R_{S,B} \frac{w}{l} \tag{3-23}$$

式中，ρ_B 为 p_2 基区的平均电阻率；W_{p2} 为 p_2 基区的厚度；l 为阴极条长；w 为阴极条宽；$R_{S,B}$ 为 p_2 基区的薄层电阻。

受基区横向电阻 R_B 的限制，允许的最大门极电流为

$$I_G = \frac{4U_{BR(J3)}}{R_B} \tag{3-24}$$

关断增益 β_{off} 通常定义为最大可关断阳极电流与最大负门极电流值之比，即

$$\beta_{off} = I_{TGQM} / | - I_G| \tag{3-25}$$

将式（3-23）、式（3-24）代入式（3-25），可得最大可关断阳极电流

$$I_{TGQM} = \beta_{off}I_G = 4\beta_{off}U_{BR(J3)}/R_B \tag{3-26a}$$

或

$$I_{TGQM} = 4\beta_{off}U_{BR(J3)}l/R_{S,B}w \tag{3-26b}$$

由式（3-26）可知，最大可关断电流与 $U_{BR(J3)}$、$R_{S,B}$、β_{off} 及阴极条的长宽比（l/w）有关。由于 GTO 中的阴极 $n_2p_2n_1$ 晶体管处于浅饱和状态，要求 p_2 基区的薄层电阻 $R_{S,B}$ 控制在一定范围内，因此 $U_{BR(J3)}$ 一般不超过 25V。β_{off} 值大小与 α_1 和 α_2 有关，通常为 3 ~ 5。所以，为了提高 I_{TGQM}，只能增加 l/w，即将阴极做成窄长条。

如果用双极晶体管模型来表示 GTO 结构，则其关断增益 β_{off} 可表示为

$$\beta_{off} = \frac{I_{TGQM}}{| - I_{GQ}|} = \frac{\alpha_2}{\alpha_1 + \alpha_2 - 1} \tag{3-27}$$

由此可知，要提高 β_{off}，需增加 α_2、减小 α_1。采用阳极短路结构可减小 α_1，从而提高 β_{off}。也可以通过加厚 n_1 区、提高载流子寿命来减小 α_1，但这会导致通态压降的增加。

3. 特性参数

GTO 的电压参数与普通晶闸管的相同，其额定电流通常用最大可关断电流来描述。

（1）最大可关断电流 I_{TGQM}　在规定条件下，用门极控制可以关断的最大阳极电流值。它是 GTO 的额定电流，与门极关断电路、主电路及吸收电路条件等有关。普通晶闸管用平均电流 $I_{T(AV)}$ 作为额定电流，$I_{T(AV)}$ 约为 I_{TGQM} 的 20%。I_{TGQM} 的影响因素有 α_1 和 α_2、du/dt、阳极电压、结温及频率等。

（2）关断增益 β_{off}　最大可关断阳极电流与门极负电流最大值之比。关断增益越大，用门极关断越容易。一般 β_{off} 为 3~5。

（3）浪涌电流（Surge Current）　由于电路异常情况（如故障）引起，并使结温超过额定值的不重复最大过载电流。在规定时间内（如一个周期内），GTO 能承受比额定平均电流大得多（10~15）$I_{T(AV)}$ 的浪涌电流。

（4）擎住电流 I_L　门极加触发信号后，保持所有 GTO 单元导通时的最小阳极电流。它与触发信号有关，随工作条件变化。大约是维持电流的 2 倍。

（5）维持电流 I_H　GTO 关断时，阳极电流减小到开始出现某个单元不能再维持导通时的电流值。因此，GTO 的 I_H 一般大于同等容量的普通晶闸管。

（6）阳极平均电流 I_{CP}　用于设计散热器和通风冷却装置时，可根据脉冲占空比来计算。例如，对于 3kA GTO，若电流脉冲占空比为 50%，则 I_{CP} 为额定电流（最大可关断电流 I_{TGQM}）的 1/2，即 $I_{CP} = I_{TGQM}/2$。

3.2.3　静态与动态特性

GTO 的通态特性和正向阻断特性与普通晶闸管的基本相同。但因 GTO 的结构不同，其通态压降和阻断电压也有所不同。下面主要介绍一下 GTO 的开关特性，图 3-25 给出了 GTO 的开关特性曲线及门极触发脉冲波形[15]。

1. 开通特性

（1）开通过程　当 GTO 加上适当的门极正触发信号时，就逐渐开通。开通过程分为延迟和上升两个阶段。

1）延迟期（一维开通过程）：靠近门极的区域首先开通，$\alpha_1 + \alpha_2$ 继续增加，i_A 逐渐上升，u_A 也快速下降。如图 3-25 所示，此过程定义为延迟时间 t_d，对应于门极脉冲从 $0.1I_{GM}$ 开始到阳极电压下降到 $0.9U_D$ 的时间间隔。t_d 与正门极电流脉冲的幅值 I_{GM} 和前沿陡度 di_G/dt 有关。前沿越陡、正门极电流峰值越大，注入电荷的速度越快，t_d 越短。

2）上升期（二维开通过程）：导通区横向扩展，i_A 急剧增加，u_A 也快速下降，$\alpha_1 + \alpha_2 = 1 \rightarrow 1.05$。如图 3-25 所示，此过程定义为上升时间 t_r，对应于阳极电压由 $0.9U_D$ 下降到 $0.1U_D$ 的时间间隔。

（2）开通时间　开通时间 t_{on} 为延迟时间和上升时间之和，可表示为

$$t_{on} = t_d + t_r \tag{3-28}$$

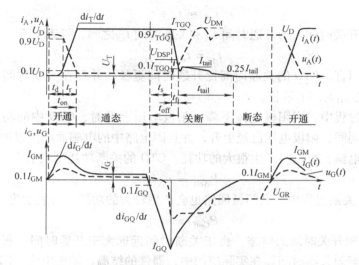

图 3-25　GTO 开关特性曲线及门极触发脉冲波形

2. 关断特性

（1）关断过程　当 GTO 加上适当的门极关断负脉冲信号时，就开始关断。关断过程分为存储期、下降期和拖尾期三个阶段。

1）存储期（二维关断过程）：导通区横向压缩期间，i_A 并没有下降，u_A 也没有上升，$\alpha_1 + \alpha_2 = 1.05 \to 1$。如图 3-25 所示，此过程对应于存储时间 t_s，负门极信号从 $0.1I_{GQ}$ 开始到 i_A 减小到导通电流的 $0.9I_{TGQ}$ 所需时间。t_s 与负门极脉冲电流峰值 I_{GQ} 和前沿陡度 di_{GQ}/dt 有关。前沿越陡、负门极电流峰值越大，抽取电荷的速度越快，t_s 越短。

2）下降期（一维关断过程）：过剩载流子继续从门极抽走，$\alpha_1 + \alpha_2$ 继续下降，i_A 急剧下降。如图 3-25 所示，此过程对应于下降时间 t_f，定义为 i_A 从 $0.9I_{TGQ}$ 下降到 $0.1I_{TGQ}$ 所需时间。t_f 与负门极电流的幅度 I_{GQ} 有关。幅度越大，抽取的存储电荷越多，$\alpha_1 + \alpha_2$ 下降越快，i_A 快速减小。

3）拖尾期（彻底关断）：i_A 随过剩电荷的抽取而下降到 I_{tail}，u_A 快速上升过冲到 U_{DM} 后又回落到 U_D，直到两基区的存储电荷完全复合消失为止，才彻底关断。如图 3-25 所示，此过程对应于拖尾时间 t_{tail}，定义为 i_A 从 $0.1I_{TGQ}$ 下降到 $0.25I_{tail}$ 所需时间。t_{tail} 主要与两个基区的少子寿命有关。少子寿命越短，复合越快，拖尾时间越短。

（2）关断时间和关断功耗　关断时间 t_{off} 为存储时间、下降时间及拖尾时间之和，可表示为

$$t_{off} = t_s + t_f + t_{tail} \tag{3-29a}$$

工程应用中，只取前两项，即

$$t_{off} \approx t_s + t_f \tag{3-29b}$$

GTO 的开关时间 t_q 为开通时间 t_{on} 和关断时间 t_{off} 之和，可表示为

$$t_q = t_{on} + t_{off} \tag{3-30}$$

相比较而言，GTO 的关断时间比开通时间更长，并且在关断时间中，下降时间 t_f 较短，存储时间 t_s 较长。

在关断过程中，当阳极电流下降、阳极电压上升时，GTO 中的功耗很大。特别是在拖尾期间，阳极电压已经上升，并且因电路中的电感而产生过冲，此时器件中仍有拖尾电流，所以将产生很大的功耗。GTO 的关断功耗可表示为

$$P_{Aoff} = u_A i_A \tag{3-31}$$

在 GTO 关断过程中，其门极回路也会产生较大的功耗，可表示为

$$P_{Goff} = u_G i_G \tag{3-32}$$

（3）缩短开关时间的措施　由于关断时间远远大于开通时间，所以减小开关时间主要是缩短关断时间。在实际应用中，器件的结温、阳极电流、阳极电压及其上升率、关断增益等均会导致关断时间延长，而负门极电流的前沿陡度越高、幅值越大，会使关断时间缩短。从器件自身结构考虑，降低少子寿命或控制基区厚度可缩短关断时间；采用短路阳极可大大缩短拖尾时间，从而缩短关断时间；采用透明阳极，可完全消除拖尾电流（这将在下一节中详细介绍）。从外电路考虑，提高门极负脉冲电流的上升率或幅度，可减小存储时间和下降时间。

（4）吸收条件下的关断　对大功率的 GTO，在实际应用中，为了降低开关瞬态功耗，通常采用 di/dt 抑制电路和 du/dt 吸收电路。图 3-26 给出了 GTO 在 RCD du/dt 吸收条件下典型的关断电路及关断波形。图 3-26a 中，由 VD_s、R_s 和 C_s 构成了 RCD du/dt 吸收电路。由图 3-26b 可见，在 t_0 时刻之前，GTO 处于导通状态，电流由 DUT 和负载电感建立，并且 I_G 可忽略，故 $I_A \approx I_K$。从 t_0 时刻起，在门极加上负关断电压 U_{OFF}，由 U_{OFF} 和门极回路杂散电感 L_G 决定了门极电流线性下降。在 t_1 时刻 GTO 已经不能维持正反馈，阳极电流开始下降，并由负载转到 du/dt 吸收电路。在 t_2 时刻，阳极电流变化率 di/dt 达到其最大值，由 du/dt 吸收电路中的 L_s 导致阳极电压尖峰。在 t_3 时刻，阳极电流达到拖尾阶段。在 t_4 时刻，阳极电压达到直流电压 U_{DC}，续流二极管 VD_F 导通。在电源、VD_F 和 du/dt 吸收电路中，杂散电感中的能量将通过吸收电容释放，引起另一个阳极电压尖峰。在 $t_4 - t_5$ 之间的阳极电压尖峰由 du/dt 吸收电路中的二极管 VD_s 产生。

图 3-27 给出了 GTO 在感性负载下关断时的 $I - U$ 特性曲线轨迹。可见，在开通过程中，有 di/dt 抑制电路时，开通损耗明显减小。在关断过程中，有 du/dt 吸收电路时，关断损耗明显减小。所以，在开通过程中，附加 di/dt 抑制电路，关断过程中附加 du/dt 吸收电路，可将 GTO 的开关损耗限制在一个安全值以内。

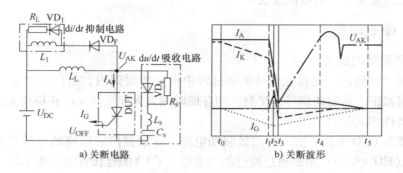

图 3-26 GTO 的吸收关断电路及关断波形

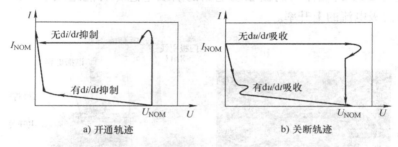

图 3-27 GTO 在感性负载下关断时的开关 $I-U$ 特性轨迹

3. 门极信号

利用门极控制信号可将 GTO 开通或者关断。由图 3-25 所示的门极触发和关断脉冲波形可知，GTO 的门极控制信号有四个特征量，即脉冲的前沿、幅度、宽度及后沿。下面来分析 GTO 对门极触发脉冲和关断脉冲信号的要求。

（1）门极触发信号 由于 GTO 的导通程度处于临界状态，其门极－阴极周界又很长，为了使所有的 GTO 单元同时开通，需要强触发脉冲和较陡的触发脉冲前沿，即 $di_G/dt \geqslant 100 A/\mu s$、$I_{GM} \geqslant 100 A$。为了防止误关断，要求触发脉冲的后沿愈缓越好。因为后沿陡度大时易产生负尖峰电流，导致 GTO 重新关断或引起 I_L 增加。因此，对门极触发信号的要求是：前沿陡度大，幅度 I_{GM} 为额定触发电流的 3～5 倍，脉冲宽度要比器件的导通时间大几倍，后沿陡度缓。

（2）门极关断信号 GTO 关断时，当负门极信号足够大时，载流子抽取较快，t_f 短，就不会因瞬时的热击穿而烧毁。但负门极信号过大，会导致门极瞬时功耗过大，同样会因 pn 结局部温升过大而烧坏。所以，负门极电流大小要适当。

负门极信号的后沿也要尽量缓，否则由此引起的位移电流有可能使 GTO 再次导通或使器件的正向阻断能力降低。要求关断脉冲的前沿陡度大，幅度 I_{GQ} 在 $2I_A/3$

以内，脉冲宽度大，后沿陡度缓。

3.2.4 硬驱动技术

1. 硬驱动的定义

所谓"硬驱动"是指在器件关断过程中极短的时间内，给门极加上电流上升率及幅值都很大的驱动信号，使器件的存储时间大大缩短，从而获得较大的安全工作区和器件的无吸收工作[16]。

传统的 GTO 采用了庞大的门极驱动电路，导致其门极回路的电感很大；硬驱动 GTO（HD – GTO）则是通过改进驱动电路与 GTO 的连接方式以减小门极回路的电感，从而实现"硬驱动"。图 3-28 给出了 GTO 的驱动电路[14]。可见，HD – GTO 就是将 GTO 封装体与门极驱动电路的引线电感尽可能地减小（约为 8nH），从而提高门极电流的上升率。

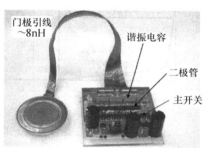

a) 普通"软驱动"GTO   b) 4.5kV/2kA"硬驱动"GTO

图 3-28　含有 GTO 驱动电路的实物

表 3-2 比较了普通 GTO 与 HD – GTO 的性能参数[18]。可见，采用普通"软驱动"电路时，关断门极电流上升率 di_G/dt 较小，幅值较低；而采用"硬驱动"电路时，关断 di_G/dt 较大，幅值较高。所以，采用"硬驱动"电路可使 GTO 的开通能耗和存储时间大大减小，最大可关断电流 I_{TGQM} 和关断 du/dt 容量明显增加，关断时吸收电容和门极驱动功耗也大大减小。

表 3-2　4.5kV/3kA/125℃普通 GTO 与 HD – GTO 的性能参数比较

4.5kV/3kA/125℃	GTO	HD – GTO
关断 $di_G/dt/(A/\mu s)$	500	3000
开通能耗 $E_{on}/(W \cdot s)$	5	1
存储时间 $t_s/\mu s$	20	1
关断能耗 $E_{off}/(W \cdot s)$	10	10
关断 3kA 时吸收电容 C_s 电容量/μF	6	1 ~ 3

（续）

4.5kV/3kA/125℃	GTO	HD-GTO
最大可关断电流 I_{TGQM}/kA	3	3~6
门极驱动功耗/W（500Hz）	80	30
门极存储电荷 Q_d/μC	8000	2000
最大关断 du/dt/(V/μs)	500	1500

图 3-29 比较了 GTO 在不同工作状态下的等效电路[16]。由图 3-29a 可知，导通时阴极电流 I_K 等于阳极电流 I_A（因为门极电流 I_G 很小）。由图 3-29b 可见，正常关断时只有 1/4 的阳极电流从门极流出，关断增益为 4（即 $\beta_{off}=4$）。由图 3-29c 可见，采用"硬驱动"电路关断时，所有阳极电流均从门极流出，故其关断增益 β_{off} 为 1。所以，"硬驱动"技术的典型特征就是可实现单位关断增益。

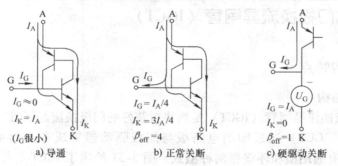

a) 导通　　　　　　　b) 正常关断　　　　　　c) 硬驱动关断

图 3-29　GTO 在不同关断增益下的等效电路比较

GTO 在单位关断增益下的关断波形如图 3-30 所示[19]。采用"硬驱动"电路关断时，J_3 结瞬间截止，阴极电流 I_K 为零，于是门极电流 I_G 与阳极电流 I_A 大小相等，p_2 基区的载流子移除速度很快，使存储时间大大缩短，约为 1μs（正常关断时的存储时间约为 20μs）。因为在正常关断的情况下，门极电流小于阳极电流，所以载流子移除速度较慢。并且，在存储期时阴极电流并不为零，阴极区仍有载流子注入。

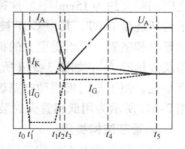

图 3-30　GTO 在单位关断增益下的关断波形

采用单位增益关断，使 GTO 各单元存储时间 t_s 的差异减小，器件内部的电流趋于均匀分布，可以改善 GTO 的 RBSOA。即使有两个单元的 t_s 不同（如 $t_{s1}<t_{s2}$），在 t_2 时刻，存储时间短的 GTO_1 先关断，其电流将转移到存储时间稍长的 GTO_2，使其中的电流增大。由于 GTO_2 的阳极电流增大，其门极电流也增大，少子移除速

度也较快，存储时间 t_{s2} 就可缩短，于是形成了一个负反馈。可见，采用单位增益关断更有利于实现均流。相比较而言，在正常关断增益下，由于 t_s 不同，导致 GTO 的电流集中于 t_s 较长的单元，这个过程极大地限制了 GTO 门极所能承受的平均功耗，因此必须有一个 du/dt 吸收电路来限制阳极电压上升率。采用单位增益关断，可提供均匀的电流分布，整个 GTO 在关断期间可承受更高的平均瞬态功率，因而可在无 du/dt 吸收电路的条件下关断。

2. 硬驱动的优点

采用门极 "硬驱动"，不仅可使 GTO 的开通 di/dt 提高，延迟时间缩短，损耗下降，而且可使关断的 du/dt 耐量和最大可关断电流提高，存储时间缩短。更重要的是，它可以降低门极电路电感，减小门极驱动电路的元件数、热耗散、电应力及内部热机械应力，从而显著地降低门极驱动电路的成本和失效率。

3.3 集成门极换流晶闸管 （IGCT）

3.3.1 结构特点

1. 外形结构

集成门极换流晶闸管（IGCT）是指将封装好的门极换流晶闸管（Gate Commutated Thyristor，GCT）通过印制电路板与门极驱动器集成在一起形成的一个组件[20]。通常有通用型和环绕型两种型式。图 3-31 给出了 IGCT 的外形结构、GCT 芯片及其封装好的 GCT。图 3-31a 所示为通用型 IGCT，其中 GCT 与门极驱动电路之间相距大约为 15cm[21]，这种封装结构使 IGCT 的使用灵活、方便。图 3-31b 所示为环绕型 IGCT，其中 GCT 被门极驱动电路包围，这种封装结构比通用型结构更加紧凑和坚固，可承受更大的机械应力。图 3-31c 所示是环绕型 IGCT 的门极驱动器及散热器[22]。如图 3-31d 所示，为了满足某些场合应用而特制低感管壳外侧设有小孔，便于与门极驱动电路板连接。图 3-31e 所示为采用环形门极的 GCT 芯片。图 3-31f 所示为用低感管壳封装好的 GCT[23]。

2. 管芯结构类型

GCT 管芯的基本结构主要有非对称和逆导两种，如图 3-32a 所示。其中非对称结构可以单独使用，也可以串联或并联使用。此外，还有派生的双门极结构、逆阻型结构及波状基区结构等。下面逐一进行介绍。

（1）非对称 GCT　如图 3-32a 所示，非对称 GCT（Asymmetry GCT，AS-GCT）是一个 $p^+nn^-pn^+$ 五层非对称晶闸管结构，其 p^+ 阳极区是一个浅的中等掺杂区，由于电子很容易穿过，故称为透明阳极（Transparent Anode）。在 n^- 基区和 p^+ 透明阳极区之间附加了一层 n 型区，它比常规的非对称晶闸管的缓冲层掺杂浓

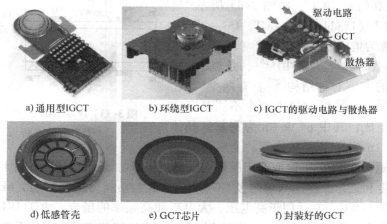

a) 通用型IGCT   b) 环绕型IGCT   c) IGCT的驱动电路与散热器

d) 低感管壳   e) GCT芯片   f) 封装好的GCT

图 3-31 IGCT 的外形结构及封装好的 GCT

度低，因此对透明阳极注入的空穴无阻挡作用，只对 n^- 基区的电场强度起压缩作用，故称为场阻止（FS）层。此外，AS – GCT 也采用了类似于 GTO 的多门极 – 多阴极台面结构，在门 – 阴极之间利用挖槽工艺将阴极单元从门极区中分离出来，通过压接很容易实现多个单元的互连。可见，非对称 GCT 具有透明阳极、场阻止层及分立的门 – 阴极结构等特点。

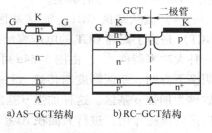

a) AS–GCT结构   b) RC–GCT结构

图 3-32 GCT 的基本结构

AS – GCT 芯片制作的关键在于透明阳极与场阻止层。场阻止层通常采用低温磷预沉积，然后高温推进形成低表面掺杂浓度和较深的 n 型区域；透明阳极通常采用硼离子注入，然后高温推进兼退火，形成低表面掺杂浓度和较浅的 p 型区域。

（2）逆导 GCT 如图 3-32b 所示，逆导 GCT（Reverse Conducting GCT, RC – GCT）是由 AS – GCT 与 pn^-nn^+ 二极管反并联组成的集成结构[5]。与逆导晶闸管（RCT）不同的是，在 AS – GCT 与集成二极管之间采用了 pnp 结构来实现结隔离，而常规的 RCT 一般利用沟槽工艺形成电阻隔离。当 RC – GCT 的门 – 阴极之间无论加正向或反向电压时，pnp 结构中总有一个 pn 结反偏，其漏电流很小，故采用这种 pnp 隔离的效果要比电阻隔离好很多。可见，RC – GCT 具有透明阳极、场阻止层、分立的门 – 阴极和 pnp 隔离的结构特点。

RC – GCT 芯片的制作关键在于 pnp 隔离区的制作工艺。由于晶闸管的 p 基区通常采用杂质铝（或镓）的深扩散来实现，但这两种杂质均不能用常规的二氧化硅来掩蔽，所以通过选择性的 p 型深结扩散实现 pnp 隔离区较为困难，国外多采用选择性的 Al 离子注入后高温推进来实现。

（3）双门极 GCT　如图 3-33 所示[6]，双门极 GCT（Double Gate GCT，DG – GCT）剖面，也称为集成门极双晶体管（Integrated – Gate Dual Transistor，IGDT）[26]，是以 n⁻ 基区为中心的上下对称结构[25]，有两个门极。五层的 p⁺nn⁻pn⁺ 结构是由两个不同基区的双晶体管组成，其中 p⁺nn⁻p 为宽基区晶体管，n⁺pn⁻n 为窄基区晶体管。上表面有阴极 K 与开通门极 G₁，下表面有阳极 A 与关断门极 G₂。

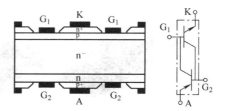

图 3-33　DG – GCT 的基本结构及其等效电路

采用双门极有利于提高器件的关断速度和工作温度。与单门极 GCT 相比，关断损耗可降低 70%，6kV 时工作结温可高达 160℃。它适用于高电压、大电流和高频率的场合。由于 DG – GCT 的正、反面完全对称，可采用硅 – 硅直接键合（SDB）工艺来实现，从而避免高温扩散对 DG – GCT 特性的影响。

（4）波状基区 GCT　波状基区 GCT（Corrugated p – base Region GCT，CP – GCT）是为了提高 GCT 的电压容量并改善其反偏安全工作区（RBSOA）而开发的一种大功率器件[27]。由图 3-34a 可知，加强基区 GCT 的 p 基区由两部分组成：其阴极下方的 p 基区厚度与传统 AS – GCT 的相同，而门极下方的 p 基区明显较厚，故称为加强 p 基区。这种加强 p 基区是在标准的 p 基区工艺的基础上，利用 n⁺ 阴极区的掩蔽作用，进行大面积 Al 扩散形成的。由图 3-34b 可见，波状基区 GCT 的 p 基区也由高掺杂浓度 p⁺ 区和低掺杂浓度 p⁻ 区两部分组成，其中高掺杂浓度 p⁺ 区是由硼扩散形成的，低掺杂浓度 p⁻ 区是在 n⁺ 阴极区的掩蔽下由铝注入和高温推进形成的。由于采用这种特殊的工艺方法，使得 J₂ 结的结面不再是一个平行平面结，而是呈波纹状。总之，两者都采用了与传统 GCT 不同的 p 基区，且波状基区 GCT 结构是在加强 p 基区 GCT（Fortified p – base Region GCT，FP – GCT）结构基础上形成的[28-30]。

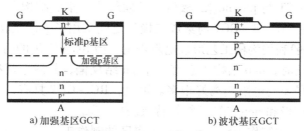

a) 加强基区GCT　　　　　b) 波状基区GCT

图 3-34　加强基区与波状基区 GCT 结构比较

波纹形状由阴极条宽、硼扩散和铝扩散的深度等共同决定。由于 p⁻ 基区铝扩散是在 n⁺ 阴极区磷扩散之后进行的，所以在铝的高温扩散过程中 J₃ 结推进很严重。因此，加强基区和波状基区结构制作关键不仅是 J_2 结面波纹形状的控制，而且对 J_3 结结深与次表面浓度的控制也非常重要。目前，采用波状基区 GCT 结构已研发了 2kA/10kV[29] 非对称 GCT 和 3.2kA/10kV 逆导 GCT[31,32]，这说明利用 GCT 也可以实现高耐压。

（5）双芯 GCT 如图 3-35 所示，双芯 GCT（Dual GCT，D-GCT）是将两个 GCT 芯片并联地集成在同一个硅片上[33,34]，芯片背面为两者共同的阳极，正面分别为两者的阴极和门极，其中，GCT-A 采用中心门极，GCT-B 采用环形门极，两芯片之间通过隔离环进行电隔离，并采用特殊的压接式封装。由于 GCT-A 的通态损耗较低，GCT-B 的开关损耗较低。因此，由 GCT-A 与 GCT-B 并联形成的 D-GCT 芯片同时拥有低开关损耗和通态损耗。与两个分立 GCT 芯片的并联相比，D-GCT 不仅总损耗低、杂散电感小，而且节约了封装成本，改善了器件的整体性能。制作 D-GCT 芯片的关键在于芯片隔离以及压接式的封装结构。与普通压接式封装不同，由于存在两个门极引出端子，引出需要采用特殊的管壳来实现。

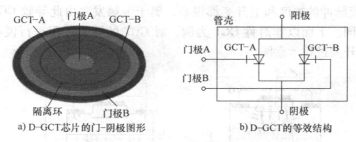

a) D-GCT 芯片的门-阴极图形   b) D-GCT 的等效结构

图 3-35 D-GCT 芯片的门-阴极图形与等效结构

（6）逆阻 GCT 如图 3-36 所示，逆阻 GCT（Reverse Blocking GCT，RB-GCT）是由 AS-GCT 与二极管通过钼片串联压接而成的[35]。GCT 的阴极作为 RB-GCT 的阴极，二极管的阳极作为 RB-GCT 的阳极。反向工作时，阻断电压由二极管承受。采用这种压接式封装，其冷却成本可降低 50%。制作 RB-GCT 的关键在于压接式封装工艺。目前，已开发出 6kV 的 RB-GCT。

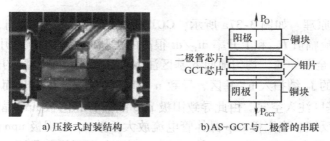

a) 压接式封装结构   b) AS-GCT 与二极管的串联

图 3-36 RB-GCT 的压接式封装结构及组成

此外，也有对称 GCT（SGCT）报道[36]，其基本结构与 GTO 完全相似，只是采用了硬驱动电路，这里不予介绍。

3.3.2 工作原理与 $I-U$ 特性

GCT 源于 GTO，因此其工作原理与 GTO 有相同之处，但也有不同之处。下面通过 GCT 与 GTO 对比分析，说明 GCT 的工作原理与换流特性。

1. 工作原理

当在 GCT 的阳 - 阴极间加上适当的正向电压（$U_{AK}>0$），门 - 阴极间不加触发电流（$I_G=0$）时，GCT 处于正向阻断状态，正向阻断电压由反偏的 J_2 结承受。当 U_{AK} 大于 J_2 结的雪崩击穿电压时，GCT 发生转折导通。当在门 - 阴极间加上很强的触发信号（$I_G \gg 0$），GCT 被触发导通后，两基区也会发生电导调制效应，类似于 pin 二极管，可以通过很大的电流，并具有很低的通态压降。所以，GCT 的正向阻断状态和导通状态与 GTO 完全相同。与 GTO 的不同之处在于，GCT 开关时所加的门极电流脉冲的幅度和上升率都很高，属于强触发，由此导致 GCT 的开关过程与 GTO 不同。下面以非对称 GCT 为例，对 GCT 的开关过程进行说明。图 3-37 所示为 GCT 开关过程示意图。

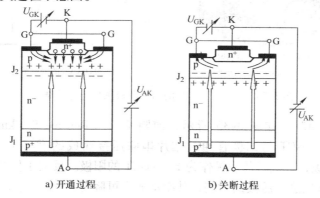

a) 开通过程　　　　　b) 关断过程

图 3-37　GCT 开关过程示意图

（1）开通原理　如图 3-37a 所示，GCT 利用强触发脉冲电流开通，即在门 - 阴极间加上电流幅值 I_{GM} 和上升率 di_G/dt 很高的正脉冲电流，于是阴极 npn 晶体管的 J_3 结会瞬间全部导通，均匀地向 p 基区注入电子，进入 p 基区的电子扩散到 J_2 附近，被反偏的 J_2 结扫入 n^- 基区，导致 n^- 基区的电位下降，从而引起透明阳极均匀地向 n^- 基区注入空穴。由此导致阳极 pnp 晶体管和阴极 npn 晶体管之间互相驱动，形成正反馈。当阳极 pnp 晶体管电流放大系数 α_1 和阴极 npn 晶体管的电流放大系数 α_2 之和大于 1，即 $\alpha_1 + \alpha_2 > 1$ 时，GCT 大面积均匀导通。与图 3-23a 所示的 GTO 开通过程相比，GCT 开通过程中并不存在二维（2D）扩展的情况，GCT

开通时间主要由开通延迟时间和阳极电压下降时间决定。

（2）关断原理　如图 3-37b 所示，GCT 采用强负脉冲电流关断时，即在门-阴极间加上电流幅值 $-I_{GQ}$ 和上升率 $-di_G/dt$ 都很高的负脉冲电流，门-阴极结（J_3 结）迅速截止，阴极电流会在 $1\mu s$ 内全部转换到门极，几乎所有的阳极电流都从门极流出，于是 GCT 相当于一个基极开路的 pnp 晶体管。由于 GCT 采用了透明阳极，n^- 基区电子可以直接穿过它，所以 GCT 很快关断。与图 3-23b 所示的 GTO 关断过程相比，GCT 关断过程中并不存在横向压缩的情况，关断时间主要由存储时间（关断延迟时间）和电流下降时间决定。

GTO 和 GCT 在关断期间的电流分布如图 3-38 所示，GTO 关断时，靠近门极两侧处的 J_3 结先部分截止，而中心部位仍然导通，使得大部分阳极电流仍经阴极流出，仅有小部分阳极电流被门极抽走，故 GTO 的阳极电流仍由阴极电流和门极电流组成。GCT 关断时，在 J_2 结的电压还未上升之前，J_3 结就已经完全截止，空间电荷区建立，于是阳极电流瞬间全部转换到门极，故阳极电流等于门极电流。相比较而言，GTO 的关断过程中存在一个 "pnpn" 过渡区，在此期间阴极 npn 晶体管和 pnp 晶体管仍然导通。随着过渡区的不断压缩，每个单元的中心区域会发生电流集中现象。GCT 关断时，阴极 npn 晶体管已经截止，仅 pnp 晶体管导通，所以 GCT 的关断实质上是阳极 pnp 晶体管的关断，不存在导通区的横向压缩和电流集中问题，关断更为均匀。

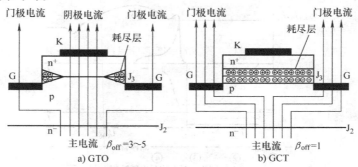

图 3-38　GTO 和 GCT 的关断期间电流分布的比较

表 3-3 比较了 GCT 与 GTO 的工作原理。可见，GCT 与 GTO 的阻断和通态原理完全相同，都相当于 pnpn 晶闸管，阻断时 J_2 结反偏能够承受高电压，导通时有电导调制效应可以传导大电流。但是，开通原理有差异，关断特性则完全不同。GTO 开通时，先局部导通，然后导通区再扩展；而 GCT 开通时是均匀导通，不存在扩展情况。GTO 关断时，其阳极电流只有小部分流经门极电路，大部分从阴极流过，所以 GTO 的关断增益 β_{off} 较大，通常为 3～5；而 GCT 关断时，阳极电流全部流经门极电路，所以 GCT 的关断增益 β_{off} 为 1。可见，GCT 采用硬驱动技术，可以实现

单位关断增益。

表3-3　GTO 与 GCT 工作原理的比较

项目	GTO	GCT
阻断原理	相当于 pnpn 晶闸管	与 GTO 相同
开通原理	先局部导通，然后再扩展	大面积均匀导通
导通原理	相当于 pnpn 晶闸管	与 GTO 相同
关断原理	相当于 pnpn 晶闸管	相当于 pnp 晶体管
关断时阳极电流	阳极电流小部分流经门极电路，大部分流过阴极，$\beta_{off}=3-5$	阳极电流全部流经门极电路，$\beta_{off}=1$

（3）GCT 内部换相过程　图 3-39 所示为 GCT 关断期间不同阶段的电压与电流波形及其内部的电流分布[28]。由图 3-39a 可知，为了满足硬驱动设计要求，门 – 阴极电压 U_{GK} 为阶梯型上升波形。其中 t_{com} 为换流时间，即门极电流上升时间（对应于图中第②阶段），在此期间，门极电流 I_G 按照由门极回路电感所限制的速率上升；当 I_G 上升到最大值时，npn 晶体管截止，GCT 由晶闸管转变为晶体管。$t_{de(sat)}$ 为 pnp 晶体管退饱和的时间（对应于图 3-39 中第③阶段），在此期间，pnp 晶体管中仍有电流流过；在 $t_{de(sat)}$ 之后，J_2 结开始恢复，阳极电压 U_{AK} 开始上升，之后阳极电流 I_A 才开始下降，GCT 开始关断（对应图中第④阶段），并且从 GCT 由晶闸管转变为晶体管时刻起，即第②阶段结束，I_A 变化趋势与 I_G 完全相同。

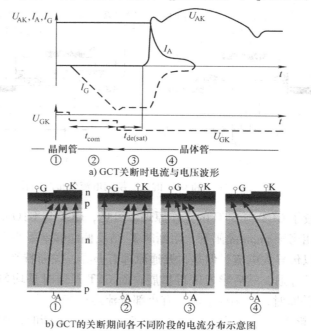

a) GCT关断时电流与电压波形

b) GCT的关断期间各不同阶段的电流分布示意图

图 3-39　GCT 关断时电流与电压波形及各阶段的电流分布

由图 3-39b 可知，第①阶段 GCT 处于导通期间，阳极电流全部流过阴极，门极只提供一个很小的后沿电流，以确保所有单元都开通；第②阶段为换流阶段，阳极电流逐渐由阴极转换到门极；第③阶段是阳极 pnp 晶体管退饱和阶段，J_2 结由正偏逐渐转成反偏，阳极电流全部由门极流出，但电流值并未减小，阳极电压快速上升到最大值；第④阶段是 pnp 晶体管关断过程，门极电流随阳极电流逐渐减小，当 n 基区的非平衡载流子全部消失后，GCT 才能彻底关断，于是阳极电压达到外加电压，电流接近为零。

（4）RC – GCT 工作原理　图 3-40 给出了 RC – GCT 的正、反向工作原理示意图。由图 3-40a 可知，当外加电压为正（$U_{AK} > 0$）时，J_2 结反偏，承受正向阻断电压，集成二极管也截止。当在 AS – GCT 的门极上加一很强的正电流脉冲信号（$I_G \gg 0$）时，J_3 结会均匀注入，使阴极 npn 晶体管先大面积导通，然后触发阳极 pnp 晶体管导通，进而形成正反馈，使 AS – GCT 完全导通，流过很大的电流，并具有很低的压降，与之集成二极管也因此承受很低的电压。当在 AS – GCT 的门极加一个很强的负脉冲信号（$-I_G \approx I_{TGQ}$）时，J_3 结很快截止，p 基区的空穴一部分从门极扫出，其余的则与 n^- 基区的电子复合；n^- 基区的电子除了与空穴复合外，还可直接穿过透明阳极，所以 AS – GCT 很快关断，两端的电压又恢复到外加电压值。

由图 3-40b 可知，当外加电压为负（$U_{AK} < 0$）时，AS – GCT 截止，集成二极管导通，流过很大的电流，并具有很低的压降。与之集成的 AS – GCT 也因此而承受较低的反向电压。可见，RC – GCT 正、反向均可导通。

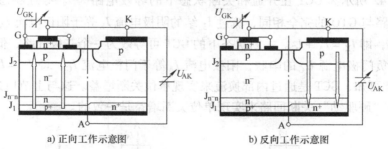

a) 正向工作示意图　　　　　　b) 反向工作示意图

图 3-40　RC – GCT 正、反向工作原理示意图

当 RC – GCT 两端的外加电压 U_{AK} 由正向转为反向时，集成二极管导通，AS – GCT 要尽快恢复阻断。此时，pnp 隔离区可阻止二极管 p 基区的载流子横向流入 AS – GCT 部分，避免 AS – GCT 重新导通。当 U_{AK} 由反向转为正向时，集成二极管从导通状态又恢复到阻断。若在 AS – GCT 的门极加上触发信号，则 AS – GCT 从阻断状态又转为导通状态。此时，pnp 隔离区可阻止 AS – GCT 中 p 基区的载流子横向流入二极管阳极区，避免二极管的重新导通。所以，在 RC – GCT 的换相期间，

隔离区能有效阻止集成二极管和 AS – GCT 之间的载流子传输，确保换相成功。

2. AS – GCT 的等效电路

由 AS – GCT 的工作原理可知，GCT 在开通状态下相当于一个 pnpn 晶闸管，在关断状态下相当于一个 pnp 晶体管。所以，GCT 也可用双晶体管模型来等效[29,37]。GCT 在导通状态和关断状态时工作模式如图 3-41 所示。导通状态下，GCT 与 GTO 完全相同，可认为是一个 pnp 晶体管与一个 npn 晶体管的耦合，流过 J_3 结的阴极电流包括电子电流和空穴电流（图中箭头所示为电子和空穴的流动方向）。GCT 关断时，阴极 npn 晶体管的发射极已经截止，流过 J_3 结的电流为零，空穴电流只能从门极流出。所以，GCT 相当于一个宽基区的 pnp 晶体管。

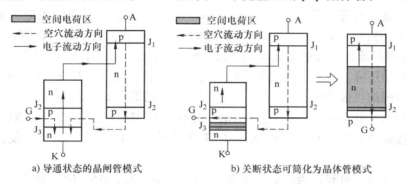

a) 导通状态的晶闸管模式　　　　b) 关断状态可简化为晶体管模式

图 3-41　GCT 在导通状态和关断状态时工作模式

图 3-42 所示为 GCT 在开通和关断状态下的等效电路[38]。导通状态下，GCT 的等效电路与 GTO 的完全相同，流过 J_3 结的阴极电流 I_K 等于阳极电流 I_A 和门极电流 I_G 之和，即 $I_K = I_A + I_G$。关断状态下的 GCT 可等效为一个基极开路、低增益 pnp 晶体管与负门极电源 U_G 的串联，阳极电流 I_A 等于门极电流 I_G，即 $I_A = I_G$，故 $\beta_{off} = 1$。由此可知，GCT 是通过内部换流来实现单位关断增益。这与上节所述的 HD – GTO 利用"硬驱动"关断回路来实现单位关断增益是一致的。

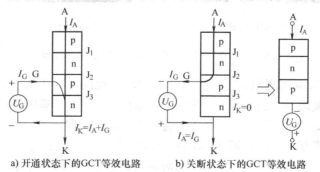

a) 开通状态下的 GCT 等效电路　　　　b) 关断状态下的 GCT 等效电路

图 3-42　GCT 在导通状态和关断状态时的等效电路

3.3.3 静态与动态特性

1. 静态特性

尽管 GCT 与非对称 GTO 很相似，但由于缓冲层/FS 层及阳极区的参数不同，导致阻断电压和通态压降大小也有所差异。对非对称 GTO 而言，普通阳极的掺杂浓度高且厚度厚，缓冲层厚度薄且掺杂浓度高，在阻断状态下，n 缓冲层不仅可以压缩 n⁻ 区的电场，同时对普通阳极注入的空穴也有阻挡作用，所以，非对称 GTO 的耐压结构为 PT 型。对非对称 GCT 而言，透明阳极掺杂浓度低且厚度薄，场阻止（FS）层的厚度较厚且掺杂浓度较低，在阻断状态下，n FS 层只对 n⁻ 基区的电场有压缩作用，对透明阳极注入的空穴并没有阻挡作用，这种情况与超高压晶闸管[3]中的场阻止（FS）型击穿相似。故可以认为 GCT 的击穿也属于 FS 型击穿，并非参考文献［39］中报道的 PT 型击穿。由于 n FS 层掺杂浓度较低，对 n⁻ 基区的电场压缩程度较弱，导致 pn 结处的峰值电场强度和 n⁻n 结处电场强度较低，故阻断电压有所下降。

在导通状态下，GCT 与 GTO 相似，基区会发生电导调制效应，但由于 GCT 透明阳极的掺杂浓度和厚度比 GTO 普通阳极的更低、更薄，所以在相同基区掺杂浓度和厚度下，GCT 的通态压降要比 GTO 的稍高。GCT 与 GTO 导通 $I-U$ 特性曲线如图 3-43 所示[40]，在给定的电流密度下，GCT 的通态压降较大。从阳极电流分量来看，GTO 阳极电流中的空穴电流分量远远高于电子电流分量（即 $J_p \gg J_n$），且非常接近阳极电流（即 $J_p \approx J_A$），说明普通阳极 J_1 结的空穴注入效率很高，接近 1；GCT 阳极

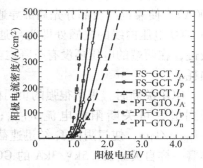

图 3-43　GCT 与 GTO 导通时
$I-U$ 特性比较

电流中的空穴电流分量稍大于电子电流分量（即 $J_p > J_n$），说明透明阳极 J_1 结空穴注入效率并不高。若将 n FS 区的掺杂浓度增加到 $10^{17}\,\text{cm}^{-3}$ 以上，通态压降明显增加[41]。可见，GCT 的导通特性除了与 n⁻ 基区和 p 基区参数有关外，还与透明阳极和 n FS 层的参数密切相关。

根据 GCT 的静态特性分析可知，尽管 n FS 层仅起压缩 n⁻ 基区电场的作用，对透明阳极的载流子注入无阻挡作用，但由于透明阳极的掺杂浓度有限，使得导通期间存储的载流子浓度较少，导致通态压降较大。而透明阳极对关断特性特别有利。可见，只有将透明阳极和 n FS 层结合起来，才能发挥 GCT 的优良特性。

2. 开关特性

GCT 开关时需要采用"硬驱动"电路。通常把 GCT 与门极驱动电路通过印制

电路板相连，将门极驱动电路的电感降到 20nH 以下，且 GCT 管壳的电感约为 5nH，因此可获得较高 di_G/dt 以实现门极"硬驱动"。

GCT 开通时，采用正的强触发脉冲，并要求 di_G/dt 可达 1kA/μs 以上，峰值电流 I_{GM} 约为 1kA（比 GTO 大一倍），以便在极短的时间内，使其阴极 npn 晶体管在 GCT 导通之前就出现有效饱和，实现均匀的导通，以减小开通损耗和延迟时间。GCT 和 GTO 的开通波形比较如图 3-44 所示[42]。GCT 开通时，门极触发电流脉冲很强（$I_{GM} = 1000A$），使GCT 大面积均匀导通，于是阳极电流快速上

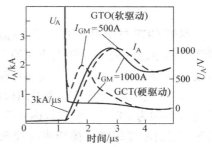

图 3-44　GCT 和 GTO 的开通波形比较

升，阳极电流的 di/dt 很高，高达 3kA/μs，使开通延迟时间从几微秒下降到几百纳秒。同时，两端阳极电压快速下降，在阳极电流上升之前已经降低到很低的水平，故 GCT 的开通损耗较小。相比较而言，GTO 开通时的门极脉冲较弱（$I_{GM} = 500A$），使靠近门极部分先局部导通，随后局部导通区逐渐扩展到大面积导通（图中 GTO 电压曲线的波峰处即为导通区扩展时产生的峰值压降）。因此，GTO 开通较慢，在两端的电压还没有下降之前，阳极电流就已经上升，由此产生较大的开通损耗。

GCT 关断时，采用很强的负门极电流脉冲，并要求负门极电流 I_{TGQ} 在 1μs 内上升到最大可关断阳极电流 I_{TGQM}；即门极电流的上升率 $-di_G/dt$ 必须约等于 $-I_{TGQM}/1μs$，使门阴极 J_3 结迅速截止，阳极电流都转由门极流出，GCT 像 pnp 晶体管一样自关断。4.5kV/3kA 的 GCT 和 GTO 的关断波形比较如图 3-45 所示。从门极关断脉冲来看，GCT 的门极关断电流脉冲幅值为 3kA，上升率约 3kA/μs；GTO 的门极关断电流脉冲幅值为 500A，上升率约 50A/μs。可见，GCT 的负电流脉冲信号比 GTO 的负电流脉冲更强。从电流、电压波形来看，GCT 关断时，在阳极电流下降之前，阴极电流 I_K 已经为零（$I_K = 0$），阳极电流下降很快，变化趋势与门极电流完全相同（$I_A = I_G$），几乎没有拖尾电流，阳极电压上升也很快，且过冲很小。所以 GCT 关断时间很短，关断损耗也很小。在 GTO 关断期间，阴极电流一直存在（$I_K >> 0$），说明 GTO 仍然是一个 pnpn 晶闸管，阳极电流缓慢下降，并有较大的拖尾电流；阳极电压缓慢上升，并有很高的电压尖峰，故关断损耗很大，且必须用 du/dt 吸收电路来吸收很高的阳极电压尖峰，以免 GTO 发生动态雪崩，诱发二次击穿。

相比较而言，GCT 关断波形有两个特点：一是电流下降速度快，且关断末期阳极电流无明显的拖尾部分，故关断功耗很小。这是由于 GCT 门极抽取空穴的速度很快，阴极 J_3 结在主阻断结（J_2）的电压上升之前就已经阻断，GCT 关断实质

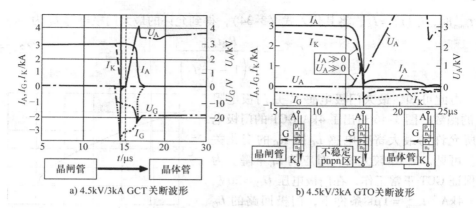

图 3-45　GCT 和 GTO 关断波形比较

上是一个 pnp 晶体管的关断，阳极电流快速下降；同时由于 GCT 采用了透明阳极，在外加的正向电压下，电子直接从透明阳极穿出，不存在载流子复合导致的拖尾电流。二是由于 GCT 关断时所允许的阳极电压上升率 du/dt 较高，一般在 $(1.5 \sim 4)$ kV/μs 之间，使得阳极电压尖峰较低，关断过程无须外加 du/dt 吸收电路，即 GCT 在无吸收的条件下就可关断。

3. 门极特性

门极特性直接决定了 GCT 能否通过门极电流控制来可靠地开通和关断。与 GTO 相似，如果阴极 npn 晶体管处于浅饱和状态，那么在强脉冲电流的驱动下，就能很容易地进入饱和而开通，或去除饱和而关断，有利于 GCT 开关特性。研究表明，如果将 p 基区的次表面掺杂浓度 N_{PJ3} 控制在 $(3 \sim 7) \times 10^{17} cm^{-3}$ 范围内[44]，则 GCT 的 J_3 结的击穿电压可达到 22V 左右，且阴极 npn 晶体管也处于浅饱和状态，可满足 GCT 对门极特性的设计要求。

（1）门极电路电感　GCT 采用门极"硬驱动"电路，通过设计印制电路板（PCB）来实现 GCT 与门极驱动电路之间的低感连接。并且在门极驱动电路中采用低感电容器和低阻 MOSFET，使得 GCT 关断时驱动电路在 1μs 之内就可将阳极电流转换到门极。故 GCT 门极驱动电路的电阻 R_G 和寄生电感 L_G 都很低。

在门极驱动电路中，门极电压必须满足以下方程[43]：

$$L_G \frac{di_G}{dt} + R_G i_G = U_G \qquad (3\text{-}33)$$

通过求解该方程，可得到某时刻的门极电流为

$$i_G(t) = \frac{U_G}{R_G} \Big[1 - \exp\Big(-\frac{R_G}{L_G} t \Big) \Big] \qquad (3\text{-}34)$$

式中，U_G 受限于门 – 阴极 J_3 结的雪崩击穿电压（$22 \sim 25V$），故关断时门极所承受的反向电压被限制在 20V。要求门极电流在换流时间 t_{com} 内上升到阳极电流，即当

$t=t_{com}$时，$i_G(t)=I_A$，将其代入式（3-34），得到允许的最大门极电感 L_G 为

$$L_G = - \frac{R_G t_{com}}{\ln\left(1 - \frac{R_G}{U_G}I_A\right)} \qquad (3-35)$$

由此可知，最大门极电感 L_G 是门极电阻 R_G 的函数。图 3-46 给出了 4kA GCT 的门极电路所允许的最大寄生电感 L_G 随 R_G 的变化关系。可见，当 R_G 较大时，对应的 L_G 下降。为了保证 GCT 正常工作，在门极电压 $U_G = 20V$、$I_A = 4kA$、$t_{com} = 1\mu s$ 条件下，门极回路的 L_G 必须保持在极小值。当 $R_G > 5m\Omega$ 时，对于指定的 U_G、I_A、t_{com} 值，不存在合适的 L_G。所以，门极回路的 R_G 不能超过 5mΩ。

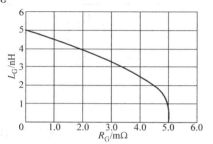

图 3-46　4kA GCT 门极电路允许的最大寄生电感 L_G 与门极电阻 R_G 的关系

必须注意，L_G 和 R_G 不仅由外部引线决定，R_G 还应包括门极驱动电路中所用 MOSFET 的导通电阻、内部引线电阻、管壳内的连接电阻，以及 GCT 管芯门极金属化电阻，并要求 MOSFET 必须具有稍高于 20V 的阻断能力和低导通电阻。为了减小门极回路的杂散电感 L_G，GCT 通常采用低感管壳，并将 GCT 与门极驱动器之间的距离限制在 15cm 左右。

（2）门极驱动功率　"硬驱动"要求门极控制单元必须提供一个足够高的电流脉冲，但与具有相同电流关断能力的 GTO 的驱动功率相比，GCT 的驱动功率仅是 GTO 的 1/2[11]。因为 GCT 关断时，负门极电流上升很快，只在很短的时间内有很大的电流流过，门极电流只需抽取关断前存储的电荷即可，因此通过门极抽取的总电荷要比 GTO 的少。而 GTO 在关断的 t_{com} 期间，负门极电流增加，此时 J₃ 结仍有电子注入，同时阳极也在不断地注入空穴，这部分由 p⁺ 阳极区注入的等量空穴电荷也必须由门极来抽取，故 GCT 的驱动功率比 GTO 的明显要低。

需要说明的是，RC–GCT 开通时，GCT 内部承受 di/dt 的能力很大，而与之集成的续流二极管内部承受 di/dt 的能力有限，因此，RC–GCT 也需用一个外部的 di/dt 吸收电路对集成二极管开通时的 di/dt 加以限制，也可通过在 pin 二极管中增加合适的缓冲层来限制。

3.3.4　关键技术及其原理

GCT 是在 GTO 的基础上，引用微电子精细加工技术，使其基本结构发生根本性变化，出现了透明阳极、注入效率可控阳极、波状基区等关键技术。下面就这些关键技术的作用与原理逐个做一介绍。

1. 透明阳极

透明阳极是指厚度很薄，且掺杂浓度较低的 p^+ 区，它所形成的 p^+n 结为超浅结，载流子易于穿越。采用透明阳极可以显著改善 GCT 的关断特性与功耗。下面通过分析 GCT 透明阳极的电流输运过程来了解透明阳极的特性。

（1）透明阳极的电流输运过程 在外加正向电压 U_{AK} 下，阳极 p^+nn^- 结构的电荷输运及其对应的能带示意图如图 3-47 所示[44]。图中 W_{p1} 为 GCT 的 p^+ 阳极区厚度，W_{n-n} 为 n^- 基区和 n FS 层的厚度总和，且 $W_{p1} \ll W_{n-n}$。w_{xp} 和 w_{xn} 分别为 p^+n 结的 p^+ 阳极区和 n FS 层的耗尽层宽度，且 $w_{xp} \ll w_{xn}$。w_1 和 w_2 分别为 nn^- 结在 n 区和 n^- 区两侧耗尽层宽度。由图可见，p^+nn^- 结构相当于在 p^+n 结的 n 区一侧附加了一个 n^-n 结。由于 p^+n 结与 n^-n 结所形成的内建电场 E_1 和 E_2 的方向相反，于是在 n FS 层内形成了一个能带低谷。在外加 U_{AK}（图中电场强度 E 的方向）的作用下，p^+nn^- 结构的势垒高度由原来的 $q(U_D - U_{nn^-})$ 降低到 $q(U_D - U_{nn^-} - U_{AK})$，其中 U_D 和 U_{nn^-} 分别为热平衡时的 p^+n 结和 nn^- 结的内建电势。于是 n^- 基区的电子可通过 n FS 层注入到 p^+ 阳极区。

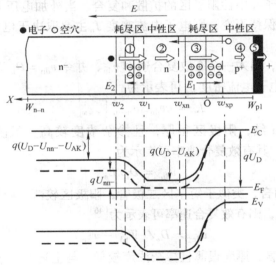

图 3-47 p^+nn^- 结构的电荷输运及其能带示意图

从电荷输运的角度来看，电子从 n^- 基区到达 p^+ 阳极区必须经过以下五个过程：①电子穿过 n^-n 结的耗尽层（$w_2 - w_1$）注入到 n FS 层；②在 n FS 层的中性区（$w_1 - w_{xn}$）内通过漂移到达 p^+n 结的耗尽层边界 w_{xn} 处；③穿过 p^+n 结的耗尽层（$w_{xn} - w_{xp}$）；④在 p^+ 阳极中性区（$W_{p1} - w_{xp}$）内，边扩散边复合；⑤在阳极表面进行复合。其中前三个过程与穿过耗尽层的电子数的多少有关，即与势垒高度有关；后两个过程与电子在 p⁺ 中性区的输运和复合以及在阳极表面的复合有关。与此同时，空穴从 p⁺ 阳极区通过 n FS 层注入到 n⁻ 基区，这与普通阳极 p⁺n 结中的电流输运情况完全相似，可按普通 p⁺n 结来处理（这里只考虑电子在透明阳极中的输运情况）。可见，透明阳极表面处的电子电流不仅与阳极 p⁺n 结的势垒高度有关，而且与中性阳极区的宽度以及阳极表面的复合有关。

根据普通 p⁺n 结的电流输运关系[45]，通过求解载流子连续性方程，可得出电流密度表达式，于是在 p⁺ 阳极区中性边界 w_{xp} 处电子电流密度 J_n 可表示为

$$J_n = \frac{qD_n dn}{dx} = \frac{qD_n \Delta n_{n\to p}}{L_n}\bigg|_{x=w_{xp}} \tag{3-36}$$

式中，q 为电子电荷；D_n 为电子在阳极区中的扩散系数；L_n 为相应的电子扩散长度，由 D_n 和电子寿命 τ_n 决定，即 $L_n = (D_n\tau_n)^{1/2}$。$\Delta n_{n\to p}$ 为 w_{xp} 处的非平衡电子浓度，$\Delta n_{n\to p} = (n_p - n_{p0})$（其中，$n_p$ 为外加电压下 p⁺ 阳极区 w_{xp} 处的总电子浓度；n_{p0} 是热平衡时 p⁺ 阳极区的电子浓度）。

式（3-36）表明，普通阳极的电子电流密度 J_n 取决于空间电荷区边界处的非平衡电子浓度和电子在中性阳极区的扩散和复合。当外加电压 U_{AK} 一定时，w_{xp} 处的非平衡电子浓度保持不变，则电子电流密度 J_n 主要取决于电子在中性阳极区内的扩散和复合。

为了便于分析，引入一个有效复合速率 v_{dn}，并令 $v_{dn} = D_n/L_n$。于是，p⁺ 阳极区中性边界 w_{xp} 处电子电流密度 J_n 可表示为

$$J_n = qv_{dn}\Delta n_{n\to p}\big|_{x=w_{xp}} \tag{3-37}$$

对普通的 p⁺n 结，阳极区很厚，且掺杂浓度较高，阳极中性区厚度满足 $(W_{p1} - w_{xp}) \gg L_n$，其有效复合速率可表示为

$$v_{dn} = D_n/L_n \tag{3-38a}$$

对浅 p⁺n 结而言，类似于短基区二极管，阳极区较薄，阳极中性区厚度满足 $(W_{p1} - w_{xp}) \leqslant L_n$ 时，则有效复合速率可表示为[46]

$$v_{dn} = D_n/(W_{p1} - w_{xp}) \tag{3-38b}$$

对透明阳极而言，厚度很薄且掺杂浓度较低，与上述两个 p⁺n 结相比，阳极中性区更薄，即使在正偏压下，也满足 $(W_{p1} - w_{xp}) \ll L_n$（可称之为超浅结）。

假设电子在阳极中性区的复合可忽略不计，即认为电子从 w_{xp} 处扩散到阳极表面的欧姆接触处，其浓度始终保持不变，即 $n(w_{xp}) = n(W_{p1})$。由于欧姆接触处的载流子浓度通常维持在平衡载流子浓度 n_{p0} 附近，所以为了使扩散到透明阳极表面处的电子浓度从 $n(W_{p1})$ 减小到 n_{p0}，透明阳极欧姆接触的复合速率必须很大。于是可认为透明阳极的欧姆接触是所谓的"高表面复合速率"[47]的欧姆接触，其有效复合速率 v_{dn} 可用表面复合速率 v_{sn} 来描述，即 $v_{dn} = v_{sn}$。v_{sn} 为一常数，与阳极区

体内和表面非平衡载流子浓度梯度有关，通常由最大扩散速率来确定，其值大约为载流子热速率（一般在 10^7cm/s 数量级）的 $1/2^{[48]}$，即可用下式来表示：

$$v_{\text{sn}} = \frac{A^* T^2}{q N_\text{C}} \qquad (3-39)$$

式中，A^* 为有效里查逊（Richardson）常数（$A^* = 110 \text{A/K}^2 \cdot \text{cm}^2$）；$N_\text{C}$ 为导带有效的状态密度（$2.8 \times 10^{19} \text{cm}^{-3}$）。故 v_{sn} 约为 $2.2 \times 10^6 \text{cm/s}$。

于是透明阳极表面处的电子电流密度 J_n 可近似为

$$J_\text{n} = q v_{\text{sn}} \Delta n_{\text{n} \to \text{p}} \big|_{x = W_{\text{pl}}} \qquad (3-40)$$

式（3-40）表明，透明阳极表面处的电子电流密度 J_n 由阳极区中性边界处的非平衡电子浓度和阳极表面复合速率 v_{sn} 决定。该结论已通过数值分析得到了证明[44]。

根据上述分析结果，可得到透明阳极的电流输运原理：从 n⁻ 基区注入到透明阳极的电子可以无复合地穿过透明阳极区到达阳极欧姆接触处。由于透明阳极表面是具有一个高复合速率的欧姆接触，到达该处的电子将在阳极表面进行复合，最终使表面的非平衡载流子浓度和寿命为零，所以透明阳极的电流密度由其表面复合速率和非平衡电子浓度决定。

图 3-48 为普通阳极、短路阳极及透明阳极在关断期间的电荷输运示意图[48]。可见，采用普通阳极的器件，关断期间其 n 区的电子将会进入 p⁺ 阳极区，在一个少子扩散长度的范围内复合消失；采用短路阳极的器件，关断期间其 n 区的电子将会从阳极短路区抽出，进入 p⁺ 阳极区中的电子很少；采用透明阳极的器件，关断期间其 n 区的电子将会直接穿过 p⁺ 阳极区，到达阳极欧姆接触处并在表面复合消失。这说明采用不同阳极的器件，其关断机理也完全不同：普通阳极只能通过加强复合来提高关断速度，短路阳极是通过改变非平衡载流子抽取的物理路径来提高关断速度，透明阳极则是通过减小厚度和降低掺杂浓度来改善电子穿过阳极的容易程度。

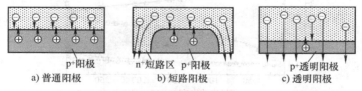

a) 普通阳极   b) 短路阳极   c) 透明阳极

图 3-48　关断期间普通阳极、短路阳极及透明阳极的电荷抽取情况

（2）透明阳极的注入效率　假设流过阳极的电流密度为 J_A，其电子电流密度和空穴电流密度分别为 J_n 和 J_p，即 $J_\text{A} = J_\text{n} + J_\text{p}$。于是，阳极电子注入效率 γ_n 与空穴注入效率 γ_p 分别为

$$\gamma_n = \frac{J_n}{J_n + J_p} \quad \text{或} \quad \gamma_p = \frac{J_p}{J_n + J_p} \tag{3-41a}$$

并满足

$$\gamma_n + \gamma_p = 1 \tag{3-41b}$$

根据晶体管发射极的注入效率公式[13]可知，阳极 pnp 晶体管的空穴注入效率可表示为

$$\gamma_p = \left[1 + \frac{\mu_{nb} N_b w_b}{\mu_{pe} N_e L_n} \right]^{-1} \tag{3-42a}$$

由于透明阳极的厚度远小于电子的扩散长度，即 $W_{p1} \ll L_n$，所以，GCT 透明阳极的空穴注入效率 γ_p 可表示为

$$\gamma_p = \left[1 + \frac{\mu_{nb} N_b w_b}{\mu_{pe} N_e w_{p1}} \right]^{-1} \tag{3-42b}$$

由式（3-42）可知，即使发射结两侧的掺杂浓度之比（N_b/N_e）相同，但由于 $W_{p1} \ll L_n$，使得透明阳极注入效率 γ_p 将明显低于普通阳极的注入效率。

图 3-49 给出了采用透明阳极、短路阳极及普通阳极的三种器件的阳极注入效率随电流密度变化的关系曲线。由图可知，GCT 的 γ_n 和 γ_p（用□表示）的相对大小随 J_A 发生明显的变化；而 GTO 的 γ_n 和 γ_p（用○表示）和 SA-GTO 的 γ_n 和 γ_p（用△表示）随 J_A 变化很小，且 γ_n 远低于 γ_p。这是因为注入效率主要与结两边的掺杂浓度和厚度及外加正偏压 U_{AK} 有关。对常规的 p^+n 结，$J_p \gg J_n$，而 p^+ 透明阳极区较薄，掺杂浓度较低，只是 $J_p > J_n$，说明 J_A 中的 J_n 分量增大，或者说电子的注入效率提高。

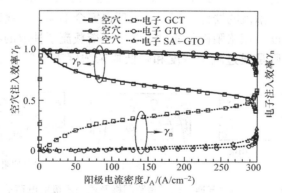

图 3-49　普通阳极、短路阳极及透明阳极注入效率比较

（3）透明阳极的特性　透明阳极的注入效率随阳极电流密度的变化而变化，换言之，透明阳极可通过流经自身的电流来有效地调制其注入效率，在低电流密度下，有较高的空穴注入效率 γ_p 和较低的电子注入效率 γ_n，在高电流密度下，有较

高的电子注入效率γ_n和较低的空穴注入效率γ_p。当 GCT 开通时，高的空穴注入效率γ_p可有效地降低门极触发电流，从而降低对门极驱动电路的要求；当 GCT 关断时，高电子注入效率γ_n可以有效地排除 n^- 基区中的非平衡载流子，同时，低空穴注入效率γ_p伴随较少的空穴注入，有利于器件快速关断。可见，采用透明阳极可显著减小关断末期 GCT 内部的非平衡载流子，消除拖尾电流，从而降低关断损耗，有效地改善器件的开关特性。

2. 注入效率可控阳极

为了实现可控的阳极注入效率，在短路阳极的基础上，提出了一种注入效率可控的（Injection Efficiency Controlled, IEC）阳极，将其引入 GCT 后形成 IEC – GCT 结构[49,50]，使之既有透明阳极的特性，又有比较简单的制作工艺。

（1）IEC – GCT 的结构及等效电路 如图 3-50a 所示，IEC – GCT 的基本结构与阳极短路 GTO（SA – GTO）非常相似。它是在 SA – GTO 的阳极 n^+ 短路区处设置一个很薄的介质层（二氧化硅或硼硅玻璃，用 Z_{ox} 表示薄介质层的厚度，W_{ox} 表示覆盖在 p^+ 阳极区上介质层的宽度），于是 n^+ 短路区变成一个浮置区。若去掉 IEC – GCT 中的阳极介质层，则除了阳极掺杂浓度有所降低外，其他区域与 SA – GTO 完全相同。所以 IEC – GCT 关键是阳极附加的介质

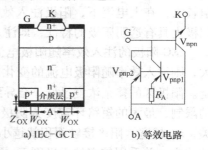

a) IEC–GCT   b) 等效电路

图 3-50 IEC – GCT 基本结构及等效电路

层。为了保证 IEC 阳极介质层的可靠性，不能采用类似 SA – GTO 的烧结工艺形成阳极接触，必须采用多层金属化电极及压接式封装结构。

如图 3-50b 所示，由于阳极附加氧化层的存在，使得 IEC – GCT 的阳极 pnp 晶体管成为一个双发射极的晶体管：p^+ 阳极区、n^- 基区和 p 基区形成了 V_{pnp1}；p^+ 阳极区、n^+ 浮置区、n^- 基区和 p 基区形成了宽基区 V_{pnp2}。由于 n^+ 浮置区的掺杂浓度远远高于 n^- 基区的掺杂浓度，所以宽基区晶体管 V_{pnp2} 的注入效率低于 V_{pnp1}。

（2）电流输运过程 如图 3-51 所示，IEC – GCT 导通时，在外加正向电压 U_{AK} 下，n^- 基区的部分电子向 p^+ 阳极区和 n^+ 浮置区漂移。由于 n^+ 浮置区与阳极电极间存在介质层，所以电子不能直接被阳极收集，只能积累在介质层附近的 n^+ 浮置区，使得 n^+ 浮置区和 n^- 基区内的电子浓度增加，导致该处的电位下降。为了维持这些区域的电中性，迫使 p^+ 阳极区向 n^- 基区和 n^+ 浮置区注入大量的空穴，该现象可称为空穴注入增强（IE）效应。类似于注入增强型栅极晶体管（IEGT）中的发射极电子注入增强效应[51]。IE 效应会导致导通期间的器件内的载流子浓度增加，可显著改善器件的通态特性。

（3）IEC 阳极的注入效率　由图 3-50b 所示的等效电路可知，两个晶体管并联，故晶体管 V_{pnp2} 的基射极电压 $U_{be(Vpnp2)}$ 可表示为

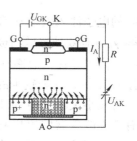

图 3-51　IEC – GCT 导通示意图

$$U_{be(pnp2)} = U_{be(pnp1)} + R_A I_{A(pnp1)} \qquad (3-43)$$

当 IEC – GCT 的阳阴极间刚开始加上正向电压 U_{AK} 时，阳极电流 I_A 较小，主要流过晶体管 V_{pnp1}。随着阳极电流的不断增加，阳极电阻 R_A 上的压降增加，使得 $U_{be(pnp1)}$ 下降，导致 V_{pnp1} 的空穴注入下降，于是更多的电流流过 V_{pnp2}。由于 V_{pnp2} 和 V_{pnp1} 的注入效率不同，因此 IEC – GCT 的阳极注入效率将会随阳极电流变化：在小电流下，阳极注入效率由 V_{pnp1} 的参数决定，其值较大；在大电流下，阳极注入效率由 V_{pnp2} 的参数决定，其值较小。这说明 IEC 阳极也具有透明阳极的特征，即注入效率随阳极电流的变化而变化。

IEC 阳极的注入效率随阳极电流的变化程度与阳极电阻 R_A 的大小有关。R_A 越大，则注入效率随阳极电流的变化就越大。R_A 值由阳极区的掺杂浓度和截面积决定。阳极区的掺杂浓度过低，会导致器件的通态特性变差。阳极剖面受短路环宽度的限制，最大的短路环宽度为阴极条宽[52]，同时还与阳极附加介质层宽度 w_{ox} 有关，w_{ox} 越宽，阳极接触面积就越小，R_A 就越大。由此可知，适当降低阳极区的掺杂浓度，并采用较窄的阳极剖面，可增加 R_A，有利于调节 IEC 阳极的注入效率。

图 3-52 比较了具有相同基区参数的 IEC – GCT 与普通阳极 GTO 的阳极注入效率。由图可知，当 $J_A < 40 A/cm^2$，GTO 和 IEC – GCT 的 γ_p 都很高，且 $\gamma_p \to 1$。当 $J_A > 40 A/cm^2$ 时，GTO 的 γ_p 几乎保持不变，而 IEC – GCT 的 γ_p 随 J_A 增大而下降，同时 γ_n 随 J_A 增大而增大。这是因为，对 GTO 而言，其 p^+ 阳极区掺杂浓

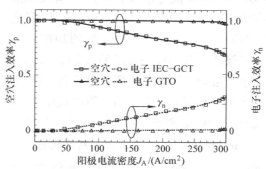

图 3-52　IEC 阳极和普通阳极的注入效率比较

度远高于其 n^- 基区的掺杂浓度，导致阳极 $J_p \gg J_n$，故 $\gamma_p \to 1$，$\gamma_n \to 0$。对 IEC – GCT 而言，当 J_A 较低时，γ_p 由阳极的晶体管 V_{pnp1} 决定，并满足 $J_p \gg J_n$，故 $\gamma_p \approx 1$。当 J_A 较高，γ_p 则由阳极晶体管 V_{pnp2} 决定，且 $\gamma_p < 1$。这表明 IEC – GCT 的 γ_p 随 J_A 而变化，并且在低的 J_A 下，γ_p 很高，在较高的 J_A 下，γ_n 很高。与图 3-49 所示的 GCT 的阳极注入效率相比较，IEC – GCT 与 GCT 的阳极注入效率非常相似，只是 IEC – GCT 随 J_A 的变化较慢。通过优化阳极的掺杂浓度和介质层覆盖在阳极区的宽度，可以获得与透明阳极相似的注入效率。

3. 波状基区

波状基区 GCT（CP – GCT）是在传统 AS – GCT 结构的基础上开发的。如图 3-53a 所示，在传统 AS – GCT 结构中，p 基区是利用硼 – 铝（B – Al）双质扩散同时形成的。在图 3-53b 所示的 CP – GCT 结构中，p 基区由两部分组成，其中高掺杂浓度 p^+ 基区是由硼扩散工艺形成的，低掺杂浓度 p^- 基区是在 n^+ 阴极区的掩蔽下进行铝注入与高温推进形成的。由于铝的纵、横向扩散导致 J_2 结的结面呈波纹状。所以，波纹宽度和高度与阴极条宽以及 B、Al 扩散的结深有关。

（1）CP – GCT 波纹形状的表征 为了分析波纹形状与结构参数的关系，建立图 3-53b 所示的分析模型。由图可知，J_2 结是由 AB 弧、AC 平行平面结及 CD 弧组成的波状结构。AC 段为波纹顶部宽度，用 W 表示，波纹高度用 H 表示。图中坐标原点 O 取为阴极中心线与 p^+ 基区结深所在水平线的交点，y 轴指向阳极方向为正，x 轴指向左侧门极方向为正。图中，w 表示 n^+ 阴极条宽度，x_{jAl} 表示铝扩散深度，x_{jB} 表示硼扩散深度，W_{n2} 表示 n^+ 阴极条宽度，则 p 基区总厚度 $W_p = x_{jAl} - W_{n2}$，p^+ 基区厚度 $W_{p^+} = x_{jB} - W_{n2}$。

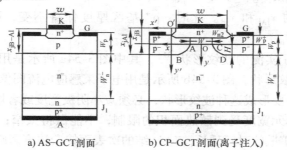

a) AS–GCT剖面　　　　　　b) CP–GCT剖面(离子注入)

图 3-53　波状 p 基区 GCT 与传统 AS – GCT 的结构比较

根据扩散工艺的杂质分布可知，在 n^+ 阴极区两侧的 p 基区扩散窗口处，存在 Al 的横向扩散，其掺杂剖面可分别等效为椭圆焦点 O′ 在平行于 y 轴的 $x = \pm w_c/2$ 线上的椭圆曲线。通过分析掺杂剖面分布与阴极宽度之间的关系，推导出 CP – GCT 波纹高度 H 和宽度 W 的解析表达式为

$$H = \begin{cases} x_{jAl} - x_{jB} & (w \geqslant 2k(x_{jAl}^2 - x_{jB}^2)^{1/2}) \\ x_{jAl}\left\{1 - \left[1 - \left(\dfrac{w}{2kx_{jAl}}\right)^2\right]^{1/2}\right\} & (w < 2k(x_{jAl}^2 - x_{jB}^2)^{1/2}) \end{cases}$$

$$(3-44)$$

$$W = \begin{cases} w - 2k[x_{jAl}^2 - x_{jB}^2]^{1/2} & (w \geqslant 2k(x_{jAl}^2 - x_{jB}^2)^{1/2}) \\ 0 & (w < 2k(x_{jAl}^2 - x_{jB}^2)^{1/2}) \end{cases}$$

式中，k 为铝扩散深度的横向系数，通常取为 0.7 ~ 0.8，但考虑到 Al 在掺 B 的衬底中扩散时的加速作用[40]，取 k 为 0.88；w 为阴极条宽度；x_{jAl} 为铝扩散深度；

x_{jB} 为硼扩散深度。

由式（3-44）可知，当阴极条宽 w 一定时，波纹宽度和高度由 x_{jAl}、x_{jB} 决定。当 x_{jAl} 及 x_{jB} 一定时，波纹宽度和高度则由阴极条宽度 w 决定。

不论 w 如何选取，当杂质 Al 从表面扩散时，波纹高度 H 和宽度 W 都将同时分别满足下列两式：

$$H = x_{jAl}\left\{1 - \left[1 - \left(\frac{w - W}{2kx_{jAl}}\right)^2\right]^{\frac{1}{2}}\right\} \tag{3-45a}$$

$$W = w - 2k\left[x_{jAl}^2 - (x_{jAl} - H)^2\right]^{1/2} \tag{3-45b}$$

要特别说明的是，p^- 基区的铝扩散结深 x_{jAl} 与 p^+ 基区的硼扩散深度 x_{jB} 有一定的关联性。因为先扩散的杂质 B 会在 Al 扩散的高温过程中继续推进，Al 扩散越深，B 扩散深度也会随之增加，但增加的幅度很有限。

如果 Al 掺杂位置并非硅片表面，而是在门极沟槽底部，杂质扩散窗口位置 O′ 与表面相差一个沟槽深度 d_G。计算波纹高度和宽度时，Al 扩散和 B 扩散深度都必须减去门极沟槽深度 d_G，即用 $(x_{jAl} - d_G)$ 和 $(x_{jB} - d_G)$ 分别来替代式（3-44）和式（3-45）中的 x_{jAl} 和 x_{jB}。此时，p^+ 基区厚度保持不变，而 p 基区总厚度 $W_{p^-} = x_{jAl} + d_G - W_{n2}$。

图 3-54 给出了实测的波纹形状[31]，其中图 3-54a 所示是用扫描电子显微镜（SEM）测试的波纹形状，图 3-54b 所示是用电子束感应电流图像（EBIC）测试的波纹形状。可见，要形成这种波纹形状，必须减小阴极宽度或者增加 p 基区的扩散深度。由于阴极单元宽度受到散热面积的限制，不能做得太窄；而 p 基区厚度过深，导致 Al 高温扩散的时间延长，对 J_3 结的次表面掺杂浓度影响很大。所以，设计波纹形状时，要折中考虑阴极单元的宽度和 p 基区的扩散结深。

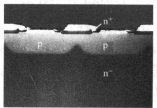 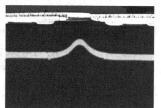

a) 用 SEM 测试的波纹形状　　　　　　b) 用 EBIC 测试的波纹形状

图 3-54　实测的波纹形状

（2）波状基区的作用与原理　为了分析波状基区在 GCT 中的作用与原理，先对比一下 CP - GCT 与 AS - GCT 在阻断状态下的电场强度分布与导通期间的载流子浓度分布。如图 3-55 所示，由于 CP - GCT 与 AS - GCT 均为 FS 型击穿，阻断状态下的电场强度分布均为梯形。不同之处在于，传统 AS - GCT 沿整个 J_2 结面的电场分布十分均匀，如图 3-55a 所示，电场强度峰值位于 pn 结的界面。而 CP - GCT J_2

结的结面为曲面，如图 3-55b 所示，阴极下方波峰处电场强度明显低于 J_2 结上的其他位置，并且峰值电场强度明显高于门极下方的平行平面结处的电场强度。沿 x 方向的 1D 横向电场强度分布比较如图 3-55c 所示。AS – GCT 在 J_2 结面上的峰值电场强度约为 $1.6 \times 10^5 \, \text{V/cm}$，且与位置无关（见图中○线）；而 CP – GCT 在 J_2 结面上的电场强度随位置而变化（见图中□线），并且峰值电场强度位于 $y = 85 \mu m$ 的深度处。沿 y 方向的 1D 纵向电场强度分布比较如图 3-55d 所示。AS – GCT 的电场强度分布为标准梯形，并且峰值电场强度位于 pn 结的结面处（见图中 + 线）；而 CP – GCT 的电场强度分布并非为标准梯形，并在门阴极边界下方的 J_2 结附近（$x = 100 \mu m$，$y = 85 \mu m$）形成了电场强度约为 $1.78 \times 10^5 \, \text{V/cm}$ 的尖峰电场强度（见图中○线）；同时 nn^+ 高低结处 CP – GCT 的电场强度也明显低于 AS – GCT 的。由此可知，CP – GCT 的峰值电场强度偏离了 J_2 结面，导致靠近 J_2 结的 n^- 基区电场强度也发生了改变。

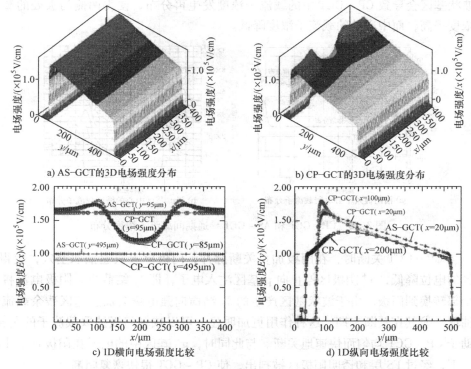

图 3-55　CP – GCT 与 AS – GCT 阻断状态下纵、横向电场强度分布比较

当 $U_{Ak} > 0$，在门极加正触发脉冲（$I_G \gg I_{GT}$）时，J_3、J_1 结均正偏，J_2 结反偏。由于 p 基区特殊的波状结构，使得 CP – GCT 阴极下方 p 基区的有效厚度减薄，导致阴极 npn 晶体管电流放大系数增加，使得注入到 p 基区的电子，一部分与 p 基

区的空穴复合, 大部分则被反偏的 J_2 结弯曲处高电场强度扫入 n^- 基区, 迫使 p^+ 阳极区向 n^- 基区注入空穴, 于是 npn 与 pnp 晶体管之间形成正反馈, CP - GCT 快速开通。由于波状基区导致 J_2 结的横向电场强度不同, 使得进入 p 基区的电子很快被两侧的高电场扫入 n^- 基区, 同时进入 n^- 基区的空穴很快被两侧的高电场扫入 p 基区, 导致 CP - GCT 内部有均匀的电流分布[53]。

CP - GCT 和 AS - GCT 导通时载流子浓度分布如图 3-56 所示。如图 3-56a 所示, 尽管 CP - GCT 和 AS - GCT 的 n^- 基区掺杂浓度相同, 但导通时内部的纵向载流子浓度分布差别很大。相比较而言, CP - GCT 的 n^- 基区和 n FS 层内载流子浓度分布比较平坦, 且明显低于传统 AS - GCT 的。此外, CP - GCT 的 p 基区载流子浓度梯度 ($\mathrm{d}p/\mathrm{d}x$) 较陡, 有利于开关时载流子的输运。如图 3-56b 所示, 两者的横向载流子浓度分布差别也很大, CP - GCT 门极下方 p 基区的载流子浓度均高于相应的 AS - GCT, 而阴极正下方 p 基区中的载流子浓度均低于 AS - GCT 的。这说明波状基区会导致 CP - GCT 中的载流子浓度发生再分布, 使得两侧门极处的载流子浓度提高, 而中心处的载流子浓度降低。

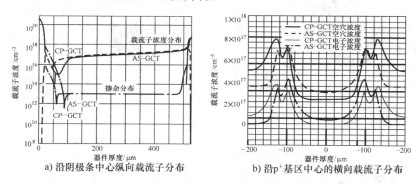

a) 沿阴极条中心纵向载流子分布　　b) 沿 p^+ 基区中心的横向载流子分布

图 3-56　CP - GCT 和 AS - GCT 导通期间载流子浓度分布

当 CP - GCT 关断时, 在门极加负关断脉冲, 门极电流快速抽取空穴, 使得 p 基区的电位降低, n^+ 阴极区停止向 p 基区注入电子, 即 J_3 结截止, 阴极电流将瞬间全部转换到门极。由于波状基区产生的 J_2 结横向强电场会加速基区残余载流子的抽取。尤其在关断末期, 这种作用更加明显, 可以减轻门极抽取载流子的负担, 有助于 CP - GCT 均匀而快速地关断。与此同时, n^- 基区中的电子在阳极正电压的作用下, 经过 FS 层和透明阳极区被扫出, 使 CP - GCT 很快恢复阻断。

通过上述对比分析可知, 波状基区可以调制 CP - GCT 阻断状态下的电场强度分布, 使 J_2 结面的横向电场强度不再呈均匀分布, 即阴极中心下方 J_2 结处的电场强度最低, 门阴极边界下方 J_2 结弯曲处 p 基区内的电场强度最高, 故在开通初期会加速载流子向两侧扩展, 有利于 CP - GCT 快速开通; 关断末期会加速载流子向门极抽取，有利于器件关断；在动态雪崩期间，有助于释放耗尽区内侧产生的空穴，从而增大反偏安全工作区（RBSOA）。同时，波状 p 基区可以调制 CP - GCT 中 npn 晶体管和 pnp 晶体管的电流放大系数，使得阴极单元中心的 npn 晶体管的电流放大系数增大，pnp 晶体管的电流放大系数减小，导致 CP - GCT 内部的载流子浓度发生再分布，即门极下方的 p 基区载流子浓度增加，阴极正下方 p 基区的载流子浓度降低，有助于器件在导通和开关期间获得均匀的电流分布，避免出现电流集中，从而增强器件抗不平衡感性负载引起的电应力冲击。

（3）波状基区的特性　采用波状基区，可以有效地改善 GCT 的通态特性和关断过程中的均匀性，但对阻断特性稍有影响[54]。并且，波纹形状不同，对 CP - GCT 特性及可靠性的影响也不同。波纹高度越高，对导通和开通特性越有利，但对阻断特性和关断特性越不利。采用图 3-54 所示的中等波纹高度，可在各项特性和可靠性之间取得折中。由高温特性研究表明，随着温度升高，CP - GCT 的阻断和导通随温度变化的稳定性明显比 AS - GCT 的好。

3.3.5　驱动电路与特性参数

IGCT 采用强触发原理，使其开关特性得到了极大的改善和提高。下面介绍 IGCT 的驱动电路及相关的特性参数。

1. 驱动电路原理

图 3-57 所示为 ABB 公司 IGCT 的驱动电路原理框图[66]。可见，IGCT 是由 AS - GCT 及其门极驱动单元组成，驱动单元部分包括内部电源、开通电路、关断电路、逻辑监控电路、检测保护电路和光纤接口、LED（发光二极管）状态指示等部分组成。其中，开通部分负责向 AS - GCT 提供开通脉冲电流和通态门极后沿电流；关断部分负责控制 AS - GCT 的关断；逻辑监控电路和检测保护电路负责监视 AS - GCT 的工作状态，并在出现故障时进行保护和报警；光纤接口 Rx 和 Tx 电路用于实现驱动器与控制系统之间的信号联系；LED 状态指示可以反馈 AS - GCT 的工作状态，便于现场工作人员监视。

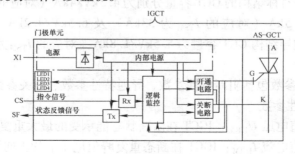

图 3-57　IGCT 的驱动电路框图

　　IGCT 驱动电路通常采用 24～40V 交直流电源供电，并通过内部稳压电源产生 5V、15V 控制电源。为了提高抗干扰性能，驱动单元通常用光纤进行信号传输。控制信号（CS）用于控制 AS-GCT 的导通和关断，反馈信号（SF）用于回馈 AS-GCT 当前状态。逻辑监控部分采用现场可编程门阵列（FPGA）芯片作为控制核心，用以协调和控制不同部分电路的工作。RC-GCT 驱动电路的组成与 AS-GCT 的完全相同。

2. 测试电路

　　利用测试电路可以对 GCT 的开关特性进行仿真或测试。图 3-58 所示为 AS-GCT 和 RC-GCT 的开关特性测试电路[55]。对于 AS-GCT（5SHY 35L4522 型），图 3-58a 中的 VD_{FWD} 和 VD_{CL} 为二极管（5SDF10H4503 型），DUT 为被测 AS-GCT。测试条件如下：$U_{DC} = 2.8kV$，$T_{jM} = 125℃$，$U_{DM} \leqslant U_{DRM}$，$R_S = 0.65\Omega$，$I_{TGQ} = 4kA$，$L_i = 5\mu H$，$C_{CL} = 10\mu F$，$L_{CL} = 0.3\mu H$。对于 RC-GCT（5SHX 26L4510 型），图 3-58b 中的 VD_{CL} 为二极管（5SDF10H4520 型），DUT 为被测的 RC-GCT。GCT 关断测试条件为：$U_{DC} = 2.8kV$，$T_j = 125℃$，$U_{DM} \leqslant U_{DRM}$，$R_S = 0.65\Omega$，$I_T = 2.2kA$，$di/dt = U_D/L_i$，$L_i = 5\mu H$，$C_{CL} = 10\mu F$，$L_{CL} = 0.3\mu H$。二极管的测试条件为：$I_{FM} = 2.2kA$，$U_{DC-Link} = 2.8kV$，$-di_T/dt = 650A/\mu s$，$L_{CL} = 300nH$，$C_{CL} = 10\mu F$，$R_S = 0.8\Omega$，$T_{jM} = 125℃$。

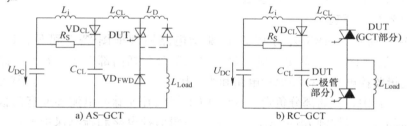

图 3-58　GCT 的开关特性测试电路

　　目前，ABB 公司的 IGCT 的额定电压为（4.5～6.5）kV，电流从几百安到 4kA。其中采用非对称结构的 GCT 容量分别为 4.5kV/4kA（对应的浪涌电流 I_{TSM} 为 35kA）、4.5kV/5.5kA（对应的 I_{TSM} 为 33kA）及 6.5kV/4.2kA（对应的 I_{TSM} 为 26kA）；采用了逆导结构 GCT 容量为 5.5kV/1.8kA（对应的 I_{TSM} 为 18kA）。

3. 特性参数

　　IGCT 的特性参数包括阻断特性参数、导通特性参数、开关参数及机械参数。

（1）阻断特性参数

　　断态重复峰值电压 U_{DRM}：IGCT 在阻断状态能承受的最大重复电压。

　　断态重复峰值电流 I_{DRM}：IGCT 在断态重复峰值电压下的正向漏电流。

　　中间直流回路电压 U_{DCLink}：在海平面露天环境的宇宙射线条件下，失效率为

100FIT（$1FIT = 10^9$h 出现 1 次失效）时，IGCT 所能长久承受的直流电压。

（2）通态特性参数

最大通态平均电流 $I_{T(AV)M}$：正弦半波电流、壳温 $T_c = 85℃$ 时，IGCT 所能允许的最大平均电流。

最大通态电流有效值 $I_{T(RMS)}$：正弦半波电流、壳温 $T_c = 85℃$ 时，IGCT 所允许的最大电流有效值。

浪涌电流 I_{TSM}：由于电路异常情况（如故障）引起的，并使结温超过额定的不重复最大正向过载电流。此值大小与浪涌电流的持续时间有关。在浪涌电流过后，IGCT 不能马上承受电压，要经过一定的时间恢复后，才能承受电压，并且 IGCT 能承受这种浪涌电流的次数是有限的。

通态压降 U_T：在规定的通态电流下测得的 IGCT 通态管压降。

（3）开通参数　在 IGCT 开通的过程中，为了确保 GCT 单元完全开通，或者在逆变电路中，当续流二极管导通时，为了确保 GCT 不被误触发，需要外加一个负的外部重触发脉冲（External Retrigger Pulse）信号，其宽度用 t_{retrig} 表示。通常 t_{retrig} 在 600～1000ns 范围内。图 3-59 给出了 IGCT 的开关波形及开关时间定义[55]。

开通状态反馈延迟时间 $t_{d(on)SF}$：从接收到开通命令开始到状态发生变化所需时间，一般为 7μs。

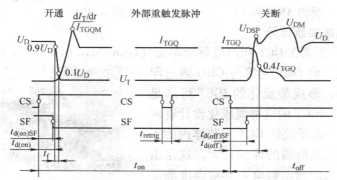

图 3-59　IGCT 的开关波形及开关时间定义

开通延迟时间 $t_{d(on)}$：从接收到开通命令开始，到阳极电压从稳态值 U_D 下降到 $0.1U_D$ 所经历的时间，一般为 3.5μs。

下降时间 t_f：阳极电压从 $0.9U_D$ 下降到 $0.1U_D$ 所需要的时间，一般为 1μs。

最大通态电流上升率 $di_T/dt_{(cr)}$：在规定测试条件下，允许的最大通态电流上升率。对于 AS – GCT（5SHY 35L4522 型），通态电流临界上升率 $di_T/dt_{(cr)}$ 为 1kA/μs。

开通脉冲能量：IGCT 开通一次所消耗的能量。

（4）关断参数　关断状态反馈延迟时间 $t_{d(off)SF}$：从接收到关断命令开始，到状态发生变化所需的时间，一般为 $7\mu s$。

关断延迟时间 $t_{d(off)}$：从接收到关断命令开始，到 GCT 的阳极电流下降到 $0.4I_{TGQ}$ 所经历的时间，一般为 $7\sim11\mu s$。

最大可关断电流 I_{TGQM}：能够用门极关断的 IGCT 最大阳极电流。

（5）机械参数

安装力 F_M：安装 IGCT 所需要的压力。一般给出最小压力和最大压力两个值，标称的安装压力取中值。若超过最大值时，GCT 将会被损坏。比如，对于 4.5kV/4kA 非对称 IGCT（5SHY 35L4522 型），$U_{DRM}=4.5kV$，$I_{TGQM}=4kA$，$I_{DRM}\leqslant50mA$，$U_{DCLink}=2.8kV$，安装力为 40kN±4kN。

（6）热特性参数

最高工作结温 T_{jM}：GCT 工作时最高结温，一般为 125℃。

最高贮存温度 T_{stg}：GCT 贮存时的最高温度，一般为 60℃。

最高环境温度 T_a：GCT 工作时的最高环境温度，一般为 50℃。

结 – 管壳的最大热阻 R_{thjc}：在双边冷却的条件下，GCT 内部 pn 结到 GCT 管壳之间的热阻，一般为 8.5K/kW。

管壳 – 散热器最大热阻 R_{thch}：在双边冷却的条件下，GCT 管壳与外部散热器之间的热阻，一般为 3K/kW。

4. 内部集成关断单元

"硬驱动"要求在 GCT 和门极驱动单元（Gate Drive Unit，GDU）之间有很低的电感和电阻，将 GCT 直接与 GDU 通过印制电路板相连，形成集成化的 IGCT 可满足此要求。但是，IGCT 的这种集成化设计有两个主要缺点：一是压接式 GCT 封装体内的工作温度较高；二是所需的体积较大。这是由于关断电路中采用的电解电容器对温度非常敏感，且体积很大，如图 3-60 所示[56]。与压接式 IGBT 的驱动器相比，IGCT 门极驱动器的体积明显较大，功耗也很大。所以，设

图 3-60　压接式 IGCT（5SHY 35L4503 型）与 IGBT（T1200EB45E 型）封装外形及驱动单元比较

计传统的 IGCT 驱动电路时，不仅要密切注意爬电距离，还要注意 GDU 的热机械应力。如果采用高温材料（如 X7R）制作的多层陶瓷电容器（MLCC）和 DirectFET®，可缩小电容器和 MOSFET 的体积，并将其放置到管壳中，从而可以降低 GDU 的功耗，并缩小其体积。

图 3-61 所示的内部换流晶闸管（Internally Commutated Thyristor，ICT）[57] 就是采用这种设计思路，将门极驱动单元（GDU）中的关断单元部分集成到 GCT 管壳

中，并保持其他部分不变，因此大大减小了关断单元的电感，也缩小了驱动电路的体积。由图 3-61a 可知，将 GCT 管芯与关断电路中的 DirectFET、MLCC 及钼片通过压接式封装形成一个整体，使得 GDU 大大简化，从而具有更高的可靠性和更大的灵活性。与标准的 IGCT 驱动电路相比，由于 MLCC 的寄生阻抗低，所以新关断单元可采用更小电容量的电容，如对 520A 的器件，可用 470μF 的电容器替代原有的 44.7mF 电容器。由图 3-61b 可知，关断单元中的电容 C_1 和 V_M 管与 GCT 集成在一起，门极加 −10V 的电压。GDU 中的其他不太重要组件（如开通单元）仍放置在管壳外部。图 3-61c 所示为封装好的 ICT。由此可知，ICT 与 IGCT 的不同之处在于，ICT 不再是通过印制电路与门极驱动单元相连。

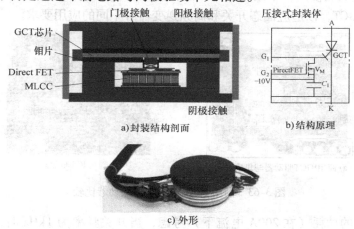

a)封装结构剖面   b)结构原理

c)外形

图 3-61　ICT 的封装剖面、原理与外形

图 3-62 比较了 IGCT 与内部换流晶闸管（ICT）的驱动单元电路[58]。在传统的 IGCT 驱动电路中，通信、电源、监测、逻辑单元以及开通和关断电路均布置在压接式 GCT 封装外围的 PCB 上，即驱动单元与 GCT 之间通过 PCB 连接。在 ICT 的驱动电路中，通信、电源、监测、逻辑单元以及开通电路仍布置在 PCB 上，而关断单元与 GCT 通过压接式封装在一起，并且 GCT 和关断单元的封装体与驱动电路之间是用同轴电缆（Coaxial Cables）连接，不再需要 PCB。由于将关断单元集成在封装管壳中，减小了杂

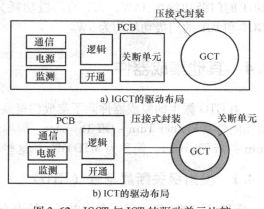

a) IGCT 的驱动布局

b) ICT 的驱动布局

图 3-62　IGCT 与 ICT 的驱动单元比较

散电感和关断电容，降低了功耗。

图 3-63 比较了商用 IGCT 的驱动器与新型 ICT 驱动器[59]。由此可知，在新型 ICT 驱动器中，采用 X7R MLCC 和 DirectFET® 的关断单元被置于 GCT 的管壳内，不再需要大电容器组。因此，需要的组件更少，体积也缩小，其尺寸与图 3-60 所示的 IGBT 的驱动器相当。从 GDU 应用角度考虑，在商用 IGCT 中，GCT 安装在 PCB 上，GDU 环绕在其周围，每个不同尺寸和电流容量的 GCT 都需要单独设计其 GDU，即 GDU 要与 GCT 一一对应。在 ICT 中，GCT 通过同轴电缆与驱动器相连，GDU 中不包含关断单元，仅需要在其中调整开通单元即可。所以，一个 GDU 可适合多个 ICT，从而使同一个系列的 ICT 所需的 GDU 的个数大大减小，于是可研发出不同功能 GCT，以适应固态开关和高频逆变器等不同的应用要求。

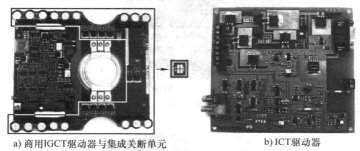

a) 商用IGCT驱动器与集成关断单元　　　　　b) ICT驱动器

图 3-63　商用 IGCT 与 ICT 的驱动器比较

从 GDU 的功耗（在 200A 电流下）考虑，当开关频率为 1kHz 时，IGCT 的门极功耗为 25W，ICT 的门极功耗为 12W，减少约 52%；当开关频率为 500Hz 时，IGCT 的门极功耗为 15W，ICT 的门极功耗为 8.5W，减少约 43%；直流工作时，IGCT 和 ICT 的门极功耗均为 5W。

3.4　其他集成器件

由 GTO 派生的集成器件除了集成门极换流晶闸管（IGCT）外，还有发射极关断晶闸管（Emitter Turn – Off Thyristor，简称为 ETO）[60]、MOS 关断晶闸管（MOS Turn – Off Thyristor，简称为 MTO）[61]，这些器件都可实现单位关断增益。

3.4.1　发射极关断晶闸管（ETO）

ETO 是 1998 年由美国电力电子系统中心（CPES）和美国硅功率公司（SPCO）共同开发的一种由 MOSFET 和 GTO 集成的大功率器件[60]，由美国乔治那技术学院电力电子系统中心研制。ETO 通过特殊封装结构实现了单位关断增益，从而改善了 GTO 的关断特性，提高了工作频率，增大了安全工作区，使之更易于串并联使用。

1. 结构特点

ETO 的封装外形、电路图形符号、等效结构及内部电流通路如图 3-64 所示[62,63]。它是通过印制电路板将 GTO 与其驱动电路集成在一起，使其门极驱动电路电感由 300nH 减小到 10nH，门极可承受的瞬态电压由 20V 增加到 60V，导致其门极电流上升率达到 6kA/μs 或更高，因而实现了"硬驱动"图 3-64b 为 ETO 的电路图形符号。在图 3-64c 所示的封装结构中，GTO 管芯下方的电路板上有两层铜膜，左侧的门极 MOSFET 与右侧的发射极 MOSFET 均位于上铜膜（Top Copper），并通过铜膜图形实现电隔离；利用门极 MOSFET 可将 GTO 的阴极 J_3 结短路，利用发射极 MOSFET 可将 GTO 阴极与下铜膜（Bottom Copper）相连。可见 ETO 开通与关断的电流通路完全不同。由图 3-64d 所示的等效结构可知，其中有两个 MOSFET：一个与 GTO 的阴极串联，充当发射极开关，用 G_2 表示其栅极；另一个与 GTO 的门极相连，充当门极开关，用 G_3 表示其栅极，G_1 为 GTO 原有的门极。

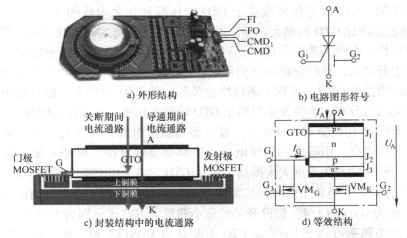

图 3-64　ETO 的外形结构、电路符号、内部电流通路及等效结构

2. 工作原理

ETO 工作原理示意图如图 3-65 所示[64]。当 ETO 开通时，在门极 G_2 加上正向电压使 VM_E 开通，门极 G_3 加反向电压使 VM_G 关断，门极 G_1 加上很强的正向电流触发脉冲，触发 GTO 导通。采用强触发脉冲可减小开通延迟时间，提高阳极电流的上升率 di_A/dt。GTO 中的 $p_1n_1p_2$ 晶体管和 $n_2p_2n_1$ 晶体管快速形成正反馈，使 ETO 的阳极电压下降到通态压降。可见，ETO 的开通过程就是 GTO 的开通过程，开通需要的能量由 ETO 的门极驱动器提供。ETO 导通后，阳极电流通过 VM_E 流到阴极。与 GTO 不同的是，由于 VM_E 存在附加的电压降，使 ETO 的导通损耗要比

GTO 的稍大。ETO 在导通状态下，也要向门极提供一个小的直流电流信号，以确保其所有单元都能开通，并维持较低的通态损耗。

当 ETO 关断时，门极 G_3 加正电压使 VM_G 导通，门极 G_2 加负电压使 VM_E 关断，GTO 的阴极电流被迫全部转换到门极电路，从而使 ETO 关断。这一过程持续时间非常短，因此关断速度很快。与 GTO 关断不同的是，ETO 的关断过程由电压控制，因此 ETO 的门极驱动电路可做得很紧凑，并且消耗功率也很小。

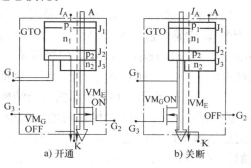

图 3-65　ETO 的工作原理示意图

3. 静态与动态特性

ETO 的阻断特性和开通特性与 GTO 完全相同，只是通态特性、关断特性与 GTO 有所不同。ETO 通态压降取决于 GTO 的压降和与之串联的 MOSFET 的压降，故 ETO 通态压降比 GTO 的稍大一些。由于 ETO 采用独特的硬驱动技术，因而有优良的关断特性。在硬关断的条件下，VM_E 关断时 VM_G 导通，GTO 中的阴极电流在阳极电压上升之前，瞬间全部转换到门极，使 J_3 结截止，门极电流与阳极电流相等，即关断增益 β_{off} 为 1，实现了单位增益关断。故 ETO 在整个关断过程中，各单元中的电流均匀分布，不会发生类似于 GTO 的挤流现象，可实现无吸收的关断。

由于 ETO 采用硬驱动，降低了门极电路的杂散电感，开通电流脉冲幅度可以更高、上升率更高。用很大的门极电流迅速移除基区电荷，可进一步加速开通过程。所以，ETO 的开关速度大大提高，可达 GTO 的 5～10 倍。存储时间降为 1μs，约为 GTO 的 1/20，电流下降时间缩短为 0.5μs 左右，故 ETO 总关断时间很短，低于 20μs，约为 GTO 的 1/4。假设开关的最小和最大占空比分别为 10% 和 90%，则 ETO 最大开关频率可达 5kHz[65]。ETO 关断是由 MOSFET 控制的，故关断比较容易，只需要一个电压信号就可关断数千安的电流。但导通仍然属于电流型控制，需要用一个额外的驱动独立电源，不过驱动电源所需的功率远低于 GTO，因此 ETO 驱动电路的体积很小。

4. 驱动方式

ETO 门极驱动有常规门极驱动、自驱动及双驱动三种方式[62]，如图 3-66 所示。与常规门极驱动相比，自驱动是将门极 G_3 用 MOSFET 开关 VM_G 代替。发射极开关 VM_E 的压降 U_E 等于 VM_G 阈值电压 U_T 与 GTO 发射结电压 U_{J3} 之差，即 $U_E = (U_T - U_{J3})$，如图 3-66b 所示。在正常导通模式下，$U_E < U_T$，因此 VM_E 开通时，VM_G 关断，ETO 的正向导通时几乎与 GTO 的完全相同。当阳极电流增加时，VM_E 压降 U_E 增加，VM_G 的栅电压 U_G 也增加。当 $U_G > (U_{th} - U_{J3})$ 时，VM_G 导通，部分阳极电流被分流到门极通路中。因为电流从门极流出会产生关断 ETO 的趋势，因此 ETO 的导电能力下降，电压降也下降，形成负反馈过程，一直持续到阳极电流不随 ETO 电压增加而增加为止。在平衡条件下，GTO 的 J_2 结反偏，阳极 $p_1 n_1 p_2$ 晶体管和阴极 $n_2 p_2 n_1$ 晶体管均工作在有源区，使 ETO 达到大电流饱和状态，且饱和电流由 VM_E 导通能力控制。可见，自驱动对电流的异常增加可起到吸收和抑制作用。图 3-66c 所示的双驱动是将正常的门极驱动和自驱动集成在一起形成的。

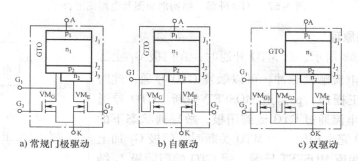

图 3-66　ETO 门极驱动方式

5. 特点与应用范围

ETO 采用硬驱动技术，在保持 GTO 原有大容量、低通态损耗的基础上，改善了关断性能，提高了开关速度，扩大了反偏安全工作区（RBSOA）。ETO 的正偏安全工作区（FBSOA）受正向电流饱和能力限制，并与 VM_E 的导通能力有关[63]。此外，ETO 更易于并联和串联运行，可进一步提高功率处理能力。目前已开发出 6kV/4kA 的 ETO，主要用于电流源逆变器（CSI），有望在大功率交流和牵引领域占据重要地位。

3.4.2　MOS 关断晶闸管（MTO）

MTO 是 1996 年由 SPCO 公司开发的另一种用 MOSFET 来关断 GTO 的压控晶闸管[61]。

1. MTO 结构

图 3-67 给出了 4.5kV/500A MTO 的外形、结构[66] 及其电路图形符号。由图 3-67a 可知，MTO 采用外部连接线将 GTO 与其驱动电路连在一起，由于 MOSFET 被集成在封装体内，所以外围并无特别复杂的驱动电路。由图 3-67b 可知，MTO 也有两个门极：一个为原有的开通门极 G_1，另一个为新设的关断门极 G_2，是与 GTO 门极串联的 p 沟道 MOSFET 的栅极。该 MOSFET 具有低压与低导通电阻，通过 MOSFET 开通来控制 GTO 的关断。图 3-67c 为 MTO 的电路图形符号。

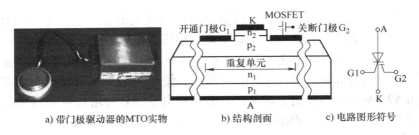

a) 带门极驱动器的MTO实物   b) 结构剖面   c) 电路图形符号

图 3-67　MTO 外形、结构剖面图及电路图形符号

2. 开关原理

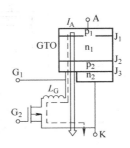

图 3-68　MTO 开关原理示意

如图 3-68 所示，当 MTO 开通时，在门极 G_1 上加很强的正向电流触发脉冲，可以触发 GTO 导通，此时门极 G_2 加正栅压，p 沟道 MOSFET 关断。GTO 导通后，其阳极电流通过 GTO 流到阴极，故导通状态下的 MTO 与 GTO 完全相同。当 MTO 关断时，门极 G_2 加上负栅压，p 沟道 MOSFET 导通，使 GTO 的门阴极 J_3 结短路，于是阳极电流可在极短时间（约 1μs）内转换到门极，使 MTO 关断。

3. 开关特性

MTO 是通过控制 MOSFET 的开通来实现关断的，也属于电压控制型器件。由于 MOSFET 的导通电阻很低，MTO 也可实现单位关断增益，故关断时也不需要 du/dt 吸收电路。与 GTO 相比，MTO 的开关损耗减小，存储时间更短、一致性更好，门极关断功率更低。

在 MTO 关断过程中，由于门极回路的电压有限，所以阳极电流变化率 di_A/dt 通常被限制在 2kA/μs。如图 3-68 所示。当 GTO 的阳极电流下降以后，门 – 阴极 J_3 结的寄生电容 C_{GK} 将通过门极电感 L_G、MOSFET 和 C_{GK} 回路放电，引起一个正向电流向门阴极结注入。为了避免载流子的有效注入，防止门阴极结导通，要求该正向电流产生的压降必须低于门阴极结开启电压 U_E（约 0.6V），即

$$L_G \frac{di_A}{dt} < U_E \tag{3-46}$$

为了满足该条件，要求 L_G 极小。如果 GTO 在非均匀的关断情况下，甚至很小的 L_G，就会引起小电流注入到 GTO 单元中。这是 MTO 在无吸收条件关断时需要注意的一个关键问题。

4. 集成结构

由于 MOSFET 与 GTO 的键合线会引起寄生电感，对 MTO 的开关性能和可靠性产生不良影响。若将 p 沟道 MOSFET 直接集成在 GTO 芯片上，则可消除寄生电感。

如图 3-69 所示，在 GTO 阴极侧集成了一个 p 沟道 MOSFET[66]，并且开通门极与关断门极合二为一。当门极 G 加上正电压时，门极电流会触发 $p_1n_1p_2n_2$ 主晶闸管开通；当门极加上负电压时，MOSFET 开通，p_2 基区的空穴经过 MOSFET 的 p 沟道区流入阴极（图中虚线所示），使 GTO 的门阴极 J_3 结截止，于是 GTO 关断变为 $p_1n_1p_2$ 晶体管的关断。

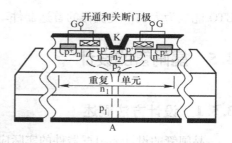

图 3-69　集成化 MTO 结构

集成化 MTO 结构虽可改善 MTO 开关性能和可靠性，但工艺难度较大，无法获得像分立器件那样的成品率。目前，基于硅 - 硅直接键合（SDB）技术，已开发出了双栅 MTO 结构[66-68]，如图 3-70 所示。它是将几个并联的 p 沟道 MOSFET 芯片与一个具有 pnp 结构的芯片键合在一起，形成一个准集成的器件。其中 MOSFET 的 n 体区相当于晶闸管的阴极发射区。开通时，用 G_{on} 来触发，与 GTO 相同。导通期间，阳极电流会流过 MOSFET 中的体二极管。关断时，用 G_{off} 来触发阴极 MOSFET 导通，相当于门阴极 J_3 结短路，于是 MTO 关断如同一个基极开路的 pnp 晶体管。DG - MTO 关断时，上下两侧的 MOSFET 开通，内部过剩载流子可从两侧门极移除，几乎无拖尾电流。由此可知，这种准集成器件的工作完全类似于一个全集成器件，但它允许 MOSFET 和晶闸管结构分开来制造，使制作工艺大大简化。

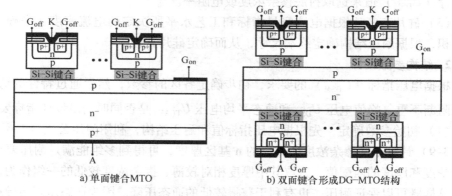

a) 单面键合MTO　　　　b) 双面键合形成DG-MTO结构

图 3-70　基于硅 - 硅直接键合（SDB）技术的 MTO 新结构

5. 特点及应用

MTO 关断比较容易，只需要一个电压信号就可关断数千安的电流。与 ETO 相同，MTO 导通也需要一个额外的电源控制。MTO 可用于中电压（>2.3kV）驱动器、有源滤波器、逆变器及静止同步补偿器（STATCOM）、大功率 UPS 及固态断路器。目前，已有 6kV/ϕ53mm 的 MTO 报道，MTO、ETO 和 IGCT 一起可以代替

GTO 能成为大功率变流器的首选器件。

3.5 晶闸管的设计

3.5.1 设计方法概述

晶闸管的设计要根据器件的实际应用场合及特性指标要求，选取合适的纵、横向结构参数。根据电压指标要求，普通晶闸管或 GTO 通常选择耐压结构为 NPT 型、PT 型或 FS 型耐压结构，GCT 通常选择 FS 型耐压结构。普通晶闸管通常根据 di/dt 和 du/dt 等要求来确定门阴极结构，并选择放大门极和阴极短路点图形，GTO 或 GCT 通常选择分立的门阴极结构。当晶闸管的纵、横向结构确定后，需要选择原始的衬底材料，确定工艺方案，并在工艺过程中，在线监测工艺条件和参数，确保设计参数的实现。下面以普通晶闸管为例，介绍晶闸管的设计与实现过程。

1. 衬底材料选择

原始衬底材料的选择包括硅片晶向、电阻率、厚度及直径的确定。

（1）材料类型　晶闸管属于大功率双极型器件，所以原始硅片应采用 <111> 晶向的 n 型高阻区熔单晶。

（2）硅片电阻率　根据实际应用的电压要求，先选择耐压结构，然后根据电压指标（U_{DSM}）值来选取衬底掺杂浓度或电阻率。

（3）硅片直径　根据电流容量指标和工艺水平所决定的电流密度 J 来确定芯片面积，根据耐压结构确定终端尺寸，从而确定硅片直径。

2. 结构参数设计

根据电压指标（U_{DSM}）的要求，初步确定各区的参数，然后通过特性的仿真，验证阻断不重复峰值电压 U_{DSM} 和通态平均电压 $U_{T(AV)}$ 是否同时满足设计指标要求。

（1）初始参数确定　先根据电压指标值和耐压结构，利用耐压公式（3-6）或式（3-9）计算不同掺杂浓度所对应的 n 基区厚度，可得到多组能满足耐压要求的掺杂浓度和厚度的匹配值，选取其中厚度相对较薄、掺杂浓度较低的一组作为设计值，这样既可以保证耐压，也有利于获得较低的通态压降。因为通态压降与导通时器件中的非平衡载流子浓度和基区厚度有关，而与衬底掺杂浓度无关。

（2）特性的仿真与优化　根据初步确定的基本结构参数，在仿真软件中建立结构模型，并设定相应的物理模型，然后通过求解泊松方程和电流连续性方程，即可获得阻断特性和导通特性仿真曲线。在此基础上，建立器件仿真的测试电路，可以仿真开关特性，并通过参数调整可以优化器件的各项特性。经优化设计确定好结构参数后，根据所选耐压结构，就可确定工艺方案。

3. 工艺方案确定

（1）首先确定工艺流程　非穿通（NPT）型结构的工艺比较简单，穿通（PT）型结构的工艺较为复杂，如3.1.1节所述需要制作缓冲层。

（2）确定工艺方法　由于p基区较厚，通常采用Al或Ga真空扩散或涂层扩散，其中Al扩散的表面掺杂浓度较低，Ga扩散的表面掺杂浓度较高。阴极区可采用三氯氧磷液态源的两步扩散来实现。由于p阳极区和n阴极区都要做欧姆接触，所以阳极表面还要进行一次硼扩散，以提高其表面掺杂浓度。

（3）工艺条件的选择　根据确定的工艺流程和工艺方法，设计工艺条件，由于晶闸管各区较厚，在实现时都要经历较长时间的高温过程。确定工艺条件时，一定要注意前、后道工序之间的相互影响。通过工艺仿真，可以对工艺条件进行预测，得到给定工艺条件下的掺杂浓度分布。

（4）特性验证　根据特性仿真确定好的结构参数，进行工艺仿真，得到满足结构参数要求的掺杂浓度分布；再利用掺杂浓度分布通过特性仿真，验证特性参数是否满足设计要求（称之为逆向设计）。对于有实际工艺经验的设计者，可先进行工艺仿真，后进行特性仿真，即在一定工艺条件下，通过工艺仿真得到掺杂浓度分布，然后利用掺杂浓度分布直接进行特性仿真，从而获得满足掺杂浓度分布要求的特性（称之为正向设计）。

（5）参数修正　在工艺实施过程中，如出现异常情况时，如某个区域的表面掺杂浓度过低或过高，就需要采用补扩或腐蚀的办法进行补救，也可以充分利用氧化工艺进行修正。因为在二氧化硅与硅界面存在一定的杂质分凝，会导致表面掺杂浓度发生变化。

4. 参数测试

（1）单步工艺在线测试　在管芯制作过程中，需要对每步工艺参数进行在线监测，如扩散的结深、表面掺杂浓度以及pn结的电压等。

（2）中间工艺过程监测　在晶闸管基本结构形成后，需要对芯片的电压进行检测，及时筛选出不合格的芯片。然后，对合格芯片进行烧结和蒸铝等电极工艺，从而形成管芯。在结终端保护之前，也需要检查电极的欧姆接触情况。磨角腐蚀后，需检测阻断电压，对不符合要求的管芯可以进行重新磨角保护。

（3）封装前检测　管芯制作完成后，经检测合格，方可进行封装。对特性参数不符合指标要求的管芯，找出原因所在，并在设计方案中加以修正。

（4）终测　封装好并加上散热器的晶闸管出厂前需要进行终测，包括各种电压、电流参数测试及可靠性测试。为了防止晶闸管在使用初期出现失效，还需经过一定时间的高温存放加以筛选。并将可靠性测试结果反馈给设计者，以便修正设计方案。

5. 设计方法

晶闸管的传统设计方法是根据一系列解析计算来协调器件的各项特性，最终确定晶闸管的结构参数，并根据实验结果进行进一步调整。现有的设计方法是借助于计算机进行辅助设计的，大大避免了盲目的工艺试验，可显著降低工艺成本。

（1）选择衬底　由于晶闸管的功率容量较大，所用硅片的面积较大、电阻率及其均匀性很高，故通常采用 < 111 > 晶向的区熔中照单晶（NTD）作为衬底材料。晶闸管的耐压设计目标是以断态不重复峰值电压 U_{DSM} 为准。

（2）耐压结构设计　当要求正、反向都有耐压时，必须选择 NPT 型结构。如果对反向耐压没有要求，则可选择 PT 型或 FS 型结构。当正向耐压要求非常高时，可考虑选择 FS 型结构，以兼顾通态压降和开关速度，否则选择 PT 型结构。

对于 NPT 型器件，n 基区的设计是关键。选择适当的电阻率，在保证耐压的前提下，尽可能减小 n 基区厚度 W_n，以降低通态压降。为了使正向时 J_2 结不穿通到 J_1 结、反向时 J_1 结不穿通到 J_2 结，W_n 等于最高电压 U_{DSM} 下 n 基区耗尽层扩展宽度 W_{dn} 加一个中性区宽度 W_L 余量，即 $W_n = W_{dn} + W_L$。通常 W_L 限制在 L_p 和 $W_{dn}/3$ 的范围内，即 $W_L = (L_p \sim W_{dn}/3)$。为了使正向时 J_2 结不穿通到 J_3 结，p 基区厚度 W_p 应大于最大工作电压下 p 基区的耗尽层扩展宽度 W_{dp}，即 $W_p > W_{dp}$。

对于 PT 型器件，n 缓冲区设计也很关键。既要保证 J_2 的耗尽层不穿通到 J_1 结，能承受一定的耐压；又要保证 $p_1n_1p_2$ 晶体管注入的空穴数目不能太少，以免通态压降太大。对 n 缓冲区进行折中考虑，选取 $W_{nb} \geqslant 10\mu m$，$N_{nb} \approx 10^{17} cm^{-3}$。

对于 FS 型器件，n FS 层的设计是关键。降低 n FS 区的掺杂浓度，使之对阳极注入的空穴没有阻碍作用，同时又要保证 J_2 的耗尽层不穿通到 J_1 结，能承受一定的耐压。通常选取 n FS 区的厚度和掺杂浓度满足：$W_{nf} \geqslant 20\mu m$，$N_{nf} \leqslant 10^{16} cm^{-3}$。

晶闸管的 n 基区掺杂浓度和厚度与阻断电压的关系如图 3-71 所示[11]。当 n 基区厚度一定时，随 n 基区掺杂浓度的增加，雪崩击穿型器件的阻断电压下降；而穿通击穿型器件的阻断电压上升。并且，当 n 基区掺杂浓度一定时，穿通击穿型器件的阻断电压随 n 基区厚度而增大。

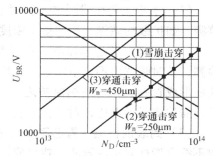

图 3-71　n 基区浓度和厚度与阻断电压关系

如果 PT 型和 NPT 型器件的 n 基区掺杂浓度相同，在相同的阻断电压下，PT 型器件的 n 基区厚度只需 NPT 型器件的 47%。因 PT 型器件厚度较薄，故其 n 基区掺杂浓度可以比 NPT 型器件的稍低，以获得低通态压降和高阻断电压。

普通晶闸管与 GTO 的掺杂浓度分布如图 3-72a 所示。两者主要差别在于 J_3 结次表面掺杂浓度和 p_2 基区厚度不同。GTO 的 J_3 结次表面掺杂浓度通常比普通晶闸管的高出约 1 个数量级，并且 n_2 区和 p_2 基区稍厚一些，以满足 α_2 及 J_3 结击穿电压要求。n^+ 阴极发射区的设计除了要考虑通态与开关特性外，还需考虑阴极欧姆接触，所以 n^+ 阴极发射区掺杂浓度和厚度可选择的范围较小，其掺杂浓度通常在 10^{19}cm^{-3} 数量级。GCT 与 GTO 的掺杂浓度分布如图 3-72b 所示，两者主要差别在于 J_1 结次表面掺杂浓度和阳极区厚度不同。GTO 采用普通阳极，掺杂浓度较高，且厚度较厚；而 GCT 采用透明阳极，掺杂浓度较低，且厚度较薄。

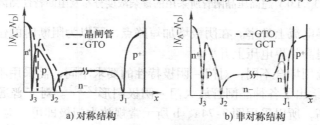

a) 对称结构　　　　　　　　　b) 非对称结构

图 3-72　普通晶闸管、GTO 及 GCT 的掺杂分布比较

3.5.2　超高压晶闸管的设计

1. 纵向结构设计

对于超高压晶闸管的设计，首先要考虑阻断电压和通态压降的折衷。由于超高压晶闸管的 n 基区较厚、衬底掺杂浓度很低，为了降低通态电压，需采用 FS 型耐压结构。比如对 13kV 超高压晶闸管，衬底电阻率选为 $500\Omega\cdot\text{cm}$ 以上，厚度约为 1mm。图 3-73 所示为 13kV 晶闸管所采用的掺杂浓度分布及其阻断特性曲线[3]，图 3-73a 中采用了归一化的掺杂浓度和厚度，其 n 基区厚度约为总厚度的 90.7%，p 基区深度为总厚度的 7.5%，FS 层的深度约为总厚度的 1.8%，且掺杂浓度比衬底掺杂浓度仅高出 2 个数量级。如图 3-73b 所示，在 25℃ 和 90℃ 下均可以实现 13kV 耐压，只是 90℃ 下漏电流有所增加。该晶闸管在换相电路中关断时间典型值为 $1000\mu\text{s}$，在 4kA 通态电流及 90℃ 下的通态压降为 2V。根据实际应用要求，还可利用电子辐照来控制关断时间。这种超高压晶闸管非常适用于 HVDC 输电。

2005 年英国 Dynex 公司采用电阻率为 $1000\Omega\cdot\text{cm}$、厚度为 2mm 的硅片，制作出 25℃ 时雪崩击穿电压为 (16~17) kV 的晶闸管实验样品[5]。其中，采用了铝注入、双正斜角等技术，能提供足够的机械可靠性和抗浪涌电流能力。

2. 门-阴极结构设计

普通晶闸管门-阴极图形设计需考虑器件的临界电流上升率和临界电压上升率。晶闸管开通时，靠近门极的局部区域先开通，然后导通区逐渐向外扩展。采用放大门极图形，可以获得更大的门阴极周长，增加初始导通面积，降低开通损耗，

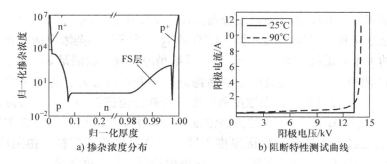

a) 掺杂浓度分布　　　　　　b) 阻断特性测试曲线

图 3-73　13kV 超高压晶闸管所采用的掺杂浓度分布及阻断特性测试曲线

有利于提高临界电流上升率。在阴极增加短路点，可以为阻断时的位移电流提供通路，也有利于提高临界电压上升率。

晶闸管的应用场合不同，对门 - 阴极特性的要求不同，需采用不同的门 - 阴极结构。图 3-74 给出了各种晶闸管放大门 - 阴极图形[2,13]。对于普通晶闸管，对速度要求不是很高，所以采用图 3-74a、b 所示常规放大门极即可。对于高频晶闸管，由于工作频率高，要求开关时间极短，以减小开关损耗，同时还要尽可能地增大初始导通区的面积及阴极面的有效面积，以提高器件承受 $\mathrm{d}i/\mathrm{d}t$ 的能力和高频电流的导通能力。可采用图 3-74f、g 所示的放大门极，以增加门 - 阴极周界长度，加速开通时等离子体的扩展。对于快速晶闸管，对开关速度要求较高，可采用图 3-74c、d 及 e 所示的放大门极。对于超高压、大电流的普通晶闸管，多采用图 3-74d 所示的放大门极。

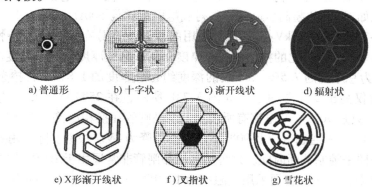

a) 普通形　　b) 十字状　　c) 渐开线状　　d) 辐射状

e) X 形渐开线状　　f) 叉指状　　g) 雪花状

图 3-74　晶闸管各种放大门极图形

（1）中心门极设计　具有中心门极和阴极短路点的晶闸管结构如图 3-75a 所示，上图为晶闸管门阴极图形的俯视图，下图为对应的剖面图。

对于截面尺寸为 Z 的线性晶闸管几何结构，当门极电阻上的压降等于 J_3 结的内建电压 U_E 时，可以得到门极触发电流为

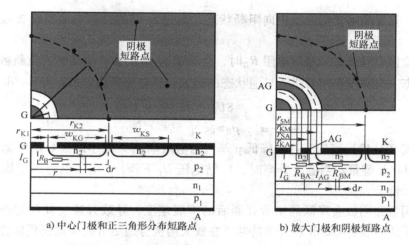

图 3-75 晶闸管的中心门极与放大门极及阴极短路点结构

$$I_{GT} = \frac{U_E Z}{R_{S,B} w_{KG}} \tag{3-47}$$

式中，$R_{S,B}$ 为 p_2 基区的薄层电阻，由 n_2 阴极区下方 p_2 基区的电阻率 ρ_{PB} 与其厚度 W_{P2} 的比值决定；w_{KG} 为门极至第一个阴极短路点的阴极区总宽度。由此可知，通过增加 w_{KG} 可以降低 I_{GT}，但必须确保不影响晶闸管在高温下的正向阻断能力。

（2）放大门极设计　如图 3-75b 所示，放大门极区通常位于器件中心门极压焊点周围。图中已标注了 n^+ 阴极区边界半径。根据放大门极辅助晶闸管的设计准则要求，辅助晶闸管的 p 基区横向电阻 R_{BA} 必须大于主晶闸管的 p 基区横向电阻 R_{BM}，即 $R_{BA} > R_{BM}$ 时，以确保门极电流先将辅助晶闸管在主晶闸管之前触发开通。根据上述公式，令 $r_{SA}/r_{KA} > r_{SM}/r_{KM}$ 时，可满足此设计准则要求。

对具有放大门极的晶闸管而言，门极触发电流由放大门极尺寸决定。当门极电流流过放大门极下方 p 基区的电阻 R_{BA} 时，在 p 基区上产生的横向压降使得 J_3 结正偏时，辅助晶闸管导通，故门极触发电流可表示为

$$I_{GT} = \frac{2\pi U_E}{R_{S,B}\ln(r_{SA}/r_{KA})} \tag{3-48}$$

对于典型的晶闸管结构，p 基区薄层电阻 $R_{S,B}$ 为 500 $\Omega/\square$，当 J_3 结内建电压 U_E 为 0.8V 时，10mA 门极驱动电流所需的 r_{SA}/r_{KA} 值为 1.11。为了满足晶闸管门极引线连接要求，中心门极电极半径通常为 0.25cm。所以，当内径 r_{KA} 为 0.5cm，外径 r_{SA} 为 0.55cm 时，才能满足放大门极晶闸管阴极区的设计要求。

（3）短路点的设计　晶闸管重新导通前能承受的阳极电压最大变化率 du/dt 与阴极短路图形有关。当再加电压 E_d（如图 3-15b）增加时，在反偏 J_2 结中会产生一个均匀的位移电流。由于结电容随再加电压的增加而降低，所以位移电流也因此

而改变。只要晶闸管仍处于正向阻断状态，流过 J_2 结的位移电流将会被收集进入短路点。

当位移电流流过 p 基区电阻 R_B 时，会导致 J_3 结正偏，使晶闸管重新触发进入导通状态。由触发晶闸管进入导通状态的最大位移电流所决定的临界 du/dt 为[13]

$$\frac{du}{dt}\bigg|_{max} = \frac{8U_E}{\rho_B w_{KS}^2}\sqrt{\frac{2(E_d + U_E)}{q\varepsilon_0\varepsilon_r N_D}} \tag{3-49}$$

由式（3-49）可知，通过降低 p 基区的电阻率 ρ_B，减小阴极短路区宽度 w_{KS}，可提高 du/dt 容量。当温度升高时，J_3 结电压 U_E 下降，p 基区电阻率增加，du/dt 容量会降低。

采用短路阴极会降低晶闸管开通后的扩展速度，导致开通功耗和通态压降增加。为了兼顾临界 du/dt 和开通特性，在放大门极旁边尽可能少地安置短路点。通常短路点设计为正三角形分布（见图 3-75a），可使纵向位移电流在 p_2 基区内横向流入短路点，以避免 J_3 结发生电子注入。短路点的有效性取决于其半径、间距及 p 基区的电阻率为 ρ_B。只要短路电阻上的压降低于 J_3 结电压 U_E，就不会引起 J_3 结的电子注入，否则晶闸管会被位移电流触发导通。有短路点时的临界位移电流密度 J_{crit} 为[8]

$$J_{crit} = \frac{2W_p U_E}{\rho_B r_2^2 F} \tag{3-50}$$

式中，F 为短路因子，与两个短路点的中心距（$2r_1$）和外径距（$2r_2$）有关。可用下式表示：

$$F = \frac{1}{4}\left[1 - \frac{r_1^2}{r_2^2}\left(1 - 2\ln\frac{r_1}{r_2}\right)\right] \tag{3-51}$$

由式（3-50）可知，临界电流密度 J_{crit} 随 p 基区厚度增加而增大，随 p 基区电阻率和短路因子的增大而减小。在实际工艺中，通过采用镓扩散来提高 p 基区的次表面掺杂浓度，以降低其电阻率，可获得较高的临界电流密度。

采用优化设计的阴极短路点可使临界 du/dt 超过 $1kV/\mu s$。如果阴极不设短路点，则临界 du/dt 会降至几伏每秒。采用阴极短路点，还可以减小阴极 $n_2 p_2 n_1$ 晶体管电流放大系数 α_2，从而减弱晶闸管转折电压随温升的变化。除了阴极短路点外，通常在芯片周围需要设计一个包围整个芯片圆周的短路区，可将周边区域内流动的任何电流分流至阴极。

3.5.3 大电流 GTO 的设计

GTO 与普通晶闸管的不同在于，门极具有自关断能力，这除了与分立的门-阴极结构有关外，还与 GTO 导通时阴极 $n_2 p_2 n_1$ 晶体管处于临界饱和状态有关。所以，GTO 的设计关键在于 J_3 结次表面掺杂浓度的控制和门 - 阴极图形的设计。但是，GTO 关断时会产生较大的拖尾电流，并且耐压越高，拖尾电流越大。对于高压应用的 GTO，其关断损耗将成为限制其工作频率的一个主要因素。通过阴极图形的精细化及适当的少子寿命控制或采用短路阳极结构，均可提高 GTO 的工作频率。

1. 纵向结构设计

GTO 纵向结构设计的关键是通过对 J_3 结次表面掺杂浓度和 p_2 基区深度的控制，严格控制 $\alpha_1 + \alpha_2 \rightarrow 1.05$ 的临界导通条件，使 α_2 约为 0.8，以保证导通时 $n_2 p_2 n_1$ 晶体管处于临界饱和状态，关断时又能及时退出饱和。p_2 基区的薄层电阻典型值为 $100 \sim 250\Omega/\square$，对应的 J_3 结次表面掺杂浓度为 $(3 \sim 5) \times 10^{17} \mathrm{cm}^{-3}$ 时，J_3 结击穿电压在 $15 \sim 25\mathrm{V}$ 之间[2,39]。在图 3-76 所示的 GTO 门 - 阴极击穿特性测试曲线中，J_3 结的击穿电压为 22V。

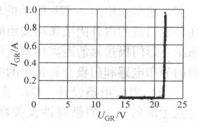

图 3-76 GTO 门阴极击穿
特性测试曲线

对于大电流 GTO，由于管芯尺寸较大，设计关键是均匀性的控制，可从以下几个方面考虑：

1）采用 FS 型耐压结构，在获得高耐压同时，可降低通态压降。

2）采用短路阳极或浅结扩散法制作阳极，限制阳极 $p_1 n_1 p_2$ 晶体管的注入效率，以减小 α_1，从而改善 GTO 通态电压和尾部电流的折衷关系。

3）采用局部寿命控制技术，控制硅片轴向和径向的少子寿命，使器件内局部的载流子寿命最佳化。

4）改善工艺均匀性，保证各单元参数一致性，提高关断能力及其可靠性。

5）采用全压接技术，将硅芯片、铝 - 硅合金片及钼片等通过非合金化压接形成电接触。避免传统焊接工艺中因材料的热膨胀系数不同而引起的热机械应力，使多阴极结构的压力不均匀，导致电流分布偏差而使关断能力下降。采用全压接技术使阴极表面的压力均匀、有效面积增大，从而降低了热阻。由于压接分布的改善，使关断能力提高，同时也提高了机械强度和浪涌电流容量。

2. 门 - 阴极结构设计

GTO 横向结构主要是门 - 阴极图形，设计关键是要解决开关期间电流的均匀性问题。因为在开关的瞬态过程中，电流集中会引发局部温升，出现热斑，导致二次击穿发生。为了保证 GTO 开关过程中电流的均匀性，要求每个单元都要有几乎相同的电流 - 电压特性[5]，相同的掺杂浓度和载流子寿命，使所有单元都能同时开通和关断，且通过的电流尽可能地相等。采用分立的门 - 阴极图形，不仅能保证 GTO 在开关过程中不会发生电流集中，而且会增加开通时的 $\mathrm{d}i/\mathrm{d}t$ 耐量。

（1）门-阴极图形设计 GTO 通常采用图 3-77a 所示的门-阴极图形[13]，可见门极位于芯片中央，类似于普通晶闸管，分立的阴极指条状按同心环均匀地排列在芯片表面的中心门极周围。对于小电流 GTO，由于阴极单元数目较少，通常采用这种中心门极结构。对于大电流的 GTO，由于阴极单元数目

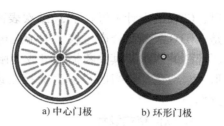

a) 中心门极　　b) 环形门极

图 3-77　GTO 的门-阴极图形

较多，通常采用图 3-77b 所示的环形门极结构[69]，其门极位于多环的中央位置，在环形门极的内外阴极条均按照同心环的形式排列。这样布局可以保证所有阴极指条距环形门极接触的距离相差最小，不仅能有效地抽取载流子，而且有利于减小门极的分布电感和门极金属化层的电阻。

（2）阴极指条设计 GTO 阴极指条的设计要考虑的门-阴极特性及关断特性。阴极通常采用图 3-78 所示的指条状，沿指条长度方向会形成柱面结，但在四角处会形成球面结，导致 J_3 结击穿电压下降。因此，为了避免矩形指条在拐角处形成的球面结，通常将指条的四周做成圆弧状（见图 3-78b），使得拐角处也呈准柱面结，以保证 J_3 结有较高击穿电压[13]。

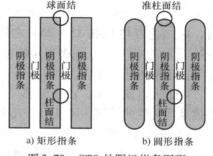

a) 矩形指条　　b) 圆形指条

图 3-78　GTO 的阴极指条图形

阴极指条的尺寸和阴极条数与最大可关断电流 I_{TGQM} 密切相关，并且阴极指条的宽度和长度也与存储时间 t_s 有关。为了提高 I_{TGQM}、开关速度及抗二次击穿的能力，需要对阴极指条的宽度 w 和长度 l 加以限制。I_{TGQM} 与 w 和阴极指条数的关系（l 为 3.5mm）如图 3-79 所示[14]。I_{TGQM} 越大，阴极指条数就越多，同时 w 也越窄。比如，对 I_{TGQM} 为

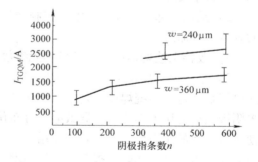

图 3-79　I_{TGQN} 与 w 和阴极指条数 n 关系

2kA 的 GTO，阴极指条的宽度最好取在（240～360）μm 范围内。指条长 l 可根据通态电流和 I_{TGQM} 所允许的电流密度 J 来控制，一般取在 2.6mm～4mm。在 6kV/6kA 的 GTO 中，为了获得较低的通态压降，需要较高的少子寿命。这会导致存储时间 t_s 及其分散性增大。为此，可将阴极指条宽度 w 减小到 100μm，同时采用质子辐照在 J_1 结的附近形成适当的少子寿命分布梯度。

（3）门-阴极尺寸设计 可根据最大可关断电流 I_{TGQM}、门极触发电流 I_{GT} 和

触发电压 U_{GT} 等指标来设计门 – 阴极尺寸。I_{GT} 和 U_{GT} 及 I_{TGQM} 均与 p_2 基区厚度和表面薄层电阻有关。设计时，在满足阴极 $n_2 p_2 n_1$ 晶体管电流放大系数 α_2 和 J_3 结击穿电压 $U_{BR(J3)}$ 的情况下，先确定 p_2 基区厚度和表面薄层电阻；再根据门极特性指标的要求来调整中心门极或环形门极的尺寸；最后根据额定电流指标来确定阴极单元尺寸和数目。

（4）版图布局　假设每个阴极单元通过的最大可关断电流一定，则根据最大可关断电流值可确定最小阴极单元数；再根据阴极单元数目和间距，确定阴极单元分布所需的环数和面积。根据阴极单元的环数确定采用环形门极还是中心门极，并保证所有的阴极单元尽可能均匀地分布在整个阴极面上；最后根据结终端尺寸和阴极单元的分布来确定最终的硅片尺寸。

（5）大容量 GTO 的设计　设计大容量 GTO 的门 – 阴极结构图形时，采用大直径硅圆形芯片，同时缩小阴极指条尺寸，使门 – 阴极图形精细化，并在多个环之间设置环形门极。在保证 GTO 开关过程中电流均匀分布的前提下，尽可能地增加 GTO 的阴极有效面积，把几千个阴极单元并联在一起，以提高电流容量。

3.5.4　IGCT 的设计

GCT 采用场阻止（FS）型耐压结构，使 FS 层和透明阳极相结合，一方面 FS 层使得 n 基区厚度大大减薄，并对阳极注入的载流子没有阻挡作用，导致通态压降明显降低；另一方面，透明阳极虽降低阳极注入效率，导致通态压降有所增加，但在关断时为载流子的抽取提供了捷径。可见，FS 层削弱了透明阳极参数对通态特性的影响。此外，为了提高 GCT 的均匀性及安全工作区，需要对波状基区进行优化设计。因此，GCT 设计关键是控制 FS 层和透明阳极掺杂浓度和厚度，以及波状基区的波纹形状。

1. 纵向结构设计

GCT 的 n^- 基区、n^+ 阴极区及 J_3 结次表面掺杂浓度的设计与 GTO 完全相同。下面主要分析两者的不同之处。

（1）n FS 层设计　n FS 层与阻断特性、导通特性及开关特性有关。设计时既要保证 n FS 层能承受一定的耐压，又要保证阳极 pnp 晶体管的电流放大系数 α_1 不能太低，以免通态压降太大，必须对其厚度 W_n 和掺杂浓度 N_n 进行折衷考虑。由于 n FS 区受透明阳极掺杂浓度的限制，N_n 通常取在 $1 \times 10^{17} \, \text{cm}^{-3}$ 以下。

（2）p^+ 透明阳极设计　透明阳极的设计要综合考虑通态特性和关断特性。由于透明阳极与 FS 层一起使用，使得 n^- 基区厚度大大减薄，因此削弱了透明阳极对通态特性的影响。透明阳极厚度 W_{p1} 和掺杂浓度 N_{p1} 的设计以注入效率和关断特性优化为主。N_{p1} 的取值通常在 $10^{18} \, \text{cm}^{-3}$ 数量级。

（3）波状 p 基区设计　关键是波纹形状的设计。根据式（3-44）可知，波纹形状与阴极条的宽度 w、p^+ 基区的结深 x_{jB} 及 p 基区的结深 x_{jAl} 决定。当波纹宽而高时，可获得良好的导通特性和开关特性，但阻断电压下降较多；当波纹窄而低时，对阻断特性影响较小，但对导通和开通特性的改善效果不明显。所以，波纹高度的设计要适中，不宜过高，也不能过低。要获得高度适中的波纹，需减小阴极宽度或增加 p 基区深度，必然会导致 p 基区 Al 扩散的高温时间延长。同时考虑到阴极散热面积限制，阴极宽度不宜太窄。

（4）少子寿命 AS-GCT 关断时，电子可以直接穿过透明阳极，所以不需要对其少子寿命进行控制，就可以同时获得较好的关断特性和通态特性。对 RC-GCT 而言，由于其中集成了反并联的二极管，换流时要求该二极管必须快恢复。因此，需要对 RC-GCT 中的集成二极管进行少子寿命控制[25]。

（5）超高压 GCT 的设计 在电力系统应用，如 HVDC 输电、柔性交流输电系统（FACTS）等，要求器件具有更高的阻断电压，以减小系统的功耗，也可避免多个器件串接所需额外的吸收组件。在典型的 (6 ~ 7.2) kV 三电平中点箝位电压型逆变器（3L NPC VSC）拓扑结构中，驱动器工作所需的方均根电压为 7.2kV、功率为 12MW，若采用 10kV IGCT，就不必进行器件串并联。比如，ABB 公司开发出 10kV/2kA IGCT，与两个 4.5kV 或 5.5kV IGCT/二极管的串联相比，采用 10kV IGCT 可使系统的可靠性提高 12% ~ 56%。

设计 10kV AS-GCT 时，原始材料电阻率选为 1000 Ω·cm（对应的掺杂浓度约为 $4.2 \times 10^{12} \text{cm}^{-3}$），直径为 68mm，芯片总厚度为 1050μm[70]。其 n^- 基区的掺杂浓度与 (4.5 ~ 6.5) kV GCT 相比有所减小，并且厚度增加到 900μm[71]。为了改善开关性能，还采用一种特殊的深铝掺杂，使 p 基区深度增加到 190μm，并保持 n^- 基区与低掺杂 p^- 基区的厚度之比不变，可以避免因 n^- 基区变宽、B-Al 双质扩散较浅所形成的突变结（J_2 结）对动态雪崩耐量的影响。10kV GCT 的阻断特性和导通特性测试曲线如图 3-80 所示[70]。阻断特性曲线显示，在 25℃ 下，阻断电压可达 11.2kV，在 125℃ 下，阻断电压可达 10kV，对应的漏电流约为 17mA。导通特性曲线显示，在 1kA 的阳极电流下，通态压降约为 4.5V，在 3kA 的阳极电流下，通态压降约为 6.5V。

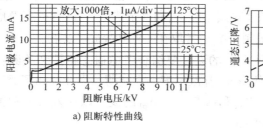
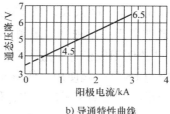

a) 阻断特性曲线　　　　　　　　b) 导通特性曲线

图 3-80　10kV GCT 静态特性测量曲线

图 3-81 所示为 10kV IGCT 在 U_{DC} = 4.6kV、I_A = 1kA、T_j = 125℃ 及 E_{off} = 7.6Ws 条件下的开关特性测量曲线。由此可知，关断约 1kA 的阳极电流仅用了大约 1μs 时间，同时阳极电压快速上升，并由杂散电感引起一个约为 6kV 电压尖峰。表 3-4 给出了 10kV IGCT（ϕ68mm）的关键指标及其测试条件。

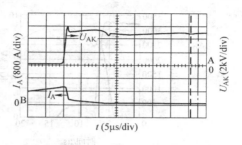

图 3-81 10kV IGCT 开关特性曲线

表 3-4 ϕ68mm 10kV IGCT 数据与测试条件

电热特性		测试条件
U_{DRM}	10kV	T_j = 0 ~ 125℃
U_{DC}	6kV	100FIT，100% DC
U_{GR}	22V	—
U_{TM}	4.5V	1kA（r_d = 1mΩ，U_{TO} = 3.5V）
I_{TGQM}	1kA	U_{DC} = 6kV
E_{off}	11Ws	I_A = 1kA，U_{DC} = 6kV
R_{thjc}	13K/kW	—
T_{jm}	125℃	—
I_{TSM}	10kA	T = 1ms

从可靠性设计角度考虑，10kV IGCT 可以采用 HPT（波状基区 + 新门极驱动单元）技术来改善反偏安全工作区（RBSOA）。此外，还必须考虑散热问题，因为其性能的限制因素是冷却，而不是 SOA。所以，超高压 GCT 设计关键是要考虑如何降低能耗，并提高其可关断电流。

图 3-82 所示为 10kV HPT - IGCT 在 130℃ 下关断时的电流、电压及功耗波形[32]。如图 3-82a 所示，HPT - IGCT 可以关断 3.2kA 的阳极电流，拖尾电流约为 500A，电流下降期间的阳极电压尖峰约为 7.7kV，在拖尾结束后会超过 9kV。如图 3-82b 所示，关断期间的最大功耗 P_{max} 为 20.71MW，关断能耗 E_{off} 为 56.23J。与普通的 10kV IGCT 相比，10kV HPT - IGCT 的可关断电流更大。

为了满足 3L - NPC VSC 应用要求，ABB 公司在 10kV IGCT 基础上还开发了 10kV RC - GCT[71]，即用 10kV GCT 反并联了一个 10kV 二极管。采用 10kV RC - GCT 可显著降低器件的机械应力和冷却成本，使变流器的功率容量上升到（5 ~ 6）MVA。

2. 横向结构设计

GCT 的门 - 阴极图形设计与 GTO 的相似，为了实现大电流，也需要几千个阴极单元并联。设计关键也是要解决开关期间电流的均匀性问题。

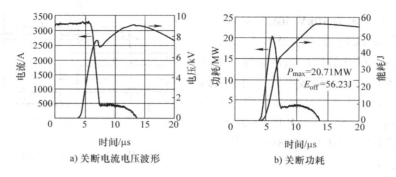

图 3-82　10kV HPT – IGCT 在 130℃下关断电流、电压与功耗波形

（1）设计考虑　设计门 – 阴极图形时，首先根据电流容量的大小，选择采用中心门极或者环形门极，从而确定门极位置与阴极指条的布局。设计版图尺寸时，还要考虑阴极区的横向扩散效应，光刻窗口与阴极区边缘的版图尺寸约为阴极区纵向结深的 80%。其次，阴极指条尺寸与通态特性和开关特性有关。阴极指条越宽越长，通态特性越好，热阻也越小，但不利于关断。由于 GCT 在开通时要求 J_3 结瞬间大面积开通，在关断时要求 J_3 结瞬间截止。所以，窄而短的阴极指条对开关特性有利。

（2）门 – 阴极图形设计　AS – GCT 采用与 GTO 完全相同的门 – 阴极结构，这种结构虽能保证器件在开关过程中不会发生电流集中，但是阴极区的有效面积仅占器件总面积的 25%，导致器件的热阻较大，电流容量受到限制。根据 GCT 关断机理可知，GCT 关断时采用硬驱动，J_3 结截止，阳极电流瞬间全部转换到门极，阴极并没有电流流过。所以，阴极单元的形状和面积不会影响 GCT 的关断，但其外围门极区的形状和面积会影响其关断的均匀性。考虑到 GCT 与 GTO 关断机理的差异，在 GTO 门 – 阴极单元设计中，让每个阴极单元面积保持不变，门极区面积随位置而变，以保证关断的均匀性；在 GCT 门 – 阴极单元设计中，让门极区面积保持不变、每个阴极单元面积随位置而变，保证从门极区流过的电流尽可能相等。如果用一种梯形状的阴极单元来代替现有的矩形状阴极单元来设计 GCT 的门 – 阴极图形，既可保证关断时电流的均匀性，又可增加阴极的有效面积，从而提高电流容量。以 2kA 的 GCT 为例，采用梯形状门 – 阴极图形后，硅片的有效利用率（即阴极有效面积占硅片总面积的比例）由原来的 24.73% 提高到 32.10%，有效面积相对放大约 29.8%[72]。可见，这种结构对关断特性和散热都有利，但必须保证有足够的门极电流使其均匀开通。

RC – GCT 是将 AS – GCT 与二极管反并联地集成在一起形成的，要求在一个硅片上同时安放一个 AS – GCT 和一个二极管，并在两者之间实现有效的隔离。通常 RC – GCT 门 – 阴极图形有两种布局[73]：一是 AS – GCT 在芯片中央，二极管在外围，采用这种布局可简化其结终端工艺；另一种是二极管在芯片中央，AS‑GCT在外围，采用这种布局可使芯片均匀地承受机械应力，并增大 GCT 的门极尺寸，有利于器件更均匀地开关。图 3-83 所示为 ABB 公司 AS‑GCT 和 RC‑GCT 门‑阴极版图布局及其对应尺寸[37]。大尺寸（ϕ91mm）AS‑GCT 采用环形门极，在环形门极两侧分别有 5 个同心环。RC‑GCT 采用了两种布局，当硅片尺寸较小（ϕ38 ~ 51mm）时，二极管放在外围；当硅片尺寸较大（ϕ68 ~ 91mm）时，二极管放在芯片中央。

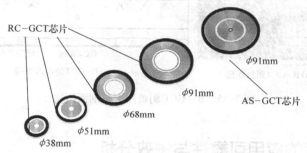

图 3-83　ABB 公司的 GCT 阴极版图的布局与尺寸

（3）隔离区的设计　隔离区是 RC‑GCT 设计的关键，关系到 RC‑GCT 能否成功换相。在 RCT 和 RC‑GTO 中，通常采用图 3-4a 和图 3-21a 所示的沟槽隔离结构。虽然它的工艺简单，并且阻断状态下 J_2 结的耗尽层扩展宽度没有影响，但门‑阴极漏电严重，隔离效果差。RC‑GCT 中，通常采用图 3-32b 所示的 pnp 隔离结构，无论 G、K 之间的电压为正向或为反向，都有一个 pn 结反向，漏电流小，隔离效果好，但是工艺复杂。为了克服这两种隔离结构的缺点，作者提出了一种沟槽‑pnp 复合隔离结构[74]，如图 3-84 所示。隔离区的 pnp 部分与 AS‑GCT 的波状 p 基区同时形成，并经刻蚀形成沟槽部分。采用这种复合结构，不仅可以改善隔离效果，而且制作工艺完全与波状基区工艺兼容。

隔离区宽度必须保证在正向或反向工作时，AS‑GCT 与集成二极管之间不产生相互影响。所以，隔离区的宽度 W_S 与 J_3 结击穿时的耗尽层扩展宽度及少子的扩散长度有关。可根据以下公式来计算版图尺寸[75]：

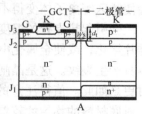

图 3-84　采用沟槽‑pnp 复合隔离的波状基区 RC‑GCT

$$W_S = 2kx_{jAl} + W_D + L_p \qquad (3-52)$$

式中，x_{jAl} 为 p 基区 Al 扩散结深；k 为横向扩散系数；W_D 为 J_3 结击穿时的耗尽层扩展宽度；L_p 为空穴在 n^- 基区的扩散长度，与 n^- 基区的载流子寿命有关。

（4）均匀性设计　为了提高 RC‑GCT 的均匀性，ABB 公司提出了一种双模式

GCT（Bi – mode GCT，B – GCT），其门 – 阴极图形和结构剖面如图3-85所示[76]。它是将二极管的阳极也做成类似于阴极指条状图形，并穿插在 AS – GCT 的阴极指条（图中暗指条）之间，形成多个二极管和 AS – GCT 的反并联结构。如图3-85b所示，每个 p 基区中包含 3 个阴极单元，两侧为反并联的二极管，并且二极管阳极与 GCT 单元阴极之间采用 pnp 隔离（虚线所示），因此有相同的台面结构。

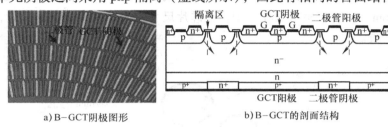

a) B-GCT阴极图形   b) B-GCT的剖面结构

图 3-85   B – GCT 阴极图形与剖面结构

3.6   晶闸管的应用可靠性与失效分析

3.6.1   普通晶闸管的失效分析

1. 失效机理

晶闸管的失效均与温度有关，具体原因可从以下几个方面来讨论。

（1）体内缺陷   在晶闸管的制造中，不可能完全避免硅中低密度的点缺陷。在这些点缺陷处，反偏 pn 结的电流密度会高于无缺陷处的电流密度，出现局部电流集中。当反偏压增加使 pn 结发生雪崩击穿后，在电流密度较高的点缺陷处会形成一种微区等离子体（Microplasma）。如果微区等离子体内的电流密度过大，局部温度升高到足以使本征载流子浓度超过本底掺杂浓度。那么，由热激发产生的载流子会使微区等离子体变得不稳定，进而形成热斑。由于电流密度与温升之间的正反馈效应会引起热点处的温度迅速升高，最终会使器件损坏。当温度很高时，能足以使硅片熔化，或使金属化电极熔化。当温度及温度梯度很高时，热机械应力会使晶体本身产生裂纹。这是晶闸管在雪崩击穿时的一种潜在的失效机理，尤其在结温过高时更是如此。值得注意的是，温升来自于高电流密度。特别是在大面积晶闸管中，衬底材料的均匀性较差，如果因过电压、温升过高或高能粒子（如宇宙射线）局部引发晶闸管误触发，并且能量通过很窄的通道泄放，局部功耗将在瞬间导致器件失效。

（2）门极功耗   普通晶闸管处于反向阻断时，如果施加一个正向门极电流 I_G，就会有电子从 n_2 阴极区向 p_2 基区注入而形成电子电流 I_n，这些注入的电子以扩散

的方式经过 p_2 基区到达 J_2 结，被空间电荷区的电场收集。由于 J_2 结是正偏的，与热平衡时的内建电荷区近似相同，电流为 $\alpha_2 I_n$，基本上就是流过 J_1 结的反偏电流。为了保证电中性，空穴会从 p_1 阳极区注入到 n_1 基区，空穴电流 I_p 约等于 $\alpha_2 I_n$，构成 $p_1 n_1 p_2$ 晶体管的发射极电流。最终门极电流 I_G 会使阳极电流 I_A 增加，增量大小与 I_G 成正比，并与 α_2、α_1 有关。这会显著增加门极周围区域的功耗，使得晶闸管在阻断时发生热击穿。所以，普通晶闸管处于反向阻断状态时，为了防止因门极功耗引发的热击穿，最好将门 – 阴极短接。

（3） di/dt 在晶闸管开通过程中，当阳极电流上升率 di/dt 超过临界 di/dt 时，开通区内因局部过热可能造成晶闸管特性退化，甚至经过一次冲击就被烧毁。在实际应用中，因 di/dt 失效的原因有两种：一是因晶闸管的 di/dt 耐量有限；二是因触发信号不满足要求[77]。如果实际触发脉冲宽度较窄、幅值不稳定，就无法使晶闸管在短时间内大面积导通，只是靠近放大门极处有小面积导通。导通区的电流密度很高，在很短时间内温度急剧上升，造成晶闸管的导通区局部烧毁。尤其是在这种工作条件反复出现的情况下，局部过热所产生的内部热机械应力会造成管芯出现裂纹。

（4） du/dt 在晶闸管的关断过程中，由于门极开路，为了使晶闸管尽快关断，在阳极与阴极之间要重加一正向电压，当该正向电压的上升率超过临界 du/dt 时，晶闸管就会被 J_2 结的位移电流触发而导通，也可能产生与如前所述的热点，在这种情况下，高电流密度区不能足够快地扩展，导致电流密度迅速增大而使晶闸管失效。

（5）安全工作区（SOA） 晶闸管的 SOA 是指由瞬时浪涌电流、转折电压及最大功耗所包围的区域。在实际电路中，由于操作引起的过电压超过 SOA 所限制的最高电压，会使晶闸管误触发。在过电流及短路情况下，浪涌电流过高，或超过允许的次数，会造成晶闸管功耗过高而引起热失效。如在浪涌电流之后，紧跟着重加一个高电压，此时晶闸管局部功耗很高，必然会引起其失效。

2. 失效模式

晶闸管许多性能参数，包括电压、电流、du/dt、di/dt、漏电流及开关时间等，都与温度有关。温度升高会导致晶闸管各性能参数下降，有时甚至门极会被损坏。不论是因温度升高还是因线路问题造成晶闸管烧损，从表面来看，每种参数所造成晶闸管烧损现象是不同的，其失效原因可通过解剖烧损的晶闸管来判断。

（1）过电压引起的失效 由于晶闸管的阻断能力下降，或者电路产生的过电压超过其额定值，发生弧光放电。弧光的温度非常高，远高于管芯金属层的熔点，因此会烧毁晶闸管。过电压引起的失效一般表现为阴极表面或芯片结终端处有一烧损的小黑点。

（2）过电流和过热引起的失效 由于晶闸管的额定电流、du/dt、漏电流、关断时间以及通态压降等参数发生变化，或因电路故障造成过电流，如果管芯温度超过所允许的最高结温，必然会导致过热。晶闸管因过电流烧坏通常表现为阴极表面有较大的烧损痕迹，同时也会将外壳与芯片相连的金属熔化。这是因为芯片温度过高是由长时间积累所致的。过热的面积较大，烧损的面积也较大。图 3-86 所示为晶闸管因过电流损坏的外貌特征。由此可知，高温已将银垫片、硅片、钼片大面积熔化，甚至还会使金属管壳发生形变，导致上管壳向外突起。

a) 管芯表面(铝层)烧损情况　　b) 管芯背面(钼片)烧损情况

图 3-86　晶闸管因过电流损坏的外貌特征

（3）di/dt 过高引起的失效　在晶闸管开通过程中，因 di/dt 过高引起的失效也是一个小黑点，其特征与电压击穿时很相似，但失效位置有所不同。di/dt 过高引起的失效通常出现在晶闸管门极周围，如图 3-87a 所示。当失效位置离放大门极较远时，则如图 3-87b 所示。这种失效应属于过电压击穿，是因材料缺陷或制造工艺使得 J_2 结面不平整，导致晶闸管发生了体内击穿。

a) di/dt 失效　　b) 过电压失效

图 3-87　损坏的晶闸管外貌特征

综上所述，无论什么原因烧坏晶闸管，最终都是由于温度过高，使晶闸管管芯表面的金属层及其封装材料熔化，导致晶闸管短路而失效。

3.6.2　GTO 的可靠性与失效分析

1. 安全工作区

GTO 的安全工作区（SOA）包括正偏安全工作区（FBSOA）和反偏安全工作区（RBSOA）。正偏安全工作区（FBSOA）与普通晶闸管的相似，在正向导通时受瞬时浪涌电流限制，在阻断时受转折电压限制。反偏安全工作区（RBSOA）是指在一定条件下，门极加反偏压使 GTO 能可靠关断的区域，如图 3-88 所示[78]。其电流限制为阳极最大可关断电流 I_{TGQM}，功耗限制为发生动态雪崩时产生的最高功率密度。所以，GTO 的 FBSOA 较大，RB-SOA 较小。

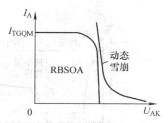

图 3-88 GTO 反偏安全工作区

为了扩大 GTO 的 RBSOA，需要从结构和工艺参数控制方面考虑，如采用窄而长的阴极条及短路阳极结构，提高 I_{TGQM}，并降低关断功耗。此外，RB-SOA 与门极驱动状态和电路运行参数也有关。当电路条件改变后，RBSOA 也会改变，实际应用时必须加以考虑。

2. 关断能力

GTO 的关断能力受三个因素的限制：最大可关断电流、动态雪崩及关断过程中的非均匀电流分布。

（1）最大可关断电流　由于 GTO 单元存在 p 基区横向电阻 R_B，除了在开通期间有电流扩展问题外，对大尺寸的 GTO 还必须设定最大可关断电流。在关断期间，门极电流会在 R_B 上产生压降。当阳极电流较大时，R_B 上产生压降会使远离门极接触部分的 J_2 结正偏，而靠近门极接触部分的 J_2 结反偏并已关断。

根据式（3-26b），可得出最大关断电流密度 J_{TGQM} 应为

$$J_{TGQM} \leqslant 4\beta_{off}\left(U_{BR(J3)} + 0.7\right)/(R_{S,PB}w^2) \tag{3-53}$$

该电流密度本质上是 GTO 在无吸收关断条件下的关断能力，并非通常吸收条件下的限制。

（2）动态雪崩　GTO 在关断拖尾期间，高电场强度会引发动态雪崩，并引起电流集中。由于各单元之间电流分布不均匀，同时在电流集中的局部区域因碰撞电离产生了大量载流子，使阳极电流突然增加，会导致 GTO 关断失效。

这可通过分析关断过程中的电场强度分布和载流子浓度分布来说明。如图 3-89 所示[79]，在 GTO 的关断初期，随着阳极电压不断上升，J_2 结的耗尽区逐渐形成，峰值电场强度不断增加，$p_1 n_1 p_2$ 晶体管进入放大模式。当阳极电压上升到峰值时，J_2 结的峰值电场强度达到临界击穿电场强度 E_{cr}，如图 3-89b 所示。此时，J_2 结会发生雪崩，耗尽区将产生大量的雪崩载流子。在高电场强度的作用下，电子被扫入 n_1 中性区，空穴进入 p_2 基区，形成较高的雪崩电流。

当阳极电压很高，du_{AK}/dt 为零时，动态雪崩处于维持模式。假设耗尽区中载流子以饱和速度 v_s 移动，则阳极电流密度 J_A 和阳极电压 U_{AK} 分别可表示为

$$J_A = qpv_s \tag{3-54}$$

$$U_{AK} = E_m W_D/2 = \left(\varepsilon_s E_{cr}^2\right)/(2qp) \tag{3-55}$$

式中，q 为电子电荷；p 为 n_1 基区耗尽层中的空穴浓度；v_s 为空穴饱和漂移速度；

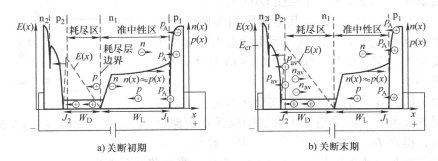

图 3-89　GTO 关断过程不同时刻的电场强度分布及载流子浓度分布示意图

E_m 为峰值电场强度；W_D 为耗尽层的扩展宽度；E_{cr} 为引起雪崩击穿的临界电场强度。

将式（3-54）代入式（3-55），可得

$$U_{AK} = (\varepsilon_s v_s E_{cr}^2)/(2J_A) \tag{3-56}$$

发生动态雪崩时，由于 n_1 基区耗尽层中存在空穴，并且其电荷密度比断态无电流时更高，因此在相同的耗尽区宽度下，峰值电场强度也比无电流时的更高。此时器件的功率密度 P_{dy} 可表示为

$$P_{dy} = J_A U_{AK} = \varepsilon_s v_s E_{cr}^2/2 \tag{3-57}$$

硅器件发生动态雪崩时功率密度为 $200 \sim 300\mathrm{kW/cm^2}$。当动态雪崩刚开始时，产生的载流子不足以形成大电流，就没有破坏性；但当动态雪崩处于维持模式时，产生的功率密度极高，很容易超出 RBSOA，使 GTO 受损。尤其是在大尺寸的 GTO 中，动态雪崩会引起电流非均匀分布，出现电流集中，而导致 GTO 失效。

（3）关断过程非均匀的电流分布　在 GTO 关断过程中，由于尖峰电压和尾部电流的存在，使关断期间产生很大的瞬态功耗，但持续时间很短，一般在几微秒至几十微秒。因此，在所有并联单元都能同时均匀关断的理想情况下，关断损耗不会使整个 pn 结的温度发生很大变化。但是，由于 GTO 单元的参数分布不可能完全一致，如存储时间 t_s（即 p_2 基区存储电荷的抽取时间）不同，使得各单元不可能同时关断，于是关断瞬态功耗可能会集中在个别关断较晚的单元上，即所谓"挤流现象"，从而形成局部过电流，产生局部热点，引起 GTO 再导通[80]。

在关断过程中，因两个单元的 t_s 不同（假设 $t_{s1} < t_{s2}$），会引起以下正反馈效应：

$$t_{s1} < t_{s2} \rightarrow I_{A1}\downarrow I_{A2}\uparrow \rightarrow I_{K2}\uparrow \rightarrow \text{单元 2 阴极注入增强} \rightarrow \text{其中存储电荷增多}\uparrow \rightarrow t_{s2}\uparrow$$

可见，正反馈效应会增大 t_s 的差异，使 $t_{s1} \ll t_{s2}$。如果较快单元多于较慢单元时，则较慢单元中的电流密度会变得非常高，其中能耗会产生很高的温度，诱发二

次击穿，导致 GTO 永久性失效。在高电流密度下，较慢单元中的 pnp 晶体管和 npn 晶体管的共基极电流放大系数均会增大，导致 β_{off} 会更低，需要更大的门极电流来关断。所以，在 GTO 设计和制作过程中，要尽可能减小 t_{s} 的差异，从而获得均匀的关断。

3. 失效机理

GTO 的失效原因可从以下几个方面来考虑：一是使用不当引起的失效，如工作电压或电流超出 SOA，或结温超过最高结温，或者所用的门极触发脉冲或关断脉冲不合适而引起性能的退化；二是开关过程中电流非均匀分布导致局部过热，或者关断过程中阳极电压上升时，高电场产生的动态雪崩而诱发二次击穿；三是制作过程中因材料或工艺参数的偏差引起的电流集中而导致功耗不均匀分布；四是冷却不足，导致过热引起的 GTO 失效。

（1）使用不当　由于实际使用中，电路出现瞬间过电压、过电流，造成 GTO 关断失败而引起损坏。根据关断过程中损坏机理不同，有以下两种情况：一是 GTO 不具有关断此电流的能力，或门极驱动条件不满足关断此电流的要求；二是 GTO 关断后，由于过高的 du/dt 或瞬态过电压等，使关断后的 GTO 被再次触发导通。

若门极触发电流脉冲幅度和上升率过低，就不能保证所有单元同时开通。于是，在随后的电流增长过程中，开通单元会过载，导致局部过热，使器件遭到损坏；在导通期间，如果通态电流突然降低，会导致一些单元关断。因此，触发 GTO 时，首先要保证门极触发脉冲幅度和上升率，使所有单元同时被门极触发开通。并且在 GTO 完全导通后，外电路仍需提供一个较小的门极后沿电流，以维持所有单元的持续导通。

若门极关断负电流脉冲幅度过低，就不能满足最大关断增益 β_{off} 要求。若负电流脉冲的上升率过低，会导致关断时间变长，发生局部不稳定的可能性会增大，所以在设计 GTO 关断电路时，应按手册中的限制选取门极关断负脉冲值。对大功率 GTO，还需采用 du/dt 吸收电路来抑制瞬态过电压及其上升率。

（2）二次击穿　在 GTO 开通和关断的瞬态过程中，由于各单元的存储时间 t_{s} 有差异，开通最早或关断最慢的单元中的局部电流密度很高。非均匀的电流密度分布导致非均匀的功耗分布，会引发局部温升过高。所以，在开通和关断之间（反之亦然），需要一个时间间隔（20～150μs），以获得更均匀的温度分布，防止出现热斑。在 GTO 的关断过程中，阳极电压会在导电通道收缩完之前就开始上升，使得关断损耗随阳极电压及其上升率的增大而增加，会发生局部过热。此外，类似功率晶体管在高电流密度下处于准饱和区的情况，GTO 内部电场强度会发生再分布，并诱发雪崩注入。这两种情况均会导致二次击穿。若存储时间的差异与局部动态雪崩同时作用，情况会变得更糟。所以，关断 GTO 时需强制性附加吸收电路，将阳极电压上升率限制在一个安全值以内。

（3）自身结构与参数偏差 由于 GTO 采用特殊的压接式结构，决定了其电流分布必然存在非均匀性。尽管 GTO 采用分立的门 - 阴极单元，并按同心环均匀地分布在阴极表面，可以保证导通状态下有均匀的电流分布，但在开通或关断时，电流信号通过中心门极施加，由于每个阴极单元距中心门极的位置不同，将产生不同的分布电感，且远离中心门极的单元产生较大的分布电感，势必引起开关过程中电流分布的不均匀性。因此，对大面积的 GTO，采用环形门极可减小分布电感引起的电流不均匀性。

在 GTO 的制造过程中，如果材料或工艺参数（如掺杂浓度、载流子寿命等）存在偏差，会加剧电流的非均匀分布。如果某些单元的少子寿命较高，则其承载的通态电流密度就较大。在关断结束时，所有阳极电流都可能集中在载流子寿命最长的几个单元处。于是局部区域内会产生极大功耗，导致局部出现热斑。因此，在实际制作工艺中，必须通过在线监测来控制大面积 GTO 的均匀性。

（4）过热 由于晶体管的电流放大系数 α_1 和 α_2 随温度的升高而增大，在高温下将使 GTO 的转折电压 U_{BO} 下降，漏电流也显著增大，导致功耗增加，又加剧了结温升高。在开通过程中，因 GTO 单元的分散性，α_1 和 α_2 较大的单元先由断态转为通态，于是导通的单元将承受过大的电流密度。当电流密度超过单元的承受能力时，将会使 GTO 损坏。在关断瞬间，当 pn 结产生的局部温度升高时，漏电流显著增大，导致功耗进一步增加，并导致局部过热点温度升高，从而诱发了 GTO 再次导通。可见，当温度超过所允许的最高结温时，必然会造成 GTO 关断失败。因此，在实际应用中，必须严格控制温升，使 GTO 工作在所允许的最高结温以下。选用 GTO 时，必须考虑开关时的瞬态功耗，并留有足够的裕量。

3.6.3 IGCT 的可靠性与失效分析

1. 可靠性

IGCT 可靠性可从以下两方面来考虑：一是 GCT 管芯的热可靠性；二是门极驱动单元（GDU）的可靠性。

（1）电极的热机械应力 GCT 芯片采用了透明阳极，是一个中等掺杂浓度的浅结，如果沿用传统的烧结工艺来形成阳极欧姆接触，会使透明阳极区被金属铝层吞噬掉。对于 IEC 阳极，也存在类似的情况。所以，为了保证 GCT 固有的可靠性，需采用类似于 FRD 芯片的多层金属化电极结构，并用压接式封装。通过数值分析得到多层金属化电极结构各层表面上的最大热机械应力，见表 3-5[81]。采用单层金属 Al 时，硅芯片表面上的热机械应力最大；采用三层和四层金属化结构时，硅芯片表面上的热机械应力明显减小，但 Cr 层的热机械应力均大于 Ti 层。这说明采用 Ti/Ni/Ag 或 Al/Ti/Ni/Ag 金属化电极更合适。

表 3-5　各金属层最大应力值　　　　　　　　（单位：MPa）

材料	硅（Si）	铝（Al）	钛（Ti）	铬（Cr）	镍（Ni）	银（Ag）
Al/Ti/Ni/Ag	210	193	200	—	165	105
Al/Cr/Ni/Ag	211	194	—	382	164	105
Ti/Ni/Ag	142	—	156	—	255	132
Cr/Ni/Ag	145	—	—	196	253	132
单层 Al	262	180	—	—	—	—

（2）热循环能力　由于 GCT 采用了分立的门 – 阴极结构，在热循环条件下，门极和阴极铝电极会产生不同程度的形变。解剖 GCT 芯片后发现，经多次温度循环后，内环阴极条和外环阴极指条上的铝层变化明显不同。图 3-90 给出了温度从 −40 ~ 140℃ 循环 103 个周期后 GCT 阴极铝层的变化情况[31]。可见，最内层环（第 1 环）阴极铝层几乎保持不变，铝条宽为 182μm；最外层环（第 10 环）阴极铝条宽为 214μm，比最内层环的铝条宽度增大了 32μm。这说明热循环对外层环阴极铝条的影响更大。热循环失效机理与金属化层的热机械应力有关，是由温度过高和温度变化率（dT/dt）过大引起的。最高工作结温升高会导致热循环应力增加，使 IGCT 的性能恶化。通过增加阴极接触面积，可以减小阴极铝层的热机械应力，提高 IGCT 的热稳定性。比如，阴极铝条从 150μm 增加到 210μm，面积增加了原来的 40%，热稳定性有明显提高。

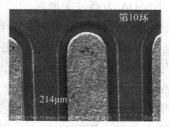

a) 最内层环的阴极条　　　　　　b) 最外层环的阴极条

图 3-90　阴极金属化层在温度循环后的形变（ −40 ~ 140℃，103 个周期）

（3）高温阻断的稳定性　最高结温限制了器件的应用场合，如结温由 125℃ 增加到 140℃ 时，对 IGCT 可靠性的要求也随之提高。除了热循环能力外，就是高温阻断稳定性。因为温度升高，漏电流会随之增大。对 φ91mmHPT + IGCT，在 140℃、3.2kV 电压下，要求其漏电流小于 10mA。高温阻断能力与结终端结构和钝化层密切相关。GCT 芯片及其续流二极管通常采用负斜角结终端结构和类金刚石的钝化系统，在 140℃ 高温下仍满足指标要求。

（4）门极驱动单元（GDU） IGCT 热设计时必须考虑 GDU 的可靠性。IGCT 导通期间，最高工作温度为 125℃，此时压接式 GCT 管壳的温度也将上升到 80℃ 以上，因为 GCT 通过 PCB 直接与 GDU 相连，因此热流也会流入 GDU。除了压接式 GCT 管壳温度外，GDU 也暴露在环境温度和自身所产生的功耗下，这些严酷的工作条件需要相当大的冷却装置，才能保证 GDU 在规定条件下工作。可见，在常规的 IGCT 中，GDU 限制了可允许的环境温度。在工作寿命期内，其中电容器的温度必须低于 60℃。所以，在实际应用中，当环境温度上升到 40℃ 以上时，必须降低 IGCT 的电流容量。此外，门极接触与关断单元之间的杂散电感也限制了阳极最大可关断电流和 SOA。杂散电感越大，需要的（电解）电容器组电容量也越大，导致 GDU 的体积也随之增加。

内部换流晶闸管（ICT）的 GDU 中去除了关断电路，省掉了关断存储电荷所需的大电容器组等辅助组件，使 GDU 体积大大减小，并且远离 ICT 及其散热器，因而可以在较宽的环境温度范围内使用。在 ICT 内部，DirectFET 和耐高温的 MLCC 电容器垂直安装在 GCT 管芯下方，并且利用弹簧压接在同一个管壳内，可显著减小热机械应力。与 GCT 管芯的热循环能力相比，由于 DirectFET 和 MLCC 电容器位置比较靠近下方的散热器，容易与散热器产生热耦合，但温度变化很小，使整个关断单元仍可工作在 125℃，所以 ICT 的可靠性比 IGCT 的更高。

2. 失效分析

IGCT 的失效与其安全工作区密切相关。IGCT 的安全工作区包括正偏安全工作区（FBSOA）和反偏安全工作区（RBSOA）。FBSOA 为 IGCT 在开通和导通时的安全工作范围，RBSOA 为器件关断时的安全工作范围。由于 IGCT 采用硬驱动，开通损耗很低，并且通态压降也很小，所以 FBSOA 较宽。在 IGCT 关断过程中，受关断电路的杂散电感引起过电压和由此产生的功耗限制，导致 RBSOA 较小。IGCT 的 RBSOA 近似与管芯面积的平方根成正比。对小面积 GCT，关断功率密度（$J_{off}U_D$）已超过 1MW/cm²，并且功耗、浪涌电流等参数也能满足 RBSOA 的要求。但对大面积 IGCT，功率处理能力较低，容易发生超 SOA 失效。

（1）超 SOA 失效 RBSOA 的大小受限于两个因素：一是硬驱动电路偏离设计要求；二是 pnp 晶体管的功耗。在 IGCT 关断过程中，要求阳极电流瞬间（1μs 内）从阴极转换到门极，之后 GCT 便开始承受电压。如果在 GCT 开始承受电压时，电流还没有完全转换到门极，那么 GCT 将会按 GTO 的模式关断。此时晶闸管的正反馈作用仍然存在，导致 IGCT 关断能力下降。由于 IGCT 的关断实质上是 pnp 晶体管关断，因为基区开路的 pnp 晶体管比 IGCT 有更大的 SOA。在硬驱动条件下，如果 pnp 晶体管的功耗过大，导致 IGCT 安全裕量减小。

图 3-91a 所示为 φ38mm 4.5kV RC – IGCT 在 125℃、$U_{DC}=2.8$kV 下可关断电流容量与门极换流速度 di_G/dt 的关系[82]。可见，按 GTO 模式关断时，di_G/dt 较小

（曲线上方区域）；按 GCT 模式关断时，di_G/dt 较高（曲线下方区域），但最高 I_{TGQM} 受晶体管限制。根据图 3-39a 所示的门-阴极电压波形 U_{GK}（t）和图 3-91b 所示的最大可关断电流与阳-阴极直流电压（$I_{TGQM} \sim U_{DC}$）的关系曲线，可以判断关断失效属于上述哪种模式。门极电路的电感在换流期间相当于一个分压器，阳极电流能否从阴极完全转换到门极，关键在于门极电压 U_{GK} 波形是否为阶梯形；否则，属于偏离硬驱动设计要求的失效。如果最大可关断电流 I_{TGQM} 随直流电压 U_{DC} 的变化呈图 3-91b 所示的双曲线函数，则可认为晶体管功耗超出 SOA 的限制而失效。因为由硬驱动模式引起失效时，可关断电流容量与直流电压无关。在硬驱动条件下，大面积 IGCT 典型的 RBSOA 失效是关断时局部 pnp 晶体管出现局部失效。

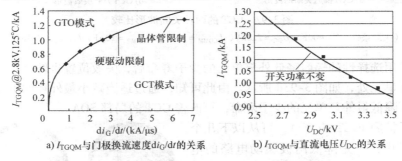

a) I_{TGQM} 与门极换流速度 di_G/dt 的关系 b) I_{TGQM} 与直流电压 U_{DC} 的关系

图 3-91 可关断电流容量 I_{TGQM} 的影响因素

对大面积 GCT 的 SOA 测试后发现，失效位置在远离门极接触的区域。这是因为远离门极接触的阴极单元得到关断信号明显迟后于门极附近单元，导致关断电流在靠近门极与远离门极的阴极单元之间发生了再分布，引起最外层环的单元过载。图 3-92 给出了波状 GCT 最外层环（粗实线）和内层环（细实线）的关断波形及其内部载流子浓度分布[83]。如图 3-92a 所示，无论内层环和外层环的波形在 GCT 关断初期（$t_1 \sim t_2$）差异如何，如果在关断末期（$t_3 \sim t_7$）两者的差异很小，最终可以正常关断。如图 3-92b 所示，如果在关断末期（$t_3 \sim t_7'$）两者的差异很大，最终无法正常关断而失效。通过仿真内部载流子浓度分布可知，GCT 关断失效时，t_7' 时刻最外层环内的电子和空穴浓度都明显高于体内载流子浓度，可见内层环和外层环的关断不均匀性，且外层环关断明显比内层环要慢。

通过改变阴极单元密度或采用选择性辐照来调整横向载流子寿命，可将局部电流密度从过载区转移到接近门极接触区，从而改善 SOA。图 3-93 给出了 GCT 经 SOA 测试后失效形貌（图中小圈表示失效位置）[73,82]。典型的外部单元过载引起的失效图形如图 3-93a 所示，失效位置在远离门极区的最外层环单元处。减小最外层环的阴极单元数后，失效位置转移到次外层环的单元处，如图 3-93b 所示；增加芯片中心的阴极单元数后，失效的位置出现在芯片中心的高密度单元处，如图 3-93c

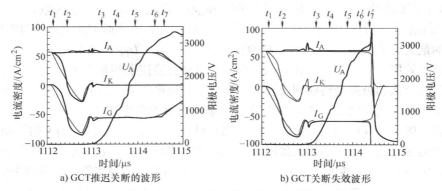

a) GCT推迟关断的波形 b) GCT关断失效波形

图 3-92　GCT 的两种关断波形比较

（关断条件：$T = 400K$，$U_{DC} = 2.8kV$，$L_{COMM} = 3\mu H$，$C_{CLAMP} = 10\mu F$，$L_{CLAMP} = 0.3\mu H$）

所示；采用选择性的辐照降低外部单元的少子寿命后，失效位置也转移到芯片中心的高密度单元处，如图 3-93d 所示。由此可知，通过适当减小最外环的单元数或者采用局部降低最外环单元的少子寿命，可改善 GCT 的局部 SOA。

为了扩展 IGCT 的 SOA，可从以下几个方面来考虑：一是降低门极驱动电路的电感，减小阴极单元环之间的信号偏差，以提高硬驱动限制；二是通过改善基区开路pnp 晶体管的 SOA，以提高 IGCT 的局部SOA；三是采用少子寿命控制技术来减小或补偿横向关断的不均匀效应；四是改进GCT 的结构设计，如采用波状基区增加开关过程的电流均匀性，或者增加外层环单元的金属接触面积来降低最外层环的电流密度，或者将每个阴极单元的电流密度减小约 10%，均可改善 SOA。

（2）电感不平衡引起的过载失效　大

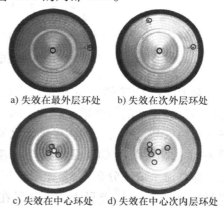

a) 失效在最外层环处　b) 失效在次外层环处

c) 失效在中心环处　d) 失效在中心次内层环处

图 3-93　GCT 经 SOA 测试后
失效的门-阴极单元

电流 GCT 是由几千个阴极单元并联经压接式封装而成的。由于各单元在芯片上所处的位置不同，与门极接触之间必然存在不平衡的杂散电感，导致某些单元因过载而失效。对于 5.5kA 的 GCT，阴极单元通常采用 10 个同心环，并且环形门极接触位于第 5、6 环之间，导致阴极单元与门极接触间的阻抗有很大不同。通过仿真硅片、管壳和门极单元图形的电感可知，各环内阴极单元杂散电感的差异与其位置有关。如图 3-94 所示[28]，靠近环形门极的第 5 和第 6 环杂散电感最小，远离门极位置的第 1 环和第 2 环杂散电感较大。杂散电感的这种不平衡是由芯片表面不同阴极单元到门极的电流通路不同所致，并且主要影响远离门极的单元。当关断期间内部电流变化时，这些远离门极的单元会出现过载，所以 RBSOA 的失效位置通常位于最外层环和最内层环的阴极单元处。

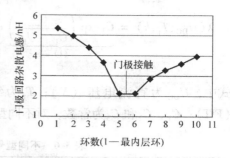

图 3-94 杂散电感与环数之间的关系

（3）波状形状对 SOA 的影响　采用波状基区，可改善整个 GCT 的电流分布，使其 SOA 在常温下扩大 80%，在 125℃下扩大 50%。在 140℃下测试波状基区 GCT 的 SOA 结果表明，波纹高度不同时，SOA 区也不同[31]。图 3-95a 所示为单脉冲下的测试结果，当波纹高度太低或太高时，只能通过较小的浪涌电流。当波纹高度合适时才能获得较高的浪涌电流。图 3-95b 所示为 10kHz 双脉冲下的测试结果，当波纹高度太低或太高时，浪涌电流几乎无法通过，只有当波纹高度合适时才能通过。与单脉冲时相比，能通过的浪涌电流也有所下降。由此可知，对波状基区 GCT，存在一个最佳的波纹高度，可以提高抗浪涌电流的能力，从而使其 SOA 达到最大。如果波纹高度太低或太高，SOA 均会缩小，可能是由于局部产生热量不能及时散发所致，目前仍需要进一步研究来证实。

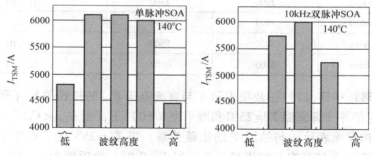

a) 在单脉冲下波纹高度对 SOA 的影响　　　b) 在双脉冲下波纹高度对 SOA 的影响

图 3-95　波状基区 IGCT 在 140℃单脉冲和双脉冲（10kHz）下 SOA 的测试结果

（4）失效率　当宇宙射线穿过大气层时，会与大气粒子碰撞产生许多其他的高能粒子，这些粒子中多数是对半导体器件有害的，其中中子的影响是致命的。一般情况下，人们对受宇宙射线辐射过的器件产生的损坏没有任何知觉，但在实际使用中，即使用快速熔断器作保护，这些器件也注定会失效，引起严重的设备故障。宇宙射线引起的器件失效可以用海拔来表征。

失效率主要受阻断电压、结温及海拔三种因素影响。相比较而言，外加电压的影响较大，温度的影响相对较小。由宇宙射线辐射引起的器件失效率可由下式给出[84]：

$$\lambda\left(U_{DC}, T_j, h\right) = \underbrace{C_3 \exp\left(\frac{C_2}{C_1 - U_{DC}}\right)}_{(1)} \underbrace{\exp\left(\frac{25 - T_j}{47.6}\right)}_{(2)} \underbrace{\exp\left[\frac{1 - (1 - h/44300)^{5.26}}{0.143}\right]}_{(3)}$$

$$(3\text{-}58)$$

式中，U_{DC} 为直流电压（V）；T_j 为结温（℃）；h 为海拔（m）；λ 为失效率（FIT）；C_1、C_2 和 C_3 为常数，对不同型号的器件，其值不同，见表 3-6[85]。

表 3-6　不同型号的 IGCT 失效模型参数

产品型号	C_1/V	C_2/V	C_3（FIT）
5SHX 04D4502	2650	5500	2.28×10^6
5SHX 08F4510	2650	5500	4.22×10^6
5SHX 14H4510	2650	5500	7.66×10^6
5SHX 6L4510 5SHY 35L45xx 5SHY 55L4500	2650	5500	1.39×10^7
5SHX 03D6004	2900	8700	6.88×10^6
5SHX 06F6010	2900	8700	1.27×10^7
5SHX 10H6010	2900	8700	2.31×10^7
5SHX 19L6010	2900	8700	4.21×10^7
5SHY 30L60xx	3050	9900	3.66×10^7
5SHY 42L65xx	3100	16800	8.52×10^7

式（3-58）中第（1）指数项表示 λ 与直流电压 U_{DC} 的依赖关系（要求 $U_{DC} > C_1$）。在额定条件（即室温 $T_j = 25$℃和海平面 $h = 0$）下，当 $U_{DC} < C_1$ 时，失效率为 0；第（2）指数项表示 λ 与结温 T_j 的依赖关系。当 $T_j = 25$℃时，此项值为 1；第（3）指数项表示 λ 与海拔 h 的依赖关系。当 $h = 0$ 时，此项值为 1，第（3）指数项就可忽略。因此，针对不同的条件下，上式可以简化。

由式（3-58）可知，失效率与结温和海拔的关系与器件型号无关。当直流电压越高、海拔越高、结温越低，IGCT 的失效率就越高。对于不同的器件，分析直流电压对失效率的影响，需要根据器件的型号选取对应的 C_1、C_2 及 C_3 值，然后根据式（3-58）来计算。

图 3-96 给出了基于高能质子辐照测量的 5.5kV/5kA HPT–IGCT 的失效率与直流电压之间的关系[85]。可见，在海平面、25℃的直流条件下，失效率随直流电压的增大而升高。因此，每个电力电子电路都必须考虑由宇宙射线辐射引起的失效。特别是对器件阻断能力要求高的应用场合和工作在高海拔的设备，需要预测失效率，选择合适的器件，以满足特殊应用。

根据表 3-6 所示的参数值可以计算出某型号 IGCT 的失效率。假设对于 L 型封装的 4.5kV IGCT（5SHY 35L4510 型），在 3400V 直流电压、0℃ 及海平面的工作条件下，将 $U_{DC} = 3.4kV$、$T_{vj} = 0℃$、$h = 0$ 代入式（3-58），计算可得 $\lambda \approx 15400FIT$。由此计算出 5SHY 35L4510 型 IGCT 的中值寿命（MTTF = $1/\lambda$）为 7.4 年。假

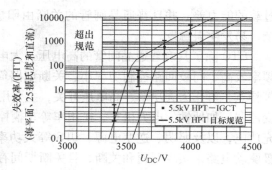

图 3-96　HPT IGCT 失效率与直流电压测量的关系

设在逆变器输出级有 6 个 IGCT，则逆变器的 MTTF 将缩短到 1.2 年。显然，这不满足可靠性的要求。如果让该器件工作在 2.9kV 的直流电压、25℃ 及 6km 海拔条件下，将 $U_{DC} = 2.9kV$、$T_{vj} = 25℃$、$h = 6km$ 代入式（3-58），计算可得 $\lambda \approx 0.16FIT$。由此计算出 5SHY 35L4510 型 IGCT 的中值寿命为 $6.1 \times 10^9 h$ 或 700000 年，即使逆变器电路中包括许多器件，逆变器也不会因受到宇宙射线辐射的影响而失效。所以，IGCT 使用的目标直流电压 U_{DC} 不能太高。

在多数情况下，由于在开关期间的过电压和直流工作电压的变化，使器件所加的直流电压并非为常数。也是就说，由于输出电压变化或在特殊工作模式下，直流电压是变化的。此时不能用上述的方法直接计算，需要计算失效率对电压分布的数值积分。由于失效率与电压呈指数关系，只需考虑最高电压。假设对工作在 2.8kV 直流电压的逆变器，由于器件关断期间承受 3.5kV 过电压的时间为关断时间的 0.3%，对于工作在 60℃ 及海平面的 5SHY35L4510 型 IGCT，如果占空比为 50%，由于导通期间电压很低，宇宙射线辐射不会引起失效，于是 IGCT 的失效率可采用下列方法来计算：

$$\lambda = 49.7\%\lambda(2.8kV, 60℃, 0m) + 0.3\%\lambda(3.5kV, 60℃, 0m)$$
$$= 49.7\% \times 0FIT + 0.3\% \times 10300FIT \approx 31FIT \tag{3-59}$$

这说明由于宇宙射线辐射引起的失效主要由开关期间器件承受的过电压决定。在产品数据单中通常会给出失效率 λ 测试曲线，根据测试曲线可以查出不同工作条件下该器件的失效率。

3.6.4　晶闸管的特点与应用范围

普通晶闸管具有阻断电压高（可达数千伏）、通态电流大（可达数千安）、损耗低、输出电压可调、体积小、重量轻、无噪声、寿命长的特点，广泛地应用于电力系统、电机励磁、整流、逆变、调压等方面。但普通晶闸管的特性参数受温度的影响较大，温度升高，会形成局部的热点和电流集中，因此串、并联使用复杂，承受

过载的能力差。并且普通晶闸管的关断由阳极反向高电压控制，导致关断电路复杂，易发生误触发。

GTO 除了具有普通晶闸管的高电压、大电流优点外，还有自关断和快速关断、频率较高、门极回路控制功率小、关断电路简单，以及过载能力较强和 SOA 较宽等特点，可作为大功率、高电压开关，主要用于高压大功率斩波器、逆变器及其他变流器，如地铁、电力机车、矿用车等车辆控制，电加热、电镀、电焊、蓄电池组充放电，以及照明、逆变电源、UPS 等大功率领域。由于 GTO 通常需要庞大的门极驱动电路来实现开通和关断，且关断期间存在电流非均匀分布和瞬态电压尖峰，拖尾电流大，导致关断瞬态功耗很大。实际使用时需要增加吸收电路来抑制瞬态过电压，导致装置的重量与体积增加。采用门极"硬驱动"电路，通过减小门极回路的杂散电感，可以提高门极电流上升率，使门极电流瞬间增加到阳极电流，可实现单位关断增益，并显著减小 GTO 的关断功耗。

IGCT 采用了透明阳极、场阻止层、逆导技术和门极"硬驱动"技术，具有损耗低、开关频率高、SOA 稳定、驱动电路简单、无须关断吸收电路、串联容易、成本低、体积小、重量轻，以及热耗散、电应力和内部热应力小，可靠性高等优点，在中高压领域以及功率为（0.5~100）MVA 的应用中可以代替 GTO 与高压晶闸管，目前已可靠地应用于机车、舰船、泵、风扇等中等电压驱动控制，静止补偿器（STATCOM），动态电压恢复器（DVR）、动态不间断电源（DUPS）、静态阻断器、感应加热、谐振转换器、脉冲电源及高压直流（HVDC）输电等大功率的应用领域。

参 考 文 献

［1］聂代祚. 电力半导体器件 ［M］. 北京：电子工业出版社，1994.

［2］Taylor P D. 晶闸管的设计与制造 ［M］. 庞银锁，译. 北京：中国铁道出版社，1992.

［3］Niedernostheide F J, Schulze H J, Kellner - WerdehausenU, et al. 13 - kV rectifiers：studies ondiodes and asymmetric thyristors ［C］//Proceedings of the ISPSD'2003：122 - 125.

［4］Schwarzbauer H, Kuhnet R. Novel Large Area Joining Technique for Improved Power Device Performance ［J］，IEEE Trans. On Industry Application，1991，27（1）.

［5］柯雷 S，米林顿 A，普鲁姆顿 A. 铝注入的电力半导体器件产品的优势及其进一步开发 ［J］. 电力电子，2006（3）：14 - 18.

［6］Kenneth M Thomas, Björn Backlund, Orhan Toker. The Bidirectional Control Thyristor（BCT）. ABB 产品手册，1997.

［7］秦贤满. 电力半导体器件标准应用指南 ［M］. 北京：中国标准出版社，2000.

［8］Vitezslav Benda, John Gowar, Duncan A Grant. Power Semiconductor Device Theory and Application ［M］. England：Johy willey & Sons，1999.

［9］巴利伽 B J. 场控器件及功率集成电路 ［M］. 王正元，刘长吉，译. 北京：机械工业出版

社，1986.

［10］徐传骧. 高压硅半导体器件耐压与表面绝缘技术［M］. 北京：机械工业出版社，1981.

［11］Lutz J, Schlangenotto H, Scheuermann U, et al. Semiconductor Power Devices Physics, Characteristics, Reliability［M］. London, New York：Springer, 2011.

［12］王兆安，黄俊. 电力电子技术［M］. 4 版. 北京：机械工业出版社，2008.

［13］Baliga B J. Fundamentals of Power Semiconductor Devices［M］. Springer, 2008.

［14］张昌利. 新型阳极短路环 GTO［D］. 西安：西安理工大学，2000.

［15］Tada A, Miyajima T, et al. Electrical Characteristic of A High Voltage High Power Gate – Off Thyristor［C］//Proceedings of the IPEC'1983.

［16］Bergmann K, Gruening H. Hard – drive – A Radical Improvement for the Series Connection of GTO's［J］. EPRI, 1996, 96：1 – 10.

［17］Gruening H E, Zuckerberger A. Hard Drive of High Power GTOs：Better Switching Capability obtained through Improved Gate – Units［C］//Proceedings of the IAS'1996：1474 – 1480.

［18］teimer P K, Gruning H E, Werninger J, et al. State – of – the – art verification of the hard – driven GTO inverter development for a 100 – MVA intertie［J］. IEEE Transactions on Power Electronics, 1998, 13（6）：1182 – 1190.

［19］Li Yuxin, Innovative GTO Thyristor Based Switches Through Unity Gain Turn – Off［D］. Virginia Polytechnic Institute and State University, 2000.

［20］Steimer P K, Gruning H E, Werninger J, et al. IGCT – a new emerging technology for high power, low cost inverters［J］. IEEE Industry Applications Magazine, 1999, 5（4）：12 – 18.

［21］Gruening H E, Ædegard B. High Performance Low Cost MVA Inverters Realised with Integrated Gate Commutated Thyristors（IGCT）［C］//Proceedings of the EPE'1997(2)：2.060 – 2.065.

［22］Grüning H. IGCT Technology—A Quantum Leap for High – power Converters［J/OL］. Switzerand：ABB Inc, 1998. http：//www. abb. com.

［23］Welleman A, Leutwyler R, Gekenidis S. Design and Reliability of a High Voltage, High Current Solid State Switch for Magnetic Forming Applications［J］. Acta Physica Polonica – Series A General Physics, 2009, 115（6）：986.

［24］Klaka S, Linder S, Frecker M. A Family of Reverse Conducting GCTs for Medium Voltage Drive Applications［C］//Proceedings of the PCIM' 1997.

［25］Oscar Apeldoorn, Peter Steimer, Peter Streit, et al. High Voltage Dual – Gate Turn – off Thyristors［C］//Proceedings of the IAS'2001：1485 – 1489.

［26］Oscar Apeldoorn, Peter Steimer, Peter Streit, et al. The Integrated – Gate Dual Transistor（IGDT）［C］//Proceedings of the PCIM'2002.

［27］Wikstrom T, Stiasny T, Rahimo M, et al. The Corrugated P – Base IGCT – a New Benchmark for Large Area SQA Scaling［C］//Proceedings of the ISPSD'2007：29 – 32.

［28］Tobias Wikstrom, Sven Klaka. A tiny dot can change the world – high – power technology for IGCTs［J］. ABB Review, 2008（3）.

［29］Nistor I, Wikström T, Scheinert M. IGCTs：High – Power Technology for Power Electronics Applications [C] // Proceedings of the CAS'2009:65 –73.

[30] Prigmore J, Tcheslavski G, Bahrim C. An IGCT – based Electronic Circuit Breaker Design for a 12. 47kV Distribution System [C] // Proceedings of the IEEE Power and Energy Society General Meeting, 2010: 1 –5.

[31] Arnold M, Wikström T, Otani Y, et al. High – temperature operation of HPT + IGCTs [C] // Proceedings of the PCIM'2011.

[32] 高一星，查祎英，胡冬青. 额定电流3200A 的 10kV HPT IGCT: 大功率半导体发展的一个新的里程碑. 电力电子技术 [J]. 2010 (6): 63 –66.

[33] Butschen T, Sarriegi Etxeberria G, Stagge H et al. Gate Drive Unit for a Dual – GCT [C] // Proceedings of the ECCE'2011.

[34] Butschen T, Zimmermann J, De Doncker R W. Development of a Dual GCT. [C] //Proceedings of the IPEC'2010:1934 –1940.

[35] Ajit K Chattopadhyay. High Power High Performance Industrial AC Drives – A Technology Review [R]. IEEE – IAS Distinguished Lecturere, 2003.

[36] Iwamoto H, Satoh K, Yamamoto, et al. High – power semicoductor device: a symmetic gate commutated turn – off thyristor [c] // Electric Power Applications, IEE Proceedings. IET, 2001, 148 (4): 363 –368.

[37] Eric Carroll, Sven Klaka, Stefan Linder. IGCTs: A New Approach to High Power Electronics [C] //Proceedings of the IEMDC'1997.

[38] Horst Grüning. Design and Manufacturing of Application Specific High Power Converters [C] // Proceedings of the EPE'1999.

[39] Steimer P, Apeldoorn O, Carroll E. IGCT devices – applications and future opportunities [C] // Proceedings of the Power Engineering Society Summer Meeting, 2000, 2: 1223 –1228.

[40] 王彩琳. 门极换流晶闸管（GCT）关键技术的研究 [D]. 西安：西安理工大学，2007.

[41] 孙永生 . 5kV 非对称 GCT 的高温特性分析与优化设计 [D]. 西安：西安理工大学，2009.

[42] Klaka S, Frecker M, Gruning H. The Integrated Gate – Commutated Thyristor: A New High – Efficiency, High – Power Switch for Series or Snubberless Operation [C] //roceedings of the PCIM' 1997: 597.

[43] Linder S. Power Semiconductors [M]. EPFL Press, 2006.

[44] 王彩琳，高勇，马丽，等. 门极换流晶闸管透明阳极的机理与特性分析 [J]. 物理学报，2005 (2): 2296 –2301.

[45] Sze S M. Physics of semiconductor devices [M]. New York: Willey intersience publication, 1986.

[46] Ren Q W, Nanver L K, Slotboom J W. Current Transport in Ultra – Shallow Abrupt Si and SiGe Diodes [C] //Proceedings of the SAFE'2000:113 –118.

[47] Donald A Neamen. Semiconductor Physics and Devices: Basic Principles [M]. Beijing: Tsing-Hua University Press, 2003.

[48] Warner R M, Grung. B L. Semiconductor Devices Electronics [M]. Publishing House of Electronics Industry, 2002.

［49］ Wang Cailin, Gao Yong, Zhang Ruliang. A New Injection Efficiency Controlled GTO ［C］ //Proceedings of the IPMEC'2006:1167 – 1170.

［50］ Wang Cailin, Gao Yong. Analysis and optimization of the characteristics of a new IEC – GTO thyristor ［J］. Chinese Journal of Semiconductors, 2007, 28 （4）: 484 –489.

［51］ Hideaki Ninomiya, et al. 4500V Trench IEGTs Having Superior Turn – on Switching Characteristics ［C］ //Proceedings of the ISPSD'2000:221.

［52］ 高勇，王彩琳. 一种注入效率可控的门极换流晶闸管. 中国, ZL 200710017568.4 ［P］. 2007 – 3 –27.

［53］ 孙海刚. 4.5kV CP – GCT 的机理研究与优化设计 ［D］. 西安：西安理工大学，2010.

［54］ W Cailin, S Yang, S Haigang. Analysis Of Mechanism and Characteristic of GCT with a Corrugated P – Base Region ［C］ //Proceedings of the CAS' 2013: 269 –272.

［55］ ABB. 5S HY 35L4522, 5SHX 26L4510. www. ABB. com.

［56］ Filsecker F, Alvarez R, Bernet S. Comparison of 4.5 – kV Press – Pack IGBTs and IGCTs for Medium – Voltage Converters ［J］. IEEE Transactions on Industrial Electronics, 2013, 60 （2）: 440 –449.

［57］ Köllensperger P, Doncker R W D. The internally commutated thyristor – A new GCT with integrated turn – off unit ［C］ //Proceedings of the CIPS' 2006:1 – 6.

［58］ Kollensperger P, De Doncker R W. Optimized gate drivers for internally commutated thyristors （ICTs） ［J］. IEEE Transactions on Industry Applications, 2009, 45 （2）: 836 –842.

［59］ Butschen T, Zhan Wang, Kaymak M, et al. Compact high temperature package with smart size optimized gate drive unit for assembling the Dual – ICT ［C］ //Proceedings of the ECCE'2012: 464 –470.

［60］ Li Y, Huang A Q , Lee F C. Introducing the Emitter Turnoff Thyristor （ETO） ［C］ //Proceedings of the Industry Applications Conference, 1998, 2: 860 –864.

［61］ Piccone D, De Doncker R W, Barrow J, et al. The MTO thyristor – a new high power bipolar MOS thyristor ［C］ //Proceedings of the IAS'96(3):1472 – 1473.

［62］ Bin Zhang, Alex Q Huang, Bin Chen, et al. A New Generation Emitter Turn – Off （ETO） Thyristor to Reduce Harmonics in the High Power PWM Voltage Source Converters ［C］ // Proceedings of the IPEMC'2004 （1）: 327 –331.

［63］ Zhenxue Xu. Advanced Semiconductor Device and Topology for High Power Current Source Converter ［D］. Virginia Polytechnic Institute and State University, 2003.

［64］ Li Y, Huang A Q, Motto K. Analysis of the snubberless operation of the emitter turn – off thyristor （ETO） ［J］. IEEE Transactions on Power Electronics, 2003, 18 （1）: 30 –37.

［65］ Xu Z X, Li Y X, Huang A Q. Performance Characterization of 1 kA/4.5 kV Symmetrical Emitter Turn off Thyristor （ETO） ［C］ //Proceedings of the IAS' 2000: 2880 –2884.

［66］ Huang A Q, Li Y X, Motto K, et al. MTO^{TM} thyristor: an efficient replacement for the stardard GTO ［C］ //Proceedings of the IAS'1999,1:364 –372.

［67］ Detjen D, Schroder S, Plum T, et al. Novel MTO design based on silicon – silicon bonding

〔C〕//Proceedings of the CIEP'2002:27 – 32.

[68] Christoph M, Rik W De Doncker. Power Electronics for Modern Medium – Voltage Distribution Systems 〔C〕//Proceedings of the IPEMC'2004(1):58 – 66.

[69] Welleman A, Leutwyler R, Waldmeyer J. High Current, High Voltage Solid State Discharge Swilches for Electromagnetic Launch Applications 〔C〕//Proceedings of the IEEE 14th Symposium on Electromagnetic Launch Technology, 2008:1 – 5.

[70] Bernet S, Caroll E, Streit P, et al. Design and Characteristics of 10 kV IGCTs 〔C〕//Proceedings of the EPE'2003:170.

[71] Tschirley S, Bernet S, Streit P. Design and characteristics of reverse conducting 10 – kV – IGCTs 〔C〕//Proceedings of the PESC'2008:92 – 97.

[72] 王彩琳, 高勇. 门极换流晶闸管 GCT 的门 – 阴极结构设计方法. 中国, ZL200510096016.8 〔P〕. 2005 – 9 – 12.

[73] Thomas Stiasny, Peter Streit. A new combined local and lateral design technique for increased SOA of large area IGCTs 〔C〕//Proceedings of the ISPSD'2005.

[74] 王彩琳. 一种 pnp – 沟槽复合隔离 RC – GCT 器件及制备方法. 中国, ZL201010191042. X 〔P〕. 2010 – 6 – 3.

[75] Wang Cai – Lin GaoYong. Design Concept for Key Parameters of Reverse Conducting GCT 〔J〕. Chinese Journal of Semiconductor, 2004, 25 (10): 1243 – 1248.

[76] Vemulapati U, Bellini M, Arnold M, et al. The Concept of Bi – mode Gate Commutated Thyristor – A new type of reverse conducting IGCT〔C〕//Proceedings of the ISPSD'2012:29 – 32.

[77] 王富珍, 王彩琳. 晶闸管 di/dt 失效分析 〔J〕. 电力电子技术, 2007, 41 (12): 129 – 130.

[78] 王云亮. 电力电子技术 〔M〕. 北京: 电子工业出版社, 2004.

[79] Bin Zhang. Development of the Advanced Emitter Turn – Off (ETO) Thyristor 〔D〕. Virginia Polytechnic Institute and State University, 2005.

[80] Omira I, Nakagawa A. 4.5 kV GTO turn – off failure analysis under inductive load snubber, gate circuit and various parameters 〔C〕//Proceedings of the ISPSD'92:112 – 117.

[81] 杨鹏飞. IGCT 器件热特性的研究 〔D〕. 西安: 西安理工大学, 2013.

[82] Stiasny T, Streit P, Lüscher M, et al. Large area IGCTs with improved SOA 〔C/OL〕// Proceedings of the PCIM'2004. http://www. abb. com.

[83] Lophitis N, Antoniou M, Udrea F, et al. Turn – Off Failure Mechanism in Large Area IGCTs 〔C〕//Proceedings of the CAS'2011(2):361 – 364.

[84] Kaminski N, Stiasny T. Failure rates of IGCTs due to cosmic rays 〔R〕. Application Note 5SYA 2046 – 02, ABB Switzerland Ltd, 2007:1 – 8.

[85] Wikstrom T, Setz T, Tugan K, et al. Introducing the 5.5kV, 5kA HPT IGCT 〔C/OL〕//Proceedings of the PCIM'2012. http://www. abb. com.

第4章 功率 MOSFET

本章基于 VDMOS 基本结构，简述了功率 MOSFET 的工作原理与各项特性，并介绍了超结 MOSFET 及其他派生结构，以及功率 MOSFET 的设计方法和应用可靠性问题。

4.1 功率 MOSFET 的结构类型及特点

传统 MOSFET 结构如图 4-1a 所示，它的源极（S）、漏极（D）在同一表面上，两者之间有 MOS 结构，上面的金属层为栅极（G）。当栅极加上适当正电压时，栅氧化层下面的基片表面会由 p 型转为 n 型，形成 n 沟道，将源极 S 与漏极 D 连通。如果漏－源极间加上正向电压 U_{DS}，就会形成由漏极到源极的电流。可见，MOSFET 是依靠栅极电压形成导电沟道来控制和传导电流的。

最早的功率 MOSFET 是横向双扩散 MOSFET（Lateral Double Diffusion MOSFET，简称 LDMOS）结构，如图 4-1b 所示，采用铝栅工艺，源、漏极也在同一表面上，与传统 MOSFET 的不同在于，沟道与漏区之间增加了一个相当长的 n^- 漂移区以承受高的 U_{DS}，使之不会发生沟道穿通。同时沟道长度 L 由两次扩散的结深控制，不受光刻精度的限制，可以做得很小。只要设法增大沟道宽度，就可提高电流容量。但由于 LDMOS 的电流由漏区到源区横向流动，占用芯片表面积较大，使得芯片的有效利用率降低[1]，并且 LDMOS 的功率容量有限，通常只用于功率集成电路。

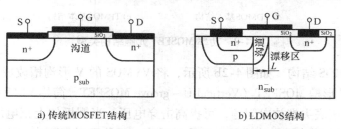

a) 传统MOSFET结构　　　　　　　　　b) LDMOS结构

图 4-1　传统 MOSFET 与 LDMOS 结构比较

现有功率 MOSFET 均采用纵向 MOS（VMOS）结构及硅栅工艺，源、漏极分别在两个表面，电流垂直流过。功率 MOSFET 属于多子器件，导通期间不存在电导调制效应，故通态损耗较大。为了解决其耐压和功耗之间的矛盾开发了许多新结构。根据栅极结构的不同，可分为平面栅（Planar Gate）、沟槽栅（Trench Gate）

及沟槽－平面栅（Trench－planar Gate）结构。根据耐压结构的不同，可分为普通的功率 MOSFET 和超结 MOSFET。

4.1.1 基本结构

1. 沟槽栅 MOSFET 结构

（1）VVMOS 结构 如图 4-2a 所示，纵向 V 形槽 MOSFET（Vertical V－groove MOSFET，简称 VVMOS）结构是最早的沟槽栅 MOSFET[2]。栅极是一个 V 形沟槽，栅、源极在表面，漏极在底部。当栅极加上正电压时，在 p 体区内沿 V 形沟槽侧壁的斜面形成 n 型导电沟道。因沟道在体内，占用芯片的表面积小，使芯片面积利用率提高，并且每个 V 形槽对应两个沟道，通过增加元胞数量，可提高电流容量。但是，由于 V 形槽底部存在电场尖峰和电流集中效应，使其击穿电压难以提高。所以，后来的沟槽结构主要针对沟槽形状进行改进。

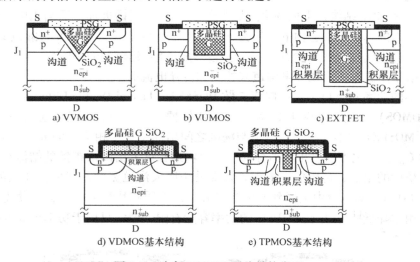

图 4-2 功率 MOSFET 元胞结构类型

（2）VUMOS 结构 如图 4-2b 所示，将 VVMOS 的 V 形沟槽改成了 U 形沟槽，形成了纵向 U 形槽 MOSFET（Vertical U－groove MOSFET，简称 VUMOS）结构，解决了 VVMOS 槽底尖端放电问题，可提高击穿电压。当栅极加上正电压时，在 p 体区内沿沟槽侧壁形成导电沟道。由于沟道垂直，元胞可做得更小，于是在相同面积芯片上可制作出更多的元胞，有利于提高电流容量。但当击穿电压较高时，n⁻漂移区较厚，导致其导通电阻较大。制作 VUMOS 芯片时，通常采用如下的工艺流程：衬底外延片→p 体区和 n⁺源区依次掺杂→沟槽刻蚀→热生长栅氧化层→化学气相淀积多晶硅，以填充沟槽栅区→表面平坦化→光刻→淀积磷硅玻璃→光刻接触孔→正面电极制备→衬底减薄→背面三层金属化。

（3）EXTFET 结构　如图 4-2c 所示，为了进一步降低 VUMOS 的导通电阻，可将 VUMOS 的 U 形沟槽向下刻蚀，穿透 n⁻ 漂移区直至 n⁺ 衬底，形成扩展沟槽栅 MOSFET（Extended Trench MOSFET，简称为 EXTFET）结构[3]。当栅极加上正电压时，在 p 体区内沿沟槽侧壁形成导电沟道，同时在 n⁻ 漂移区内沿沟槽侧壁形成电子积累层，于是可获得超低的导通电阻。U 形深槽可采用反应离子刻蚀（RIE）工艺形成，然后通过热氧化消除刻蚀损伤，再利用化学气相淀积（CVD）填充多晶硅槽形成栅极。沟槽的深宽比与工艺成本密切相关。深宽比较大时，沟道密度增大，但工艺难度和成本也随之增加，且 U 形深槽会导致击穿电压下降，工艺成本增加。所以，EXTFET 结构只适合低电压、低功耗的应用场合。

2. 纵向双扩散 MOSFET 结构

如图 4-2d 所示，纵向双扩散 MOSFET（Vertical Double Diffusion MOSFET，简称 VDMOS）是采用双扩散工艺形成的一种平面栅结构。在外加正栅压时，在 p 体区表面形成导电沟道，同时在栅极下方的 n⁻ 漂移区表面会形成电子积累层。与 LDMOS 相似，VDMOS 的沟道长度也是由两次扩散结深决定的，不受光刻精度限制。但因其沟道平行于表面，使得元胞尺寸较大，元胞数目减少；并且，由于电流通路中存在结型场效应晶体管（Junction Field Effect Transistor，JFET）区（瓶颈处），其电阻 R_J 较大。特别是当击穿电压较高时，n⁻ 漂移区较厚，导致其导通电阻 R_{on} 很大。通常 VDMOS 的导通电阻 R_{on} 与击穿电压 U_{BR} 之间的关系为 $R_{on} \propto U_{BR}^{2.4 \sim 2.5}$ [1]。相比较而言，由于 VUMOS 中不存在 JFET 区（即 R_J 为零），故 VUMOS 的导通电阻要比 VDMOS 小。

VDMOS 芯片最初采用铝栅工艺制作，目前主要采用硅栅和自对准工艺制作。其典型的工艺流程如下[4]：衬底外延片→热生长栅氧化层→化学气相淀积多晶硅栅极→光刻→硼离子（B⁺）注入后高温推进形成 p 体区→光刻→磷离子（P⁺）注入后经高温推进形成 n⁺ 源区→淀积磷硅玻璃→光刻接触孔→正面电极制备→衬底减薄→背面三层金属化。其中用硅栅来定义有源区的边界，在多晶硅栅的掩蔽下进行有源区的 p 体区和 n⁺ 源区掺杂，不仅可形成较短的沟道，而且可有效地减小栅源交叠电容，改善频率特性。由于 VDMOS 的工艺简单、成本低，是目前功率 MOSFET 的主流结构。

3. 沟槽 – 平面栅 MOSFET 结构

由于 VDMOS 结构中存在 JFET 区，使其击穿电压和导通电阻之间存在不可调和的矛盾。为了解决此问题，基于 VDMOS 结构，作者提出了一种沟槽 – 平面栅 MOSFET（Trench – Planar MOSFET，简称 TPMOS）结构[5]，如图 4-2e 所示。它是在 VDMOS 多晶硅栅下两个 p 体区之间的 n⁻ 漂移区中设置了一个浅沟槽，内部依次进行热氧化和多晶硅填充，并与平面栅极连为一体形成沟槽 – 平面栅极。该结构有三个优点：一是消除了 VDMOS 的 JFET 区，可显著减小器件的导通电阻；二是浅沟槽可将 p

体区结弯曲处的高电场转移到沟槽拐角处，在一定程度上缓解 p 体区结弯曲处的电场集中，改善器件的击穿特性，并有效地避免了栅极宽度对器件击穿电压的影响。三是导电沟道仍然在芯片表面，便于阈值电压调整，制作工艺也与 VDMOS 相兼容。

制作 TPMOS 的关键之处在于沟槽的定位与深度，通常要求沟槽侧壁位于 p 体区之外的 n⁻ 漂移区，深度小于 p 体区结深[6,7]。如果沟槽较宽，使得沟槽拐角处于 p 体区的耗尽层内，这虽然可以提高击穿电压，但会增加寄生的栅漏电容，导致其开关特性和频率特性变差[8]。制作 TPMOS 时，只需要在元胞形成之前，先利用反应离子刻蚀（RIE）在 n⁻ 外延层上形成 U 形浅沟槽，热氧化去除沟槽表面的损伤层后进行栅氧化层热生长；接着淀积多晶硅以填充沟槽，并进行表面平坦化处理。此后的工艺与 VDMOS 的完全相同。

4.1.2　横向结构

1. 元胞图形

功率 MOSFET 的元胞图形有条形、方形、圆形、六角形及原子阵列图形（Atomic Lattice Layout，ALL），这些元胞按不同的阱区图形排列在硅片表面，如图4-3所示[9]。相比较而言，采用 ALL 元胞不仅可以有效地避免边、角区域的球面结效应，降低 pn 结曲率半径和峰值电场，有利于提高器件的击穿电压，同时还具有较小的栅漏交叠电容，可提高器件的工作频率[10]，故 ALL 元胞优于其他元胞图形。但因 ALL 结构比较复杂，故常用的元胞图形是方形和正六边形。

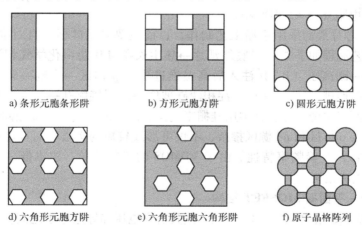

a) 条形元胞条形阱　　　　b) 方形元胞方阱　　　　c) 圆形元胞方阱

d) 六角形元胞方阱　　　e) 六角形元胞六角形阱　　　f) 原子晶格阵列

图 4-3　功率 MOSFET 的元胞与阱区图形

2. 三维结构

为了提高电流容量和功率特性，功率 MOSFET 常采用多个元胞并联。图 4-4a 所示为多个方形元胞的并联结构[4]，最上面一层为钝化层，向下依次为源极、多晶硅栅极、栅氧化层、n⁺源区、p体区、n⁻漂移区（外延层）、n⁺衬底、漏极。图 4-4b 所示为 IR 公司的 HEXFET 结构[11]，采用六角形元胞有利于提高元胞密度。

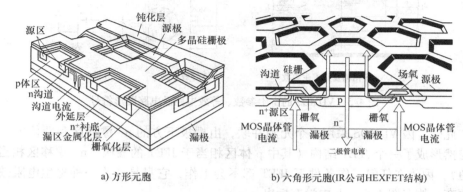

a) 方形元胞　　　　　　　　b) 六角形元胞(IR公司HEXFET结构)

图 4-4　功率 MOSFET 的 3D 元胞结构

4.2　功率 MOSFET 的工作原理与特性

下面以 VDMOS 结构为例，介绍功率 MOSFET 的等效电路与工作原理，然后对比分析各种功率 MOSFET 结构的特性。

4.2.1　等效电路

VDMOS 结构的等效电路及电路图形符号如图 4-5 所示。除了有一个寄生的 npn 晶体管外，还有一些寄生电容和电阻。其中 npn 晶体管的发射区、基区及集电区分别为 n⁺源区、p 体区及漏区。寄生电容包括栅 - 源电容 C_{GS}、栅 - 漏电容 C_{GD}、漏 - 源电容 C_{DS}，寄生电阻包括多晶硅栅极电阻 R_G、npn 晶体管的 p 体区横向电阻 R_B 及 n⁻漂移区电阻 R_D。当 VDMOS 工作时，如果寄生的 npn 晶体管导通，会导致其栅极失控而失效。为了避免寄生的 npn 晶体管导通，通常将 p 体区和发射区通过源区金属化短路，并缩小源区尺寸，或者在元胞制作之前先通过 B⁺注入或扩散形成一个较深的 p⁺阱区（见图 4-5a），以限制其 p 体区的横向电阻 R_B。由于这种设计要求，使得 VDMOS 的源极与漏极之间寄生了一个 pin 二极管，其中 p⁺阱区为阳极，n⁺漏极区为阴极，通常称该二极管为体二极管。当 VDMOS 漏、源之间加很高的正向电压时，体二极管首先发生穿通击穿，可以起到过电压保护作用；当漏、源之间加反向电压时，体二极管导通，可以起到续流作用。为了减小体二极管的反向恢复特性对 VDMOS 开关特性的影响，需要对其中的少子寿命进行控制，或采用肖特基接触代替源极欧姆接触而形成 MPS 二极管[12,13]。

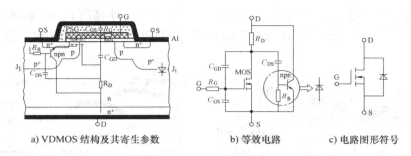

a) VDMOS 结构及其寄生参数　　　　b) 等效电路　　　c) 电路图形符号

图 4-5　VDMOS 的寄生参数、等效电路及电路图形符号

此外，因 VDMOS 采用多个元胞并联，由栅极下方的 n^- 漂移区和两侧的 p 体区自然形成了一个 JFET 结构（其中 p 体区相当于 JFET 的栅极，n^- 漂移区相当于沟道），因为在任何工作条件下 JFET 都不会工作，它只是作为一种寄生电阻效应而存在，故在图 4-5a、b 中没有标出。

当 R_B 很小时，npn 晶体管不工作，相当于一个体二极管（见图 4-5b），于是 VDMOS 相当于一个 MOSFET 与二极管的反并联，其电路图形符号如图 4-5c 所示。

4.2.2　工作原理与特性参数

与传统 MOSFET 相同，功率 MOSFET 的开通也必须同时满足以下两个条件：一是源极和漏极之间必须有沟道相连（要求栅源电压大于阈值电压，即 $U_{GS} > U_T$）；二是漏极电位要比源极高（即 $U_{DS} > 0V$）。图 4-6 给出了 VDMOS 工作原理示意图。

1. 工作原理

（1）截止　如图 4-6a 所示，当 $U_{DS} > 0$、$U_{GS} = 0$ 时，栅极下方的 p 体区表面不会形成沟道。VDMOS 处于截止状态，J_1 结反偏承受外加正向电压。当 U_{DS} 大于 J_1 结的雪崩击穿电压时，VDMOS 的漏源间发生击穿，漏极电流急剧增加。

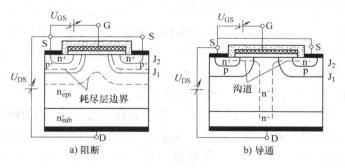

a) 阻断　　　　　　　　　b) 导通

图 4-6　VDMOS 工作原理示意图

（2）导通　如图 4-6b 所示，当 $U_{DS} > 0$、$U_{GS} > U_T$ 时，p 体区表面出现强反型，形成 n 型导电沟道，于是源区电子经沟道进入 n^- 漂移区，形成由漏极流到源极的电子电流，VDMOS 进入导通状态。改变栅压 U_{GS} 的大小，可以控制反型层的电导，从而控制漏极电流 I_D 的大小。U_{GS} 越大，沟道电阻 R_{ch} 越小（或沟道电导 σ_{ch} 越大），I_D 就越大。

（3）关断　当撤走栅极的正电压（$U_{GS} = 0$）时，p 体区表面的反型层消失，导电沟道将不再存在，切断了源区电子到达漏区的通路，于是器件进入关断状态。由于其中不存在少子的复合，所以 VDMOS 的关断速度很快。

2. 调制机理

根据上述工作原理分析可知，流过 VDMOS 的漏极电流不仅受栅源电压 U_{GS} 的调制，而且受漏源电压 U_{DS} 的调制。随 U_{GS} 增加，沟道电阻 R_{ch} 减小，漏极电流 I_D 增大。随 U_{DS} 增加，漏极电流 I_D 先线性增加，然后逐渐达到饱和。图 4-7 给出了 VDMOS 在不同漏源电压 U_{DS} 时沟道变化示意图[14]。可见，当栅源电压高于阈值电压（即 $U_{GS} > U_T$）时，随外加 U_{DS} 逐渐增高，pn 结空间电荷区逐渐向两侧展宽，同时沟道长度和厚度不断变化。

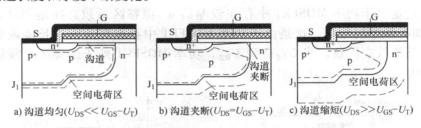

a) 沟道均匀($U_{DS} \ll U_{GS} - U_T$)　　b) 沟道夹断($U_{DS} = U_{GS} - U_T$)　　c) 沟道缩短($U_{DS} \gg U_{GS} - U_T$)

图 4-7　VDMOS 在不同漏源电压 U_{DS} 下沟道变化示意图

1）当 U_{DS} 较低，且 $U_{DS} \ll U_{GS} - U_T$ 时，沟道厚度均匀分布（见图 4-7a），此时 VDMOS 处于线性区。

2）保持 $U_{GS} > U_T$ 不变，随 U_{DS} 逐渐增大，沟道末端（即靠近 n^- 漂移区一侧）电位逐渐升高，使此处栅氧化层上的电压差减小，在 p 区表面感应的电子数减少，于是沟道的厚度不再是均匀分布，而是由源到漏逐渐变窄。当 $U_{DS} = U_{GS} - U_T$ 时，沟道末端正好被夹断（见图 4-7b），将此时的漏源电压 U_{DS} 称为漏源饱和电压，并用 U_{DSat} 表示，VDMOS 处于准饱和区。

3）当 U_{DS} 继续增大，且 $U_{DS} > U_{DSat} = U_{GS} - U_T$，沟道夹断点逐渐向源极移动，导致有效沟道长度逐渐缩短，如图 4-7c 所示。当 U_{DS} 很大时，沟道内横向电场强度（$E_{xl} = U_{DSat}/L$）会达到临界击穿电场强度 E_{cr}，足以使沟道电子的漂移速度达到饱和漂移速度 v_{sat}，于是 I_D 达到饱和，不再随 U_{DS} 变化，VDMOS 进入饱和导通区。

4）当 U_{DS} 足够大，接近 J_1 结的雪崩击穿电压时，VDMOS 进入击穿区，I_D 会急剧增大。

3. $I-U$ 特性曲线

（1）输入特性　功率 MOSFET 的输入特性如图 4-8a 所示[15]。为了便于比较，图 4-8a 中还给出了双极型晶体管的输入特性曲线。可见，双极型晶体管是用基极电流 I_B 来控制其集电极电流 I_C 的大小。与之完全不同，功率 MOSFET 与传统 MOSFET 的输入特性曲线很相似，均由栅极电压 U_{GS} 控制其漏极电流 I_D 的大小，并且功率 MOSFET 的阈值电压 U_T 更高。对功率 MOSFET 而言，当 $U_{GS} < U_T$ 时，由于栅极电压不足以在 p 体区表面形成导电沟道，故 $I_D \approx 0$；当 $U_{GS} > U_T$ 时，p 体区表面有导电沟道形成，于是 $I_D > 0$；并且 U_{GS} 越高，沟道电阻越小，I_D 越大。当 I_D 较大时，I_D 与 U_{GS} 近似线性关系，如图 4-8a 中实线所示。

（2）输出特性　功率 MOSFET 的输出特性如图 4-8b 所示[16]。当 $U_{DS} > 0$ 时，功率 MOSFET 的输出特性曲线位于第一象限，可分为截止区、线性区、准饱和区、饱和区及击穿。当 $U_{GS} < U_T$ 时，功率 MOSFET 处于截止区，只有微小的漏极电流 I_D；当 $U_{GS} > U_T$ 时，功率 MOSFET 导通。在线性区，I_D 随 U_{DS} 增加呈线性增加；在准饱和区，I_D 随 U_{DS} 增加而继续增加，但随 U_{GS} 增加几乎不增加，这是由于功率 MOSFET 中存在较厚的 n$^-$ 漂移区所致。在饱和区，I_D 随 U_{DS} 增加有微小的增加，这是由于功率 MOSFET 中存在有效沟道长度调变效应和静电反馈效应所致。当 U_{DS} 达到 U_{BR}，功率 MOSFET 处于击穿区，漏极电流急剧增大。

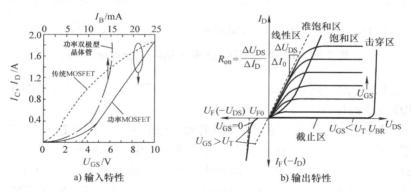

a) 输入特性　　　　　b) 输出特性

图 4-8　功率 MOSFET 的 $I-U$ 特性

当 $U_{DS} < 0$ 时，功率 MOSFET 按同步整流器模式工作，其输出特性曲线位于第三象限，由 p 体区、n$^-$ 漂移区及 n$^+$ 衬底组成的体二极管会导通。若 $U_{GS} = 0$，且 $U_{DS} = U_F$（U_F 为体二极管的正向压降）时，MOS 沟道关闭，其电流主要由通过体二极管的电子和空穴电流组成（如图 4-8b 中实线所示）；若 $U_{GS} > U_T$，且 $|U_{DS}|$ $< U_{F0}$（U_{F0} 为体二极管的开启电压，约为 0.7V）时，MOS 沟道开通，二极管不导

通，其电流仅由通过沟道的电子电流组成；若 $U_{GS} > U_T$，且 $|U_{DS}| > U_{F0}$ 时，MOS 沟道和体二极管都导通，其电流由沟道的电子电流和二极管的电子与空穴电流共同组成（如图 4-8b 中虚线所示）。

4. $I-U$ 特性分析

对传统 MOSFET，当沟道的横向电场强度 E_{xl} 远低于其纵向电场强度 E_{yv}，即 $E_{xl} \ll E_{yv}$ 时，可采用缓变沟道近似模型，得到其漏极电流的表达式[8]为

$$I_D = \frac{\mu_{ns} C_{ox} Z}{2L} [2(U_{GS} - U_T) U_{DS} - U_{DS}^2] \tag{4-1}$$

式中，Z 为沟道宽度；L 为沟道长度；μ_{ns} 为沟道表面电子迁移率；C_{ox} 为栅氧化层电容；U_{GS} 为栅源电压；U_{DS} 为漏源电压；U_T 为阈值电压；I_D 为漏极电流。

为了表示功率 MOSFET 与传统 MOSFET 的不同，在式（4-1）中引入一个参数 α，于是功率 MOSFET 的 $I-U$ 特性可用下式来表示[17]：

$$I_D = \frac{\mu_{ns} C_{ox} Z}{2L} [2(U_{GS} - U_T) U_{DS} - \alpha U_{DS}^2] \tag{4-2}$$

式中，α 为一个常数，与沟道掺杂浓度 N_A、表面势 U_S 和栅氧化层电容 C_{ox} 有关，可用下式来表示：

$$\alpha = 1 + \frac{1}{C_{ox}} \left(\frac{q \varepsilon_0 \varepsilon_r N_A}{2 U_S} \right)^{\frac{1}{2}} \tag{4-3}$$

对传统 MOSFET 而言，$\alpha = 1$；对于功率 MOSFET 而言，$\alpha = 4$。

根据漏源电压 U_{DS} 的不同，可以对上述功率 MOSFET 的 $I-U$ 特性进行简化。

（1）线性区　当 U_{DS} 较低，且满足 $\alpha U_{DS} \ll (U_{GS} - U_T)$ 时，器件处于线性区，式（4-2）的第二项可忽略，得到线性区的漏极电流为

$$I_D = \frac{\mu_{ns} C_{ox} Z}{L} (U_{GS} - U_T) U_{DS} \tag{4-4}$$

由于功率 MOSFET 沟道很短（$L = 1 \sim 2\mu m$），沟道的横向电场 E_{xl} 可表示为 $E_{xl} = U_{DS}/L$。当 U_{DS} 很低时，E_{xl} 也很低，即满足 $E_{xl} \ll E_{yv}$，所以功率 MOSFET 在线性区的特性与传统 MOSFET 完全相同。

（2）饱和区　当 U_{DS} 较高，且满足 $\alpha U_{DS} \geq (U_{GS} - U_T)$ 时，器件处于饱和区，若将 $\alpha U_{DS} = (U_{GS} - U_T)$ 代入式（4-2），可得到饱和区的电流为

$$I_D = \frac{\mu_{ns} C_{ox} Z}{2\alpha L} (U_{GS} - U_T)^2 \tag{4-5}$$

由于功率 MOSFET 处于饱和区时，U_{DS} 很高，沟道中的横向电场增强，$E_{xl} = U_{DS}/L$ 大于临界场强 E_{cr}（即 $E_{xl} > E_{cr}$），足以使电子漂移速度达到饱和漂移速度 v_{sat}，可表示为

$$v_{\text{sat}} = \mu_{\text{ns}} E_{\text{cr}} = \mu_{\text{ns}} \frac{U_{\text{Dsat}}}{L} = \frac{\mu_{\text{ns}}}{\alpha L}(U_{\text{GS}} - U_{\text{T}}) \tag{4-6}$$

将式（4-6）代入式（4-5），并简化后得到饱和区的漏极电流为

$$I_{\text{Dsat}} = \frac{C_{\text{ox}} Z v_{\text{sat}}(U_{\text{GS}} - U_{\text{T}})}{2} = \frac{C_{\text{ox}} Z v_{\text{sat}} U_{\text{Dsat}}}{2\alpha} \tag{4-7}$$

于是功率 MOSFET 线性区和饱和区的 $I-U$ 特性可分别用式（4-4）和式（4-7）所示的解析式来表示。式（4-7）表明功率 MOSFET 漏极电流的饱和是由电子漂移速度达到饱和引起的，并非传统 MOSFET 中因沟道夹断所致。

5. 特性参数

（1）跨导 g_{m}　是指在一定的漏源电压 U_{DS} 下，栅极电压 U_{GS} 变化引起的漏极电流 I_{D} 的变化，表示栅极电压控制漏极电流的能力，可用下式表示：

$$g_{\text{m}} = \frac{\partial I_{\text{D}}}{\partial U_{\text{GS}}} \bigg|_{U_{\text{DS}} = \text{const}} \tag{4-8}$$

根据功率 MOSFET 的 $I-U$ 特性解析式（4-4）和式（4-7），可得线性区和饱和区的跨导分别为

$$g_{\text{m}} = \begin{cases} \dfrac{\partial I_{\text{D}}}{\partial U_{\text{GS}}} \bigg|_{U_{\text{DS}} = \text{const}} = \mu_{\text{ns}} C_{\text{ox}} U_{\text{DS}} \dfrac{Z}{L} & \text{（线性区）} \\[3mm] \dfrac{\partial I_{\text{D}}}{\partial U_{\text{GS}}} \bigg|_{U_{\text{DS}} = \text{const}} = C_{\text{ox}} Z v_{\text{sat}}/2 & \text{（饱和区）} \end{cases} \tag{4-9}$$

g_{m} 通常是电阻的倒数，其单位用西门子或姆欧（S）表示。

由式（4-9）可知，在线性区，g_{m} 分别与 Z/L 和 C_{ox} 成正比。可采用以下两个措施来提高功率 MOSFET 的跨导：一是采用多个元胞并联，可以增大 Z，这是提高 g_{m} 的主要方法；二是减小栅极氧化层厚度 t_{ox}，可增加栅氧化层电容 C_{ox}，但 t_{ox} 不能太小（通常 t_{ox} 取 $50 \sim 100\text{nm}$），否则氧化层太薄，容易发生击穿。

当 N 个元胞并联时，假设 ε_{ox}、t_{ox} 和 v_{sat} 相同，则总跨导等于各跨导的串联值，则根据式（4-9）可得

$$g_{\text{m(T)}} = N g_{\text{m}} = N(C_{\text{ox}} v_{\text{sat}} Z/2) = N\left(\frac{\varepsilon_{\text{ox}} v_{\text{sat}}}{2 t_{\text{ox}}} Z\right) \tag{4-10}$$

式（4-10）表明，并联的元胞数目越多，功率 MOSFET 的跨导就越大，栅控能力就越强。

在实际的功率 MOSFET 中，考虑源区的串联电阻、接触电阻及引线电阻的影响，实际的跨导 g'_{m} 会减小，可用下式来表示：

$$g'_{\text{m}} = \frac{g_{\text{m}}}{1 + R_{\text{S}} g_{\text{m}}} \tag{4-11}$$

式中，R_{S} 为串联电阻、接触电阻及引线电阻之和。式（4-11）表明，考虑源区串

联电阻后，实际跨导减小到原来的 $1/(1+R_Sg_m)$。

（2）沟道电导 g_d　是指在一定的栅源电压 U_{GS} 下，漏源电压 U_{DS} 的变化引起 I_D 的变化，是沟道电阻的倒数（$1/R_{ch}$），表示沟道导电能力的强弱，可用下式表示：

$$g_d = \frac{\partial I_D}{\partial U_{DS}}\bigg|_{U_{GS}=\text{const}} \qquad (4\text{-}12)$$

根据功率 MOSFET 的 $I-U$ 特性解析式（4-4）和式（4-7），可得线性区和饱和区的沟道电导分别为

$$g_d = \begin{cases} \dfrac{\partial I_D}{\partial U_{DS}}\bigg|_{U_{GS}=\text{const}} = \dfrac{\mu_{ns}ZC_{ox}}{L}(U_{GS}-U_T) & （线性区）\\[3mm] \dfrac{\partial I_D}{\partial U_{DS}}\bigg|_{U_{GS}=\text{const}} = 0 & （饱和区）\end{cases} \qquad (4\text{-}13)$$

由式（4-13）可知，在线性区，沟道电导 g_d 分别与 Z/L 和 C_{ox} 成正比。可通过增加 Z/L 或减小 t_{ox} 来提高沟道电导 g_d 或降低沟道电阻 R_{ch}。

式（4-13）表明，功率 MOSFET 处在饱和区时，g_d 为零，I_D 不随 U_{DS} 变化。实际上，工作在饱和区的功率 MOSFET，电导 g_d 并非为零，I_D 会随 U_{DS} 增加而缓慢增加，$I-U$ 特性曲线向上倾斜，尤其是当沟道较短时会更加明显。这可以用有效沟道长度调变效应[18] 和静电反馈效应[19] 来解释。

沟道的长度调变效应示意图如图 4-9a 所示。当功率 MOSFET 的沟道夹断后，即 $U_{DS} > U_{Dsat}$ 后，随着 U_{DS} 增加，沟道夹断点将向源极移动，导致沟道的有效长度减小，沟道电阻 R_{ch} 减小。但夹断点的电位始终保持在 U_{Dsat}，即 U_{Dsat} 完全加在沟道上。于是在给定 U_{GS} 下，随漏源电压 U_{DS} 的升高，漏极电流 I_D 增大，导致功率 MOSFET 的 $I-U$ 特性曲线向上倾斜。考虑沟道长度调变效应后，功率 MOSFET 的漏极电流随沟道长度的变化关系可用下式来描述：

$$I_D = \frac{I_{Dsat}}{1 - \left(\dfrac{\Delta L}{L}\right)}(U_{DS} > U_{Dsat}) \qquad (4\text{-}14)$$

式中，I_{Dsat} 为漏极饱和电流；L 为沟道长度；ΔL 为沟道长度变化量。可见，沟道越短，沟道有效长度调变效应的影响越大，漏极电流向上倾斜越严重。

静电反馈效应示意图如图 4-9b 所示。由于功率 MOSFET 的沟道长度 L 较短，p 体区的掺杂浓度较低，在较高的漏源电压 U_{DS} 下，J_1 结在 p 体的耗尽层宽度较大。当 p 体区的耗尽层宽度大于或接近于沟道长度 L 时，空间电荷区的一部分电力线将由漏极发出，终止于沟道，使沟道的负电荷增加。随 U_{DS} 增加，沟道的负电荷明显增加，导致沟道电阻 R_{ch} 减小，而沟道两端的电压 U_{Dsat} 基本保持不变。所以，I_D 将随着 U_{DS} 的增加而增加，导致 $I-U$ 特性曲线向上倾斜。由于 p 体区的掺杂浓

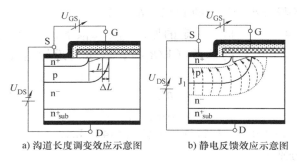

a) 沟道长度调变效应示意图　　　b) 静电反馈效应示意图

图4-9　功率MOSFET的$I-U$特性曲线上倾的原因

度受制于击穿电压和阈值电压，p体区的掺杂浓度不可能太低，所以静电反馈效应较弱。相比较而言，沟道长度调变效应成为漏极电流增大的主要因素。

（3）阈值电压U_T　是指MOS结构p体区表面形成强反型所需的最小栅极电压，类似于双极型器件的开启电压。功率MOSFET的U_T典型值为3~5V。U_T与沟道的掺杂浓度N_A、多晶硅掺杂浓度N_{poly}，栅氧化层电容C_{ox}及其中电荷密度Q_{ss}，以及本征载流子浓度n_i等参数有关，可用下式来表示：

$$U_T = U_{ox} + U_S + U_{FB}$$
$$= \frac{\sqrt{4kT\varepsilon_0\varepsilon_r qN_A\ln(N_A/n_i)}}{C_{ox}} + \frac{2kT}{q}\ln\frac{N_A}{n_i} + \frac{kT}{q}\ln\left(\frac{N_{poly}N_A}{n_i^2}\right) - \frac{Q_{ss}}{C_{ox}} \quad (4\text{-}15)$$

式中，U_{FB}为平带电压；U_{ox}为MOS氧化层的电压；U_S为表面势；$U_{ox} + U_S$为理想的阈值电压。

（4）导通电阻R_{on}　工作在线性区时源、漏极之间的电阻，决定了器件的最大电流定额。

（5）漏极连续电流I_D　是指最大导通压降$U_{DS(on)}$和占空比为100%（即直流工作）时，功率MOSFET产生的功耗使其结温上升到最高结温时的漏极电流。

（6）可重复漏极电流峰值I_{DM}　是指功率MOSFET在脉冲运行状态下漏极最大允许的峰值电流。

（7）输入电容C_{iss}　是指栅、源之间的电容。由栅-源电容和密勒（Miller）电容组成。

（8）开关时间t_q　是指功率MOSFET的开通时间和关断时间。

（9）漏源击穿电压$U_{(BR)DS}$　是指栅源短路时，漏源之间的雪崩击穿电压。它决定了功率MOSFET的电压定额。

（10）栅源击穿电压$U_{(BR)GS}$　是指MOS栅氧化层的击穿电压，决定了栅、源间能承受的最高电压。当$U_{GS} > U_{(BR)GS}$时将会导致栅氧化层击穿。$U_{(BR)GS}$可由下式决定：

$$U_{(BR)GS} = E_{imax} t_{ox} \tag{4-16}$$

式中，E_{imax} 为氧化层最大电场强度；t_{ox} 为栅氧化层厚度。t_{ox} 越厚，$U_{(BR)GS}$ 越高，但会导致氧化层电容减小，使跨导减小，阈值电压增大。通常栅氧化层厚度为50～100nm，E_{imax} 约为 7.5MV/cm，对应的最大栅源极电压约为75V。但为了保证功率 MOSFET 能可靠工作，栅源极工作电压通常限制在15V以内。

（11）最大耗散功率 P_{DM} 功率 MOSFET 工作产生的最大功耗限制，由器件的热阻决定，同时受最高工作结温的限制。由于功率 MOSFET 的导通电阻较大，通态时产生的功耗较大，导致芯片的工作温度升高，会引起器件特性恶化，甚至烧毁。因此，要求器件工作时产生的功耗不得超过最大耗散功率 P_{DM}。即

$$P_{DM} > I_D U_{DS} = I_D^2 R_{on} \tag{4-17}$$

式中，I_D 为漏极电流；R_{on} 为导通电阻。

由于功率 MOSFET 的功耗主要集中在 MOS 沟道，尤其是沟道夹断后。为了提高最大耗散功率，需要改进管芯和管壳的封装，降低从管芯到管壳、管壳到周边环境的热阻。此外，还可采用散热能力强的散热结构和散热效率高的散热器，把器件内部的热量迅速传递到周围空间。

4.2.3 静态与动态特性

1. 通态特性

VDMOS 的通态特性通常用导通电阻来描述，给定面积的导通电阻称为特征导通电阻或比导通电阻，单位为 $\Omega \cdot cm^2$。

（1）理想的导通电阻 根据突变 pn 结的电场强度分布，漂移区单位面积的电阻可表示为[9]

$$R_{on,sp} = \frac{4U_{(BR)pp}^2}{\varepsilon_0 \varepsilon_r \mu_n E_{cr}^3} \tag{4-18}$$

式中，$U_{(BR)pp}$ 为平行平面结的击穿电压；$\varepsilon_0 \varepsilon_r$ 为硅的介电常数；μ_n 为电子迁移率；E_{cr} 为击穿时的临界击穿电场强度。该电阻也称为理想的特征导通电阻，可认为是功率 MOSFET 单位面积的最低电阻。通过改进功率 MOSFET 的元胞结构，可使其设计值尽量接近理想的特征导通电阻。

由于功率 MOSFET 的 n^- 漂移区的掺杂浓度较低，可认为迁移率 μ_n 是常数。考虑临界击穿电场强度随掺杂浓度的变化，对于 n 沟道 MOSFET，理想的特征导通电阻可表示为

$$R_{on,sp}(\text{n 沟道}) = 5.93 \times 10^{-9} U_{(BR)pp}^{2.5} \tag{4-19a}$$

同理，对于 p 沟道 MOSFET，考虑电子和空穴的迁移率不同，理想的特征导通电阻可表示为

$$R_{on,sp}(\text{p 沟道}) = 1.63 \times 10^{-8} U_{(BR)pp}^{2.5} \tag{4-19b}$$

根据式（4-19），计算得到的功率 MOSFET 理想的特征导通电阻与击穿电压的关系，如图 4-10 所示。n 沟道功率 MOSFET 理想的特征导通电阻低于 p 沟道功率 MOSFET。因此，n 沟道功率 MOSFET 具有商用价值优势，其应用远比 p 沟道功率 MOSFET 广泛。一般在需要互补器件的电力电子电路或充电电路中才会用到 p 沟道功率 MOSFET。

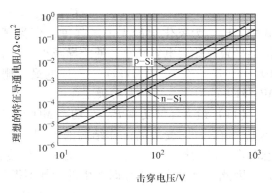

图 4-10　功率 MOS 理想导通电阻与击穿电压关系

（2）VDMOS 导通电阻的组成

如图 4-11a 所示，VDMOS 的导通电阻 R_{on} 由电流通路的各部分电阻构成，即包括 n^+ 衬底电阻 R_{sub}、n^- 漂移区电阻 R_D、JFET 区电阻 R_J、积累区电阻 R_A、沟道电阻 R_{ch}、源区电阻 R_S、源极接触电阻 R_{CS}、漏极接触电阻 R_{CD}，可用下式来表示

$$R_{on} = R_{sub} + R_D + R_J + R_A + R_{ch} + R_S + R_{CS} + R_{CD} \tag{4-20a}$$

由于源极接触电阻 R_{CS} 和漏极接触电阻 R_{CD} 一般很小，故可忽略不计。此外，由于源区和漏区均为重掺杂，R_{sub}、R_S 较小，所以导通电阻 R_{on} 主要由 R_D、R_J、R_A 和 R_{ch} 组成，可表示为

$$R_{on} \approx R_D + R_J + R_A + R_{ch} \tag{4-20b}$$

由于电流垂直流过 R_D 和 R_J，水平流过 R_{ch} 和 R_A，所以 R_D 和 R_J 的值与纵向尺寸成正比，与横向尺寸成反比，R_{ch} 和 R_A 则正好相反。因此，影响 VDMOS 的 R_{on} 的主要因素是外延层的厚度 W_{n^-}、掺杂浓度 N_D 以及栅极宽度 W_G。W_{n^-} 越小、N_D 越高、W_G 越大，则 R_D 和 R_J 越小，而 R_A 越大。沟道电阻 R_{ch} 与沟道的宽长比 Z/L、栅极氧化层厚度 t_{ox} 有关。Z/L 越大、t_{ox} 越小，则 R_{ch} 越小。当额定电压不同时，这些电阻分量对导通电阻的贡献不同。图 4-11b 给出了额定电压分别为 50V、100V 和 500V 时 VDMOS 的导通电阻分量所占的比例[14]。图中 R_P 表示实际的封装电阻。对 50V 的 VDMOS，R_{ch} 所占的比例最大；对 500V 的 VDMOS，R_D 所占的比例最大，其次是 R_J 较大。可见，高压器件的导通电阻 R_{on} 主要取决于 R_D 和 R_J。

此外，栅极宽度对导通电阻的影响也很大。随着栅极宽度增加，电流通道增大，R_D、R_J 减小。所以，存在一个最佳栅极宽度 W_{Gopt}，在此值下，导通电阻值 R_{on} 最小。对 50V 的 VDMOS 而言，W_{Gopt} 约为 $10\mu m$。对于 500V 的 VDMOS 而言，W_{Gopt} 约为 $15\mu m$。

（3）降低导通电阻的措施　对高压 VDMOS 而言，由于 R_J 和 R_D 较大，导致其导通电阻 R_{on} 很大。要减小 R_{on}，在保持耐压不变的情况下，只能减小 R_J。因此，采用 VUMOS 结构或 TPMOS 结构，挖掉 JFET 区，使 R_J 趋于零。

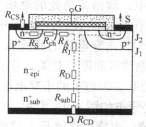

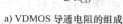

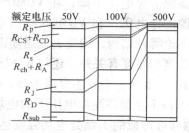

a) VDMOS 导通电阻的组成   b) 耐压不同时VDMOS 导通电阻分量所占比例

图 4-11   VDMOS 导通电阻的组成及在不同耐压的器件中所占比例

图 4-12 给出了 VUMOS 和 TPMOS 导通电阻组成。如图 4-12a 所示，因 VUMOS 中 JFET 区的电阻 R_J 为零，并在 n^- 漂移区沿槽壁形成了积累区电阻 R_A，使得漂移区电阻 R_D 也有所减小。所以，VUMOS 的导通电阻 R_{on} 主要由沟道电阻 R_{ch}、积累区电阻 R_A 及 n^- 漂移区电阻 R_D 组成，可用下式表示：

$$R_{on} \approx R_D + R_A + R_{ch} \tag{4-21}$$

如图 4-12b 所示[7]，因 TPMOS 挖掉了大部分 JFET 区，同时沿槽壁形成了积累区电阻 R_A，其大小与沟槽深度有关。所以 TPMOS 的导通电阻 R_{on} 也可用式（4-21）来表示，只是 TPMOS 的 R_D 比 VUMOS 的稍大，并且采用 TPMOS 结构可以消除栅极宽度对导通电阻的影响。如图 4-13 所示，VDMOS 的特征导通电阻 $R_{on,sp}$ 随栅极宽度 W_G 增大而明显减小，而 TPMOS（沟槽深度 d_t 为 $3.0\mu m$）的 $R_{on,s}$ 基本不随 W_G 变化。

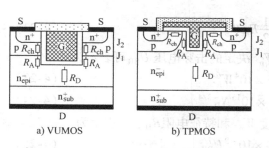

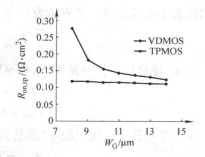

a) VUMOS   b) TPMOS

图 4-12   VDMOS 和 TPMOS 导通电阻的组成

图 4-13 $R_{on,sp}$ 随 W_G 的变化

2. 击穿特性

当功率 MOSFET 栅源之间短路（$U_{GS} = 0$）、漏源两端加正向电压（$U_{DS} > 0$）时，J_1 结反偏承受外加的正向电压，器件处于截止状态。功率 MOSFET 结构不同，影响其击穿电压的因素不同。在 VVMOS 结构中，沟槽底部为尖角，易产生电场强

度集中，使漏源击穿电压下降；在 VUMOS 结构中，沟槽拐角处的电场强度集中，也会影响漏源击穿电压；在 VDMOS 结构中，存在结弯曲效应，会使击穿电压降低。此外，不论哪种结构，均受 J_1 结雪崩击穿影响，击穿电压的高低除了与 n⁻ 漂移区的掺杂浓度和厚度有关外，还与 p 体区的掺杂浓度和厚度有关。若 p 体区耗尽层扩展穿通到 n⁺ 源区，会发生穿通击穿，导致功率 MOSFET 的击穿电压下降。

功率 MOSFET 在最高漏源电压下的电场强度分布如图 4-14 所示。可见，在 p 体区与 n⁻ 漂移区形成的 J_1 结处电场强度达到峰值。击穿电压就是 J_1 结处的电场强度分布所围成的面积。由于 J_1 结 p 体区侧的掺杂浓度较高，n⁻ 漂移区侧的掺杂浓度较低，故耐压主要由 n⁻ 漂移区来承担。为了提高 J_1 结的击穿电压，要求 n⁻ 漂移区有较低的掺杂浓度和较大的厚度，但这会导致导通电阻增加。根据 n⁻ 漂移区厚度不同，可分为非穿通（NPT）型和穿通（PT）型结构。

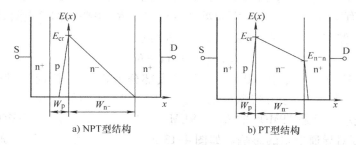

图 4-14　功率 MOSFET 耐压结构及在最高漏源电压下的电场强度分布

（1）NPT 型结构　如图 4-14a 所示，当 n⁻ 漂移区足够厚时，击穿电压由 J_1 结的雪崩击穿电压决定，可表示为

$$U_{BR} = \frac{1}{2} E_{cr} W_{n^-} \tag{4-22}$$

由 n⁻ 漂移区的掺杂浓度 N_D 和厚度 W_{n^-} 决定的击穿电压 U_{BR} 可表示为[4]

$$U_{BR} = 5.5 \times 10^4 W_{n^-}^{6/7} \tag{4-23}$$

$$U_{BR} = 4.26 \times 10^{13} N_D^{-3/4} \tag{4-24}$$

由击穿电压 U_{BR} 决定的 n⁻ 漂移区厚度 W_{n^-} 和特征电阻 $R_{D,sp}$ 可表示为

$$W_{n^-} = 2.94 \times 10^{-2} U_{BR}^{7/6} \tag{4-25}$$

$$R_{D,sp} = 8.2 \times 10^{-9} U_{BR}^{2.5} \tag{4-26}$$

这里 W_{n^-} 的单位为 μm，$R_{D,sp}$ 的单位为 $\Omega \cdot cm^2$。

例如，当 n⁻ 漂移区的掺杂浓度为 $5 \times 10^{14} cm^{-3}$，对漏源击穿电压为 400V 的功率 MOSFET，则其 n⁻ 漂移区的厚度需 $32\mu m$，对应的特征电阻 $R_{D,sp}$ 为 $0.026 \Omega \cdot cm^2$。当 n⁻ 漂移区的掺杂浓度为 $1 \times 10^{14} cm^{-3}$，漏源击穿电压升高到 1350V，则其 n⁻ 漂移区的厚度需 $130\mu m$，对应的特征电阻 $R_{D,sp}$ 为 $0.55 \Omega \cdot cm^2$。

（2）PT 型结构　如图 4-14b 可示，当 n^- 漂移区较薄时，在击穿电压下耗尽层展宽已进入 n^+ 漏区，此时 n^- 漂移区已经完全耗尽，其电场强度分布不再是三角形，而变成梯形分布。pn 结处的峰值电场强度 E_{cr} 与 $n^- n$ 结处的最小电场强度 $E_{n^- n}$ 之比可用变量 η 表示为

$$E_{n^- n}/E_{cr} = 1 - \eta \tag{4-27}$$

式中，η 实际上是归一化的外延层厚度或穿通因子的倒数。如果漏源电压没有穿通（$\eta = 1$），于是漏源击穿电压可表示为

$$U_{(BR)opt} = \frac{1}{2}(E_{cr} + E_{n^- n})W_{nopt} = \frac{1}{2}(2 - \eta)E_{cr}W_{nopt} \tag{4-28}$$

式中，W_{nopt} 为 n^- 漂移区的最佳厚度。

将式（4-22）代入式（4-28），可得到 n^- 漂移区的最佳厚度 W_{nopt} 为

$$W_{nopt} = W_{n^-}/(2 - \eta) \tag{4-29}$$

在 NPT 型和 PT 型两种情况下，其电场强度分布斜率可分别表示为

$$\frac{E_{cr}}{W_{n^-}} = \frac{qN_D}{\varepsilon_r} \qquad \text{（NPT 型结构）} \tag{4-30a}$$

$$\frac{\eta E_{cr}}{W_{nopt}} = \frac{qN_{Dopt}}{\varepsilon_r} \qquad \text{（PT 型结构）} \tag{4-30b}$$

可得到下列优化参数的计算公式：

$$N_{Dopt} = \eta(2 - \eta)N_D \tag{4-31a}$$

$$U_{(BR)opt} = 5.5 \times 10^4 (2 - \eta) W_{nopt}^{6/7} \tag{4-31b}$$

$$U_{(BR)opt} = 4.26 \times 10^{13} [\eta(2 - \eta)]^{3/4} N_D^{-3/4} \tag{4-31c}$$

$$W_{nopt} = \frac{2.94 \times 10^{-2} U_{(BR)opt}^{7/6}}{2 - \eta} \tag{4-31d}$$

$$R_{Dopt} = \frac{8.2 \times 10^{-9} U_{(BR)opt}^{2.5}}{\eta(2 - \eta)^2} \tag{4-31e}$$

通常取 $\eta = 0.75$，对 400V 功率 MOSFET，当 n^- 漂移区的厚度为 $26\mu m$，掺杂浓度为 $4.7 \times 10^{14} cm^{-3}$，则最佳的特征电阻 $R_{Dopt,sp}$ 为 $0.022\ \Omega \cdot cm^2$。可见，与非穿通型的耐压结构相比，穿通型的耐压结构可节省 n^- 漂移区厚度的 18%。

（3）栅极宽度的影响　VDMOS 的漏源击穿电压除了与 n^- 漂移区和 p 体区的掺杂浓度、厚度有关外，还与栅极宽度 W_G 或元胞间距 S（等于栅极宽度与栅极间距之和）密切相关。由于 p 体区厚度和掺杂浓度分别受阈值电压 U_T 和沟道长度 L 的限制，一般情况下，p 体区不会发生穿通击穿。如果栅极宽度设计得过大，则 VDMOS 会在低压下发生击穿。图 4-15 所示为 VDMOS 在不同的漏 - 源电压下空间电荷区展宽示意图。当栅极较窄时，电流通道较窄，耗尽层很容易夹断通过 JFET 区的漏极电流，器件阻断增益高，R_{on} 较大。反之，当栅极较宽时，器件阻断增益

下降，R_{on} 较小。并且当 U_{DS} 较低时，栅极下方的 p 体区边缘耗尽层弯曲程度严重，会导致低压击穿。可见，导通电阻 R_{on} 与漏源击穿电压 $U_{(BR)DS}$ 对栅极宽度的要求相矛盾，设计时需要折中考虑。

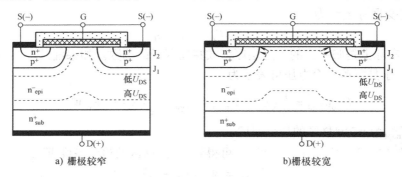

a) 栅极较窄   b) 栅极较宽

图 4-15   功率 MOSFET 在不同漏源电压 U_{DS} 下的耗尽层分布

P 体区间距的最大值 s_{max} 通常受 VDMOS 栅极屏蔽效应（Gate Shielding Effect）限制。VDMOS 导通期间，栅极下方 n^- 漂移区表面为积累层。在栅氧化层与 n^- 漂移区硅层的界面处，其氧化层的电场强度与硅层的电场强度满足以下关系式：

$$\varepsilon_{ox}E_i = \varepsilon_{Si}E_{Si} \tag{4-32}$$

式中，ε_{ox} 和 ε_{Si} 分别为二氧化硅和硅的介电常数；E_i 和 E_{Si} 分别为栅氧化层和硅衬底的电场强度。由于 ε_{ox} 约为 ε_{Si} 的 1/3，硅中的最大电场强度为临界击穿电场强度 E_{cr}，如图 4-16a 所示，故栅氧化层的临界击穿电场强度为

$$E_{imax} = 3E_{cr} \tag{4-33}$$

式（4-33）表明，氧化层的临界击穿电场强度（通常为 7.6×10^6 V/m）高于硅中的临界击穿电场强度，即 $E_{imax}/E_{cr} = 3$。当 n^- 漂移区的掺杂浓度在 $5 \times 10^{17} \sim 1 \times 10^{14}$ cm^{-3} 范围，E_{imax}/E_{cr} 值为 $9 \sim 30$，远大于 3。于是击穿将出现在硅层，此时氧化层上的电压 U_{ox} 为

$$U_{ox} = E_{imax}t_{ox} = 3E_{cr}t_{ox} \tag{4-34}$$

当 n^- 漂移区的掺杂浓度为 1.6×10^{14} cm^{-3} 时，可承受 1000V 的漏源电压，此时硅中最大电场强度 E_{cr} 为 2.5×10^5 V/cm。当栅氧化层厚度 t_{ox} 为 100nm 时，根据式（4-34）可计算得到氧化层上的电压 U_{ox} 为 7.5V（而栅源最高电压 $U_{(BR)GS}$ 为 75V）。

在关断期间，随着外加电压 U_{DS} 的增加，栅极下方的积累区变为空间电荷区。如图 4-16b 所示，在 U_{DS} 未达到栅氧化层上的电压 U_{ox} 之前，即 $U_{DS} < U_{ox}$ 时，pn 结的空间电荷区就被阻断，两侧的耗尽区相连，屏蔽了栅极的高电场强度，这种现象称为栅极屏蔽效应[4]。当栅极屏蔽效应出现时 p 体区间距的最大值 s_{max} 等于 n^- 漂移区空间电荷区宽度的 2 倍，可表示为

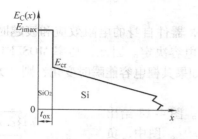

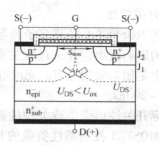

a) 栅氧化层与硅界面的电场强度分布   b) 栅屏蔽效应示意图

图 4-16 栅氧化层与硅界面的电场强度分布及其栅屏蔽效应示意图

$$s_{max} = 2W_{dn} = 2\sqrt{\frac{2\varepsilon_0\varepsilon_r\Delta U_{ox}}{qN_D}} \tag{4-35a}$$

将式（4-34）代入式（4-35a）可得最大 p 体区间距 s_{max} 为

$$s_{max} = 2\sqrt{\frac{6\varepsilon_0\varepsilon_r E_{cr}t_{ox}}{qN_D}} \tag{4-35b}$$

（4）提高击穿电压的措施   与双极型器件相似，功率 MOSFET 的击穿也分为体内击穿和表面击穿两种情况。体内击穿是指受体内因素影响而发生在体内的击穿，如 J_1 结的雪崩击穿、p 体区的穿通击穿等。表面击穿是指受表面因素影响发生在表面的击穿。由于功率 MOSFET 中的每个元胞都含有一个表面终止的 pn 结，在其附近存在着局部的电场强度集中、表面离子吸附及金属电极的边缘效应等，使终端部位的击穿电压低于体内雪崩击穿电压。采用平面结终端技术（如场板、场限环及结终端延伸等技术），可以提高表面击穿电压，这将在第 7 章中详细介绍。

为了保证功率 MOSFET 的体内击穿电压，可通过 n^- 漂移区和 p 体区优化设计，尽量避免 p 体区发生穿通击穿。此外，还要提高 J_1 结的雪崩击穿，并消除栅极宽度对击穿电压的影响。图 4-17 给出了 VDMOS 和 TPMOS（沟槽深度 d_t 为 3.0μm）的击穿电压 U_{BR} 随栅极宽度 W_G 的变化曲线。可见，随 W_G 增大，VDMOS 的 U_{BR} 近似线性减小，而 TPMOS 的 U_{BR} 不仅没有下降，反而略有增大。可见，采用沟槽-平面栅（TPMOS）结构可以减弱结弯曲处的电场强度集中，有利于提高功率 MOSFET 的体击穿电压。

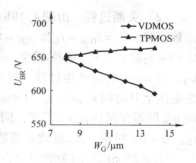

图 4-17 TPMOS 和 VDMOS U_{BR} 随 W_G 变化

3. 开关特性

功率 MOSFET 是依靠多子传导电流的，器件自身的电阻效应和渡越时间对开关过程的影响很小，开关过程主要由栅极电容决定。因此，功率 MOSFET 开关过程实质上是栅电极间电容的充放电过程。如果其栅电容能瞬时变化，则开关时间可能为 $50 \sim 200 \mathrm{ns}$。

实际开关波形受负载类型的影响很大。图 4-18 给出了功率 MOSFET 控制感性负载的开关电路[21]。图中，负载电感分为两部分：电感 L_1 用二极管 VD 来钳位，L_D 是无箝位部分的电感，称为起始电感，它对功率 MOSFET 开通和关断有不同的影响。图 4-19 给出功率 MOSFET 开关过程中的电流电压波形。

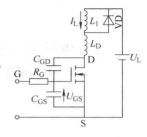

图 4-18 功率 MOSFET 感性负载开关电路

（1）开通过程 由图 4-19a 可知，在 $t < t_1$ 时段，$u_{GS} < U_T$ 时，栅极电容充电，沟道还未形成，$i_D = 0$，这段时间称为开通延迟时间 t_d。在 $t_1 < t < t_2$ 时段，当 $u_{GS} > U_T$ 时，栅极电容充电，导电沟道形成，电子经沟道到达漏极，形成漏极电流，于是 $i_D > 0$；由于电感 L_D 作用，i_D 呈指数上升至 $i_D = I_L$，此时 $u_{DS} = U_L$ 保持不变，这段时间称为电流上升时间 t_{ri}。在 $t_2 < t < t_3$ 时段，u_{GS} 保持不变，由跨导和漏极电流决定，即 $u_G = I_D / g_m$；栅极电流对 C_{GD} 充电，i_D 增加到负载电流 I_L；u_D 下降到饱和压降 U_{Dsat}，这段时间称为电压下降时间 t_{fv}。在 $t \geqslant t_3$ 时段，u_{GS} 继续上升到栅极驱动电压，沟道电子浓度增加，沟道电阻降低，u_{DS} 保持在较低的 U_{Dsat}，i_D 仍为常数 I_L。

功率 MOSFET 的开通时间为

$$t_{on} = t_d + t_{ri} + t_{fv} \tag{4-36}$$

（2）关断过程 由图 4-19b 可见，在 $t < t_5$ 时段，由于栅电容放电，u_{GS} 随 t 呈指数下降，$i_D = I_{Dsat} = I_L$ 和 $u_{DS} = U_{Dsat}$ 保持不变，这段时间称为关断延迟时间 t_s。在 $t_5 < t < t_6$ 时段，u_{GS} 保持不变，$i_D = I_L$ 也不变，u_{DS} 开始上升。由于存在起始电感 L_D，使 u_{DS} 上升时产生过冲，过冲电压的大小 Δu 与起始电感 L_{DS} 有关。这段时间称为电压上升时间 t_{rv}。在 $t_6 < t < t_7$ 时段，随后 u_{GS} 开始呈指数减小至 $u_{GS} = U_T$，过冲的 u_{DS} 回落并保持在 U_L 不变，同时 i_D 也呈指数减小至零。该时间为电流下降时间 t_{fi}。在 $t > t_7$ 时段，u_{GS} 继续呈指数减小至零，u_{DS} 保持在 U_L 不变，i_D 为零。

功率 MOSFET 的关断时间为

$$t_{off} = t_s + t_{rv} + t_{fi} \tag{4-37}$$

值得注意的是，在开通过程的 t_2 时刻和关断过程的 t_6 时刻，漏极电流和漏源电压都很大，故在此瞬间器件的功耗很大。要求这个时刻的电流和电压必须在安全工作区（SOA）内，以防止器件损坏。此外，在 t_6 时刻，漏源电压过冲 Δu（ $= L_D \mathrm{d}i/$

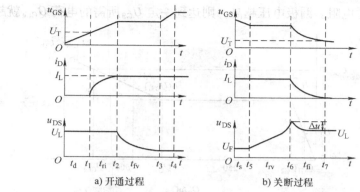

图 4-19 功率 MOSFET 的开关过程中的电流、电压波形

dt）与起始电感 L_D 成正比。L_D 过大时，Δu 过大，可能迫使功率 MOSFET 发生雪崩击穿而引起损坏。当 du_{DS}/dt 过高时，漏源高电压会经密勒电容 C_{rss} 耦合到栅极上，引起栅极电压增高，导致正在关断的器件误开通。可见，增加 L_D 可使开通损耗降低，同时会使关断损耗明显增加、可靠性降低。所以，在功率 MOSFET 的开关电路中，要对起始电感 L_D 加以限制。

功率 MOSFET 的开关速度取决于栅电容充放电的快慢，要提高开关速度需减小输入电容 C_{iss} 和输出电容 C_{oss}。对于完全开通的功率 MOSFET（$U_{DS} < U_{GS}$）来说，输入电容 C_{iss} 和密勒电容 C_{rss} 会进一步升高。为了计算开关时间和栅极电荷需求，在产品数据文件中，通常给出了栅极电荷曲线 $U_{GS} = f(Q_G)$，即在额定电流和漏源电压为其最大值的 20% 或 80% 条件下，栅源电压 U_{GS} 与栅极所需电荷 Q_G 的关系，如图 4-20 所示[16]，包含了从 $U_{GS} = 0$ 到其最大值范围内使功率 MOSFET 从截止到饱和状态所需的电荷量。为了简化，假设栅极电流由一个恒流源来提供，于是开关过程可以很简单地由下式得出：

$$i_G = dQ_G/dt \tag{4-38}$$

在开通过程中，当 $0 < t < t_1$ 时，MOSFET 处于夹断状态。随着栅极电压的增加，栅极电流开始形成。由于 $U_{GS} < U_T$，没有明显的电流流动。栅极电荷到达 Q_{G1} 之前，栅极电流对 C_{GS} 充电。当 $t_1 < t < t_2$ 时，功率 MOSFET 开始导通，并进入线性放大区，漏极电流上升至 I_L。当 $t = t_2$ 时，栅源电压 U_{GS} 由跨导决定，上升至 $U_{GS1} = I_D/g_{fs}$。当 $t_2 < t < t_3$ 时，漏极电流和栅源电压仍由跨导决定，U_{GS} 维持不变；当 U_{DS} 下降时，栅极电流 i_G 耗费电荷（$Q_{G3} - Q_{G2}$）来对电容 C_{CD} 充电。当 $t = t_3$ 时，进入栅极的电荷为 Q_{G3}；U_{DS} 在 t_3 时刻几乎已降至其饱和电压，功率 MOSFET 处于完全导通。当 $t_3 \leqslant t < t_4$ 时，功率 MOSFET 的工作点由夹断区进入饱和区，U_{GS} 和 I_D 不再由 g_m 决定。此时，流入栅极的电荷（$Q_{Gtot} - Q_{G3}$）使栅极电压 U_{GS} 进一步升高，直至栅极驱动电压 U_{GG}。由于导通电阻 R_{on} 依赖于 I_D 和 U_{GS}，通过注入栅极总电荷

Q_{Gtot}来调节导通电阻。漏极电压越高，则达到一定U_{GS}所需的电荷Q_{Gtot}就越大。

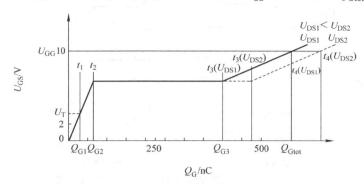

图 4-20　功率 MOSFET 栅极电荷与栅极电压之间的关系

4. 频率特性

功率 MOSFET 通过多子的漂移运动形成电流，漏极电流I_D在漏源电压U_{DS}变化时的响应速度取决于反型层建立所需的时间和多子沿沟道及漂移区的渡越时间，故功率 MOSFET 频率限制本质上取决于栅极充放电产生沟道或消除沟道所需的时间，最高频率受输入电容充放电时间的限制，最低频率受多子跨越漂移区的渡越时间限制。

（1）输入输出电容　功率 MOSFET 的输入电容C_{iss}包括栅 – 源电容C_{GS}和密勒电容C_{rss}。栅 – 源电容C_{GS}是指栅极和源极之间的电容，栅 – 漏电容C_{GD}是指栅极和漏极之间的电容。密勒电容C_{rss}是指栅 – 漏电容C_{GD}反馈至输入端的电容，其值与栅 – 漏电容C_{GD}、跨导g_m和负载电阻R_L有关。输入电容C_{iss}可用下式来表示：

$$C_{iss} = C_{GS} + C_{rss} = C_{GS} + (1 + g_m R_L) C_{GD} \tag{4-39}$$

图 4-21 给出了 VDMOS 结构中的寄生电容。可见，栅源电容C_{GS}包括栅极覆盖到n^+发射区上所引起的电容C_{n^+}、栅极覆盖到 p 体区上所引起的电容C_p（它起因于 MOS 结构）及源极金属覆盖在栅极上所引起的电容C_M，可用下式来表示：

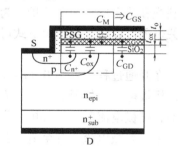

$$C_{GS} = C_{n^+} + C_p + C_M \tag{4-40}$$

式中，C_{n^+}和C_p与栅氧化层厚度t_{ox}有关；C_M与栅极和其上方覆盖的源极金属层间的磷硅玻璃（PSG）层厚度t_o有关，可分别表示为

图 4-21　VDMOS 寄生电容的组成

$$C_M = \frac{\varepsilon_r A_M}{t_o} \tag{4-41a}$$

$$C_{ox} = \frac{\varepsilon_{ox} A_{ch}}{t_{ox}} \tag{4-41b}$$

$$C_{n^+} = \frac{\varepsilon_{ox} A_S}{t_{ox}} \tag{4-41c}$$

式中，A_M、A_{ch}、A_S 分别为多晶硅栅极表面覆盖的金属膜面积、沟道所占面积及栅极覆盖到源区上的面积；ε_r、ε_{ox} 分别为栅极上方磷硅玻璃层和栅极氧化层的介电常数。

输出电容 C_{oss} 包括栅 – 漏电容 C_{GD} 和漏 – 源电容 C_{DS}，可表示为

$$C_{oss} = C_{GD} + C_{DS} \tag{4-42}$$

当 N 个功率 MOSFET 并联使用时，假设其 ε_{ox}、t_{ox} 和 v_{sat} 相同，总电容等于各电容的并联值，即

$$C_{GS(T)} = NC_{GS} \tag{4-43}$$

$$C_{GD(T)} = NC_{GD} \tag{4-44}$$

$$C_{iss(T)} = NC_{iss} \tag{4-45}$$

（2）输入电阻　功率 MOSFET 的输入电阻 R_{in} 包括栅极的体电阻 R_{G1} 和栅极串联电阻 R_{G2}，可表示为

$$R_{in} = R_G = R_{G1} + R_{G2} \tag{4-46}$$

（3）最高工作频率 f_{max}　是指通过输入电容的输入电流 I_{in} 与输出漏极电流 I_D 相等时的频率，即电流增益为 1 时的频率。

由栅极电路的充电时间常数 RC 限制的频率响应为

$$f = \frac{1}{2\pi C_{iss} R_{in}} \tag{4-47}$$

输入电流 I_{in} 为栅极电压 U_{GS} 与栅极电阻 R_{in} 之比，将式（4-47）代入，可导出输入电流为

$$I_{in} = \frac{U_{GS}}{R_{in}} = 2\pi f C_{iss} U_{GS} \tag{4-48}$$

根据式（4-8）可导出输出电流

$$I_D = g_m U_{GS} \tag{4-49}$$

于是根据最高工作频率 f_{max} 定义，可得到

$$f_{max} = \frac{g_m}{2\pi C_{iss}} \tag{4-50}$$

显然，增大 g_m 或减小 C_{iss} 可提高功率 MOSFET 的最高工作频率。

功率 MOSFET 在一个周期内开通和关断，受开关时间的限制，最高开关频率可表示为

$$f_{max} \leqslant \frac{1}{\pi(t_{on} + t_{off})} \tag{4-51}$$

由此可知，最高工作频率受跨导 g_m、输入电容 C_{iss}、输入电阻 R_G 及开关时间

（$t_{on} + t_{off}$）等因素的影响。提高 g_m 或减小 C_{iss}、R_G、t_{on} 及 t_{off}，可提高 f_{max}。同时必须保证功率 MOSFET 内部结构以及各元胞参数（如 U_T 和 g_m）的一致性，否则会发生振荡和出现局部电流过载，导致 f_{max} 降低。

在开关频率 f 下，功率 MOSFET 开关期间的平均功耗 P_{AV} 可用下式来表示：

$$P_{AV} = f(\overline{P}_{on}t_{on} + I_{DM}^2 R_{on}\Delta t + \overline{P}_{off}t_{off}) \tag{4-52}$$

（4）提高工作频率的措施　为了提高功率 MOSFET 的最高工作频率，不仅要减小输入电容，还需减小开关时间。从栅极结构上来考虑，可采用以下措施：一是通过增加氧化层的厚度 t_{ox} 和减小沟道长度 L 来增加 g_m，从而提高 f_{max}。二是通过减小覆盖在漂移区上方的栅极面积（见图 4-22a），从而可减小栅-漏电容。对高压功率 MOSFET 而言，采用如图 4-22b 所示的阶梯形栅极可增加氧化层厚度，从而减小栅-漏电容。三是降低栅极体电阻。采用金属钼（Mo）来代替多晶硅栅，或在多晶硅栅上淀积一层金属铝（Al），形成复合栅极，如图 4-22c 所示。APT 公司 $600\sim1000\text{V}$ 的功率 MOSFET 均采用复合栅极结构，使其栅极电阻比标准的多晶硅栅器件低 $1\sim2$ 个数量级。

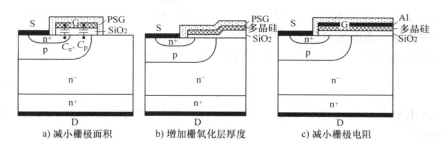

a) 减小栅极面积　　　b) 增加栅氧化层厚度　　　c) 减小栅极电阻

图 4-22　减小栅极电容和电阻的栅极结构示意图

5. 温度特性

温度升高，载流子迁移率、饱和漂移速率、本征载流子浓度及雪崩击穿电压等均会发生变化，导致功率 MOSFET 的导通电阻 R_{on}、阈值电压 U_T、跨导 g_m、漏电流及击穿电压等特性参数发生漂移。

（1）导通电阻 R_{on}　功率 MOSFET 的导通电阻 R_{on} 与载流子迁移率有关，而载流子迁移率随温度的变化比较复杂。在电场作用下，沟道载流子在运动中不仅受到晶格散射和电离杂质散射的作用，还要受到表面漫散射的作用。这时沟道内载流子迁移率称为有效迁移率，用 μ_{eff} 表示，由晶格散射迁移率 μ_L、电离杂质散射迁移率 μ_I 和表面漫散射迁移率 μ_S 共同决定，即

$$\frac{1}{\mu_{eff}} = \frac{1}{\mu_L} + \frac{1}{\mu_I} + \frac{1}{\mu_S} \tag{4-53}$$

由于表面漫散射的存在，使沟道载流子有效迁移率小于体内迁移率，且 $\mu_{\text{neff}} = \mu_{\text{n}}/2$，$\mu_{\text{peff}} = \mu_{\text{p}}/2$。

当温度升高时，各种散射机构会加剧，沟道载流子的有效迁移率 μ_{eff} 将减小，并且减小幅度与温度高低有关。在 $-55 \sim 125\,^{\circ}\text{C}$ 温度范围内，迁移率与温度的关系可表示为 $\mu \propto T^{-1}$；当温度超过 $125\,^{\circ}\text{C}$ 时，迁移率随温度的变化更加明显，遵从关系 $\mu \propto T^{-3/2}$[22]。

此外，μ_{n} 随温度的变化与掺杂浓度有关。对功率 MOSFET 的 JFET 区和漂移区，由于掺杂浓度较低，迁移率与温度的关系为 $\mu_{\text{nb}} \propto T^{-2.5}$；对功率 MOSFET 的沟道和表面积累区，由于掺杂浓度较高，迁移率与温度的关系为 $\mu_{\text{ns}} \propto T^{-1.5}$。所以，温度升高，因体内迁移率和沟道迁移率下降的程度不同，导致导通电阻的分量有不同程度地增加，可表示为

$$R_{\text{ch}} + R_{\text{A}} \propto T^{1.5} \tag{4-54a}$$

$$R_{\text{J}} + R_{\text{D}} \propto T^{2.5} \tag{4-54b}$$

导通电阻随温度的变化可统一表示为

$$R_{\text{on}} = R_{\text{on}}(T_0)(T/T_0)^{\alpha_{\text{r}}} \tag{4-55a}$$

式中，T 为绝对温度（K）；T_0 为 300K。对于 100V 以下的低压功率 MOSFET，沟道电阻最大，$\alpha_{\text{r}} = 1.5$；对于 400V 以上的高压功率 MOSFET，漂移区的电阻最大，$\alpha_{\text{r}} = 2.5$。导通电阻随温度的变化也可表示为

$$R_{\text{on}}(T) = R_{\text{on}}(T_0)(1 + \alpha_{\text{r}}\Delta T/300)^{\alpha_{\text{r}}} \tag{4-55b}$$

式中，ΔT 为温度差（K）。

式（4-55b）表明，功率 MOSFET 的导通电阻具有正的温度系数。

（2）跨导 g_{m} 功率 MOSFET 的跨导与沟道电子的有效迁移率 μ_{eff} 及饱和漂移速度 v_{sat} 有关。当电场强度较低时，电子的漂移速度与迁移率成正比；当电场强度足够高并达到临界击穿电场强度 E_{cr} 时，电子的漂移速度达到饱和漂移速度 v_{sat}，并且 v_{sat} 随温度的升高而缓慢增加，可用下式表示：

$$v_{\text{sat}} = 1.07 \times 10^7 (T/T_0)^{0.87} \tag{4-56}$$

随着温度升高，在线性区内 g_{m} 受 μ_{ns} 的影响近似线性下降。在饱和区，g_{m} 受 v_{sat} 的影响则缓慢下降。g_{m} 与 T 的定量关系为

$$g_{\text{m}}(T) = g_{\text{m}}(T_0)(T/300)^{-2.3} \tag{4-57}$$

（3）阈值电压 U_{T} 功率 MOSFET 的阈值电压 U_{T} 与本征载流子浓度 n_{i}、表面势及禁带宽度等有关。温度 T 升高，本征载流子浓度 n_{i} 会呈指数上升，kT/q 随 T 呈线性上升。所以，U_{T} 随温度升高而下降，阈值电压随温度的变化关系可由下式给出：

$$\frac{\mathrm{d}U_{\text{T}}}{\mathrm{d}T} \approx \frac{1}{T}\left[\left(U_{\text{S}} - \frac{E_{\text{g}}(0)}{2q}\right)\left(-\frac{Q_{\text{SDmax}}}{2C_{\text{ox}}U_{\text{S}}} + 2\right)\right] \tag{4-58}$$

由于式中的表面电位 $U_S < E_g(0)/(2q)$，所以阈值电压 U_T 对温度的微商恒为负值。实验证明，在 $-55 \sim 125℃$ 温度范围内，阈值电压随温度升高呈线性下降。对重掺杂器件而言，这种变化更为明显。

图 4-23 给出了 VDMOS 的特征导通电阻 $R_{on,sp}$、阈值电压 U_T 及跨导 g_m 随温度的变化曲线。可见，当温度从 300K 升高到 420K 时，导通电阻 R_{on} 明显上升，阈值电压 U_T 和跨导 g_m 则逐渐下降。U_T 减小是因为随温度的升高，本征载流子浓度 n_i 呈指数增大，表面势和功函数差减小所致，而 R_{on} 增大、g_m 降低主要原因是载流子迁移率随温度的升高而下降所致。

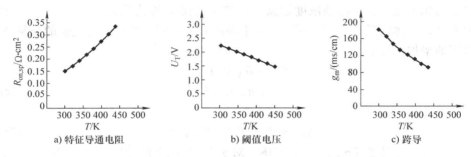

图 4-23　VDMOS 导通电阻、阈值电压及跨导随温度的变化

（4）最高工作频率 f_{max}　功率 MOSFET 的最高工作频率 f_{max} 与跨导 g_m 及输入电容 C_{iss} 有关。所以，f_{max} 与 g_m 随温度的变化有相同的趋势，即随温度的升高而近似线性地下降。

（5）击穿电压与漏电流　功率 MOSFET 的击穿电压与 J_1 结的雪崩击穿电压有关。温度升高，雪崩击穿电压提高，同时本征载流子浓度升高引起漏电流增大。所以，温度升高，功率 MOSFET 的击穿电压和反向漏电流都增大，导致静态功耗显著增大。

综上所述，温度升高会使功率 MOSFET 的导通电阻、击穿电压及反向漏电流都增大，同时会使阈值电压、跨导及最高工作频率都降低，导致功率 MOSFET 的性能下降、可靠性变差。在器件设计时，为了补偿功率 MOSFET 在高温下的参数漂移，沟道尺寸要留适当的裕量。在实际使用时，为了使功率 MOSFET 发挥优良的性能，并保证其可靠性，需要对器件的工作温度加以限制。

4.3　超结 MOSFET

超结（SJ）的定义与特征已在 2.3 节中做了描述。用超结替代功率 MOSFET 的 n^- 漂移区可形成超结 MOSFET（简称为 SJMOS），可以有效地缓和 VDMOS 击穿电压与导通电阻间的矛盾。

1988 年飞利浦美国公司的 D. J. Coe 申请美国专利[23]，第一次提出在高压横向

MOSFET（LDMOS）中采用交替的 p 柱区和 n 柱区结构代替低掺杂的 n⁻ 漂移层，作为器件的耐压层。1993 年电子科技大学（成都）的陈星弼教授提出在纵向功率器件中采用多个 p 区和 n 区交替的复合缓冲层（Composite Buffer Layer）作为漂移区的思想，并申请美国专利[24]。1995 年西门子公司的 J. Tihanyi 也提出了类似的思路和应用，同时申请美国专利[25]。1997 年 Tatsuhiko 等人在对上述概念的总结下，提出了"超结理论"[26]。此后"超结"这一概念被众多器件研究者所引用，并且得到进一步的验证。采用超结结构，可以使功率 MOSFET 的击穿电压与导通电阻之间的关系由原来的 $R_{on} \propto U_{BR}^{2.5}$ 变为 $R_{on} \propto U_{BR}^{1.23}$ [27] 或 $R_{on} \propto U_{BR}^{1.32}$ [28]，从而突破了"硅限（Silicon Limit）"。

超结 MOSFET（简称为 SJMOS）结构有多种类型。根据栅极结构不同，可分为平面栅 SJMOS 结构和沟槽栅 SJMOS 结构；根据 n⁻ 漂移区的组成不同，可分为 SJMOS 结构和半超结 MOS（Semi – SJMOS）结构；根据超结的组成不同，可分为传统 SJMOS 结构及其派生结构。

4.3.1 基本结构及等效电路

1. SJMOS

图 4-24 给出了各种 SJMOS 的元胞结构。各种 SJMOS 结构实质上是由 VDMOS 或 VUMOS 与超结的结合。

（1）平面栅 SJMOS 结构　如图 4-24a 所示，平面栅 SJMOS 结构与 VDMOS 的不同之处在于，VDMOS 的耐压层由单一的 n⁻ 漂移区组成，而 SJMOS 的耐压层则由超结组成。在截止状态下，由于 SJMOS 的耐压层横向存在 pn 结，使其在较小的漏极电压下就完全耗尽，整个耐压层类似于一个本征耐压层，从而使器件的耐压得以提高。导通期间，源区的电子通过沟道进入超结的 n 柱区，然后垂直流入 n⁺ 衬底，形成由漏极到源极的电流。在不影响击穿电压的前提下，若将 n 柱区的掺杂浓度提高约一个数量级，可显著降低导通电阻。虽然 p 柱区对导通没有贡献，但它对于获得高耐压至关重要[29]。

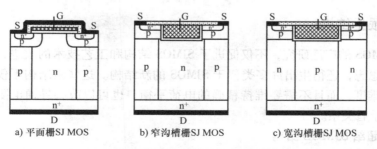

a) 平面栅SJ MOS　　　b) 窄沟槽栅SJ MOS　　　c) 宽沟槽栅SJ MOS

图 4-24　SJMOS 基本元胞结构

（2）沟槽栅 SJMOS 结构 如图 4-24b、c 所示，沟槽栅 SJMOS 包括窄沟槽栅和宽沟槽栅结构。与 VUMOS 相比，沟槽栅 SJMOS 结构的不同之处也在于耐压层。在图 4-24b 所示的窄沟槽栅 SJMOS 结构中，n 柱区位于栅极正下面，且沟槽宽略小于 n 柱区宽度。在导通期间，沟道的电子可沿沟槽下方的 n 柱区进入漏极，这与平面栅 SJMOS 相似。在图 4-24c 所示的宽沟槽栅 SJMOS 结构中，p 柱区位于栅极的正下面，且沟槽宽略大于 p 柱区宽度。在导通期间，沟道的电子可沿 p 体区下方的 n 柱区进入漏极，有利于减小积累区电阻和导通电阻。同样，沟槽栅下的 p 柱区对导通没有贡献，但在截止期间可以加速耐压层耗尽，有助于提高器件的击穿电压。

由此可知，将超结引入功率 MOSFET，不仅可以改善器件的击穿特性，而且有利于降低其导通电阻，从而缓和击穿电压与导通电阻之间的矛盾。

2. SJMOS 等效电路

图 4-25 给出了 SJMOS 的基本结构及等效电路[30]。由图 4-25a 可见，SJMOS 可看作是 VDMOS 和 SJ 的结合。其中 VDMOS 部分可等效为 MOSFET 和 JFET 的串联。该 JFET 是由 p 体区形成的栅极和 n⁻ 漂移区形成的沟道组成，正如 4.2.1 节 VDMOS 等效电路所述。

对于 SJ 部分而言，在 SJMOS 导通期

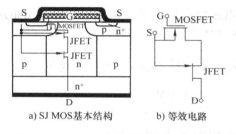

a）SJ MOS 基本结构   b）等效电路

图 4-25 SJMOS 的基本结构及等效电路

间，漏 - 源极电压为正（即 $U_{DS} > 0$），由于源区与 p 体区短路，因此与 p 柱区同电位。随着 U_{DS} 的增加，n 柱区和 p 柱区形成的 pn 结反偏。当 U_{DS} 达到工作电压时，n 柱区的耗尽层会停止扩展，此时 n 柱区的中性区作为电流通道会传导电子电流，相当于 JFET 的导电沟道，而 p 柱区则相当于加负电压的栅极区。故 SJ 的 p 柱区和 n 柱区也可等效为一个 JFET 区。由于两个 JFET 的沟道串联，所以，SJMOS 结构可简化为一个 MOSFET 和一个 JFET 的串联，如图 4-25b 所示。当 SJMOS 工作时，串联的 JFET 有助于其夹断电流，实现快速夹断。

4.3.2 派生结构

对 SJMOS 的广泛研究，不仅促进了 SJMOS 结构和工艺技术的改进，而且采用 SJ 的设计思想，还衍生出许多类似于 SJMOS 的新结构。这些新结构不仅可以降低 SJ 的工艺难度，而且不需要维持精确的电荷平衡，也可以改善导通电阻和击穿电压之间的矛盾关系。

1. 半超结 SJMOS 结构

采用超结作为功率 MOSFET 的耐压层，必须保证 n 柱区和 p 柱区之间的电荷平衡，否则 SJMOS 的耐压、导通电阻及开关特性都要受到影响[31-34]。在实际的工

艺实施中，p柱区和n柱区的电荷平衡很难做到精确控制。所以，SJMOS制造工艺的关键是SJ的制作。SJ制造工艺通常有两种方法：一是多次离子注入与外延工艺相结合；二是刻蚀与外延工艺相结合。

利用离子注入与外延工艺相结合制作SJMOS结构，如图4-26a所示。其工艺流程如下：首先在n$^+$衬底上外延一定厚度的本征外延层，然后进行选择性的硼离子（B$^+$）和磷离子（P$^+$）注入；接着进行外延、再选择性注入B$^+$、P$^+$，如此反复，直到外延层厚度达到设计要求。之后，按VDMOS的工艺进行栅氧氧化和多晶硅栅淀积、p体区与n$^+$源区的掺杂以

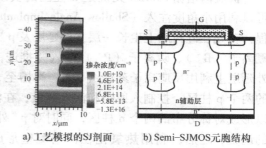

a) 工艺模拟的SJ剖面   b) Semi-SJMOS元胞结构

图4-26　工艺模拟的SJ剖面结构
与Semi-SJMOS元胞结构

及电极金属化。由于在外延高温过程中，注入的B$^+$和P$^+$分别向周围扩散，因此在多次外延和离子注入完成后，会形成如图4-26所示的柱区[35]。可见，柱区的纵向结面并非平面，这会使p柱区和n柱区电荷平衡受到影响。

由于SJMOS的击穿电压与SJ的柱区厚度呈线性关系。为了提高击穿电压，需制作较厚的超结柱区，这必然导致超结工艺成本增加、难度增大。若将超结变为半超结（Semi-SJ），形成如图4-26b所示的Semi-SJMOS结构，使耐压层由超结及其下方的n型辅助层两部分组成，于是在保证耐压的前提下，可以降低对柱区厚度的要求。故Semi-SJMOS是在器件性能和工艺难度之间的一种折中。

2. 扩展深槽SJMOS结构

采用深槽刻蚀与填充工艺形成扩展沟槽栅SJMOS结构[36]如图4-27所示。与常规沟槽栅SJMOS结构相比，扩展沟槽栅SJMOS结构的p柱区与之完全相同，只是部分n柱区由氧化物填充的深槽替代，且深槽宽度与多晶硅栅宽度相等，n柱区位于沟槽两侧，其宽度远小于常规结构的n柱区宽度，即$W_n \ll W_{na}$。

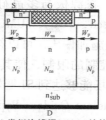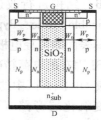

a) 常规沟槽栅SJMOS结构   b) 扩展沟槽栅SJMOS结构

图4-27　扩展沟槽栅与常规的
沟槽栅SJMOS结构比较

为了获得较高的击穿电压，也要求两柱区必须保持电荷平衡，即$W_n N_n \approx W_{na} N_{na} \approx W_p N_p$。对常规沟槽栅SJMOS结构而言，在截止状态下，栅极和源极接地，在漏源之间加正向电压（$U_{DS} > 0$）。随U_{DS}增加，多晶硅栅下的n柱区的表面会产生附加的正电荷，破坏n柱区和p柱区之间的电荷平衡，导致器件的击穿电压下降。在

扩展沟槽栅 SJMOS 结构中，多晶硅栅下的 n 柱区被氧化物填充的深槽代替，不存在上述现象。因此，扩展沟槽栅 SJMOS 击穿特性能够得以改善。

扩展沟槽栅 SJMOS 关键是 n 柱区的实现。为了精确控制 n 柱区的杂质剂量，可以利用小角度注入（Shallow Angle Implantation）来实现[37]。采用以下的工艺流程：首先在硅衬底上生长一层 p 外延层及 p^+ 外延层；然后在 p^+ 外延层上依次进行硼离子（B^+）、磷离子（P^+）注入并推进，分别形成 p 体区和 n^+ 源区；接着在外延层上利用反应离子刻蚀（RIE）沟槽至 n^+ 衬底，于是将外延层分成对称分布的两个 p 柱区；控制入射角和注入剂量，在沟槽侧壁以小角度注入磷离子（P^+），以形成对称分布的两个 n 柱区，同时对 p^+ 外延层进行杂质补偿，完成对阈值电压的调整；之后，利用热氧化在沟槽侧壁形成栅氧化层，然后通过化学气相淀积（CVD）先在扩展沟槽区中填充氧化物，再在上部的沟槽区填充多晶硅而形成栅极；最后进行衬底减薄及电极制备等后道工艺。

由此可知，扩展沟槽栅 SJMOS 结构的 p 柱区为原始外延层，n 柱区通过一次小角度离子注入即可形成，并且可以对注入剂量进行精确控制和灵活调整。与传统的离子注入和外延工艺相结合比较，可显著降低超结制作的工艺难度。

3. 氧化层旁路 MOSFET 结构

如图 4-28a 所示，氧化层旁路的 VDMOS（Oxide – Bypassed VDMOS，OBVDMOS）结构[38,39]是在 VDMOS 的 n^- 漂移区通过刻蚀形成沟槽后，依次填充氧化层和重掺杂的多晶硅，并使之与源极金属电极相连而形成金属 - 厚氧化层（Metal – Thick – Oxide，MTO）电极。利用 MTO 上电场来加速漂移区横向耗尽，相对于 SJ 精确的电荷平衡控制而言，氧化层厚度的控制更容易实现。还可以对氧化层旁路（OB）结构进行改进，将源极与多晶硅的控制极分离，形成可调的氧化层旁路（Tunable Oxide – Bypassed，TOB）VUMOS 结构，如图 4-28b 所示[40]。通过在其多晶硅表面的可控电极上施加偏压，可以补偿工艺变化对击穿电压的影响。从而摆脱了 SJ 固有的电荷精确控制的限制，使其击穿电压与特征导通电阻突破硅极限。为了使 OB 漂移区中的电场能够达到 SJ 器件那样的最佳电场，也可将 OB 漂移区改成渐变氧化层旁路（Gradient Oxide – Bypassed，GOB）VUMOS 结构如图 4-28c 所示[41]。采用 GOB 结构，可使器件在中等电压范围内的性能达到理想 SJ 器件性能，同时有简单的制作工艺。其缺点是形成这种渐变的氧化层侧墙结构需要特殊的刻蚀剂。

基于上述的 OBVDMOS 和 GOBVUMOS 结构，还有一种具有阶梯槽形氧化层旁路的 VDMOS 结构[42]。它是可通过阶梯槽形氧化层来调制 VDMOS 高阻漂移区的电场强度分布，并增强了电荷补偿效应。这种结构使 VDMOS 在低于 300V 击穿电压下具有超低的导通电阻。与普通氧化旁路的 OBVDMOS 结构相比，阶梯槽形氧化层旁路 MOSFET 的击穿电压可提高 20% 以上，特征导通电阻降低 40% ~60%。

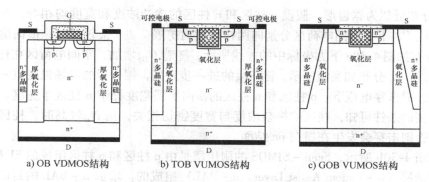

a) OB VDMOS 结构　　　　b) TOB VUMOS 结构　　　　c) GOB VUMOS 结构

图 4-28　氧化层旁路的 MOSFET 结构

4. 浮岛 MOSFET 结构

浮岛 MOSFET 结构如图 4-29 所示，它是在 VDMOS 结构的 n⁻ 漂移区中引入 p 型浮岛（Floating Island，FI）[43]，可以代替 200V 的 SJMOS。通常有两种不同形状的浮岛，如图 4-29a 所示。FIMOS 结构是在 VDMOS 的 n⁻ 漂移区中通过外延与离子注入引入多个平行的 p⁺ 埋层（称为浮岛），形成纵向交替出现的 pn 结[44]。如图 4-29b 所示，FLYMOS™ 结构是通过离子注入在 n⁻ 漂移区中引入两级 p⁺ 埋层[45,46]。这两种浮岛结构均是利用电荷补偿原理，通过在 n⁻ 漂移区中引入 p 浮岛，以改善导通电阻与击穿电压之间的矛盾关系。从图 4-29b 中可见，FLYMOS 的峰值电场与 VDMOS 相比明显下降，特征导通电阻也降低约 70%。

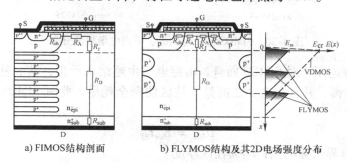

a) FIMOS结构剖面　　　　b) FLYMOS结构及其2D电场强度分布

图 4-29　FIMOS 结构剖面与 FLYMOS 结构及其 2D 电场强度分布

4.3.3　静态与动态特性

1. 击穿特性

（1）电场强度分布　图 4-30 给出了 SJMOS 结构与 Semi - SJMOS 结构及其在截止状态下的纵横向电场强度分布[14]。图 4-30a 显示，SJMOS 的耐压层由 SJ 的 p 柱区和 n 柱区组成，在截止状态下的纵向电场强度 E_V 分布近似为矩形，横向电场强

度 E_L 分布近似为锯齿形。假设 p 柱区和 n 柱区的掺杂浓度和宽度均相等，在外加正向电压 U_{DS} 下，空间电荷区分别向两柱区横向扩展。当 U_{DS} 较低时，横向电场强度 E_L 分布如图 4-30a 下方坐标中的虚线所示。随着 U_{DS} 增加，空间电荷区在柱区中心处相遇，E_L 分布如实线所示。随 U_{DS} 的进一步升高，锯齿形的电场强度进一步升高。在雪崩击穿电压下，p 柱区和 n 柱区的横向扩展宽度等于 n 柱区半宽度。根据电荷平衡的条件可知，柱区的掺杂浓度与宽度密切相关，当 N_D 较高时，柱区宽度较小，否则击穿会发生在横向 pn 结面。

如图 4-30b 所示，Semi – SJMOS 的耐压层是由 p 柱区和 n 柱区组成的 SJ 及其 n 底部辅助层（n – Bottom Assist Layer，n – BAL）组成的。增加 n – BAL 的目的是减小 p 柱区和 n 柱区的厚度 t_{SJ}，并为 p 柱区和 n 柱区的扩展提供足够的空间。Semi – SJMOS 的电场强度分布由矩形和梯形两部分组成：矩形部分是由 SJ 形成的；梯形部分是由 n – BAL 形成的。

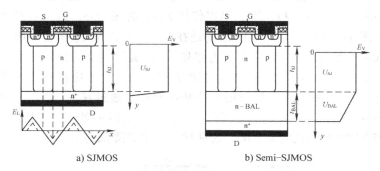

a) SJMOS   b) Semi–SJMOS

图 4-30　SJMOS 截止时的纵、横向电场强度分布

（2）击穿电压　对 SJMOS 而言，击穿电压由超结来承担，其 p 柱区和 n 柱区要满足电荷平衡，并且在击穿之前整个柱区便完全耗尽，此时 SJMOS 的击穿电压可表示为

$$U_{BR} = E_{cr}t_{SJ} \tag{4-59a}$$

式中，E_{cr} 为临界击穿场强；t_{SJ} 为柱区厚度。

式（4-59a）表明，SJMOS 的击穿电压与柱区厚度成正比。

对于 Semi – SJMOS 而言，击穿电压由 SJ 和 BAL 层共同来承担，可表示为

$$U_{BR} = U_{SJ} + U_{BAL} \tag{4-59b}$$

柱区厚度 t_{SJ} 越厚，U_{SJ} 越高；n – BAL 层厚度 t_{BAL} 越厚，U_{BAL} 越高。

2. 导通特性

VDMOS 的导通电阻 R_{on} 主要由沟道电阻 R_{ch}、积累区电阻 R_A、JFET 区电阻 R_J 及漂移区电阻 R_D 组成，并且这些电阻分量在 R_{on} 中所占的比例随击穿电压的不同而变化。要降低 VDMOS 的导通电阻，就要提高漂移区的掺杂浓度、减小漂移区的厚

度，这与击穿特性对器件参数的要求相矛盾。所以，VDMOS 的击穿电压越高，导通电阻也就越大。研究表明，VDMOS 的特征导通电阻（或比导通电阻）$R_{\text{on,sp}}$ 与击穿电压约成 2.5 次方关系[1]，即

$$R_{\text{on,sp}} = 1.63 \times 10^{-8} U_{\text{BR}}^{2.5} \tag{4-60}$$

式中，U_{BR} 的单位为 V；$R_{\text{on,sp}}$ 的单位为 $\Omega \cdot \text{cm}^2$。

SJMOS 导通电阻的组成与 VDMOS 相似，主要由沟道电阻 R_{ch}、积累区电阻 R_{A}、JFET 区电阻 R_{J} 及漂移区电阻 R_{D} 组成，只是漂移区电阻 R_{D} 实际上是 n 柱区电阻 $R_{\text{n-pillar}}$，可表示为

$$R_{\text{on}} = R_{\text{n-pillar}} + R_{\text{J}} + R_{\text{A}} + R_{\text{ch}} \tag{4-61}$$

用 SJ 替代了 VDMOS 中的 n⁻ 漂移区，使得 SJMOS 的耐压明显提高。若 VDMOS 和 SJMOS 的耐压相同，可将 SJ 的柱区掺杂浓度提高约一个数量级，以降低其 n 柱区电阻 $R_{\text{n-pillar}}$，从而降低导通电阻。因此，SJMOS 的导通电阻低于具有相同耐压值的 VDMOS。

若考虑到柱区宽度和掺杂浓度对耐压的影响，则 SJMOS 的特征导通电阻 $R_{\text{on,sp}}$ 与耐压约成 1.32 次方关系[28]，可用下式表示：

$$R_{\text{on,sp}} = 10^{-7} b^{11/12} g U_{\text{BR}}^{1.32} \tag{4-62}$$

式中，b 为元胞宽度或间距（μm）；g 是与元胞图形有关的常数，取值在 1~2.5 之间。式（4-62）表明，SJMOS 的特征导通电阻与击穿电压几乎呈线性关系，其比例系数与元胞的尺寸和图形有关。

为了同时兼顾 SJMOS 的性能和工艺成本，将柱区厚度和宽度同时缩小，制成了 Semi-SJMOS 结构。在相同耐压下，具有相同深宽比柱区的 Semi-SJMOS 的导通电阻比 SJMOS 的更小。在 Semi-SJMOS 结构中引入底部辅助层（n-BAL），不仅有利于减小柱区厚度，保证器件的击穿电压，同时 n-BAL 对导通电阻也会产生影响，其 n⁻ 漂移区电阻 R_{D} 由柱区电阻 $R_{\text{n-pillar}}$ 和 n-BAL 层电阻 R_{BAL} 两部分组成。除 n⁻ 漂移区外，Semi-SJMOS 其他区域的电阻均与 SJMOS 相同。所以，Semi-SJMOS 导通电阻可表示为

$$R_{\text{on}} = R_{\text{n-pillar}} + R_{\text{n-BAL}} + R_{\text{J}} + R_{\text{A}} + R_{\text{ch}} \tag{4-63}$$

式（4-63）表明，Semi-SJMOS 的导通电阻与 SJ 柱区的掺杂浓度和厚度及 n-BAL 的浓度和厚度等参数有关。

图 4-31 比较了不同结构的功率 MOSFET 的特征导通电阻与击穿电压之间的关系曲线[47]。图 4-31a 显示，随击穿电压的上升，VDMOS 的导通电阻急剧增加，而 SJMOS 的导通电阻上升较慢。图 4-31b 显示，当超结厚度相同时，随 n-BAL 层厚度增加，Semi-SJMOS 的击穿电压增大，特征导通电阻也随之增大。并且，SJ 器件的导通电阻比"硅限"要低很多。

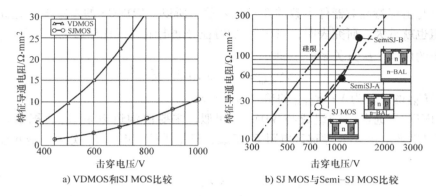

a) VDMOS和SJ MOS比较

b) SJ MOS与Semi–SJ MOS比较

图 4-31　不同功率 MOSFET 结构的导通电阻与击穿电压关系比较

3. 输入输出电容

功率 MOSFET 的动态特性取决于其输入输出电容，开关损耗是由输入电容 C_{iss} 和输出电容 C_{oss} 的充放电决定的。图 4-32 给出了 SJMOS 的寄生电容，其中包括栅–源电容 C_{GS}、栅–漏电容 C_{GD} 及漏–源电容 C_{DS}。如图 4-32a 所示，假设平面栅 SJMOS 与 VDMOS 的栅极面积和芯片面积相同，则平面栅 SJMOS 的 C_{GS} 和 C_{GD} 与 VDMOS 的相同，但 C_{DS} 由超结中 n 柱区和 p 柱区之间的 pn 结电容引起。当漏源电压 U_{DS} 较低时，SJMOS 的漏–源电容 C_{DS} 明显比 VDMOS 的大。随外加电压的增加，超结中 n 柱区和 p 柱区之间的 pn 结的耗尽层宽度增大，C_{DS} 会降低。可见 C_{DS} 与外加电压或耗尽层宽度成反比，外加电压越高，耗尽层宽度越大，C_{DS} 越小。

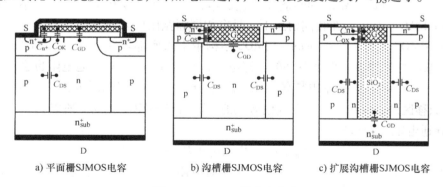

a) 平面栅SJMOS电容

b) 沟槽栅SJMOS电容

c) 扩展沟槽栅SJMOS电容

图 4-32　SJMOS 的寄生电容

实际上，SJMOS 与 VDMOS 的栅极面积并非完全相同。因为在相同耐压下，SJMOS 的特征导通电阻 $R_{on,sp}$（$R_{on}A$）比 VDMOS 的小，若两者导通电阻 R_{on} 大小相同，则 SJMOS 的面积小于 VDMOS。由于面积减小，SJMOS 的栅–源电容 C_{GS} 及栅–漏电容 C_{GD} 也比 VDMOS 的小，因此 SJMOS 的输入电容 C_{iss} 和输出电容 C_{oss} 均小于 VDMOS

的。C_{iss}和C_{oss}越小，开关损耗越低，同时栅电荷越少，有利于降低驱动功率。故 SJ-MOS 有更低的开关损耗和更小的驱动功率。

如图 4-32b 所示，与 VUMOS 相比，沟槽栅 SJMOS 的栅 – 源电容 C_{GS} 与栅 – 漏电容 C_{GD} 相同，漏源电容 C_{DS} 明显比 VUMOS 的大，且 C_{DS} 随 U_{DS} 的变化趋势与平面栅 SJMOS 的相同。为了降低沟槽栅 SJMOS 的输入输出电容，可采用如图 4-32c 所示的扩展沟槽栅 SJMOS 结构。由于扩展沟槽栅 SJMOS 结构中存在氧化物填充的深沟槽，使氧化层厚度增大，并且其面积也较小，故扩展沟槽栅 SJMOS 的 C_{GD} 明显比传统沟槽栅 SJMOS 的小，可用下式表示为

$$C_{GD} = \frac{A\varepsilon_{ox}}{t_{ox}} \tag{4-64}$$

式中，t_{ox} 是栅漏之间氧化层厚度；ε_{ox} 是氧化层介电常数；A 是氧化层面积。

由式（4-64）可知，C_{GD} 不仅与 t_{ox} 成反比，而且与沟槽栅的面积 A 成正比。相比较而言，扩展沟槽栅结构栅漏之间的氧化层厚度 t_{ox} 更厚，沟槽栅的面积 A 更小，因此其 C_{GD} 远小于常规结构的，导致输入电容 C_{iss} 远小于常规结构的。

扩展沟槽栅 SJMOS 结构输出电容 C_{oss} 都是由漏 – 源电容 C_{DS} 及栅 – 漏电容 C_{GD} 并联组成即 $C_{oss} \approx C_{DS} + C_{GD}$。此外，$C_{DS}$ 与柱区 pn 结的耗尽层宽度（受制于 n 柱区的宽度）有关。由于扩展沟槽栅结构 n 柱区宽度较窄、浓度较高，故耗尽层宽度较小，导致其 C_{DS} 比常规沟槽栅结构的 C_{DS} 稍大。图 4-33 给出了两种沟槽栅 SJMOS 输出电容随 U_{DS} 变化的关系曲线[48]。可见，扩展沟槽栅 SJMOS 结构的输出电容 C_{oss} 远小于常规沟槽栅 SJMOS 结构的。

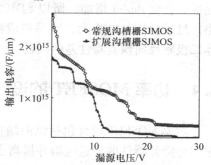

图 4-33　两种沟槽栅 SJ MOSFET
输出电容比较

4. 开关特性

SJMOS 开关特性取决于栅极电容的充放电及 SJ 的耗尽速度，所以平面栅 SJMOS 的开关速度要比 VDMOS 的快，扩展沟槽栅 SJMOS 比常规沟槽栅 SJMOS 的快。如图 4-34 所示，扩展沟槽栅 SJMOS 在开通和关断期间漏源电压和漏极电流随时间的变化均快于常规沟槽栅 SJMOS 结构。这是因为扩展沟槽栅 SJMOS 的输入电容 C_{iss} 和输出电容 C_{oss} 都比常规沟槽栅 SJMOS 的小。可见，采用扩展沟槽栅 SJMOS 结构，不仅可以降低 SJ 的制作难度，而且可以获得更好的频率特性和开关特性。

5. 体二极管的特性

尽管 SJMOS 具有低导通电阻，低开关损耗和低驱动功率，但其中也存在一个

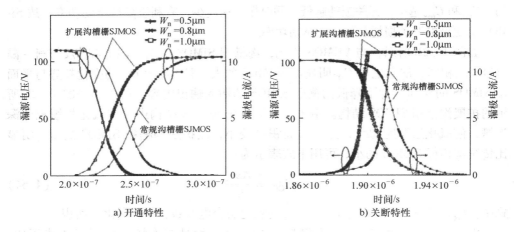

图 4-34　两种沟槽栅 SJ MOS 的开关特性比较

体二极管。由于超结会使体二极管结面积增大，导致 I_{RM} 和 Q_{rr} 较大。柱区的快速耗尽又会使 du/dt 增加，所以 SJMOS 中体二极管的反向恢复特性更差，不仅软度小，且反向恢复电流大，容易造成器件失效。采用 Semi – SJMOS 可以有效地解决体二极管反向恢复特性差的问题。

4.4　功率 MOSFET 的设计

功率 MOSFET 设计包括纵向结构设计与横向结构设计。纵向结构设计主要考虑如何降低器件的导通电阻并提高击穿电压，横向结构设计主要考虑如何提高电流密度。下面以 VDMOS 结构为例来介绍功率 MOSFET 的设计方法。

4.4.1　纵向结构的设计

1. n⁻ 漂移区的设计

VDMOS 的 n⁻ 漂移区直接关系到击穿电压和导通电阻，两者对 n⁻ 漂移区的要求相互矛盾。设计时应根据器件的特性参数要求进行折中考虑，在满足击穿电压的前提下，使 n⁻ 漂移区宽度 W_{n^-} 与外加电压下 n⁻ 漂移区耗尽层的展宽 W_D 相等，此时导通电阻 R_{on} 最小。此外，n⁻ 漂移区采用非均匀外延掺杂来代替均匀掺杂，有利于降低 R_{on}。n⁻ 漂移区的非均匀外延掺杂浓度分布和厚度可分别用下式来表示：

$$N_D(x) = \frac{\varepsilon_0 \varepsilon_r E_{cr}^2}{3qU_{(BR)DS} \sqrt{1 - (2E_{cr}x/3U_{(BR)DS})}} \tag{4-65}$$

$$W_n = \frac{3}{2} \frac{U_{BR}}{E_{cr}} \tag{4-66}$$

式中，E_{cr} 为临界击穿电场强度；$U_{BR(DS)}$ 为漏源击穿电压。与上式对应的最小电阻为

$$R_{on,min} = \frac{3U_{BR}^2}{\varepsilon_0 \varepsilon_r \mu_n E_{cr}^3} \tag{4-67}$$

由式（4-67）所确定的导通电阻值 $R_{on,min}$ 比均匀掺杂时的低 12.5%。

2. p 体区的设计

p 体区的设计主要考虑击穿特性与开通特性。在截止状态下，为了防止 J_1 结穿通到源区，要求 p 体区的掺杂浓度 N_p 要高，厚度 W_p 要厚。图 4-35 给出了 VDMOS 剖面及沟道横向掺杂浓度分布[4]。可见，p 体区次表面浓度 N_{PJ} 与沟道掺杂浓度有关，决定了阈值电压的高低。N_{PJ} 越高，则阈值电压越高。p 体区厚度 W_p 由 n^+ 源区和 p 体区的结深决定，并与沟道长度 L 有关。沟道长度 L 通常为 $0.8W_p$。W_p 越厚，即 L 越长，会导致跨导减小、沟道电阻 R_{ch} 增大。所以，沟道长度与沟道掺杂浓度的设计需同时考虑阈值电压、

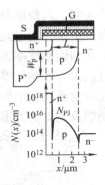

图 4-35　VDMOS 剖面及沟道横向掺杂浓度分布

沟道电阻及击穿电压。当功率 MOSFET 的 U_T 为 3~5V 时，N_{PJ} 在 $(3~5) \times 10^{17} cm^{-3}$ 范围内；当沟道长度 L 为 $1~2\mu m$ 时，p 体区厚度 W_p 约为 $1.25~2.5\mu m$。

3. p 阱区的设计

为了防止 VD MOS 结构中寄生的 npn 晶体管工作，需减小 p 体区的横向电阻 R_B。p 体区的浓度 N_p 越高，厚度 W_p 越厚，R_B 越小，但 W_p 受 L 的限制。为了避免 W_p 对 L 的影响，通常在 p 体区制作之前，先通过硼离子（B^+）注入在其下方形成一个 p^+ 阱区，如图 4-35 所示，以增加 p 体区的掺杂浓度和厚度，从而有效地降低 p 体区的横向电阻 R_B，提高 VDMOS 的可靠性。

4.4.2　横向结构的设计

1. 元胞图形的设计

功率 MOSFET 的电流与沟道宽度成正比，为了提高电流容量，通常在有限的芯片面积上将多个元胞并联起来，以增大沟道宽度。图 4-36 给出了圆阱六角元胞的 VDMOS 电流分布及其对应的元胞图形[19]。其中 a 表示 p 体区尺寸，s 表示 p 体区间距，b 表示元胞间距（Cell Pitch），为元胞重复单元。若用 A_{cell} 表示元胞总面积，A' 表示元胞边角结合处不能流过电流的无效区面积，通常将 A'/A_{cell} 定义为芯片牺牲率[20]。A'/A_{cell} 值越小，则 R_{on} 越小。A_{ch} 表示垂直导电沟道的有效面积，通常将 A_{ch}/A_{cell} 称为品质因子。

在元胞图形的设计中，若 A_{ch}/A_{cell} 值越大，则 R_{on} 越小，故 A_{ch}/A_{cell} 值决定了芯片面积一定时 R_{on} 的大小。图 4-37 给出了不同元胞图形的品质因子随元胞参数 a/s 的变化曲线[4]。当 p 体区间距 s 与 p 体区尺寸 a 相等时，即 $s/a=1$ 时，方形或六角形元胞图形的品质因子 A_{ch}/A_{cell} 最大，而三角形与条形的品质因子较小。经几何计算表明，六角形及方形元胞的牺牲率最小，圆形元胞的牺牲率最大[20]。相比较而言，由于三角形元胞的电场容易集中，会导致漏源击穿电压降低，无实用价值；圆形元胞因牺牲率大而很少用；六角形与方形的 A_{ch}/A_{cell} 值和 A'/A_{cell} 值基本相同，并且六角形元胞能够紧密结合，电流分布均匀，芯片利用率高。所以，低压器件多采用六角形元胞结构，高压器件对元胞结构的几何形状并无特别要求，通常采用易于制版及光刻的方形元胞。

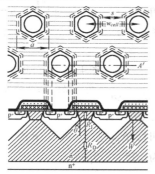
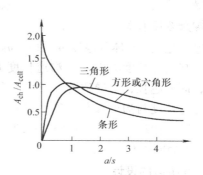

图 4-36　VDMOS 电流分布及元胞图形　　图 4-37　各种元胞图形的品质因子随 a/s 的变化趋势

2. 元胞密度的设计

单位面积的元胞数称为元胞密度。对低压功率 MOSFET 而言，元胞密度对降低沟道电阻很关键。这是由于低压器件的外延层厚度较薄，VDMOS 中各元胞的电流路径基本上不发生交叠（见图 4-38a）或者部分交叠（见图 4-38b），此时减小线宽或增加沟道宽度，可以提高元胞密度，有利于降低导通电阻。对中、高压功率 MOSFET 而言，由于沟道电阻对导通电阻的贡献很小，所以元胞密度不是很重要。因为随着漏源击穿电压增加，外延层厚度不断增加。如图 4-38c 所示，当外延层厚度较厚时，各元胞的电流路径几乎完全发生互相交叠，此时整个芯片可视为一个整块导体，与芯片元胞数基本无关，此时提高元胞密度对降低导通电阻没有作用。反而，由于漂移区电阻 R_D 与通流截面积

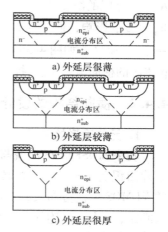

a) 外延层很薄

b) 外延层较薄

c) 外延层很厚

图 4-38　外延层厚度
对电流分布影响

成反比，p 体区间距越大，越有利于减小 R_D，从而减小导通电阻 R_{on}。所以，为了减低高压器件的导通电阻，并避免 JFET 的影响，p 体区间距尽可能大些，但应小于 p 体区最大元胞间距 s_{max}。否则，每个元胞像一个单独的 pn 结，其边、角电场强度很高，导致击穿电压降低。

3. 有效面积和元胞数的确定

功率 MOSFET 的导通电阻等于特征导通电阻与有效面积之比。当导通电阻的指标给定后，可根据特征导通电阻和导通电阻值之间关系计算有效面积[49]。

元胞数可根据电流容量来计算，电流容量与元胞数之间的关系为 $I = JAn$。这里，I 为导通电流；J 为电流密度；A 为元胞中有效导电区的面积；n 为元胞数。如已知 $I = 10A$、$J = 70A/cm^2$、$A = 138.43\mu m^2$，所以很容易求出元胞个数为 1.032×10^5。通常每个元胞的电流容量为 $0.6 \sim 0.9mA$，那么 2A 器件一般需设计成 3600 个元胞，而对于 5A/600V 器件则需设计成 9000~11000 个元胞。

4. 栅极结构的设计

栅极特性要求接触电阻低、击穿电压高、漏电流及输入电容小。栅电极材料可采用金属铝和重掺杂多晶硅。实际工艺中，利用磷离子（P^+）注入同时对多晶硅栅和 n^+ 源区进行掺杂。

由于功率 MOSFET 由成千上万个元胞并联而成，电流容量越大，元胞数量也越多，芯片面积会随之增大。显然，会有一部分元胞距栅极压焊点较远。因多晶硅栅极存在较大的分布电阻，在一定栅极偏压下，该分布电阻会使远离栅极压焊点的元胞沟道不能充分开启。为了降低栅极分布电阻的影响，在版图布局时，通常将栅极压焊点处的金属引伸到离压焊点较远的元胞处，且引伸的金属条与其下面多晶硅相接触，如图 4-39 所示。图中的虚线箭头表示栅极信号流的方向与路径，金属栅极采用了延伸结构，被源区包围。芯片外围采用场限环结终端。

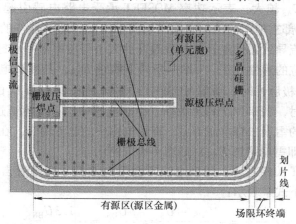

图 4-39　VDMOS 的版图布局

4.5 功率 MOSFET 的应用可靠性与失效分析

4.5.1 应用可靠性

1. 安全工作区

功率 MOSFET 必须工作在极限参数规定的区域，该区域称为安全工作区（SOA）。如图 4-40 所示，功率 MOSFET 的 SOA 由导通电阻 R_{on}、最高漏极电流 I_{DM}、最大耗散功率 P_{DM} 及最高漏源电压 $U_{(BR)DS}$ 决定。当 U_{DS} 很小时，SOA 由 R_{on} 和 I_{DM} 决定；当 U_{DS} 较大时，SOA 由 P_{DM} 决定；当 U_{DS} 很大时，SOA 由 $U_{(BR)DS}$ 决定。此外，SOA 与脉冲持续时间有关，脉冲持续时间越长，温升对 SOA 影响越大，SOA 越小。图中直流工作时的 SOA 最小。

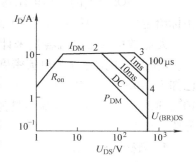

图 4-40　功率 MOSFET 的 SOA

功率 MOSFET 在任何条件下工作时，其电流、电压及功耗都必须在 SOA 要求的范围之内。如果电流、电压及功耗超出其极限要求，则会损坏。为了增大功率 MOSFET 的 SOA，除了降低导通电阻、提高击穿电压外，还需加强散热，以降低热阻。

2. 雪崩耐量

（1）雪崩耐量的定义　功率 MOSFET 的雪崩耐量常用单脉冲雪崩耐量 E_{AS} 和重复脉冲雪崩耐量 E_{AR} 两个值来表示。单脉冲雪崩耐量 E_{AS} 定义为单次雪崩状态下器件所能消耗的最大能量。重复脉冲雪崩耐量 E_{AR} 定义为重复雪崩状态下器件所能消耗的最大能量。E_{AS} 越大，表示功率 MOSFET 承受电路电感引起过电压的能力越强。E_{AS} 与器件内部雪崩电流的分布及雪崩面积有关，还与器件的热性能和工作状态相关。雪崩电流导致器件温升，并且温升的大小与功率水平和封装热阻有关。

通常在非箝位的感性开关（UIS）条件下测量 E_{AS}，其测试电路如图 4-41a 所示[50]。当加上栅极脉冲时，功率 MOSFET 中的电流根据 L 和 U_S 的大小逐渐上升。当栅极脉冲结束时，功率 MOSFET 关断。由于电感中仍有电流流过，U_{DS} 会急剧上升，并达到器件的雪崩击穿电压 U_{BR}，直到电感中的电流消失。在此过程中，器件中消耗的能量（即雪崩耐量 E_{AS}）如图 4-41b 所示。

功率 MOSFET 关断之后，漏极电流不会瞬时改变，会随着击穿电压按一定的速率下降，可用下式来表示：

$$\frac{\mathrm{d}I_{AS}}{\mathrm{d}t_{AS}} = -\frac{U_{DS} - U_S}{L} \approx -\frac{U_{DS}}{L} \approx -\frac{1.3U_{BR}}{L} \tag{4-68}$$

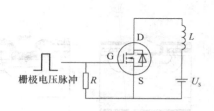 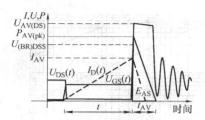

a) E_{AS}测试电路   b) 雪崩电流与电压波形

图 4-41 功率 MOSFET 的 E_{AS} 测试电路及雪崩电流与电压波形

式中，U_{BR} 为功率 MOSFET 的雪崩击穿电压；U_S 为电源电压；L 为电感。

于是雪崩耐量 E_{AS} 值可表示为

$$E_{AS} = \frac{1}{2} P_{AV} t_{AV} = \frac{1}{2} U_{BR} I_{AS} t_{AV} \tag{4-69a}$$

将式（4-68）代入式（4-69a），可得到

$$E_{AS} = \frac{1}{2} \frac{U_{BR}}{U_{BR} - U_S} L I_{AS}^2 \tag{4-69b}$$

式中，U_{BR} 为功率 MOSFET 雪崩击穿电压；I_{AS} 为雪崩电流。可见，E_{AS} 除了与 U_{BR}、I_{AS} 有关外，还与电路的初始电感 L 成正比。

雪崩期间，器件中的雪崩能耗会引起瞬时温升 ΔT。此时器件的最高结温 T_{jm} 可用下式以表示[50]：

$$T_{jm} = \Delta T + T_j \tag{4-70}$$

式中，ΔT 为雪崩过程中器件的最大温升；T_j 为器件关断前的结温。如果 T_{jm} 为 175℃，则在 $T_j = 25$℃时，允许雪崩电流 I_{AS} 产生的 ΔT 为 150℃。在 $T_j = 150$℃，允许雪崩电流产生的 ΔT 只有 25℃。

图 4-42 所示为功率 MOSFET 承受单脉冲雪崩时的 SOA 测试曲线。可见，当 $T_j = 25$℃时，功率 MOSFET 的 SOA 区较宽。当 $T_j = 150$℃时，由雪崩电流产生的功耗导致其 SOA 缩小。这说明功率 MOSFET 不存在由双极型晶体管过热引起的二次击穿现象，但并不排除由雪崩引起的二次击穿。

（2）提高雪崩耐量的措施   为了提高 VDMOS 的 E_{AS}，可以从结构上进行改进，通过增加 p 体区尺寸 a 来增加雪崩期间通流面积，还可采用沟槽平面栅（TP-MOS）结构，通过选择适当的沟槽宽度 w_t 和深度 d_t 来提高 E_{AS}。此外，采用沟槽体接触（Trench Body Contact，TBC）[51]（见图 4-43a），即在 VDMOS 的源区与 p 体区欧姆接触处通过刻蚀工艺形成一个浅沟槽，可降低源极接触电阻，有利于提高功率 MOSFET 的雪崩耐量。西门子（Siemens）公司的 S – FET 结构（见图 4-43b）是采用氧化物侧墙和双离子注入的自对准超精细工艺来改善功率 MOSFET 的雪崩耐量及稳定性[52]。

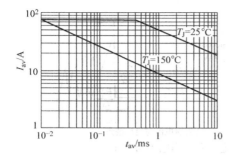

图 4-42　功率 MOSFET 承受单脉
冲雪崩时的 SOA 测试曲线

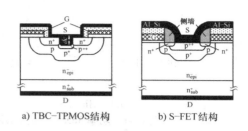

a) TBC-TPMOS结构　　b) S-FET结构

图 4-43　改善功率 MOSFET 雪崩耐量的结构

图 4-44 所示为 TPMOS 的雪崩耐量 E_{AS} 随 p 体区尺寸 a、沟槽平面栅区参数及沟槽接触区深度变化的模拟曲线。可见，当 a 在 $16 \sim 28\mu m$ 范围内逐渐增大时，E_{AS} 也明显增大。当深度 d_t 为 $2.0\mu m$ 时，随宽度 w_t 增大，TPMOS 的 E_{AS} 几乎线性增大。当 w_t 为 $4.0\mu m$，随 d_t 增大，E_{AS} 也增大。可见，TPMOS 的 E_{AS} 与 p 体区尺寸有关，即 p 体区尺寸越大，雪崩面积越大，雪崩耐量越高。当接触区槽深 d_c 为 $2.5\mu m$ 时，雪崩耐量最高，如图 4-44d 所示。但接触区槽深 d_c 不能过大，否则会在接触槽底处发生穿通击穿，导致雪崩耐量急剧下降。

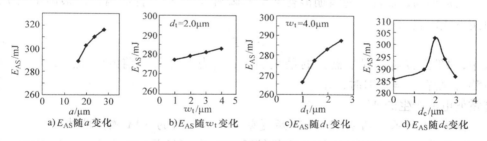

a)E_{AS}随a变化　　b)E_{AS}随w_t变化　　c)E_{AS}随d_t变化　　d)E_{AS}随d_c变化

图 4-44　TPMOS 雪崩耐量随结构参数的变化

4.5.2　失效分析

1. 寄生晶体管导通引起的失效

根据图 4-5 所示的等效电路可知，功率 MOSFET 结构中存在一个寄生的 npn 晶体管。如果 p 体区横向电阻 R_B 很小，则寄生的 npn 晶体管不会被触发，此时漏极电流由栅极电压控制。如果 R_B 较大或者流过 R_B 的电流过大，在 R_B 上产生的压降高于 npn 晶体管发射极的开启电压（25℃时约为 0.7V，温度升高时会下降），寄生npn 晶体管开始工作，于是功率 MOSFET 因栅极失控而失效。

为了保证功率 MOSFET 正常工作，必须减小 p 体区横向电阻 R_B，以消除寄生npn 晶体管的影响。通常采用以下措施：一是在制作时使 n^+ 源区与 p 体区短路；

二是采用较窄的 n⁺ 源区，并在 p 体区制作之前先形成一个高掺杂浓度的 p⁺ 阱区，以减小 p 体区横向电阻 R_B；三是在源极接触处通过离子注入形成 p⁺⁺ 区，或者通过刻蚀工艺形成沟槽后再注入 p⁺⁺ 区，以降低源区接触电阻。

2. 雪崩引起的失效

（1）动态雪崩　功率 MOSFET 在关断过程中发生的雪崩击穿简称为动态雪崩。动态雪崩的触发与漏源电压的大小以及上升率有关。

在功率 MOSFET 关断期间，当漏源电压上升较快（即电压变化率 du_{DS}/dt 较高）时，J_1 结电容 C_J 放电会引起较大的位移电流 i_{dis}（即 $i_{dis} = C_J du_{DS}/dt$）。该位移电流通过 R_B 时会诱发寄生的 npn 管导通。特别是在感性负载下，关断功率 MOSFET 时，由于开关电路的电感较大，会引起漏源电压 U_{DS} 出现尖峰，超过其雪崩击穿电压时，导致功率 MOSFET 发生动态雪崩，此时器件内电离作用加剧，会出现大量的空穴电流，经 p 体区横向电阻 R_B 流入源极，引起寄生 npn 晶体管导通。功率 MOSFET 的结构不同，雪崩状态下内部的电流分布不同。如图 4-45 所示，VDMOS 发生动态雪崩时，沟道中已经无电子电流流过，电子电流和空穴电流都会经过 p 体区并集中在体二极管内。

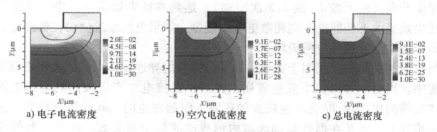

a) 电子电流密度　　　　b) 空穴电流密度　　　　c) 总电流密度

图 4-45　VDMOS 发生雪崩时内部的电流分布

图 4-46 所示为功率 MOSFET 发生雪崩击穿时的 $I-U$ 特性曲线。其中，I_{DO} 为漏极电压较低时的饱和漏极电流，$U_{DS(SB)}$ 为雪崩击穿时的电压值。发生雪崩击穿后，漏极电压快速返回达到晶体管基极开路时的击穿电压 $U_{(BR)CEO}$，I_D 急剧增大，并主要由雪崩电流组成。功率 MOSFET 内部产生很大的功耗会引起器件发热。如果温升超过器件所允许的最高结温，会导致器件烧毁。为了防止功率 MOSFET 发生雪崩击穿，在使用时一定要对漏源电压 U_{DS} 及其上升率（du_{DS}/dt）和外电路电感加以限制。

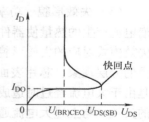

图 4-46　功率 MOSFET 雪崩击穿时 $I-U$ 曲线

（2）失效模式　由动态雪崩引起的失效模式有两种：一是与热耗散有关，称为与能量（或温度）相关的失效；另一种与电流有关，称为与电流相关的失效[53]。图 4-47 给出了功率 MOSFET 两种雪崩耐量的破坏性测试曲线。如图 4-47a

所示，与温度有关的失效器件中，雪崩电流较大，并且高电压持续较长的时间后才被损坏；如图 4-47b 所示，与电流相关的失效器件中，雪崩电流也很大，但高电压持续的时间极短（＜＜1μs），器件就被损坏。

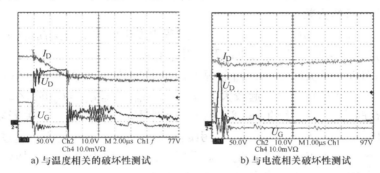

a) 与温度相关的破坏性测试   b) 与电流相关破坏性测试

图 4-47　功率 MOSFET 雪崩耐量破坏性测试曲线

与温度相关的失效起因于动态雪崩时的大电流与高电压所产生的高功耗引起的温升。功率 MOSFET 发生动态雪崩后，由于高电场和高电流密度共同作用，使晶格的温度升高（温升按 I_{AS} 的 1.5 次增加），达到本征失效温度后将不再升高[53]。在本征失效温度下，器件不能耗散更多的能量。如果电流继续流动，器件将会因温度过高产生本征导通效应而损坏。

与电流相关的失效起因于寄生的 npn 晶体管的导通及其电流放大作用而引起的电流集中。当功率 MOSFET 发生雪崩击穿后，碰撞电离产生较高的空穴电流，流过 p 体区横向电阻 R_B 时会产生较大的压降，引起寄生的 npn 晶体管导通，使得电流进一步放大，于是在器件局部区域内形成电流集中而失效。所以，器件在不足 1μs 的极短时间内被损坏。

（3）失效形貌　功率 MOSFET 的动态雪崩击穿并不一定烧毁器件，但只要雪崩电流产生的热量使器件结温超出最高结温，就会对器件可靠性造成影响。不同的失效模式对应的失效形貌也不同。与温度相关的失效，解剖后发现，内部会出现严重的分层现象，芯片表面有一条形状不规则的"紫纹"，如图 4-48a 所示[54]。这是由于大电流经过时造成器件损伤，纹路显示出了大电流流过的区域。与电流有关的失效，与上述大电流通过时产生的损伤有所不同，其形貌表现为芯片表面都有一个较小的烧穿点，如图 4-48b 所示。烧穿点随机分布在芯片表面的引线或栅极附近，这可能是由器件衬底材料或制作工艺均匀性差导致各元胞的工艺或特性参数不均匀，击穿电流会通过导通电阻最小的元胞使器件烧毁。

3. 温度升高导致失效

功率 MOSFET 的特性参数随温度变化很敏感，温度升高会导致器件不稳定及失效。根据功率 MOSFET 的温度特性分析可知，温度升高，导通电阻和截止漏电

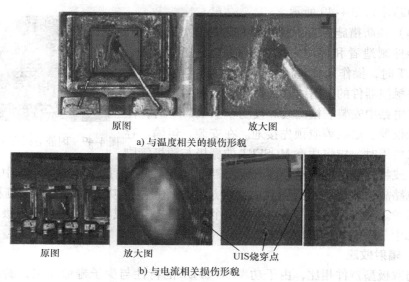

原图　　　　　　　　　　放大图

a) 与温度相关的损伤形貌

原图　　　　　放大图　　　　　　　UIS烧穿点

b) 与电流相关损伤形貌

图 4-48　功率 MOSFET 因动态雪崩导致的失效损伤形貌

流增加，导致通态功耗和断态功耗增加；同时阈值电压下降，容易引起误触发。此外，温度升高时，npn 晶体管的发射结开启电压下降、且 p 体区的电阻增加，均会使寄生的 npn 晶体管导通，使功率 MOSFET 更易发生动态雪崩而失效[55]。

4. 静电放电导致 MOS 栅的失效

由于 MOS 栅极电阻较高，当栅极断开时，易受外电场作用可能感应瞬时高电压，若超过 $U_{(BR)GS}$ 时，会造成栅氧化层击穿。这种静电放电是导致功率 MOSFET 失效的重要模式，约占总失效的 10%。

（1）失效因素　功率 MOSFET 因静电损伤的失效因素有人为因素和固有因素。在实际使用中，操作人员或测量仪器、烙铁等在没有适当保护的情况下与器件接触，或者让器件处在电场中，导致其栅极电荷重新分布，产生感应电场，当栅氧化层上静电压超过 $U_{(BR)GS}$（约为 75V）导致栅氧化层击穿，造成栅极与 p 体区，或栅极与源极间短路[15]。固有因素与器件自身结构有关，由于栅极氧化层厚度 t_{ox} 大约为 100nm，且一般热氧化层都有些缺陷，栅极氧化层的实际耐压更低。当栅极所加的电压超过 $U_{(BR)GS}$，会损坏功率 MOSFET 的栅极。另外，功率 MOSFET 由许多个元胞并联而成，其金属电极之间的间距较小（<10μm）。当金属铝条间的静电压超过某一数值时，就可能发生电火花，使铝条局部熔化，造成短路或断路，也会引起器件失效。

（2）失效部位　静电损伤的失效部位通常是器件中易受静电影响的部分及结构薄弱处。如薄氧化层、电场集中处，电流集中处及热容量小的地方。因静电损伤失效的芯片如图 4-49 所示。

（3）预防措施　为了预防器件因静电放电失效，可从器件制造者和使用者两个方面考虑。实际使用 MOSFET 时，操作人员应接地。此外，还应尽量避免用手去触摸器件的外引线，最好使用专用的工具或夹具。在电路中安装、检测或焊接功率 MOSFET 时，注意测量仪器、烙铁等应预先接地。在安装、运输、存放或未使用时，应将功率 MOSFET 的栅极与源极管脚

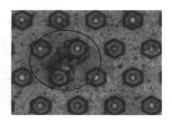

图 4-49　因静电损伤失效的芯片

短接，或将其装在抗静电袋内，或用铝箔包裹，或将管脚插在导电泡沫中。为了防止由电路故障或使用不当引起的栅极过电压，可以对功率 MOSFET 的栅极进行过电压保护。在实际电路中，可外接一个栅保护二极管或者在栅极与发射极之间并联一个几十千欧姆的电阻来预防。

5. 辐射效应

与双极型器件相比，由于功率 MOSFET 的特性与少子寿命无关，所以不存在因辐射导致寿命变化而引起的器件特性变化。但由于功率 MOSFET 中存在 MOS 结构，导致其受电离辐射、核电磁脉冲等的影响较大。电离效应会在 MOS 栅氧化层中积累正电荷，并引起界面态电荷。由于 MOSFET 阈值电压与 MOS 栅氧化层中的电荷和界面态电荷密切相关，所以辐射产生的正电荷和界面态必然会引起 MOSFET 阈值电压的漂移。界面态的增加，不仅会改变器件阈值电压，而且会降低沟道载流子的迁移率，从而降低跨导并增加噪声。此外，核电磁脉冲会引起功率 MOSFET 栅击穿或保护电路烧毁，也可能引发动态雪崩。

功率 MOSFET 抗电离辐射能力较差，比一般双极型晶体管低 2～3 个数量级。可以采用以下措施来提高功率 MOSFET 抗电离辐射的能力[22]：

1）减小栅氧化层厚度。由于辐射引起的阈值电压漂移与栅氧化层厚度成正比，故减少栅氧化层厚度对抑制阈值电压漂移有利。

2）提高栅氧化层质量。采用 1000℃ 干氧氧化制作栅氧化层，氧化后在低于 850℃ 下的氮气气氛中退火，或者在氧化前用氯化氢（HCl）气体净化炉管，可提高栅氧化层质量。

3）对栅氧化层进行适当的掺杂。在氧化层中掺铝、磷、铬、钼等都会不同程度地改善器件的抗辐射性能，其中掺铬效果较好。掺铬后在氧化层内会引进大量电子俘获中心，可减少正电荷积累和辐射产生的界面态，但掺杂的氧化层重复性差。

4）加强表面钝化，采用氧化铝（Al_2O_3）膜和氮化硅（Si_3N_4）膜作为表面钝化层，可显著提高器件的抗电离辐射能力。采用化学气相淀积的 Al_2O_3 薄膜，抗电离辐射能力几乎可提高 10～30 倍，但 Al_2O_3 的稳定性差。

5）提高封装材料的纯度，减少 α 粒子的来源。

4.5.3 特点与应用范围

1. 功率 MOSFET 特点

功率 MOSFET 属于电压控制型器件，驱动电路比较简单。导通时靠多子的漂移运动来传导电流，开关时不存在少子建立、渡越及存储等问题，开关速度主要由内部电容的充放电时间决定，故开关速度快，高频特性好。但由于其中只有多子参与导电，没有电导调制效应，所以导通电阻较大，通态损耗也随之增大。此外，功率 MOSFET 的 R_{on} 具有正温度系数，可自动实现均温和均流，温度稳定性好，故不存在因过热引发的二次击穿，SOA 较宽，允许多个器件并联使用。但功率 MOSFET 容量较小，只适合小功率，采用模块结构可实现中功率。

2. 应用范围

功率 MOSFET 主要用于高频、开关等中小功率的应用领域。如低压逆变器、变频器等电机驱动与控制；开关电源、UPS、高频及超高频电源、逆变电源等各种电源；电焊机、家用电器、便携式电器、节能灯等各种电器；以及计算机的软硬驱动器、打印机、绘图仪等外部设备。此外，也用于汽车电子、音响电路及仪器仪表等场合。

3. 发展趋势

自 1975 年 IR 公司开发成功 VVMOS 开始，至 1998 年德国西门子（Siemens）公司开发成功 CoolMOS™，功率 MOSFET 已取得了长足的发展，现已成为中小功率应用领域的主流开关器件。目前，功率 MOSFET 最高频率为 120MHz，对应功率为 300W。常用的 VDMOS 单管电压为 600 ~ 800V，SJMOS 单管电压为 900 ~ 1000V，模块为 1000V ~ 1200V。功率 MOSFET 未来仍将向更高频率、超低导通电阻及更高电压方向发展。采用 SiC 材料可以开发性能更好的功率 MOSFET。Infineon 公司 SiC MOSFET 容量为 1200V/10A/0.27Ω，美国 Cree 公司 SiCMOSFET 容量为 1200V/10A/0.27Ω 与 2300V/5A/0.45Ω。

参 考 文 献

［1］Baliga B J. Modern Power Device ［M］. New York：John Wiley & Sons, 1987.

［2］Baliga B J. Trends in power semiconductor devices ［J］. IEEE Trans. on Electron devices, 1996, 43：1717.

［3］Syau T, Venkatraman P, Baliga B J. Comparison of ultralow specific on – resistance UMOSFET structures：the ACCUFET, EXTFET, INVFET, and conventional UMOSFET's ［J］. IEEE Transactions on Electron Devices, 1994, 41（5）：800 – 808.

［4］Robert Perret. Power Electronics Semiconductor devices ［M］. Wiley. com, 2009.

［5］王彩琳，孙丞. 一种沟槽平面栅 MOSFET 器件及其制造方法：中国，ZL200910022272.0，

［P］，2009 － 4 － 29.

［6］ Wang Cailin, Sun Cheng. A new shallow trench and planar gate MOSFET structure based on VD-MOS technology ［J］. Journal of Semiconductors, 2011, 32 (2): 024007 － 1 ～ 4.

［7］ 孙丞. 功率 MOSFET 新结构及其工艺研究 ［D］. 西安：西安理工大学，2009.

［8］ 庞超. TPMOS 的高温特性及雪崩耐量研究 ［D］. 西安：西安理工大学，2012.

［9］ Baliga B J. Fundamentals of Power Semiconductor Devices ［M］. Springer, 2008.

［10］ Shenai K. Optimally scaled low － voltage vertical power MOSFETs for high － frequency power conversion ［J］. IEEE Transactions on Electron Devices, 1990, 37 (4): 1141 － 1153.

［11］ 张为佐. 功率 MOSFET 及其发展浅说 ［J］. 电源技术应用，2005, 3 (2): 18 － 21.

［12］ Ettore Napoli, Antonio G M Strollo. Design consideration of 1000V merged PiN Schottky diode using superjunction sustaining layer［C］// Proceedings of the ISPSD'2001:339 － 342.

［13］ Cheng X. Improving the CoolMOSTM Body Diode Switching Performance with Integrated Schottky Contacts ［C］// Proceedings of the ISPSD'2003. 304 － 307.

［14］ Lutz J, Schlangenotto H, Scheuermann U, et al. Semiconductor Power Devices Physics, Characteristics, Reliability ［M］. Heidelberg, Dordrecht, London, New York. Springer, 2011.

［15］ 卢曾豫. 功率 MOSFET 的应用 ［M］. 上海：上海科学技术出版社，1986.

［16］ Wintrich A, Nicolai U, Tursky W, et al. Application Manual Power Semiconductors ［M］. ISLE － Verlag, 2011.

［17］ 亢宝位. 场效应晶体管理论基础 ［M］. 北京：科学出版社，1985.

［18］ 张屏英，周佑谟. 晶体管原理 ［M］，上海：科学技术出版社，1985.

［19］ Benda V, Gowar J, Grant D A. Power Semiconductor Devices Theory and Applications ［M］. England. Hohy Wiley & Sons, 1999.

［20］ 陈星弼. 功率 MOSFET 与高压集成电路 ［M］. 南京：东南大学出版社，1990.

［21］ 聂代祚. 新型电力电子器件 ［M］. 北京：兵器工业出版社，1994.

［22］ 高光勃，李学信. 半导体器件可靠性物理 ［M］. 北京：科学出版社，1987.

［23］ Coe D J. High voltage semiconductor device：U S Patent 4754310 ［P］. 1988 － 6 － 28.

［24］ X. B. Chen. Semiconductor Power Devices With Alternating Conductivity Type High － voltage Breakdown Regions. U. S. Patent 5, 216, 275 ［P］. 1993.

［25］ Tihanyi J Power MOSFET：US Patent 5438215 ［P］. 1995 － 8 － 1.

［26］ Fujihira T. Theory of semiconductor superjunction devices ［J］. Jpn J Appl Phys, 1997, 36 (10): 6254 － 6262.

［27］ Chen X B. Breakthrough to the "Silicon limit" of power devices ［C］// Proceedings of the IEEE Solid － State and Integrated Circuit Technology'1998: 141 － 144.

［28］ Chen X － B, Sin J K O. Correction to optimization of the specific on － resistance of the COOLMOSTM ［J］. IEEE Transactions on Electron Devices, 2001, 48 (6): 1288 － 1289.

［29］ Lorenz L, Deboy G, Knapp A. COOLMOSTM － a new milestone in high voltage Power MOS ［C］// Proceedings of the ISPSD'1999:3 － 10.

［30］ Bobby J Daniel, Chetan D Parikh. Modeling of the CoolMOSTM Transistor － Part Ⅱ: Device Physics [J]. IEEE Transcations on Electron Devices, 2002, 49 (5): 923 –929.

[31] Praveen M Shenoy, Anup Bhalla, Gary M Dolny. Analysis of the Effect of Charge Imbalance on the Static and Dynamic Characteristics of the Super Junction MOSFET [C] // Proceedings of the ISPSD'1999:99 – 102.

[32] Kondekar P N, Hawn Sool Oh, Young – Bum Cho, The effect of satic charge imbalance on the on state behavior of the superjunction power MOSFET: CoolMOS [C] // Proceedings of the PEDS' 2003. 77 – 80.

[33] Kondekar P N. Static off state and conduction state charge imbalance in the superjunction power MOSFET [C] // Proceedings of the TENCON, 2003, 15 – 17.

[34] Kondekar P N. Effect of static charge imbalance on forward blocking voltage of superjunction power MOSFET [C] //Proceedings of the TENCON' 2004: 21 – 24.

[35] 孙军. SJMOS 特性分析与设计 [D]. 西安: 西安理工大学, 2008.

[36] 王彩琳, 孙军. 氧化物填充扩展沟槽栅超结 MOSFET 及其制造方法: 中国, ZL200810018084.6 [P]. 2008 – 4 – 29.

[37] Yoshiyuki Hattori, Takashi Suzuki, Masato Kodama. Shallow angle implantation for extended trench gate power MOSFETs with super junction structure [C] // Proceedings of the ISPSD' 2001: 427 –430.

[38] Liang, Y C Gan, Samudra K P. Oxide – bypassed VDMOS (OBVDMOS): An Alternative to Superjunction High Voltage MOS Power Decives [J]. IEEE Electron Device Letters, 2001, 22 (8): 407 –409.

[39] Chen X B, Wang X, Sin J K O. A Novel High – Voltage Sustaining Structure with Buried Oppositely Doped Regions [J]. IEEE Transactions on Electron Devices, 2000 , 47 (6) : 1280 – 1285.

[40] Yang X, Liang Y C, Samudra G S, et al. Tunable oxide – bypassed trench gate MOSFET: Breaking the ideal superjunction MOSFET performance line at equal column width [J]. IEEE Electron Device Letters, 2003, 24 (11): 704 – 706.

[41] Chen Y, Liang Y C, Samudra G S. Design of gradient oxide – bypassed superjunction power MOSFET devices [J]. IEEE Transactions on, Power Electronics, 2007, 22 (4): 1303 – 1310.

[42] 段宝兴, 杨银堂, 张波, 等. 具有超低导通电阻阶梯槽型氧化边 VDMOS 新结构 [J]. 半导体学报, 2008, 29 (4): 677 –681.

[43] Cezav N, Morancho F, Rossel P. A New Generation of Power Unipolar Devices: the Concept of the FLoating Islands MOS Transistor(FLIMOST)[C]// Proceedings of the ISPSD'2000:69 – 72.

[44] Takaya S H, Miyagi K, Hamada K. Advanced Floating Island and Thick Bottom Oxide Trench Gate MOSFET (FITMOS) with reduced RonA during AC operation by passive hole gate and improved BVdss RonA trade – off by elliptical floating island[C] // Proceedings of the ISPSD'2007: 197 – 200.

[45] Weber Y, Reynès J – M, Morancho. F, et al. Characterization of P Floating Islands for 150 – 200V FLYMOSs [C] //Proceedings of the ISPSD'2006.

[46] Roig J, Weber Y, Reynès J – M, et al. Electrical and Physical Characterization of 150 – 200V

FLYMOSs ［C］ ∥Proceedings of the ISPSD' 2006：337 – 340.

［47］ Jong Mun Park. Novel Power Devices for Smart Power Application ［D/OL］ Vienna University of Technologg（http：∥www. tuwien al. at/）, 2004.

［48］ Wang Cai – Lin, Sun Jun. An oxide filled extended trench gate superjunction MOSFET structure ［J］. Chinese Physics B. 2009, 18（3）：1231.

［49］ 杨晶琦. 电力电子器件原理与设计 ［M］. 北京：国防工业出版社, 1999.

［50］ Power MOSFET single – shot and repetitive avalanche ruggedness rating. NXP Semiconductors Ltd. http：∥www. nxp. com/, Application note, 2009（3）：3.

［51］ In – Hwan Ji, Kyu – Heon Cho, Min – Koo Han, et al. New Power MOSFET Employing Segmented Trench Body Contact for Improving the Avalanche Energy ［C］ ∥Proceedings of the ISPSD' 2008：115 – 118.

［52］ Lorenz L. Cool – MOS – an Important Milestone Towards a New Power MOSFET Generation ［C］ ∥Proceedings of the PCIM' 1998：151 – 160.

［53］ Pawel I, SiemieniecR, Ro sch M, et al. Experimental study and simulations on two different avalanche modes in trench power MOSFETs ［J］. IET Circuits Devices Syst. , 2007, 1（5）：341 – 346.

［54］ 娄靖超. 功率 MOSFET 的 UIS 特性研究 ［D］. 成都：电子科技大学, 2009.

［55］ Lu Jiang, Wang Lixin, Lu Shuojin, et al. Avalanche behavior of power MOSFETs under different temperature conditions ［J］. Journal of Semiconductors, 2011, 32（1）：014001 – 6.

第 5 章 绝缘栅双极型晶体管（IGBT)

绝缘栅双极型晶体管（IGBT）是在功率 MOSFET 基础上开发的一种 MOS – 双极型复合晶体管，具有功率双极型晶体管和功率 MOSFET 的共同优点，是目前电力半导体器件的主要发展方向之一。本章详细地介绍了 IGBT 的结构类型、工作原理、特性及设计方法，重点分析了阴极电子注入增强效应，并简述了 IGBT 的派生器件与 SJIGBT 结构，讨论了 IGBT 应用可靠性与失效问题。

5.1 普通 IGBT

5.1.1 结构特点与典型工艺

1. 定义与特点

（1）IGBT 的定义 根据电力半导体器件标准，绝缘栅双极型晶体管（IGBT）是指具有导电沟道和 pn 结，且流过沟道和结的电流由施加在栅极和集 – 射极之间电压产生的电场控制的晶体管[1]。

由第 4 章内容可知，VDMOS 中只有一种载流子（多子）导电，导通期间不存在电导调制效应，所以导通电阻 R_{on} 较大。特别是当阻断电压 U_{BR} 较高时，VDMOS 的 n^- 外延层增厚，漂移区的电阻很大，使 R_{on} 随 U_{BR} 急剧增加。为了降低导通电阻，在 VDMOS 的漏极增加一个 pn 结（或将漏极 n^+ 区改为 p^+ 区），引入空穴注入，使得器件在导通期间产生电导调制效应。于是 VDMOS 结构就变成 IGBT 结构。为了以示区别，将漏极 D 改为集电极 C，源极 S 改为发射极 E，并保持具有 MOS 结构的栅极 G 不变。

图 5-1 比较了 IGBT 与 VDMOS 的元胞结构。由图 5-1a 可见，当 VDMOS 的栅极电压高于阈值电压（即 $U_G > U_T$）时，就会在 p 体区表面形成导电沟道，在外加正向漏源电压（$U_{DS} > 0$）的作用下，源区电子经沟道进入漂移区后再漂移到达漏区，形成由漏极到源极的电子电

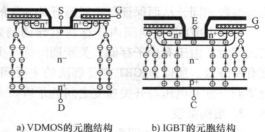

a) VDMOS的元胞结构   b) IGBT的元胞结构

图 5-1 IGBT 与 VDMOS 的元胞结构比较

流。由图 5-1b 可见，由于 IGBT 结构中引入了 p⁺ 集电区，在导通期间，当发射区的电子经沟道进入 n⁻ 漂移区，会导致此处的电位下降，于是 p⁺ 集电区向 n⁻ 漂移区注入空穴。注入的空穴一部分在 n⁻ 漂移区与沟道过来的电子复合，形成电子电流；另一部分在 n⁻ 漂移区扩散，到达由 p 基区与 n⁻ 漂移区形成的反偏 pn 结时被扫入 p 基区，然后被发射极收集，形成空穴电流。比较而言，VDMOS 中只有多子参与导电，而 IGBT 中有电子和空穴两种载流子参与导电，说明 VDMOS 结构变为 IGBT 结构后，其电流输运由单极模式变为双极模式，即 IGBT 实质上为双极型器件。因此，电导率调制效应是 IGBT 的主要特征，也是 IGBT 区别于 VDMOS 的本质所在。

（2）基本结构　如图 5-2 所示，IGBT 是一个五层三结、三端子的 MOS 控制型器件。为便于分析，通常定义图中的 p⁺ 集电区与 n 缓冲层形成的 pn 结为 J_1 结，n⁻ 漂移区与 p 基区形成的 pn 结为 J_2 结，p 基区与 n⁺ 发射区形成的 pn 结为 J_3 结。IGBT 的输入端为 MOS 栅极，栅极与发射极均位于器件的上表面。沟道位于 p 基

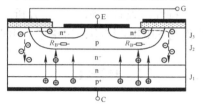

图 5-2　IGBT 基本元胞结构剖面图

区表面，沟道长度由两次扩散的横向结深决定，不受光刻精度的限制。发射区位于 p 基区中，并与 p 基区短路，以消除由 n⁺ 发射区、p 基区和 n⁻ 漂移区所形成的寄生 npn 晶体管。同时，由于 p 基区是通过扩散形成的，其横向电阻 R_B 较大。为了减小 R_B 对 npn 晶体管的影响，要求 n⁺ 发射区的横向尺寸很小。

IGBT 输出端为集电极，位于器件的整个下表面。在集电极一侧，具有承担外加反向电压的 J_1 结。为了压缩 n⁻ 漂移区的电场，在 p⁺ 集电区和 n⁻ 漂移区之间有一层 n 缓冲层。在导通期间，缓冲层可以限制集电区的空穴注入，调整集电极的空穴注入效率，从而达到改善 IGBT 的导通特性和开关特性的目的。

与 VDMOS 相似，为了提高 IGBT 电流容量和可靠性，也需要多个元胞并联，并要求所有元胞能够同时开通和关断。因此，在制作 IGBT 时，要求衬底材料有足够高的均匀性，每个元胞有完全相同的工艺，使得其阈值电压、导通电阻及阻断电压等参数相同，从而保证每个元胞开关动作的一致性。

由于 IGBT 导通期间内部存在电导调制效应，导致饱和电压 U_{CEsat} 明显下降。与此同时，由于有少子存储，关断期间这些少子要通过复合逐渐消失，使其开关速度有所降低。所以，IGBT 需要解决的主要问题是，在保证阻断能力的前提下，尽量协调好饱和电压与开关速度之间的矛盾。为此，开发了许多新结构。

2. 结构类型

IGBT 封装结构如图 5-3 所示，常见的封装外形有单管塑封、压接式封装及模块封装等。其中 600V/100A 以下的小功率 IGBT 多采用塑封结构，4.5kV/1kA 的大功率 IGBT 多采用平板压接式封装，而 1.2kV ~ 4.5kV/100 ~ 150A 的中功率 IGBT

多采用模块封装，包括传统的焊接式模块和新型压接式模块[2]。

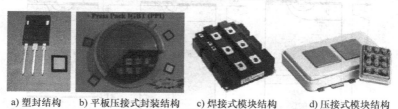

a) 塑封结构　　b) 平板压接式封装结构　　c) 焊接式模块结构　　　d) 压接式模块结构

图 5-3　常见 IGBT 封装结构外形

IGBT 芯片结构类型有多种。按纵向耐压结构来分，有穿通（PT）型、非穿通（NPT）型、场阻止（Field Stop，FS）型及其他派生结构。按栅极结构来分，有平面栅、沟槽栅和沟槽 – 平面栅结构。按其中是否有电子注入增强效应来分，有传统的 IGBT 和电子注入增强型 IGBT（IEGT）结构。关于注入增强型 IGBT 内容将在 5.2 节中进行详细讨论。

（1）纵向结构　如图 5-4 所示，IGBT 纵向耐压结构除了穿通型、非穿通型及场阻止（FS）型三种结构外，在不同公司的产品中，还采用了由 FS 型派生的其他耐压结构[3]，如软穿通（SPT）型[4]、弱穿通（Light Punch Through，LPT）型[5]、可控穿通（Controlled Punch Through，CPT）型[6]等。下面介绍三种主要的耐压结构，其他耐压结构将在 IGBT 设计一节中介绍。

如图 5-4a 所示，PT – IGBT 结构采用较厚的 p^+ 衬底作为集电区，n 缓冲层和 n^- 漂移区均为外延层。在正向阻断状态下，反偏的 J_2 结在 n^- 漂移区中的耗尽区可以穿透 n^- 漂移区到达 $n^- n$ 结处，并在 n 缓冲层内得以压缩，使其电场近似为梯形分布。由于 PT – IGBT 有较厚的高掺杂 p^+ 集电区，导通期间 J_1 结注入效率高，故饱和电压小。为了提高关断速度，需要对其中的少子寿命进行控制。

如图 5-4b 所示，NPT – IGBT 结构采用原始区熔单晶作为 n^- 漂移区，集电区是用离子注入形成的薄 p 区。在正向阻断状态下，反偏的 J_2 结在 n^- 漂移区中的耗尽区未穿通 n^- 漂移区，即在 n^- 漂移区中还存在中性区，故称非穿通型结构，其电场为三角形分布。由于集电区厚度较薄，掺杂浓度较低，其注入效率较低，因此，不需要进行少子寿命控制，也可获得较快的开关速度。但当 NPT – IGBT 结构的 n^- 漂移区较厚时，饱和电压会增大。

如图 5-4c 所示，FS – IGBT 结构也采用原始的区熔单晶作为 n^- 漂移区，集电区也是用离子注入形成的薄 p 区，并在 n^- 漂移区和 p 集电区之间增加一个掺杂浓度比缓冲层更低的 n 场阻止（FS）层。在正向阻断状态下，反偏 J_2 结在 n^- 漂移区中的耗尽区已穿通 n^- 漂移区达到 nFS 层，形成类似于 PT 型的梯形电场强度分布。相比较而言，PT – IGBT 中 n 缓冲层的掺杂浓度较高（通常在 $10^{17} cm^{-3}$ 以上），厚

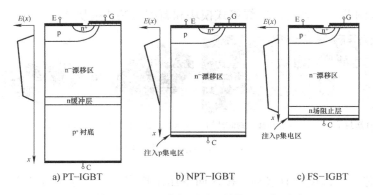

a) PT-IGBT   b) NPT-IGBT   c) FS-IGBT

图 5-4 IGBT 的三种主要耐压结构及电场分布

度约为 10μm，除了压缩 n⁻ 漂移区的电场外，还可以阻挡 p 集电区注入的空穴，降低 J_1 结的注入效率。而 nFS 层的掺杂浓度较低（通常在 $10^{16} cm^{-3}$ 以下），且厚度较薄（约为 2~20μm，因耐压不同而不同）[3]，对 n⁻ 漂移区电场的压缩程度有限，同时对 p 集电区注入到 n⁻ 漂移区的空穴无阻挡作用。可见，PT – IGBT 中 n 缓冲层与 FS – IGBT 中 nFS 层的作用有所不同。并且，由于 FS – IGBT 集电区的注入效率较低，n⁻ 漂移区厚度较小，nFS 层对空穴无阻挡作用，所以不需要进行少子寿命控制，就可获得较快的开关速度和较低饱和电压。

PT 型结构适合阻断电压低于 1.2kV 的 IGBT，NPT 型结构适合阻断电压在 1.2~4.5kV 的 IGBT，FS 型结构合适阻断电压在 4.5kV 以上的 IGBT。当然，采用 FS 型结构也可以制作 600V~6.5kV 的 IGBT，但由于耐压越低，所需的片厚越薄，必须采用薄片工艺，导致工艺成本增加。

（2）横向结构 IGBT 横向结构包括有源区和终端区两部分。与功率 MOSFET 相似，为了提高器件的通流能力，IGBT 有源区也是由上万个元胞并联而成。在有源区中，栅极位于两个元胞之间，将多个元胞的沟道连通。结终端区位于芯片的最外围。为了提高终端击穿电压，常用平面终端结构来降低表面集中的电场。

IGBT 的栅极结构主要有平面栅和沟槽栅结构[4]。如图 5-5a 所示，平面栅 IGBT（P – IGBT）的栅极在表面，沟道平行于表面，并占用表面积。通常采用双扩散工艺，沟道长度由两次扩散的横向结深决定，故制造工艺相对比较简单，成本低。与 VDMOS 相似，由于 P – IGBT 的两元胞之间也存在 JFET 区，所以其

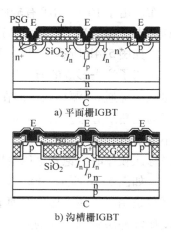

a) 平面栅IGBT

b) 沟槽栅IGBT

图 5-5 IGBT 的栅极结构

导通电阻较大。

如图 5-5b 所示，沟槽栅 IGBT（T – IGBT）的栅极在体内，沟道垂直于表面，不占用表面积。由于挖掉了两个元胞之间的 JFET 区，故导通电阻减小，饱和电压比 P – IGBT 下降 30% 左右，同时沟槽较窄，沟道密度增加，电流容量增大。

沟槽栅 IGBT 结构的缺点：一是因存在沟槽会使栅电容增大，约为平面栅结构的 3 倍，导致频率特性变差；二是沟槽制作工艺复杂，导致成本增加；并且沟槽栅拐角存在电场集中，会影响 J_2 结的击穿电压；三是沟槽栅结构的抗短路能力较低，可靠性差。

（3）三维结构　如图 5-6 所示，IGBT 通常采用正方形元胞结构[7]，有源区与 VD-MOS 相似，也是由多个元胞组成的。为了减小 p 基区的横向电阻，通常在 p 基区制作之前，先形成一个高掺杂浓度的 p^+ 深基区；同时由于 IGBT 芯片较薄，为了减小金属电极的热机械应力，集电极通常采用多层金属化电极（如 Ti/Ni/Ag）[8]。IGBT 横向结构还包括结终端结构，将在 7 章中详细介绍。

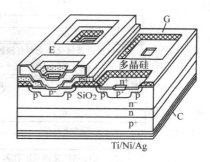

图 5-6　采用方形元胞的 IGBT 三维结构

3. 典型工艺流程

对高性能 IGBT 芯片而言，沟道长度约为 1μm，已接近电子束光刻的技术容差。IGBT 芯片制造不仅包含集成电路和功率分立器件的工艺技术，而且含有 MOS 和双极型器件工艺步骤。在实际制造中，必须保证有高质量、低电荷密度的 MOS 栅氧化层，还需严格控制少子寿命，以协调饱和电压和关断速度之间的矛盾关系。

（1）平面栅 IGBT（P – IGBT）典型的工艺流程　如图 5-7 所示[8]，原始 p 型硅单晶衬底→清洗、抛光→外延生长 n 缓冲层和 n^- 漂移区形成 $n^-/n/p^+$ 结构→场氧化（见图 5-7a）→p^+ 深基区及结终端 p^+ 场限环光刻（1#）→溅射牺牲氧化层→硼离子（B^+）注入（见图 5-7b）→刻蚀牺牲氧化层→推进并氧化→有源区窗口光刻（2#）（见图 5-7c）→栅氧热生长→多晶硅淀积并掺杂（见图 5-7d）→p 基区扩散窗口光刻（3#）→溅射牺牲氧化层→硼离子注入（见图 5-7e）→退火→刻蚀牺牲氧化层→推进并氧化→发射区窗口光刻（4#）→溅射牺牲氧化层→磷离子（P^+）注入（见图 5-7f）→牺牲氧化层刻蚀→推进并氧化→CVD 氧化层并回流→发射极和多晶硅栅极接触区窗口光刻（5#）（见图 5-7g）→铝金属化→金属化图形反刻（6#）及钝化→背面三层金属化并合金（见图 5-7h）→测试→划片→管芯分割→引线键合→封装。

P – IGBT 制造工艺主要有以下几个特点：

1）多晶硅膜淀积好后，采用三氯氧磷（POCl₃）液态源进行预沉积，然后进

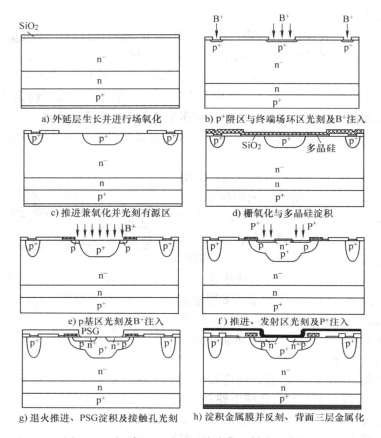

a) 外延层生长并进行场氧化

b) p⁺阱区与终端场环区光刻及B⁺注入

c) 推进兼氧化并光刻有源区

d) 栅氧化与多晶硅淀积

e) p基区光刻及B⁺注入

f) 推进、发射区光刻及P⁺注入

g) 退火推进、PSG淀积及接触孔光刻

h) 淀积金属膜并反刻、背面三层金属化

图 5-7 平面栅 PT – IGBT 总片典型制造工艺流程

行高温推进，以形成均匀的 n⁺ 重掺杂多晶硅层。然后，在多晶硅层上面光刻胶的掩蔽下，采用自对准工艺形成 p 基区和 n⁺ 发射区，即先用 B⁺ 注入并推进形成 p 基准，再用 P⁺ 离子注入并推进形成 n⁺ 发射区，如图 5-7f 所示。

2）每次离子注入之前需通过溅射工艺形成一层无定形的 SiO₂ 层作为牺牲氧化层，一是为了防止沟道注入，避免沟道效应；二是为了将离子注入的峰值掺杂浓度转移到硅表面。因为峰值掺杂浓度通常在硅表面以下几百埃的范围内，注入后溅射氧化层被去除，峰值掺杂浓度将会重新定位在表面。采用溅射工艺可获得均匀的 SiO₂ 淀积膜，有助于在硅表面获得均匀的峰值掺杂浓度。

3）形成发射区接触孔之前要进行磷硅玻璃回流，如图 5-7g 所示。目的是让接触孔边缘坡度平滑，防止金属化铝条在台阶边缘处发生断裂，导致器件失效。并且，接触孔窗口光刻时，如果曝光没有对准，会使接触金属膜与多晶硅边缘发生重叠，导致栅极与发射区短路，或者 p 基区上的金属层短路，使 p 基区的欧姆接触效果变差。

4）需要采用质子辐照控制 n⁻ 漂移区中靠近 n 缓冲层侧局部区域的载流子寿命，以减小拖尾电流，在饱和电压和关断功耗之间获得更好的折中，同时有利于增大器件的 SOA，并提高抗短路能力。

（2）沟槽栅 IGBT（T – IGBT）典型的工艺流程　如图 5-8 所示[8]，原始 p 型硅单晶→外延生长 n 缓冲层和 n⁻ 漂移区→场氧化（见图 5-8a）→p⁺ 有源区和终端 p⁺ 场限环窗口光刻（1#）→溅射牺牲氧化层→硼离子（B⁺）注入（见图 5-8b）→刻蚀牺牲氧化层→推进并氧化→发射区窗口光刻（2#）→溅射牺牲氧化层→磷离子（P⁺）注入（见图 5-8c）→刻蚀牺牲氧化层→推进并氧化→刻蚀两面的氧化层，并重新淀积氮化硅和二氧化硅层（见图 5-8d）→光刻沟槽栅区窗口（3#）→沟槽栅区刻蚀（见图 5-8e）→热生长栅氧化层→填充多晶硅栅并掺杂（见图 5-8f）→刻蚀多晶硅栅（4#）及表面氧化层（见图 5-8g）→氧化区选择性氧化，以实现平坦化→刻蚀氮化硅层（见图 5-8h）→光刻发射极和多晶硅栅极接触区窗口（5#）→正面铝金属化→金属化图形反刻（6#）（见图 5-8i）→背面三层金属化并合金（见图5-8j）及钝化→测试→划片→管芯分割→引线键合→封装。

沟槽栅 IGBT 芯片制作工艺主要包括沟槽刻蚀、牺牲氧化层生长、栅极氧化、多晶硅栅淀积、淀积 PSG 及表面平坦化工艺。

1）沟槽刻蚀是利用反应离子刻蚀（RIE）进行各向异性刻蚀，可得到深约 $5\mu m$ 的垂直沟槽。深度可精确控制在设计目标的 10% ~ 20% 范围内。减小沟槽宽度可以增加元胞密度，但最小沟槽宽度由工艺容差（$3\mu m$）决定。

2）为了消除沟槽刻蚀引起的槽壁损伤，利用热氧化生长约 100nm 的牺牲氧化层，当牺牲氧化层腐蚀掉时，表面的损伤层也会随之除去。然后利用干氧氧化在沟槽中生长栅氧化层，因为干氧生成的氧化层结构致密。

3）沟槽栅极是利用高密度等离子化学气相淀积（HDP – CVD）多晶硅以填充沟槽，如图 5-8f 所示。表面淀积多晶硅膜厚约为 $2\mu m$。沟槽填充效果与其深宽比有关，利用 HDP – CVD 进行淀积 – 回刻 – 淀积，有利于获得良好的台阶覆盖效果。

4）为了获得更加平坦的表面，在氮化硅膜的保护下对栅区多晶硅进行选择性氧化。然后刻蚀掉栅极以外的氮化硅膜，暴露硅表面，于是沟槽的表面接近平面，如图 5-8h 所示。

5.1.2　工作原理与 $I - U$ 特性

1. 等效电路与模型

如图 5-9 所示，IGBT 中除了存在由 n⁺ 发射区、p 基区及 n⁻ 漂移区形成的 npn 晶体管和由 p⁺ 集电区、n⁻ 漂移区及 p 基区形成的 pnp 晶体管外，还有一些寄生电容和电阻[9]。寄生电容包括栅 – 射极电容 C_{GE}、栅 – 集极电容 C_{GC} 及集 – 射极电容

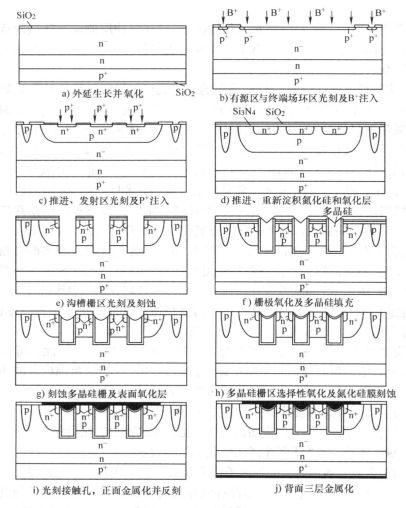

a) 外延生长并氧化

b) 有源区与终端场环区光刻及B⁺注入

c) 推进、发射区光刻及P⁺注入

d) 推进、重新淀积氮化硅和氧化层

e) 沟槽栅区光刻及刻蚀

f) 栅极氧化及多晶硅填充

g) 刻蚀多晶硅栅及表面氧化层

h) 多晶硅栅区选择性氧化及氮化硅膜刻蚀

i) 光刻接触孔，正面金属化并反刻

j) 背面三层金属化

图 5-8　沟槽栅 PT－IGBT 芯片典型制造工艺流程

C_{CE}；寄生电阻包括多晶硅栅极电阻 R_G 和 npn 晶体管的 p 基区横向电阻 R_B（也称为短路电阻）及 n⁻漂移区电阻 R_D（即 pnp 晶体管的基极电阻）。此外，因 IGBT 采用多个元胞并联，在栅极下方的 n⁻漂移区与两侧的 p 基区自然形成了一个 JFET 结构（其中，p 基区相当于 JFET 的栅极，n⁻漂移区相当于沟道），由于它只是作为一种寄生的电阻效应存在，在任何条件下，JFET 都不会工作，故在图 5-9 中没有考虑。

　　由于 IGBT 结构中存在寄生的 npn 和 pnp 晶体管，两者组成了一个寄生的晶闸管，如图 5-9a 所示，在一定条件下，当空穴电流流过 npn 晶体管 p 基区横向电阻

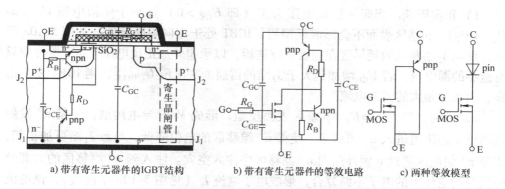

a) 带有寄生元器件的IGBT结构　　　b) 带有寄生元件的等效电路　　　c) 两种等效模型

图 5-9　带有寄生元件的 IGBT 的结构及等效电路

R_B 时，会在 R_B 上产生一个压降 U_R，如果 U_R 大于 npn 晶体管的发射结导通电压 U_E 会使 npn 晶体管导通，其集电极电流进而触发 pnp 晶体管导通。当 npn 晶体管和 pnp 晶体管之间形成正反馈后，寄生的晶闸管就会导通，于是 IGBT 的栅极失控，这种现象称为闩锁效应（Latch - up Effect）。闩锁效应会导致芯片损坏，在实际应用中应尽量避免。

在此假设 p 基区的横向电阻 R_B 很小或通过 R_B 的空穴电流 I_p 很小，使 $U_R < U_E$，于是可消除闩锁效应。在此前提下，若同时略去寄生电容和栅极电阻，则 IGBT 的等效电路可简化成图 5-9c 所示的两种等效模型：一是 MOSFET/pnp 达林顿连接模型，即 IGBT 是一个由 MOS 栅极控制的功率晶体管；另一个是 pin 二极管/MOSFET 串联模型，表明 IGBT 导通时相当于一个 MOSFET 与一个 pin 二极管串联。关于 IG-BT 的闩锁效应将在 5.2.3 节中详细讨论。

2. 工作原理与 $I - U$ 特性

（1）工作原理　如图 5-10 所示，当集 - 射极外加电压为正（即 $U_{CE} > 0$）时，IGBT 处于正向工作状态，J_2 结反偏，承担外加正向电压。当集 - 射极外加电压为负（即 $U_{CE} < 0$）时，IGBT 处于反向工作状态，J_1 结反偏，承受外加反向电压。

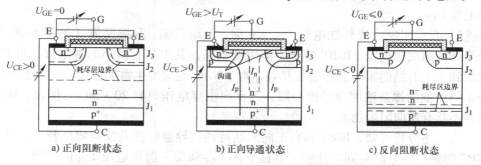

a) 正向阻断状态　　　　　b) 正向导通状态　　　　　c) 反向阻断状态

图 5-10　IGBT 的工作原理示意图

1）正向阻断。当栅-射极电压为正（即 $U_{GE} > 0$）且小于阈值电压 U_T（即 $U_{GE} < U_T$），p 基区表面不会形成反型层，IGBT 处于正向阻断状态。如图 5-10a 所示，反偏 J_2 结两侧的耗尽区在栅极下方连通，以承担外加正反电压 U_{CE}，器件中只有微小的漏电流。若 U_{CE} 增加到大于 J_2 结的雪崩击穿电压 $U_{(BR)J2}$，则 IGBT 发生击穿，会流过很大的雪崩电流。

2）开通。当 $U_{GE} \geq U_T$，p 基区表面反型，形成 MOS 导电沟道，于是 n^+ 发射区的电子经沟道进入 n^- 漂移区，使得 n^- 漂移区的电位降低，导致 J_1 结更加正偏，于是 p^+ 集电区通过 n 缓冲层向 n^- 漂移区中注入空穴。注入到 n^- 漂移区的大部分空穴与沟道注入的电子不断复合，形成电子电流 I_n（见图 5-10b 中虚线），该电流相当于 pnp 晶体管的基极电流；其余的空穴则被反偏 J_2 结电场扫入 p 基区，直接经 p 基区流出，被发射极收集，形成空穴电流 I_p（见图 5-10b 中实线），该电流相当于 pnp 晶体管的集电极电流。此时集电极电流 I_C 由流过沟道的电子电流和流过 p 基区的空穴电流组成，即 $I_C = I_n + I_p$。若 U_{GE} 较小时，增加 U_{CE}，沟道末端电位也随之升高。当 U_{CE} 增加到 U_{CEsat} 时，与功率 MOSFET 相似，沟道末端也会夹断，有效沟道区的电场很强足以使电子的漂移速度达到饱和漂移速度，使电子电流 I_n 趋于饱和，于是 I_C 也呈饱和特性，器件进入饱和导通状态。

3）通态。若增大 U_{GE}，沟道电阻 R_{ch} 减小，于是经沟道注入到 n^- 漂移区的电子数目增加，导致从 p^+ 集电区注入的空穴数目也增加。当 $\Delta p = \Delta n \gg N_D$ 时，达到大注入状态，n^- 漂移区会发生电导调制效应，使 R_{on} 大大减小，电流迅速上升。在此区域内，IGBT 类似于 pin 二极管的导通状态，I_C 不再呈现饱和特性，而是急剧增大。

4）关断。若使栅射极短接进行栅电容放电，即 $U_{GE} \leq 0$ 时，p 基区表面的 n 型反型层消失，切断了进入 n^- 漂移区电子的来源，于是 IGBT 进入关断过程。由于正向导通期间，n^- 漂移区注入了较多的少子，所以关断不能突然完成，要经历少子的复合消失过程之后，才会恢复到正向阻断状态，由反偏 J_2 结来承受外加的正向电压 U_{CE}。

5）反向阻断。当外加电压 $U_{CE} < 0$ 时，J_2 结正偏，J_1 结反偏（见图 5-10c），承受外加的反向电压，IGBT 处于反向阻断状态，其中只有微小的漏电流。当 U_{CE} 增加到大于 J_1 结的雪崩击穿电压 $U_{(BR)J1}$ 时，IGBT 也会发生雪崩击穿。但由于 IGBT 受 J_1 结两侧的掺杂浓度或厚度所限，其反向击穿电压只有 $20 \sim 50V$。所以，IGBT 通常不具有反向阻断能力。

由上述分析可知，IGBT 具有正向阻断特性、导通特性及反向阻断特性，并且 IGBT 的集电极电流 I_C 同时受栅-射极电压 U_{GE} 和集-射极电压 U_{CE} 的调制。调节 U_{GE} 和 U_{CE} 的高低，均可改变 I_C 大小。因为随着 U_{GE} 的增加，沟道电导 σ_{ch} 增加

（或沟道电阻 R_{ch} 减小），使得集电极电流 I_C 升高。随着 U_{CE} 增加，n^- 漂移区的非平衡载流子浓度增加，使得 n^- 漂移区的电阻 R_D 减小，导致 I_C 升高。

（2）$I-U$ 特性曲线　IGBT 的 $I-U$ 特性曲线如图 5-11 所示[9]。当集-射极间加正向电压（即 $U_{CE}>0$）时，IGBT 的输出特性曲线类似于功率双极型晶体管和功率 MOSFET，也包括正向阻断（截止）区、线性区、饱和区及击穿区。

当 $U_{GE}<U_T$ 时，IGBT 处于截止区，由 J_2 结承担外加正向电压。如果外加的 U_{CE} 很高，高于 J_2 结的雪崩击穿电压，则 IGBT 会发生击穿，进入击穿区。实际上不允许 IGBT 工作在击穿区。

当 $U_{GE}>U_T$ 时，器件处于正向导通状态，集电极输出电流 I_C 随着 U_{GE} 的升高而逐渐增大，IGBT 处于线性放大区。在一定的栅-射极电压 U_{GE} 下，集电极电流 I_C 会达到饱和。

当 $U_{GE}>U_{CE}$ 时，IGBT 处于饱和导通区，集电极电流 I_C 不再饱和，并且急剧增大，饱和电压很低。

当集-射极间加反向电压（即 $U_{CE}<0$）时，器件处于反向工作状态。由 J_1 结承担较小的反向阻断电压，其反向阻断能力较弱，如图 5-11a 所示，其反向特性表现为击穿电压很低的阻断曲线。

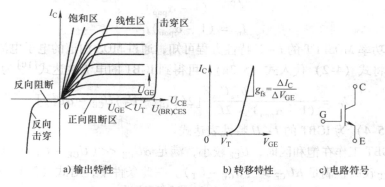

a) 输出特性　　　　　　　b) 转移特性　　　　c) 电路符号

图 5-11　IGBT 的 $I-U$ 特性曲线与电路图形符号

IGBT 的输入特性（即转移特性）曲线如图 5-11b 所示，与功率 MOSFFT 的转移特性相类似，只有当 $U_{GE}>U_T$ 时，才会有 $I_C>0$。也就是说，当 U_{GE} 等于阈值电压 U_T 时对应一定的 I_C 值。在实际应用中，阈值电压 U_T 下的集电极电流 I_C 越小，表示器件的特性及可靠性越好。因为阈值电压下的集电极电流越小，阻断条件下的集电极电流就越小，有利于 IGBT 的可靠关断。如 Infineon 公司第一代 IGBT（FF200R12KF）的栅极阈值电压（3~6V）下的集电极电流很大（200mA），第四代 IGBT 模块（FF200R12KE4）的 U_T 为 5.8V，对应的集电极电流为 7.6mA。

转移特性曲线的斜率通常称为跨导 g_{fs}，用来表示 MOS 栅极的控制能力的大小。跨导越大，表示栅极的控制能力越强。IGBT 的电路图形符号如图 5-11c 所示。

值得注意的是，IGBT 的饱和区与功率双极型晶体管相似，位于输出特性曲线与纵轴之间，对应于功率 MOSFET 的线性区，而功率 MOSFET 的饱和区是指电流饱和区。可见，IGBT 与功率 MOSFET 对线性区和饱和区的定义有所不同。

下面分析 $I-U$ 特性。根据 MOSFET/pnp 晶体管等效模型可知，IGBT 相当于一个 MOSFET 控制的 pnp 晶体管。假设流过 MOSFET 的电子电流为 I_n，流过 pnp 晶体管的空穴电流为 I_p，则流过 IGBT 的集电极电流 I_C 可表示为

$$I_C = I_n + I_p \tag{5-1}$$

根据晶体管的工作原理可知，pnp 晶体管的集电极电流 I_p 与其基极电流 I_n 之间存在以下关系：

$$I_p = \beta_{pnp} I_n = \left(\frac{\alpha_{pnp}}{1 - \alpha_{pnp}} \right) I_n \tag{5-2}$$

式中，β_{pnp} 为 pnp 晶体管的共射极电流放大倍数；α_{pnp} 为 pnp 晶体管的共基极电流放大倍数。

将式（5-2）代入式（5-1），可得到下式：

$$I_C = \frac{I_n}{(1 - \alpha_{pnp})} \tag{5-3a}$$

$$I_n = (1 - \alpha_{pnp}) I_C \tag{5-3b}$$

根据功率 MOSFET 的 $I-U$ 特性方程可知，通过 MOS 沟道的电子电流就是其漏极电流，将式（4-2）代入式（5-3a），可得到 IGBT 的电流表达式[10]为

$$I_C = \frac{1}{(1 - \alpha_{pnp})} \frac{\mu_{ns} C_{ox} Z}{2L} [2(U_{GE} - U_T) U_{CE} - \alpha U_{CE}^2] \tag{5-4}$$

式（5-4）为 IGBT 的 $I-U$ 特性表达式。

当 IGBT 工作在饱和区时，U_{CE} 较小，满足 $\alpha U_{CE} \ll (U_{GE} - U_T)$；工作在线性区时，$U_{CE}$ 较高，满足 $\alpha U_{CE} \geq (U_{GE} - U_T)$。在此条件下，对式（5-4）进行化简，可得到 IGBT 在饱和区和线性区的电流表达式分别为

$$I_C = \frac{\mu_{ns} C_{ox} Z}{(1 - \alpha_{pnp}) L} (U_{GE} - U_T) U_{CE} \quad （饱和区） \tag{5-5a}$$

$$I_{Csat} = \frac{1}{2\alpha} \frac{\mu_{ns} C_{ox} Z}{(1 - \alpha_{pnp}) L} (U_{GE} - U_T)^2 \quad （线性区） \tag{5-5b}$$

在 IGBT 导通期间，当 MOS 沟道末端出现夹断时，IGBT 的集电极电流也会达到饱和。这种现象在 NPT-IGBT 与 PT-IGBT 结构中均会观察到。图 5-12 给出了 NPT-IGBT 与 PT-IGBT 的 $I-U$ 特性曲线[8]。在较低的 U_{GE} 下，随 U_{CE} 的增加，I_C 变化较小；在较高的 U_{GE} 下，I_C 随 U_{CE} 的增加而增加，使 NPT-IGBT 与 PT-IGBT 的 $I-U$ 特性曲线都向上倾斜，且 NPT-IGBT 的 $I-U$ 特性曲线上倾更严重。这

有两个原因：一是 IGBT 中也存在 MOS 有效沟道的长度调变效应；二是 pnp 晶体管的电流放大系数与 U_{CE} 有关，并随 U_{CE} 增加而变化。

1）沟道长度调变效应：IGBT 的沟道长度调变效应与功率 MOSFET 的完全相同。在较小的栅 - 射极电压 U_{GE} 下，当集 - 射极电压 U_{CE} 高于集 - 射极饱和电压 U_{CEsat}，即 $U_{CE} > U_{CEsat}$ 后，I_C 在沟道电阻 R_{ch} 上产生的压降使得靠近 n^- 漂移区的沟道末端夹断；随着 U_{CE} 继续增加，夹断点将向发射区移动，导致沟道的有效

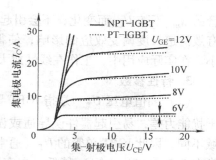

图 5-12　NPT - IGBT 与 PT - IGBT 的 $I - U$ 特性比较

长度减小，使 R_{ch} 减小。但夹断点的电位保持在 U_{CEsat}。故在给定的 U_{GE} 下，随着 U_{CE} 增大，I_C 也不断增加，表现为 $I - U$ 特性曲线向上倾斜。

2）pnp 晶体管的电流放大系数 α_{pnp}：IGBT 集电极侧的 pnp 晶体管仅是在结构上等效为 pnp 晶体管，在性能上与实际应用的双极晶体管相差甚远。因为用于电流放大的双极型晶体管基区宽度很窄，并且集电极电流是基极电流的 β 倍。在 IGBT 中寄生的 pnp 晶体管不具备这两个特点。为了使 IGBT 承受较高的阻断电压，其中的 pnp 晶体管为宽基区晶体管，其共基极电流放大倍数 α_{pnp} 较小，通常由注入效率 γ 和基区输运系数 α_T 决定，可用下式表示[7]：

$$\alpha_{pnp} = \gamma \alpha_T = \frac{\gamma}{\cosh\left(\dfrac{W_L}{L_a}\right)} \approx 1 - \frac{1}{2}\left(\frac{W_L}{L_a}\right)^2 \tag{5-6}$$

式中，W_L 为 pnp 晶体管中性基区的宽度，其值等于基区宽度 W_{n^-} 与耗尽区宽度 W_D 之差（即 $W_L = W_{n^-} - W_D$），与 IGBT 结构和外加电压有关；L_a 为少子的双极扩散长度，与载流子的大注入寿命 τ_H 和双极扩散系数 D_a 有关，并可表示为

$$L_a = \sqrt{D_a \tau_H} \tag{5-7}$$

对于两种不同的 IGBT 结构，W_L 可分别用下式表示：

$$W_L = \begin{cases} W_{n^-} - W_D = W_{n^-} - \sqrt{\dfrac{2\varepsilon_0 \varepsilon_r U_{CE}}{q N_D}} & (\text{NPT} - \text{IGBT}) \\ W_n & (\text{PT} - \text{IGBT}) \end{cases} \tag{5-8}$$

由式（5-8）可知，对于 NPT - IGBT 结构而言，W_L 随外加电压 U_{CE} 增加而减小，故其 α_{pnp} 随 U_{CE} 增加而增大。因 $I_C \propto 1/(1 - \alpha_{pnp})$，故 α_{pnp} 增大必然引起 I_C 增大。所以，对 NPT - IGBT 结构而言，除了沟道的长度调变效应外，pnp 晶体管的电流放大系数也会导致集电极电流随 U_{CE} 增加而增大。

对于 PT-IGBT 结构而言，W_L 为 n 缓冲层的厚度 W_n，即 $W_L = W_n$。故 pnp 晶体

管的 α_{pnp} 不随 U_{CE} 而变化, 不会引起 I_C 的变化。所以, PT - IGBT 的 $I - U$ 特性只受有效沟道长度调变效应的影响, 使得集电极电流随 U_{CE} 增大而向上倾斜的程度较小。在实际应用中, 工作在线性放大区的 IGBT, 希望 $I - U$ 特性曲线越平越好。

3. 特性参数

(1) 阈值电压 U_T 是指 IGBT 导通所需的最小栅 - 射极电压。U_T 值过小, 抗干扰能力差, 易引起器件误导通或误触发。由于 IGBT 模块与单管 IGBT 的应用领域不同, 因此 IGBT 单管的 U_T (通常在 3 ~ 5V 之间) 比 IGBT 模块的阈值电压 (通常在 5.0 ~ 6.5V 之间) 稍低。在实际应用中, 可根据需要选取合适的栅极电压, 通常栅极电压约为 U_T 的 2.5 倍。

(2) 跨导 g_m 在一定的集射极电压 U_{CE} 下, 栅 - 射极电压 U_{GE} 变化引起集电极电流 I_C 的变化。表示栅极电压控制集电极电流的能力。

(3) 集 - 射极击穿电压 $U_{(BR)CES}$ 指 IGBT 内部的 pnp 晶体管所能承受的电压, 它决定了 IGBT 的电压定额。

(4) 最大集电极电流 I_{Cmax} 指在额定的温度下, IGBT 所允许的集电极最大直流电流 I_C 和脉宽为 1ms 时的最大脉冲电流 I_{CP}, 决定了 IGBT 的电流定额。

(5) 集 - 射极饱和电压 U_{CEsat} 指在规定的栅 - 射极电压和集电极电流条件下, IGBT 饱和导通时的集射极电压的最大值, 它表示 IGBT 通态功耗的大小。通常 U_{CEsat} 在 1.5 ~ 3V 之间。

(6) 最大集电极功耗 P_{Cmax} 在正常工作温度下允许的最大耗散功率。由 IGBT 所允许的最高结温决定。

(7) 最大闩锁电流 I_{LS} 在正常工作温度下, IGBT 发生闩锁时所对应的最大集电极电流。要求 IGBT 正常工作时的集电极电流 I_C 必须小于 I_{LS}。

(8) 栅 - 射击穿电压 $U_{(BR)GE}$ 是指栅氧化层的击穿电压, 它决定了栅射极间能承受的最高电压。当 U_{GE} 高于 $U_{(BR)GE}$ 时, 会导致绝缘层击穿。通常栅氧化层厚度为 50 ~ 100nm, 其绝缘击穿电压约为 80V。但为了保证 IGBT 能可靠工作, 并限制其故障状态下的电流, 栅 - 射极电压通常限制在 20V 以内。

(9) 输入电容 C_{ies} 是指集 - 射极交流短路时, 栅 - 射极之间的电容, 直接影响 IGBT 栅极驱动电路的可靠性设计。考虑到密勒效应, 栅极驱动能力应大于手册中给定值的 2 ~ 3 倍。

(10) 输出电容 C_{oes} 是指栅 - 射极交流短路时, 集 - 射极之间的电容, 直接影响 IGBT 的频率特性。

5.1.3 静态与动态特性

1. 通态特性

IGBT 导通时内部会发生电导调制效应, 类似于 pin 二极管。图 5-13 给出了

PT – IGBT 导通时内部的载流子浓度分布[7]。可见，其 n⁻ 漂移区的载流子浓度分布与传统的 pin 二极管导通时的载流子浓度分布有相似之处。其中，栅极下方的 n 积累层相当于虚拟的 n⁺ 区，将 MOSFET 与 pin 二极管连接起来。因此，导通状态下 IGBT 可采用 pin 二极管/MOSFET 串联模型来描述。于是 IGBT 的导通电压为 pin 二极管的压降与 MOSFET 沟道两端的压降之和，可用下式来表示：

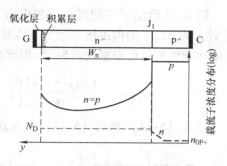

图 5-13 PT – IGBT 导通时的载流子浓度分布

$$U_{\mathrm{F,IGBT}} = U_{\mathrm{F,pin}} + U_{\mathrm{F,MOS}} \tag{5-9}$$

式中，$U_{\mathrm{F,pin}}$ 为 pin 二极管的正向压降；$U_{\mathrm{F,MOS}}$ 为 MOSFET 的沟道压降。

通过 pin 二极管的电流 $J_{\mathrm{F,pin}}$ 可表示为

$$J_{\mathrm{F,pin}} = \frac{I_{\mathrm{C}}}{s \cdot Z} \tag{5-10}$$

式中，s 为元胞间距；Z 为沟道宽度。于是二极管的正向压降可表示为[8]

$$U_{\mathrm{F,pin}} = \frac{2kT}{q}\ln\left\{ \frac{I_{\mathrm{C}}W_{\mathrm{n-}}}{4qD_{a}s \cdot Zn_{i}F(W_{\mathrm{n-}}/(2L_{a}))} \right\} \tag{5-11}$$

由式（5-5a）可导出 MOSFET 的沟道压降 $U_{\mathrm{F,MOS}}$ 表达式为

$$U_{\mathrm{F,MOS}} = \frac{(1 - \alpha_{\mathrm{pnp}})I_{\mathrm{C}}L}{\mu_{\mathrm{ns}}C_{\mathrm{ox}}Z(U_{\mathrm{GE}} - U_{\mathrm{T}})} \tag{5-12}$$

将式（5-11）和式（5-12）代入式（5-9），可得到 IGBT 的饱和电压 U_{CEsat} 表达式为

$$U_{\mathrm{F,IGBT}} = \frac{2kT}{q}\ln\left\{ \frac{I_{\mathrm{C}}W_{\mathrm{n-}}}{4qD_{a}s \cdot Zn_{i}F[W_{\mathrm{n-}}/(2L_{a})]} \right\} + \frac{(1 - \alpha_{\mathrm{pnp}})I_{\mathrm{C}}L}{\mu_{\mathrm{ns}}C_{\mathrm{ox}}Z(U_{\mathrm{GE}} - U_{\mathrm{T}})} \tag{5-13}$$

由式（5-13）可见，IGBT 的导通电压 $U_{\mathrm{F,IGBT}}$ 与 α_{pnp}、少子寿命、Z/L 及 U_{GE} 等有关，分析如下：

1）$U_{\mathrm{F,IGBT}}$ 与 α_{pnp} 有关，由于 PT – IGBT 的 α_{pnp} 比 NPT – IGBT 的要大，所以 PT – IGBT 的导通电压较小。

2）$U_{\mathrm{F,IGBT}}$ 与少子寿命 τ_{p} 有关。τ_{p} 增加，双极扩散长度 L_{a} 增大，α_{pnp} 增加，导致 $U_{\mathrm{F,IGBT}}$ 下降。可见，少子寿命对 U_{F} 的影响与对关断特性的影响相矛盾。

3）$U_{\mathrm{F,IGBT}}$ 与 MOS 沟道的宽长比 Z/L 有关。Z/L 越大，$U_{\mathrm{F,IGBT}}$ 越低。

4）$U_{\mathrm{F,IGBT}}$ 与栅射极电压 U_{GE} 有关。当 U_{GE} 较低时，MOSFET 的压降 $U_{\mathrm{F,MOS}}$ 较大，导致 $U_{\mathrm{F,IGBT}}$ 较高。当 U_{GE} 较高时，$U_{\mathrm{F,MOS}}$ 减小，$U_{\mathrm{F,IGBT}}$ 主要由 $U_{\mathrm{F,pin}}$ 决定，其值较小。故 IGBT 的导通电压随栅压 U_{GE} 增加而下降。

图 5-14 给出了不同栅 – 射极电压下 IGBT 的导通特性曲线[7]。当栅压 $U_{GE} \geqslant U_T$ 时，MOSFET 的沟道压降很大，沟道末端会被夹断，此时 IGBT 工作在线性区，电流达到饱和。可根据式（5-5）得到此时 MOSFET 沟道两端的压降为

$$U_{F,MOS} = \frac{(U_{GE} - U_T)}{\alpha}\left[1 - \sqrt{1 - \frac{2LI_n}{\mu_{ns}C_{ox}Z(U_{GE} - U_T)^2}}\right] \quad (5-14)$$

将式（5-14）和式（5-11）代入式（5-9），可得到 IGBT 的导通电压为

$$U_{F,IGBT} = \frac{2kT}{q}\ln\left(\frac{I_C W_{n^-}}{4qD_a s Z n_i F(W_{n^-}/2L_a)}\right) + (U_{GE} - U_T)\left[1 - \sqrt{1 - \frac{2LI_C(1 - \alpha_{pnp})}{\mu_{ns}C_{ox}Z(U_{GE} - U_T)^2}}\right]$$

$$(5-15)$$

在实际应用中，IGBT 导通时栅极所加电压大约为 15～20V，以保证 IGBT 工作在饱和区，有较低的饱和电压。但如果因故障等因素造成 IGBT 的栅极欠电压，会使 IGBT 工作在线性区，此时饱和电压和通态功耗显著增大。所以，在实际应用中，IGBT 需加欠电压保护电路。

需特别说明的是，在 pin 二极管/MOSFET 串联模型中，假设二极管与MOSFET 串联，则流过 MOS 沟道的电流应与流过 pin 二极管的电流相同，均为电

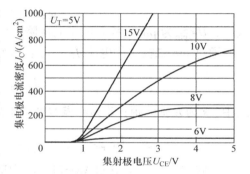

图 5-14　不同栅极电压下的
IGBT 导通特性曲线

子电流。但实际上通过 MOS 沟道的电流仅为电子电流，流过二极管的电流除了电子电流外，还有空穴电流。也就是说，集电极电流并没有完全通过沟道。通过在式（5-13）中引入 α_{pnp} 进行修正，可以保持 pin 二极管/MOSFET 模型与 pnp 晶体管/MOSFET 模型的计算结果一致[8]，弥补 pin 二极管/MOSFET 模型的不足。

2. 阻断特性

IGBT 的阻断特性与其纵向耐压结构和横向终端结构密切相关，这里仅讨论体内耐压、阻断电压由纵向结构参数及掺杂浓度分布决定。由于集电区结构参数的限制，IGBT 的反向阻断能力较弱，但正向阻断能力较强。

（1）正向阻断特性　当集电极相对于发射极加正电压（即 $U_{CE} > 0$），且栅射极间短路（即 $U_{GE} = 0$）时，栅极下面没有沟道形成，此时 J_2 结反偏来承受正向阻断电压，IGBT 具有正向阻断特性。正向阻断电压与 n^- 漂移区、p 基区、元胞间距及阳极 pnp 晶体管的电流放大系数 α_{pnp} 等参数有关。

图 5-15 给出了 PT – IGBT 与 NPT – IGBT 的掺杂浓度分布及在正向阻断状态下

的电场强度分布。图中，反偏 J_2 结为 p^+ 深基区与 n^- 漂移区所形成的 pn 结。由图 5-15a 可知，PT – IGBT 的耐压层为两层外延层，其掺杂浓度分布均匀。在外加正向电压 U_{CE} 下，反偏 J_2 结的电场会受到 n 缓冲层的压缩，近似为梯形分布，并且导致 n^-n 结处的电场强度较高。由图 5-15b 可知，NPT – IGBT 的耐压层为原始的衬底，其杂质分布均匀。由于 n^- 漂移区足够厚，在外加正向电压 U_{CE} 下，反偏 J_2 结的电场在 n^- 漂移区可以充分扩展宽度，其电场为三角形分布。

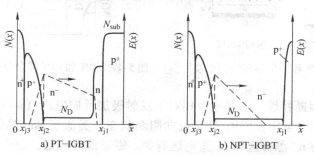

图 5-15　两种 IGBT 的掺杂浓度分布及阻断状态下的电场强度分布比较

相比较而言，由于 PT-IGBT 的 n^- 基区较薄、p^+ 集电区掺杂浓度高，故其 α_{pnp} 比 NPT – IGBT 的大。并且，α_{pnp} 随温度升高而增大，导致其漏电流进一步增加。所以，PT – IGBT 的高温阻断特性要比 NPT – IGBT 的差。

弱穿通（LPT）型结构是介于 NPT 型与 PT 型结构之间的一种耐压结构。如图 5-16 所示[5]，LPT – IGBT 的 n^- 漂移区厚度明显要比 NPT – IGBT 的薄，它与 PT – IGBT 的更相似，存在缓冲层，只是 n^- 漂移区厚度比 PT – IGBT 的 n^- 漂移区的稍厚。在实际工作电压下，n^- 漂移区不会发生穿通，只有在额定的阻断电压下才会穿通，故称为弱穿通。与 NPT – IGBT 相比，采用弱穿通（LPT）型耐压结构有利于降低 IGBT 的饱和电压 U_{CEsat} 和关断能耗 E_{off}，并在不影响其特性的条件下，可以改善 IGBT 的反偏安全工作区（RBSOA）和短路安全工作区（SCSOA）。LPT – IGBT 适用于 6.5kV 的高压应用场合。

软穿通（SPT）型和可控穿通（CPT）型结构及其电场强度分布如图 5-17 所示[6]。图中，nSPT 层的掺杂浓度较低、厚度较厚，因此只对 n^- 漂移区的电场起压缩作用，对 p^+ 集电区注入的空穴阻断作用很弱。可认为 SPT 型结构与 FS 层的作用相同。CPT 型结构由两个 CPT 型缓冲层组成。其中，n_1 CPT 层可以压缩 n^- 漂移区电场，n_2 CPT 层可以调整集电区空穴注入效率。所以，n_1 CPT 层与 n_2 CPT 层组合相当于 PT 型结构中的缓冲层。与 SPT 型结构相比较，采用 CPT 型结构可以使芯片更薄。比如对于 1200V IGBT 硅片的厚度可由 128μm 减少到 100μm，使器件饱和电压和开关速度得到更好的协调。

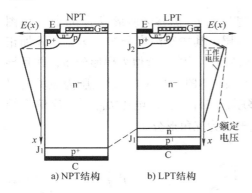

图 5-16　NPT 和 LPT 耐压结构比较

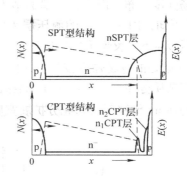

图 5-17　SPT 和 CPT 掺杂分布及电场强度分布

（2）反向阻断特性　当集电极相对于发射极加反向电压（即 $U_{CE} < 0$）时，J_1 结反偏来承受反向电压，IGBT 处于反向阻断状态，类似于 pnp 晶体管的阻断，其反向阻断电压与 n^- 漂移区和 p^+ 集电区有关。需要说明的是，由于 PT-IGBT 集电区的掺杂浓度高，NPT-IGBT 和 FS-IGBT 集电区的厚度较薄，使 J_1 结在集电极侧的扩展宽度有限，所以 IGBT 的反向阻断能力很弱。

对于某些特殊场合的应用，需要 IGBT 能承受反向电压，可通过在 IGBT 模块中串联一个快速二极管来实现，也可以选择逆阻 IGBT（RB-IGBT）来实现，这将在 5.3.1 节中详细介绍。

3. 开关特性

由于 IGBT 与功率 MOSFET 具有相似的栅极结构，因而两者的开关特性也有相似之处，都与其栅极电容、内阻及其驱动电路的电阻密切相关。图 5-18 给出了 IGBT 开关特性的测试电路[1]。图中负载电感分为两部分，其中电感 L_1 用二极管 VD 来箝位，L_C 是无箝位的电感，称为起始电感。图 5-19 所示为 IGBT 开关过程中的电流和电压波形[1,9]。

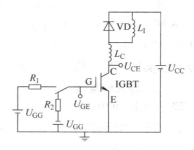

图 5-18　IGBT 开关特性测试电路

（1）开通过程　如图 5-19a 可见，在开通过程中，当栅极突然加上正电压 u_{GE}（且 $u_{GE} > U_T$）时，MOSFET 导通，通过沟道的电子电流 I_n 会驱动 pnp 晶体管很快导通，又形成了通过 pnp 晶体管集电区的空穴电流 I_p，于是 IGBT 中的集电极电流由电子电流和空穴电流两部分组成，即 $I_C = I_n + I_p$。由于少子空穴在宽基区的 pnp 晶体管中渡越需要时间，同时 n^- 漂移区欲建立与稳态相对应的少子数也需要时间，故 I_C 有一个缓慢的上升过程。可见，IGBT 的开通过程分为两个阶段：一是栅电路充电延迟过程；二是少子在基区的渡越过程。

IGBT 完全开通后，$U_{CE} < U_{GS}$，与功率 MOSFET 相同，输入电容 C_{ies} 和反馈电容 C_{res} 会进一步升高。由于实际的饱和压降取决于 I_D 和 U_{GE}，所以 IGBT 也需要注入一定的栅极总电量 Q_{Gtot} 来调节饱和压降。

（2）关断过程　由图 5-19b 可见，当 u_{GE} 突然撤掉（或加上负栅压）时，导电沟道消失，I_C 突然下降 ΔI_C，约等于电子电流 I_n（即 $\Delta I_C \approx I_n$）。由于此时空穴电流 I_p 并未突然停止，它由注入到 n^- 漂移区的少子来维持。所以 I_C 继续存在，并且 $I_C = I_{CD}$。随着复合持续进行，非平衡载流子逐渐减少，直到 i_C 衰减为 0。可见，IGBT 的关断过程也分两个阶段：一是沟道电流消失过程；二是少子复合消失过程。

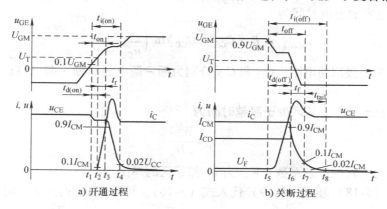

a) 开通过程　　　　　　　　　　b) 关断过程

图 5-19　IGBT 开关过程的电流电压波形

在关断过程中，栅极电荷 Q_{Gtot} 需要由驱动电流引出栅极。IGBT 栅极通常用一个正偏压和负偏压，当栅极电压从 0V 充电至 $-U_{GG}$，也需要一定的电荷，其栅极电荷与图 4-20 所示的功率 MOSFET 的相同。

IGBT 开关过程中，U_{CE} 随时间的变化与负载阻抗密切相关。在开通过程中，对于阻性负载，当集电极电流开始上升时，对应的 u_{CE} 就开始下降；对于感性负载，当集电极电流开始上升时，u_{CE} 会延迟一段时间 t_r 后才开始下降，如图 5-19a 所示。在关断过程中，对于阻性负载，当沟道消失后，电子电流即 pnp 晶体管的基极驱动电流为零时，J_2 结电容开始放电，u_{CE} 上升较慢。对于感性负载，由 J_2 结的电容放电产生的位移电流和负载电感导致 u_{CE} 上升很快，过冲后又回到电源电压。该过电压尖峰易引发寄生的晶闸管导通，导致 IGBT 出现动态闩锁。所以，对于感性负载，关断 IGBT 时必须采用吸收电路对 du_{CE}/dt 加以限制。

（3）开通时间　由栅极电路充电延迟时间和少子在 n^- 漂移区的渡越时间来决定。由图 5-19a 可知，开通时间通常定义为从栅极电压 u_{GE} 上升到 $0.1U_{GM}$ 至集电极电流上升到 $0.9I_{CM}$ 为止所经历的时间，由开通延迟时间 $t_{d(on)}$ 和电流上升时间 t_r 组成，可表示为

$$t_{\mathrm{on}} = t_{\mathrm{d(on)}} + t_{\mathrm{r}} \tag{5-16}$$

开通延迟时间 $t_{\mathrm{d(on)}}$ 是指从 u_{GE} 上升到 $0.1U_{\mathrm{GM}}$ 的时刻至 I_{C} 上升至 $0.1I_{\mathrm{CM}}$ 时刻所经历的时间，对应于栅极电容的充电过程。电流上升时间 t_{r} 是指 I_{C} 从 $0.1I_{\mathrm{CM}}$ 的时刻上升到 $0.9I_{\mathrm{CM}}$ 时刻所经历的时间，对应于少子在 n^- 漂移区渡越过程。

在开通过程中，当 u_{GE} 高于 U_{T} 后，栅极电容开始充电，栅－射极电压与时间的关系可表示为[8]

$$u_{\mathrm{GE}} = U_{\mathrm{T}} \Big[1 - \exp \Big(\frac{-t_1}{R_{\mathrm{G}}(C_{\mathrm{GS}} + C_{\mathrm{GD}})} \Big) \Big] \tag{5-17}$$

可得到栅电容的充电时间为

$$t_{\mathrm{d(on)}} = R_{\mathrm{G}}(C_{\mathrm{GS}} + C_{\mathrm{GD}}) \ln \Big(\frac{u_{\mathrm{GE}}}{u_{\mathrm{GE}} - U_{\mathrm{T}}} \Big) \tag{5-18}$$

式中，R_{G} 为栅极回路电阻；C_{GS} 和 C_{GD} 分别为栅－源电容和栅－漏电容；U_{T} 为阈值电压。

又知 pnp 晶体管基区少子渡越时间为

$$t_{\mathrm{r}} = \frac{W_{\mathrm{n}^-}^2}{2D_{\mathrm{p}}} \tag{5-19}$$

式中，D_{p} 为空穴的扩散系数；W_{n^-} 为 n^- 漂移区的厚度。

将式（5-18）和式（5-19）代入式（5-16），可得 IGBT 的开通时间为

$$t_{\mathrm{on}} = t_{\mathrm{d(on)}} + t_{\mathrm{r}} = R_{\mathrm{G}}(C_{\mathrm{GS}} + C_{\mathrm{GD}}) \ln \Big(\frac{u_{\mathrm{GE}}}{u_{\mathrm{GE}} - U_{\mathrm{T}}} \Big) + \frac{W_{\mathrm{n}^-}^2}{2D_{\mathrm{p}}} \tag{5-20}$$

（4）关断时间 由栅极电路放电延迟时间和少子复合消失时间决定。由图 5-19b 可知，关断时间定义为从栅极电压 u_{GE} 下降到 $0.9U_{\mathrm{GM}}$ 时刻至 I_{C} 下降到 $0.1I_{\mathrm{CM}}$ 所经历的时间。由关断延迟时间 $t_{\mathrm{d(off)}}$ 和电流下降时间 t_{f} 组成，可表示为

$$t_{\mathrm{off}} = t_{\mathrm{d(off)}} + t_{\mathrm{f}} \tag{5-21}$$

式中，关断延迟时间 $t_{\mathrm{d(off)}}$ 是指从 u_{GE} 下降到 $0.9U_{\mathrm{GM}}$ 的时刻到 I_{C} 下降到 $0.9I_{\mathrm{CM}}$ 的时刻所经历的时间，对应于栅极电容的放电过程；下降时间 t_{f} 是指 I_{C} 从 $0.9I_{\mathrm{CM}}$ 时刻下降到 $0.1I_{\mathrm{CM}}$ 时刻所经历的时间。下降时间又可以分为 t_{f1} 与 t_{f2} 两段过程。t_{f1} 是 IGBT 内部 MOS 沟道的关断过程，I_{C} 下降较快；t_{f2} 是 IGBT 内部的 pnp 晶体管的关断过程，I_{C} 下降较慢。通常把 I_{C} 从 $0.1I_{\mathrm{CM}}$ 的时刻下降到 $0.02I_{\mathrm{CM}}$ 时刻所经历的时间定义为尾部时间 t_{tail}。由于基区中大量的存储电荷复合消失使得电流拖尾较长，故关断时间较长。在工程应用中，关断时间中不包括尾部时间 t_{tail}。

由 IGBT 开关特性可知，在关断过程之前，集电极电流为

$$I_{\mathrm{CM}} = I_{\mathrm{p}} + I_{\mathrm{n}} \tag{5-22}$$

在关断过程中，当 $u_{\mathrm{GE}} < U_{\mathrm{T}}$，即 $t > t_6$ 时，沟道电流 I_{n} 几乎瞬时突降为零，但由于 n^- 漂移区仍存在少数载流子，故 I_{p} 仍然存在，并等于非平衡载流子复合形成

的电流。此时 IGBT 的集电极电流 I_C 就是流过 pnp 晶体管集电极的空穴电流 I_p。

由电荷控制原理[8]可知，复合电流可表示为

$$I_p(t) = \frac{Q_p(t)}{\tau_p(t)} \tag{5-23}$$

式中，$Q_p(t)$ 是 n⁻ 漂移区中的空穴数目；τ_p 是空穴的渡越时间。在大注入条件下，假设

$$\tau_p(t) = \frac{[W_{n^-} - W_D(t)]^2}{4K_A D_p} \tag{5-24}$$

式中，K_A 为常数，其值与 pnp 晶体管的集电区和发射区面积之比有关，通常 $K_A <$ 1；$W_D(t)$ 为外加集 – 射极电压 U_{CE} 变化时 J_2 结耗尽区的展宽；D_p 为空穴扩散系数；W_{n^-} 为 n⁻ 漂移区的厚度。

当 $t < t_6$ 时，J_2 结耗尽区宽度 $W_D \approx 0$，n⁻ 漂移区中的空穴数目为 Q_{p0}，则将式 (5-23)、式 (5-24) 代入式 (5-22)，可得

$$I_{CM} = I_n + \frac{4K_A D_p Q_{p0}}{W_{n^-}^2} \tag{5-25}$$

由式 (5-25) 可以求出稳态的 Q_{p0} 为

$$Q_{p0} = \frac{(I_{CM} - I_n) W_n^2}{4K_A D_p} \tag{5-26}$$

在关断过程中，当 $t > t_6$ 时，沟道电流减小，集电极电流随之变化为

$$I_C(t) = I_p(t) + \frac{dQ_n(t)}{dt} \tag{5-27}$$

在 $t = t_6^+$ 时刻，集电极电流

$$I_C(t_6^+) = I_{CM}, \quad I_n(t_6^+) = \frac{dQ_n(t)}{dt} \tag{5-28}$$

电流拖尾过程起始于 $I_n \rightarrow 0$。由式 (5-23) ~ 式 (5-28) 可知，当 $I_{CM} \rightarrow I_{CD}$ 时，I_{CD} 可表示为

$$I_{CD} = \frac{4K_A D_p Q_{p0}}{(W_{n^-} - W_{DM})^2} = \frac{I_{CM} - I_n}{\left(1 - \dfrac{W_{DM}}{W_n}\right)^2} \tag{5-29}$$

式中，W_{DM} 为外加 U_{CE} 下 J_2 结耗尽区的最大扩展宽度，与 n⁻ 漂移区的掺杂浓度 N_D 有关，可表示为

$$W_{DM} = \sqrt{\frac{2\varepsilon_0 \varepsilon_r U_{CE}}{q N_D}} \tag{5-30}$$

由式 (5-29) 和式 (5-3a) 可得，沟道消失后，集电极电流突降的幅度为

$$\Delta I = I_{CM} - I_{CD} = I_n \left\{ 1 - \beta_{pnp} \left[\left(1 - \frac{W_{DM}}{W_{n^-}} \right)^{-2} - 1 \right] \right\} \quad (5\text{-}31)$$

式中，β_{pnp} 为 pnp 晶体管的共射极电流放大系数。

由式（5-31）可知，$\Delta I < I_n$，也就是说，沟道消失时集电极电流突降的幅度 ΔI 并不等于沟道电流 I_n，而是小于 I_n，这是由于 J_2 耗尽区边界 W_{DM} 随 U_{CE} 增大而移动，以及 IGBT 内部 pnp 晶体管电流工作在放大区（即存在电流放大系数 β_{pnp}）。沟道消失后，为了保持电流连续和维持 n^- 漂移区的电中性，pnp 晶体管的集电极电流会穿过 p 基区到达 n^+ 发射区，抵消了一部分沟道电流的下降。

由式（5-31）还可以看出，如果 β 很小或者接近于零，那么 ΔI 就近似相等于 I_n。于是根据式（5-3b）可知，当沟道电流消失后，集电极电流为

$$I_{CD} = I_{CM} - I_n = I_{CM} - (1 - \alpha_{pnp}) I_{CM} = \alpha_{pnp} I_{CM} \quad (5\text{-}32)$$

于是由少子复合形成的集电极电流可用下式表示：

$$i_C(t) = I_{CD} e^{-\frac{t}{\tau_{eff}}} = \alpha_{pnp} I_{CM} e^{-\frac{t}{\tau_{eff}}} \quad (5\text{-}33)$$

式中，τ_{eff} 为 n^- 漂移区的少子有效寿命，它随着过剩载流子浓度的衰减而变化。

根据关断时间定义，当 $I_C = 0.1 I_{CM}$ 时，关断时间可表示为

$$t_{off} = \tau_{eff} \ln (10 \alpha_{pnp}) \quad (5\text{-}34)$$

与开通时间相比，关断时间较长。故可认为 IGBT 开关时间约等于关断时间，即

$$t_q = t_{on} + t_{off} \approx t_{off} = \tau_{eff} \ln (10 \alpha_{pnp}) \quad (5\text{-}35)$$

由式（5-35）可知，IGBT 的关断时间除了与少子有效寿命有关外，还与 pnp 晶体管的电流放大系数有关。与功率 MOSFET 相比，IGBT 关断期间会产生较大的功耗，这主要是由少数载流子复合形成的拖尾电流引起的。

（5）开关能耗　指开关过程中的功耗对开关时间的积分，开关能耗包括开通能耗 E_{on} 和关断能耗 E_{off}。

在阻性负载下，IGBT 开通过程中的能耗 E_{on} 为

$$E_{on} = \int_0^{t_{i(on)}} U_{CE} I_C dt = \frac{U_{CC} I_L t_{i(on)}}{6} \quad (5\text{-}36a)$$

式中，积分时间 $t_{i(on)}$ 为图 5-18a 中 $(t_4 - t_1)$；U_{CC} 为主电路电源电压；I_L 为负载电流。在感性负载下，IGBT 开通过程中的能耗 E_{on} 为

$$E_{on} = \int_0^{t_{i(on)}} U_{CE} I_C dt = \frac{U_{CC} I_L t_{i(on)}}{2} \quad (5\text{-}36b)$$

类似于开通过程，在阻性负载下，IGBT 关断过程中的能耗 E_{off} 为

$$E_{off} = \int_0^{t_{i(off)}} U_{CE} I_C dt = \frac{U_{CC} I_L t_{i(off)}}{6} \quad (5\text{-}37a)$$

式中，积分时间 $t_{i(off)}$ 为图 5-18b 中 $(t_8 - t_5)$。

在感性负载下，IGBT 的关断过程中的能耗为

$$E_{\mathrm{off}} = \int_0^{t_{i(\mathrm{off})}} U_{\mathrm{CE}} I_{\mathrm{C}} \mathrm{d}t = \frac{U_{\mathrm{CC}} I_{\mathrm{L}} t_{i(\mathrm{off})}}{2} \tag{5-37b}$$

设工作频率为 f，在感性负载下，IGBT 的平均功耗可以写为

$$P_{\mathrm{on}} = E_{\mathrm{on}} f = \frac{U_{\mathrm{CC}} I_{\mathrm{L}} t_{i(\mathrm{on})} f}{2} \tag{5-38a}$$

$$P_{\mathrm{off}} = E_{\mathrm{off}} f = \frac{U_{\mathrm{CC}} I_{\mathrm{L}} t_{i(\mathrm{off})} f}{2} \tag{5-38b}$$

（6）功率 MOSFET 与 IGBT 开关特性比较　在电压型变流器拓扑结构中，功率 MOSFET 或 IGBT 模块几乎完全工作在硬开关模式下，也就是说，在各自典型的开关工作频率范围内，都必须承受很高的开关能耗。IGBT 开通时，由于负载电路中存在续流二极管 VD，只有当负载电流完全转移到 IGBT 后，续流二极管才能开始承受反向电压而恢复阻断。因此，集电极电流必须达到负载电流幅值后，u_{CE} 才能开始降至饱和电压，如图 5-20a 所示。当 IGBT 关断时，续流二极管只有在其极性变为正偏后，才开始接续负载电流而开通。集电极电流下降到截止电流之前，u_{CE} 先达到换流电压水平，如图 5-20b 所示。可知，在 IGBT 的实际开关过程中，流过 IGBT 的电流和两端电压均出现瞬态峰值，这是因为续流二极管会阻止负载电感电流的突变，导致较大的功耗（即电流与电压的乘积）。

相比较而言，功率 MOSFET 在开关过程中的电流和电压会同时变化。如图 5-20c 所示，开通时受续流二极管反向恢复电流的影响，漏极电流也会出现电流过冲，但同时漏极电压快速下降，所以其开关功耗较小。如图 5-20d 所示，关断时受电路中寄生电感的影响，也会出现漏极过电压，并伴随振荡，而易引起雪崩击穿。但由于漏极电流快速下降，所以关断功耗也较小。

当功率 MOSFET 与 IGBT 开通时，由于 IGBT 导通时 n⁻ 漂移区充满大量的非平衡载流子，这个过程持续的时间较长（约 100ns 至几微秒）。该过程结束后，IGBT 才达到其饱和电压 U_{CEsat}。所以，IGBT 开通时间稍长，开通功耗较大。当功率 MOSFET 或 IGBT 关断时，栅极电容要放电，沟道消失后，电子电流突降，功率 MOSFET 会立即关断，而对 IGBT 的电子电流被沟道截断后，n⁻ 漂移区还存在大量的非平衡载流子，必须通过复合逐渐消失，这一过程产生的拖尾电流会持续数微秒，而此时 U_{CE} 已经开始上升。所以，IGBT 的关断损耗主要由拖尾电流决定，并明显高于功率 MOSFET 的关断损耗。

由图 5-20a、b 可知，在 IGBT 开通过程中会产生过电流，关断过程中产生过电压，由此导致 IGBT 的开关功耗很大。如果增加开关吸收网络，则开关损耗由器件转移至吸收网络，此时整个开关的效率会降低。所以，功率 MOSFET 或 IGBT 的 SOA 特性允许其在无吸收网络下工作，而吸收网络的作用在于减小开关损耗，或

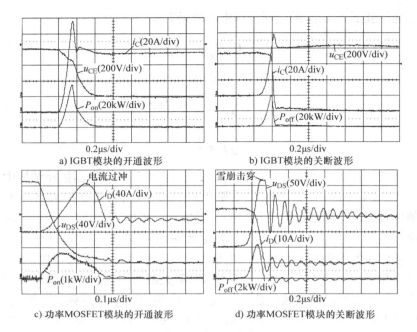

图 5-20　功率 MOSFET 与 IGBT 模块开关过程中实际的电流、电压及功耗波形比较

者是帮助含有串联器件的系统达到均衡。与之不同，传统晶闸管或 GTO 作为功率开关使用时，需要增加开关吸收网络来保证器件工作在 SOA 内，此时吸收网络对于工作在开关模式的器件完成其基本功能是不可缺少的。

为了改善 IGBT 的关断特性，可通过降低少子寿命和减小 pnp 晶体管的电流放大系数来实现。通常从结构设计和制作工艺两方面来考虑。

从结构上考虑，对于 PT – IGBT 而言，因采用外延片制作，其集电区掺杂浓度较高、厚度较厚，在导通时的注入效率很高，空穴电流约占总电流的 40% ~45%，所以通态特性较好，但关断特性较差。可通过减薄 n^- 漂移区厚度来调节基区输运系数、增加 n 缓冲层浓度来控制其注入效率，从而降低 pnp 晶体管的电流放大系数。对于 NPT – IGBT 而言，因采用原始区熔单晶制作，其集电区是通过离子注入形成的透明集电区，厚度很薄，在导通时 pnp 晶体管的注入效率较低，空穴电流约占总电流的 20% ~25%，所以其关断特性较好，不需要进行寿命控制。此外，采用透明集电区可调节集电区的空穴注入，使开通时空穴注入效率高，关断时空穴注入效率下降，同时电子可直接穿过透明集电区，有利于提高关断速度。因此，采用 NPT 型结构、透明集电区均可减小 α_{pnp}，从而改善 IGBT 的关断特性。

从工艺上考虑，对于 PT – IGBT 结构采用电子和质子辐照可降低少子寿命，从而降低关断时间。少子寿命降低后，载流子复合加快，同时 α_{pnp} 也随之减小，于是空穴电流下降，t_{off}明显缩短。由于采用电子辐照在器件中形成是均匀的少子寿命分布，虽然改善了关断特性，但对通态特性不利。采用质子辐照可实现局部少子寿命控制，不仅能改善关断特性，并且对通态特性也无明显影响，可在开关速度和饱和电压之间取得折中。

4. 频率特性

IGBT 的频率特性由其结构内部的寄生电容、内阻及其外部电阻决定，并与器件的击穿电压、工作电流、总损耗及散热性能等有关。输入电容 C_{ies} 越小、栅极电阻 R_G 越小，IGBT 的频率就越高；阻断电压越高、电流越大，工作频率越低；损耗越低、散热特性越好、环境温度越低，工作频率就越高。

（1）输入输出电容 IGBT 的电容组成与功率 MOSFET 的完全相同。输入电容 C_{ies} 由栅 – 射电容 C_{GE} 和密勒电容 C_{res} 组成，并且 C_{res} 与栅 – 集电容 C_{GC} 有关，输出电容 C_{oes} 由栅 – 集电容 C_{GC} 和集 – 射电容 C_{CE} 组成。其中栅 – 射电容 C_{GE} 相当于功率 MOSFET 的栅 – 源电容 C_{GS}，起因于栅极和发射极金属化的重叠。集 – 射电容 C_{CE} 相当于功率 MOSFET 的漏 – 源电容 C_{DS}，起因于 n^- 漂移区和 p 基区之间的结电容。栅 – 集电容 C_{GC} 相当于功率 MOSFET 的栅 – 漏电容 C_{GD}，起因于栅极与 n^- 漂移区的重叠，是密勒电容的组成部分。图 5-21 给出了 IGBT 电容与集 – 射极电压

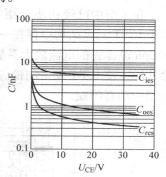

图 5-21 IGBT 电容与集 – 射电压的关系

U_{CE} 的关系[9]。可见，输入电容 C_{ies} 远大于输出电容 C_{oes}。这主要是由于反馈电容 C_{res} 较大所致。这些电容会影响 IGBT 的开通和关断延迟时间，从而影响器件的开关损耗。

（2）栅极电阻 R_G 在多芯片并联的模块中，R_G 除了栅极内阻 R_{in}（即多晶硅电阻）外，还包括附加的串联电阻。以防止芯片之间产生的振荡。并且 R_{in} 的大小与电流容量有关。比如，当 IGBT 芯片的电流容量分别为 75A、100A 及 150A 时，对应的 R_{in} 分别为 10Ω、7.5Ω 及 5Ω。

在导通状态下，当栅 – 射极电压大于集 – 射极电压（$U_{GE} > U_{CE}$）时，由于栅极下方的积累层增强，C_{GC} 将会大幅增加。在开关过程中，由于存在密勒效应，C_{GC} 动态值还会随 du_{CE}/du_{GS} 进一步增加，可表示为[11]

$$C_{GCdyn} = C_{GE}(1 - du_{CE}/du_{GE}) \tag{5-39}$$

IGBT 关断后，C_{GC} 很小，约等于 C_{GE}。IGBT 的工作频率除了与栅极电容的充放电有关外，还与少子复合过程有关。相比较而言，后者的影响更大。

当 IGBT 的频率由开关速度决定时，可表示为

$$f_{max1} = \frac{1}{20(t_{on} + t_{off})} \tag{5-40}$$

当 IGBT 的频率由功耗与散热特性决定时，可表示为

$$f_{\text{max}2} = \frac{1}{E_{\text{on}} + E_{\text{off}}}\left(\frac{T_{\text{j}} - T_{\text{c}}}{R_{\text{thjc}}} - P_{\text{D}}\right) \tag{5-41}$$

式中，T_{j} 和 T_{c} 分别为结温和壳温；R_{thjc} 为结和外壳间的热阻；P_{D} 为 IGBT 的导通功耗；E_{on} 和 E_{off} 分别为开通（包括续流二极管反向恢复的能耗）和关断能耗。

通常 IGBT 的工作频率取两者之中最小者，即 $f_{\text{max}} = \min(f_{\text{max}1}, f_{\text{max}2})$，可见，IGBT 的工作频率要比功率 MOSFET 的低。如功率 MOSFET 的工作频率为 50kHz，IGBT 的工作频率在（3 ~ 20）kHz 之间。

5. 闩锁电流

在上节中已经初步介绍了闩锁（Latch – up）效应的概念。如图 5-22a 所示，由于 IGBT 元胞结构中存在一个寄生的 pnpn 晶闸管，在一定条件下，当 pnp 晶体管和 npn 晶体管的电流放大系数总和大于等于 1（即 $\alpha_{\text{npn}} + \alpha_{\text{pnp}} \geq 1$），寄生晶闸管就会开通，使 IGBT 发生闩锁。根据 IGBT 发生闩锁时工作状态的不同，可分为静态闩锁和动态闩锁。

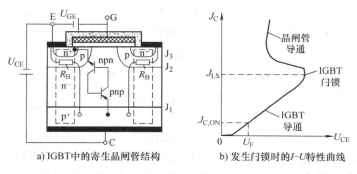

a) IGBT 中的寄生晶闸管结构　　　　b) 发生闩锁时的 I – U 特性曲线

图 5-22　IGBT 中的寄生晶闸管结构及其闩锁时的 I – U 特性曲线

（1）静态闩锁效应　在 IGBT 开通或导通过程中，n^+ 发射区的电子会经沟道流入 n^- 漂移区形成电子电流，驱动 pnp 晶体管导通。当 pnp 晶体管导通后，空穴电流经过 n^+ 发射区正下方 p 基区横向电阻 R_{B} 流入发射极。当空穴电流在 R_{B} 上产生的横向压降 U_{R} 大于发射结（J_3 结）导通电压 U_{E}（25℃时约为 0.7V）时，n^+ 发射区向 p 基区注入电子，导致 npn 晶体管导通。当 npn 晶体管和 pnp 晶体管两者之间形成正反馈时，寄生晶闸管就会导通，此时改变栅极电压大小对集电极电流并没有影响，即使撤去栅极电压，IGBT 中仍有很大的电流，处于低压大电流状态，故称此现象为静态闩锁效应。

IGBT 发生闩锁的 I – U 特性曲线有明显的负阻特性[7]，如图 5-22b 所示。这是闩锁效应的明显特征。为了获得较宽的工作电流，要求闩锁电流密度 J_{LS} 通常至少比通态电流密度 $J_{\text{C,ON}}$ 高 10 倍以上。

（2）动态闩锁效应　在 IGBT 关断过程中，由于沟道消失，电子电流（即 pnp 晶体管的基极电流）为零，于是 pnp 晶体管开始关断过程。随着集电极电压开始上升，由 J_2 结电容放电会产生位移电流 I_{dis}，并流经 npn 管 p 基区的横向电阻 R_B 到达发射极。当 du_{CE}/dt 较高时，较大的 I_{dis} 在 R_B 上产生的压降大于 U_E，会引起寄生晶闸管导通，故称此现象为动态闩锁效应。此时 IGBT 处于高压大电流状态。

J_2 结电容放电产生的位移电流 I_{dis} 可用下式来表示：

$$I_{dis} = C_{J2} \frac{du_{CE}}{dt} \tag{5-42}$$

式中，C_{J2} 为 J_2 结的结电容；du_{CE}/dt 为集射极电压随时间的变化率。可见，I_{dis} 值与 du_{CE}/dt 成正比。尤其是当负载为感性时，突然关断很容易引起闩锁效应。

IGBT 发生静态或动态闩锁后，栅极失去控制能力，无法自行关断。于是正反馈形成的大电流会使 IGBT 产生很高的功耗而烧毁。所以，在 IGBT 设计、制造及应用过程中，要采取各种措施严格控制并尽量避免寄生晶闸管导通。

为了表征 IGBT 抗闩锁的能力，专门引入闩锁电流（Latching Current）这个极限参数。闩锁电流通常定义为发生静态闩锁时的集电极电流，用 I_{LS} 来表示，它规定了 IGBT 发生静态闩锁的最大电流容量。I_{LS} 越大，表示 IGBT 抗闩锁能力越强。在 IGBT 正常工作时，要求集电极电流 I_C 必须小于 I_{LS}，否则 IGBT 很容易发生闩锁。

根据上述分析可知，IGBT 发生闩锁的条件是

$$U_R = I_p R_B > U_E \tag{5-43}$$

式中，R_B 为 p 基区的横向电阻；I_p 为通过 p 基区的空穴电流。

将 I_p 与集电极电流 I_C 之间关系式代入式（5-43），可得

$$U_R = \alpha_{pnp} I_C R_B \geqslant U_E \tag{5-44}$$

p 基区的横向电阻 R_B 可表示为

$$R_B = \rho_P \frac{L_{n^+}}{Z W_p} = R_{S,B} \frac{L_{n^+}}{Z} \tag{5-45}$$

式中，$R_{S,B}$ 为 p 基区的薄层电阻（即 p 基区平均电阻率 ρ_P 与 p 基区厚度 W_p 的比值）；L_{n^+} 为 n^+ 发射区的横向尺寸；Z 为沟道宽度。

将式（5-45）代入式（5-44），得到最大闩锁电流与闩锁电流密度分别为

$$I_{LS} = \frac{U_E}{\alpha_{pnp} R_B} = \frac{0.7Z}{\alpha_{pnp} R_{S,B} L_{n^+}} \tag{5-46a}$$

或

$$J_{LS} = \frac{0.7}{\alpha_{pnp} R_{S,B} L_{n^+} s} \tag{5-46b}$$

式中，s 表示元胞间距。

由于动态闩锁与静态闩锁所处状态不同，动态闩锁电流 I_{LSd} 与静态闩锁电流

I_{LS} 也不同，并且 I_{LSd} 通常低于 I_{LS}，可用下式来表示[11]：

$$\frac{I_{LSd}}{I_{LS}} = \frac{1 - \alpha_{pnpd}}{1 - \alpha_{pnp}} < 1 \tag{5-47}$$

式中，α_{pnpd} 为 pnp 晶体管在 $U_{CE} > U_F$ 时的瞬态电流放大系数；α_{pnp} 表示 pnp 晶体管在 $U_{CE} = U_F$ 时的静态电流放大系数。由于 pnp 晶体管的电流放大系数随 U_{CE} 增加而增大，所以 $\alpha_{pnpd} > \alpha_{pnp}$。由式（5-47）可知，$I_{LSd} < I_{LS}$，说明动态闩锁比静态闩锁更容易发生。

从式（5-46）可知，I_{LS} 与 α_{pnp}、$R_{S,B}$、L_{n^+} 及元胞尺寸有关。诱发 IGBT 静态闩锁效应的因素如下：

1）与 R_B 相关的结构参数：如沟道宽度 Z、p 基区的薄层电阻 $R_{S,B}$ 及 n^+ 发射区长度 L_{n^+} 等都会影响 p 基区横向电阻 R_B，从而影响 I_{LS}。采用多个小元胞并联，有利于提高闩锁电流容量。但 L_{n^+} 受光刻容差的限制，元胞不可能太小。

2）pnp 晶体管的电流放大系数 α_{pnp}：减小 α_{pnp}，有利于提高闩锁电流容量。通常 PT-IGBT 通过加 n 缓冲层以降低 J_1 结的注入效率，NPT-IGBT 结构则通过降低集电区的掺杂浓度和厚度来降低 J_1 结的注入效率，以减小 α_{pnp}；相比较而言，由于 PT-IGBT 中 pnp 晶体管的 α_{pnp} 要比 NPT-IGBT 中 pnp 晶体管的大，所以闩锁效应更容易在 PT-IGBT 结构中发生。

3）空穴电流 I_p 或空穴电流密度 J_p：当 IGBT 发生动态雪崩或处于短路工作状态时，流过 R_B 的电流密度极大，会诱发 IGBT 闩锁。

4）温度：温度升高，α_{pnp} 增大，使通过 R_B 的空穴电流增大，同时 npn 晶体管 p 基区的薄层电阻 $R_{S,B}$ 增大，导致 R_B 增加，都会导致 I_{LS} 下降。此外，npn 晶体管发射结的导通电压 U_E 随温度升高而下降，更容易满足闩锁触发条件。

5）元胞图形：采用条形元胞和多重短路元胞有利于提高 I_{LS}。

6）辐射：当 IGBT 受到光照或辐射（如 γ 射线）时，产生很大的感生电流，会诱发闩锁效应。

7）集电极电压上升率（dU_{CE}/dt）和杂散电感 L_C：关断过程中，dU_{CE}/dt 和 L_C 越大，动态闩锁越容易发生。因此必须对 IGBT 关断过程中的 du_{CE}/dt 值及开关电路中的杂散电感加以限制。

6. 高温特性

温度对 IGBT 的饱和电压、阻断电压、关断时间及闩锁电流容量均会造成影响。此外，阈值电压和跨导也与温度有关，但对温度的依赖性较小，所以对开关工作不是很重要，但它仍是 IGBT 模块线性工作区的一个基本限制。表 5-1 给出了 IGBT 与功率 MOSFET 各特性参数随温度升高时的变化趋势。可见，随温度升高，PT-IGBT 的通态功耗下降，NPT-IGBT 的通态功耗则增大，但没有功率 MOSFET 的增加那么显著。另外，PT-IGBT 的关断功耗随温度升高而明显增大，而 NPT-

IGBT 的增加较小。这是因为 IGBT 的关断功耗主要取决于集电极拖尾电流的大小及其残余载流子的复合速度。温度升高时，少子寿命增加，一方面载流子复合变慢，导致尾部时间增加；另一方面，因 α_{pnp} 增大，导致空穴电流增大，使关断时间延长。相比较而言，NPT – IGBT 的 α_{pnp} 比 PT – IGBT 小，所以关断功耗随温度增加幅度比 PT – IGBT 的小。

表 5-1　PT – IGBT 与 NPT – IGBT 的开关特性比较

特性参数	功率 MOSFET	IGBT	
		PT – IGBT	NPT – IGBT
雪崩击穿电压	↑	↑	↑
阻断漏电流/阻断功耗	↑	↑	↑
导通电阻/饱和电压/通态功耗	↑↑	↓	↑
开通时间/开通能耗	↓	↑	↑
关断时间/关断能耗	↑	↑↑	↑
阈值电压	↓	↓	↓
跨导	↓	↓	↓

图 5-23 给出了 PT – IGBT 与 NPT – IGBT 的导通特性随温度的变化[9]。可知，两种 IGBT 在高温和低温下的导通特性曲线均有交叉点，即零温度系数（ZTC）点。该点的饱和电压与温度无关。这是由于 IGBT 可等效为 pin 二极管或 pnp 晶体管与 MOSFET 的组合。其中，MOSFET 属于单极型器件，导通电阻 R_{on} 具有正温度系数，而 pin 二极管与 pnp 晶体管

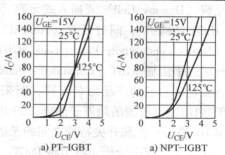

图 5-23　IGBT 导通特性随温度的变化

属于双极型器件，正向压降 U_F 或饱和电压 U_{CEsat} 具有负温度系数。因此，在某一电流密度 J 下，当 pin 二极管或 pnp 晶体管随温度的变化与 MOSFET 随温度的变化正好抵消时，IGBT 的 U_{CEsat} 与温度无关。如图 5-23a 所示，PT – IGBT 的 ZTC 点对应的电流较高，其额定电流通常位于 ZTC 点之下，所以 PT – IGBT 的 U_{CEsat} 为负温度系数。如图 5-23b 所示，NPT – IGBT 的 ZTC 点所对应的电流较小，在整个工作电流范围内，NPT – IGBT 的 U_{CEsat} 都有正温度系数。所以 NPT – IGBT 导通时内部的温度分布比 PT – IGBT 更均匀，故能简单并联，并且抗短路冲击能力强，适合于大功率场合应用；PT – IGBT 则不能简单地并联使用，适用于高频、快速等场合，

如开关电源电路，不适合有短路要求的电机驱动电路和电压型逆变器。

5.2 注入增强型 IGBT

5.2.1 结构特点与典型工艺

1. 结构的提出与发展

由上节的分析可知，IGBT 中主要存在两对矛盾：一是饱和电压与开关损耗之间的矛盾；二是饱和电压与短路电流之间的矛盾。为了协调 IGBT 通态特性与关断特性及短路特性之间的矛盾，提高器件的综合性能和可靠性，在 IGBT 中引入了一种电子注入增强效应（Injection Enhancement Effect，IE），既可加强 IGBT 导通时的电导调制效应，又可限制阳极空穴的注入，于是形成了注入增强型 IGBT（Injection Enhanced Insulated Gate Bipolar Transistor，IE – IGBT）。

在 IE – IGBT 的发展过程中，出现了许多新结构与新技术，如 1993 年日本东芝（Toshiba）公司率先提出耐压为 4.5kV 宽栅 IEGT 结构[13,14]，1996 年日本三菱（Mitsubishi）公司提出了一种载流子存储沟槽栅双极晶体管（Carrier Storage Trench Gate Bipolar Transistor，CSTBT）结构[15]；1998 年东芝公司开发了具有虚拟元胞（Dummy Cell）或插入式元胞（Plugging – Cell Merged，PCM）的窄沟槽栅 T – IEGT 结构[16]；同时日立（Hitachi）公司提出了一种高电导的平面栅 IGBT 结构（High – conductivity Planar Gate IGBT，HiGT）[17,18]；2006 年 ABB 公司提出了一种增强平面栅 IGBT（Enhanced – Planar Gate IGBT，EP – IGBT）结构[19]等。尽管各公司对自己的产品命名不同，所采取的措施也不同，但目的都是提高通态时 IGBT 内部发射极侧的载流子浓度，即引入 IE 效应，以增强电导调制作用，从而解决 IGBT 通态特性和开关特性之间的矛盾，降低器件功耗。

为了便于统一分析，本节将 IEGT、CSTBT、HiGT 及 EP – IGBT 通称为 IE – IG-BT，把 CSTBT 结构中的载流子存储层（Carrier Storage，CS）层、HiGT 结构中的空穴积累（Hole – Barrier，HB）层及 EP – IGBT 结构中的增强（Enhancement）层等统称为辅助层。

2. 结构类型与特点

IE – IGBT 结构有多种类型。按栅极结构来分，有平面宽栅和沟槽宽栅[20]及平面 – 沟槽栅（Trench – Planar Gate 简称 TP）结构[21]；按是否有虚拟元胞来分，可分为普通元胞和虚拟元胞结构；按辅助层的位置来分，可分沟槽栅结构（如 CST-BT）和平面栅结构（如 EP – IGBT 和 HiGT）。

（1）宽栅 IEGT 结构　如图 5-24a 所示[22,23]，由于 P – IEGT 的栅极较宽，n⁻漂移区靠近栅极侧的横向电阻较高，从集电极注入到 n⁻漂移区的空穴，在横向通过 p 基区流入发射极时，会在栅极下方的 n⁻ 漂移区中形成一层空穴积累。为了保持 n⁻ 漂移区的电中性，n⁺ 发射区必须通过沟道向 n⁻ 漂移区注入更多的电子，即产生电子注入增强效应。如图 5-24b 所示，T – IEGT 沟槽栅极较宽，在导通期间，从 p⁺ 集电区注入到 n⁻ 漂移区的空穴也会在沟槽栅极下方形成积累，导致 n⁺ 发射区的电子注入增强。由于这两种结构的栅极尺寸较大，使得元胞密度和沟道密度减小，从而会影响器件的电流容量。

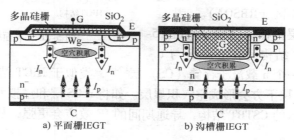

a) 平面栅IEGT　　　　b) 沟槽栅IEGT

图 5-24　IEGT 结构

（2）虚拟元胞窄槽栅 IEGT 结构　如图 5-25a 所示，由于部分元胞的 p 基区没有欧姆接触，成为 p 浮置区[24]。导通期间，集电区注入的空穴将无法经过 p 浮置区到达发射极，于是会在 p 浮置区下方的 n⁻ 漂移区内形成积累；如图 5-25b 所示，由于部分元胞的多晶硅栅极与发射极短路[15]，导通期间，栅极两侧的 p 基区则不会形成导电沟道，于是从集电区注入的空穴无法与电子复合，也会在栅极下方的 n⁻ 漂移区内形成堆积。这两种结构均会产生电子注入增强效应。

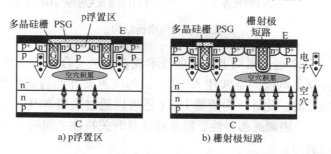

a) p浮置区　　　　b) 栅射极短路

图 5-25　含虚拟元胞的窄槽栅 IEGT 结构

（3）n 辅助层平面栅结构　如图 5-26a 所示，HiGT 结构是通过离子注入工艺在 n⁻ 漂移区和 p 基区之间形成一个 n 空穴势垒（HB）层[18]，其掺杂浓度略高于 n⁻ 漂移区的掺杂浓度。导通期间大量空穴会积累在空穴势垒层下方，迫使 n⁺ 发射区注入增强。该结构不需要像 P – IEGT 那样增加栅极宽度，就可获得较强的 IE 效应，但对 n HB 的掺杂浓度要求极为严格，设计不当会严重影响器件的阻断能力。如图 5-26b 所示，EP – IGBT 结构是在普通平面栅 IGBT（P – IGBT）的 p 基区侧面和底部分别增加了一个 n 增强层[19]。与 HiGT 结构相比，EP – IGBT 除了具有 IE 效应外，阻断电压较高；同时 p 基区侧面的 n 增强层会缩短沟道长度，有利于提高器件跨导和集电极电流，降低 MOS 沟道的压降。通过优化 n 增强层的参数，可增大其反偏安全工作区（RBSOA）。

a) HiGT结构　　　　b) EP–IGBT结构

图 5-26　平面栅结构

（4）n 辅助层沟槽栅结构　　如图 5-27a 所示，CSTBT 结构是在 p 基区与 n⁻ 漂移区之间增加一个 n 载流子存储（CS）层[24]，类似于 HiGT 结构中的 n HB 层。导通期间在 n CS 层下方会形成空穴积累层。如将 n CS 层和虚拟元胞相结合，可形成如图 5-27b 所示的 CSTBT 结构，导通期间的 IE 效应会更强，从而获得更低的导通损耗和开关损耗。

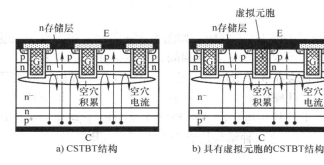

a) CSTBT结构　　　　　b) 具有虚拟元胞的CSTBT结构

图 5-27　沟槽栅结构

可见，IE – IGBT 通过采用上述单项技术或者两项复合技术来增强发射极的电子注入，同时控制集电极的空穴注入[25]，从而改善器件的通态特性和开关特性，达到降低损耗的目的。此外，沟槽栅 IEGT 还可以通过采用 NPT[11]、FS 及 LPT 型结构[26-27]，进一步协调通态特性、阻断特性及开关特性之间的矛盾关系，降低损耗，并提高短路能力。

图 5-28 给出了 IE – IGBT 芯片几种不同的发射极图形。图 5-28a 所示为东芝公司 4.5kV P – IEGT[22]芯片，尺寸为 15mm × 15mm，栅极压焊点均位于芯片角处。图 5-28b 所示为日立公司 3.3kV/50A 平面栅 HiGT 芯片[25]，栅极压焊点位于芯片中央。图 5-28c 所示为三菱公司 1.2kV/150A 沟槽栅 CSTBT 芯片[28]，栅极压焊点位于芯片的侧边和角上。

3. 典型工艺

IE – IGBT 的制作工艺流程与 IGBT 基本相同，其关键工艺在于深而窄的沟槽刻

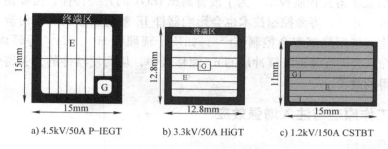

a) 4.5kV/50A P–IEGT   b) 3.3kV/50A HiGT   c) 1.2kV/150A CSTBT

图 5-28　各种不同 IE – IGBT 结构的芯片图形

蚀、n 辅助层的注入技术及少子寿命控制技术。

（1）沟槽刻蚀工艺　在沟槽栅 IEGT 结构中，沟槽越深（深度约为 12μm），IE 效应越强。为了消除栅氧化层不均匀引起的阈值电压变化，并提高 MOS 沟道电子的迁移率，需采用精细的 RIE 刻蚀工艺先形成沟槽，再生长牺牲氧化层来获得光滑的槽壁[29]。对于宽槽栅（槽宽为 8 ~ 12μm）结构，通常在氮氧化硅（SiON）掩蔽下进行沟槽刻蚀之后，再采用局部氧化（LOCOS）工艺来圆化沟槽底部拐角，并消除顶部的"鸟嘴"效应[30]。

（2）n 辅助层工艺　由于 n 辅助层的掺杂浓度比 n⁻ 漂移区的掺杂浓度稍高，常用离子注入工艺形成。但在不同的结构中，因 n 辅助层所处的位置不同，如 HiGT 结构中的 n HB 位于整个 p 基区外围，EP – IEGT 结构中 n EP 层分别位于 p 基区的两侧和底部，CSTBT 结构中的 n CS 层位于 p 基区正下方，所以形成 n 辅助层工艺条件有所不同。如图 5-29a 所示，若采用这种常规掺杂工艺，由于存在杂质的补偿作用，会使沟道的净掺杂浓度降低，导致阈值电压下降，并影响沟道电子的迁移率，同时也很难形成掺杂浓度和厚度均合适的 n 辅助层。采用倒掺杂（Retro Grade Doping）工艺，如图 5-29b 所示[31]可有效避免 CS 层对沟道掺杂浓度的补偿，有利于获得更高的沟道电子迁移率，并提高器件的均匀性，增大短路安全工作区（SCSOA）。

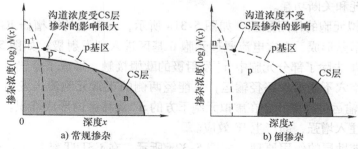

a) 常规掺杂   b) 倒掺杂

图 5-29　载流子存储层的掺杂浓度分布

（3）载流子寿命控制技术　为了改善高压 IEGT 的开关特性，需要使用少子寿命控制技术。并且，寿命控制技术也会影响器件 IE 效应的强弱。与传统的均匀寿命控制相比，采用局部寿命控制[13,32]，如质子辐照和 H^+、He^{2+} 等轻离子辐照，可将低寿命区控制在靠近 n 缓冲层的 n^- 漂移区中，从而使器件的开关特性和通态特性同时得到改善。

5.2.2　工作原理与注入增强效应

1. 工作原理

IE – IGBT 在导通期间会产生电子注入增强效应，导致其导通原理与 IGBT 稍有不同。下面主要以 P – IEGT、T – IEGT 及 CSTBT 结构为例，分析宽栅结构、虚拟元胞以及 n 辅助层的作用原理。

（1）宽栅 IEGT 导通原理　如图 5-30 所示，当 P – IEGT 的集 – 射极间加正向电压（即 $U_{CE} > 0$）、栅 – 射极电压大于阈值电压（即 $U_{GE} > U_T$）时，p 基区表面出现强反型，并形成导电沟道，电子由 n^+ 发射区经沟道流向 n^- 漂移区，导致 n^- 漂移区电位下降，于是 P – IEGT 的 p^+ 集电区不断地向 n^- 漂移区注入空穴。由于 P – IEGT 栅极较宽，

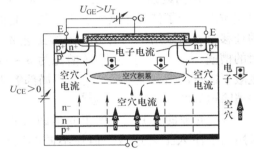

图 5-30　宽栅 IEGT 的导通机理示意图

注入到 n^- 漂移区的空穴在扩散过程中，会在栅极下面的 n^- 漂移区积累起来，导致此处的电位升高。为了保持 n^- 漂移区的电中性，迫使 n^+ 发射区通过沟道向 n^- 漂移区注入大量的电子，产生电子注入增强（IE）效应。于是 P – IEGT 体内充满了大量的非平衡载流子，发生强烈的电导调制，可通过很大的电流，且饱和电压很低。由于导通期间 n^- 漂移区有空穴堆积，使得从集电极侧注入的空穴数目有限，关断时要复合的少子数减少，尾部电流也减小，关断时间缩短。因而，可以获得很低的通态功耗和关断功耗。

（2）虚拟元胞的作用原理　如图 5-31a 所示，在普通的窄槽栅 IGBT 结构中，电子电流沿槽壁形成，空穴电流通过元胞 p 基区进入到发射极；如图 5-31b 所示，由于 T – IEGT 去除了部分元胞中 n^+ 发射极的欧姆接触，形成了浮置 p 基区和虚拟元胞。于是空穴不能沿原路径输运，只能经两侧的正常元胞流入发射极。空穴在 n^- 漂移区的输运过程中，会在虚拟元胞下方的 n^- 漂移区内形成堆积。由此导致阴极侧的电子注入增强，即产生 IE 效应。

（3）n 辅助层的作用原理　如图 5-32a 所示，在 CSTBT 结构中，由于 n 存储层的掺杂浓度高于 n^- 漂移区的，使得 p 基区与 n 辅助层间的内电位差增加了约

0.2V，相当于增加了一个空穴势垒。图5-32b 所示为沿 $A-A'$ 位置处形成的能带结构示意图，该势垒会阻碍空穴从 n^- 漂移区顺利地进入 p 基区，迫使其在 n^- 漂移区形成积累，由此导致 IE 效应，使靠发射极一侧的载流子浓度明显增大。

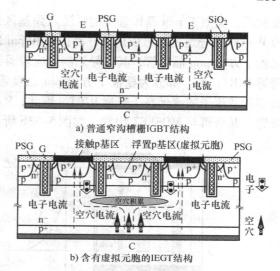

a) 普通窄沟槽栅 IGBT 结构

b) 含有虚拟元胞的 IEGT 结构

图 5-31　具有虚拟元胞 IEGT 的电流分布示意图

在上述几种 IE - IGBT 结构中，无论是采用宽栅结构，还是虚拟元胞，或者增加 n 辅助层，都增强了发射极侧的载流子注入，使得器件内部的电导调制区域由局部的 n^- 漂移区扩展到整个 n^- 漂移区甚至 n 型辅助层中。所以，IE - IGBT 具有比普通 IGBT 更好的通态特性。在采用 n 辅助层和虚拟元胞的复合结构中，IE 效应会更加明显，电导调制区域更大，器件的特性会进一步改善。

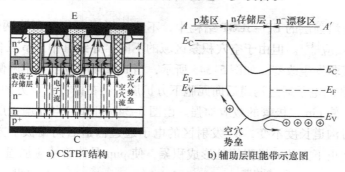

a) CSTBT 结构

b) 辅助层阻能带示意图

图 5-32　CSTBT 结构及其能带示意图

2. 等效电路

根据上一节的分析可知，IGBT 可等效为 MOSFET 和 pnp 晶体管的级联，其中 MOSFET 的电子电流就是 pnp 晶体管的基极电流，控制着 IGBT 的开通和关断。在导通状态下，IGBT 可简化地等效为 MOSFET 和 pin 二极管的串联。

IE - IGBT 与 IGBT 导通期间虽都存在电导调制效应，但电导调制产生的区域和强弱有所不同，导致其载流子浓度分布也不同。下面以 P - IEGT 结构为例来分析。如图 5-33a 所示，在 P - IEGT 导通期间，空穴会积累在栅极下方，产生 IE 效应，使得栅极下方的载流子浓度明显较高，所以此处的载流子浓度分布更接近于二极管导通时的载流子浓度分布。但由于元胞下方的区域不存在 IE 效应，此处载流子浓度较低,类似于 pnp 晶体管发射区注入到基区并扩展到集电区的载流子浓度分布。故 P-IEGT 导通特性可以用 pnp 晶体管和 pin 二极管两部分来描述[33]:一部分为元胞下方的 pnp 晶体管,其电导调制效应较弱,对应的发射极侧的载流子浓度接近普通 IGBT;另一部分为栅极下方的 pin 二极管,其电导调制效应更强,对应发射极侧的载流子浓度远高于普通 IGBT。因此,P-IEGT 可等效为 pnp 晶体管与 pin 二极管并联后再与 MOSFET 串联,如图 5-33b 所示。

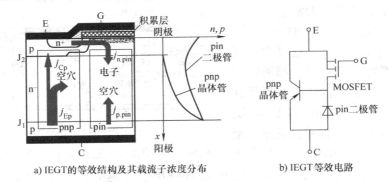

a) IEGT的等效结构及其载流子浓度分布   b) IEGT等效电路

图 5-33　IEGT 导通状态下的等效结构及其载流子浓度分布与等效电路

在采用 n 增强层的 EP-IEGT 结构中,不论 n 增强层位于元胞两侧还是底部,都会导致 IE 效应[19]。但由于空穴积累区域的不同,导致其中 pnp 晶体管与 pin 二极管效应的强弱发生改变。如图 5-34a 所示,当 n 增强层位于元胞两侧时,沟道缩短,n^+ 发射区的电子通过沟道后向元胞下方扩展,会在栅极正上方的 n^- 漂移区形成空穴积累,使 pin 二极管的效应加强。由图 5-34b 可知,当 n 增强层集中在元胞底部时,此时沟道长度不变,n^+ 发射区的电子通过沟道后向栅极下方扩展,同时空穴会在元胞正下方的 n 增强层处形成积累,使 pnp 晶体管效应加强。

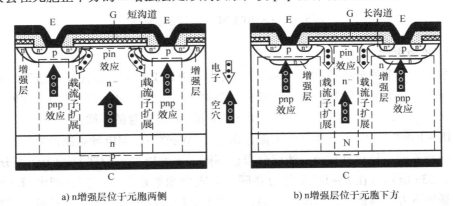

a) n增强层位于元胞两侧   b) n增强层位于元胞下方

图 5-34　EP-IEGT 结构中的 pin 二极管与 pnp 晶体管效应

　　为了获得优良的导通特性，应加强 P – IEGT 内部的 pin 二极管效应。但如果发射区附近的 pin 二极管效应增强，饱和电流特性变差。所以，为了获得优良的 FBSOA，pin 二极管效应需远离沟道和发射区。比如图 5-35 所示的沟槽 – 平面栅 IEGT（TP – IEGT）结构[20]，在发射极元胞之间插入了沟槽（类似于

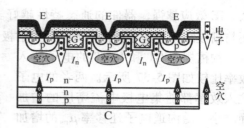

图 5-35　沟槽平面栅 IEGT

TPMOS），于是沿沟槽侧壁会形成电子积累层，同时因沟槽和元胞之间的 n⁻ 漂移区很窄，空穴只能在元胞下方的 n⁻ 漂移区形成积累[34]，产生电子注入增强效应，使 pin 二极管效应增强，并且 pin 二极管效应仅压缩在远离发射区的 n⁻ 漂移区内，故 TP – IEGT 具有比 P – IEGT 更好的导通特性。

3. 注入增强效应及其表征

　　（1）注入增强效应　由于 IE – IGBT 在正向导通时会产生电子注入增强效应，使得载流子从局部的 n⁻ 漂移区扩展到整个 n⁻ 漂移区，于是电导调制效应加强，导致饱和电压大大降低。但 IE 效应起因于 n⁻ 漂移区存在空穴积累，从集电区注入到 n⁻ 漂移区的空穴数目并没有增加。可见，IE 效应能方便地增加 IE – IGBT 发射极侧的电子积累，同时有效地控制集电极侧的空穴注入，因此很好地解决了 IGBT 耐压提高时关断特性与通态特性之间的矛盾。

　　图 5-36 给出了 pin 二极管、IGBT 及 IE – IGBT 导通期间的载流子浓度分布比较[28]。可见，三者集电极（或阳极）侧的载流子浓度相同，但发射极极（或阴极）的载流子浓度相差较大。相比较而言，IGBT 发射区的载流子浓度（B）较低，IE – IGBT 发射区的载流子浓度明显较高（C），更接近 pin 二极管的阴极载流子浓度（A）。

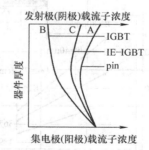

图 5-36　pin、IGBT 及 IE – IGBT 导通期间载流子浓度分布比较

　　（2）注入增强效应的表征　可用发射极电子注入效率（Injection Efficiency）γ_n 来表征 IE 效应的强弱[35]，即

$$\gamma_n = \frac{I_n}{I_C} \tag{5-48}$$

式中，I_n 为 MOS 沟道注入的电子电流；I_C 为 IE – IGBT 的集电极电流 I_C，由集电极注入的空穴电流 I_p 与沟道注入的电子电流 I_n 组成，即 $I_C = I_n + I_p$。

　　式（5-48）表明，γ_n 实际上就是栅极下方虚拟 pn 结的电子注入效率。γ_n 越

大，IE 效应越强，器件的通态特性越好。γ_n 值不仅与 MOSFET 表面迁移率有关，还与栅极结构、集电极注入效率及发射极面积等因素有关[36,37]。

沟槽栅 IEGT 和 IGBT 的电子注入效率比较如图 5-37 所示。两者的电子注入效率都随集电极电流密度的增加而减小，随沟道电子迁移率 μ_{ns} 的增加而增加。相比较而言，T – IEGT 的电子注入效率明显高于 T – IGBT，并且随沟道电子迁移率的变化更加明显，这说明要提高 T – IEGT 的电子注入效率 γ_n，必须提高 MOS 沟道的电子迁移率。

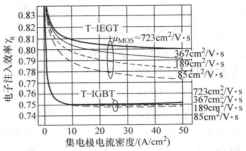

图 5-37　T – IGBT 和 T – IEGT 的注入效率比较

图 5-38 给出了 P – IEGT 和 T – IEGT 的电子注入效率与结构参数的变化关系[35]。相比较而言，T – IEGT 电子注入效率（$\gamma_n \approx 0.75 \sim 0.83$）明显高于 P – IEGT（$\gamma_n \approx 0.73 \sim 0.77$），并且 γ_n 除了与 MOS 沟道电子的迁移率有关外，还与元胞宽度和沟槽栅尺寸有关。P – IEGT 的 γ_n 随元胞半宽度 W（见图 5-38a）的增大呈线性增加，T – IEGT 的 γ_n 随深度 T 和元胞半宽度 W（见图 5-38b）乘积（TW）的平方根增大呈非线性增加。

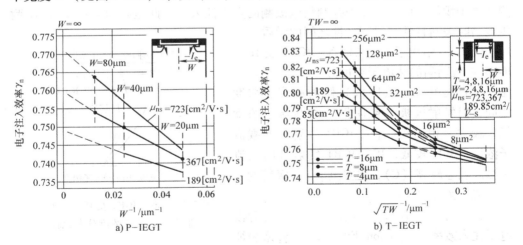

图 5-38　P – IEGT 和 T – IEGT 的电子注入效率 γ_n 与结构参数的关系曲线

5.2.3　静态与动态特性

通过改变 IGBT 的栅极结构，或引入虚拟元胞及 n 辅助层，在不增加集电极侧空穴注入的情况下，可大大增加发射极侧的电子注入量，从而使器件内部发射极侧的载流子浓度明显提高，可以有效改善 IGBT 的通态特性。同时，由于集电极侧的空穴注入并没有增强，所以 IE – IGBT 的关断时间不会明显增大。

1. 通态特性

图 5-39 给出了 IEGT 与 IGBT 及 GTO 在导通期间的载流子浓度分布。相比较而言，IEGT 在导通期间的载流子浓度分布与 GTO 的完全相似，IGBT 的载流子浓度分布则有所不同，主要表现在发射极侧的载流子浓度明显较低。对 GTO 而言，载流子分别从阴极区、阳极区注入到 n^- 基区，形成 U 形载流子浓度分布，并且电子电流和空穴电流大小相当。对 IGBT 而言，空穴从集电区注入，电子从发射区经沟道注入到 n^- 漂移区，并且两者电流都比较小。对 IEGT 而言，从集电区注入的空穴在栅极下方形成积累，发生了 IE 效应，使得其中注入的电子数增大，并等于注入空穴和积累空穴之和，因而 IEGT 有类似于 GTO 的通态特性。

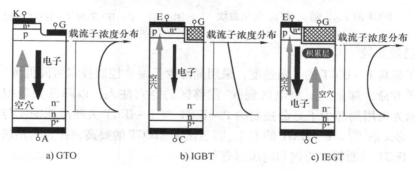

图 5-39　IEGT、IGBT 和 GTO 导通期间载流子浓度分布比较

因 P – IEGT 导通期间存在 IE 效应，使 n^- 漂移区的电导调制效应增强，所以 P – IEGT 有较低的通态饱和电压 U_{CEsat}，可用下式来表示：[20]

$$U_{CEsat} = U_{ch} + U_{JFET} + U_{n^-} + U_{p+n} \tag{5-49}$$

式中，U_{ch} 为沟道区的压降；U_{JFET} 为 JFET 区的压降；U_{n^-} 为 n^- 漂移区的压降；U_{p+n} 为集电结的压降。其中，U_{ch} 和 U_{JFET} 很小，所以 P – IEGT 的饱和电压主要由 U_{n^-} 和 U_{p+n} 决定。在较高的少子寿命下，n^- 漂移区的压降 U_{n^-} 可用下式来表示：

$$U_{n^-} \approx \frac{J_C}{q(\mu_n + \mu_p)} \frac{W_{n^-}}{(p_c - p_e)} \ln\left(\frac{p_c}{p_e}\right) \tag{5-50}$$

式中，J_C 为集电极电流密度；W_{n^-} 为 n^- 漂移区厚度；p_c 和 p_e 分别为集电极和发射极侧载流子浓度。

由式（5-50）可知，饱和电压 U_{CEsat} 与 p_c 和 p_e 有关，其关系曲线如图 5-40 所示[20]。当集电极侧载流子浓度 p_c 一定时，U_{CEsat} 随 p_e 的增加而下降；当 p_e 一定时，p_c 越高，U_{CEsat} 越低。当 $p_c = 10^{16}$ cm^{-3}、$p_e > 10^{15}$ cm^{-3} 时，或当 $p_c = 10^{15}$ cm^{-3}、

$p_e > 10^{16} \text{cm}^{-3}$ 时，$U_{CEsat} < 2V$。这与 GTO 很接近，说明 IEGT 通态特性的确与 GTO 很相似，并且适当提高 IEGT 集电极侧与发射极侧的载流子浓度，有助于实现理想的低饱和电压，但集电极侧的载流子浓度增加会导致关断特性变差。

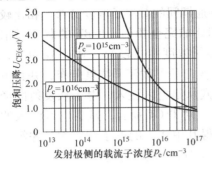

图 5-40　T-IEGT 的 U_{CEsat} 随 p_e 和 p_c 变化曲线

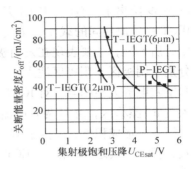

图 5-41　P-IEGT 与 T-IEGT 特性比较

2. 特性比较

为了提高 P-IEGT 的关断速度，采用局部少子寿命控制技术可降低 n^- 漂移区的载流子寿命，抑制从 p 集电区到 n^- 漂移区的空穴注入，以降低关断损耗。图 5-41 所示为采用局部少子寿命控制的 P-IEGT 与 T-IEGT 关断能耗密度与饱和电压 U_{CEsat} 的关系[20]。P-IEGT 的 U_{CEsat} 明显比 T-IEGT 的要高，并且沟槽越深，对改善 T-IEGT 关断特性与饱和电压越有利。

采用 LPT 型耐压结构可进一步改善平面栅 IE-IGBT 的综合特性。图 5-42 给出了不同平面栅 IE-IGBT 与普通 IGBT 通态特性和关断特性曲线[18,19]。如图 5-42a 所示，对 4.5kV 器件而言，当关断能量 E_{off} 一定时，LPT-HiGT 的饱和电压更低，而普通 IGBT 特性最差。如图 5-42b 所示，对 6.5kV 器件而言，当 E_{off} 一定时，EP-IGBT 的 U_{CEsat} 比普通 IGBT 低 30%。如果将沟槽栅 n 辅助层及 LPT 型结构

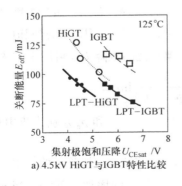

a) 4.5kV HiGT 与 IGBT 特性比较

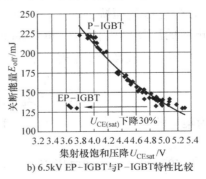

b) 6.5kV EP-IGBT 与 P-IGBT 特性比较

图 5-42　几种不同结构的 IE-IGBT 特性的比较

相结合，可以获得更好的综合特性。比如 LPT－CSTBT 结构的饱和电压比传统 P－IGBT 结构的下降约 40％，并且耐压越高，CSTBT 与传统 P－IGBT 结构的特性差异越大[38]。

5.3　集成化 IGBT

5.3.1　逆阻 IGBT

由于常规 IGBT 的反向阻断电压很低，在需要有反向阻断能力的应用（如矩阵变流器、电流型逆变器及交流开关等）场合，通常将 IGBT 与二极管串联，以满足实际应用的需要。逆阻 IGBT（Reverse Blocking IGBT，RB－IGBT）是在 NPT－IGBT 的基础上衍生的一种新型器件[39,40]，具有对称的阻断特性，即正、反向均可承受电压。

1. RB－IGBT 结构

RB－IGBT 基本结构剖面及等效电路如图 5-43 所示[41]。由图 5-43a 可见，RB－IGBT 的有源区与传统的 NPT－IGBT 结构很相似，只是在芯片终端区外围增加了一个深扩散 p+ 隔离区（也是最终的划片区），并与 p+ 集电区相连，可以承受反向电压。图 5-43b 给出了用 RB－IGBT 组成的交流开关等效电路[42]。可见，RB－IGBT 相当于一个常规的 IG-

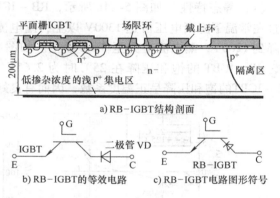

a) RB－IGBT 结构剖面

b) RB－IGBT 的等效电路　　c) RB－IGBT 电路图形符号

图 5-43　RB－IGBT 的结构剖面及组成的双向开关等效电路

BT 与一个二极管的串联，并由串联在集电极侧的二极管实现反向阻断功能。于是采用两个分立的 RB－IGBT 就可以组成交流开关，代替以往的四个器件（两组 IG-BT 与二极管 VD 分别串联后再并联）。由于交流开关中省掉串联的二极管，可减小通态损耗，并使这种开关结构大大简化。

2. RB－IGBT 工艺

为了获得高阻断电压和稳定的高温漏电流，p+ 隔离区需采用特殊的深扩散工艺形成，并尽可能缩短其扩散时间。所以，在 RB－IGBT 芯片制作中，除了采用亚微米级的平面栅工艺外，还需要深结扩散工艺和薄片加工技术。RB－IGBT 芯片的制作工艺流程如下[43]：首先，在 n-/p+ 衬底片上进行数微米厚的热氧化层生长，再在氧化层掩蔽下进行硼选择性深扩散，以形成 p+ 隔离区。然后去除掩蔽氧化层，用传统工艺形成 IGBT 元胞和表面电极。之后，采用机械磨片进行背面减薄至 p⁺ 集电区所需的厚度，湿法刻蚀去除损伤层以降低背面表面粗糙度，最后形成背面电极，沿结隔离区中央划片。当然，也可以将背面衬底腐蚀到 n⁻ 漂移区，再进行硼离子（B⁺）注入并退火，形成一个掺杂浓度较低的浅 p⁺ 层作为集电区。采用这种工艺方法，对 1200V 的 RB-IGBT，可使硅片的最终厚度降至 200μm 以下。

采用深扩散工艺形成结隔离，由于隔离扩散较深，且高温扩散的时间较长，会导致隔离区的横向尺寸较宽，如 1200V 的 RB-IGBT，用扩散形成的隔离区宽度在 180μm 以上。为了减小隔离区的宽度，还可采用深槽隔离方法[44]，使隔离区宽度小于 20μm，深度约为 110μm，沟槽可穿透 n⁻ 漂移区至衬底。可见，采用沟槽隔离虽然减小了隔离区的宽度，但工艺成本很高。采用类似于 PIC 中沟槽与 pn 结隔离相结合的方法[45]，可以克服上述两种隔离的缺点。这将在 6.2.4 节混合隔离部分详细介绍。

3. RB-IGBT 特性

（1）静态特性　如图 5-44a 所示，RB-IGBT 的正、反向均有阻断能力[42]，并且在常温下阻断电压可达 1300V 以上，漏电流约为 1mA。在高温下，阻断电压下降到 1200V，漏电流上升至 3mA 以上。如图 5-44b 所示，在 100A 集电极电流下，RB-IGBT 的饱和压降在 25℃ 时为 2.65V，在 125℃ 时上升到 3.01V。说明 RB-IGBT 的饱和压降呈正温度系数，因而有良好的温度稳定性。

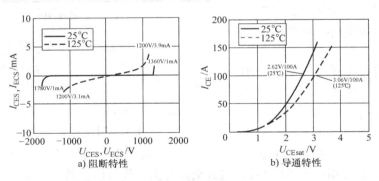

图 5-44　1200V RB-IGBT 的特性曲线

（2）动态特性　如图 5-45a 所示，在 600V 电压下，RB-IGBT 能关断 100A 电流，且拖尾电流很小，其关断能耗 E_{off} 很小，约为 6.85mJ。当 RB-IGBT 反并联使用（如 AC 变流器）时，相当于逆变电路中的续流二极管，其反向恢复特性曲线如图 5-45b 所示。当栅极电阻 R_G 为 3.3Ω 时，反向恢复峰值电流 I_{RM} 约为 200A（是电流额定值的 2 倍），反向恢复能耗为 11.7mJ，并且 I_{RM} 和反向恢复能耗 E_{rr} 都随栅极电阻 R_G 增加而下降，同时开通能耗 E_{on} 随 R_G 增加而上升，但总能耗变化不大。

　　图5-46比较了RB－IGBT芯片与IGBT＋二极管串联模块的特性[43]。如图5-46a所示，在额定电流为50A和125℃结温下，RB－IGBT芯片饱和压降明显低于IGBT＋二极管串联模块的。如图5-46b所示，在栅极电阻R_G为22Ω和125℃结温下，RB－IGBT关断能耗与饱和压降的关系明显优于IGBT＋二极管串联模块。可见，采用RB－IGBT不仅具有正、反向阻断能力，而且具有优良的通态特性及开关特性，并缩小了变流器的体积。

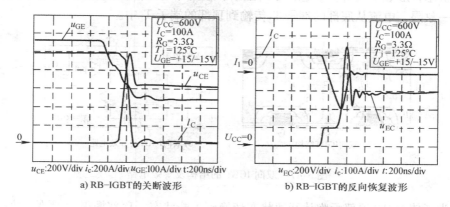

a) RB-IGBT的关断波形　　　　　　b) RB-IGBT的反向恢复波形

图 5-45　RB－IGBT 的动态特性曲线

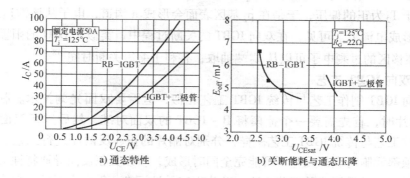

a) 通态特性　　　　　b) 关断能耗与通态压降

图 5-46　RB－IGBT 芯片与 IGBT＋二极管串联模块的特性比较

5.3.2　双向 IGBT

1. 双向 IGBT 结构

　　双向 IGBT（Bidirectional IGBT，B－IGBT）的结构及等效电路如图 5-47 所示[46]，由两个 IGBT 反并联地集成在同一个硅衬底上。图 5-47a 所示的 B－IGBT 芯片的上、下两面具有对称性，并且顶部元胞与底部元胞的间距约为同侧元胞间距的一半。如图 5-47b 所示，这种对称性的结构保证了器件在第一象限和第三象限有对称的电学特性。当 G_1 和 G_2 偏压均为零，在 T_2 端子相对 T_1 端子施加一个正向电压时，J_1 结和 J_3 结反偏，此时器件处于正向阻断模式，正向阻断电压由 J_3 结承受。当给 G_1 加上一个正向偏压，而 G_2 加上一个反向偏压时，由于 G_1 正向偏压使得 P_1 基区表面产生一个 n 沟道，于是电子会从 n_1^+ 发射区进入 n 漂移区。对于垂直的 p_1 np_2 晶体管而言，相当于提供了一个基极驱动电流，使 IGBT 顶部的元胞处于正向导通状态，形成电流 I_1。在这种正向阻断和正向导通工作模式下，B–IGBT 均工作在第一象限，电流从底部的端子 T_2 传输到顶部的端子 T_1 中。

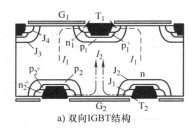
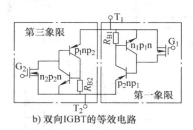

a) 双向IGBT结构　　　　　　b) 双向IGBT的等效电路

图 5-47　双向 IGBT 的结构及等效电路

为了使 IGBT 顶部元胞从开通状态切换到关断状态，顶部栅极 G_1 零偏或加上一个相对于 T_1 为负的偏压，可切断 n_1^+ 发射区电子的通路；同时底部栅极 G_2 也加上一个相对于 T_2 为正的偏压，于是在 p_2 基区表面会形成 n 沟道，电子从该沟道进入 T_2 端子，形成电流 I_2。可见，在双向 IGBT 的关断过程中，类似于 GTO 的阳极短路结构，n 漂移区的过剩电子可以从 T_2 端抽取，有利于缩短关断时间[18,46]。

2. 双向 IGBT 工艺

双向 IGBT 制作工艺与传统 IGBT 工艺相似，但需要双面光刻技术。制作 B–IGBT 芯片时，首先需要一个掩模将 B–IGBT 的双面对准，然后进行双面图形套刻，后续工艺与传统 IGBT 工艺一样，分别对晶片的正、反两面进行工艺制作。由于硅片顶部元胞与底部元胞不可能完全同时形成，所以其正反向导通特性会存在微小的差异，并且采用这种工艺方法，硅片很容易被污染。采用高温硅–硅直接键合（SDB）工艺也可制作 B–IGBT 芯片[47]，虽然两侧的元胞可以同时形成，但是键合界面会影响器件的导通和阻断特性，并且在硅片处理过程中，若正、反两面 MOS 结构的栅氧化层质量有微小差异，也会导致其输出特性、输入特性不完全对称，阈值电压也会不同。此外，B–IGBT 芯片还需要一个特殊的封装结构。

图 5-48 给出了双向 IGBT 芯片和封装外形及内部压接结构剖面。如图 5-48a 所示，B–IGBT 芯片的中央为栅极，栅–射极的隔离区较大，以防止压接导致栅–射极短路，最外围是场限环与场板复合终端。如图 5-48b 所示，B–IGBT 顶部封装与常规 IGBT 封装不同，有四个电极，中心两个为栅极。图 5-48c 显示 B–IGBT 采

用双面的直接覆铜（DBC）基板，栅极和有源区通过 DBC 绝缘，因此双面均可安装散热器进行散热。在常规的 IGBT 封装中，发射极和栅极均采用铝线键合，只有集电极键合在一个金属基板上（分立器件）或者在 DBC 基板上（功率模块），底部加散热器进行冷却。相比较而言，B - IGBT 这种扁平封装技术可以有效提高器件的热性能[48]。

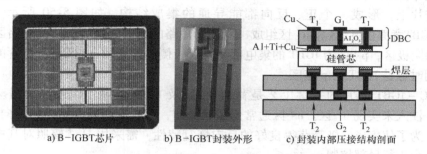

a) B - IGBT芯片　　　　b) B - IGBT封装外形　　　c) 封装内部压接结构剖面

图 5-48　双向 IGBT 芯片及其封装外形及内部压接结构剖面

3. B - IGBT 特性

1700V B - IGBT 特性测试曲线如图 5-49 所示[46]。可知，B - IGBT 正反向均有阻断能力，且正、反向阻断电压对称；正、反向均能传导大电流，并且在较高的电流密度下有相近的饱和电压，如在 2A 电流下，正、反向的饱和电压分别为 4V 和 4.2V；正、反向有几乎一致的开关特性。所以，B - IGBT 具有双向阻断、导通及快速关断能力。

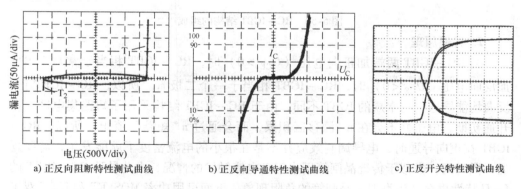

a) 正反向阻断特性测试曲线　　　b) 正反向导通特性测试曲线　　　c) 正反开关特性测试曲线

图 5-49　双向 IGBT 特性测试曲线

5.3.3　逆导 IGBT

逆导 IGBT（Reverse Conducting IGBT，RC - IGBT）[49,50]，也被称为短路集电极 IGBT（Collector Shorted Type IGBT，SC - IGBT）或短路阳极 IGBT（Short Anode IGBT，SA – IGBT)[51]，是基于集电极短路技术而开发的集成化结构，当然也可以通过普通 IGBT 与二极管压接封装而成[52]。目前主要应用于 1200V 以下的低压领域。

1. RC – IGBT 结构

逆导 IGBT（RC – IGBT）的结构是将一个 IGBT 与 pin 二极管反并联地集成在一片硅片上，形成一个正、反向都能导通的集成结构，如图 5-50 所示[53,54]。RC – IGBT 背面由 p+ 区和 n+ 区组成（相当于短路的集电区），其中 n+ 短路区为二极管的阴极区，p+ 区为 IGBT 的集电区。发射极侧高掺杂的 p+ 区是二极管的阳极区，同时也是 IGBT 的 p 基区。

RC – IGBT 芯片的关键工艺是背面 p+ 区及 n+ 区的制作，通常采用磷离子（P+）注入来实现 n+ 区。n+ 区通常为条状分布，条长方向与沟槽栅的方向正交。此外，为了使集成二极管获得良好的反向恢复特性，需采用 He+ 辐照对其中的载流子寿命进行局部控制。

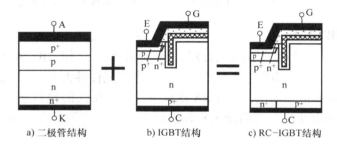

a) 二极管结构　　　　b) IGBT结构　　　　c) RC–IGBT结构

图 5-50　RC – IGBT 结构的组成

2. 导通原理

当 RC – IGBT 两端加正向电压（$U_{CE} > 0$）时，RC – IGBT 相当于常规 IGBT；加反向电压（$U_{CE} < 0$）时，RC – IGBT 相当于一个二极管。所以，RC – IGBT 正、反向均能导通。与常规的 IGBT 不同，由于 RC – IGBT 结构采用了短路集电区，在开通初期，电子并不会在 n– 漂移区积累，而会通过 n+ 短路区流出。所以，RC – IGBT 在正向导通时，电导调制效应并不是在很小的电流密度下就能发生，需要延迟一段时间，类似于传统晶闸管用小门极电流触发的情况，由此导致 RC – IGBT 的 $I – U$ 特性也会产生类似于晶闸管的负阻现象。下面可用功率 MOSFET 和 IGBT 双工作模式来解释。

（1）正向导通　在集 – 射极间加正向电压 $U_{CE} > 0$，集成二极管反偏不导通。当栅 – 射极电压 U_{GE} 大于阈值电压 U_T（即 $U_{GE} > U_T$）时，MOS 导电沟道形成，电子从 n+ 发射区经沟道进入到 n– 漂移区。在正向电压 U_{CE} 作用下，电子会垂直地流向集电极。当电子到达 FS 层后，电子将会从 n+ 短路区流出，被集电极收集。此时

RC - IGBT 工作如同功率 MOSFET 的单极模式。只有当流过 n FS 层横向电阻 R_{nb} 的电流足够大，引起集电结（即 J_1 结）注入后，RC - IGBT 才会按 IGBT 的双极模式工作。

图 5-51 为开通初期 RC - IGBT 中载流子流动轨迹示意图。可见，在 p^+ 集电区上方有电子横向流动，会在 n FS 层电阻 R_{nb}（取决于 p^+ 集电区的宽度与 n FS 层的掺杂浓度）上产生一定的电压降 U_R。当电子电流密度较小时，U_R 较小（<0.7V），集电结就不会有空穴注入，如图 5-51a 所示，RC - IGBT 按 MOSFET 模式工作，此时饱和电压很大。随着 U_{CE} 增加，电子电流密度增大，R_{nb} 上的压降 U_R 增加，大于集电结的导通电压（0.7V）时，p^+ 集电区向 n^- 漂移区注入空穴，n^- 漂移区开始产生电导调制效应，于是饱和压降大幅下降，如图 5-51b 所示，此时 RC - IGBT 进入 IGBT 的导通模式。

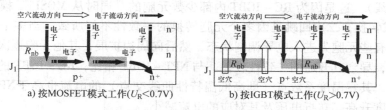

a) 按MOSFET模式工作(U_R<0.7V)　　b) 按IGBT模式工作(U_R>0.7V)

图 5-51　RC - IGBT 开通初期体内的电流分布示意图

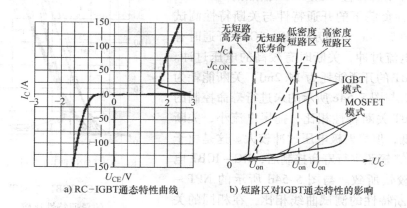

a) RC-IGBT通态特性曲线　　b) 短路区对IGBT通态特性的影响

图 5-52　RC - IGBT 的 $I - U$ 特性曲线

在 RC - IGBT 导通过程中，先经功率 MOSFET 的导通再转换到 IGBT 的导通，因此其 $I - U$ 特性曲线会出现负阻特性。RC - IGBT 的 $I - U$ 特性曲线如图 5-52 所示[53]。正向工作时，在很小的电流密度下，RC - IGBT 有明显的负阻或回跳（Snapback）现象，类似于转折二极管（BOD）的转折导通特性，且转折电压 U_{SP} 低于3V。图 5-52b 给出了不同的集电极短路区对 IGBT 通态特性曲线的影响。在相同的电流密度下，与无短路区的 IGBT 相比，有短路区时 IGBT 的导通电压明显增大，并且当短路区密度较高时，RC – IGBT 的 I – U 特性曲线有明显的负阻特性。当短路区密度较低时，负阻特性消失，饱和电压下降。并且少子寿命对 RC – IGBT 导通特性的影响也很大，少子寿命越低，饱和电压越大。

（2）反向导通　在集射极间加反向电压 $U_{CE} < 0$，集成二极管导通。由于集成二极管的 n^+ 阴极区面积较小，导致其注入效率下降，体内电导调制效应减弱，因此 RC – IGBT 反向导通时的正向压降比常规二极管稍大，但比 IGBT 的饱和电压低。如图5-52a所示，在 100A 电流下，二极管的正向压降为 1.4V，IGBT 正向饱和电压 U_{CEsat} 为 2.1V。

3. RC – IGBT 特性

（1）静态特性　图 5-53 给出了 RC – IGBT 与 NPT – IGBT 的导通特性比较。当温度较高或电流较大时，I – U 曲线上还会出现一系列小幅的二次回跳现象（图中带○的曲线）。这是因为 RC – IGBT 内部少数元胞的导通时从 MOSFET 模式逐渐向 IGBT 模式转换，二次回跳是因多个元胞转换的一致性不好所致。当多个元胞逐次导通时，有些元胞先进入电导调制状态，然后向周边扩展，其他元胞逐次发生电导调制效应，导致其开通的一致性较差。与 NPT – IGBT 相比，RC – IGBT 的导通特性明显较差，其零温度系数点（即高低温特性曲线交点）的电流也高于NPT – IGBT。并且随温度升高，转折电压及其对应的电流减小。

（2）动态特性　经 He^{2+} 辐照的 RC – IG-BT 在感性负载下的开通特性与关断特性测试曲线如图 5-54a、b 所示，RC – IGBT 开通时有较高的电流过冲，关断时有较高的电压过冲。RC – IGBT 的开通能耗为 14.2mJ，关断能耗为 8.99mJ。与图 5-54c 所示的未进行寿命控制的 RC – IGBT 关断特性相比，拖尾电流小，关断能耗也低，但集射极电压过冲较大。这是由于采用 He^{2+} 辐照进行寿命控制后，RC – IGBT 电流下降较快所致。与图 5-54d 所示的 NPT – IGBT 关断特性的测试曲线相比，在相同的关断条件下，RC – IGBT 拖尾电流远低于 NPT –

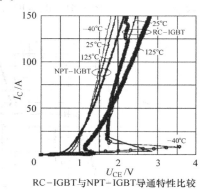

图 5-53　RC – IGBT 与 NPT – IGBT 的导通特性比较

IGBT 的，因此关断能耗（为 11.2mJ）也低于 NPT – IGBT（为 17.5mJ）。

负阻特性的转折电压及其对应的电流与 p^+ 集电区尺寸 L_{p^+}、n^+ 短路区尺寸 L_{n^+} 及 n FS 层参数有关。L_{p^+} 相对 L_{n^+} 越宽，FS 层的掺杂浓度越低，转折电压及其对应的电流越低。为了有效抑制 RC – IGBT 的负阻现象，通过增加 p^+ 集电区宽度、降低 FS 层的掺杂浓度来增加 FS 层的横向电阻 R_{nb}，使集电结在小电流下就能开通，从而减小转折电压。但是，这些措施很难从根本上消除负阻现象。为了获得与传统 IGBT 一样的 $I-U$ 特性曲线,除了考虑 n$^+$ 短路区与 p$^+$ 集电区版图布局外,需要对结构进行改进,如采用双模式 IGBT 或超结 RC – IGBT 结构,以彻底消除负阻现象。

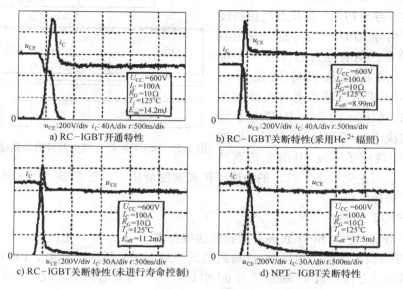

a) RC–IGBT开通特性

b) RC–IGBT关断特性(采用He^{2+}辐照)

c) RC–IGBT关断特性(未进行寿命控制)

d) NPT–IGBT关断特性

图 5-54　感性负载下 RC – IGBT 的开通和关断特性测试曲线

5.3.4　双模式 IGBT

双模式 IGBT（Bi – mode Insulated Gate Transistor，BIGT）[55,56] 是 ABB 公司在常规 RC – IGBT 基础上开发的一种新的逆导型 IGBT 结构,目的是解决 RC – IGBT 的负阻现象。

1.　BIGT 结构

如图 5-55 所示,BIGT 结构是由 RC – IGBT 和普通的 IGBT 复合而成的,由于该结构可以按 IGBT 与二极管的两种模式工作,故称为双模式 IGBT。其中普通 IG-BT 在此称为引导 IGBT（其 p$^+$ 集电区称为 p$^+$ 引导区）,右侧为一个常规的 RC – IGBT。通常位于 BIGT 芯片中央,两侧是具有集电极短路点的 RC – IGBT。短路点布局有多种形式,比如 n$^+$ 短路区可以与 p$^+$ 引导区的布局是平行条纹（见图 5-55 下图）、正交条纹,或是离散点状或小正方形布局。采用 p$^+$ 引导区的作用有两个：一是在导通初期引导 IGBT 开通；二是提高版图设计的自由度,使 n$^+$ 区与 p$^+$ 区的尺寸不需严格控制。由于存在 p$^+$ 引导区,使 n$^+$ 区面积缩小为集电区总面积的 25%,有利于降低二极管正向压降。为了改善器件通态特性,采用了增强型平面（EP）元胞设计,在元胞下方增加了 n 增强层（见图 5-55 上图）,以产生电子注入增强效应。对二极管而言,n 增强层可以降低阳极的空穴注入效率,同时采用

He^{2+} 辐照在 n 增强层处形成一个低寿命区[55], 有利于获得快速软恢复特性。

2. BIGT 的工作原理

在器件导通初期, 电压及电流密度很小时, 引导 IGBT 会先导通, 发生电导调制效应。随着电流密度进一步增加, 电导调制区从引导区逐渐向 RC-IGBT区扩展, 基本上可消除初次负阻现象。载流子向 RC-IGBT 区扩展的速度取决于 n$^+$ 短路区的布局。通过对 BIGT 中载流子密度 3D 分布仿真结果表明, 采用正交条纹 (S2) 的载流子扩展速度最快, 小正方形 (D2) 布局时的载流子扩展速度稍快。

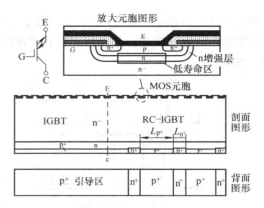

图 5-55　BIGT 的剖面结构及背面的集电区图形

3. BIGT 的特性

(1) 导通特性　BIGT 正向导通特性曲线如图 5-56 所示。正向工作时 BIGT 按 IGBT 的导通模式工作, 并且与 n$^+$ 短路区的布局有关; 反向工作时, BIGT 按二极管的导通模式工作。当 n$^+$ 短路区与 p$^+$ 引导区的布局采用正交条纹 (S2) 时, 导通特性最好; 采用平行条纹 (S1) 时, 导通特性较差; 采用正交-平行条纹 (S3) 时, IGBT 的导通特性介于 S1 与 S2 之间, 并且在小电流下仍有小的二次负阻现象; 如图 5-56b 所示, 当 n$^+$ 短路区采用多种不同 (条形、点形及方形) 的图形区时, BIGT 的正、反向导通特性曲线均有所不同。采用离散点状 (D1) 时, IGBT 饱和电压最小, 但同时二极管的导通特性明显变差; 采用小正方形 (D2) 时, 对二极管导通特性没有影响, 但 IGBT 的饱和电压稍大。可见, 采用正交条纹布局和小正方形点状短路区时, 可以兼顾 BIGT 的正、反向导通特性。

(2) 开关特性　如图 5-57 所示, BIGT 在 25℃和 2800V 电压下关断 50A 电流时, 采用正交条纹 (S2) 布局的关断拖尾电流要比平纹条纹 (S1) 的较大, 但在 125℃高温下采用两种条纹布局的 IGBT 关断波形几乎重合。可见, 采用正交条纹 (S2) 来布局 n$^+$ 短路区和 p$^+$ 引导区, 不仅有利于载流子的扩展, 而且能有效地利用器件的面积, 在 IGBT 和二极管导通损耗之间获得折中, 使 BIGT 性能达到最佳。

5.3.5　超结 IGBT

采用超结技术可改善功率 MOSFET 的击穿电压与导通电阻之间的矛盾关系。将超结引入 IGBT 中, 可形成超结 IGBT (SJIGBT) 结构, 不仅可以显著地改善 IGBT 的正向耐压能力, 也可以改善饱和电压与关断损耗之间的矛盾。

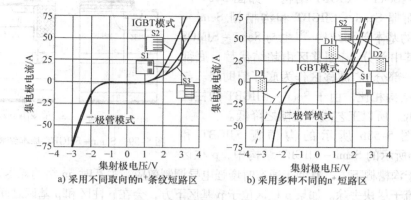

a) 采用不同取向的 n^+ 条纹短路区　　　　b) 采用多种不同的 n^+ 短路区

图 5-56　BIGT 的正向导通特性测试曲线

1. 结构类型

根据栅极结构不同来分，SJIGBT 可分为平面栅 SJIGBT 和沟槽栅 SJIGBT 结构；按耐压层不同来分，可分为 SJIGBT 和 Semi – SJIGBT 结构；按超结制作工艺来分，可分为传统的 SJIGBT 和复合 SJIGBT 结构。图 5-58 给出了两种 SJIGBT 的基本结构剖面。

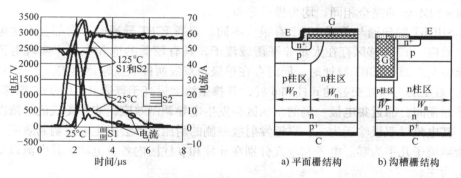

图 5-57　BIGT 开关特性测试曲线

a) 平面栅结构　　　b) 沟槽栅结构

图 5-58　SJIGBT 基本结构剖面

（1）SJIGBT 结构　如图 5-58 所示，与 SJMOS 相似，SJIGBT 的 n^- 漂移区也是全部由 p 柱和 n 柱组成的超结代替，不同之处在于，SJIGBT 的背面为 p^+ 集电区。由于柱区高度与击穿电压成正比，所以柱区越高，SJIGBT 的击穿电压也越高，但相应的工艺成本也会增大。

SJIGBT 的工艺难度主要在于 SJ 的形成。利用沟槽刻蚀和采用小角度注入来形成扩展深槽的 SJIGBT 结构[57]，p 柱区为原始外延层，n 柱区是在沟槽刻蚀后通过磷离子（P^+）小角度注入来形成，不仅可以降低工艺难度，而且有利于实现电荷平衡。

（2）Semi – SJIGBT 结构 如图 5-59 所示，平面栅 Semi – SJIGBT 和沟槽栅 Semi – SJIGBT 的基本剖面结构[58]也与 Semi – SJMOS 相似，其中部分 n⁻漂移区由超结代替，底部仍保留一部分 n⁻漂移区作为底部辅助层。与 SJIGBT 结构相比，由于 Semi – SJIGBT 的柱区高度降低，所以工艺成本也随之降低。

在图 5-58b 所示的沟槽栅 SJIGBT 和图 5-59b所示的 Semi – SJIGBT 结构中，p 柱区

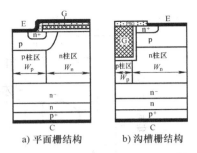

a) 平面栅结构　　b) 沟槽栅结构

图 5-59　Semi – SJIGBT 基本结构剖面

通常位于沟槽栅下方，有助于通态时增强电导调制效应，关断时 pn 结的耗尽区扩展，使得载流子尽快去除。如果 p 柱区位于 p 基区下方，会在 p 柱区和 p 基区之间会形成一条空穴通路，不利于器件的导通和关断。

2. 工作模式

SJIGBT 的击穿特性与 SJMOS 的击穿特性相同。由于 p 柱区和 n 柱区电荷平衡，在很低的电压（约几伏）下，p 柱与 n 柱区就能完全耗尽。所以，SJIGBT 电场强度分布与 SJMOS 的完全相同，均为矩形分布；Semi – SJIGBT 电场强度分布与 Semi – SJMOS 的完全相同，均为梯形分布。

SJIGBT 的导通与普通 IGBT 有很大不同。普通 IGBT 导通时，内部会发生电导调制效应，n⁻漂移区存在大量非平衡载流子，具有较低的饱和电压，实现电流的双极输运。而 SJIGBT 导通时，同时存在单极与双极两种电流输运模式。由于 SJIG-BT 的耐压层为相互交替的 n 柱和 p 柱，且掺杂浓度远高于普通 IGBT 的 n⁻漂移区，在导通期间，靠近集电极一侧的耐压区会发生电导调制效应，非平衡载流子浓度较高，其电流以双极输运为主；靠近发射极一侧的耐压区不会发生电导调制效应，非平衡载流子几乎为零。电子和空穴分别在 n 柱和 p 柱区内各自流动，其电流以单极输运为主。

SJIGBT 这两种电流输送模式与柱区掺杂浓度有关。如图 5-60 所示[59]，当柱区掺杂浓度较低（$1 \times 10^{14} \mathrm{cm}^{-3}$）时，电子电流和空穴电流几乎分布在两个柱区内，说明导通时两个柱区都会发生电导调制效应，这与普通 IGBT 相似，按双极模式输运。当柱区掺杂浓度较高（$5 \times 10^{15} \mathrm{cm}^{-3}$）时，电子电流主要分布在栅极下方的 n 柱区内，空穴电流主要分布在元胞下方的 p 柱区内，此时电流均按单极方式输运。这说明柱区掺杂浓度升高对集电区的空穴注入有一定的抑制作用。

此外，n 缓冲层参数对 SJIGBT 的电导调制效应也有明显影响。对 SJIGBT 而言，集电极侧的 pnp 晶体管由两部分组成：一是由 p⁺集电区、n 缓冲层及 p 柱区形成的窄基区 pnp 晶体管，且集电区较厚；二是由 p⁺集电区、n 缓冲层与 n 柱区及 p 基区形成的宽基区 pnp 晶体管。所以，当柱区及 n 缓冲层掺杂浓度不同时，集电极侧 pnp 晶体管的电流放大系数 α_{pnp} 也不同，由此导致其关断特性和通态特性有所不同。当缓

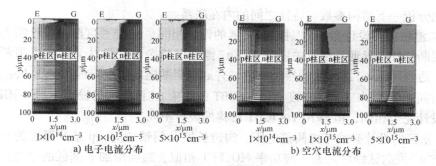

a) 电子电流分布 b) 空穴电流分布

图 5-60 SJIGBT 导通时内部的电流分布

冲层掺杂浓度为 $(1 \sim 4) \times 10^{16} \mathrm{cm}^{-3}$ 时，导通时的载流子浓度分布相近，并且靠近发射极侧的电导调制效应较强；当缓冲层掺杂浓度为 $6 \times 10^{16} \sim 1 \times 10^{17} \mathrm{cm}^{-3}$ 时，导通时载流子浓度分布差别逐渐增大，并且远离发射极侧的电导调制效应都减弱。所以，为了兼顾 SJIGBT 的阻断特性、导通特性及关断特性，在满足电荷平衡的条件下，应将缓冲层掺杂浓度应控制在 $5 \times 10^{16} \mathrm{cm}^{-3}$ 以下。

3. 性能比较

图 5-61 比较了各种 IGBT 结构的关断能耗与饱和电压之间的关系。可知，综合性能逐渐优化（曲线趋于坐标原点）的器件结构依次是 NPT 型结构、FS 型结构、FS + 沟槽栅结构、载流子存储型沟槽栅双极晶体管（CSTBT）及 SJ 与 FS 型复合（SJFS）结构。采用 SJFS 结构可使 IGBT 的特性达到最佳，但同时其工艺难度也最大。

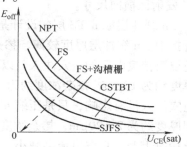

图 5-61 各种 IGBT 结构的技术曲线比较

另外，为了消除 5.3.3 节中逆导 IGBT 的负阻现象，可将超结引入逆导 IGBT 中形成超结逆导 IGBT（SJ RC – IGBT）[60] 或半超结逆导 IGBT（Semi – SJ RC – IGBT）结构[61]。

5.4 IGBT 的设计

IGBT 的应用场合不同，对其特性的要求不同，设计时可根据主要用途在相互矛盾的器件特性参数之间进行折中。IGBT 的设计主要是处理好饱和电压与关断损耗及短路特性之间的两对矛盾。这些特性与 IGBT 的纵、横向结构密切相关。

5.4.1 纵向结构的设计

1. 结构参数对特性的影响

纵向结构与器件的特性密切相关，它决定器件的耐压、饱和电压和开关速度。

下面先分析一下结构参数与特性之间的内在联系。

n⁻漂移区的设计与 pin 二极管 n⁻区的设计相同。n⁻漂移区厚度设计需要综合考虑阻断特性、导通特性及关断特性，n⁻漂移区掺杂浓度设计只需考虑阻断特性即可。适当降低 n⁻漂移区的掺杂浓度，并通过阻断电压 U_{BR} 与饱和电压 $U_{CE(sat)}$ 及关断时间 t_{off} 协调来确定其厚度。PT–IGBT 结构中 n⁻漂移区的设计与 FS–IGBT 结构的设计完全相同，但与 NPT–IGBT 结构的设计不同。

p 基区的设计必须考虑阈值电压、沟道长度及闩锁效应。p 基区厚度为 p 基区结深与 n⁺发射区结深之差。与功率 MOSFET 相似，适当增加 p 基区的厚度，会提高阻断电压，但同时会导致沟道长度增加。p 基区的掺杂浓度越高，横向电阻 R_B 越小，有利于抑制闩锁效应，但会导致阈值电压增加。所以，p 基区宽度和厚度的设计需要在阈值电压 U_T、沟道长度 L 及阻断电压等之间进行折中考虑。

n⁺发射区尺寸太宽，会导致 p 基区的横向电阻 R_B 增大，容易诱发闩锁效应，最小尺寸又受制于光刻精度。因此，在满足光刻精度要求的前提下，应尽可能减小 n⁺发射区横向尺寸。

n 缓冲层或 n FS 层的设计是不同的，但都需要在阻断电压和饱和电压之间进行折中。n 缓冲层厚度较薄、掺杂浓度较高，不仅要压缩 n⁻漂移区的电场，同时还要阻挡集电区的空穴注入，以降低 pnp 晶体管的电流放大系数。通常 n 缓冲层的厚度约为 $10\mu m$，掺杂浓度约为 $1 \times 10^{17} cm^{-3}$。nFS 层的掺杂浓度较低，对集电区的空穴注入没有影响，只是压缩 n⁻漂移区电场的作用。根据阻断电压的不同，n FS 层厚度约为 $2 \sim 20\mu m$，掺杂浓度约 $1 \times 10^{15} \sim 1 \times 10^{16} cm^{-3}$。FS 层厚度增加，阻断电压稍有上升，且漏电流会减小。

p⁺集电区的设计要考虑器件结构。PT–IGBT 的 p⁺集电区是衬底，高掺杂浓度且很厚，需要进行减薄。NPT–IGBT 和 FS–IGBT 的 p⁺集电区是利用离子注入形成的，厚度较薄且为中等掺杂。因此 p⁺集电区的设计需要在关断速度和饱和电压之间进行折中，通常厚度为 $2 \sim 6\mu m$，掺杂浓度为 $1 \times 10^{18} \sim 1 \times 10^{19} cm^{-3}$。

为了协调饱和电压与关断速度之间的矛盾，需限制 n⁻漂移区厚度，并通过减薄芯片厚度，或者引入低掺杂浓度透明集电区来降低集电极的注入效率。此外，PT–IGBT 还可以采用局部少子寿命来改善注入效率。为了协调饱和电压与短路特性之间的矛盾，可以减薄芯片厚度，或者引入低掺杂浓度的 n FS 层。从降低 IGBT 的开关功耗和提高短路能力方面考虑，采用 nFS 设计的薄片工艺较好。

2. 耐压结构的选取

IGBT 的阻断电压主要由轻掺杂浓度的 n⁻漂移区来承受。在正向阻断状态下，NPT 型结构的电场强度分布为三角形分布，PT 型及 FS 型结构的电场强度分布近似为梯形分布，其正向阻断电压可分别用式（3-6）和式（3-8）来表示。此外，还可采用如图 5-16b 所示的弱穿通（LPT）型耐压结构。

LPT 型结构的关键在于 n⁻ 漂移区厚度。在正常工作电压下，由 n⁻ 漂移区承受了整个电场强度，耗尽区不会扩展到 n 缓冲层，即 n 缓冲层只是用来支撑额定电压。所以，LPT 型结构的 n⁻ 漂移区比 NPT 型结构的 n⁻ 漂移区更薄，可获得低 U_{CEsat} 及较宽的 SOA，并且不需要进行少子寿命控制就可以获得较好的开关特性。

当 n⁻ 漂移区掺杂浓度为 $1 \times 10^{14} \, cm^{-3}$ 时，击穿电压与 n⁻ 漂移区厚度之间的关系如图5-62所示[62]。图中，两条曲线的交点表示该宽度所对应的穿通击穿电压与雪崩击穿电压相同，此时最大击穿电压为 1330V。对于 NPT 型结构设计，要求 n⁻ 漂移区厚度较厚；对 PT 型结构设计，要求 n⁻ 漂移区厚度较薄；对于 LPT 型结构设计，要求 n⁻ 漂移区厚度介于 PT 型结构与 NPT 型结构的厚度之间。如果 n⁻ 漂移区的厚度和掺杂浓度都相同，则采用 PT 型结构设计的阻断电压最高，NPT 型结构设计的阻断电压最低。

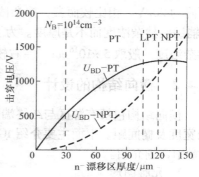

图 5-62 击穿电压与 n 漂移区厚度的关系

目前，如 1200V CSTBT 采用 LPT 型耐压结构的 n⁻ 漂移区厚度约为 100μm。

3. n 辅助层的设计

为了在通态特性和阻断特性之间获得折中，需要合理地设计 n 辅助层的掺杂浓度（或剂量）与厚度。图5-63a 给出了 HiGT 的 n 空穴势垒层（HBL）掺杂剂量 Q_s 对其饱和电压和击穿电压的影响。可见，饱和电压 U_{CEsat} 随 Q_s 增加线性下降，当 Q_s 大于 $1 \times 10^{12} \, cm^{-2}$ 时，饱和电压很低，但击穿电压急剧下降。图5-63b 所示为 3.3kV IGBT 与 HiGT 在 125℃ 高温时的输出特性测量曲线。可见，在 50A 的集电极额定电流下，HiGT 的 U_{CEsat} 为 3.7V，而平面栅IGBT 的 U_{CEsat} 为 5.0V。所以，对

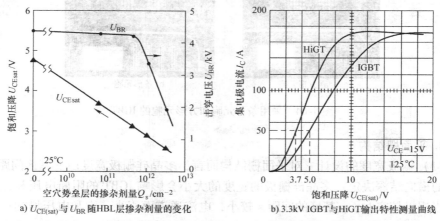

a) $U_{CE(sat)}$ 与 U_{BR} 随HBL层掺杂剂量的变化　　b) 3.3kV IGBT与HiGT输出特性测量曲线

图 5-63 HiGT 的关键特性参数与 HBL 层掺杂剂量的关系及输出特性曲线

3.3kV 的 HiGT 结构，当 HBL 的掺杂剂量控制在 $10^{12}\,\text{cm}^{-2}$ 以下[18]时，可保证 HiGT 同时拥有低的饱和电压和较高的阻断电压。

通过对窄槽栅 T – IEGT 的静态特性仿真[63]，结果表明，当 n 辅助层的掺杂浓度从 $1 \times 10^{16}\,\text{cm}^{-3}$ 增加到 $1 \times 10^{17}\,\text{cm}^{-3}$、厚度从 $0.5\,\mu\text{m}$ 增加到 $2\,\mu\text{m}$ 时，阻断电压会下降约 200V。相比较而言，掺杂浓度影响更敏感，这是因为势垒高度主要取决于 n 辅助层掺杂浓度而不是厚度。为了避免峰值电场强度出现在 J_2 结处，n 辅助层的掺杂浓度一般取 $5 \times 10^{16}\,\text{cm}^{-3}$ 左右较为合适。

5.4.2 横向结构的设计

横向结构包括有源区与结终端区。有源区的设计包括元胞图形、元胞间距或栅极宽度及栅间距。下面主要介绍 IGBT 有源区的设计，关于结终端区的设计将在第 7 章中详细介绍。

1. 元胞图形

IGBT 的元胞图形与功率 MOSFET 的相似，有条形，圆形，正方形，六角形及原子晶格排列（ALL）形等[8]。元胞图形及其相对位置的选择对 IGBT 的特性影响很大。选用正六边形时，U_{CEsat} 最小，但 p 基区横向电阻 R_B 最大，故抗闩锁能力最弱。选用条形时，R_{on} 最大，导致 U_{CEsat} 最大，但 R_B 最小，抗闩锁能力最强，并且采用条形元胞可获得较好的阻断电压 U_{BR} 和 U_{CEsat} 之间的折中关系。对于平面栅 IGBT 结构，由于方形元胞结构简单，因此实际中常用方形元胞，如图 5-64a 所示。对于沟槽栅 IGBT 结构，由于正方形元胞沟槽栅拐角处的电场过于集中，不利于提高器件的阻断电压，因此常用条形元胞，如图 5-64b 所示。

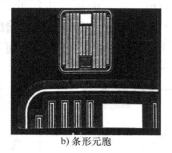

a) 方形元胞　　　　　　　　　　　　b) 条形元胞

图 5-64　采用条形元胞和方形元胞的 IGBT

2. 平面栅结构

（1）栅极宽度的设计　对平面栅结构而言，多晶硅栅极宽度由 p 基区间距和 p 基区的横向结深决定。多晶硅栅极的宽度的大小会影响 IGBT 的阻断电压和饱和电压。当栅极较窄时，p 基区的间距 s 较小，电流通道面积小，饱和电压增加；但两元胞之间的 n⁻ 漂移区容易夹断电流。如图 5-65a 所示，随外加电压 U_{CE} 增大，耗尽区弯曲度将变小，此时阻断电压较高。反之，当栅极较宽时，电流通道面积大，对通态特性有利，但对阻断特性不利。如图 5-65b 所示，当 U_{CE} 较高时，会在靠近栅极下方处 pn 结处（箭头所示）形成高电场强度，导致 IGBT 发生低电压击穿。所以，减小栅极宽度有利于提高阻断电压，同时可以提高沟道密度，增大器件总沟道宽度，从而降低饱和电压。

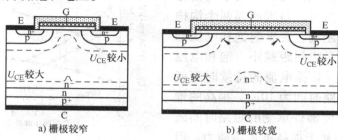

a) 栅极较窄　　　　　　b) 栅极较宽

图 5-65　元胞间距不同时 IGBT 两侧 pn 结耗尽区的形状

（2）栅间距的设计　　栅间距 s_G 是指多晶硅窗口的宽度，如图 5-66 所示，由 n^+ 发射区和 p 基区欧姆接触孔尺寸 W_E 以及栅 – 射极间的场氧化层厚度决定。栅间距与 IGBT 的雪崩耐量有关。栅间距越宽，pn 结面积越大，发生雪崩的面积越大，雪崩耐量越高。

（3）元胞宽度（或元胞间距）的设计　　如图 5-66 所示，元胞宽度 W_{cell} 等于栅极宽度 W_G 与栅间距 s_G 之和，即 $W_{cell} = W_G + s_G$。由于栅 – 射极间的场氧化层厚度较薄，故 $W_{cell} \approx W_G + W_E$。有源区的设计主要考虑元胞宽度（即栅极宽度与发射极窗口宽度之和）及栅极宽度与发射极窗口宽度之比（即 W_G/W_E）[64]。

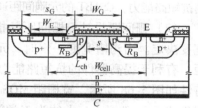

图 5-66　IGBT 的栅极尺寸示意图

W_G/W_{cell} 越小，栅 – 集极电容越小；W_G/W_E 越小，饱和电压虽越大，但阻断电压越高，饱和电流越低。所以，适当减小栅极宽度或增加栅间距，有利于提高 IGBT 的工作频率、短路能力及雪崩耐量。

3. 沟槽栅结构

沟槽栅对不同耐压结构的影响有所不同。对于 PT – IGBT 来说，pnp 晶体管的电流放大系数较高，流过 pnp 晶体管的空穴电流密度远远大于流过 MOS 沟道的电子电流密度，故 MOS 沟道的压降只是其饱和电压的一小部分。对于 NPT – IGBT 而言，pnp 晶体管的电流放大系数较低，空穴电流密度较低，通过 MOS 沟道的电流密度较大，此时 MOS 沟道的压降成为饱和电压的一个重要分量，因此采用沟槽栅结构对降低 NPT – IGBT 的饱和电压很有效。沟槽栅 IGBT 的饱和电压低（比平面栅低约30%），并且由于其 n$^+$ 发射区横向尺寸比平面栅更小，所以闩锁电流容量比平面栅的高；同时由于存在沟槽，导致其栅漏电容较大（约为平面栅的 3 倍）。沟槽宽度越窄，沟道密度越高，越有利于提高电流容量，但沟槽的深宽比受刻蚀工艺的限制。

（1）元胞间距的设计　对于沟槽栅结构而言，元胞间距是指相邻两个沟槽栅中心之间的距离，会影响饱和电压和抗短路能力。元胞间距越小，饱和电压越低，器件承受短路电流的持续时间就越短（通常短路时间为 $10\mu s$，很高的饱和电流可能会使器件承受的短路时间减小到 $5\mu s$），不利于提高抗短路能力。但元胞间距太宽，会导致器件的饱和电压

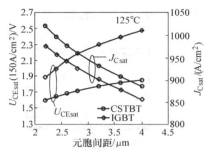

图 5-67　T–IEGT 与 T–IGBT 的特性比较

增加，所以元胞间距的设计要兼顾器件的短路特性和通态特性。图 5-67 给出了 1200V 的 CSTBT 与 IGBT 的饱和电压 U_{CEsat} 和集电极饱和电流密度 J_{Csat} 与元胞间距之间的关系曲线[9]。可见，元胞间距越大，饱和电压越高，同时集电极饱和电流密度越低。当元胞间距相同时，CSTBT 饱和电压明显比 IGBT 的要低，但集电极饱和电流稍大。为了提高抗短路能力，CSTBT 的元胞间距通常为普通 IGBT 的 3 倍[8]。

（2）栅间距设计　栅间距是指两个沟槽之间的台面宽度，由元胞间距和沟槽宽度决定。当沟槽宽度一定时，元胞间距越小，栅间距也越小。所以采用宽栅间距，有利于提高器件的抗短路能力。采用不同栅间距的 CSTBT 与 T–IGBT 的 I–U 特性如图 5-68 所示，宽栅距 MOS 器件或 T–IGBT 的饱和电流明显比窄栅距 MOS 器件或 CSTBT 要小，大约为正常额定电流（I_{Rated}）的 5 倍[28]，如图 5-68a 所示；但同时宽栅距 CSTBT 或 T–IGBT 的饱和电压明显比窄栅距的高，如图 5-68b 所示。这说明采用宽栅距可获得较低的饱和电流，有利于改善器件的短路能力，但不利于降低通态功耗。

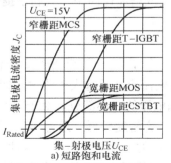

a）短路饱和电流

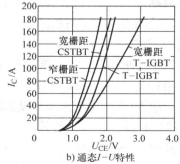

b）通态 I–U 特性

图 5-68　不同栅间距下的 T–IEGT 与 T–IGBT 特性比较

（3）虚拟元胞设计　在窄槽栅的 IEGT 结构中，为了增强 IE 效应，通常采用
虚拟元胞结构。虚拟元胞数目与 IE 效应的强
弱有关，会直接影响 IEGT 的通态特性。设计
的关键是确定虚拟元胞数占总元胞数的比例或
者 p 基区的接触比。虚拟元胞数越多，p 基
区接触比越小。图 5-69 给出了虚拟元胞数对
IEGT 载流子浓度分布的影响[16]。可见，虚拟
元胞数越多，发射极侧的载流子浓度就越高，
说明电导调制的范围就越大，器件的通态特性
就越好。为了获得较强的 IE 效应，虚拟元胞
数与正常元胞数之比约为 1:3，并与元胞尺寸和沟槽深度有关。

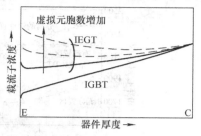

图 5-69　虚拟元胞数对 IEGT
载流子浓度的影响

（4）浮置区的设计　采用虚拟元胞，有助于产生 IE 效应，使得 p 基区成为一
个浮置区，会影响沟道的电位，从而影响器件的特性。为了分析 p 浮置区对沟道电
位的影响，图 5-70 给出了三种不同 p 浮置区的 T – IGBT 结构[65]。如图 5-70a 所
示，在普通 T – IEGT 结构中，由于 p 浮置区（A 点）的电位很低，会吸引部分空
穴电流，使得沟槽栅下方集中的空穴电流较小；如图 5-70b 所示，由于无 p 浮置区
时，A 点的静电位较高，空穴电流会集中在沟槽栅下方，容易形成低阻的 p 沟道，
使得开通期间栅 – 射极电压 U_{CE} 上升变慢。如图 5-70c 所示，由于深 p 浮置区远离
沟槽栅，A 点的静电位较低，吸引的空穴电流较多，使得沟槽栅下方的空穴浓度高
于普通 T – IGBT 结构的。可见，p 浮置区不同，沟道内 A 点的静电位就不同，在开
通过程中，栅极下方积累的空穴也不同，导致 T – IGBT 的导通特性、击穿电压及
关断过程中集射电压的上升率均会发生变化。

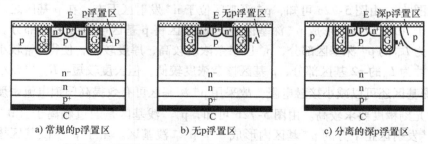

图 5-70　采用三种不同 p 浮置区的 T – IGBT 元胞结构比较

图 5-71 给出了三种不同 p 浮置区的 T – IEGT 击穿电压 U_{BR} 和关断过程中集电
极电压上升率 du_{CE}/dt 与其归一化元胞宽度的关系。可见，有 p 浮置区时，U_{BR} 较
高，几乎不随元胞宽度变化；同时 du_{CE}/dt 较高，并随元胞宽度增加而增加。去掉
p 浮置区虽会大幅度减小 du_{CE}/dt，但同时会导致击穿电压下降；而采用分离的深 p
浮置区，不仅可以提高击穿电压，并且有利于减小 T – IEGT 关断过程中的 $du_{CE}/$

d*t*，可使 T – IEGT 有较低的功耗、更高的可靠性及低 EMI 噪声。

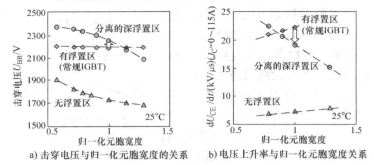

a) 击穿电压与归一化元胞宽度的关系   b) 电压上升率与归一化元胞宽度关系

图 5-71   击穿电压及开关过程中阳极电压上升率与归一化元胞宽度的关系

5.4.3   防闩锁的设计

在 IGBT 结构中，由于空穴电流横向通过 p 基区时会引起闩锁效应，所以在设计时必须加以考虑。相比较而言，由于沟槽栅结构的 n^+ 发射区横向尺寸比平面栅的更小，所以其闩锁电流容量比平面栅的更高[66]。下面主要以平面栅 IGBT 为例来说明如何从结构设计上防止闩锁效应发生。为了有效地控制 p 基区横向电阻及其所流过的空穴电流的大小，可采用 p^+ 深阱区、p^{++} 浅基区、条形元胞、多重短路元胞及少子旁路结构等来实现。

（1）p^+ 深阱区与 p^{++} 浅基区的设计   采用 p^+ 深阱区与 p^{++} 浅基区工艺，以减小 p 基区横向电阻 R_B，从而提高 IGBT 闩锁电流的容量。p^+ 深阱区的设计必须在不影响器件阈值电压的前提下，提高 p 基区掺杂浓度；在不影响阻断电压的前提下，增加 p^+ 深阱区的深度。图 5-72 给出了具有 p^+ 深阱区、p^{++} 浅基区的 IGBT 结构示意图[7]。由图 5-72a 可知，p^+ 深基区位于 n^+ 发射区下方。在 p 基区之前，利用硼离子（B^+）注入形成 p^+ 深基区。p^+ 深基区将 p 基区电阻分成两部分。在横向尺寸为 L_{p1} 的 p^+ 深基区部分，p^+ 区掺杂浓度较高，厚度较厚，使得 R_{B1} 较小；在横向尺寸为 L_p 的 p2 基区部分，p 基区掺杂浓度较低，但长度较短，R_{B2} 也较小；同时 p^+ 深基区还可以减小接触电阻，故采用 p^+ 深基区可有效提高闩锁电流密度 J_{LS}，但它对光刻精度要求较高。由图 5-72b 可知，p^{++} 浅基区是通过硼离子（B^+）注入在 n^+ 发射区正下方的 p^+ 基区内形成一个 p^{++} 浅基区。由于 p^{++} 浅基区掺杂浓度很高，可显著减小 p 基区的横向电阻 R_B，使闩锁电流密度 J_{LS} 提高约 3 倍。由于 p^+ 深基区和 p^{++} 浅基区都远离沟道，因此对阈值电压 U_T 没有影响。

（2）多重短路元胞设计   除了通过减小 R_B 来提高 J_{LS} 外，还可以通过减小流过 R_B 的空穴电流来抑制闩锁效应。如图 5-73 所示，多重表面沟道短路元胞（Multiple Surface Short，MSS）IGBT 结构[67]是在表面发射区沿沟道宽度方向增加了沟道 p^+ 短路区，为空穴提供了直接流向发射极的通路（相当于部分少子空穴被旁路），于

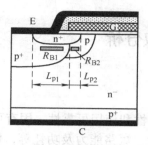
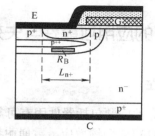

a) p⁺深阱区IGBT结构 b) p⁺浅基区的IGBT结构

图 5-72　具有 p⁺深阱区、浅基区的 IGBT 结构示意图

是减小了流过横向电阻 R_B 的空穴电流。图 5-73b 中水平箭头所指方向表示空穴电流转移的趋势，表示空穴电流 I_p 分为两部分（$I_p = I_{p1} + I_{p2}$），其中空穴电流 I_{p2} 被旁路，流过电阻 R_B 的空穴电流仅为 I_{p1}，因此闩锁效应得以抑制[70]。

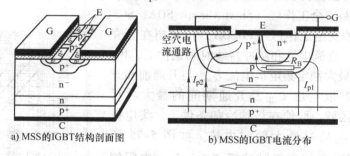

a) MSS的IGBT结构剖面图 b) MSS的IGBT电流分布

图 5-73　具有多重表面沟道短路元胞（MSS）的 IGBT 结构示意图

图 5-74 给出了元胞图形对 p 基区横向电阻 R_B 与闩锁电流密度的影响[67]。可见，随 p⁺基区深度的增加，R_B 均减小。相比较而言，采用 MSS 元胞设计的 R_B 最小，条形元胞次之，方形元胞的 R_B 较大，故 MSS 元胞的闩锁电流密度最大。由于 p⁺基区深度过大会影响阻断电压，所以设计时要综合考虑。在保证不发生闩锁效应的前提下，适当减小 p⁺基区深度以提高阻断电压。

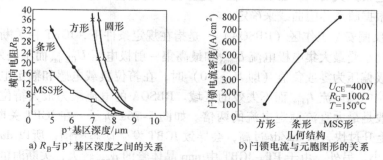

a) R_B 与 p⁺基区深度之间的关系 b) 闩锁电流与元胞图形的关系

图 5-74　元胞图形时的对横向电阻及闩锁电流的影响

5.5 IGBT 的应用可靠性与失效分析

5.5.1 可靠性

IGBT 的可靠性问题包括器件固有可靠性和使用可靠性。固有可靠性问题包括安全工作区（SOA）、闩锁效应、雪崩耐量、短路能力及功耗等，使用可靠性问题包括并联均流、软关断、电磁干扰（EMI）及散热等。下面分析 IGBT 的固有可靠性，然后介绍 IGBT 几种主要的失效模式。

1. IGBT 安全工作区（SOA）

IGBT 的 SOA 包括正偏安全工作区（Forward biased SOA，FBSOA）、反偏安全工作区（Reverse biased SOA，RBSOA）、开关安全工作区（Switching SOA，SSOA）及短路安全工作区（Short Circuit SOA，SCSOA）。

（1）正偏安全工作区（FBSOA） 是指在管壳温度为 25℃、直流电流和脉冲持续时间条件下，IGBT 开通后的最大额定集电极电流 I_{Cmax} 与开通前和开通期间集 – 射极电压 U_{CE} 及开通期间的最大功耗 P_{Cmax} 决定的区域。即使在最佳冷却条件下，集电极电流 I_C 也不应超过最大额定电流。如图 5-75 所示[9]，当 IGBT 工作在单脉冲模式时，I_{Cmax} 由闩锁电流容量设定，U_{CEmax} 由击穿电压决定，P_{Cmax} 由最高允许结温 T_{jm} 和热阻所决定。脉冲宽度越宽，导通时间越长，发热越严重，SOA 则越窄。图中，脉冲

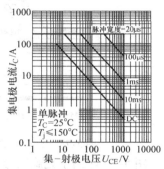

图 5-75 IGBT 的 FBSOA

宽度分别为 20μs、100μs、1ms 及 10ms 时，对应的 SOA 依次缩小。当 IGBT 工作在直流（DC）模式时，则 SOA 更小，对应的 I_{Cmax} 也减小。此时 FBSOA 只考虑导通功耗，不包括开关功耗。当 IGBT 在一定脉宽和占空比下连续工作时，其安全工作区边界应根据瞬态热阻曲线来确定。

（2）反偏安全工作区（RBSOA） 是指在规定条件下，IGBT 在关断期间短时间内能同时承受最大集电极电流 I_{Cmax} 和最高集 – 射极电压 U_{CEmax} 而不失效的区域。即栅 – 射极偏压为零或负值（即 $U_{GE} \leq 0$）时，在箝位负载电感和额定电压下，关断最大箝位电感电流 I_{Lmax} 而不失效的区域。RBSOA 的电流限为最大箝位电感电流 I_{Lmax}，一般是最大直流额定电流的两倍。如图 5-76a 所示，在 IGBT 关断过程中，如果 U_{CE} 上升过快，即 du/dt 过高，会导致 IGBT 发生动态闩锁，所以 du/dt 越高，RBSOA 越小。另外，由于 PT – IGBT 中 pnp 晶体管的 α_{pnp} 较大，关断时的空穴电流较大，更容易引起动态闩锁。所以，PT – IGBT 的 RBSOA 比 NPT – IGBT 更小，[68]

如图 5-76b 所示。当 du/dt 很小时，PT – IGBT 的 RBSOA 接近梯形，而 NPT – IGBT 的 RBSOA 为矩形。这说明在额定电压下，PT – IGBT 能关断的最大箝位电感电流 I_{Lmax} 比 NPT – IGBT 要小，抗高电压大电流冲击和短路能力都不如 NPT – IGBT。

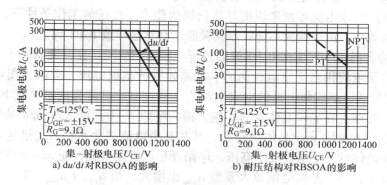

a) du/dt 对 RBSOA 的影响   b) 耐压结构对 RBSOA 的影响

图 5-76 IGBT 的反偏安全工作区（RBSOA）

（3）开关安全工作区（SSOA） 是指器件在开通和关断时能安全工作的区域，兼顾 FBSOA 和 RBSOA 两种状态的考虑[68]。不同的是，RBSOA 所指的集电极电流为关断时最大箝位电感电流 I_{Lmax}，而 SSOA 所指电流为最大脉冲电流 I_{Cmax}，但在产品手册中给出的两者数值通常是相等的。在 IGBT 开通时，往往是 U_{CE} 还没有降下来，I_C 就已达到负载电流。在有续流二极管时，还会达到 $I_C + I_{RM}$（I_{RM} 为续流二极管的反向恢复峰值电流），因此，开通过程也存在高压大电流状态。

（4）短路安全工作区（SCSOA） 是指在负载短路条件下和持续短路时间 t_{SC} 内，由短路电流 I_{SC} 与集 – 射极电压 U_{CE} 构成的、IGBT 能再次开关而不失效的区域。如图 5-77 所示，SCSOA 与短路电流的上升率 di/dt 有关。di/dt 越高，SCSOA 越窄。短路时间 t_{SC} 是指电路在电源电压下器件导通后，由驱动电路控制被测器件的时间最大值。通常要求在总运行时间内，IGBT 的短路次数 n 不得大于 1000 次，且两次短路的时间间隔 t_i 至少为 1s。

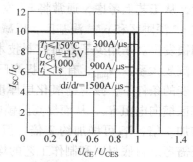

图 5-77 IGBT 的 SCSOA

由于 PT – IGBT 短路时间 t_{SC} 较短，产品手册一般不给出短路安全工作区。NPT – IGBT 和沟槽栅 FS – IGBT 通常会给出 SCSOA。NPT – IGBT 在 $t_{SC} \leqslant 10\mu s$ 和额

定电压下，其短路电流与额定电流之比 $I_{SC}/I_C \approx 10$；沟槽栅 FS – IGBT 在 $t_{SC} \leqslant 10\mu s$ 和额定电压下 $I_{SC}/I_C = 4$，说明沟槽栅 FS – IGBT 承受短路电流的能力比 NPT – IGBT 的要差。

2. 闩锁电流容量

由于 IGBT 中存在寄生的晶闸管，在一定条件下，会触发导通，导致 IGBT 发生闩锁。常用闩锁电流容量来说明其抗闩锁的能力。在任何工作条件下，IGBT 一旦发生闩锁效应，由于栅极不能控制其关断，必然会导致 IGBT 因过热而烧毁。

（1）静态闩锁　发生在 IGBT 开通过程中和通态期间。在开通状态下，由于来自沟道的电子电流相当于集电极侧的 pnp 晶体管的基极电流，会触发集电极侧的 pnp 晶体管导通，形成集电极的空穴电流 I_p，经过 npn 晶体管的基区从 IGBT 的发射极流出。当该 I_p 在 npn 晶体管的 p 基区横向电阻 R_B 上压降大于 npn 晶体管发射极的开启电压 U_E 时，npn 晶体管导通，其共基极电流放大系数 α_{npn} 迅速增大。同时由于 pnp 晶体管的集电极处于高压，J_2 结耗尽区宽度很宽，使 pnp 晶体管的有效基区宽度变窄，其共基极电流放大系数 α_{pnp} 也增大。当 $\alpha_{npn} + \alpha_{pnp} > 1$ 时，出现静态闩锁。IGBT 在通态时，若流过 R_B 的空穴电流过大，或 npn 晶体管发射结开启电压 U_E 因温度升高而下降，导致 R_B 上压降大于 U_E 时，也会出现静态闩锁。

（2）动态闩锁　发生在 IGBT 关断过程中。在额定电压下，关断箝位电感电流 I_{Lmax} 时，由于集 – 射极电压快速上升，即 du/dt 过高，导致 J_2 结位移电流通过 R_B 时产生的压降大于 U_E 时而产生动态闩锁。动态闩锁电流容量通常比静态闩锁电流容量要小。

（3）预防发生闩锁措施　除了采用防闩锁的结构设计尽可能提高 IGBT 的闩锁电流容量外，在制作工艺及实际使用环境等方面，要防止一切诱发 IGBT 闩锁的因素，从工艺上考虑，通常将 n^+ 发射区和 p 基区接触区短路，或者采用 B^+ 注入形成 p^+ 深阱区和 p^{++} 浅基区，以减小 p 基区的横向电阻 R_B，降低接触电阻，可抑制闩锁发生。采用少子寿命控制技术，可减小少子寿命 τ_p，从而降低 pnp 晶体管的电流放大系数 α_{pnp}，有利于提高闩锁电流容量。采用薄栅氧工艺，在保证阈值电压不变的条件下，减薄栅氧化层厚度 t_{ox}，可相应增大 p 基区的掺杂浓度，以减小 p 基区横向电阻 R_B，从而提高闩锁电流 I_{LS}。如将 t_{ox} 减小一半，则 p 基区的掺杂浓度增加 4 倍，I_{LS} 可增加约 2 倍。但 t_{ox} 减小受氧化层质量限制，不可能太薄。此外，还需考虑衬底材料和制作工艺的均匀性，均匀性好，可以避免电流集中，有利于提高器件的抗闩锁能力。从实际应用环境考虑，由于温度升高会导致闩锁电流容量下降，更容易引起闩锁。在实际应用中，一方面应严格限制 IGBT 的工作温度（如 $T < 125℃$），另一方面必须注意 IGBT 的高温安全工作区，使 IGBT 正常工作时的集电极电流 I_C 小于其最大闩锁电流 I_{LS}。为了防止 IGBT 关断过程中发生动态闩锁，可在关断电路中串联大阻抗，降低电流下降速度，即限制 di_C/dt，从而减小 $du_{CE}/$

dt，可抑制动态闩锁。此外，当光照或其他辐射（如 γ 射线）照于硅片表面时产生的感生电流很大，也会导致 IGBT 发生闩锁。

3. 雪崩耐量

IGBT 工作在静态和动态时均可发生雪崩击穿。在阻断状态下，当 IGBT 外加的集 – 射极电压高于其 J_2 结的雪崩击穿电压时，会发生静态雪崩击穿。在开关过程中，当集电极电流变化过快时，由于开关电路中存在较大电感，导致 Ldi/dt 过大，使得 IGBT 瞬间承受过高的电压，该电压若超过 J_2 结的雪崩击穿电压时，会发生动态雪崩击穿。

（1）静态雪崩击穿　雪崩击穿由器件内部某处的电场集中决定，分为体内击穿和结终端击穿。当体内击穿电场强度高于结终端击穿电场强度时，击穿发生在体内；当体内击穿电场强度低于结终端击穿电场强度时，击穿发生在结终端区。图 5-78 所示为 IGBT 发生雪崩击穿时的示意图[69]。在有源区内，若 P 基区间距较大，由于各元胞都存在结弯曲效应，当集 – 射极电压高于 J_2 结的雪崩击穿电压时，该处电场强度很高，雪崩击穿容易在该处发生，如图 5-78a 所示。若 P 基区的间距较小，在较低的外加电压下，J_2 结 n^- 漂移区侧的空间电荷区就会相连，可降低该处的电场强度，于是雪崩击穿会发生在器件结终端部分，如图 5-78b 所示。

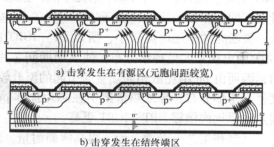

a) 击穿发生在有源区(元胞间距较宽)

b) 击穿发生在结终端区

图 5-78　IGBT 雪崩击穿示意图

（2）动态雪崩耐量　是指 IGBT 在关断过程中，发生雪崩击穿时所能承受的能耗。雪崩耐量越高，表示 IGBT 失效的可能性越小。雪崩耐量与发生雪崩时的面积和电流分布有关。雪崩面积越大，雪崩电流分布越均匀，则雪崩耐量越高。如图 5-78a 所示，当雪崩发生在有源区时，由于雪崩面积较大，且电流分布较均匀，所以其雪崩耐量较高。

与功率 MOSFET 相同，通过测量在单脉冲作用下非箝位感应开关（UIS）的雪崩能耗 E_{AS} 来衡量 IGBT 的雪崩耐量。IGBT 发生雪崩时，两端的电压很高，雪崩电流也很大，在极短的时间内，会产生很高的能耗。如果雪崩电流分布均匀，IGBT 不会失效。如果雪崩电流分布不均匀，且雪崩能耗引起的结温超过器件的最高结温，会导致 IGBT 失效。在单脉冲 UIS 条件下，IGBT 能否安全工作，由最大允许的雪崩电流 I_{AS} 及雪崩时间 t_{AS} 决定。要求由雪崩电流产生的温升 ΔT 与器件关断时的结温 T_j 之和不能超过最大结温 T_{jm}。

（3）预防措施　IGBT 的雪崩耐量与其结构参数、制作工艺及使用环境密切相关。提高 IGBT 雪崩耐量的措施与功率 MOSFET 的相似，可从以下几个方面考虑：

从结构设计上考虑，需要合理地设计器件的结构参数。增加元胞尺寸（平面栅）或栅间距（沟槽栅）、增大雪崩区的面积，可以提高雪崩耐量。对于低压 IG-BT，由于结终端面积小于有源区面积，击穿发生在有源区内时，雪崩电流分布较均匀（见图 5-78a）；对于高压 IGBT，由于结终端区的面积较大，雪崩发生在结终端部分时，雪崩电流分布较集中（见图 5-78b），故其雪崩耐量会下降。由于沟槽栅结构发生雪崩的面积比平面栅较小，故沟槽栅 IGBT 的动态雪崩耐量比平面栅 IGBT 更低。此外，由于 IGBT 结构不同，拖尾电流的大小不同，导致其动态雪崩耐量也不同。相比较而言，由于 PT – IGBT 的少子寿命较 NPT – IGBT 和 FS – IGBT 低，关断时的拖尾电流较小，所以 PT – IGBT 的雪崩耐量较高。由于沟槽栅 FS – IGBT 中电场强度呈梯形分布，使雪崩期间芯片内部产生的热量沿纵向分布比较均匀，因而由 pn 结耗散相同热量时引起的温升较低，而沟槽栅 NPT – IGBT 中电场强度呈三角形分布，导致热量集中在芯片顶部 pn 结处，故沟槽栅 FS – IGBT 的动态雪崩耐量比沟槽栅 NPT – IGBT 更高。

从制作工艺上考虑，为了提高雪崩耐量，通常在 IGBT 发射极接触处和发射区正下方的 p 基区进行硼离子注入形成 p^{++} 浅基区（后者称为 UIS 注入），在接触区挖槽后进行硼离子（B^+）注入形成 p^+ 区接触区，既可减小接触电阻，也有利于提高 IGBT 的雪崩耐量。此外，还需考虑衬底材料和制作工艺的均匀性，均匀性越高，雪崩电流分布越均匀，越有利于提高雪崩耐量。

从 IGBT 使用角度考虑，应严格控制其集 – 射极之间所加的电压、开关回路中的杂散电感，以及集电极电流上升率，避免引起高电压尖峰导致 IGBT 进入动态雪崩。

4. 短路能力

短路能力是指 IGBT 在通态情况下能承受的短路能耗。从理论上讲，IGBT 工作都是安全的。当电路中出现短路时，若在较短的时间内被关断，不会产生 IGBT 损坏。但在极端情况下，若短路时集 – 射极间承受过电压和过电流时间过长，则会导致 IGBT 损坏。

（1）短路特征　短路是指在电路异常故障情况下，因负载丢失导致电源电压 U_{CC} 全部加在 IGBT 的集 – 射极两端，如图 5-79a 所示，器件因此承受很大的电压，导致电流急剧增加，远高于额定电流，此时器件的温度上升很快。若不能及时关断，超过短路时间后器件将会发生热崩溃[33]，如图 5-79b 所示。

IGBT 负载短路通常有两种情况：一种是负载短路时 IGBT 开通（短路 I）；另一种是 IGBT 处于通态时负载短路（短路 II）。如果在短路之前，IGBT 已经导通，那么 IGBT 所承受的冲击更大。IGBT 的短路特性曲线如图 5-80 所示[9]。若在负载短路时 IGBT 开通，即 IGBT 开通前所有电源电压或直流回路电压全部降落在 IGBT

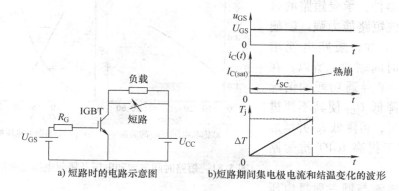

a) 短路时的电路示意图　　　　b)短路期间集电极电流和结温变化的波形

图 5-79　IGBT 短路时的电路示意图及短路期间集电极电流和结温变化的波形

上（即短路 I），此时短路电流上升率 di/dt 由驱动参数（驱动电压，栅极电阻）和 IGBT 的转移特性决定。短路电流增加将在短路回路的寄生电感上产生一个电压，所以集射极电压有一个陡降（见图 5-80a），稳态的短路电流 I_{SC} 自调节到由 IGBT 输出特性决定的一个值（该值为其额定电流的 6 ~ 10 倍）。若发生短路时 IGBT 已经开通（即短路 II），集射极两端的电压 U_{CE} 很低，此时器件内的电流只有 20A。发生短路后，U_{CE} 升高近 700V，集电极电流剧增到 800A（见图 5-80b）。可见，在短路期间 IGBT 内部会产生很高的功耗，导致结温急剧上升，因此必须对短路时间加以控制。

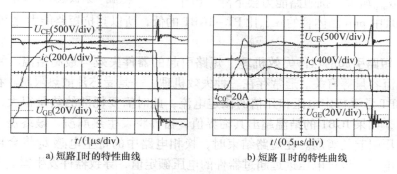

a) 短路 I 时的特性曲线　　　　b) 短路 II 时的特性曲线

图 5-80　IGBT 短路时的特性曲线

（2）短路能力　　IGBT 短路电流值由栅极电压 U_{GE} 和跨导 g_m 来决定。在 U_{GE} 一定的情况下，g_m 越大，I_{SC} 越高，t_{SC} 越短。而短路时间 t_{SC} 越长，过电流保护电路的设计越容易满足。影响短路能力的因素很多，如饱和电压、栅极电压、温度及器件结构、制作工艺及衬底材料等。短路时间 t_{SC} 与饱和电压 U_{CEsat} 及栅射电压 U_{GE} 之间的关系如图 5-81 所示[68]。随饱和电压 U_{CEsat} 的增大，短路时间增加。这说明通态压降高的器件，承受短路的时间长，即抗短路能力强。随栅极电压的增加，短路电流增大，短路时间缩短。所以，在不影响 IGBT 导通功耗的情况下，适当降低 U_{GE} 使其不要进入深饱和区，可降低 I_{SC} 并增加 t_{SC}，有利于提高 IGBT 抗短路能力。

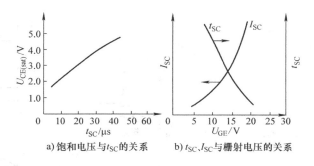

a) 饱和电压与 t_{SC} 的关系　　b) t_{SC}、I_{SC} 与栅射电压的关系

图 5-81　短路时间与饱和电压及栅射电压之间的关系

短路电流与栅-射极电压及结温的关系如图 5-82 所示[9]。随栅-射极电压 U_{GE} 增加，短路电流与额定电流的比值（I_{SC}/I_C）呈线性增大，并且 125℃ 时的 I_{SC}/I_C 值比 25℃ 时明显下降，这说明高温下 IGBT 能够承受短路的能力下降。

由于 pnp 晶体管的电流放大系数 α_{pnp} 和温度都会影响饱和电压，所以 IGBT 抗短路能力的大小很大程度上取决于器件的 α_{pnp}。α_{pnp} 越低，饱和电压越高，抗短路能力越强。温度升高，α_{pnp} 增大，抗短路能力会下降。由于

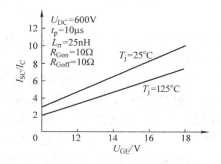

图 5-82　IGBT 短路电流与栅-射极电压的关系

NPT-IGBT 中 pnp 晶体管的 α_{pnp} 比 PT-IGBT 的低，所以其抗短路能力比 PT-IGBT 高。

（3）短路引起的器件失效机理　短路引起的器件失效与最高结温、雪崩耐量及闩锁电流容量等有关。通常存在三种失效机理：一是受芯片散热限制。在短路情况下，IGBT 承受额定电压和几倍的额定电流，此时需要耗散的热量很大，在一定的时间内，如果 IGBT 的结温超出其临界值，器件将发生热崩溃，最终烧毁。二是由于过电压引起的雪崩。在短路结束时，换相电路中的寄生电感 L_k 将会再次感应出一个过电压。该过电压远远超过器件的电压额定值，导致器件发生雪崩击穿。此时所有短路电流将集中到这个狭窄的击穿点上，电流密度极大，导致器件烧毁。三是短路电流引起 IGBT 闩锁。在短路电流流过 npn 晶体管的 p 基区横向电阻 R_B 时，产生的横向压降超过发射极的开启电压 U_E，会触发 IGBT 闩锁。

（4）提高短路能力的措施　为了提高 IGBT 抗短路的能力，在器件设计时，采用尽可能宽的 n^- 漂移区（即增加 pnp 晶体管的基区宽度），或者降低集电区的掺杂浓度，以降低 pnp 晶体管的电流放大系数 α_{pnp}。此外，降低元胞的栅源宽度比（W_G/W_E），也有利于提高器件的抗短路能力。在实际应用中，为了保证 IGBT 安全

运行，除了限制器件的工作温度不能超过最高结温外，使用时还必须注意及时检测出短路，并在短路时间内将器件关断。

5.5.2 失效分析

IGBT 失效主要是过应力引起的失效。过应力是指在使用过程中对 IGBT 所加的应力超过了器件所规定的最大应力，包括电应力、热应力和机械应力。即使是瞬间超过，也会造成 IGBT 性能劣化或失去功能。在过电应力作用下，IGBT 内部局部形成热点。当局部热点温度达到材料熔点时，使材料熔化，形成开路或短路，导致 IGBT 烧毁。在过机械应力作用下，IGBT 产生裂纹而失效。所以，IGBT 能否安全、可靠地运行，需考虑其工作时电极两端的电压、电流及其上升率 du/dt 与 di/dt、内部的工作温度及安装时的机械应力等。

IGBT 失效主要有以下六种原因：一是过电压失效，包括栅－射极过电压和集－射极过电压；二是过电流失效，包括集电极电流超过额定电流引起的过电流、导通期间的短路电流或浪涌电流；三是过热失效，由于结温过高，超过额定的最高结温，导致器件烧毁；四是闩锁效应，包括静态闩锁效应和动态闩锁效应；五是动态雪崩击穿；六是热电载流子倍增。可以从失效位置与形貌，追溯 IGBT 失效的根本原因。

1. 超 SOA 失效

矩形安全工作区（SOA）是 IGBT 可靠性的重要标志。若 IGBT 工作电流、电压、功耗、di/dt 或 du/dt 过高，都会引起超 SOA 失效。IGBT 超 SOA 的失效原因主要是发生闩锁、动态雪崩及超过最高结温而出现烧毁。

超 SOA 失效与 IGBT 的开关电路有关。在负载短路的硬开关电路中，由于开通时的静态闩锁和通态时的热电载流子倍增效应，导致正偏工作时存在过电流应力；在箝位的感性负载硬开关电路中，开通过程中的 di/dt 过高，导通期间因栅极欠电压或过电流导致高功耗，这两种情况很容易引起 FBSOA 失效。在 IGBT 关断过程中，特别是在 UIS 硬开关电路中，由于存在负载电感的强迫电流，导致 IGBT 发生动态雪崩，在远低于静态雪崩击穿电压下发生击穿，同时处于大电流和高电压状态下，由此引起功耗增加，很容易引起超 RBSOA 失效。

如图 5-83 所示，超 RBSOA 引起的失效，通常位于栅极以外的有源区，但不在键合点上，且损坏面积较小，经常伴有贯穿芯片的熔洞。这是由于工况（电流或电压）超过额定值或者控制不当导致芯片超出 RBSOA 范围，或者 IGBT 模块温度升高，导致 RBSOA 缩小或发生退化。

图 5-83　超 RBSOA 引起的失效

2. 过电压失效

在 IGBT 关断过程中，由于电路中存在电感，会出现 du/dt 过高，引起集－射极过电压，导致动态雪崩。当很大的雪崩电流流过 p 基区横向电阻 R_B 时，会使 IG-BT 发生闩锁。由于集－射极出现过电压，通过密勒电容效应反馈到栅极，引起栅极过电压。另外，静电聚积在栅极电容上也会引起栅极过电压，两者都会导致 IG-BT 栅氧化层击穿而失效。

集－射极过电压失效包括产品自身的设计弱点、工作电压超过额定电压及钝化层长期稳定性差等原因，失效位置位于有源区的边缘处，如图 5-84a 所示。芯片表面靠近内侧结终端保护环处有小面积烧损。栅－射极过电压失效位于栅极氧化区，但由于栅极氧化区分布于整个芯片面，所以失效点在芯片上的相对位置是随机的。如图 5-84b 所示，在芯片表面栅极与发射极隔离区内有熔点，如图 5-84c 所示，在芯片表面有源区内有失效点，这都是由于栅氧化层击穿所致。

a) 集射极过电压失效　　　b) 栅射极过电压失效　　　c) 栅－射极过压失效(有源区)

图 5-84　IGBT 的过电压失效

3. 过电流失效

过电流失效是指流过 IGBT 集电极电流超过所允许的最大电流。过电流包括平均电流过高、出现浪涌电流或短路电流。在 IGBT 开通过程中，由于续流二极管的附加电流，会出现 di/dt 过高而引起 IGBT 过电流。过电流引起失效均位于有源区，因平均电流过高引起的熔区面积较大，尺寸超过几毫米；浪涌电流引起的熔区稍小，尺寸约为 1mm；短路电流则会导致发射区的大面积烧毁。如图 5-85a 所示，过

a) 过电流导致键合线脱落　　　b) 过电流脉冲引起的失效　　　c) 短路引起的失效

图 5-85　IGBT 的过流失效形貌

电流会导致键合线脱落。如图 5-85b 所示，浪涌电流引起的失效通常发生在 IGBT 有源区键合点周围。由于电路中有效功率较低，过电流脉冲引起的损坏没有短路时的严重，故键合线不会完全脱落。发生这种过电流脉冲失效是由于触发问题，导致 IGBT 芯片突然流过一个峰值较大的电流脉冲；或者续流二极管反向恢复电流、缓冲电容的放电电流及噪声干扰造成的尖峰电流等瞬态过电流。如图 5-85c 所示，短路失效表现为模块中多个 IGBT 芯片同时严重烧毁，因为短路电流是从芯片背面的集电极流入正面发射区的键合点，因此烧毁区域可能遍及所有键合点，使键合线脱落。发生短路是因为芯片短路安全工作区不能满足系统设计要求，或者短路安全工作区发生退化；或者是工况发生异常，回路出现短路且 IGBT 未能及时被保护；或者因半桥臂出现短路，导致另一半桥臂 IGBT 被短路而发生短路失效；或工作环境温度升高，导致芯片结温升高，SCSOA 缩小；或是控制信号问题，导致 IGBT 误开关，引起（桥臂）短路失效等。

4. 过热失效

过热失效是指 IGBT 的工作结温超过其允许的最高结温，导致 IGBT 永久性损坏。在导通期间出现浪涌电流或者发生短路故障时，由于热电载流子倍增，均会引起过电流。过电流会引起过电压，使功耗急剧增大，导致结温升高。过热引起的失效位置通常在芯片表面，芯片表面的焊料被烧熔，如图 5-86a 所示；或芯片表面喷涂的聚酰亚胺层起泡如图 5-86b 所示。发生这种过热失效是由于实际使用中开关频率过高或电流过高，导致功耗增加；或者是由于装配时导热硅脂涂敷不均、涂敷方法不当、模块及散热器平整度等不能满足要求，导致接触热阻过大，冷却不足，产生的热量无法及时散出。

 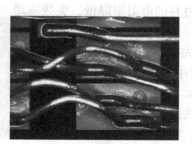

a) 过热导致芯片、焊料烧熔　　　　b) 过热导致芯片表面涂层起泡

图 5-86　过热失效形貌

5. 过机械应力失效

过机械应力引起的失效通常发生在陶瓷基板上，如图 5-87 中箭头所示处，陶瓷基板上有裂痕。这与安装时产生的强应力有关。发生过机械应力的条件：一是导

热硅脂涂抹不均匀，使得底板和散热器的接触不在同一个平面上，在紧固时产生应力导致陶瓷基板破裂；二是紧固力和紧固顺序不合适，在陶瓷基板上产生应力，导致陶瓷基板破裂；三是模块在搬运或应用过程中受到强外力的影响。

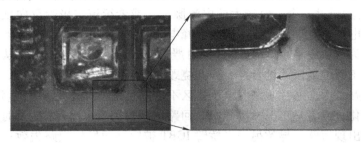

图 5-87　安装问题造成陶瓷基板破裂

6. 辐射

宇宙射线对二极管、普通晶闸管及 GTO 等双极型高压器件的影响与体内局部击穿有关，与结终端的不稳定性无关。它主要是高能中子辐照引起位移效应导致电阻率增大、少子寿命缩短及迁移率降低。此外，电磁脉冲对 pn 结损伤，在 pn 结反偏时会引起反向漏电或击穿，导致 pn 结短路。在 pn 结正偏时会产生很大感应电流，使 pn 结出现温升过高，引起内部热击穿。由于 IGBT 中含有 MOS 器件和双极型器件成分，不仅受到中子辐射的影响，同时也受电离辐射的影响，导致 MOS 氧化层中电荷和界面态增加。辐射引起的失效可从以下几方面考虑：

（1）失效率与材料电阻率有关　中子辐照产生的位移效应使半导体内的多子减少，材料的电阻率降低，失效率增大。图 5-88 给出了 n^- 基区厚度为 $600\mu m$ 时失效率与 n^- 基区电阻率的关系[71]。图中，单位面积失效率用 FIT/cm^2 来表示（1FIT 表示 10^9 器件工作 1h 内有一个失效）。对于相同的电压和 n^-

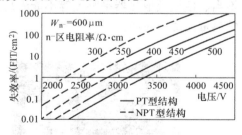

图 5-88　失效率与 n^- 区电阻率的关系

基区厚度，NPT 型结构所需的电阻率较低，所以失效率较高。这是因为 NPT 型器件中三角形分布的峰值电场强度 E_{max} 所致。

（2）失效率与器件结构的关系　失效率取决于外加电压，并与电阻率有关。对不同的耐压结构，因其 n^- 区的电阻率不同也产生不同的影响。为了便于分析，引入一个与电压和电阻率有关的比例因子 S，可用下式来表示[71]：

$$S = \sqrt{\frac{U}{\rho}} \qquad (5\text{-}51)$$

式中，ρ 为 n⁻ 基区的电阻率（$\Omega \cdot$ cm）；U 为外加电压（V）。

IGBT 和 GTO 的失效率/电阻率比值（R/ρ）与 S 的关系曲线如图 5-89 所示[72]。R/ρ 随 S 的增加而增大，即电压越高、电阻率越低，S 越大，失效率越高。在相同 S 下，GTO 的 R/ρ 远比 IGBT 的要低。这是由于 IGBT 中含有 MOS 结构的缘故。

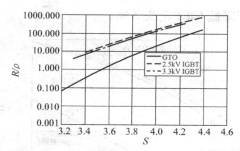

图 5-89　失效率/电阻率比值 R/ρ 与 S 的关系曲线

（3）感生电流脉冲引起的失效　IGBT 受到宇宙射线中高能粒子（质子或中子）的辐照后，会产生浓度很高的等离子体。当器件反偏工作时，这些等离子体在空间电荷区内分离，会引起很高的感生电流脉冲，由此产生很大的功耗而导致器件局部损坏。图 5-90 给出了 180MeV 高能质子在 NPT – IGBT 和 NPT 型二极管中引起的电流脉冲测量曲线[73]。相比较而言，高能粒子辐照在 NPT – IGBT 中引起的电流脉冲远高于二极管中的电流脉冲，但在相同反偏电压（1.9kV）下，两者的失效率相近。这说明尽管 IGBT 中存在 pnp 晶体管的电流放大作用，但在反偏工作时，只要感生电流没有触发闩锁，因而不会引起 IGBT 失效。

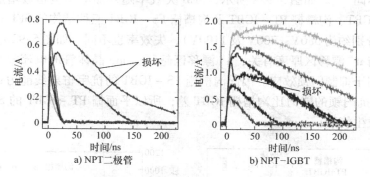

图 5-90　由高能质子在 NPT 型器件中引起的电流脉冲的测量曲线

对 SJIGBT 而言，宇宙射线引起的失效率与柱区参数有关。采用超结后，n⁻ 漂移区靠发射极侧的电场被有效抑制，使 SJIGBT 体内的峰值电场强度降低，大大改善了由宇宙辐射感应的击穿率。沟槽栅 Semi – SJ IGBT 与常规的 FS – IGBT 的失效率如图 5-91 所示[74]，失效率随外加电压 U_{CE} 的增加而增大；当 U_{CE} 相同、柱区掺杂浓度较高时，失效率随柱区高度增加先稍有增加而后急剧下降。如图 5-91b 所示，当柱区高度相同时，失效率随柱区掺杂浓度降低而下降。特别是当柱区高度在 60~100μm 时，Semi – SJIGBT 的失效率远低于 FS – IGBT。这说明在满足电荷平衡条件下，选择掺杂浓度低于 2×10^{15} cm⁻³、高度为 60~100μm 柱区的 Semi – SJ 有利于降低 IGBT 的失效率。

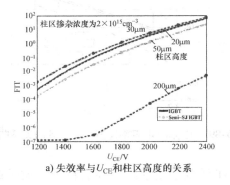 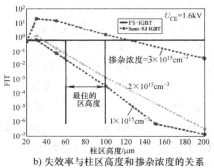

a) 失效率与 U_{CE} 和柱区高度的关系 　　b) 失效率与柱区高度和掺杂浓度的关系

图 5-91　Semi – SJIGBT 与 FS – IGBT 失效率的比较

（4）单粒子烧毁（SEB）　当 IGBT 工作在高温潮湿、高海拔及粉尘等恶劣环境 [如用于混合动力汽车（HV）] 条件下，由于宇宙射线感生的中子会撞击 MOS 栅极，积累的能量会引起单粒子烧毁（Single Event Burnout，SEB）。SEB 失效机理是由于中子感生的电子 – 空穴对引起 IGBT 闩锁所致。IGBT 结构不同，SEB 阈值和失效率不同[75]。如图 5-92a 所示，SEB 失效率随外加电压呈指数增加，并且平面栅 PT – IGBT、沟槽栅 PT – IGBT 及沟槽栅 FS – IGBT 三种结构的 SEB 阈值电压不同（依次分别约为 580V、700V 及 1100V），失效率也不同。如图 5-92b 所示。SEB 阈值电压与 n⁻ 漂移区厚度有关，n⁻ 漂移区越厚，pnp 晶体管的电流放大系数 α_{pnp} 越低，有利于抑制闩锁效应。因此沟槽栅 FS – IGBT 的抗宇宙射线能力最强。因平面栅 IGBT 抗闩锁的能力比沟槽栅 IGBT 差，所以平面栅 PT – IGBT 的 SEB 阈值最低，更易发生烧毁。

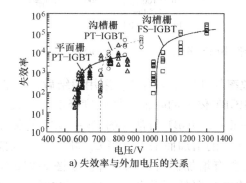 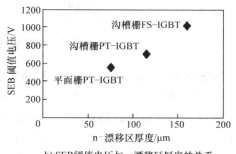

a) 失效率与外加电压的关系 　　　　b) SEB 阈值电压与 n⁻ 漂移区厚度的关系

图 5-92　三种 IGBT 结构因 SEB 的失效率比较

图 5-93 所示为平面栅 PT – IGBT 芯片的 SEB 失效图像[75]。由图 5-93a 可知，SEB 使栅极与发射极铝线短路。由图 5-93b 可知，在 n⁻ 漂移区存在许多 10μm 以下的微晶粒和很大的裂缝。通过采用 X 射线能谱（Energy Dispersive X – ray，EDX）元素成分分析表明，在硅中形成了树状 Al 结晶。这是由于 IGBT 发生闩锁后，导致局部区域存在大电流，硅被熔化后，发射极的金属 Al 会扩散到硅中，导致其中出现裂缝和微粒。因此，抑制寄生 pnp 晶体管的电流放大系数对改善 IGBT 因中子感生的 SEB 破坏很重要。

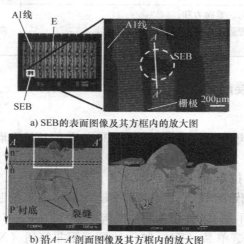

a) SEB的表面图像及其方框内的放大图

b) 沿A—A′剖面图像及其方框内的放大图

图 5-93　SEB 导致的芯片表面与剖面的 SEM 图像

表 5-2 给出了 IGBT 模块失效机理及其对应的失效位置及形貌之间的关系[33]。由此可知，与过电流和温度相关的失效部位主要在有源区，与过电压相关的失效部位主要在芯片边缘，通常在有源区与结终端区过渡处。

表 5-2　IGBT 模块的失效机理及其对应的失效位置与失效形貌

失效机理		失效位置	失效形貌
电流与温度	平均电流过大	位于芯片有源区	出现直径为几毫米的熔融区
	浪涌过电流	位于芯片有源区	局部熔区尺寸大约为 1mm，有时晶体中会出现裂纹
	短路过电流	IGBT 直接被损坏	发射区大面积烧毁
电压	自身设计与制造缺陷，钝化层长期稳定性差	从芯片边缘开始	损坏点较小
	超过集 – 射极额定电压	从芯片边缘开始	靠近内侧保护环处有小面积烧损（无电流通过时），或大面积烧损（有电流通过时）
	超过栅 – 射极击穿电压	位于芯片表面随机位置	有熔点

（续）

	失效机理	失效位置	失效形貌
动态效应	续流二极管的动态耐用性差	换相电路中二极管被损坏	针孔直径小于$100\mu m$
	动态雪崩耐量	模块中只有二极管被损坏	针孔直径小于$100\mu m$，原始晶体中出现裂缝
	动态闩锁	模块中有1只IGBT被损坏	大面积损坏
超SOA	电流、电压、功耗、di/dt或du/dt过高	位于芯片有源区	不在键合点上，且损坏面积较小，伴有贯穿芯片的熔洞
机械应力	导热硅脂涂抹不匀、紧固力和紧固顺序不合适，搬运过程中受到强外力的冲击	位于陶瓷基板上	陶瓷基板上有裂痕

5.5.3 应用与发展趋势

1. 发展趋势

IGBT 自从 1982 年开发以来[76]，经过 30 多年的长足发展，目前已经占领了电力半导体器件的大部分市场。追溯 IGBT 发展过程，可归纳为以下六代[77]：第一代 IGBT 是采用硅直拉单晶（CZ）外延片，基于 DMOS 工艺制造的平面栅穿通（PT）型结构。第二代 IGBT 是采用 CZ 外延片和精细工艺制作的平面栅 PT 型结构；第三代 IGBT 是采用 CZ 外延片制作的沟槽栅（Trench Gate）PT 型结构；第四代 IGBT 是采用硅区熔单晶（FZ）制作的平面栅非穿通（NPT）型结构；第五代 IGBT 也是采用 FZ 晶片制作的沟槽栅场阻止（FS）型或弱穿通（LPT）型结构，包含注入增强型（如 CSTBT）、逆导（RC）及逆阻（RB）结构。第六代 IGBT 是第五代基础上采用更薄的硅片、更精细的元胞结构。

目前，为了实现 IGBT 低成本和高可靠性的目标，主要通过三个技术途径实现：一是采用精细的元胞结构、逐渐减小芯片面积及不断提高电流密度；二是逐渐减薄芯片厚度；三是逐渐提高芯片最高结温。IGBT 发展可从以下几个方面来说明：

1）目前 IGBT 芯片的最高容量为 $6.5kV/200A$，最高频率为 $300kHz$。

2）采用大晶圆片、小芯片面积，可显著降低 IGBT 的成本。目前 IGBT 的晶圆尺寸由最早的 $\phi 4in$（$\phi 100mm$）逐渐扩展到 $\phi 5in$（$\phi 125mm$）、$\phi 6in$（$\phi 150mm$）及 $\phi 8in$（$\phi 200mm$），面积放大到原来的 2.56 倍，对应的特征尺寸也由 $1 \sim 2\mu m$ 减小到 $0.8\mu m$ 及 $0.35\mu m$。芯片面积也大大缩小，如 Infineon 公司 1200V/75A IGBT，经历六代发展，芯片的尺寸减小到为原来的 25%（见图 5-94）[33]，饱和电压由原来的 3.5V 左右降到 1.5V。

3）采用薄片工艺，可降低通态功耗，提高 IGBT 的可靠性。如图 5-95 所示[33]，Infineon 公司的 IGBT 从 1200V NPT 型结构扩展到 600V ~ 1.7kV FS 型结构。目前，1.2kV IGBT 芯片厚度仅为 $100\mu m$，厚度减薄到原来的 45%，2011 年已

展示出 $\phi 8in$（$\phi 200mm$）、40μm 厚的 IGBT 芯片。

4）为了降低系统成本，需提高 IGBT 芯片的最高结温。例如，Infineon 公司 1700V 第四代 IGBT 最高结温从 150℃ 提高到 175℃，功率密度已经从 85kW/cm² 提高到 110kW/cm²。因此，对其中续流二极管的最高结温以及 IG-BT 模块封装结构和连接等其他要求也相应提高。

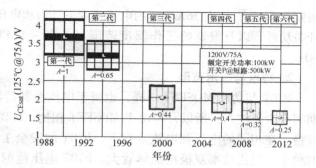

图 5-94　1200V/75A IGBT 芯片面积的变化趋势

5）IGBT 未来将继续向大电流、高电压、低功耗、高频率、功能集成化及高可靠性发展，采用大晶圆片，精细元胞图形、沟槽栅结构、电子注入增强结构及薄片加工工艺，其中最具有挑战性的是薄片加工工艺。预计到 2020 年，晶圆尺寸会扩展到 12in，1200V IGBT 的芯片厚度仅为 70μm，Si IGBT 的最高结温会

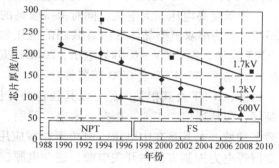

图 5-95　1200V/75A IGBT 芯片厚度的变化趋势

达到 200℃。SiC 材料已被用于 IGBT 的研制，2007 年 Purdu 大学研制了阻断电压高达 20kV 的 SiC p 沟道 IGBT，同年 Cree 公司也报道了 12kV 的 SiC n 沟道 IGBT。随着 SiC 材料生长技术的进一步完善，SiC IGBT 将逐渐走向实用。

目前，IGBT 模块产品电压范围已扩展至（1.2~6.5）kV，实验室水平达 8kV，电流达到 6kA[78]。2006 年 ABB 公司开发的 6.5kV/25A EP－IG-BT 结构[19]，饱和电压不到 4V（见图 5-96），明显低于常规的 P－IGBT 结构（饱和电压约为 5.3V），使得通态功耗可降低 15%～30%，并具有很宽的 SOA。2010 年三菱（Mitsubishi）公司报道，CSTBT 的电压已也从 2.5kV 扩

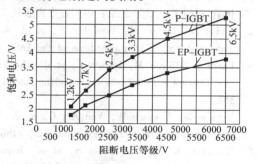

图 5-96　EP－IGBT 与 P－IGBT 耐压等级与饱和电压比较

展到 $6.5\mathrm{kV}^{[38]}$，在 $36\mathrm{A/cm^2}$ 的电流密度下，饱和电压只有 2V，具有很低的通态和开关功耗，以及很宽的工作温度范围（$-55 \sim 175℃$）和短路安全工作区（SC-SOA）。

2. 特点与应用范围

IGBT 与功率 MOSFET 一样，也属于电压控制型器件，输入阻抗高。由于导通期间有少子注入，所以，与功率 MOSFET 相比，IGBT 导通压降较低，但开关速度较慢。在相同的电压和电流定额下，IGBT 的安全工作区（SOA）比功率 MOSFET 的稍小，但比功率双极型晶体管大。IGBT 电压范围为（$1.2 \sim 6.5$）kV，远高于功率 MOSFET，并且 IGBT 能承受比 VDMOS 高 $2 \sim 3$ 倍的电流密度。IGBT 工作频率比功率 MOSFET 低，但比 GTO 高 $3 \sim 4$ 倍。600V IGBT 的频率为 150kHz，1.2kV IG-BT 的频率为 50kHz。由此可知，IGBT 结合了功率 MOSFET 和功率双极型晶体管的优点，能承受高电压、大电流，同时保持较高的开关频率，所以 IGBT 可用于功率 MOSFET 和功率双极型晶体管两者共同的应用领域。从 5kW 的分立器件到 500kW 的 IGBT 模块，在 600V ~ 6.5kV 电压、20kHz 以上的中频领域内可取代功率双极型晶体管、功率 MOSFET 及 GTO 等器件。

目前，IGBT 及其相关产品，以其独特的优良性能，几乎应用于国民经济的各个领域，包括通信、工业、医疗、家电、照明、交通、新能源、航空、航天及国防等诸多领域，尤其是在中电压、中功率领域应用比较广泛，如电机调速、变频器、逆变器等电力控制方面，开关电源、逆变电源、通信电源及不间断电源（UPS）等各种电源，汽车点火器、显示驱动器、发动机的动力系统控制，微波炉、洗衣机、电冰箱、空调等家用电器，太阳电池、风能等新能源及航天领域。

参 考 文 献

［1］中华人民共和国标准 GB/T 29332—2012. 半导体器件 分立器件第 9 部分：绝缘栅双极晶体管（IGBT）［S］. 北京：中国标准出版社，2012.

［2］Eicher S, Rahimo M, Tsyplakov E, et al. 4.5 kV press pack IGBT designed for ruggedness and reliability ［C］//Proceedings of the IAS'2004, 3：1534 – 1539.

［3］Laska T, Miinzer M, Pfirsch F, et al. The Field Stop IGBT (FS IGBT) – A New Power Device Concept with a Great Improvement Potential ［C］//Proceedings of the ISPSD'2000：355 – 358.

［4］Rahimo M, Lukasch W, Von Arx C, et al. Novel soft – punch – through (SPT) 1700V IGBT sets benchmark on technology curve ［C］//Proceedings of the PCIM'2001.

［5］Nakamura K, Oya D, Saito S, et al. Impact of an LPT (Ⅱ) concept with Thin Wafer Process Technology for IGBT's vertical structure ［C］//Proceedings of the ISPSD'2009：295 – 298.

［6］Vobecký J, Rahimo M, Kopta A, et al. Exploring the Silicon Design Limits of Thin Wafer IGBT Technology：The Controlled Punch Through (CPT) IGBT ［C］//Proceedings of the

ISPSD 2008: 76 – 79.

[7] Baliga B J, Fundamentals of Power Semiconductor Devices [M]. Springer, 2008.

[8] Vinod Kumar Khanna. Insulated Gate Bipolar Transistor IGBT Theory and Design [M]. John Wiley & Sons Inc, 2003.

[9] Wintrich A, Nicolai U, Tursky W, et al. Application Manual Power Semiconductors [M/OL]. ISLE – Verlag, 2011, http: //www. semikron. com/service – support/downloads. html # show/filter/document_ type = book/.

[10] Vitezslav Benda, John Gowar, Duncan A Grant. Power Semiconductor Device Theory and Application [M]. England: Johy willey & Sons, 1999.

[11] Jonathan Dodge, John Hess. IGBT Tutorial [M]. Application Note, APT0201 Rev. B, 2002.

[12] 聂代祚. 新型电力电子器件 [M]. 北京: 兵器工业出版社, 1994.

[13] Kitagawa M, Omura I, Hasegawa S, et al. A 4500V injection enhanced insulated gate bipolar transistor (IEGT) operating in a mode similar to a thyristor [C]//Proceedings of the IEDM' 93: 679 – 682.

[14] Tsuneo Ogura, Koichi Sugiyama, Shigeru Hasegawa, et al. High Turn – off Current Capability of Parallel – connected 4.5kV Trench – IEGTs [C]//Proceedings of the ISPSD' 98: 47 – 50.

[15] Takahashi H, Haraguchi H, Hagino H, et al. Carrier Stored Trench – Gate Bipolar Transistor (CSTBT) – A Novel Power Device for High Voltage Application [C]//Proceedings of the ISPSD'96: 349 – 352.

[16] Takeda T, Kuwahara M, Kamata S, et al. 1200V Trench Gate NPT – IGBT (1EGT) with Excellent Low On – State Voltage [C]//Proceedings of the ISPSD'98: 75 – 79.

[17] Mori M, et al. A novel High – conductivity IGBT (HiGT) with a short circuit capability [C]//Proceedings of the ISPSD'98: 429 – 432.

[18] Mori M, Oyama K, Arai T, et al. A planar – gate high – conductivity IGBT (HiGT) with hole – barrier layer [J]. IEEE Transactions on Electron Devices, 2007, 54 (6): 1515 – 1520.

[19] Rahimo M, Kopta A, Linder S. Novel Enhanced – Planar IGBT Technology Rated up to 6.5kV for Lower Losses and Higher SOA Capability [C]//Proceedings of the ISPSD' 2006: 1 – 4.

[20] Ogura T, Sugiyama K, Ninomiya H, et al. High turn – off current capability of parallel – connected 4.5 kV trench IEGT [J]. IEEE Transactions on Electron Devices, 2003, 50 (5): 1392 – 1397.

[21] Spulber O, Sankara Narayanan E M, Hardikar S, et al. A Novel Gate Geometry for the IGBT: The Trench Planar Insulated Gate Bipolar Transistor (TPIGBT). IEEE Electron Device Letters [J], 1999, 20 (11): 580 – 582.

[22] Kon H, Nakayama K, Yanagisawa S, et al. The 4500V – 750A Planar Gate Press Pack IEGT. [C] //Proceedings of the ISPSD'1998: 81 – 84.

[23] Fujiwara T, Okamura K, Sakai T, et al. New IEGT Device for a Klystron Anode Modulator Switch [C]//Proceedings of the IPEMC' 2000: 390 – 395.

[24] Wintrich A, Nicolai U, Tursky W, et al. Application Manual Power Semiconductors [M]. ISLE – Verlag, 2011.

[25] Oyama K, Arai T, Saitou K, et al. Advanced HiGT with Low – injection Punch – through

(LiPT) structure [C] //Proceedings of the ISPSD'2004: 111 - 114.

[26] Bauer J G, et al. 6.5 kV - Modules using IGBT with Field Stop Technology [C]//Proceedings of the ISPSD'2001: 121 - 124.

[27] Yusuke Fukada, Kenji Suzuki, Tetsuo Takahashi, et al. CSTBT TM (Ⅲ) having wide SOA under high temperature condition [C]//Proceedings of the ISPSD'2011: 132 - 136.

[28] Tomomatsu Y, Kusunoki S, Satoh K. Characteristics of a 1200V CSTBT Optimized for Industrial Applications [C] //IAS'2001 (2): 1060 - 1065.

[29] Hiromichi Ohashi. Current and Future Development of High Power MOS Devices [C]//Proceedings of the IEDM' 1999: 185 - 188.

[30] Bhalla A, Gladish J, Polny A. , et al. High Performance Wide Trench IGBT for Motor Control Applications [C]//Proceedings of the ISPSD'99: 41 - 44.

[31] Tetsuo Takahashi, Yoshifumi Tomomatsu, Katsumi Sato. CSTBTTM (Ⅲ) as the next generation IGBT [C]//Proceedings of the ISPSD'2008: 72 - 75.

[32] Simon Eicher, Tsuneo Ogura, Koichi Sugiyama, et al. Advanced Lifetime Control for Reducing Turn - off Switching Losses of 4.5 kV IEGT Devices [C]//Proceedings of the ISPSD'1998:39 - 42.

[33] Lutz J, Schlangenotto H, Scheuermann U, et al. Semiconductor Power Devices Physics, Characteristics, Reliability [M]. Berlin, Heidelberg: Springer - Verlag, 2011.

[34] Vinod Kumar Khanna. Insulated Gate Bipolar Transistor IGBT Theory and Design [M]. John Wiley & Sons Inc, 2003.

[35] Omura I, Ofura T, Sugiyama K, et al. Carrier injection enhancement effect of high voltage MOS devices - Device physics and design concept [C]//Proceedings of the ISPSD' 1997: 217 - 220.

[36] Fei Zhang, Lina Shi, Liang Zhang, et al. Analysis and characterization of the injection efficiency tuning IGBT [J]. Solid - State Electronic, 2006 (50): 813 - 820.

[37] Fujii K, Koellensperger P, De Doncker R W. Characterization and Comparison of High Blocking Voltage IGBTs and IEGTs Under Hard - and Soft - Switching Conditions [J]. IEEE Transactions on Power Electronics, 2008, 23 (1): 172 - 782.

[38] Nakamura K, Sadamatsu K, Oya D, et al. Wide Cell Pitch LPT (Ⅱ) - CSTBTTM (Ⅲ) Technology Rating up to 6500 V for Low Loss [C] //Proceedings of the ISPSD' 2010: 387 - 390.

[39] Takei M. 600V - RB - IGBT with Reverse Blocking Capability [C]//Proceedings of the ISPSD'2001: 413 - 416.

[40] Takei M, Naito T, Ueno K. Reverse blocking IGBT for matrix converter with ultra - thin wafer technology [J]. IEE Proceedings - Circuits, Devices and Systems, . IET, 2004, 151 (3): 243 - 245.

[41] Motto E R, Donlon J F, Tabata M, et al. Application characteristics of an experimental RB - IGBT (reverse blocking IGBT) module [C]//Proceedings of the IAS' 2004, 3:

1540 – 1544.

[42] Takahashi H, Kaneda M, Minato T. 1200V Class Reverse Blocking IGBT (RB – IGBT) for AC Matrix Converter [C]//Proceedings of the ISPSD 2004: 121 – 124.

[43] Naito T, Takei M, Nemoto M, et al. 1200V Reverse Blocking IGBT with Low Loss for Matrix Converter [C]//Proceedings of the ISPSD'2004: 125 – 128.

[44] Nakazawa H, Ogino M, Wakimoto H, et al. Hybrid Isolation Process with Deep Diffusion and V – Groove for Reverse Blocking IGBTs [C]//Proceedings of the ISPSD' 2011: 116 – 119.

[45] Tokuda N, Kaneda M, Minato T. An ultra – small isolation area for 600V class reverse blocking IGBT with deep trench isolation process (TI – RB – IGBT) [C]//Proceedings of the ISPSD'2004: 129 – 132.

[46] Zhao S, Sin J K O, Feng C. Design, fabrication and characterization of a bi – directional insulated gate bipolar transistor [C]//Proceedings of the Solid – State and Integrated Circuits Technology, 2004, 1: 332 – 335.

[47] Bourennane A, Tahir H, Sanchez J L, et al. High temperature wafer bonding technique for the realization of a voltage and current bidirectional IGBT [C]//Proceedings of the ISPSD 2011: 140 – 143.

[48] Shanqi Zhao, Johnny K O Sin. Improved thermal and switching characteristics of high power double – side packaged IGBT [C]//Proceedings of the ISPSD 2000: 229 – 232.

[49] Akiyama H, Minato T, Harada M, et al. A collector shorted type insulated gate bipolar transistor [C]//Proceedings of the PCIM'1988: 142 – 151.

[50] Akiyama H, Minato T, Harada M, et al. Effects of shorted collector on characteristics of IGBTs [C]//Proceedings of the ISPSD1990: 131 – 136.

[51] Bauerl F, Fichtner W, Dettmer H, et al. A Comparison of Emitter Concepts for High Voltage IGBTs [C]//Proceedings of the ISPSD'1995: 230 – 235.

[52] Takahashi Y, Yoshikawa K, Soutome M, et al. 2.5 kV – 1000 A power pack IGBT (high power flat – packaged NPT type RC – IGBT) [J]. IEEE Transactions on Electron Devices, 1999, 46 (1): 245 – 250.

[53] Takahashi H, Yamamoto A, Aono S, et al. 1200V Reverse Conducting IGBT [C]//Proceedings of the ISPSD 2004: 133 – 136.

[54] Rulthing H, Hille F, Niedernostheide F J, et al. 600V Reverse Conducting (RC –) IGBT for Drives Applications in Ultra – Thin Wafer Technology [C]//Proceedings of the ISPSD 2007: 89 – 92.

[55] Rahimo M, Kopta A, Schlapbach U, et al. The Bi – mode Insulated Gate Transistor (BIGT) A Potential Technology for Higher Power Applications [C]//Proceedings of the ISPSD' 2009: 283 – 287.

[56] Storasta L, Rahimo M, Bellini M, et al. The radial layout design concept for the bi – mode insulated gate transistor [C]//Proceedings of the ISPSD'2011: 56 – 59.

[57] Yuan S C, Liu Y M. Two – mask silicides fully self – aligned for trench gate power IGBTs with superjunction structure [J]. IEEE Electron Device Letters, 2008, 29 (8): 931 – 933.

[58] Oh K H, Lee J, Lee K H, et al. A Simulation Study on Novel Field Stop IGBTs Using Superjunction [J]. IEEE Transactions on Electron Devices, 53 (4) 2006: 884 – 885.

[59] 王永维, 陈星弼. 一种具有独特导通机理的新型超结 IGBT [J]. 固体电子学研究与进展, 2011, 31 (6): 545 – 548.

[60] Minato T, Aono S, Uryu K, et al. Making a bridge from SJ – MOSFET to IGBT via RC – IGBT structure concept for 600V class SJ – RC – IGBT in a single chip solution [C]//Proceedings of the ISPSD' 2012: 137 – 140.

[61] Antoniou M, Udrea F, Bauer F, et al. A new way to alleviate the RC IGBT snapback phenomenon: The SuperJunction Solution [C]//Proceedings of the ISPSD 2010: 153 – 157.

[62] Kang X, Lu L, Wang X, et al. Characterization and Modeling of the LPT CSTBT the 5th Generation IGBT [C]//Proceedings of the IAS' 2003: 982 – 987.

[63] 贺东晓. 4.5kV IEGT 的 IE 效应与特性分析 [D]. 西安: 西安理工大学, 2009.

[64] 张景超, 赵善麒, 刘利峰, 等. 绝缘栅双极晶体管的设计要点 [J]. 电力电子技术, 2010, 44 (1): 1 – 4.

[65] Watanabe S, Mori M, Arai T, et al. 1.7 kV trench IGBT with deep and separate floating p – layer designed for low loss, low EMI noise, and high reliability [C]//Proceedings of the ISPSD'2011: 48 – 51.

[66] Laska T, Miller G, et al. Short circuit properties of Trench/Field Stop IGBTs design aspects for a superior robustness [C]//Proceedings of the ISPSD2003: 152 – 155.

[67] Yilmaz H. Cell geometry effect on IGT latch – up [J]. IEEE Electron Device Letters, 1985, 6 (8): 419 – 421.

[68] 赵忠礼. 从安全工作区探讨 IGBT 的失效机理 [J]. 电力电子, 2006 (5).

[69] Zhao Shanqi. Some Design Rules Of Power MOS Devices [R], APT 公司, 2000.

[70] 袁寿财. IGBT 场效应半导体功率器件导论 [M]. 北京: 科学出版社, 2007.

[71] Zeller H R, Cosmic Ray Induced Failures in High Power Dievieces [J]. Solid – State Electronics, 1995, 38: 2041 – 2046.

[72] Zerrer H R. Cosmic ray induced breakdown in high voltage semiconductor devices, microscopic model and phenomenological lifetime prediction [C]//Proceedings of the ISPSD'1994: 339 – 340.

[73] Kaindl W, Soelkner G, Schulze H J, et al. Cosmic Radiation – Induced Failure Mechanism of High Voltage IGBT [C]//Proceedings of the ISPSD'2005: 159 – 162.

[74] Antoniou M, Udrea F, Bauer F. The 3.3 kV Semi – SuperJunction IGBT for increased cosmic ray induced breakdown immunity [C]//Proceedings of the ISPSD' 2009: 168 – 171.

[75] Nishida S, Shoji T, Ohnishi T, et al. Cosmic ray ruggedness of IGBTs for hybrid vehicles [C]. Proceedings of the ISPSD'2010: 129 – 132.

[76] Baliga B J, Adler M S, Gray P V, et al. The insulated gate rectifier (IGR): A new power switching device [C]//Proceedings of the IEDM' 1982, 28: 264 – 267.

[77] 张波. 功率半导体技术与产业发展 [R]//中国半导体产业发展文集, 2012.

[78] Omura I, et al. Electrical and mechanical package design for 4.5 kV ultra high power IEGT with 6kA turn – off capability [C]//Proceedings of the ISPSD'2003: 114 – 117.

第6章　功率集成技术

本章详细介绍了功率集成电路中的横向高压器件的结构、原理及关键技术，以及功率集成模块的内部结构、特性及制作技术。

6.1　功率集成技术简介

6.1.1　功率集成概念

所谓功率集成是指用集成化的方法将构成电力电子系统的功率器件，与相应的驱动、保护和控制电路以及辅助电源、传感器、无源元件等以组合的形式封装为一个独立的整体，成为一个功能相对完整、具有一定通用性的元件，如图6-1所示[1]。利用集成模块，可以方便灵活地构成各种不同性能要求和应用目的的电力电子装置和系统。

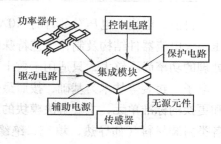

图6-1　功率集成的概念

6.1.2　功率集成形式

功率集成技术有三种不同形式，即单片集成、混合集成及系统集成[2]。

单片集成是将主电路、驱动电路、保护电路和控制电路等全部制造在同一个硅片上，体现了系统芯片（System on Chip，SoC）的概念。如功率集成电路（PIC）目前逐渐向功率系统芯片（PSoC）发展。

混合集成是将功率器件、控制电路、驱动电路、接口电路、保护电路等多个不同工艺的芯片封装成一体，内部通过引线键合互连实现部分或完整的功能，如功率模块（Power Module）或功率控制单元（Power Control Unit）、智能功率模块（IPM）、电力电子积木块（Power Electronic Building Block，PEBB）及电力电子集成模块（Intergrated Power Elactronics Modules，IPEM）等。

系统集成是指将多个电路或装置有机地组合成具有完整功能的电力电子系统，如通信电源系统等。表6-1给出了功率集成的不同形式及特点的比较。

表 6-1　功率集成的不同形式及特点比较

形式	单片集成	混合集成（主流）	系统集成
优点	集成度最高，适合大批量、自动化制造，非常有效地降低成本、减小装置的重量和体积	解决了不同工艺芯片间的组合与高电压隔离等问题，具有较高的集成度，减小装置的重量和体积	系统集成是功能的集成，具有低的集成度和技术难度，容易实现
缺点	高压、大电流和低压、小电流器件的制造工艺差别较大，还存在高压隔离和传热等问题；单片集成难度很大	存在分布参数、电磁兼容、传热等具有较高难度的技术问题；不能有效地降低成本，可靠性低	由于集成度低，体积和重量都无法显著降低，且其构成仍以分立的元器件为主，设计、制造都较复杂；集成的优势不明显
现状	目前仅在小功率范围有所应用	目前仍以中功率应用为主，并正向大功率发展	多用于功率很大、结构和功能复杂的系统

目前，电流、电压分别小于 10A、1200V 的单片集成产品日益增多，但受高压、大电流器件结构及制作工艺特殊性的限制，单片集成的 PIC 或 HVIC 产品能够处理的功率尚不够大，只适用于数十瓦的电子电路的集成。混合集成是以电子、电力电子、封装等技术为基础，按照最优化电路拓扑与系统结构原则，形成可以组合和更换的标准单元，主要解决模块的封装结构、内部芯片及其与基板的互连方式、各类封装材料（如导热、填充、绝缘材料）的选择、制备工艺流程等许多问题，使系统各元器件之间互连所产生的寄生参数达到最小，产品的整体性能、可靠性、功率密度得到提高，满足功率管理、电源管理、功率控制系统的应用需求。所以混合系统集成是在集成度与技术难度之间，根据当前的技术水平所采取的一种折中方案，是目前电力电子集成技术的主流方式。

6.1.3　功率集成意义

采用单片集成技术，可以节省电路面积、降低电路功耗，是当前电力电子设备小型化、便携化的应用需要。采用紧凑的互连和封装，可使电路中的寄生电感等不利参数显著减小甚至消除，从而降低电路的开关应力、噪声及电磁干扰，有利于提高电路的可靠性和电磁兼容性。

采用混合集成技术，可以使电力电子装置的设计简化、成本降低、性能提高。将现有电力电子装置设计过程中的有关元器件、电路、控制、电磁、材料、传热等方面的技术难点和主要设计工作解决在集成模块内部，使应用系统设计简化，只需选择合适规格的标准化模块进行拼装即可。集成模块可以批量生产，并且具有通用性的集成模块设计出来后可以被重复应用，使得装置和系统的成本降低。

6.2 功率集成电路

功率集成电路（PIC）与分立半导体器件均属于电力电子学（或功率电子学）领域。自 20 世纪 80 年代以后，电力半导体器件逐渐由以晶闸管、功率双极型晶体管及 GTO 等传统器件为主导转变为以功率 MOSFET、IGBT 及 PIC 等新器件为主导，因为这些新器件的工作频率比常规器件高 10 倍以上，使电力电子电路的工作频率提高到 20kHz 以上。电力半导体器件的应用也逐渐由以工业和电力系统为主转变为以计算机、通信、消费类电子产品及汽车电子为代表的 4C（即 Communication、Computer、Consumer 及 Car）市场，几乎占据了整个应用市场的 2/3 以上。尤其是电源管理芯片快速发展成为目前电力半导体器件的市场热点。本节对功率集成电路中所用器件的结构、原理、特性及相关技术进行较为详细地介绍。

6.2.1 概述

1. PIC 定义

功率集成电路（PIC）是指所处理电流至少为 1A、输出电压额定值大于 50V 或功率大于 1W（或 2W）的集成电路[3]。PIC 将信息采集、处理及功率控制结合为一体，是机电一体化的关键接口和功率系统芯片（PSoC）的核心技术，是电力电子器件技术与微电子技术相结合的产物。与传统集成电路（IC）的不同之处在于，PIC 是将功率器件与逻辑、控制、保护、传感、检测、自诊断等信息电子电路制作在同一基片上，封装为一个独立的整体，使其免受过电压、过电流及过热等应力的损害。

2. PIC 分类

PIC 可分为高压集成电路（HVIC）和智能功率集成电路（SPIC）两大类。

HVIC 是指横向高压器件与逻辑或模拟控制电路的单片集成，内部包含低压控制电路和高压功率输出两部分。为了实现低压与高压两部分的单片集成，要求高、低压器件必须在电学参数和制作工艺上兼容。HVIC 的应用涉及开关电源、电机驱动、汽车电子、工业控制及家用电器等诸多领域。在这些应用领域内，器件的主要性能是要求高压容量。因此，在 HVIC 中除了必须用的横向高压器件，如横向双扩散 DMOS（LDMOS）及横向 IGBT（LIGBT）外，还有低压的互补型 MOS（CMOS）与双极型晶体管等组成的逻辑控制电路。

SPIC 是指纵向功率器件与逻辑或模拟控制电路的单片集成。基本功能及实现这些功能所需的电路和典型器件见表 6-2[4]。一般分为三大系统功能，即由功率器件和驱动电路组成的功率控制部分，由模拟电路和检测电路组成的传感与保护系统，以及由逻辑电路（高密度 CMOS）组成的接口电路。

表 6-2　SPIC 的基本功能

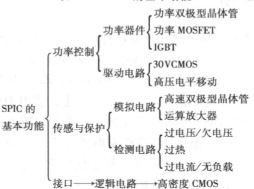

SPIC 的典型构成如图 6-2 所示，它不仅能对微处理器接收的信号作出响应，而且能够传送与工作状态或负载监测有关的信息，如过热关断、短路或环路等。其中接口电路功能是通过能完成编码和译码功能的逻辑电路来实现。为避免芯片工作时产生闩锁现象，还要集成高密度 CMOS 逻辑电

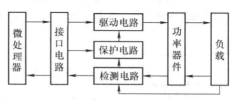

图 6-2　SPIC 的典型构成

路，电路的设计相对较复杂。SPIC 的发展趋势是工作频率更高、功率更大、功耗更低、功能更全。

6.2.2　电场调制技术

在功率集成电路中，常用的高压器件多数采用横向结构，使所有电极位于芯片表面，易于通过内部互连，实现与低压电路的集成。但由于横向器件的表面电场强度较高，为了获得优良的电学特性，并提高其稳定性，需采用各种电场调制技术，如降低表面电场（Reduced Surface Field，RESURF）技术和降低体内电场（Reduced Bulk Field，REBULF）技术等。此外，为了解决 SOI 器件中存在较低的纵向耐压和严重的自加热效应等问题，电子科技大学研究组相继提出了"衬底终端技术"和"介质场增强（Enhanced Dielectric Layer Field，ENDIF）技术"，利用电场调制及屏蔽效应，通过对衬底和埋氧层的改造，达到降低体内电场强度和表面电场强度的作用。

1. 降低表面电场技术

降低表面电场（RESURF）理论是 1979 年由 J. A. Apells 等人提出的[6]。RESURF 技术是指在 p 型衬底上外延一薄层轻掺杂的 n^- 区，使其在达到临界击穿电场强度之前全部耗尽，以承受大部分的外加电压，并降低表面峰值电场强度，使击穿点从表面 pn 转移到体内 pn 结，从而提高击穿电压。

采用 RESURF 技术，可使高压器件与低压电路通过结隔离集成在同一芯片上。引入 LDMOS 后，使其突破硅器件的理论极限，显著改善了器件的击穿电压与导通电阻。目前在 Si – LDMOS 和 SOI – LDMOS 中得到广泛使用。

图 6-3 给出了 RESURF 二极管击穿时的电场强度分布。如图 6-3a 所示，当 n⁻ 外延层较厚时，表面横向 p⁺n⁻ 结的峰值电场强度 E_s 达到临界电场强度 E_{cr}（即 $E_s = E_{cr}$）时，n⁻ 外延层还没有耗尽，击穿发生在表面。如图 6-3b 所示，采用 RESURF 技术，当 n⁻ 外延层较薄时，由于横向 p⁺n⁻ 结的耗尽层被纵向 p⁻n⁻ 结加强，在给定的反偏压下，沿表面有较长的扩展，故表面电场强度低于临界电场强度（即 $E_s < E_{cr}$）。如图 6-3c 所示，当外加电压进一步增加时，表面电场强度仍然低于临界电场强度（即 $E_s < E_{cr}$），但体内纵向 p⁻n⁻ 结的电场强度增加，等于临界电场强度（即 $E_b = E_{cr}$），于是击穿电压由纵向 p⁻n⁻ 结决定，可达到理想的击穿值。

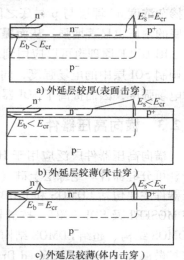

a) 外延层较厚(表面击穿)

b) 外延层较薄(未击穿)

c) 外延层较薄(体内击穿)

图 6-3　RESURF 二极管击穿
时电场强度分布

对 RESURF 技术而言，为了提高击穿电压，要求严格控制外延层的电荷，使之满足以下电荷条件：

$$N_{epi} d_{epi} \approx 1 \times 10^{12} \, \text{cm}^{-2} \tag{6-1}$$

式中，N_{epi} 为外延层的掺杂浓度；d_{epi} 为外延层的厚度。

当满足此约束条件，可得到 RESURF 器件理想的击穿电压为

$$U_{BR} = E_{cr} L_{drift} \tag{6-2}$$

式中，E_{cr} 为外延层掺杂浓度所对应的临界击穿电场强度；L_{drift} 为 n⁻ 外延层的长度。

如外延层的掺杂浓度和厚度不满足此约束条件，则任何外延层电荷的变化都会引起器件的击穿电压降低。所以，横向功率器件的设计几乎都以 RESURF 原理作为理论基础。

2. 降低体内电场技术

对采用 RESURF 技术设计的 nLDMOS，其中高电场主要集中在漏端，而源端电场较低，由此导致器件的外延层中存在着非均匀的电场强度分布。为了解决这一问题，电子科技大学（成都）段宝兴博士等提出了降低体内电场（Reduced BULk Field，REBULF）的概念[7]。REBULF 技术是指在器件中引入了高掺杂浓度的埋层，使得漂移区的电场强度重新分配，更加均匀地分布在漂移区中，以提高器件的

耐压。如图 6-4 所示,通过在 p 衬底内引入一层高掺杂
浓度的 n⁺ 埋层,使得电场强度在外延层和衬底中重新
分配,于是外延层的电场强度分布得更均匀。同时由于
高掺杂浓度 n⁺ 埋层与 p 衬底之间形成了二极管,使得
衬底的耐压也显著增强,从而提高了整个器件的耐压。

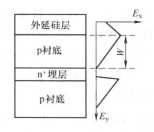

　　REUBLF 原理也可以应用到 SOI 功率器件中,既可
以调制 SOI 层中的电场强度,同时也可以增强埋氧层中
的电场强度,因而提高了 SOI 器件的耐压。

图 6-4　REBULF 原理示意图

6.2.3　横向高压器件

　　横向高压器件广泛应用于 HVIC 和 PIC 中作为高压功率器件。按衬底材料来
分,可分硅器件和绝缘层上硅(Silicon on Insulator,SOI)器件两大类。硅横向高
压器件主要包括 LDMOS 和 LIGBT;SOI 横向高压器件包括 SOI 功率二极管、SOI 功
率 MOSFET 及 SOI IGBT。按硅器件的结构不同来分,横向高压 MOSFET 可分为
LDMOS 结构、超结 LDMOS 结构、轻掺杂漏区(Lightly Doped Drain,LDD)结构及
双扩散漏区(Double Diffused Drain,DDD)结构。

1. 硅横向高压 MOSFET

　　在 PIC 中常采用 LDMOS,主要有以下两个原因:一是 LDMOS 的源极、漏极均
从表面引出,很容易集成,并且其工艺也与传统的互补型 MOS(CMOS)芯片的工
艺兼容;二是随着对 LDMOS 的深入研究,很多新材料、新技术及新工艺可运用于
LDMOS,使器件性能得到了极大的改进。

　　(1)普通 LDMOS　如图 6-5 所示,普
通 LDMOS 结构与 VDMOS 相似,沟道都是
由 p 体区和 n⁺ 源区的横向扩散形成的。当
栅源电压低于阈值电压(即 $U_{GS} < U_T$)时,
p 体区无法形成导电沟道,源、漏间被沟
道隔开,器件处于阻断状态。当 $U_{GS} > U_T$

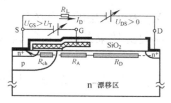

图 6-5　LDMOS 导通状态示意图

时,p 体区表面出现 n 型导电沟道。如果漏源电压加正向电压(即 $U_{DS} > 0$),就会
有电子由源极流向漏极,形成由漏极到源极的电子电流,于是 LDMOS 导通。如果
撤去栅极电压(即 $U_{GS} \leqslant 0$)时,沟道消失,LDMOS 关断,重新回到阻断状态。

　　在导通状态下,LDMOS 的导通电阻 R_{on} 主要由沟道电阻 R_{ch} 和积累区电阻 R_A 及
漂移区电阻 R_D 组成。R_{on} 与 U_{DS} 一起决定了 LDMOS 输出电流 I_D 的大小。在阻断状
态下,由 p 体区和 n⁻ 漂移区形成的 pn 结承受外加电压 U_{DS}。由于 LDMOS 结构中
存在结弯曲,其击穿电压不是很高。为了改善普通 LDMOS 导通电阻与阻断电压之
间矛盾关系,常将栅极延伸到 n⁻ 漂移区上形成场板。

另外，在 LDMOS 结构中，虽然 n⁻ 漂移区可以承受电压，但空间电荷区的横向展宽会占用很大的面积，导致其元胞密度很低。并且，由于结弯曲效应，电场强度常集中于 pn⁻ 结弯曲处及漏端的 n⁻n⁺ 高低结处，导致实际击穿电压远低于其平行平面结的击穿电压。

（2）RESURF LDMOS　　在较薄的 n⁻ 外延层上形成 RESURF LDMOS 结构，一方面可以加强衬底与外延层间的耦合，有利于外延层全部耗尽，使击穿发生于体内平行平面结处；另一方面，薄外延层能够有效减小 pn 结隔离区的面积，有利于提高芯片面积的利用率。RESURF LDMOS 的基本结构如图 6-6 所示。图 6-6a 所示为单 RESURF LDMOS 结构，图 6-6b 所示为双 RESURF LDMOS 结构。两者的不同在于，双 RESURF LDMOS 中引入一个顶部掺杂 p_top 区，由 p_top 区和 p⁻ 衬底同时保证 n⁻ 漂移区耗尽，以提高 n⁻ 漂移区掺杂浓度，从而降低漂移区电阻。

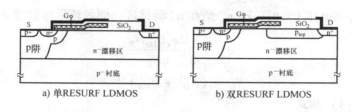

a) 单RESURF LDMOS　　　　　　　b) 双RESURF LDMOS

图 6-6　RESURF LDMOS 结构剖面图

如图 6-7 所示，当 RESURF LDMOS 的栅压为零时，器件处于关断状态，此时在漏、源间加电压 U_{DS}，其中存在两个反偏的 pn 结，即 pn⁻ 结和 p⁻n⁻ 结。如图 6-7a 所示，当 n⁻ 漂移区较厚时，pn⁻ 结的耗尽层几乎不受纵向 p⁻n⁻ 结的影响，击穿电压仅由表面的横向 pn⁻ 结决定。由于表面横向 pn⁻ 结处电场强度较为集中，此处首先达到临界雪崩击穿电场强度。如图 6-7b 所示，当 n⁻ 漂移区较薄时，部分起始于 p⁻ 衬底空间电荷区的电场线终止于器件表面，使得表面 n⁻ 漂移区完全耗尽。并且，由于漂移区较长，使得表面 pn 结处的电场强度降低，从而可以承受大部分电压。此时，器件内空间电荷区和电场强度主要沿纵向分布，峰值电场强度出现在体内的 p⁻n⁻ 结处，击穿发生在体内。由于 p⁻n⁻ 结是平行平面结，且 p⁻ 衬底一侧掺杂浓度较低，其击穿电压会很高，所以 RESURF LDMOS 可以获得很高的击穿电压。

这说明采用 RESURF LDMOS 结构，通过器件内部纵、横向电场的相互作用，可将击穿点由表面横向 pn⁻ 结处移至体内纵向 p⁻n⁻ 结处，提高了 LDMOS 的击穿电压。

在图 6-6a 所示的单 RESURF LDMOS 结构中，pn⁻ 结击穿电压 $U_{BR(vpn)}$ 可表示为

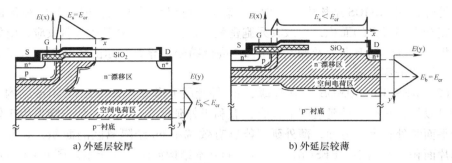

图 6-7 RESURF LDMOS 在外加电压 U_{DS} 下的空间电荷区的扩展宽度

$$U_{BR(vpn)} = \frac{\varepsilon_s E_{cr}^2}{2qN_D} \qquad (6\text{-}3)$$

当漏源外加电压 U_{DS} 时，$p^- n^-$ 结在 n^- 漂移区一侧的耗尽区宽度 d_n 可表示为

$$d_n = \sqrt{\frac{2\varepsilon_s U_{DS} N_B}{qN_D^2}} \qquad (6\text{-}4)$$

$$N_B = (N_D^{-1} + P_{sub}^{-1})^{-1} \qquad (6\text{-}5)$$

由式（6-4）和式（6-5）可得

$$d_n = \sqrt{\frac{2\varepsilon_s U_{DS} P_{sub}}{qN_D(P_{sub} + N_D)}} \qquad (6\text{-}6)$$

根据 RESURF 原理，为了获得高耐压，要求在 pn^- 结击穿前 n^- 漂移区全部耗尽。当满足此条件时，峰值电场强度由表面 pn^- 结处转移至体内 $p^- n^-$ 结处，器件击穿电压得以提高。

为了保证 n^- 漂移区沿纵向全耗尽，要求

$$d_n \geqslant x_{jd} \qquad (6\text{-}7)$$

式中，d_n 是击穿电压为 $U_{BR(vpn)}$ 时，n^- 漂移区纵向耗尽层的宽度，x_{jd} 为 n^- 漂移区的厚度。因此，在单 RESURF LDMOS 中，优化的 n^- 漂移区积分电荷应满足

$$Q_n = N_D x_{jd} \qquad (6\text{-}8)$$

$$Q_n \leqslant N_D d_n = \sqrt{\frac{2\varepsilon_s U_{BR(vpn)} P_{sub} N_D}{q(P_{sub} + N_D)}} \qquad (6\text{-}9)$$

将式（6-3）代入式（6-9），可得

$$Q_n \leqslant 2 \times 10^{12} \sqrt{\frac{P_{sub}}{P_{sub} + N_D}} \qquad (6\text{-}10)$$

因为器件制作在 n^- 外延层上，从实际工艺出发，要求 $N_D > P_{sub}$。当 $N_D = P_{sub}$ 时，可得 Q_n 的理论上限值为

$$Q_n^{max} = 1.4 \times 10^{12} \, cm^2 \tag{6-11}$$

同理，对于图 6-6b 所示的双 RESURF LDMOS 结构，其击穿点在 p_{top} 区与 n^+ 漏区所形成的 pn^+ 结处，此击穿电压可表示为

$$U_{BR(vpn)} = \frac{\varepsilon_s E_C^2}{2q P_{top}} \tag{6-12}$$

为了获得最高耐压，要求双 RESURF LDMOS 结构中的 pn^+ 结发生雪崩击穿前，n^- 漂移区和 p_{top} 层都全部耗尽。经过类似于单 RESURF LDMOS 中的代换，可以得到

$$Q_p \leqslant 2 \times 10^{12} \sqrt{\frac{N_D}{P_{top} + N_D}} \tag{6-13}$$

$$Q_n \leqslant 2 \times 10^{12} \left[\sqrt{\frac{N_D}{P_{top} + N_D}} + \sqrt{\frac{P_{sub} N_D}{P_{top}(P_{sub} + N_D)}} \right] \tag{6-14}$$

在 RESURF LDMOS 中，考虑工艺中的实际情况，要求 $P_{top} > N_D > P_{sub}$，当 $P_{top} = N_D = P_{sub}$ 时，可得 Q_n 和 Q_p 的理论上限值为

$$Q_p^{max} = 1.4 \times 10^{12} \, cm^2 \tag{6-15}$$

$$Q_n^{max} = 2.8 \times 10^{12} \, cm^2 \tag{6-16}$$

为了降低 RESURF LDMOS 的导通电阻，在满足 RESURF 约束条件下，可减薄外延层厚度，以提高其掺杂浓度，从而达到降低其漂移区电阻的目的。比如，对 600V 单 RESURF LDMOS 结构，衬底掺杂浓度为 $1.5 \times 10^{14} \, cm^{-3}$，外延层掺杂浓度为 $8 \times 10^{14} \, cm^{-3}$，厚度 $8\mu m$，漂移区长度都为 $60\mu m$；对双 RESURF LDMOS 结构，外延层掺杂浓度为 $2 \times 10^{15} \, cm^{-3}$，$p_{top}$ 层表面掺杂浓度为 $2 \times 10^{16} \, cm^{-3}$，结深为 $2\mu m$。

为了提高 LDMOS 的耐压，在双 RESURF LDMOS 结构的基础上，还提出了许多改进型的器件结构，如多环状、阶梯状掺杂的 p_{top} 层双 RESURF LDMOS[8-9] 或多层 p_{top} 层双 RESURF LDMOS 结构[10]，如图 6-8 所示，可显著提高器件击穿电压。

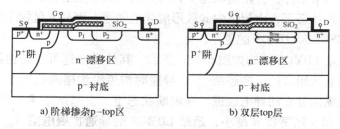

a) 阶梯掺杂 p-top 区　　　　　　　b) 双层 top 层

图 6-8　双 RESURF LDMOS 结构

浮置 p 区 LDMOS 结构如图 6-9a 所示[11]，是将 p_{top} 层隐埋在漂移区中，使其成为 p 浮置区（或称为 p 岛），于是将漂移区分为上、下两部分。当器件处于阻断状态时，位于 p 浮置区上方的漂移区受到 p 浮置区的影响而耗尽，位于 p 浮置区下方的漂移区则在 p 浮置区和衬底的共同作用下耗尽。通过合理的设计 p 浮置区的位置及掺杂剂量，可使 p 浮置区 RESURF LDMOS 的导通电阻仅为双 RESURF LDMOS 导通电阻的 2/3。数值分析表明[12]，有 p 浮置区 RESURF LDMOS 的导通特性均优于双 RESURF LDMOS 及单 RESURF LDMOS。

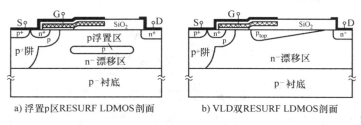

a) 浮置 p 区 RESURF LDMOS 剖面   b) VLD 双 RESURF LDMOS 剖面

图 6-9   派生的 RESURF LDMOS 结构

横向变掺杂（VLD）RESURF LDMOS 结构如图 6-9b 所示，其 p_{top} 层是利用渐变的掩膜小窗口通过硼离子注入推进后形成变掺杂区域。如果离子注入窗口大小设计合理，会得到理想渐变的 VLD 分布，于是在表面引入渐变的附加电荷，所产生的附加电场与主结强度刚好相反，使整个器件表面的电场强度趋于均匀，有利于改善双 RESURF LDMOS 结构因源端 pn^- 结处的高电场强度而发生击穿。数值分析表明[12]，采用 VLD p_{top} 区的双 RESURF LDMOS 表面电场强度明显比均匀 p_{top} 区的器件要低，且电场强度分布几乎接近理想的矩形分布，因而可以使器件耐压提高到 1200V[13]。

（3）超结 LDMOS   平面栅超结 LDMOS 结构如图 6-10a 所示，与传统的平面栅 LDMOS 相比较，平面栅超结 LDMOS 结构的外延层是由沿 y 方向的多个 n 区和 p 区交替排列组成的超结，也称为三维 RESURF LDMOS 结构[14]。如果 n 区和 p 区遵守电荷平衡的约束条件，在阻断状态下，可利用电荷补偿后的高阻区来承受外加的高电压。在导通状态下，由超结中 n 区形成导电通道。因其 n 区掺杂浓度较高，故 R_{on} 比 2D – RESURF LDMOS 的更小。

沟槽栅超结 LDMOS 结构如图 6-10b 所示。其外延层还可以是由沿 z 方向交替排列的 n 区和 p 区组成的纵向超结[15]。导通时沟道沿沟槽的侧壁形成，并在超结的 n 区内形成纵向分立的导电通道。在阻断状态下，由超结来承受外加的高电压。当超结的 n 区和 p 区宽度 d 越小，超结 LDMOS 的导通扩展电阻 $R_{on}A$ 与击穿电压 U_{BR} 之间的折中关系越好。当 $d > 500nm$ 时，超结 LDMOS 的 $R_{on}A$ 与 U_{BR} 之间的折中关系不及双 RESURF LDMOS 的好。

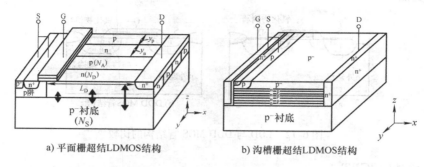

a) 平面栅超结LDMOS结构　　　　b) 沟槽栅超结LDMOS结构

图 6-10　平面栅超结 LDMOS 结构比较

除了有源区采用超结外，还可以改变衬底结构[16]，如图 6-11 所示的具有 n+ 埋层的超结 LDMOS 结构[17]和部分 n+ 埋层的超结 LDMOS 结构[18]，均是利用降低体内电场（REBULF）技术形成的，通过调制体内电场，使得外延层电场很均匀，同时附加的二极管有助于提高衬底的耐压，从而提高整个器件的耐压。

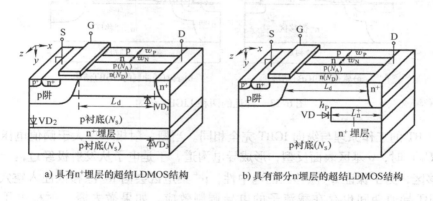

a) 具有n+埋层的超结LDMOS结构　　　b) 具有部分n埋层的超结LDMOS结构

图 6-11　具有不同衬底的平面栅超结 LDMOS 结构比较

（4）高压 CMOS　在高压 CMOS 芯片中，通常采用轻掺杂漏区（LDD）结构来提高 nMOS 管的击穿电压，如图 6-12a 所示。其中轻掺杂的 n‾ 区和源、漏区是用同种杂质两次注入形成的，并且多晶硅栅极与重掺杂的源、漏区是通过氧化物侧壁形成的自对准结构。采用双扩散漏区（DDD）结构如图 6-12b 所示，与 LDD 结构不同，DDD 结构是借助于两种杂质离子（如砷和磷）扩散系数的差异而形成的[19]。目前，nMOS 管通常采用 DDD 结构，可将漂移区做得很窄、很精确。但漂移区很难做宽，因为将氧化物侧墙下的磷离子推进过深，会影响对阈值电压的控制。所以，LDD 结构通常用于实现宽漂移区的 MOS 管，而 DDD 则用来制造较窄漂移区的 MOS 管。pMOS 管不能采用 DDD 结构，因为还没有某个 p 型杂质的扩散系数比硼更低。

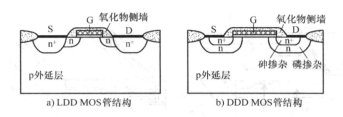

a) LDD MOS 管结构　　　　　　　b) DDD MOS 管结构

图 6-12　LDD 与 DDD MOS 管结构的比较

2. 硅横向 IGBT

（1）普通 LIGBT　如图 6-13a 所示，与 LDMOS 结构相比，LIGBT 用 n^+ 发射极和 p^+ 集电极分别代替了 LDMOS 的 n^+ 源极和 n^+ 漏极，其他部分均与 LDMOS 相同。为了提高 LIGBT 的阻断电压并降低通态压降，也可以在集电区一侧增加 n 缓冲层[20]，如图 6-13b 所示。

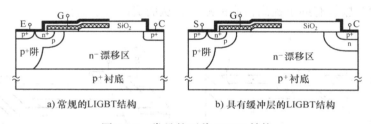

a) 常规的LIGBT结构　　　　　　b) 具有缓冲层的LIGBT结构

图 6-13　常见的两种 LIGBT 结构

LIGBT 的工作原理与纵向 IGBT 完全相同。当栅 - 射极电压大于阈值电压（即 $U_{GE} > U_T$）时，p 基区表面反型，形成导电沟道，于是电子从发射极经过沟道进入 n^- 漂移区，为了保证 n^- 漂移区的电中性，p^+ 集电区会向 n^- 漂移区注入空穴，所以 LIGBT 导通期间也存在载流子的电导调制效应。如果撤去栅 - 射极电压（即 $U_{GE} \leqslant 0$）时，沟道消失，LIGBT 开始关断，直至 n^- 漂移区的非平衡载流子复合消失结束，LIGBT 才重新回到阻断状态。

LIGBT 的特性与纵向 IGBT 相似。正向阻断时，由 p 基区和 n^- 漂移区形成的 pn 结来承受正向阻断电压；反向阻断时，由 p^+ 集电区和 n^- 漂移区形成的 pn 结来承受反向阻断电压。图 6-13a 所示的 LIGBT 结构，正、反向均可耐压，而图 6-13b 所示的 LIGBT 结构，只有正向可以耐压，几乎无反向阻断能力。在 LIGBT 导通期间，n^- 漂移区也会产生电导调制效应，因而具有较低的饱和电压。与 LDMOS 相比，由于 LIGBT 引入了少子空穴，所以饱和电压虽减小，但同时也使其开关速度减慢。为了提高 LIGBT 的开关速度，需要对其少子寿命进行控制。

图 6-14 给出了 LIGBT 的等效电路[4]。LIGBT 可看成由栅极 MOS 管、发射极

侧的纵向 npn 晶体管 V_{nV}（由 n^+ 发射区、p 基区和 n^- 漂移区组成）、集电极侧的纵向 pnp 晶体管 V_{pV}（由 p^+ 集电区、n^- 漂移区和 p^+ 衬底组成）和横向 pnp 晶体管 V_{pL}（由 p^+ 集电区、n^- 漂移区和 p 基区组成），以及部分寄生电阻等构成。

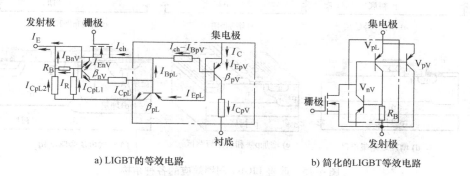

a) LIGBT的等效电路   b) 简化的LIGBT等效电路

图 6-14　LIGBT 等效电路

在 LIGBT 导通期间，由发射极侧的纵向 npn 晶体管 V_{nV} 与集电极侧的横向 pnp 晶体管 V_{pL} 之间形成的正反馈会引起闩锁，导致 LIGBT 栅极失控。假设发射极侧 V_{nV} 的电流放大倍数为 β_{nV}（或 α_{nV}），集电极侧 V_{pL} 的电流放大倍数为 β_{pL}（或 α_{pL}），在一定条件下，当 $\beta_{pL}\beta_{nV}=1$ 或 $\alpha_{pL}+\alpha_{nV}=1$ 时，LIGBT 就会发生闩锁。如果发射极侧 V_{nV} 的 p 基区横向电阻 R_B 很小，则可消除闩锁效应，图 6-14b 中虚线框内可以忽略，于是 LIGBT 的等效电路可简化为 MOS 管和集电极侧的 V_{pV} 的复合结构。

为了防止 LIGBT 发生闩锁，需减小发射极侧纵向 V_{nV} 的 p 基区横向电阻 R_B，并限制集电极侧横向 V_{pL} 的注入效率。图 6-15 给出了改善 LIGBT 闩锁效应的几种措施。可见，在发射区一侧增加 p 阱或埋层，或者采用表面短路结构；在集电区一侧增加 n 缓冲层或 p 外延层，或采用短路结构，均可抑制闩锁。图 6-15d 所示为空穴电流旁路结构[21]，其中含有 p^+ 埋层、p^+ 阱、n^+ 阱及 p^+ 辅助发射区（AE）。在导通期间，n^+ 分流区会阻止 p 集电区注入的空穴流入 p 基区，导致空穴向 p^+ 埋层和 p^+ 辅助发射区转移；同时，p^+ 阱区可降低 p 基区的横向电阻，也利于抑制闩锁。实验研究表明，该旁路结构在 423K 下的闩锁电流密度可达 $160A/cm^2$，而常规 LIGBT 的闩锁电流密度约为 $40A/cm^2$。数值分析表明，该结构的薄弱点位于 p^+ 阱与 p 基区的相连处（图 6-15f 中的 A 点），因为 n^+ 阱将空穴转移至 p^+ 埋层，虽远离 p 基区，但闩锁仍有可能被流过埋层和 p^+ 阱的空穴电流触发。

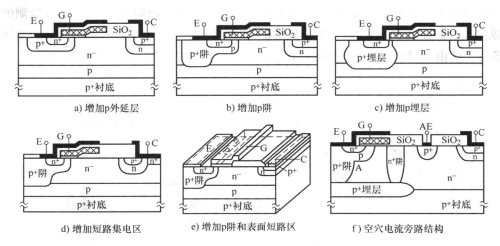

a) 增加p外延层   b) 增加p阱   c) 增加p埋层

d) 增加短路集电区   e) 增加p阱和表面短路区   f) 空穴电流旁路结构

图 6-15 改善 LIGBT 闩锁效应的各种结构

（2）RESURF LIGBT 为了提高 LIGBT 的阻断电压，可采用 RESURF 技术。如图 6-16a 所示，由纵向 p^+n^- 结和横向 p^+n^- 结组成了 RESURF 结构，要求 n^- 漂移区的载流子浓度和厚度必须遵循电荷控制条件，以获得合适的电场强度分布。也可将 RESURF 技术与 n 缓冲层相结合，形成图 6-16b 所示的结构。

双 RESURF LIGBT 结构如图 6-16c 所示[22]，在 n^- 漂移区顶部再形成一个 p_{top} 区，不仅可以降低表面电场强度，还可以抑制闩锁，增加器件的安全工作区（FB-SOA）。p_{top} 层长度不会影响 LIGBT 的导通特性，并与 HVCMOS/BiCMOS 芯片的工艺兼容，特别适合采用 CMOS/BiCMOS 工艺制作。

（3）逆阻型 LIGBT 对于交流应用的 PIC 而言，通常需要逆阻型 LIGBT[23]，如图 6-16d 所示。其中含有两个 p^+ 分流区，分别位于由双扩散形成的 p 基区和 n^+ 发射区元胞两侧，由此寄生了一个 n MOSFET（由 DMOS 结构形成）和一个 p MOSFET（由 p^+ 区形成），并由同一个栅极信号控制。当栅极不加电压时，两个方向均可阻断电流流过。当栅极加上正电压时，n MOSFET 开通，电子从 n^+ 发射区注入到 n^- 漂移区，同时 p^+ 集电区开始注入空穴。空穴到达 p^+ 分流区后从其下方穿过 n^- 漂移区进入 p 基区。在低的电流密度下，按 IGBT 模式工作；在高的电流密度下，当 p 基区与 n^+ 发射区形成的 pn^+ 结上的压降超过其开启电压，则寄生的 pnpn 晶闸管开通。由于正反馈作用，会出现载流子大注入，从而减小了器件的正向压降，此时器件按晶闸管的模式工作。当栅极加上负电压，器件关断时，pMOSFET 开通，将 p 基区和 p^+ 分流区连通，于是形成空穴的分流通路，寄生晶闸管的正反馈作用被终止，器件关断。目前，采用此结构制成的 IGBT 正、反向阻断电压为 600V，在 $100A/cm^2$ 电流密度下，通态压降为 6.5V。

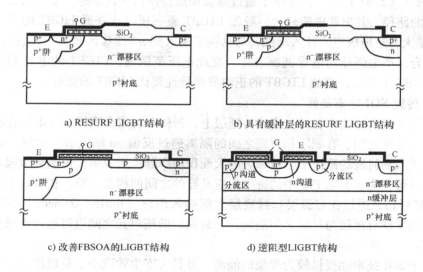

a) RESURF LIGBT结构 b) 具有缓冲层的RESURF LIGBT结构

c) 改善FBSOA的LIGBT结构 d) 逆阻型LIGBT结构

图 6-16　LIGBT 新结构

（4）沟槽栅 LIGBT　为了改善 LIGBT 闩锁性能，还可以采用沟槽栅结构。如图 6-17 所示，与普通 LIGBT 结构相比，在沟槽栅 LIGBT（LTG-BT）结构中，沟道与发射极的位置互换，形成了一个垂直的 MOS 沟槽栅极，并通过 p^+ 发射区将 p 基区与 n^+ 发射区短路[24]。当栅 - 射极电压高于阈值电压（即 $U_{GE} > U_T$）、集 - 射极间加正电

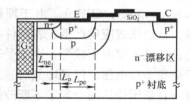

图 6-17　沟槽栅 LTGBT 的结构

压（即 $U_{CE} > 0$）时，LTGBT 导通，集电极有电流流动。随着 U_{CE} 增加，集电区向 n^- 外延层注入大量的空穴，一部分与垂直沟道过来的电子复合，其余的空穴从外延层进入 p 基区被 p^+ 发射极收集。由于空穴不可能从 n^+ 发射区下方区域流过，因此有效地抑制了闩锁效应。当 n^+ 发射区长度为 $5\mu m$ 时，LTGBT 的静态闩锁电流密度比普通 LIGBT 提高了 2.3 倍，动态闩锁电流密度提高了 4.2 倍。

当然，也可以通过缩短发射区的长度来抑制闩锁，但发射区长度受光刻精度的限制。在不增加光刻难度的前提下，允许 n^+ 发射区与 p^+ 发射区交叠，并要求 p^+ 发射区结深比 n^+ 发射区结深更深，n^+ 发射区的掺杂浓度比 p^+ 发射区的更高。如图 6-17 所示，通过增加 n^+ 发射区与 p^+ 发射区的交叠部分长度 L_o，可将有效发射区长度 L_{ne} 值做得很小。当有效发射区长度为 $2\mu m$ 时，LTGBT 中便不会出现闩锁，但会导致阈值电压增加 0.8V。

在导通情况下，LTGBT 中的 n^- 漂移区、p^+ 衬底均会出现电导调制效应。在

U_{CE} 较低（<2.6V）时，由于电子通过垂直沟道在体内注入很深，复合前要经历一个较长的路径，其串联电阻较大，导致 LTGBT 通态压降比普通 LIGBT 的高。随着 U_{CE} 的增大，集电极空穴注入增强，与从沟道注入到 n^- 漂移区和 p^+ 衬底区的电子进行复合，产生强烈的电导调制效应。在此电压范围内，LTGBT 的电导调制效应要比 LIGBT 中更强，因此 LTGBT 的正向导通特性要比 LIGBT 的更好。

3. 传统 SOI 功率器件

硅器件或电路制作在硅衬底或外延层上，器件和衬底会直接产生电气连接，在高、低压单元之间、有源层和衬底之间的隔离通过反偏 pn 结完成。由同一衬底上的器件注入到衬底的载流子会被邻近的大面积功率器件所收集，可能会引起功率器件的误开通。为了消除 PIC 中的寄生效应及器件之间的相互影响，在 PIC 中引入了 SOI 衬底材料，通过在有源层和衬底层之间插入埋氧（Buried Oxided，BOX）层，可有效地实现有源层与衬底之间隔离，同时高、低压单元之间也可通过绝缘介质完全隔离。

由于 SOI 技术能提供较为理想的隔离，并具有寄生效应小、集成度高、抗辐射能力强等诸多优点，因而被广泛应用于 PIC 设计中。但在功率器件应用中，SOI 衬底并没有显示出较大的优势，主要是存在以下两个缺点：一是自加热效应（Self – Heating Effect，SHE）。由于埋氧层阻挡了热量通过背衬底的传导，且埋氧层越厚，自加热效应越严重，若器件在较长时间的高温环境下工作，其稳定性将严重退化；二是击穿电压较低。由于受寄生效应和埋氧层的影响，增加埋氧层厚度，有利于提高击穿电压，但是埋氧层越厚，自加热效应越严重。所以，SOI 功率器件的发展一直是围绕这两个问题不断改进的。

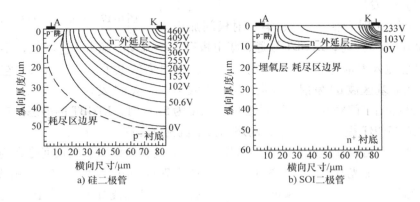

图 6-18　硅二极管和 SOI 二极管的电势分布比较

（1）SOI 二极管　如图 6-18a 所示，在结隔离硅二极管结构中，随着反向电压增加，耗尽层垂直向衬底扩展，同时水平地扩展到整个 n^- 外延层。由于衬底掺杂浓度低于体硅外延层的浓度，因此耗尽区会扩展深入到 p⁻ 衬底。采用 RESURF 技术，可保证 n⁻ 外延层在表面电场强度达到临界击穿电场强度之前完全耗尽，使得表面的电力线均匀分布，减小表面电场强度。如图 6-18b 所示，在 SOI 二极管结构中，由于存在埋氧层，使等位线不能扩展到衬底，故埋氧层必须承受大部分电压。并且，埋氧层使得表面的电力线呈非均匀分布，导致器件能承受的最高电压降低。在外延层厚度和掺杂浓度相同的条件下，硅二极管的击穿电压为 460V，而 SOI 二极管的击穿电压下降到 233V。

（2）SOI LDMOS　如图 6-19 所示，在 SOI LDMOS 结构中，埋氧层实现了器件纵向隔离，减小器件的耗尽区宽度，从而减小器件的漏电流。在导通期间，载流子仅限于在 n⁻ 外延层内输运，不会进入到埋氧层和衬底。

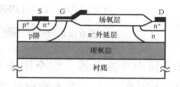

图 6-19　SOI LDMOS 结构

（3）SOI LIGBT　如图 6-20a 所示，在 SOI LIGBT 结构中，采用 p⁺ 集电区代替 SOI LDMOS 结构的 n⁺ 漏区。为了降低 LIGBT 的开关速度，也可采用图 6-20b 所示的含有分离 n⁺ 短路区的集电极短路结构[25]。分离的 n⁺ 短路区可减小集电极空穴注入，有利于提高 LIGBT 的闩锁电流容量。

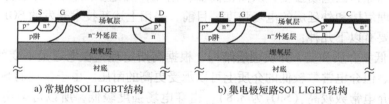

a）常规的 SOI LIGBT 结构　　　　b）集电极短路 SOI LIGBT 结构

图 6-20　常见的两种 SOI LIGBT 的结构

SOI LIGBT 导通时，n⁻ 外延层也存在电导调制效应，减小了器件通态损耗。如图 6-21a 所示，600V SOI LIGBT 的导通特性明显要比 SOI LDMOS 的要好。这是因为 SOI LDMOS 属于单极器件，导通期间无少子参与导电。如图 6-21b 所示，SOI LIGBT 的关断特性明显要比 Si LIGBT 要好，这是因为在 Si LIGBT 器件中，载流子会注入到较深的衬底中，而在 SOI LIGBT 中的埋氧层可有效阻止载流子注入到衬底中，因此器件的关断时间与拖尾电流减小，可工作在更高的温度下。为了进一步改善 SOI LIGBT 的导通和开关特性，还可以采用低能量、高剂量的 He⁺⁺ 辐照来控制集电极侧 n 缓冲层内局部区域的少子寿命[26]。

4. SOI 功率器件的新结构

为了满足 SOI 高压功率器件耐压与传热的需要，从顶层硅、埋氧层及其界面电荷等方面提出了如下改进措施：一是将硅 PIC 结构中的结终端技术，如场板、场限

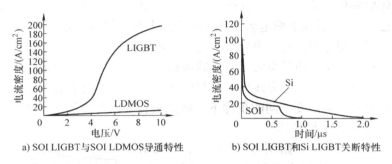

a) SOI LIGBT与SOI LDMOS导通特性　　b) SOI LIGBT和Si LIGBT关断特性

图6-21　600V SOI LIGBT 与 SOI LDMOS 及 Si LIGBT 特性比较

环及横向变掺杂等，完全用于 SOI PIC 中的耐压结构；二是利用单 RESURF 和双 RESURF 等技术，在击穿电压和导通电阻之间获得良好的折中，并将超结技术应用于横向 SOI LDMOS 中；三是采用薄 SOI 结构，如用顶层硅/埋氧层分别为 0.1μm/ 2μm 或 1.5μm/3μm 来制作 SOI LDMOS 或 SOI LIGBT；四是通过增强埋层电场来提高 SOI 横向器件的纵向耐压，即将相对介电常数 ε_r 较低、临界击穿电场强度 E_{cr} 较高的介质层引入埋层或部分埋层，利用低 ε_r 介质增强埋层电场强度、变 ε_r 介质调制埋层和漂移区电场强度，从而提高器件耐压；五是在漂移区/埋层界面引入电荷来调制埋氧层和外延层的电场强度。目前，采用上述新技术开发的 SOI 功率器件新结构主要有以下几种：

（1）低 k 介质和变 k 介质埋层结构　　根据高斯定理，在电通量不变的条件下，厚度相同、但介电常数较低的介质上可以承受更高的耐压。由于常规的 SOI 结构中埋氧层的介电常数较高（SiO₂ 为 3.8），击穿电场强度较低，所以可采用低 k 介质埋层 SOI（Low k Dielectric Buried Layer SOI，LKSOI）和变 k 介质埋层 SOI（Variable Low－k Dielectric Buried Layer SOI，VLKD SOI）来代替常规的埋氧层[27]。低 k 介质 SOI 材料包括有机和无机低 k 材料，有机低 k 材料如聚酰亚胺、掺氟低 k 材料、多孔低 k 材料及纳米低 k 材料等，无机低 k 材料如氮化硅（Si₃N₄）及氮化铝（AlN）等。如图 6-22a 所示，在 VLKD 埋层的 SOI LDMOS 结构中[28]，靠近漏端的埋层采用低 k 介质来增强埋层电场强度，靠近源端的埋层采用 SiO₂ 或 Si₃N₄ 来缓解自加热效应。由于不同 k 值的介质层，在埋层界面处产生的峰值电场可以调制漂移区电场强度，并增强其埋层电场强度，因而可以提高器件耐压。如图6-22b 所示，低 k 介质部分 SOI（LK PSOI）结构[29]是将源极下方的介质层刻蚀掉，使外延层与衬底连通，耗尽层可深入到衬底，使介质层的电场强度提高到临界击穿电场强度，从而提高击穿电压；同时也可缓解自加热效应，提高器件的稳定性和可靠性。如图 6-22c 所示，在变 k 介质部分埋 p 层（Variable Low k Dielectric Buried Layer and a Buried p－layer，VLKDBP）SOI 结构中[30]，同时采用了变 k 介质、在介质层开窗口及 p⁺埋层，既可调制器件表面电场强度，来提高器件耐压，也可以改善器件的自加热效应。

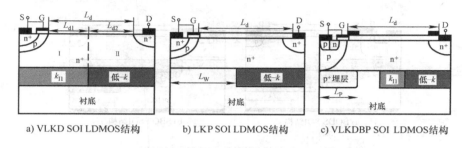

a) VLKD SOI LDMOS结构　　b) LKP SOI LDMOS结构　　c) VLKDBP SOI LDMOS结构

图 6-22　VLK SOI LDMOS 结构比较

（2）电荷型介质场增强 SOI 结构　SOI 器件纵向耐压的关键在于提高埋氧层耐压，如果把衬底/埋层/顶层硅看成一个金属－绝缘体－半导体（MIS）电容，埋层上、下界面的电荷越多，埋层电场越高，器件耐压越高。在常规 SOI 基器件中，由于漂移区中横向电场的抽取，不能在埋层上界面形成大量的电荷积累，所以使用沟槽型 SOI（Trench SOI，TSOI）介质可以阻挡抽取。沟槽型介质包括单面沟槽（ST）和双面沟槽（DT）两种结构[27]，如图 6-23 所示，在埋氧层的一侧或两侧形成沟槽型介质，槽内束缚电荷，并满足界面电荷的高斯定理，可以提高埋层电场强度，从而提高器件的耐压。为了改善热特性，也可以在源极下方的介质层开槽，形成部分电荷槽结构，如图 6-23c 所示。

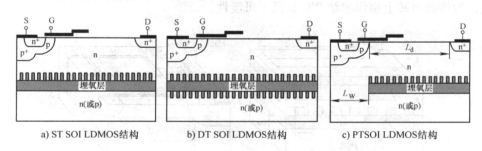

a) ST SOI LDMOS结构　　b) DT SOI LDMOS结构　　c) PTSOI LDMOS结构

图 6-23　电荷型介质场增强 SOI 高压器件

（3）阶梯埋氧层 SOI 结构　如图 6-24 所示，双面阶梯埋氧层（Buried Oxide Double Step，BODS）SOI 结构是在埋氧层的两个面同时形成阶梯（其中 I_1、I_2、I_3 分别表示阶梯型埋氧层）[31]，以阻挡横向电场对电荷的抽取，在每个阶梯位置积累大量反型电荷，可增强埋氧层电场强度，提高器件的耐压。薄硅层阶梯部分埋氧（SBO PSOI）结构[32]是采用单面阶梯型埋氧层，从源到漏埋氧层厚度逐渐增加，阶梯阻挡了漏极对反型电荷的抽取，增加埋氧层电场强度，同时阶梯位置引入的峰值电场可调制表面电场强度，提高横向耐压；刻蚀掉源极下方的埋氧层，缓解了器件的自加热效应。

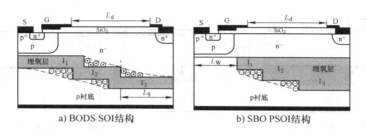

a) BODS SOI结构　　　　　　　b) SBO PSOI结构

图6-24　阶梯埋氧层（BOD）SOI结构

（4）超结 SOI 结构　为了进一步改善 SOI 器件的击穿电压与导通电阻之间的矛盾，可采用类似于体硅衬底的超结技术，提高顶层硅的掺杂浓度，以降低器件的导通电阻。将超结技术引入 SOI 功率器件，必须消除衬底的辅助耗尽效应。如图6-25a 所示，采用含动态缓冲层的 SOI SJ – LDMOS 结构[33]，通过介质槽在埋层界面积累电荷，埋氧层按可变的电场收集附加的电荷，在 SJ 和衬底之间形成一个动态的缓冲层，收集的电荷可以补偿 n 柱区，使得 SJ 的 n 柱区和 p 柱区之间保持电荷平衡。采用该结构可以获得更高的击穿电压和低导通电阻。如图6-25b 所示，部分埋氧层的 PSOI SJ – LDMOS 结构[34]实际上是在衬底中引入部分埋氧层，不仅可以消除衬底辅助耗尽对超结电荷平衡的影响，而且还可以消除超结器件的自加热效应，为体硅衬底上制作超结 PIC 提供了可能性。

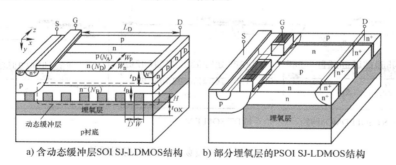

a) 含动态缓冲层SOI SJ-LDMOS结构　　　b) 部分埋氧层的PSOI SJ-LDMOS结构

图6-25　SOI 超结功率器件的三维结构

（5）复合埋层 SOI 结构　如图6-26 所示[27]，复合埋层（Compound Buried Layer，CBL）是在两埋氧层中间，增加一层热导率更高的多晶硅层，利用两埋氧层不仅可以提高耐压，而且多晶硅下界面电荷可增强第二埋氧层的电场强度，提高器件耐压。同时，由于在上埋氧层中间开窗口，使外延层与多晶硅层连通，可以缓解自加热效应。另外，采用复合埋层结构，也可以消除背栅效应[35]。所谓背栅效应是指由于埋氧层的存在，衬底偏压（也称为背栅电压）会影响 SOI 器件的耐压和导通电阻[36]。比如对 RESURF LDMOS 而言，在阻断期间，负背栅电压会使器件在漏端下方击穿，正背栅电压会引起漂移区不能完全耗尽，电场强度峰值出现在源端，从而影响 RESURF 效应，导致器件的耐压降低。在导通期间，负背栅压会促进纵向的耗尽，加强 RESURF 效应，所以可以获得更高的漂移载流子浓度；正背栅电压会减弱 RESURF 效应，必然会减低漂移区的载流子浓度，产生更大的导通电阻。通过背栅电压诱生界面电荷，调制有源区电场强度分布，以降低体内漏端电场强度，提高器件的击穿电压。

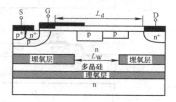

图 6-26　复合埋层 SOI 结构

为了缓解 SOI 器件的自加热效应，PIC 结构中还可以将散热器与 SOI 器件集成在一起[37]。类似于超大规模集成电路（VLIC）中的金属柱，通过在埋氧层中制作多晶硅柱来形成集成散热器，并设置在源区一侧靠近 p 阱区与隔离区之间，采用集成散热器可有效减小热阻，增大器件的安全工作区。

对于 SOI CMOS 结构，为了改善自加热效应和浮体效应（即体区电位随漏极电压和器件工作状态变化而变化），可以刻蚀掉 nMOS 管和 pMOS 管的栅极下方的埋氧层，或者采用氮化铝（AlN）替代该处的埋氧层形成 AlN – DSOI 结构[38]，从而显著减小自加热效应和寄生电容，提高电路散热性能和驱动能力，十分适合高温高速电路设计应用。

5. 功率器件的性能评价

PIC 的核心是其中能处理大电流和高电压的功率器件。评价功率器件性能的指标是优值（通常用 Q 表示），优值的大小与器件的耐压、导通电阻及速度有关，可以用下式来表示[4]：

$$Q = \frac{耐压 \times 速度}{导通电阻} \quad 或 \quad Q = \frac{U_{BR}J_F}{t_{off}} \tag{6-17}$$

式中，U_{BR} 为器件的耐压；J_F 为器件通态电流密度；t_{off} 为关断时间。对于不同的器件结构，Q 值不同。Q 值越高，器件的性能越好。

PIC 中除了 LDMOS、LIGBT 结构外，还有双极型晶体管与 MOSFET 形成的其他 LBiMOS 复合结构。图 6-27 给出了 LDMOS、LIGBT 及 LBiMOS 三种器件的结构、等效电路及 $I – U$ 特性曲线。可见，LDMOS 相当于 MOSFET 与漂移区电阻的串联，LIGBT 相当于 MOSFET 与二极管的串联，LBiMOS 相当于 MOSFET 与双极型 npn 晶体管并联后再与漂移区电阻串联。其中 LDMOS、LIGBT 均由 MOS 控制其开通和关断，LBiMOS 只由 MOS 控制开通，关断时可由 npn 晶体管的基极控制，抽取其中的载流子。所以，其开关速度比 LIGBT 的要快。相比较而言，LDMOS 的导通电阻较大，LIGBT 的导通较好，LBiMOS 特性最好，即 LBiMOS 的优值最大。

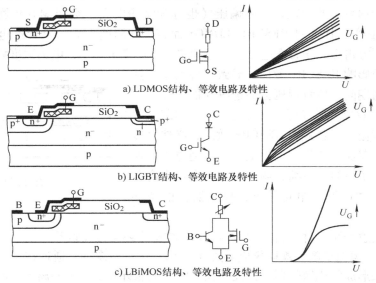

a) LDMOS结构、等效电路及特性

b) LIGBT结构、等效电路及特性

c) LBiMOS结构、等效电路及特性

图 6-27　三种横向高压器件结构、等效电路及特性比较

目前，高压功率器件的研究主要围绕以下 3 个问题：一是如何提高耐压、电流容量及速度；二是如何增大器件的安全工作区，以提高其可靠性；三是如何改善栅极控制能力，并降低其工艺难度等问题。提高耐压可以从体内、表面终端等方面来考虑，提高电流容量，需降低导通电阻或压降；提高速度，应设法减小电容和少子寿命；提高安全工作区，应防止表面击穿、闩锁效应；提高控制能力，需加强栅极驱动、降低工艺难度，并考虑工艺兼容性。

6.2.4　隔离技术

在功率集成电路中，各器件做在同一个硅衬底上，由于硅衬底是导电的，为了避免各器件之间的相互影响，必须进行电隔离。并且，高压晶体管与低压晶体管之间的电隔离尤为重要。如图 6-28 所示，如果在 n$^-$ 衬底上有一个高压 npn 晶体管和一个低压 pMOS 管，若两者之间不隔离，不仅会产生一个微小的漏电流使功耗增加，而且栅氧化层（约 100nm）很难承受 pMOS 栅极与衬底之间跨接的高电压[4]，因此两者之间必须加以隔离。

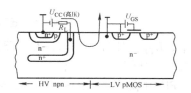

图 6-28　功率/高压集成电路的隔离

1. 硅 PIC 的隔离技术

PIC 隔离技术主要有自隔离、结隔离和介质隔离三种方式。自隔离是指用器件结构实现自隔离，工艺最简单，但灵活性不够，使用范围有限，而且高温漏电流较大，特别是对与电源和偏置等相关的寄生效应过于敏感，成本适中。结隔离是指用 pn 结隔离，是目前商业化 PIC 采用的主流技术。介质隔离占用芯片面积小，但成本较高，工艺较复杂。此外，还有混合隔离、多阱隔离及 RESURF 隔离等新技术。

（1）自隔离　如图 6-29a 所示，在 LDMOS 结构中[39]，漏区位于器件中心，栅、源区位于两侧，具有自隔离特征。因为当器件导通时，源、漏和沟道三区都被耗尽区所包围，与衬底之间形成隔离；当器件截止时，漏 – 衬底间 pn 结处于反偏，故漏区上的高压又被耗尽区所隔离。所以，LD-MOS 源、漏区与衬底之间依靠自身反偏的 pn 结来实现自隔离。这种隔离技术工艺简单，集成度高，且高、低压

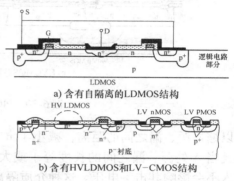

a) 含有自隔离的 LDMOS 结构

b) 含有 HVLDMOS 和 LV–CMOS 结构

图 6-29　PIC 中的自隔离

管可以兼容，成本低，常用于耐压较高的 SPIC 芯片。如图 6-29b 所示，在含有 HV LDMOS 与 LV CMOS 的集成结构中，也可以采用自隔离。其中 LV CMOS 中的 nMOS 管与 LDMOS 一样，采用了自隔离，而 pMOS 管制作在 n 阱中，与 nMOS 管之间采用了 pn 结隔离，表面处 pMOS 管与 nMOS 管采用场氧隔离。由于这种自隔离只限于 LDMOS 以及 RESURF LDMOS，VDMOS 不能采用自隔离，所以灵活性差。

（2）结隔离　采用 pn 结隔离使得不同隔离岛内的器件或电路可以工作在不同的电源电压下，从而降低了功耗。图 6-30a 所示为含有 VDMOS 的 PIC 结构[39]，其中 VDMOS 是制作在 n⁻ 外延层上，并在 n⁺ 衬底与 n⁻ 外延层之间注入 n 埋层形成漏区，与逻辑电路部分通过 pn 结实现隔离。图 6-30b 为含有双 RESURF LDMOS 的 PIC 结构，其中采用对通结隔离[3]，即在外延层制作之前和之后，分别在同一位置进行两次扩散，将由从下方扩散形成的 p_{bot} 区与上方扩散形成的 p_{top} 区对接而成。由于采用了两步扩散工艺，可以显著缩短隔离扩散的高温推进时间，减小隔离区面积。图 6-30c 所示为 600V HVCMOS 芯片双埋层结隔离结构，其中采用了 n/n⁺ 双埋层来减小高压端隔离扩散的深度。

（3）介质隔离技术　PIC 中的介质隔离与 VLIC 中的基本相同，并可以利用介质隔离来改善器件的特性[40]。如图 6-31a 所示，采用常规的介质隔离，由于 VDMOS 的 n⁻ 漂移区较厚，载流子在源、漏区之间传输时经历的路径较长，导致其导通电阻增大，漏极电流减小。如图 6-31b 所示，若在底部增加 V 形槽后，

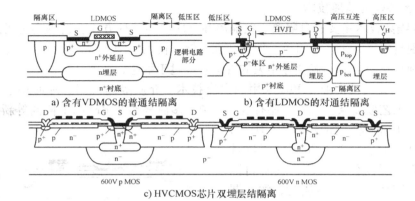

a) 含有VDMOS的普通结隔离

b) 含有LDMOS的对通结隔离

c) HVCMOS芯片双埋层结隔离

图 6-30　PIC 中的结隔离

可以缩短源、漏之间的距离，减小了 n^- 漂移区的电阻，有利于提高电流密度，而且当 A 处源、漏之间的长度等于或大于 B 处源、漏之间的长度时，V 形槽的引入不会影响其击穿电压。这种介质隔离可以通过调整刻蚀窗口的大小，利用离子注入形成 n^+ 漏区，通过热生长形成隔离 SiO_2 氧化层，之后可按照常规的介质隔离工艺来实现。

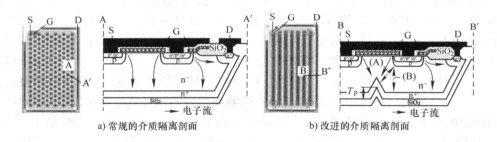

a) 常规的介质隔离剖面

b) 改进的介质隔离剖面

图 6-31　改进的 VDMOS 的介质隔离剖面结构

采用介质隔离，器件之间绝缘隔离性能好，没有漏电流，不会发生相互干扰和闩锁现象。与结隔离相比，介质隔离区宽度可以做得很小，有利于减小芯片面积；由于 SiO_2 绝缘性能好，故隔离电压可高达 1kV，且高温漏电流小，但介质隔离的工艺比较复杂。

（4）混合隔离　是指结隔离和介质隔离相结合。如图 6-32 所示，其 npn 晶体管与衬底之间的隔离采用了 pn 结隔离，而与四周低压电路之间采用了介质隔离。因此，采用混

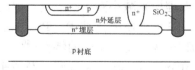

图 6-32　PIC 中的混合隔离

合隔离，可缩小图形尺寸，提高芯片面积的利用率。随着工艺技术的不断提高，PIC 已广泛采用这种方法制作。

此外，在新型的分立功率器件中，也可采用沟槽和扩散相结合的复合隔离方法[41]。比如在 RB – IGBT 结构中，用复合隔离替代全扩散法制作隔离区，可大大减小扩散深度和隔离区宽度，有利于缩小芯片的面积。这种方法通常是在芯片正面进行高浓度的浅扩散，然后在背面进行选择性刻槽，使沟槽与浅扩散区相接。

（5）双阱或多阱隔离结构　如图 6-33a 所示，在传统的 HVIC 结构中，700V LDMOS 与高压区之间通常采用单阱隔离。为了维持 700V 以上的高电压，要求 p 阱有低的掺杂浓度，以便能够完全耗尽，但这样会导致两者之间产生较大的漏电流，引起串扰问题。同时，由于高压互连金属线与结隔离区交叉，还会导致击穿电压下降问题。为了解决上述两个问题，可采用双阱[42]或图 6-33b 所示的全耗尽多 p 阱隔离区[43]，并通过优化高压 p 阱和 n 阱的宽度来实现。

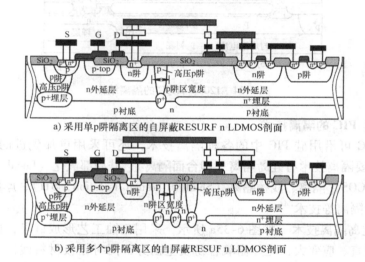

a) 采用单 p 阱隔离区的自屏蔽 RESURF n LDMOS 剖面

b) 采用多个 p 阱隔离区的自屏蔽 RESUF n LDMOS 剖面

图 6-33　HVIC 中 LDMOS 和 CMOS 的隔离结构

（6）RESURE 隔离结构　在 1200V HVIC 结构中高压区和低压区之间采用 RESURE 隔离[44]。如图 6-34a 所示，nLDMOS 的 n^+ 漏区和高压区域之间用 p^- 衬底进行隔离，n^+ 源区与低压区域之间通过 pn 结隔离。当加上电源电压时，LDMOS 结构 n 外延层和 p^- 衬底区全部耗尽，使得 HVIC 的耐压可提高到 1200V。pLDMOS 的 p^+ 源区和高压区域之间用 n 阱进行隔离，p^+ 漏区与低压区域之间通过 pn 结隔离。另外，由于 pLDMOS 的源区和栅极位于高压侧，相对源区而言，其 p^+ 漏区与 p 衬底的电位相同，导通期间会引起 p 衬底漏电，导致 pLDMOS 的电流容量下降。如果通过非均匀的扩散窗口形成条状 p 漂移区[45]，如图 6-34b 所示，可以有效地降低衬底漏电流，提高 p LDMOS 的漏极电流容量。

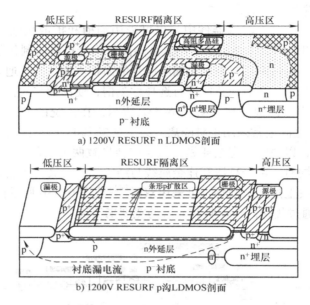

a) 1200V RESURF n LDMOS 剖面

b) 1200V RESURF p沟LDMOS 剖面

图 6-34　1200V HVIC 的隔离结构

2. SOI PIC 的隔离技术

SOI PIC 可沿用硅 PIC 中的各种隔离技术，还可采用更加先进的隔离技术。SOI PIC 主要隔离技术有硅岛隔离（即台面隔离）、硅局部氧化（Local Oxidation of Silicon，LOCOS）隔离、浅槽隔离（Shallow Trench Isolation，STI）、厚膜深槽介质隔离及复合隔离等技术[46]。

（1）硅岛隔离技术　如图 6-35a 所示，采用刻蚀工艺形成硅岛，由于顶层硅膜的边缘陡直、应变大，此处栅氧容易发生击穿，同时栅极材料残留也会影响互连，造成短路。此外，硅岛两侧会形成寄生的并联晶体管，并且其阈值电压低，使边缘 MOS 管先导通，导致器件亚阈值斜率（指亚阈值区漏极电流增加一个数量级所需要增大的栅极电压）增加，功耗增大。

（2）回刻 LOCOS 隔离技术　采用与 Si 基 CMOS 工艺相似的传统 LOCOS 隔离，由于场氧层厚度与 SOI 的顶层硅膜厚度有关，通过选择氧化来消耗掉整个硅层，需要很长时间的高温过程，否则生长的氧化层不完整，在生长氧化层与埋氧层间会形成"硅细丝"，（见图 6-35b），导致器件隔离失效。回刻的 LOCOS 隔离工艺，是指先用氮化硅掩蔽在场区生长一定厚度的氧化层，然后腐蚀掉该氧化层，再在体硅表面淀积一层氮化硅膜，并用 RIE 去除场区上面的氮化硅（只保留有源区上面的氮化硅），最后对剩余的硅层进行局部氧化，形成如图 6-35c 所示 LOCOS 隔离。采用这种隔离，可显著缩短氧化时间，且侧墙处保留的氮化硅膜可以防止产生"鸟嘴"（Bird's Beak）"。该工艺简单、表面平坦，并恢复了"鸟嘴"占去的有源区，但不能彻底解决表面平坦化和杂质浓度再分布问题。

（3）浅槽介质隔离技术　如图6-35d所示，浅槽介质隔离技术是通过沟槽刻蚀与填充形成的。先通过沟槽刻蚀将顶层硅和埋氧层刻蚀到衬底，然后用SiO_2进行沟槽填充，最后进行表面平坦化处理，形成平坦SOI的表面。

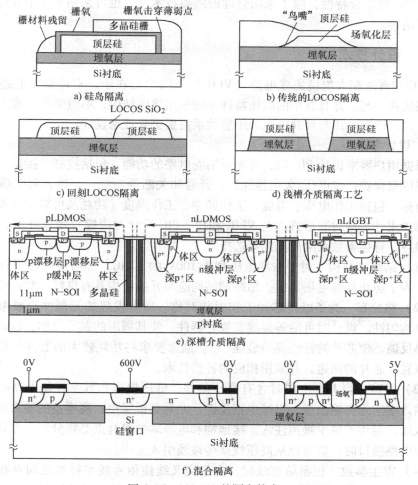

a) 硅岛隔离

b) 传统的LOCOS隔离

c) 回刻LOCOS隔离

d) 浅槽介质隔离工艺

e) 深槽介质隔离

f) 混合隔离

图6-35　SOI PIC 的隔离技术

（4）深槽介质隔离技术　当SOI的顶层硅膜厚度较厚时，需采用深槽介质隔离技术。如图6-35e所示为显示驱动用的PIC结构[47]，硅顶层和埋氧层厚度分别为$11\mu m$和$1\mu m$，高压n LDMOS、p LDMOS及n LIGBT结构之间均采用深槽隔离，需用 RIE 和多晶回填工艺，并要注意沟槽的深宽比及表面平坦化问题，工艺成本较高。

（5）混合隔离技术　如图 6-35f 所示，为了实现 SOI 高压 LDMOS 与低压 CMOS 器件的集成，可采用混合隔离技术。其中 CMOS 的 nMOS 管和 pMOS 管之间采用场氧隔离，有源区与衬底之间采用埋氧层隔离。此外，在高压 LDMOS 的漏区下方的埋氧层开槽，可以使器件同时具有很好的隔离效果和散热性能。为了改善 SOI 基 PIC 的综合特性，除了采用合理的隔离技术外，也可采用 6.2 节介绍的 SOI 器件新结构。

6.2.5　设计技术

PIC 与普通超大规模集成电路（VLIC）不同之处在于，它将低压电路与高压器件集成在一起，并且其中的高压器件一般采用横向结构，不但要占用较大的芯片面积，而且击穿电压与导通电阻的矛盾关系需要更合理地设计。

1. 设计考虑

根据用户要求设计 PIC 时，首先要明确电路的功能，包括控制、接口、过热保护、过电流保护、过电压/欠电压保护、开通和关断等功能；其次，要明确电路的电学指标，包括工作电压、电流、工作频率、工作温度、功耗及可靠性等要求；最后考虑采用什么样封装形式。与 VLIC 相比，PIC 设计时应综合考虑终端、温度梯度、噪声、寄生参数及隔离工艺等选择[4]。

（1）结终端结构　对于击穿电压高于 100V 的 HVIC，都需要考虑设计结终端结构。为了防止局部电场集中，结终端结构应与元胞结构具有良好的对称性。

（2）热分布　为了维持芯片工作时热对称，所有发热的元器件都要考虑热对称和热均匀性。设计时可沿等温线安置元器件，使其周围的温升对称，以减小芯片内的热反馈，使芯片的特性保持最佳[49]。通常要求将功耗较大的器件与热敏元件分别放置在芯片的两边，并采用相应的补偿技术。

（3）噪声　当 PIC 中同时含有高压器件、低压模拟和数字控制电路时，放大器的输入端应远离输出级，以减少正反馈。尤其是低噪声、高增益的输入端更要远离输入级，避免或减少噪声注入。接地端和电源端的键合点必须分开。在设计数字和模拟电路接口时，要避免从高压线或传输线引入噪声。

（4）寄生参数　在布局布线时，由于交叉线使信号线与衬底之间存在寄生电容，通常会产生漏电。当存在较大的电压浮动时，该寄生电容会降低器件的工作频率。此外，要注意大电流通路的布线，因为当电流密度很高时，在大电流布线上产生很大的压降。在敏感元件的输入通道中，该压降会引起输入失调电压。

（5）闩锁和天线效应　从可靠性角度，还需考虑闩锁效应（Latch up Effect）、天线效应（Antenna Effect）等对布局布线的影响。

闩锁效应（Latch up Effect）是指 CMOS 芯片中存在寄生的 pnp 晶体管（由 pMOS 管源漏区 − n 衬底 − p 阱区组成）和 npn 晶体管（由 nMOS 管源漏区 − p 阱区 − n 衬底组成），如图 6-36 所示，在一定的条件下，当两者的电流增益之和大于 1 时，会形成正反馈，导致寄生的 pnpn 晶闸管导通，在电路的电源与地之间形成低阻大电流通路。在 HVCMOS 中，通常采用以下方法来抑制闩锁效应：一是减小纵向 npn 晶体管与横向 pnp 晶体管的电流增益，使 $\beta_L\beta_V < 1$，这可通过增加基区宽度（即 nMOS 与 pMOS 间距、阱的深度）或增加基区掺杂浓度（即增加衬底和阱的掺杂浓度）来实现；二是采用倒置阱，提高 p 阱中央区域的掺杂浓度，以减小 p 阱区的电阻；三是采用低阻衬底和高阻外延层等，并在阱区设 p^+ 埋层（见图 6-36a），或在 MOS 两侧增加保护环（见图 6-36b）；四是通过增加 n 阱和衬底接触孔的数量，并减小两者之间的距离，以降低 n 阱和衬底、电源和地的寄生电阻；五是采用 SOI 衬底及薄膜工艺[47,48]。

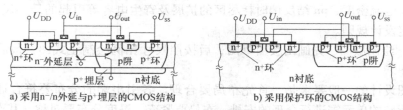

图 6-36　抑制 CMOS 闩锁效应的措施

天线效应是指当大面积的金属化层直接与栅极相连时，在金属腐蚀过程中，周围聚集的离子会增加其电势，进而使栅电压增加，导致栅氧化层击穿。采用大面积多晶硅时也可会产生天线效应。修正天线效应的主要措施有两点：一是减小连接栅的多晶硅和金属化层 1 的面积，如图 6-37a 所示，二是采用第二层金属化层 2 过渡，如图 6-37b 所示。此外，还可以采用类似于 VLIC 中的方法，如跳线（换层）、加反偏二极管及插入吸收单元等来修正。

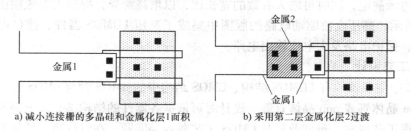

图 6-37　修正产生天线效应的措施

PIC 的设计流程与 VLIC 设计基本一致，依次进行系统级设计、功能块划分、利用模型库进行子电路设计、整体设计及版图（Layout）设计，最后进行设计规则检查（DRC）和电学规则检查（ERC），版图提取（Layou of Extract）、版图和电路图验证（LVS）及后仿真（Post – Simulation）。

2. 版图设计

版图是电路与芯片的桥梁，版图设计实际是把电路设计思想转换到芯片上。设计时，先要确定芯片的工艺流程，然后是版图的布局布线。芯片的制作工艺决定了版图，也决定了电路功能的实现。PIC 的版图设计可按以下步骤进行：

（1）确定最小单元电路　根据所设计电路的特点，先确定出最小的单元电路（即构成该电路的基本重复单元）。在电路设计时，最小基本单元可确定为多个，且多个基本单元的规模和形式也可完全不同。

（2）选择图形尺寸　需要考虑工艺水平和电学特性两方面的限制。工艺限制包括制版精度、光刻精度、扩散水平等，电学限制包括漏 – 源穿通击穿电压、铝布线的最大电流密度、pn 结反偏时耗尽区的扩展及寄生电容等引起的最小尺寸限制，进而确定设计规则。

（3）绘制版图　先画出版图草图，后按照尺寸比例绘制正式图，最后按规则检查版图。

版图设计的一般要求是，首先布局要合理。各引出端的分布要符合通用性要求，对特殊的单元需进行合理的安排，布局要紧凑，温度分布要对称。其次，单元配置要适当。逻辑门及管子的布局方向要合适，既要确定单元的具体形状，还需选择单元的方位，并尽量使用重复单元，便于利用计算机辅助设计和查错。再次，布线要合适。电路中布线所占的面积往往是器件面积的好几倍，此时布线的 RC 时间常数将是电路工作速度的主要限制因素。应尽量避免布线交叉，减小布线长度，保证足够宽的电源线和地线。

图 6-38 给出了高压 LDMOS 与高压全桥驱动电路的版图[50]。可见，在 HVIC 中，高压 LDMOS 一般采用环形结构，漏区在中心，完全被栅区和源区所包围，以防止结边缘漏电，同时可增大有效的宽长比，以增高跨导，提供大电流输出。如图 6-38b 所示，高压全桥驱动电路的版图中集成了高压 LDMOS 器件、接口电路、控制电路、保护电路及大电流输出电路。

3. 工艺设计

PIC 中主要器件有 LDMOS 结构、CMOS 结构中的 nMOS 管与 pMOS 管，以及双极型 npn 晶体管或 pnp 晶体管等。设计时可依据各器件的结构参数及电路的性能要求，考虑工艺成本、难度及其与 CMOS 工艺兼容等问题，在设计高、低压兼容工艺的过程中，需考虑以下问题：

（1）衬底材料与外延层的选取　若采用结隔离 p 阱工艺，衬底选用 p 型单晶，外延层选 n⁻ 型，其电阻率可根据 LDMOS 耐压以及隔离耐压来选择。比如，对

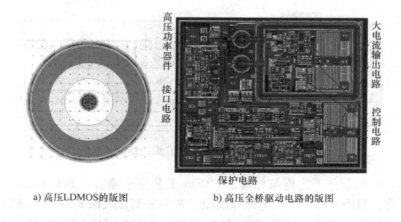

高压功率器件

接口电路

大电流输出电路

控制电路

保护电路

a) 高压LDMOS的版图　　　　　　b) 高压全桥驱动电路的版图

图 6-38　高压 LDMOS 与高压全桥驱动电路的版图

700V 的耐压，采用电阻率为 $50 \sim 60\Omega \cdot cm$（对应的掺杂浓度为 $1 \times 10^{14} cm^{-3}$）、厚度为 $14\mu m$ 的外延层。

（2）高压器件的设计考虑　将高压器件中的高压部分置于器件中央。对于 nLDMOS，需将漏端置于中央，可防止器件最外圈与衬底隔离之间出现高电场。

（3）厚/薄栅氧化层的制备　先生长高压 LDMOS 的厚栅氧化层，然后去掉低压器件的栅氧化层，最后生长低压器件的薄栅氧化层。

（4）选择 p 阱参数　对于 p 阱工艺，选择 p 阱参数时，应综合考虑对 nMOS 管阈值电压、击穿电压、CMOS 抗闩锁能力及高端穿通电压等的影响。从提高 CMOS 抗闩锁能力的角度考虑，p 阱掺杂浓度应尽可能高，结深应尽可能深，以减少 p 阱的薄层电阻。但过高的 p 阱掺杂浓度会导致 nMOS 的 U_T 偏高，击穿电压降低，同时高低端的穿通电压会随 p 阱结深增大而下降。

（5）工艺流程设计　如图 6-39 所示，当 PIC 结构中包括高压 LDMOS、CMOS 和 npn 双极型晶体管等器件时，可采用常规的 BCD 工艺制作。主要工艺流程：p 型高阻衬底材料→制作 n 型埋层（如图中标注①，以下标注相同的区域表示同时形成）→制作 p 型埋层②→生长 n 外延层→制作 p 阱隔离区③→制作 p 阱区④→制作 p - top 区⑤→CMOS 结构制作⑥ ~ ⑫→接触孔与铝电极制作等后道工艺⑬ ~ ⑮，共需要 15 张掩膜。可见，BCD 工艺与标准的 CMOS 工艺完全兼容，在第⑥步 CMOS 制作之前已经完成，因此对后续 CMOS 制作的表面掺杂和低压控制参数没有影响。

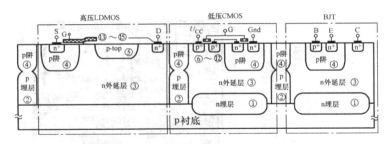

图 6-39 采用 BCD 工艺的 PIC 纵向结构示意图

HVCMOS 的制作工艺也与标准的 CMOS 工艺完全兼容，如 0.18μm HVCMOS 芯片的制作，只需在 CMOS 工艺流程前段工艺中分别加入深 n 阱、HV 阱及高压栅氧工艺，后续的工艺基本相同[51]。如果 CMOS 结构中 pMOS 管与 nMOS 管的击穿电压高于 25V，则 pMOS 管可采用 LDD 结构，nMOS 管可采用 DDD 结构。

6.2.6 发展与应用范围

1. 发展历程与趋势

1981 年美国试制出第一个 PIC，其容量为 500V/600mA，主要用于长途通信电路[4]。之后容量为 80V/2A、频率为 200kHz 的 PIC，开始用于平板显示屏驱动和长途电话的功率变流装置，容量为 110V/13A 及 550V/0.5A 的 PIC 用于电机驱动。进入 20 世纪 90 年代后，随着设计与工艺水平不断提高，PIC 的性价比不断改进，逐步进入了实用化阶段。目前，PIC 产品包括功率 MOS 智能开关、电源管理、半桥或全桥逆变器、电机驱动与控制、直流电机单相斩波器、脉宽调制（PWM）专用 PIC、线性集成稳压器、开关集成稳压器等已形成系列化产品。图6-40给出了 PIC 的电压、电流容量及应用领域。

美国将功率集成电路分为运动控制 IC（Motion Control IC）、电源管理 IC（Power Management IC）及智能功率 IC（Smart Power IC）三类。其中，运动控制 IC 主要用于电机的驱动和控制；电源管理 IC 主要用于电源的转换和调节；智能功率 IC 除上述两种应用之外，还集成了保护功能，即集驱动、控制及保护电路于一体，或集转换、调节及保护电路于一体。

目前，PIC 向高压、高集成化、规范化及智能化发展，最高击穿电压已达 1.2kV，输出

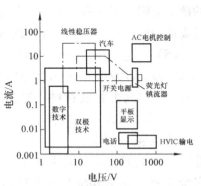

图 6-40 PIC 的电压、电流容量及应用领域

电流为40A。除了常规SoC外，还发展功率系统芯片（PSoC）。PSoC中还包含功率管理、电源和功率驱动等IP核，实现智能化控制系统功能[52]。图6-41给出了电动汽车驱动用的智能PSoC[52]，其中包括低压模拟（Low-Voltage Analog）电路和数字逻辑（Digital Logic）电路，高压I/O与偏置电路、故障处理（Eorr Handing）电路、电荷泵（Charge Bump）测量电路、调整回路（Regulation Loop）、驱动及电平转换（Level Shifting）电路等。图中高压电路占芯片面积的60%以上。

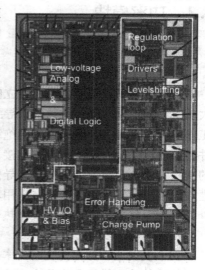

图6-41　电动汽车驱动用的智能PSoC

目前，PSoC需解决的技术难点是降低系统总功耗。PSoC中的微处理器、驱动电路、保护电路、控制电路的总功耗很大，需要智能电源管理电路来降低整个系统的功耗。PSoC中核心的功率器件是LDMOS和LIGBT，其导通损耗和开关损耗也很大。采用三维SJ技术可使LDMOS的R_{on}降低到常规器件的50%。在LIGBT中，可以采用局域寿命控制技术（H^+、He^{++}和质子辐照），或者采用载流子存储层[54]引入载流子存储效应，可获得比LDMOS更低的通态压降和超快速度，从而降低其损耗。

除了PSoC的计算方法、新器件、新工艺及新理论等内容外，可靠性研究也是一个热点。相对功率器件和PIC而言，PSoC有更大的复杂度和难度，并且因功率器件高电压、大电流的特殊性，决定了PSoC的可靠性必将受到考验。

2. 特点与应用范围

PIC具有尺寸小、可靠性高及使用方便等优点，还具有控制、接口及对故障的诊断、处理或自保护功能，可实现"智能化"。尤其是很高集成度的PSoC[5]，可将系统中的功率器件、微处理器、控制电路、驱动电路、接口电路及保护电路等集成在同一芯片上，实现复杂的控制、运算及通信等功能，使其能够按负载要求精密调节输出，并按过热、过电压及过电流等情况实现自我保护的智能功能。

PIC集微电子技术和电力电子技术于一体，为各种功率变换和电能处理装置提供了高速、高集成度、低功耗及抗辐射的新电路，在汽车电子、电源管理、显示驱动、武器装备和航空航天等领域有着极为广泛的应用前景。

SOI PIC具有高速、高集成度、易隔离、低功耗及抗辐射能力强等优点，已成为先进的主流集成技术之一，广泛用于等离子体显示平板驱动电路和高性能IGBT大功率模块的栅极驱动电路。

6.3 功率模块

6.3.1 概述

在电力电子装置中，采用分立的电力半导体器件通常存在三个问题：一是由于大功率器件工作时需加散热器，导致装置的体积增大；二是由于电路中许多器件的工作电压差别很大，必须做好电绝缘，导致散热变得很复杂；三是电路中所有的器件必须通过外部的导线实现电连接，会引入较大的寄生电感。为了使电力电子装置的结构紧凑，常把若干个电力半导体器件及必要的辅助元件，按一定的功能组合再灌封成模块，使应用更方便。采用功率模块，既可简化电路、缩小体积，又可节省外壳、绝缘材料、互连导体及散热器等材料，从而降低电路成本。

1. 功率模块分类

功率模块通常分为传统的功率模块、功率集成模块及智能功率模块。

传统的功率模块是指将多个功率器件焊接在同一基板上，并通过铝丝压焊实现电连接，形成具有一定功率容量和功能的模块单元。

功率集成模块是采用沉积金属膜（薄膜或厚膜）为互连工艺的模块，是将功率器件和具有通用性的主电路、控制、驱动、保护、电源等电路及无源元件，通过多层互连和高集成度的混合 IC 封装，将全部电路和元器件封装成一体，形成通用性标准化的功率模块，易于构成各种不同的应用系统。

智能功率模块（IPM）是一种有代表性的混合 IC 封装，将 IGBT 等器件、驱动电路、保护电路和控制电路及检测电路等多个芯片，封装在同一外壳内构成具有部分或完整功能的、相对独立的功率模块。

2. 主要技术问题

在功率模块设计和制作中，需要解决的主要技术问题包括以下几个方面：

（1）封装与互连问题　在分立元器件构成的电路中，互连主要采用印制电路和导线。在集成模块内部，则较多采用微电子技术中的互连技术，如铝丝压焊、蒸镀铝膜等。但这些工艺多用于低压、小电流集成电路的互连和封装，当用于电力电子集成时，存在电流承载能力不足、分布参数偏大、可靠性不够高等问题；还有耐高电压的绝缘材料、焊接材料等问题。集成化的关键是集成模块的制造，而高性能、高可靠性的封装与互连技术又是制造集成模块的前提，因此封装和互连技术是集成技术要解决的核心问题。

（2）电磁干扰问题　电力电子装置中主电路工作时会产生较强的电磁信号，可能对其驱动、控制和保护等信号处理电路产生干扰。在分立元器件构成的装置中，主电路和控制电路空间距离较大，这一问题表现得不是十分突出。在集成模块中，由于两者的间距小于 5～10mm，因此抑制相互间的干扰变得十分重要。在电磁场分析、电磁兼容模型及电路设计等方面提出了新的挑战。

（3）传热问题　与普通集成电路相比，功率集成模块的发热量高 2 或 3 个数量级。与分立元器件构成的装置相比，功率模块的热集中也要严重得多，并且在集成模块内部，发热量较大的主开关器件和发热量很小的控制电路元器件安装距离很小，使控制电路环境温度升高。因此，在狭小空间内，有效控制热量流动以及主开关和控制电路的温升，对模块的可靠工作非常重要。

（4）可靠性与成品率　由于功率模块中包含控制电路，内部的元器件数明显增多，所以可靠性和成品率会随元器件数的增加而降低。可靠性决定了模块的可用性，成品率在很大程度上决定了模块的制造成本。因此，提高可靠性和成品率也是集成技术的关键。

3. 研究内容与热点

目前，功率模块的研究内容与热点主要体现在以下四个方面：一是集成材料、高密度集成、控制和传感器集成、新型电力半导体器件等基础研究。在高密度集成方面，已提出多种三维封装结构和互连技术，如多芯片模块（Multi－Chip Module，MCM）技术。二是电－磁－热－机械集成研究，构建有源、无源和滤波器集成的电力电子模块。针对模块的电气性能、电磁干扰（EMI）及热性能的关联性，寻求综合多学科的优化设计方案。三是电力电子模块和负载的集成。比如在电力电子变流器控制的电动机传动系统中，将包含驱动和保护电路的变流器集成为一个模块，再将变流器模块和电动机集成在一起。于是电动机装有控制电路，接上电源，就可以带负载工作。四是从系统出发，优化系统架构，制定具体的、可执行的电力电子模块的标准和规范。

6.3.2　基本构成

1. 基本组成

传统的功率模块是将两个或两个以上的电力半导体器件（各类晶闸管、整流二极管、功率双极晶体管、功率 MOSFET 及 IGBT 等），按一定电路互连，用弹性硅凝胶、环氧树脂等保护材料密封在一个绝缘外壳内，并与导热底板绝缘。常用的有功率二极管模块、GTR 模块、晶闸管模块，功率 MOSFET 模块及 IGBT 模块等。功率模块的基本组成如图 6-42 所示[54]，由芯片、键合线、直接覆铜（Direct Bonded Copper，DBC）基板、底板、焊层及底部散热器组成。在模块上表面，IGBT 和二

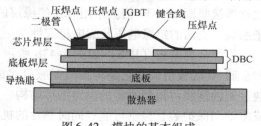

图 6-42　模块的基本组成

极管芯片被焊接在 DBC 基板上，两者之间或其他焊点之间采用金属键合线实现电连接。在模块下表面，DBC 基板的底部通过焊接被固定在模块底板（约 3mm 厚）上。为了实现芯片之间的电隔离，并保证其导热性能，要求 DBC 的绝缘层应具有高热导率。底板是为了提供芯片散热与模块的机械支撑，是模块的基础。数个功率器件可被集成到同一块底板上，且功率器件与其安装表面（散热板）相互绝缘。模块空间内填充硅胶，可以提高绝缘能力、防起泡、防腐、防尘。此外，模块里还可集成无源元件，如栅极电阻、电流传感器或温度传感器等。

2. 所用材料

功率模块所用材料包括基板材料、绝缘材料、焊接材料、填充材料及外壳材料。

绝缘材料包括无机材料和有机材料。无机材料有氧化铝（Al_2O_3）、氮化铝（AlN）、氧化铍（BeO）、氮化硅（Si_3N_4）等陶瓷材料；有机材料有环氧树脂、聚酰亚胺等。常用的绝缘基片为三氧化二铝（Al_2O_3）和氮化铝（AlN）陶瓷基片。

焊接材料（软钎焊）包括 Sn/Ag、Cu、Sb、In、Bi 无铅焊料等。软钎焊中 Sn、Pb 系焊料使用最广泛。基于环保的要求，以 Sn 为基体，添加了 Ag、Cu、Sb、In、Bi 等其他合金元素的无铅焊料正在研究、开发，将越来越受到重视。

（1）基板材料 基板材料有金属基板和厚膜铜（Thick Film Copper，TFC）基板，其中金属基板又包括直接覆铜（DBC）基板、活性金属钎焊（Active Metal Brazing，AMB）基板、绝缘金属基板（Insulated Metal Substrate，IMS）及多层绝缘金属（Multilayer – IMS）基板。图 6-43 给出了常用基板材料及其组成[55]。

DBC 基板如图 6-43a 左图所示，是在高温下将绝缘基片上下表面分别与铜箔共熔在一起，然后对表面的 Cu 进行刻蚀得到模块所需的电路结构图形。将芯片焊接于铜膜上相应位置便可形成电连接。铜膜在陶瓷上有很高的附着力，可提高可靠性。铜膜较厚，可以承受较大的电流承载力，同时具有绝缘电压高和导热性能优良等特点。陶瓷基片热导率高、热膨胀系数（Coefficient of Thermal Expansion，CTE）小，适用于大功率应用场合。

活性金属钎焊（AMB）基板如图 6-43a 右图所示，与 DBC 基板结构相同，但形成的工艺不同。AMB 基板是将 Cu 薄片与绝缘基片（Al_2O_3 或 AlN）通过焊片硬焊在一起，硬焊接常用于焊接银、金及铜等金属，其焊接点比软焊接牢固，剪应力比软焊接坚固 20~30 倍。采用 AlN 绝缘层的 AMB 基板有更小的热阻、更低的热膨胀系数、更高的绝缘电压及漏电稳定性。

绝缘金属基板（IMS）如图 6-43b 所示，由覆铜层、导热绝缘层（聚酰亚胺）和金属 Al 底板组成。它是将聚酰亚胺直接放在 Al 底板，上表面粘贴一薄层铜膜，通过刻蚀铜膜可得到所需的电路图形结构。IMS 成本低，可实现精细的结构，为集成驱动和保护装置提供可能；同时基片的机械强度高、基片的面积相对较大。但如果绝缘层过薄，会导致安装面较高的耦合电容。主要用于低成本、低功率领域。

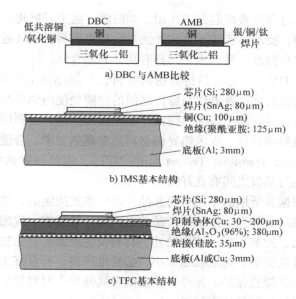

图 6-43 常用的基板材料及其组成

厚膜铜（TFC）基板如图 6-43c 所示，是用硅胶将绝缘陶瓷直接粘贴在 Al/Cu 底板以及散热器上。TFC 可实现几何尺寸很小的电阻及多层印制电路板（Printed Circuit Board，PCB），集成度高，印制电路连线非常细，电流承载能力限制在 10A 以内。

除了上述基板材料外，还有柔性基板和低温共烧陶瓷（LTCC）基板。柔性基板是用柔性的绝缘基材（以聚酰亚胺为主）、铜箔与兼有机械保护和良好电气绝缘性能的覆盖膜通过压制形成的印制电路板。柔性印制电路板耐热性高，尺寸稳定性好，可以自由弯曲、卷绕、折叠，可依照空间布局要求，在三维空间移动和伸缩，从而达到元器件装配和导线连接的一体化。低温共烧陶瓷（LTCC）基板的烧结温度在 900℃ 左右，导线材料可采用 Ag – Pt、Cu 等，可实现微细化布线，其中贵金属浆料可在大气中烧成。LTCC 介电常数较低，通过调整材料成分及结构可以使其热膨胀系数（CTE）与 Si 接近，而且容易实现多层化。

（2）其他材料 除了基板材料、绝缘材料、焊接材料外，功率集成模块所用材料还包括下填充材料及热界面材料（Thermal Interface Material，TIM）。这些材料涉及到热膨胀系数（CTE）、热导率、介电常数、电阻率等材料特性，以及相容性和价格等，决定了电力电子集成模块（IPEM）的性能、制作工艺、应用及发展。

下填充材料是指在芯片有源区通过焊料凸点与基板相连后，通常在焊接点周围的芯片与基板之间的缝隙进行填充的材料，以实现三维封装。目的是减小热应力集中，提高可靠性，对焊点表面起保护作用，如防潮、防尘、抗化学腐蚀等。常用下填充材料为聚合物，要求热膨胀系数和弹性模量与焊点材料越接近越好，固化温度必须低于焊点的熔化温度，且基板之间具有良好的黏合性。

热界面材料（TIM）也称为热传导密封材料，当散热器上安装有多个器件时，在器件和散热器的结合面以及器件与器件之间的空隙处使用热界面材料以填充界面空隙，从而改善热传导。为了改善热设计、实现三维散热，在顶层基板和底层基板之间也需要填充热界面材料。要求热界面材料具有高热导率、合适的热膨胀系数与玻璃软化温度（Glass Transition Temperature，GTT），以及一定的机械强度和相当高的弹性模量，能与基板之间有良好的黏合性。

封装外壳是根据其所用的不同材料和品种结构形式决定的，常用散热性好的金属封装外壳、塑料封装外壳。按最终产品的电性能、热性能、应用场合、成本，设计选定其总体布局、封装形式、结构尺寸、材料及生产工艺。为提高塑封功率模块外观质量，抑制外壳变形，选取收缩率小、击穿电压高、有良好工作及软化温度的外壳材料，并灌封硅凝胶保护。此外，新型的金属基复合材料铝碳化硅、高硅铝合金也是重要的功率模块封装外壳材料。

3. 连接

（1）内部互连　模块的内部连接包括芯片之间的键接、芯片底部的焊接、陶瓷基片（Al_2O_3 或 AlN）与其上金属膜（Cu）之间的熔接、陶瓷基片与其下面金属底板之间的焊接。

芯片安装与引线键合互连是封装中的关键工序。芯片安装多采用共晶键合或合金焊料焊接工艺，引线互连多采用铝丝键合技术，工艺简单、成本低，但仍存在许多问题，如键合点面积小（传热性差）、寄生电感大、铝丝载流量有限、各铝丝间电流分布不均匀以及高频电流在引线中形成的机械应力容易导致其焊点脱落等，因此，发展倒装芯片（Flip Chip，FP）、球栅阵列（Ball Grid Array，BGA）互连工艺，在一

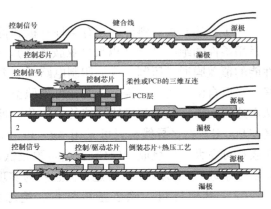

图6-44　功率模块的互连工艺

定程度上可以解决上述问题。图6-44给出了功率模块内部三种互连工艺[55]。第1种互连为常用的引线键合，控制芯片和功率器件之间通过键合线实现电连接。第2种互连是一种3D印制电路板（PCB）互连，是将控制芯片通过表面安装技术（Surface Mounted Technology，SMT）安装在PCB上，然后通过PCB的通孔与功率

器件表面压焊点实现电连接。第3种互连是采用倒装芯片通过焊料凸点与功率器件表面的压焊点互连。可见，采用焊料凸点互连可省略芯片与基板间的引线，起电连接作用的焊点路径短、接触面积大、寄生电感和电容小、封装密度高。

（2）外部连接　外部端子的连接有两种：一是利用焊接工艺将电极端子、DBC基片直接焊接在底板上；二是利用压接工艺将端子、DBC基片与底板压接在一起。图6-45为采用焊接工艺的传统功率模块和压接工艺的新型压接模块[56]。传统功率模块带有底板，在模块安装前底板具有预弯曲，利用螺钉安装后，底板严重变形，模块与散热器表面接触不平整，须采用较厚的导热脂，导致热阻较大。新型压接模块不带底板，端子、DBC基片之间没有焊接，通过均匀压力直接与散热器固定在一起。可见，采用压接工艺不仅可提高模块的温度循环能力，还可显著减小接触热阻。

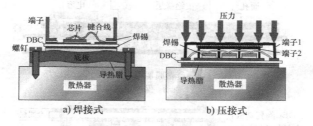

图6-45　传统模块与新型模块的互连工艺比较

6.3.3　封装技术

传统模块采用铝丝压焊工艺进行封装，虽然应用很广泛，但仍存在诸多问题：一是互连线寄生电感较大，会给器件带来较高的开关过电压，形成开关应力；二是多根铝丝并联的邻近效应导致电流分布不均，造成局部电流集中，也成为加速模块失效的一个原因；三是高频大电流通过铝丝产生的电磁力、热应力等造成其可靠性较低，容易疲劳而脱落造成模块失效；四是铝丝较细，传热性能不够好，不能有效地将器件表面产生的热量传出。

1. 互连封装技术

为了有效解决寄生参数、散热、可靠性问题，不再用铝丝压焊工艺，采用以沉积金属膜（薄膜或厚膜）为基础的互连工艺的封装技术，如球栅阵列（BGA）封装、倒装芯片（FC）技术、薄膜覆盖封装技术（Thin Film Package Overlay Technology，TFPOT）、金属柱互连平行板（Metal Posts Interconnected Parallel Plate，MPIPP）封装技术、嵌入式封装技术（Embedded Package Technology，EPT）、多芯片模块（MCM）等形成功率集成模块，图6-46给出了几种集成模块结构[57]。

（1）焊料凸点互连封装技术　如图6-46a所示，焊料凸点互连封装结构中

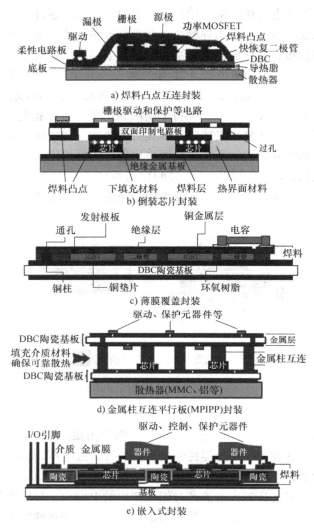

图 6-46　基于互连工艺的集成模块封装技术

采用了柔性电路板，并与倒装芯片技术相结合，使功率芯片借助焊料凸点倒扣在柔性电路板上，而芯片的另一面经 DBC 基板与散热器固定，并在芯片和基板间隙填充聚合物，防止在热循环加载时焊点因热疲劳而失效。该结构一方面通过应用底充胶（Underfill）技术，即在芯片和基板间隙填充聚合物，减小了芯片与基板的热膨胀失配，提高焊点寿命；另一方面将焊料凸点互连技术与球栅阵列（Ball Grid Array，BGA）封装相结合，进一步减小集成模块的电气寄生参数，提高了散热性能。

（2）倒装芯片（FC）封装技术　如图6-46b所示，倒装芯片封装是将功率芯片夹在高热导率基板（底层）和双面印制电路板（顶层）之间，芯片的有源区通过焊料凸点实现与PCB底面对应焊盘的连接，芯片的背面焊接到底层基板上。而驱动、保护等电路元器件则焊接到顶层PCB的上面。于是芯片中产生的热量可通过芯片背面的底层基板直接散热，又可通过焊点传输至PCB散热。在双面印制电路板和底层基板之间填上热传导密封材料，实现三维散热。

（3）薄膜覆盖封装技术（TFPOT）　如图6-46c所示，芯片背面焊接在DBC基板上，芯片正面粘贴在有图形和通孔的绝缘薄膜上，通孔的位置与下面芯片电极的位置对应，以提供芯片到顶层的互连。最上层采用表面组装技术焊接驱动、控制电路及保护元器件等。虽然芯片和顶层电路的互连以及芯片之间的互连采用了薄膜覆盖技术，但在不同电路层之间的连接中使用了金属柱。

（4）金属柱互连平行板（MPIPP）封装技术　由图6-46d可见，MPIPP封装是借助金属柱来完成硅片之间及上下DBC基板之间的互连。芯片可通过下基板和金属柱两面散热，并在平行的基板以及金属柱之间的空隙填充绝缘导热材料，实现了三维散热。最底层的散热器上面是DBC基板，上层DBC基板为一个双面基板，安装驱动、控制、保护等元器件。

（5）嵌入式封装技术（EPT）　如图6-46e所示，先在陶瓷基板上刻蚀出空洞，芯片被埋在陶瓷框架的空洞内，周围粘附有聚合物，通过金属沉积技术实现紧凑互连。最后，将驱动、控制、保护元器件利用表面组装技术焊接在金属膜上。采用该封装结构，可缩小模块体积，提高模块功率密度。与以焊接技术为基础的互连工艺相比，芯片电极引线的距离更短，相应的寄生参数也更小。

（6）压接式封装技术　压接式封装技术是富士公司、东芝公司和ABB公司最早开发出来的。压接封装分铜块压接封装和簧片压接封装。铜块压接封装中，所有的接触均采用压力装配，多个芯片的连接通过过渡钼片扣合完成，取消了焊接和焊接面。簧片压接封装中，簧片用于上、下层基板连接和上层基板与芯片的连接。作为电气连接，簧片既可通过大电流，也可传递控制信号。

目前，德国赛米控（Semikron）公司的功率模块多采用压接式封装，从电路板到模块安装都很简单，都是通过弹簧触头连接的。SEMiX系列是专为大功率设计的带铜底板的模块，采用二极管、晶闸管及IGBT制成半桥或三相交流桥。SEMiX晶闸管/二极管模块的电流范围有140～300A，电压等级有1600V；SEMiX IGBT模块可以用在AC/DC电机控制的输入整流桥中，且适用于开关电源、UPS及电焊机装置中。SKiiP系列压接式模块可在小功率范围内使用，具有很大的灵活性，易于安装。

图6-47给出了三款赛米控公司的IGBT功率模块[54]。在图6-47a所示的SEMiX3模块中，主要端子位于模块上方，很容易通过弹簧接触直接安装在控制驱

动板上。根据模块尺寸，可以把包含一对 IGBT 和反并联二极管的三组完全相同的 DBC 衬底并联，如图 6-47b 所示。与传统模块不同，其中采用了弹簧接触的连接辅助端子和集成的负温度系数（NTC）温度传感器。

在图 6-47c 所示的 SKiiP4 模块结构中，IGBT 和二极管芯片的 DBC 基板不是被焊接在铜底板上，而是由一个弹簧直接压在散热器上。这样 DBC 基板通过压力接触连接到端口，使得寄生电感很小。DC 端口设计在模块的上半部分，与外接端口位于同一层。为了减少直流接口的寄生效应，在塑料外壳中还有一层金属板，以屏蔽保护 DBC 基板和模块内部的控制电路。由于并联的许多小 IGBT 芯片与散热片直接连接，热量很容易散发，因此热阻比标准模块要小很多。除了 IGBT 和二极管芯片外，在 DBC 基板上还有温度传感器，以便监测使用温度。此外，在 SKiiP 的 AC 端口有电流传感器测量端口电流，为 IGBT 提供过载电流及短路保护。控制部分在模块隔离金属板上面，控制整个工作过程。

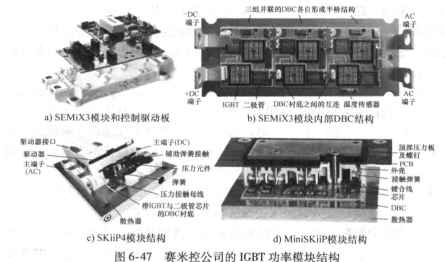

图 6-47 赛米控公司的 IGBT 功率模块结构

在图 6-47d 所示的 MiniSKiiP 模块中，包括 DBC 基板及其上面焊接的各种芯片和其他组件、电流和温度传感器、接触弹簧连接件、密封填充的硅凝胶、固定 DBC 基板的外壳以及塑料隔离板的封盖。用螺钉把封盖、电路板、MiniSKiiP 模块和散热器固定在一起。在这种情况下，弹簧接触连接件不但提供了芯片与 DBC 基板的电路连接，而且作为压力源把 DBC 基板和散热器压紧。

（7）多芯片模块 多芯片模块（Multi – Chip Module，MCM）是指把多个芯片封装在一起。按结构不同，可分为 MCM – L、MCM – C 及 MCM – D 三类。MCM – L 是采用多层印制电路板制成的 MCM。目前，制造工艺较为成熟，生产成本较低，但电性能较差，主要用于 30MHz 以下的产品。MCM – C 是采用厚膜技术和高密度多层布线技术在陶瓷基板上制成的 MCM，主要用于 30～50MHz 的高可靠产品。MCM－D 是采用薄膜技术将金属淀积到陶瓷或硅、铝基板上，光刻出信号线、电源线、地线，并依次做成多层基板（多达几十层），主要用在 500MHz 以上的高性能产品中。

　　iPOWIR 是一种较有代表性的 MCM－L，是将功率器件、控制用 IC、脉宽调制 IC 以及一些无源元件按照电源设计的需求，采用 BGA 封装技术，组装在同一外壳中，作为大容量开关电源。用于单相降压变流器的称为 iP1001，用于多相降压变流器的称为 iP2001[58]。图 6-48 所示为 iP1001 内部电路与封装结构。由图可见，在 iP1001 模块中，将 MOSFET、肖特基二极管、PWM 与驱动 IC 及无源元件封装在一起，其体积远小于普通表面安装技术（SMT）的体积。

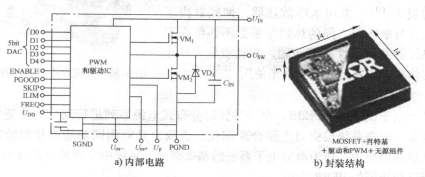

a) 内部电路　　　　　　b) 封装结构

图 6-48　iP1001 内部电路与封装结构

　　采用 iPOWIR 可简化电源设计，减少外围元件数量，压缩电路板面积，并在性能上有较大提高，以更低的成本实现与功能齐备的电源产品相当的可靠性。由 iP-OWIR 开发出一系列专用的 iMOTION、iNTERO 集成功率模块，用以促进中小功率电动机驱动的小型化、集成化、高性能及高可靠，应用场合主要为家用电器。

　　集成电力电子模块（IPEM）是一种采用陶瓷基板的 MCM－C，将信息传输、控制与功率器件等多层面进行互连，所有的无源元件都嵌入在基板中，完全取消常规模块封装中的铝丝键合互连工艺，采用三维立体组装，增加散热。图 6-49 所示为 IPEM 结构示意图[59]。可

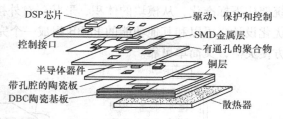

图 6-49　集成电力电子模块（IPEM）结构

见，功率器件和无源元件均以裸片形式贴装在各层的绝缘板上，通过各安装基板上适当的电气通孔实现不同层面的电气互连。

由于 IPEM 没有用焊丝互连，增强了其可靠性，大大降低了电路接线电感，提高了系统效率，克服了传统模块内部因各功率器件与控制电路用焊丝连接引入的引线电感及压焊点对模块可靠性限制这一发展瓶颈。

（8）新型模块 如图 6-50 所示，为了改善功率模块的散热性能，可将带有针状翼片底板的模块，直接安装在具有 O 环冷却通道开口的水冷散热器上。在散热器与通道侧壁之间有一个很小缝隙，其中的流体在维持高热传输时有利于减小压力的损失[60]。采用水冷散热器，彻底解决了模块底板与散热器之间的热膨胀系数不匹配而引起的热性能及可靠性差等问题，并且能显著减小模块的体积，非常适合电动汽车使用[61]。

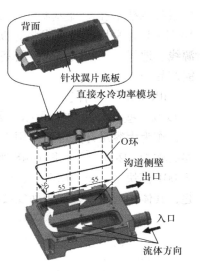

图 6-50 集成水冷散热器的模块

2. 专用功率模块封装

电力电子积木块（PEBB）是一种针对分布式电源系列进行划分和构造的新模块化概念，根据系统层面对电路合理细化，提取出具有相同功能或相似特征的部分，制成通用模块，作为电力电子系统的基础部件，系统中全部或大部分的功率变换功能可用相同的 PEBB 完成。

图 6-51 给出了采用 PBEE 形成的三相 Boost 整流器电路原理框图与模块结构示意图[59]。最底层为散热器，向上依次是 3 个相同的 PEBB 相桥臂组成的三相整流桥、驱动电路、传感器信号调节电路。其中 PEBB 相桥臂模块包括所有外围电路，如栅极保护、过电压吸收、过电流保护、直通互锁甚至软开关控制等。PEBB 采用多层三维立体封装与表面贴装技术，所有元器件均以芯片形式进入模块，模块在系统架构下标准化，从模块的体积、形状到对外接口、散热方式和固定形式等都作了优化设计，可以和其他功能的 PEBB 组成一个完整的电力变流装置犹如搭积木，既方便灵活，又简单可靠。

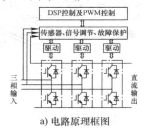

a) 电路原理框图

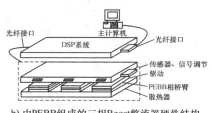

b) 由PEBB组成的三相Boost整流器硬件结构

图 6-51 多芯片模块封装结构

3. 智能功率模块封装

（1）传统的 IPM 通常采用双列直插式封装（Dual In - line Package，DIP）结构。图 6-52a 给出了三菱公司 1200V DIP - IPM 封装外形、封装内部结构剖面、内部电路框图及外部保护电路[62]。如图 6-52b 所示，DIP - IPM 采用了压注模封装技术，其中集成了 IGBT 和二极管、栅极驱动电路及 AC400 小功率电机变频驱动用的保护电路等，并且内置了铝散热片，使得模块的散热性能大大改善。如图 6-52c 所示，三相 DC/AC 逆变桥采用 1200V 低损耗 IGBT 芯片，外接自举电路实现单电源供电，内置控制和保护电路，其中 P 侧（即逆变器 DC 正极）为控制欠电压（UV）保护（无故障信号输出），N 侧（即逆变器 DC 负极）为内置欠电压和外接分流电阻实现短路（SC）保护（有故障信号输出）。内部集成的 1200V 高压集成电路（HVIC）使得模块可以不通过光耦合器或隔离变压器与控制器相连，并且高电平导通逻辑对模块通电、断电时的控制电源与控制信号的施加没有时序要求。

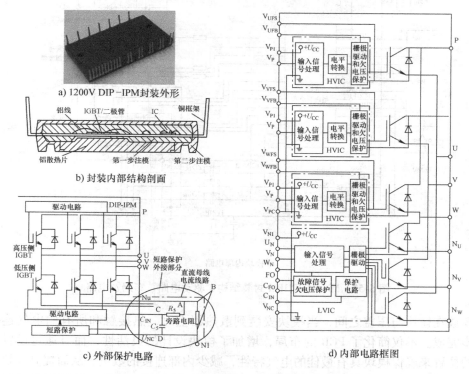

a) 1200V DIP - IPM封装外形

b) 封装内部结构剖面

c) 外部保护电路

d) 内部电路框图

图 6-52　DIP - IPM 的实物、内部电路及封装结构

（2）压接式智能功率模块 图 6-53a、b 所示为 MiniSKiiP IPM 封装外形与结构[54]，其中去掉了铜底板，将 DBC 基板直接安装在散热器上，并在两者之间的缝隙处涂覆导热脂以改善其散热性能。另外，该模块采用了弹簧触点的连接方式，

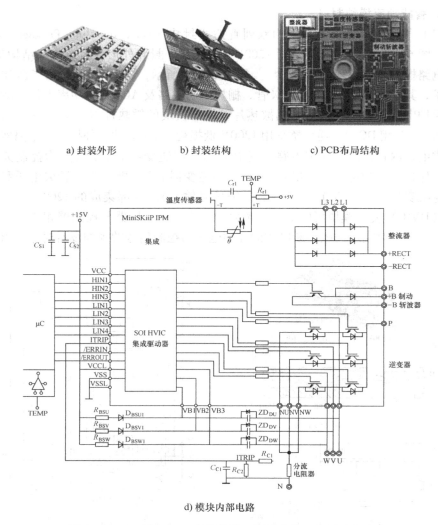

a) 封装外形　　　b) 封装结构　　　c) PCB布局结构

d) 模块内部电路

图 6-53　MiniSKiiP IPM 封装结构、驱动电路、布局及电路

PCB 放在模块与压盖之间，当模块安装到散热器上时，热接触和所有的电气连接一步完成。不仅简化了 PCB 的布局，增加了模块设计的灵活性，而且通过设置触点的位置来确保模块具有最佳的电气特性，减少内部连接的数量，从而提高模块的可靠性，也方便用户维修。模块 PCB 布局结构如图 6-53c 所示，采用的集成驱动器为 600V SOI HVIC，可以驱动 7 个 IGBT（逆变器中 6 个、制动斩波器 1 个），并具有故障管理功能。可通过外部分流器监控电源电压和负载电流。当出现故障时，将所有 IGBT 关断。与常用外部驱动器相比，该集成驱动器的信号路径要短得多，寄生参数小，从而改善了 EMI 特性，增强了抗寄生效应能力。该模块内部电路如

图 6-53d 所示，包含了 SOI HVIC 驱动器、三相整流器、制动斩波器、三电平 IGBT 逆变器及温度传感器，使整个模块的结构更紧凑、功能更优化、更强大。因此，该模块采用压接式封装结构，不仅消除了因热膨胀系数不同而产生的热机械应力，而且有优良的电热性能和高可靠性、重量轻、体积小，更适合移动应用中的逆变器系统。

（3）IPM 的特点　与普通功率模块相比，智能功率模块通常由高速、低功耗的 IGBT 和优化的栅极驱动电路及快速保护电路构成。驱动电路紧靠 IGBT 布局，驱动延时小，故开关速度快、损耗小。模块内含过电压，过电流和过热等故障检测电路，可将检测信号送到 CPU。当发生严重过载甚至短路，以及过热时，IGBT 将被有控制地软关断，同时发出故障信号。此外，还有桥臂对管互锁、驱动电源欠电压保护等功能。由于 IPM 具有速度快、功耗低、体积小、重量轻、可靠性高、使用方便等优点，适合驱动电动机的控制器和各种逆变电源，是变频调速、冶金机械、电力牵引、伺服进给系统、变频家电的一种非常理想的电力半导体器件。

6.3.4　性能与可靠性

功率模块性能的好坏与其所应用的领域密切相关。例如，在机车牵引中，可靠性最为重要，而在家用消费品中，低成本则是决定性的因素。功率模块的性能可通过模块复杂度、散热能力、绝缘电压及漏电稳定性、负载循环的能力、电磁干扰、损坏时的安全性以及环保与回收利用等方面来介绍。

1. 模块复杂度

复杂度不能用一个普遍适用的概念来定义。采用复杂的模块在组合成系统时可将寄生电感、干扰、接线错误等问题减到最少，并降低系统的成本。但模块复杂度较大时，通用性会降低，成本会随之增加。并且内部元器件和接线数量越多，损坏的概率就越大，维修就越复杂。对模块的驱动、测试和保护部分而言，也要求具有更高的散热能力和抗电磁干扰能力。迄今为止，在驱动集成方面还没有形成一种被大家所接受的模块结构作为"国际标准"。由于驱动功能不断被集成到功率模块中，使模块的通用性受到限制，实际的模块越来越像子系统。目前，智能模块占领了大部分市场（如消费品、汽车制造），使得具有相似应用的市场也把由相似基本单元组成新型模块系统作为研究目标。尽管有时会出现不可避免的重复，但可以让使用者降低系统的总成本。

市场上目前所用 IGBT 和二极管及其他器件的功率模块，其中采用了图 6-54、图 6-55 所示的电路结构，大量地用于电力电子装置及其驱动技术中，可以满足各种应用需求。图 6-54a 是由二极管对、晶闸管对及逆导晶闸管对形成的模块。图 6-54b 是由二极管、晶闸管等组成的桥式整流器模块，包括单相可控整流器与三相可控整流器模块，以及单相全波整流器与三相全波整流器模块[39]。

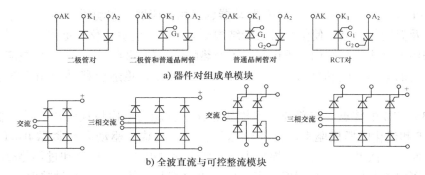

a) 器件对组成单模块

二极管对　　　　二极管和普通晶闸管　　　普通晶闸管对　　　　RCT对

b) 全波直流与可控整流模块

交流　　　　三相交流　　　　交流　　　　三相交流

图 6-54　多个器件组成的单模块与整流器模块

图 6-55 所示是由 IGBT 与续流二极管组成的各种开关模块。除了半桥电路、单相和三相桥式整流电路模块外，整流器和逆变器也可使用模块结构。对于一些特殊应用要求，模块会进行其他配置。比如在 MiniSKiiP，SEMITOP 及 SEMIPONT 产品系列中，为了实现更高集成度，方便用户使用，模块内可能包括一个不受控或半受控的单相或三相电源整流器（C），一个三相逆变器（I），以及一个带续流二极管的 IGBT 来充当制动斩波器（B）。若把整流器和逆变器集成在一起，可形成 CI 模块；把单相或三相整流器（C）和一个电流斩波器（B）集成在一起，形成 CB 模块；把整流器、逆变器及制动器集成在一起，形成 CIB 模块。这些拓扑结构如图6-55h、i、j 所示。

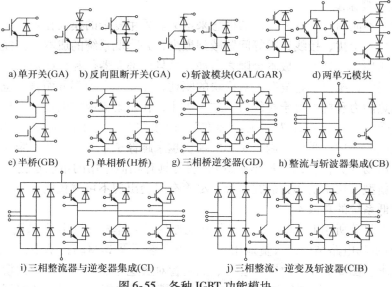

a)单开关(GA)　b)反向阻断开关(GA)　c)斩波模块(GAL/GAR)　d)两单元模块

e) 半桥(GB)　f) 单相桥(H桥)　g)三相桥逆变器(GD)　h) 整流与斩波器集成(CB)

i)三相整流器与逆变器集成(CI)　　　j)三相整流、逆变及斩波器(CIB)

图 6-55　各种 IGBT 功能模块

2. 散热能力

散热能力与模块结构的内部参数（包括内热阻 R 和热阻抗 Z）以及外部环境条件有关，它决定了模块所允许的最高损耗（即电流、电压及开关频率等）。模块的热阻与各组成部分的材料热导率、厚度及热流面积有关。可用下式来表示：

$$R_{th} = \frac{d}{\lambda A} \tag{6-18}$$

式中，d 表示材料厚度；λ 表示热导率；A 表示热流面积。式（6-18）表明，采用热导率高的材料、减小材料厚度及增大芯片面积有利于降低热阻，增加芯片最大功率密度。

图 6-56 给出了 1200V 功率模块采用 Al_2O_3 – DBC 和绝缘金属（IMS）基板时内部热阻的分布（芯片尺寸为 $9mm \times 9mm$）[54]。可见，采

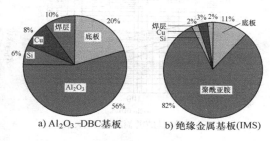

a) Al_2O_3–DBC基板   b) 绝缘金属基板(IMS)

图 6-56　功率模块（1200V）内部热阻的分布（芯片尺寸为 $9mm \times 9mm$）

用 DBC 基板时，Al_2O_3 绝缘基片产生的热阻占热阻的 56%，铜底板产生的热阻占热阻的 20%；而 Si 芯片所占热阻仅为总热阻的 6%。采用 IMS 基板时，聚酰亚胺绝缘基片产生的热阻占总热阻的 82%，铜底板产生的热阻占总热阻的 11%，而 Si 芯片所占热阻仅为总热阻的 2%。这说明采用 DBC 基板比 IMS 基板有更好的散热能力。

通常标准的 Al_2O_3 – DBC 基板的纯度为 96%，其热导率 λ 为 $24W/m \cdot K$。若采用高纯度为 99% 的 Al_2O_3，其热导率将会进一步增加。AlN 的热导率 λ 为 $150W/m \cdot K$。可见，采用高纯度的 Al_2O_3 或 AlN 可进一步改善热阻。另外，若去掉底板，将大面积的 DBC 基板直接压接在散热器上，底板及底面焊接热阻不再存在。于是硅芯片和 DBC 基板之间的接触热阻可减少约 50%。关于功率模块的散热详见 9.4 节。

图 6-57 给出了模块热阻与芯片面积之间的关系[54]。由图 6-57a 可见，热阻 R_{thjc}（对数值）随芯片面积 A_{ch}（对数值）增加而下降。但并不都呈线性下降，对高热导率的基片（如 AlN 基片），热阻随芯片面积的增加而大致呈线性关系（比例系数 $K = 0.96$）。但当热导率较低（如 Al_2O_3 基片）时，热阻与面积的关系会呈非线性变化。这是因为芯片与散热器之间导热脂的热阻 R_{thcs} 随芯片面积的增加而增大。如图 6-57b 所示，热阻随导热脂厚度 d_g 的增加而增大。对于确定的导热脂厚度，芯片面积增大一倍，而热阻只减小了 20%（比如对于 $d_g = 100\mu m$，$A_{ch} = 120mm^2$ 时热阻为 $0.235K/W$，而 $A_{ch} = 60mm^2$ 时热阻为 $0.315K/W$），而利用热阻公式计算的结果是，面积增加一倍热阻会减半。这说明采用增加芯片面积来提高散热性能是有限的。

为了提高功率，尽可能采用芯片并联，此时应将热源分开，还需考虑芯片间距对热阻的影响。在小尺寸的模块中，IGBT 与二极管芯片相互间比较靠近，热耦合问题严重，还需考虑模块内部热量扩展。当芯片间距在一定的范围内时，芯片间的热耦合会使温度上升。对于 Al_2O_3-DBC 陶瓷基片，其芯片之间的间距 d_c 可根据如下的经验公式来确定：

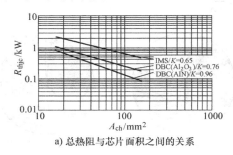

a) 总热阻与芯片面积之间的关系

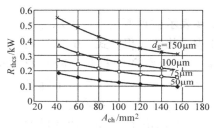

b) 热阻与芯片面积、导热脂厚度之间的关系

图 6-57　模块热阻与芯片面积之间的关系

$$d_c = 0.6 \sqrt{A_{ch}} \qquad (6-19)$$

根据上式可知，对于 $36mm^2$ 芯片，芯片间距 d_c 为 $3.6mm$。

图 6-58 给出了模块热阻与芯片间距 d_c 之间的关系[54]。可见，不论是有底板/或是无底板，热阻均随芯片间距减少而增大。并且有底板时的导热脂较厚，因此其热阻比无底板时的热阻大，当芯片间距 d_c 较小时，热量扩展慢，热阻增加，会导致温升增加。因此图中间距 d_c 为 $6mm$ 时温度下降到 $57℃$，无间距（$d_c = 0mm$）时温度为 $80℃$。

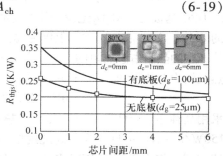

图 6-58　功率模块内部热阻随芯片间距的变化

3. 绝缘电压

模块的绝缘电压是由电极引线压焊点与金属底板之间的绝缘层决定的。绝缘电压的高低取决于芯片底部绝缘层的厚度、材料、均匀度以及外壳材料。实际上还受绝缘层边缘与硅凝胶粘接质量的影响。目前，IGBT 模块具有 $2.5 \sim 9kV$ 的绝缘测试电压（有效值）。图 6-59 给出了具有标准厚度的各种绝缘基片所能达到的最高绝缘电压[54]。可见，AlN 的绝缘电压最高为 $13kV$，明显高于环氧化物、聚酰亚胺及 Al_2O_3。

4. 负载循环能力

负载循环能力表示内部连接处承受温度变化的能力。当开关频率低于 $3kHz$

时，特别是间歇运行（如拖动、电梯）或脉冲负载时，负载变化会导致模块内部连接处的温度变化。当温度循环变化时，硅、铝膜和键合线在长度方向上的线膨胀系数不同，硅在长度方向的线膨胀系数（$\Delta L/L$）比较小（$4.7 \times 10^{-4}\%/K$），但金属化铝膜和键合线却有较高的线膨胀系数（$23 \times 10^{-4}\%/K$），两者因受热而产生变形程度不一致，最终导致材料疲劳和磨损，使得芯片寿命随温度变化幅度的增加而降低。键合线与芯片之间的连接寿命同样也受两者膨胀系数差异的影响。

图 6-60 模块中不同材料的热膨胀系数比较[54]。可见，Al 的热膨胀系数最大，Cu 次之，AlSiC 与 Al_2O_3 的热膨胀系数接近，AlN 次之，而 Si 的热膨胀系数最小。说明采用 AlN 作绝缘基片比 Al_2O_3 更好，采用 AlSiC 作底板比 Al 和 Cu 更好。去掉底板后，模块的负载循环能力会大大提高。

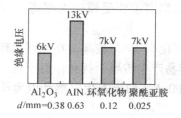

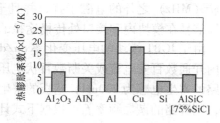

图 6-59　各种绝缘基片最大绝缘电压

图 6-60　模块中不同材料的热膨胀系数

模块结构中，陶瓷基片和底板之间的面积最大，在温度大幅度变化时陶瓷基片容易变形和损坏，故底板与焊料的选择很重要，必须选择合适的底板和高质量的焊接方法；或采用多块陶瓷基片来减小单块基片的面积，从而减小因温升而膨胀的变化量，提高模块的负载循环能力。

图 6-61 给出了采用各种不同底板时模块长度方向的膨胀系数变化量（$\Delta L/L$）[54]。可见，采用 AlSiC 底板时的 $\Delta L/L$ 比 Cu 底板时要小，无底板时模块的负载循环能力只与硅和 AlN – DBC 基板的 $\Delta L/L$ 有关。

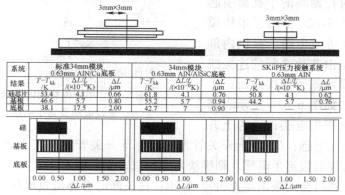

图 6-61　不同底板的封装比较（AlN – DBC 基板）

AlSiC 材料具有高的热导率（170 ~ 200W/m·K）和可调的热膨胀系数 $[(6.5 \sim 9.5) \times 10^{-6}/K]$，可以与硅芯片和 AlN – DBC 基板实现良好的匹配，能够防止疲劳失效的产生，甚至可将芯片直接安装到 AlSiC 底板上。另外，AlSiC 材料的热导率大约是柯伐合金（铁镍钴合金）的 10 倍，芯片产生的热量可以及时散发，使整个模块的可靠性和热稳定性大大提高。

5. 电磁干扰

电磁干扰（Electro – Magnetic Interference，EMI）是指电力电子装置对周围设备所产生的负面影响，通常有两种形式：一种是传导干扰，主要影响电源线；另一种是辐射干扰，以电磁波的形式发射出来。模块内部结构引起的电磁干扰主要是由于功率 MOSFET 和 IGBT 的电流、电压上升时间极短（纳秒级），产生了频率远在兆赫（MHz）之外的电磁干扰，并且干扰电压的幅度主要受模块内部寄生元件及干扰信号在模块内和接口处传播途径的影响。

由于 IGBT 模块的电压变化率 $\mathrm{d}u/\mathrm{d}t$ 和电流变化率 $\mathrm{d}i/\mathrm{d}t$ 较高，在几百纳秒的时间内开通数百安电流或关断数百伏电压时，很容易产生传导干扰和辐射干扰。假设线路的寄生电感为 200nH，基板的寄生电容为 500pF，如果寄生电感和电容构成环路，则环路的谐振频率 f_0 可根据下式计算[63]：

$$f_0 = \frac{1}{2\pi \sqrt{LC}} = \frac{1}{2\pi \sqrt{200\mathrm{nH} \times 500\mathrm{pF}}} \approx 16\mathrm{MHz} \tag{6-20}$$

若 IGBT 开关回路有 16MHz 的谐振电流，则会产生传导干扰及辐射干扰噪声。若谐振频率高达 32MHz 或更高，则会表现为辐射干扰。

选择合适的绝缘材料、减小耦合面积或用导电屏蔽可降低非对称干扰。同时，选择合适的内部连线结构，可避免由于外部电磁场或者变压器耦合对控制线的干扰而引起的误动作。图 6-62a 给出了半桥模块内部结构及等效电路。模块内部的寄生电感是由芯片之间的连接线以及芯片对模块端子连接线所产生的引线电感，如图 6-62b 所示。其中，L_G 为栅极寄生电感；L_C 为上开

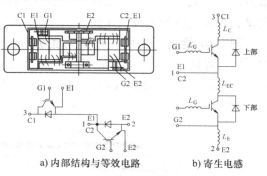

a) 内部结构与等效电路　　b) 寄生电感

图 6-62　半桥模块的内部结构、
等效电路及寄生电感

关管集电极寄生电感；L_{EC} 为上开关管发射极与下开关管集电极之间的寄生电感；L_E 为下开关管发射极寄生电感，则模块内部的总寄生电感 $L_\sigma = L_C + L_{EC} + L_E$。这些寄生电感在开通时会延缓电流上升率 $\mathrm{d}i/\mathrm{d}t$，在关断时会感应过电压，并在控制和主电路之间引起电感式耦合。如果模块内部的芯片是并联的，则寄生电感会引起芯

片的动态不均流及芯片之间的振荡。模块设计时，要求内部芯片、引线和电极的布局完全是对称分布的，所产生的电感要尽可能小。

除了寄生电感的影响外，电磁干扰还体现在对地电流，即 $i_E = C_E du_{CE}/dt$，由绝缘基片的电容 C_E 及器件开关时产生的 du_{CE}/dt 所致，并通过接地的散热器流入保护地端子。绝缘基片电容 C_E 与介电常数及标准厚度有关，可用下式表示：

$$C_E = \frac{\varepsilon A}{d} \tag{6-21}$$

式中，d 为材料标准厚度，由导热能力所决定（对于 Al_2O_3，$d = 0.38mm$；对于 AlN，$d = 0.63mm$）；ε 为介电常数（对于 Al_2O_3 和 AlN，$\varepsilon = \varepsilon_0\varepsilon_r = 9.1885 \times 10^{-12}F/m$）；$A$ 为面积。C_E 决定了最大对地电流所允许的最高开关速度。C_E 越小，允许的器件开关速度越高。图 6-63 给出了具有标准厚度的常用绝缘基片单位面积电容值 C_E[54]。对于各自的标准厚度，AlN 基片产生的电容值最小，聚酰亚

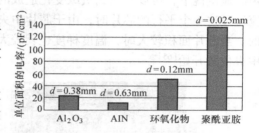

图 6-63　常用绝缘基片单位面积的电容

胺绝缘基片（$d = 0.025mm$）产生的电容值最高。相比较而言，采用 AlN 基片时 C_E 最小，即允许 IGBT 开通时 du_{CE}/dt 最高，开关速度最快。

6. 可靠性试验

功率模块的检测过程十分复杂，要评价其可靠性很困难。因此在功率模块设计时就应考虑到元器件的老化问题[64]。应采取尽可能多的安全措施，使元器件的寿命满足整个系统的寿命要求。

为了提高模块的可靠性，利用可靠性测试加以筛选。常用的模块可靠性试验包括高温反偏（High Temperature Reverse Bias，HTRB）试验，高温栅极反偏（High Temperature Gate Bias，HTGB）试验，高湿、高温反偏试验（High Humidity High Temperature Reverse Bias）试验，高低温贮存（High and Low Temperature Storage，HTS，LTS）试验，温度循环（Temperature Cycling，TC）试验，功率循环（Power Cycling，PC）试验及振动（Vibration）试验等。

6.3.5　失效分析与安全性

1. 失效分析

功率模块失效除了功率器件受温升（ΔT）影响外，各种电连接还受到温度变化率（dT/dt）的限制。随着设备的通断、负载变化及环境温度变化，芯片温度也会发生变化。由于芯片与其封装材料间的热膨胀系数不同，会引起结合面之间的热机械应力，随温度反复变化会出现热疲劳，使结合面剥离，最终导致模块失效。由

热机械应力引起的热疲劳失效取决于负载和冷却条件。通常距芯片越远的连接点受热越慢，芯片散热效果越差，温升越高。温升会引起所有连接点膨胀，导致最后脱焊。在图 6-42 所示的模块结构中，实现连接的焊层、压焊点及键合线是模块中最薄弱的环节，失效往往会在此薄弱处发生。

功率模块因焊接疲劳引起的芯片剥离如图 6-64 所示[54]。在 DBC 基板上右边四个 IGBT 芯片上有负载变化，而其他的 IGBT 和二极管芯片没有负载变化。在超声波显微镜下，可以观测到负载变化造成的芯片剥离分层，如图 6-64b 所示。当电流流过这 4 个平行的芯片时，由于芯片中央位置的温度最高，故分层是从内角开始的。当芯片面积较大时，温度梯度也就较大，这种剥离分层就会从温度变化最大的中央位置开始[65]。

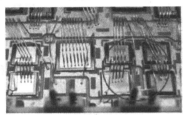

a)正常的功率模块照片　　　　　　b)失效的功率模块超声波显微镜照片

图 6-64　模块焊接疲劳引起的芯片剥离

对于采用 BGA 连接的模块，因焊料热疲劳引起的模块失效如图 6-65 所示。焊球中间出现裂缝，导致电连接失效[66]。由于与焊球相连的两侧材料间热膨胀系数（CTE）不同，当温度较高时，两种材料均会产生张应力；当温度较低时，两种材料均会产生压应力，如图 6-65b 所示。这种张应力和压应力随温度的反复变化，导致焊料产生应变，最终使之断裂。为了解决焊球的热机械应力失配问题，在

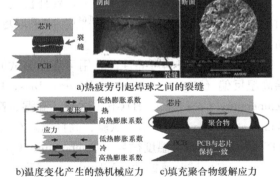

图 6-65　热疲劳引起的失效模式、
原因及解决措施示意图

芯片与电路的焊球空隙间填充聚合物如图 6-65c 所示，以缓解焊球区的热机械应力，并将其从易损坏的焊球区转移到能调节压力的电路板上。这种方法比较简单、成本也很低。当然，可以用倒装工艺将芯片直接安装在聚合物基板上，但成本较高。

2. 安全性

模块失效的原因很多，都会直接影响到模块工作的安全性。以电压型逆变电路为例，由误触发引起的模块失效时，储存在直流电路电容器中的全部能量将注入到模块中。当键合线被熔断后，绝大部分能量会产生电弧，进而可能引起模块爆炸。在传统的晶体管模块中，这一现象会引起电路中断、主电路短路，甚至绝缘层被烧穿，引起电弧和模块残骸高速射向周围。通过良好的外壳设计，可以将爆炸的残骸引导向一个固定的方向，使此类危险降低至最低程度。研究表明，在 15kJ 的能量水平下，不会有粒子从模块溢出，即使在 20kJ 能量水平下，外壳虽会开裂，但仍然不会有大量的金属残骸射出[67]。到目前为止，IEC60747 – 15 标准还没有明确定义一个功率模块外壳破裂的电流或能量。

目前，功率模块已经避免使用有毒材料（如氧化铍），并且材料种类的数目也在减少。要求外壳和其他材料具有阻燃性，并在燃烧时不会释放毒气。模块在回收时，也能方便地把金属和非金属部件拆解下来，因此新模块只使用有永久弹性的灌注密封（即软灌注密封）材料。

6.3.6　发展趋势

从 20 世纪 80 年代中期开始发展各种电力电子模块，但集成度较低。90 年代中期相继发展了电力电子积木块（PEBB）和集成电力电子模块（IPEM）。至今，已经出现了许多通用及专用功率模块，早已突破最初几个芯片互连的概念，迈向将功率器件与控制、驱动及各种保护等芯片集于一体的智能化模块时代。

为开发高性能的产品，以混合 IC 封装技术为基础的多芯片模块（MCM）封装成为目前发展主流，不仅可将各类芯片安装在同一基板上，而且采用有源基板、多层、嵌入式封装，在三维空间内将多个不同工艺的芯片互连，构成完整功能的模块。MCM 封装解决了两种或多种不同工艺的芯片安装、大电流布线、电热隔离等技术问题，成为电力半导体器件封装的重要手段，并为模块智能化创造了工艺条件。

目前，功率模块的发展主要解决以下两个方面的问题：一是组合装配和连接技术，不断提高模块抗温度和负载变化的可靠性，通过绝缘基板、底板及散热器等改善散热效果，通过改善外壳和灌注材料和配方来提高抗气候变化的适应性，优化内部连接、外部配件布线及外形，使安装更简便，降低成本，提高回收再利用的可能性；二是提高集成化程度，包括提高功率模块的集成规模以降低系统成本，提高控制、监测和保护，以及整个系统的集成度。通过提高集成度、缩小结构尺寸和更精确控制，使现代电力半导体器件的特性逐步接近半导体硅材料的物理极限值。

采用宽禁带的碳化硅（SiC）以及氮化镓（GaN），比硅材料有更低的通态和开关损耗、更高耐热温度和更好的导热性[68]。目前，碳化硅肖特基二极管被广泛使用在模块中。在电压低于1kV范围内，采用硅基功率MOSFET和IGBT完全可以满足应用需要，故在此电压范围内，不需要用宽禁带材料的器件，但在高于1kV电压时，采用宽禁带材料的器件性能则更胜一筹。由于使用宽禁带半导体材料成本过高，因此，只有在功率要求特别高、损耗极小以及特定温度、电压及频率等要求下，当硅器件不能满足要求时，才考虑使用宽禁带材料的器件。

相对于功率模块而言，由于单片PIC在功耗、散热等方面的限制，以及功率器件常用纵向结构而难以完成单片集成等原因，使得PIC的发展比功率模块的发展更为缓慢。在一定条件下，混合IC封装有更好的技术性能与较低的成本，并具备良好的可实现性，在信息电子领域中已有很多成功之例，如微处理器内核与高速缓存封装构成奔腾处理器。智能功率模块（IPM）采用混合IC技术方案，同样可达到集成的目的，模块封装可以较好地解决不同工艺芯片间的电路组合、高电压隔离、分布参数、电磁兼容、功率器件散热等关键技术问题。针对实际生产中的技术与工艺难点进行封装，现以中功率IPM、DC/DC模块为主流，进一步向大功率发展。

参 考 文 献

[1] William W Sheng, Ronald P Colino. Power Electronic modules: design and manufacture [M]. CRC Press Inc, 2004.

[2] 王兆安，杨旭，王晓宝. 电力电子集成技术的现状及发展方向 [J]. 电力电子技术，2003，37 (5)：90 –94.

[3] 陈星弼. 功率MOSFET与高压集成电路 [M]. 南京：东南大学出版社. 1990.

[4] 杨晶琦. 电力电子器件原理与设计 [M]. 北京：国防工业出版社，1999.

[5] 孙伟锋，张波，肖胜安，等. 功率半导体器件与功率集成技术的发展现状及展望 [J]. 中国科学：信息科学，2012，42 (12)：1616 – 1630.

[6] Appels J A, Vaes H M J. High voltage thin layer devices (RESURF devices) [C]//Proceedings of the IEDM·1979 (25)：238 –241.

[7] 段宝兴. 横向高压器件电场调制效应及新器件研究 [D]. 成都：电子科技大学，2007.

[8] Ludikhuize A W. A Review of RESURF Technology, [C] //Proceedings of the ISPSD' 2000：11 –18.

[9] Wu J, Fang J, Zhang B, et al. A novel double RESURF LDMOS with multiple rings in non – uniform drift region [C] //Proceedings of the ICSICT' 2004：346 –352.

[10] Wasisto H S, Sheu G, Yang S M, et al. A novel 800V multiple RESURF LDMOS utilizing linear p – top rings [C] //Proceedings of the TENCON'2010：75 –79.

[11] Disney D R, Paul A K, Darwish M, et al. A NEW 800V Lateral MOSFET with Dual Conduc-

tion Paths [C] //Proceedings of the ISPSD'2001: 396 – 402.

[12] 于凯. 集成化功率 MOS 器件与终端技术的研究 [D]. 西安: 西安理工大学, 2011.

[13] Jian F, Zhengfan Z, Yu L. Realization of A Novel 1200V VLD Double RESURF LDMOS with n – Bury – Layer [J]. Chinese Journal of Semiconductors, 2005, 26 (3): 541.

[14] Sameh G Nassif – Khalil. SJ/RESURF LDMOST [J]. IEEE Transactions on Electron Devices, 2004, 51 (7): 1185 – 1191.

[15] Chen Y, Liang Y C, Samudra G S, et al. An enabling device technology for future super-junction power integrated circuits [C] //Proceedings of the PESC'2008: 3713 – 3716.

[16] Qiao M, Hu X, Wen H, et al. A novel substrate – assisted RESURF technology for small curvature radius junction [C] //Proceedings of the ISPSD'2011: 16 – 19.

[17] Duan B, Yang Y, Zhang B. High voltage REBULF LDMOS with N + buried layer [J]. Solid – State Electronics, 2010, 54 (7): 685 – 688.

[18] Duan B, Yang Y, Zhang B. New Superjunction LDMOS With N – Type Charges Compensation Layer [J]. IEEE Electron Device Letters, 2009, 30 (3): 305 – 307.

[19] Huang C H, Huang T Y, Yang C Y, et al. Using LV process to design high voltage DDD MOSFET and LDMOSFET with 3 – D profile structure [C] //Proceeding of the ISPSD'2013: 249 – 252.

[20] Khanna V. Insulated Gate Bipolar Transistor IGBT Theory and Design [M]. Wiley – IEEE Press, 2003.

[21] Vellvehi M, Godignon P, Flores D, et al. A new lateral IGBT for high temperature operation [J]. Solid – State Electronics, 1997, 41 (5): 736 – 747.

[22] Hardikar S, Cao G, Xu Y, et al. A local charge control technique to improve the forward bias safe operating area of LIGBT [J]. Solid – State Electronics, 2000, 44 (7): 1213 – 1218.

[23] Mehrotra M, Baliga B J. Reverse blocking lateral MOS – gated switches for ac power control applications [J]. Solid – State Electronics, 1998, 42 (4): 573 – 576.

[24] Cai J, Sin J K O, Mok P K T, et al. A new lateral trench – gate conductivity modulated power transistor [J]. IEEE Transactions on Electron Devices, 1999, 46 (8): 1788 – 1793.

[25] Chul J H, Byeon D S, Oh J K, et al. A fast – switching SOI SA – LIGBT without NDR region [C] //Proceedings of the ISPSD'2000: 146 – 152.

[26] 方健, 电导调制器件局域寿命控制技术 [D]. 成都: 电子科技大学, 2005.

[27] 罗小蓉. 基于介质电场增强理论的 SOI 横向高压器件与耐压模型 [D]. 成都: 电子科技大学, 2007.

[28] Luo X, Zhang B, Li Zj. A New Structure and its Analytical Model for the Electric Field and Breakdown Voltage of SOI High Voltage Device with Variable – k Dielectric Buried Layer [J]. Solid – State Electronics, 2007, 51 (3): 493 – 499.

[29] Luo X, Wang Y, Yao G, et al. Partial SOI power LDMOS with a variable low – k dielectric buried layer and a buried p – layer [C] //Proceedings of the ICSICT'2010: 2061 – 2063.

［30］ Luo X, Wang Y, Deng H, et al. Novel low – k dielectric buried – layer high – voltage LD-MOS on partial SOI ［J］. IEEE Transactions on Electron Devices, 2010, 57 (2)：535 – 538.

［31］ Duan B, Zhang B, Li Z. New thin – film power MOSFETs with a buried oxide double step structure ［J］. IEEE Electron Device Letters, 2006, 27 (5)：377 – 379.

［32］ 吴丽娟, 胡盛东, 张波, 等. 薄硅层阶梯埋氧 PSOI 高压器件新结构 ［J］. 固体电子学研究与进展, 2010, 30 (3)：327 – 332.

［33］ Wang W L, Zhang B, Chen W J, et al. High voltage SOI SJ – LDMOS with dynamic buffer ［J］. IEEE Electronics letters, 2009, 45 (9)：478 – 480.

［34］ Chen Y, Liang Y C, Samudra G S, et al. An enabling device technology for future super-junction power integrated circuits ［C］//Proceedings of the PESC'2008：3713 – 3716.

［35］ Luo X, Fu D, Lei L, et al. Eliminating back – gate bias effects in a novel SOI high – voltage device structure ［J］. IEEE Transactions on Electron Devices, 2009, 56 (8)：1659 – 1666.

［36］ Schwantes S, Furthaler J, Schauwecker B, et al. Analysis of the Back – Gate Effect on the on – State Breakdown Voltage of Smartpower SOI Devices ［J］. IEEE Transactions on Device and Materials Reliability, 2006, 6 (3)：377 – 385.

［37］ Yan L, Koops G, Steeneken P, et al. Integrated heat sinks for SOI power devices ［C］// Proceedings of the ISPSD'2013, 285 – 288.

［38］ 刘梦新. 薄膜全耗尽 SOICMOS 电路高温特性模拟和结构优化 ［D］. 西安：西安理工大学, 2006.

［39］ Benda V, Gowar J, Grant D A. Power semiconductor devices：theory and applications ［M］. Toronto, Canada：Wiley, 1999 .

［40］ Hara K, Sakano J, Honda H, et al. New low – resistance and compact MOSFETs for analog switch ICs with V – groove dielectric isolation ［C］//Proceedings of the ISPSD'2011：32 – 35.

［41］ Nakazawa H, Ogino M, Wakimoto H, et al. Hybrid Isolation Process with Deep Diffusion and V – Groove for Reverse Blocking IGBTs ［C］//Proceedings of the ISPSD'2011：116 – 119.

［42］ Sun W, Zhu J, Qian Q, et al. A novel double – well isolation structure for high voltage ICs ［C］//Proceedings of the ISPSD'2012：193 – 196.

［43］ Moon N C, Kwon K W, Lee C J, et al. Design and Optimization of 700V HVIC Technology with multi – ring isolation structure ［C］//Proceedings of the ISPSD'2013, 151 – 154.

［44］ Yoshino M, Shimizu K, Terashima T. A new 1200V HVIC with a novel high voltage Pch – MOS ［C］//Proceedings of the ISPSD'2010：93 – 96.

［45］ Yoshino M, Shimizu K. A novel high voltage Pch – MOS with a new drain drift structure for 1200V HVICs ［C］//Proceedings of the ISPSD'2013：77 – 80.

［46］ 杨春. SOI 高压集成电路的隔离技术研究 ［D］. 成都：电子科技大学, 2006.

［47］ Qiao M, Jiang L, Wang M, et al. High – voltage thick layer SOI technology for PDP scan driver IC ［C］//Proceedings of the ISPSD'2011：180 – 183.

［48］ Udrea F. SOI – based devices and technologies for high voltage ICs ［C］//Proceedings of the

Bipolar/BiCMOS Circuits and Technology Meeting, BCTM'07: 74 – 81.

[49] 巴利伽 B J. 硅功率场控器件和功率集成电路 [M]. 王正元, 刘长吉, 译. 北京: 机械工业出版社, 1986.

[50] Qiao M, Zhou X, Zheng X, et al. A versatile 600V BCD process for high voltage applications [C] //Proceedings of the ICCCAS'2007: 1248 – 1251.

[51] Minixhofer R, Feilchenfeld N, Knaipp M, et al. A 120V 180nm High Voltage CMOS smart power technology for system – on – chip integration [C] //Proceedings of the ISPSD' 2010: 75 – 78.

[52] 张波, 李肇基, 方健, 等. 功率系统级芯片概念 [J]. 微电子学, 2004, 34 (2): 106 – 109.

[53] Tack M, Moens P, Gillon R, et al. Smart Power SoC: Technology Challenges and Innovations [C] //Proceedings of the Integration Issues of Miniaturized Systems – MOMS, MOEMS, ICS and Electronic Components (SSI), 2008 2nd European Conference & Exhibition on. VDE, 2008: 1 – 5.

[54] Wintrich A, Nicolai U, Tursky W, et al. Application Manual Power Semiconductors [M]. ISLE – Verlag, 2011.

[55] Timothé S, Jean – Christophe C, Nicolas R, et al. 3D hybrid integration and functional interconnection of a power transistor and its gate driver [C] //Proceedings of the ECCE'2010: 1268 – 1274.

[56] Stockmeier T. From packaging to "Un" – packaging Trends in Power Semiconductor Modules [C] //Proceedings of the ISPSD'2008: 12 – 19.

[57] 王建冈, 阮新波. 集成电力电子模块封装的关键技术 [J]. 电子元件与材料, 2008, 27 (4): 1 – 5.

[58] 张为佐. 与时俱进的电力电子—现代功率半导体器件封装 [M]. 北京: 机械工业出版社, 2008.

[59] 何礼高, 邓智泉. 功率电子模块的构成及封装技术的发展 [J]. 电力电子技术, 2003, 37 (2): 82 – 84.

[60] Horiuchi K, Nishihara A, Mori M, et al. Advanced Direct – water – cool Power Module having Pinfin Heatsink with Low Pressure Drop and High Heat Transfer [C] //Proceedings of the ISPSD'2013, 105 – 108.

[61] Morozumi A, Hokazono H, Nishimura Y, et al. Direct liquid cooling module with high reliability solder joining technology for automotive applications [C] //Proceedings of the ISPSD' 2013: 109 – 112.

[62] 三菱电机公司, 1200V_ DIP – IPM_ Application. 2011.

[63] 富士公司 IGBT 模块应用手册. http://www.fujielectric.com.cn/products/semiconductor.

[64] SAEJ 1879. Handbook for Robustness Validation of Semiconductor Devices in Automotive Applications [S]. 美国机动工程师标准, 2007.

[65] Lutz J, Herrmann T, Feller M, et al. Power cycling induced failure mechanisms in the view-

point of rough temperature environment ［C］//Proceedings of the Integrated Power Systems（CIPS）2008：1 – 4.

［66］ Sasaki K, Iwasa N, Kurosu T, et al. Thermal and structural simulation techniques for estimating fatigue life of an IGBT module ［C］//Proceedings of the ISPSD'2008：181 – 184.

［67］ Zeller H. High Power Components from the state – of – the – art to Future Trends ［C］//Proceedings of the PCIM'1998：7 – 16.

［68］ 陈治明，王建农. 半导体器件的材料物理学基础 ［M］. 北京：科学出版社，1999.

第7章 电力半导体器件的结终端技术

结终端技术是电力半导体器件制造中必须解决的一项关键技术，结终端结构的设计与器件的击穿电压密切相关。本章基于传统的平面和台面结终端结构，简述了结终端结构的耐压原理与设计方法，并针对 MOS 型浅结器件和双极型深结器件分别介绍了几种新的复合结终端结构。

7.1 常见的结终端技术

由于器件内部的 pn 结会延伸至表面，使表面峰值电场强度高于体内，于是击穿通常会发生在表面，因此器件的击穿电压常常由表面击穿电压决定。并且，当碰撞电离发生于表面时，电离过程所产生的热载流子易进入二氧化硅，在其中形成固定电荷，改变电场强度分布，使器件性能不稳定，可靠性下降。为此，对于有一定耐压要求的器件，需采取一些特殊措施来减小表面峰值电场强度，使表面击穿电压满足器件的应用要求。理想的情况是，通过表面造型使器件的表面击穿电压达到或接近体击穿电压，这种特殊的表面造型称为结终端技术（Junction Termination Technique，JTT）。

常见结终端技术分为平面结终端技术和台面结终端技术，其中平面结终端技术包括场板（Field Plate，FP）、场限环（Field Limit Ring，FLR）、结终端延伸（Junction Termination Extension，JTE）、横向变掺杂（Variation of Lateral Doping，VLD）及复合结终端技术等[1]；台面结终端技术包括机械磨角、沟槽刻蚀和填充等技术。

7.1.1 平面结终端技术

常用的结终端结构如图 7-1 所示[1]。图 7-1a 所示是场板（FP）结构，图7-1b 所示是场限环（FLR）结构，图 7-1c 所示是结终端延伸（JTE）结构，图 7-1d 所示是横向变掺杂（VLD）结构，图 7-1e、f 所示是场限环 – 场板（FLR – FP）复合结终端结构。

1. 场板技术

如图 7-1a 所示，场板是把金属电极条扩展到扩散区表面的氧化层上，当 pn 结加反偏电压时，金属电极为负电位，可以抵消氧化层中正电荷对表面的影响，并且排斥表面电子，使表面耗尽区在 Si 及 SiO₂ 界面处展宽，从而提高击穿电压。按场板级数的不同，可分为单级场板与多级场板。按场板的材料不同，可分为金属场板、半绝缘多晶硅场板等。按场板的位置不同，可分为接触式场板和浮空场板[2]，目前多采用接触式场板结构。

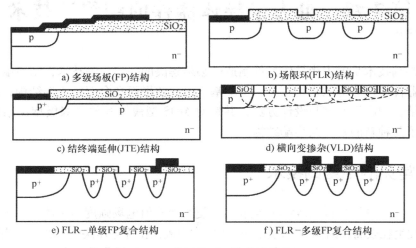

a) 多级场板(FP)结构

b) 场限环(FLR)结构

c) 结终端延伸(JTE)结构

d) 横向变掺杂(VLD)结构

e) FLR-单级FP复合结构

f) FLR-多级FP复合结构

图 7-1　常用的平面结终端结构

在图 7-2a 所示的接触式场板结构中，金属场板与阳极连为一体覆盖在较厚氧化层上，相当于与 pn 结并联一个 MOS 电容，电容承担的电压会在半导体表面产生耗尽区，与 pn 结耗尽区连为一体，使得 pn 结表面电场强度分布更加平缓。所以，采用场板可减小主结结面弯曲处的电场强度，从而提高终端击穿电压（即表面击穿电压）。

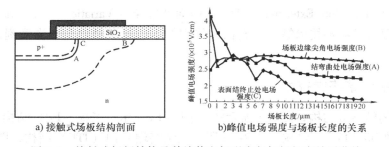

a) 接触式场板结构剖面

b) 峰值电场强度与场板长度的关系

图 7-2　接触式场板结构及其峰值电场强度与场板长度关系曲线

终端击穿电压与场板长度、氧化层厚度有关。当场板长度一定时，终端击穿电压随氧化层厚度的增加而增加。场板的长度也需进行优化，场板过短，不能达到改善表面电场强度分布的目的；场板过长，击穿点将出现在表面，器件可靠性下降，且占用面积过大。图 7-2b 给出了 n 区掺杂浓度为 $2 \times 10^{14} \mathrm{cm}^{-3}$、氧化层厚度为 $1\mu\mathrm{m}$、界面电荷密度为 $1 \times 10^{9} \mathrm{cm}^{-2}$ 时，体内及表面峰值电场强度与场板长度之间的关系[3]。可见，当场板长度较短时，表面结终止处（C）、结弯曲处（A）、场板边缘处（B）电场强度相互影响，击穿情况复杂。当场板长度大于13μm，各处的峰值电场强度趋于稳定，故优化的场板长度应在10μm以上。

由于场板边缘处（B）与硅之间的电势差较大，导致该处电场强度较高，在此表面处容易发生过早击穿，故要求介质层的质量要高。场板技术适用于耐压低于250V的分立器件及功率集成电路。对于3.3kV左右的分立器件，多采用场板与场限环的复合结终端结构。

2. 场限环技术

如图7-1b所示，场限环结终端结构是在有源区外侧，设置与主结有完全相同掺杂浓度分布的环结，以缓解pn结弯曲处电场集中，提高终端击穿电压。根据器件耐压需要，可采用一个或者若干个场限环。

当在电极上加反向电压时，由于场限环是浮置的，与主结及其他电极并无电接触。随着反向电压逐渐增高，主结的耗尽区也随之向外扩展。当主结的耗尽区扩展到与相邻的第一个场限环穿通后，主结附近的最大电场强度便可降低，第一个环将承担继续增加的反向电压，直到逐渐增大的耗尽区与下一个环穿通。由于在主结发生雪崩击穿之前，主结的耗尽区已扩展到所有环结，耗尽区展宽显著增大，使主结弯曲处的高电场被削弱，击穿电压得以提高。场限环的存在相当于在主结上串联了一个分压电阻，使主结上承受的电压降低，故场限环也可称为分压环。

场限环的结深、间距、环宽度及个数都会影响击穿电压的高低。结深越浅，pn结的电场强度峰值越高，击穿电压则越低。比如当圆柱pn结的结深从10μm减小到2μm时，电场强度峰值从2.6×10^5V/cm增加到3.4×10^5V/cm，击穿电压则从250V下降到150V。如果间距设置合适，主结与环结可以同时达到临界击穿电场强度，此时终端击穿电压最高。随着环数的增加，击穿电压虽呈非线性增加，但场限环占用的面积也越大。所以，设计场限环时，既要考虑提高终端击穿电压，也要考虑终端区占有的芯片面积，需要对环间距、环宽度、衬底掺杂浓度、扩散环的掺杂浓度、结深、氧化层电荷密度等因素进行综合考虑。需注意以下两个问题：一是尽可能增加pn结的曲率半径，曲率半径越大，耐压能力就越强。二是合理设计环宽度和环间距。环宽度取决于该环承受的电压及p区的掺杂浓度，环间距决定了该环是否能有效地起分压作用。环间距偏小，后一个环将承受高的电压；反之，前一个环将承受高的电压。环间距太大时，击穿将会发生在前一个环上，后一个环不起分压作用。环间距与环宽度的设计通常有两种方法[4]：一是环宽度和环间距各不相等。如图7-3a所示，环宽度由内向外逐渐减小，对应的环间距则逐渐增加。假设主结与环结的扩散深度为x_j，则最外环宽度一般取$(2 \sim 2.5) x_j$[5]，其他则按照环宽度由内向外递减、环间距由内向外递增原则，并基本保持每个环间距与环宽度之和为定值。这种方法特别适用于深结（$x_j > 10$μm）器件。二是采用等环间距与等环宽度，如图7-3b所示，这种方法较适合浅结（$x_j < 10\mu m$）器件。相比较而言，采用相等的环宽度和间距设计，可以减小结终端尺寸，并获得更好的渐变耗尽区。

利用场限环解析模型可以对电场强度进行计算，其结果与实际也比较接近，但是计算过程复杂。目前，利用器件模拟软件通过数值分析进行场限环的优化设计非常方便。图7-3b给出了按环间距与环宽度不相等设计的场限环结终端结构发生击穿时的电场强度分布[3]。可见，通过合理地选取环间距和环宽度，让每个环结分担尽可能相等的电压，并使主结和各环结上的峰值电场强度接近，且主结上的电场强度稍低，这样可以保证环结先于主结击穿，从而达到保护主结的目的。

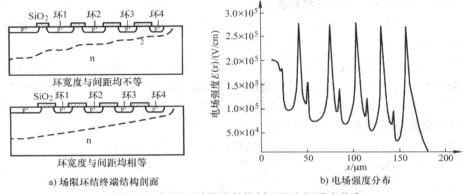

a) 场限环结终端结构剖面   b) 电场强度分布

图7-3　场限环结终端结构剖面及电场强度分布

场限环可以与主结同时扩散形成，无须增加工艺步骤，故工艺十分简单。采用场限环技术，可以达到较高击穿电压（约为平行平面结击穿电压的90%以上），但参数设计比较苛刻，对界面电荷也非常敏感，并且当耐压较高时，占用芯片表面积很大，导致其反向漏电流也很大。因此，场限环技术常用于耐压为1.2kV左右的器件。采用场限环与其他技术形成的复合结终端结构，不仅可以提高器件的耐压及稳定性，而且可以减小结终端尺寸。

3. 结终端延伸技术

结终端延伸（JTE）结构是1977年由Temple提出的[6]。它是在有源区重掺杂的主结外侧，利用离子注入工艺形成一个低掺杂浓度、较浅（约$1\mu m$）的掺杂区，使pn结沿器件的表面得以扩展。根据耐压高低，可分为单区和多区，如图7-4所示[4]。

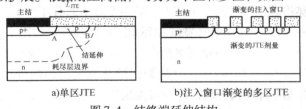

a) 单区JTE   b) 注入窗口渐变的多区JTE

图7-4　结终端延伸结构

当 pn 结反偏时，p 延伸区全部耗尽，耗尽区沿着表面向外扩展，如果延伸区长度 L_{JTE} 大于主结的耗尽区扩展宽度，则表面电场强度会降到主结的峰值电场强度以下，从而达到提高击穿电压的目的。但如果延伸区厚度太薄，无法有效改善结弯曲处的电场强度分布，则不利于提高击穿电压。如果延伸区深度大于或等于主结结深，则将会明显地改善 pn 结的击穿特性。

终端击穿电压与延伸区的掺杂剂量密切相关，当延伸区掺杂剂量为 1.3×10^{12} cm^{-2} 时，击穿电压最高。虽然注入剂量可以精确控制，但延伸区的电荷量在后续工艺过程中会发生变化。同时，表面电荷会影响延伸区的电场强度分布，导致击穿电压不稳定。采用图 7-4b 所示的多区后，延伸区的电荷可以减少 1/2，击穿电压可以达到理想平行平面结时的 90% 以上。采用 JTE 技术在提高终端击穿电压的同时，所需的结终端尺寸小于场限环结构。

4. 横向变掺杂技术

横向变掺杂（VLD）是 R. Stengl 等人于 1986 年提出的[7]。它在渐变掩模窗口的掩蔽下，利用离子注入兼推进，在硅表面形成可控的杂质分布。如图 7-5a 所示。图中点线所示为不同电压下的等位线，图中虚线所示为多个深度和宽度不同的小 p 区，这些小 p 区就组成了一个渐变的 p 型掺杂区。类似于 JTE 结构中的多个延伸区，与之不同的是，JTE 主结外侧的 p 区掺杂几乎是均匀的，而 VLD 的 p 型区掺杂则是渐变的。

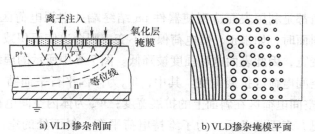

a) VLD 掺杂剖面　　　　　b) VLD 掺杂掩模平面

图 7-5　横向变掺杂结终端结构剖面与掩模平面

如图 7-5b 所示[2]，沿结终端区从内到外，掩模窗口的形状是不同的。在平均掺杂浓度较高处，所用的掩模窗口可以是环状；在平均掺杂浓度较低处，掩模窗口可以是一些小孔。这些条形窗口的密度及空隙、小孔的密度及孔径决定了掩模下面杂质的平均浓度。

VLD 的耐压原理与 JTE 很相似。当 pn 结反偏时，要求 VLD 区全部耗尽，耗尽区就会沿着横向扩散区向外扩展，以提高终端击穿电压。但是，不论是 JTE 技术，还是 VLD 技术，都增加了 pn 结面积，导致反向漏电流增大。但与 FLR 相比，所占用结终端尺寸稍小。

采用 VLD，理论上可得到最高的终端击穿电压，并使结终端所占的面积最小，但受制于光刻工艺及掺杂技术。随着离子注入技术在功率器件中的普遍使用，在高压 IGBT 和 GCT 等新型器件中，都已使用了 VLD 与 JTE 结构[8-10]。

7.1.2 台面结终端技术

台面结终端包括斜角结终端和沟槽结终端等。斜角结终端通常适用于大面积圆芯器件，沟槽结终端适用于小面积方芯器件。

1. 斜角结终端技术

常用的斜角结终端技术包括正斜角、负斜角及正负斜角组合等造型。正斜角定义为从重掺杂区到轻掺杂区结面积逐渐减少，如图 7-6a 所示；负斜角定义为从重掺杂区到轻掺杂区结面积逐渐增加，如图 7-6b 所示。

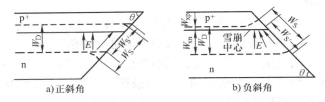

a) 正斜角　　　　　　　　b) 负斜角

图 7-6　正、负斜角结构及其空间电荷区展宽

正、负斜角都是利用表面造型使器件 pn 结终端处空间电荷区扩展宽度变化。当边缘处变为斜面时，如果正、负电荷保持不变，则会迫使面积减小一侧的空间电荷区在斜面处变宽，因此表面电场强度被降低。图 7-6 中所示的虚线表示正斜角和负斜角结构中空间电荷区扩展宽度。其中，W_D 为体内平行平面结的空间电荷区扩展宽度；W_S 为空间电荷区在斜面上的扩展宽度；$W_{S'}$ 为体内空间电荷区延伸到斜面处的宽度。可见，表面磨角后，为了维持电荷平衡，斜面处的空间电荷区宽度由 $W_{S'}$ 增大到 W_S，于是表面处空间电荷区宽度 W_S 可表示为

$$W_S > W_{S'} = \frac{W_D}{\sin\theta} \tag{7-1}$$

由式（7-1）可见，若斜角 θ 变小，那么对应的 $W_{S'}$ 和 W_S 都将变大。由于表面空间电荷区扩展宽度增大，使表面电场强度减小，表面击穿电压随之增加。但斜角 θ 越小，结终端尺寸势必增加，使芯片有效表面积减小，并且 W_S 过大容易使表面漏电流增加或引起穿通，导致器件耐压降低[11]。

对图 7-6a 所示的正斜角而言，空间电荷区在斜面处增大，可有效降低表面电场强度。即使正斜角较小，表面处的空间电荷区也较宽，故不存在高电场强度引起的雪崩中心。通常正斜角选择在 30°～80° 之间，采用正斜角结终端可获得 100% 的

体击穿电压。

对图 7-6b 所示的负斜角而言，p 区的空间电荷区边界接近斜角表面，因此该处的电场会局部集中，可能会引发雪崩击穿。当负斜角较大时，空间电荷区在低掺杂浓度的 n 区一侧的变化是主要的，有可能使空间电荷区在表面的扩展宽度小于体内的，这会导致表面电场强度增大。当负斜角较小时，高掺杂浓度的 p^+ 区一侧的空间电荷区变化成为主要因素，此时空间电荷区在表面的扩展宽度一定大于体内的，可有效地降低表面电场强度，提高 pn 结的击穿电压。所以，通常采用 2°~4° 小负斜角来形成结终端，可获得 90% 的体内击穿电压，同时可以避免发生雪崩击穿。但若负斜角小于 10°，必然会导致结终端尺寸大。

对于负斜角造型，存在如下的一个有效斜角角度的关系[11]：

$$\theta_{\mathrm{eff}} = 0.04 \left(\frac{W_{\mathrm{xn}}}{W_{\mathrm{xp}}} \right)^2 \theta \tag{7-2}$$

式中，θ_{eff} 为负斜角有效角度；θ 为负斜角的几何角度；W_{xn} 表示 pn 结击穿时在低掺杂浓度 n 区一侧的耗尽区宽度；W_{xp} 表示 pn 结在重掺杂浓度 p 区一侧的耗尽区宽度，即 $W_{\mathrm{xp}} + W_{\mathrm{xn}} = W_{\mathrm{D}}$。

从式（7-2）可见，$W_{\mathrm{xn}}/W_{\mathrm{xp}}$ 越小或 θ 越小，θ_{eff} 也越小，表面处的空间电荷区越大，则表面峰值电场强度越低。但负斜角 θ 太小，会使阴极面积损失较大，所以必须把负斜角角度 θ 控制在合适的范围内。当 W_{xn} 和 θ 一定时，W_{xp} 越大，负斜角有效角度 θ_{eff} 越接近负斜角 θ，所以适当增加 p 区一侧空间电荷区扩展宽度，有助于有效利用阴极面积。

晶闸管的斜角结终端包括正负斜角、双负斜角及双正斜角等结构[12]，如图 7-7 所示。在传统的焊接式封装结构中，常用图 7-7a 所示的正负斜角结构，其正斜角 θ_1 为 20°~35°，负斜角 θ_2 为 3°~5°；在压接式封装结构中，常用图 7-7b、c 所示的双负斜角和双正斜角结构，正斜角为 30°~60°（最佳值为 45°）。对于图 7-7d 所示的双正斜角，先采用传统的磨角方法形成 J_1 结外部的单正斜角，然后利用喷砂方法形成环形沟槽使 J_2 结内部

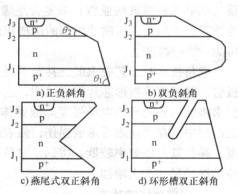

a) 正负斜角   b) 双负斜角

c) 燕尾式双正斜角   d) 环形槽双正斜角

图 7-7 晶闸管常用的高压结终端斜角结构

呈正斜角。通常正、负斜角结构常用于耐压为 3kV 以下的器件，双正斜角结构常用于耐压为 3kV 以上的器件。对于 6.5kV~8.5kV 的高压器件，多采用双负斜

角结构，所需终端斜面尺寸约为 1.65mm。

图 7-8 所示为采用环形槽双正斜角结构的高压晶闸管在正反向电压下空间电荷区扩展宽度示意图[12]。由图 7-8a 可见，当晶闸管两端加正向电压时，即 J_2 结反偏，由于 n 基区的掺杂浓度比 p 基区的低，故 J_2 结的空间电荷区主要向 n 基区扩展。正斜角存在，

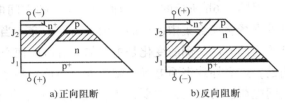

a) 正向阻断　　　　b) 反向阻断

图 7-8　晶闸管的双正斜角结终端结构
及在正反向阻断时空间电荷区的扩展宽度

使得沟槽外侧的扩展宽度显著较小。由图 7-8b 可见，当晶闸管两端加反向电压时，J_1 结反偏，由于 n 基区的掺杂浓度比 p^+ 阳极区的低，空间电荷区也主要向 n 基区扩展。同理，正斜角存在使得沟槽外侧的扩展宽度显著较小。采用环形槽双正斜角结构，J_1 结和 J_2 结均能获得良好的特性。但如果沟槽太浅，在 J_2 结附近不能获得足够的正斜角表面，不利于提高正向阻断电压；若沟槽太深，会对 J_1 结产生不良影响。为了限制槽内的高电场强度，除了要精确控制沟槽深度外，槽的表面形状、清洁及绝缘也很重要。实验证明，当槽深为硅片厚度的 60%～66% 时，晶闸管的正、反向阻断电压有较好的对称性。

斜角台面结构是通过在一定角度下研磨，或对硅片喷砂或锯切得到。不论采用哪种方法形成斜角，均会在硅片表面造成物理损伤，所以磨角后应利用化学腐蚀去除损伤。常用的化学腐蚀液是氢氟酸和硝酸混合液。斜角腐蚀后还要对其表面进行钝化保护，以降低表面电场强度，改善器件的电特性及长期稳定性。常用有机保护膜（如硅橡胶或聚酰亚胺）或复合绝缘膜保护。对图 7-8b 所示的台面结构，先腐蚀外部的正斜角，后腐蚀内部的沟槽正斜角，清洗烘干后，可先涂一层聚酰亚胺，再涂一层硅橡胶。

磨角技术对工艺要求低，甚至不需光刻，因此对于大尺寸分立器件，如整流二极管、晶闸管等圆形芯片特别适用，已有广泛应用。在实际应用中，磨角技术一般要求将磨面处的峰值电场强度降低到体内峰值电场强度的 50% 左右，这是由于加工过程中易在磨面附近形成损伤，使表面击穿电场强度远低于体内临界击穿电场强度，导致其耐压效率较低。特别是对负斜角结构，通常要求磨削角度较小，难免会使结终端尺寸大大增加。

2. 沟槽结终端技术

采用化学腐蚀技术形成的沟槽结终端方法很早就在功率器件中开始使用。通过化学腐蚀，可除去表面沾污，提高表面击穿电压，并减小漏电流。沟槽结构如图 7-9a 所示[13]，利用化学方法腐蚀掉一部分重掺杂浓度区，使耗尽区向重掺杂浓度一侧扩展，从而抑制平面结的边界曲率效应。但表面电场强度分布与刻蚀区的位

置及深度密切相关。如果腐蚀位置合适，可以将 pn 结末端曲率半径较小的部分去除掉，并在腐蚀面和 pn 结之间形成有效的正斜角，以缓解此处电场集中，从而提高器件耐压。如果腐蚀台面远离 pn 结末端，如图 7-9a 中虚线位置所示，则对耐压改善不大。

图 7-9b 所示的正斜角结构是在 n^+ 侧进行腐蚀[14]。由于该结构的击穿发生在体内，所以击穿电压较高。但如果空间电荷区穿通到 n^+ 区，将会在 nn^+ 处出现雪崩中心（见图 7-9b 中标注处）。如果能将空间电荷区限制在 n 区内，可有效地避免雪崩中心。该结终端结构对表面电荷不是很敏感。沟槽腐蚀后，需采用硅胶进行钝化，以获得长期稳定

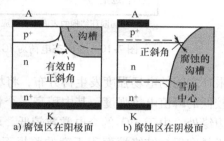

图 7-9　沟槽结终端结构

性。当 p 区较浅时，器件容易受阳极尖锐拐角的影响而损坏，故该结终端结构不适合浅结器件。

相对于场限环结终端而言，化学腐蚀形成的沟槽结终端对表面电荷不太敏感。但在实际工艺中，为了得到较好的击穿特性，必须严格控制好腐蚀曲面的位置，有时腐蚀深度的偏差必须控制在 0.1μm 之内。常用的化学腐蚀液为氢氟酸、硝酸和醋酸的混合物，并要求能精确控制腐蚀速率、选择比和温度。采用传统的腐蚀技术很难达到很高的精度，并且腐蚀形成的结终端会导致硅片机械强度降低、芯片易碎裂。所以，腐蚀技术在实际工程应用中较少。近年来，随着干法腐蚀技术的使用，有效解决了选择比与深度控制及沟槽填充问题，沟槽结终端得到进一步发展。

3. 复合结终端技术

为了更有效地解决结终端问题，提高结终端的击穿电压及稳定性，并减小结终端尺寸，可采用复合结终端结构。常用的复合结终端技术有场板与场限环的结合[15-17]、场板与结终端延伸相结合[18]、沟槽与场限环相结合[19,20]、沟槽与结终端延伸的结合[21,22]等。

（1）场板与场限环的复合结终端　在场限环终端结构中，表面电荷会影响 pn 结耗尽区的扩展宽度形状，从而影响 pn 结承受电压的能力。图 7-10 给出了表面态电荷对 IGBT 耗尽区曲率的影响[4]。由图 7-10a 可见，对于场限环结构，由于场限环周围氧化层中正电荷会吸引体内的电子到表面，使得表面处的耗尽区扩展宽度明显变小，表面电场强度增高，击穿电压下降。由图 7-10b 可见，在场限环结构中增加场板后，当负电压加到场板时，可以阻止耗尽区边缘的收缩，有效降低表面电场强度，提高表面击穿电压。

（2）沟槽与场限环的复合结终端　如图 7-11a 所示，场限环与沟槽的复合结终端结构[19]是每级场限环的内侧分别外加了一个填充有 SiO_2 的浅沟槽，使两个场

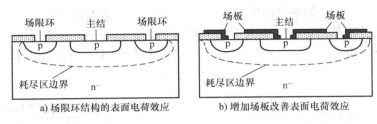

图 7-10 表面态电荷对 IGBT 耗尽区曲率的影响及其解决方法

限环之间的电场强度发生再分布，将场限环 pn 结处的单个峰值电场强度分为两个较低的峰值电场强度，其中稍高一个仍位于 pn 结处，另一个稍低的位于沟槽与 p 边缘处。由于 SiO₂ 的介电常数较低，可以阻止环结的横向扩散，以减小终端面积。于是在保持结终端面积不变的前提下，可以提高终端击穿电压。研究表明，对于 600V 器件，采用沟槽与场限环的复合结构，与传统的场限环结构相比，结终端面积可减小 25% 以上，终端击穿电压约为平行平面结的 87%。

如图 7-11b 所示，另一种场限环与沟槽复合结终端结构是将沟槽内嵌在场限环中[20]，在掺杂剂量不变的情况下，可使场限环结深比普通环更深，于是减小了结弯曲，降低了表面电场强度，从而提高表面耐压。仿真结果显示，增加内嵌沟槽后，表面峰值电场强度由原来的 $2.5 \times 10^5 \text{V/cm}$ 降低为 $2.25 \times 10^5 \text{V/cm}$，击穿电压可提高约 30%；同时解决了表面电场强度过高引起 SiO₂ 容易损坏的问题。因此，采用沟槽内嵌结构可使场限环技术更稳定，只是需要附加一次沟槽刻蚀，且沟槽的刻蚀可以采用与 p⁺ 场限环注入完全相同的掩模。相比较而言，图 7-11a 所示的外加沟槽结构更适合浅结器件，图 7-11b 所示的内嵌沟槽结构更适合深结器件。

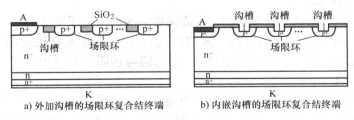

图 7-11 沟槽与场限环的复合结终端结构比较

（3）沟槽与结终端延伸的复合结终端 图 7-12 给出了一种深沟槽与结终端延伸（JTE）相结合的结终端结构[21,22]。如图 7-12a 所示，深沟槽结终端结构是在器件表面主结弯曲处利用刻蚀工艺形成一个深沟槽，去除结弯曲处的曲面部分，以消除电场集中。然后，选取 SiO₂ 或者介电常数较低、绝缘性能好的介质填充在深沟槽内，使沟槽区承受的峰值电场强度比硅材料的更大，从而有效地提高器件的终端击穿电压。要求沟槽深度远大于 pn 结的结深，沟槽宽度等于平面结击穿时耗尽区的扩展宽度，于是击穿电压会随着沟槽深度和沟槽宽度的增大而提高，最终达到饱和。这种单一的深沟槽仅适用于耐压较低的情况，无法满足高耐压要求。

为了获得高击穿电压，可在沟槽侧壁和底部通过离子注入形成很薄（大约 $2\mu m$）的结终端延伸区，并在深沟槽中填充 SiO_2 或者低介电常数的介质（见图 7-12b）[21]，于是该复合结终端的击穿电压会远远高于单个深沟槽结构。此外，为了在沟槽制作工艺及成本之间获得折中选择，可采用图 7-12c 所示的通用型深沟槽结终端结构[22]。它是延伸区末端注入了一个 n^+ 截止区，此结终端结构还可用于 IGBT 与二极管方形芯片。

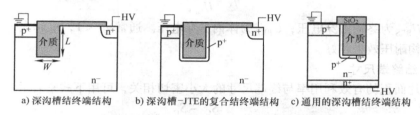

a) 深沟槽结终端结构   b) 深沟槽–JTE 的复合结终端结构   c) 通用的深沟槽结终端结构

图 7-12　深沟槽结终端与深沟槽–JTE 的复合结终端结构比较

复合结终端结构在一定程度上沿用了各种结终端结构的优点，避免了各自单独使用时的缺点，在提高表面击穿电压、减小结终端尺寸及高温漏电流等方面得到不同程度的改善。随着工艺技术的发展，为新型复合结终端结构的研发提供了技术保障。

7.1.3　结终端特性的表征

为了表征结终端结构的优劣性或效果，可采用以下三个参量，即表面电场强度、耐压效率及结终端尺寸或芯片面积的有效利用率来描述。

1. 表面电场强度

对平面结终端而言，表面电场强度的高低取决于表面击穿电压与表面曲率半径，可用下式来表示：

$$E_S = \frac{U_{BRS}}{d_r} \tag{7-3}$$

式中，E_S 为表面电场强度；U_{BRS} 为表面击穿电压，即终端击穿电压；d_r 为 pn 结在表面处的曲率半径。

由式（7-3）可知，d_r 越大，表面电场强度越低。结终端耐压效果就越好。但对应的结终端尺寸就越大。所以，结终端尺寸与耐压效果之间互为矛盾关系。

对台面结终端而言，表面电场强度的高低取决于表面击穿电压与 pn 结在斜面上空间电荷区的扩展宽度 W_S，可用下式来表示：

$$E_{S} = \frac{U_{BRS}}{W_{S}} \tag{7-4}$$

在结终端结构设计时，尽可能增加曲率半径或表面空间电荷区的扩展宽度，以降低表面电场强度，使其稍低于或等于体内电场强度。

2. 耐压效率

为了表示结终端结构的有效性，可用耐压效率来描述。耐压效率定义为终端击穿电压与理想的体内击穿电压的比值，可用下式来表示：

$$\eta_{v} = \frac{U_{BRS}}{U_{BRB}} \tag{7-5}$$

式中，U_{BRS} 为终端击穿电压；U_{BRB} 为体内击穿电压。通常 $\eta_{v} < 1$，η_{v} 越大，表示结终端结构耐压效果越好。

3. 结终端尺寸

芯片面积的有效利用率与终端尺寸的大小密切相关，可用下式来表示：

$$\eta_{A} = \frac{S_{C} - S_{t}}{S_{C}} \tag{7-6}$$

式中，S_{C} 为芯片的总面积；S_{t} 为结终端所占面积；$S_{C} - S_{t}$ 为芯片的有源区的面积。通常 $\eta_{A} < 1$，η_{A} 越大，表示结终端尺寸越小，芯片的有效利用率越高，结终端结构的效果越好。

7.1.4 结终端的制作工艺

结终端结构的制作工艺除了考虑与有源区内主结的工艺兼容外，还需考虑结终端专用的工艺，如表面钝化或沟槽填充等工艺。

1. 平面结终端工艺

传统的平面结终端结构多采用选择性的掺杂工艺来实现。对于浅结器件（$x_{j} < 8\mu m$），如功率 MOSFET 和 IGBT，常采用硼离子注入来实现浅的场限环区或结终端延伸区；对于结深稍深的器件（$10\mu m < x_{j} < 30\mu m$），如 GTR 和功率二极管，可采用硼扩散来实现场限环区；对于深结器件（$x_{j} > 30\mu m$），如高压二极管或晶闸管，由于选择性的铝扩散不能用二氧化硅来掩模，所以通常采用铝离子注入来实现场限环区或横向变掺杂区。

2. 台面结终端工艺

台面结终端结构通常采用磨角和刻蚀工艺。磨角工艺包括手工磨角和机械磨角，这在传统的晶闸管中应用已十分广泛。在新型沟槽结终端结构中，应用刻蚀工艺较多。刻蚀工艺包括湿法刻蚀和干法刻蚀。干法刻蚀的精度较高，但刻蚀后表面存在损伤；湿法刻蚀属于各向同性，横向吞噬较为严重。理想的方法是干湿法相结合，先进行干法刻蚀，然后通过湿法刻蚀去掉表面的损伤层。

表面钝化工艺对结终端漏电流的影响较大。导致结终端漏电的主要原因是表面沾污了可动离子（如 Na^+），在电场强度的作用下，Na^+ 容易在表面来回移动，引起漏电或击穿电压发生蠕变。其次，表面钝化膜的影响也很大，如二氧化硅、三氧化二铝等薄膜中通常含有正、负电荷，这些电荷会在薄膜下方的硅表面感应出相应的负、正电荷，导致结终端表面处的电场强度发生变化，也会引起漏电或耐压不稳定。所以，对磨角台面结终端，表面腐蚀与钝化非常关键，通常可采用硅胶、聚酰亚胺及聚酯改性硅漆等有机膜来进行保护，以提高器件耐压的稳定性。

图 7-13 给出了 $\phi6in$（$\phi150mm$）大功率整流管所用的三层钝化保护示意图[23]。由于整流管的直径较大，采用传统的正负角造型，会造成管芯余留部分较尖锐，不仅容易产生崩边、破损，而且会使表面局部电场集中，导致管芯耐压水平下降。采用双负角结终端结构，可以避免以上缺点。在双负斜角磨好后，对台面进行三层保护，即用液相钝化、涂覆聚酯改性硅漆及硅橡胶保护，将无机膜保护和有机膜保护的优点集于一体，不仅可以提高整流管的耐压，而且大大改善了其稳定性。

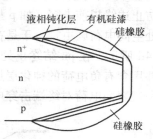

图 7-13　台面结终端及其三层保护示意图

3. 复合结终端工艺

对于含有沟槽的复合结终端结构，沟槽填充也很关键，需要考虑沟槽内填充材料的介电常数。当沟槽的深宽比不同时，应选择不同介电常数的介质材料[24]。高介质常数的材料适合浅而宽的沟槽，低介质常数的材料更适合窄而深的沟槽。所以，浅沟槽的填充可通过化学气相淀积（CVD）磷硅玻璃或氮化硅来实现，但淀积的钝化膜不宜较厚。深槽填充可采用相对介电常数较低的有机绝缘介质，如苯并环丁烯（Benzo Cyclo Butene，BCB）[25]，其电阻率为 $1 \times 10^{19}\Omega \cdot cm$，相对介电常数为 2.65，临界雪崩击穿电场强度为 $5.3 \times 10^6 V/cm$，更为重要的是，苯并环丁烯（BCB）材料可直接进行喷涂，不仅使用方便，而且钝化效果好，对于深槽结终端非常适用。

7.2　常用结终端结构

在方形芯片的制造中，除了常用的平面结终端技术外，还可以采用沟槽 - 斜角、沟槽 - 场限环、结终端延伸 - 场限环等复合结终端结构。在圆形芯片的制造中，除了采用的台面结终端技术外，还可采用场限环 - 沟槽等复合结终端结构。

7.2.1 功率二极管的结终端结构

1. 功率 pin 二极管

功率 pin 二极管通常采用负斜角、沟槽、场限环及场限环 – 沟槽复合终端结构[26]。如图 7-14a 所示，由于二极管只有一个 pn 结，采用磨角很容易形成台面终端，但也需要对尖角部分进行处理。沟槽结构是通过腐蚀在 pn 结终止处形成沟槽，如图 7-14b 所示，然后用含有负电荷的钝化层加以保护。场限环结构是通过扩散工艺在 pn 结终止处形成 p 型场限环，如图 7-14c 所示，将 pn 结与芯片边缘隔离，可防止边缘提前击穿。如 p 型场限环的掺杂浓度低于主结的 p⁺ 区掺杂浓度，可使此处空间电荷区更宽，于是在给定的反向电压下，p 环内的电场强度会降低。如图 7-14d 所示，在 pn 结终止处先形成 p 型场限环，然后刻蚀掉表面的高掺杂浓度区，并用含有负电荷的钝化层加以保护，形成场限环 – 沟槽复合结终端结构，可有效地回避表面电荷对终端击穿电压的影响。

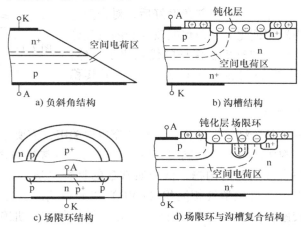

图 7-14　功率二极管常用的结终端结构

在上述结终端结构中，负斜角结构适用于深结、圆芯的高压整流二极管，其他三种结终端结构都适合于浅结、方芯的快恢复功率二极管。

2. 功率肖特基二极管

由于功率肖特基二极管中没有制作 pn 结工艺步骤，故结终端结构通常采用图 7-15a 所示的金属场板，边缘用热生长的二氧化硅作为钝化层。采用这种金属场板结终端结构，会在金属层末端 A 点处产生

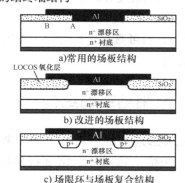

图 7-15　肖特基功率二极管的结终端结构

高电场强度，不仅会降低击穿电压，而且会降低肖特基势垒，导致漏电流增大。如果肖特基接触的金属延伸在氧化层上，可以降低 A 点的电场强度[27]，但同时要防止 B 点提前出现击穿。为此，可采用硅局部氧化（LOCOS）工艺来改进金属场板结构，如图 7-15b 所示。在氮化硅膜的掩蔽下，对有源区进行热氧化，由于"鸟嘴"效应，在金属接触边缘处形成渐变的氧化层，有助于降低肖特基接触处的电场强度。为了彻底抑制该处的高电场强度，可采用图 7-15c 所示的结终端结构，它是通过离子注入工艺在肖特基金属接触边缘处引入 p⁺ 场限环。但拐角处需要足够的圆化，以免形成球面结，使其击穿电压与柱面结的相同。

7.2.2 MOS 型浅结器件的结终端结构

功率 MOSFET 和 IGBT 是由多个元胞并联而成，各元胞在表面处的电位基本相同，虽然中心元胞之间不存在击穿现象，但芯片边缘处的元胞与 n⁻ 外延层之间存在着高电压；同时由于元胞形成的 pn 结表面曲率半径小，导致边缘处的元胞表面存在高电场强度。因此，需要采用结终端技术来降低结终端区的局部高电场强度，以提高表面击穿电压。

1. 普通 MOS 型器件的结终端结构

功率 MOSFET 常用场限环结终端结构。对于 500V 以上高压 MOSFET，还可采用场板与场限环复合结终端结构，如图 7-16 所示。采用多晶硅和金属铝层双重场板，可以解决场板边缘介质击穿问题。多晶硅场板主要用来改善主结电场集中，铝场板可以提高场板边缘的击穿电压。同时，为了提高击穿电压，还采

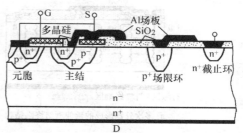

图 7-16 功率 MOSFET 两级场板和场环结终端结构

用了 p⁺ 场限环（也称分压环）和 n⁺ 截止环（也称为等位环）。后者可以有效防止耗尽区扩展，使漏源间电场在表面上均匀分布，避免局部集中；同时可以收集表面沾污的正离子，提高表面稳定性。这种结终端结构与有源区工艺完全兼容，可利用硅栅 MOS 工艺来实现，多晶硅场板可以与多晶硅栅同时制作，两个铝场板可以与铝电极同时制作，不需任何附加工艺。

与 VDMOS 结构相似，IGBT 也是由许多元胞并联而成的（见图 7-17）[4]，也需要采用适当的场限环结构来降低其表面峰值电场强度。

2. 超结 MOS 型器件的结终端结构

对于超结器件，由于 p 柱区和 n 柱区之间要保持电荷平衡，必须完全耗尽才能实现平坦的电场强度分布；同时有源区采用高掺杂浓度以获得低导通电阻，终端区采用较低的掺杂浓度以获得高耐压，使得柱区的掺杂浓度从有源区到终端区逐渐降

低，于是横向电场强度变得不规
则，降低了器件的可靠性。所以，
终端设计需要同时考虑有源区和
终端区的纵横向电场强度。

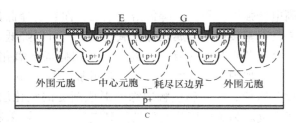

图 7-17　IGBT 的中心元胞和外围元胞
及耗尽区扩展宽度边界

考虑到超结的制作工艺不同，
结终端的结构也会不同。超结通
常采用多次外延与刻槽回填工艺
形成，因此超结器件的终端也可
以分为延伸型与截断型[29]。

如图 7-18a 所示[30]，延伸型结终端结构是采用多次外延法将有源区外侧 p 柱
与 n 柱的交替结构向外延伸到芯片边缘。与有源区的超结不同，终端的 p 柱区宽度
更大些（比如有源区的 p 柱区宽度为 $5\mu m$，终端的 p 柱区宽度为 $10\mu m$）。终端 p
柱区加宽，可以使全耗尽情况下净电荷为负；p 柱的非均匀分布可以有效降低结终
端区电场的扭曲[31]，此外还可以使用多级场板。

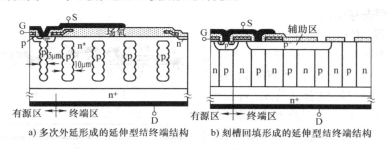

a) 多次外延形成的延伸型结终端结构　　　b) 刻槽回填形成的延伸型结终端结构

图 7-18　超结 MOSFET 的两种延伸型结终端结构

如果采用刻槽回填法制造超结，也可以形成 p 柱、n 柱交替出现的延伸型结终
端结构。但在热氧化过程中，由于表面附近存在杂质分凝，会使 p 柱表面宽度变
窄、n 柱表面宽度变宽。当加上反压时，此处会提前击穿
而形成热斑。为此，如图 7-18b 所示[32]，可在表面注入
一个 p 区，使 n 柱与 p 柱恢复平行，击穿电压得以
提高[33]。

图 7-19 所示的截断型结终端结构[34]是针对沟槽回填
法形成超结器件设计的。2008 年由 H. Mahfoz Kotb 等人提
出的[35]，是在 n^- 外延层上先刻蚀好沟槽，再利用低压化
学气相淀积（LPCVD）在槽内淀积一层重掺杂硼的多晶硅

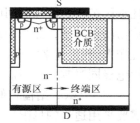

图 7-19　超结 MOS 的
截断型终端结构

后进行高温扩散，于是在沟槽侧壁处形成了 p 柱区；最后在沟槽中填充低介电常
数、高临界击穿电场强度的苯并环丁烯（BCB）介质。可见，终端的 p 区可以与有

源区的 p 柱区同时形成，并且硼剂量可以精确控制，只是有源区的槽宽为 5μm，结终端区沟槽宽约为 70μm。此外，源极金属延伸到终端区深槽上方会形成场板。仿真结果显示，采用该结终端结构可以实现 1300V 以上的体击穿电压。

7.2.3 晶闸管的结终端结构

1. 台面终端结构

对于低压晶闸管，常用正负斜角结终端；对超高压晶闸管，常用双正斜角或双负斜角结终端。对于焊接式晶闸管，由于采用烧结工艺形成阳极接触，在阳极欧姆接触形成后，采用磨角工艺形成正负斜角，工艺简单，成品率较高。对于压接式晶闸管，由于芯片两侧的电极是通过蒸铝形成的，因而常用双正斜角或双负斜角，如图 7-20 所示[26]。管芯磨角后，经腐蚀去除掉表面的机械损伤层，然后用很薄的聚酰亚胺（Polyimide）膜钝化腐蚀过的斜面，最后外面涂覆硅胶（Silicon Rubber）进行保护。

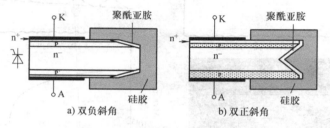

a) 双负斜角　　　　　　　　b) 双正斜角

图 7-20　晶闸管常用的台面结终端结构剖面

台面结终端结构设计关键是斜角的大小及结终端截止的位置。采用双斜角结终端时，通常还会在最外侧设计一个包围整个器件的特别短路区，可以将在周边区域内流动的任何位移电流分流至阴极。

2. 平面结终端结构

除了上述的台面结终端结构外，晶闸管也可采用平面结终端结构，如场限环和横向变掺杂（VLD）结终端。

（1）场限环结终端结构　对具有正、反向阻断能力的方芯晶闸管而言，除了采用图 7-9 所示的双面沟槽结构外，还可以利用深扩散形成图 7-21 所示的场

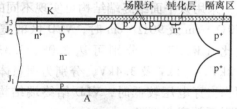

图 7-21　方芯晶闸管采用 FLR 结终端结构剖面

限环结构。上面的 J_2 结外侧设置了场限环（FLR）和沟道截止环，下面的 J_1 结与 p 深扩散区连通，相当于结终端延伸。芯片制作时，首先在芯片两侧同时进行 p 区深扩散，直至将两侧的 p 区连通，芯片做成后可以在连通的 p 扩散区进行划片。该扩

散结终端结构的优点是，终端区的制作工艺与有源区工艺相兼容，只需要在芯片的单边进行光刻工艺即可。IXYS公司的晶闸管和二极管方形芯片多数采用这种结终端结构[36]。此外，图5-43所示的RB-IGBT也可采用这种深扩散结终端结构，以实现正、反向阻断能力[26]。

（2）横向变掺杂结构　图7-22给出了晶闸管所用VLD结构、制作工艺流程、结构剖面及掺杂浓度分布[37]。可见，它是在n^-衬底上先淀积一薄层铝杂质源，然后刻蚀掉部分杂质源（图7-22a中，d表示表面预留的杂质源尺寸），在高温下进行扩散。由于硅片表面预留的杂质源剂量不同，高温推进后的结深就不同（见图7-22b），由此得到结深缓变的横向变掺杂结构。图7-22c所示为扩散后测试的掺杂剖面，其中W_V是横向变掺杂区的宽度，图7-22d所示为对应的横向掺杂浓度分布。

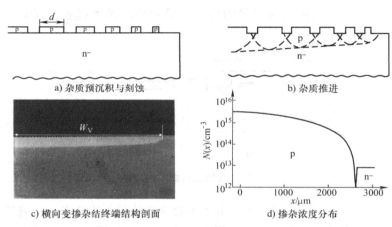

a) 杂质预沉积与刻蚀　　　　　　　　　b) 杂质推进

c) 横向变掺杂结终端结构剖面　　　　　　d) 掺杂浓度分布

图7-22　横向变掺杂结终端结构剖面、掺杂浓度分布及制作流程

采用该平面结终端结构可实现不同的耐压效果。当电阻率分别为$500\Omega \cdot cm$、$270\Omega \cdot cm$及$90\Omega \cdot cm$时，VLD区的宽度W_V与n^-区空间电荷层最大宽度W_D之比（W_V/W_D）分别可达2.08、3.33及7.91，对应的终端击穿电压可达9.1kV、6.1kV及3.4kV，分别为理想体击穿电压的89%、95%及100%。这说明当击穿电压较低时，VLD结终端结构的耐压效率较高；当击穿电压较高时，其耐压效率会下降。

深结横向变掺杂结终端结构设计的关键是杂质剂量的控制。预留的杂质剂量由尺寸d决定，从内到外逐渐减小，最小尺寸受制于光刻精度的限制；同时p薄层的厚度（即预沉积的铝源总量）也很关键。此外，横向变掺杂的剖面还与推进的工艺条件有关，由于铝扩散比较特殊，其表面掺杂浓度远低于铝在扩散温度下的固溶度。可见，采用这种扩散方法形成深结的VLD结构，工艺难度很大。采用铝离子注入来实现，可以大大降低其工艺难度。

GCT 所用的 VLD 结终端剖面如图 7-23 所示[9]。有源区采用波状 p 基区结构，可以改善其反偏安全工作区（RBSOA）。终端区设计为 VLD 结构，可以优化器件的高温性能。波状 p 基区是在 n+ 阴极区的掩蔽下，通过铝注入形成的。所以，利用 n+ 阴极区掩蔽在结终端区很容易实现 p 基区的横向变掺杂，从而解决了选择性铝扩散问题。该结终端结构设计的关键是 n+

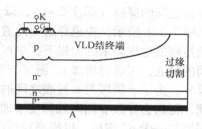

图 7-23　GCT 采用的 VLD 结终端剖面

掩蔽区的尺寸及间距，其间距决定了杂质源剂量。采用铝注入形成的 VLD 结构，其杂质源剂量与注入剂量有关，得到的掺杂剖面也与推进条件有关。

7.2.4　HVIC 的结终端结构

1. HVIC 的击穿类型

HVIC 的击穿有雪崩击穿和穿通击穿两种类型，其击穿电压由雪崩击穿电压和穿通击穿电压中较小者决定。可能存在的雪崩击穿类型有四种，即沟道结表面雪崩击穿（Ⅰ）、隔离结表面雪崩击穿（Ⅱ）、沟道扩散区弯曲处雪崩击穿（Ⅲ）及栅极覆盖引起的 n−n+ 结的雪崩击穿（Ⅳ），如图 7-24a 所示。为了降低表面处的电场强度，可采用场板或场限环结构，也可采用 RESURF 技术，使击穿点转移到体内；为了降低沟道 pn 结弯曲处的电场强度，可加大 p 阱区或 n+ 漏区的结深（>4μm），以减小 pn 结或 nn+ 结的曲率，同时增加栅极与 n+ 漏区的距离，使得栅极不要终止在 n+ 漏区表面，以避免 n−n+ 结的雪崩击穿。

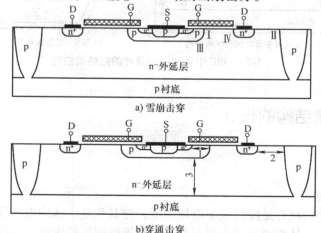

图 7-24　HVIC 中可能存在的雪崩击穿和穿通击穿

此外，还可能存在三种穿通击穿类型，即沟道穿通（标注1处）、n^+漏区与隔离区之间的穿通（标注2处），以及p阱源区与p衬底之间的穿通（标注3处），如图7-24b所示。沟道穿通受沟道长度和掺杂浓度的限制，并与阈值电压有关。在满足阈值电压要求的前提下，尽可能增加沟道长度。为了防止n^+漏区与隔离区之间的穿通，可通过增加n^+漏区与隔离区之间的距离来避免，同时必须考虑芯片的尺寸；为了p阱区与p衬底之间的穿通，可通过增加p基区与衬底之间的距离来实现，但这会导致p隔离区深度增加，若外延层较薄，可以在p衬底与n^-外延层之间增加一个n^+埋层，以提高穿通电压。

可见，在HVIC芯片中，通过合理地选用和设计结终端结构，可降低其中的高电场，以获得较高的击穿电压。

2. HVIC的结终端结构

HVIC的结终端结构有场板（如斜场板、多级场板、金属场板、电阻场板及浮空场板等）、场限环及横向变掺杂（VLD）技术。此外，还可采用第6章中介绍的降低表面电场（RESURF）技术与衬底结终端技术。

图7-25a所示为常用的多级浮置场板（MFFP）结构，其中采用了n^- n^+双埋层以实现与衬底之间的高压隔离。图7-25b所示为采用介质隔离的场板－场限环复合结终端结构[38]，在主结和场限环上方均覆盖有场板。采用该结构能够实现约88%的平行平面结击穿，比单独使用场限环或场板时都要高。

此外，前面介绍的沟槽型（或截断型）结终端结构，占用的表面积较小，非常适合PIC中的横向高压器件使用。

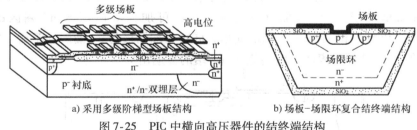

a) 采用多级阶梯型场板结构　　　　　b) 场板-场限环复合结终端结构

图7-25　PIC中横向高压器件的结终端结构

7.3　结终端结构的设计

7.3.1　概述

1. 设计考虑

结终端设计的核心是降低表面电场强度，使其稍低于体内电场强度，于是击穿不会发生在表面，从而减小了表面不利因素对器件耐压的影响。终端设计应包含结终端结构设计、钝化技术及制作工艺等。设计时应从以下几个方面来考虑：

1）优化表面电场分布，尽可能提高结终端结构的耐压效率。在确定的纵向结构参数下，通过调节终端区的横向结构参数，降低表面电场强度，使击穿先发生在体内，从而提高器件耐压的稳定性。比如为了降低平面结终端的表面峰值电场强度，需采用各种措施来增加 pn 结的曲率半径。

2）减小结终端面积或尺寸，提高芯片面积的有效利用率。在保证终端击穿电压的前提下，节约结终端区面积。比如台面结终端结构需考虑合适的负斜角，既要保证一定的空间电荷区宽度，以降低表面电场强度，又不能使阴极面积损失太大。

3）考虑结终端区与有源区之间的相互作用，使结终端区不能对有源区内器件的特性产生负面影响。比如在实际电路中，当器件承受过应力（如浪涌电流、短路电流或动态雪崩电流等）时，不能因结终端区发生电流集中而出现热击穿。

4）考虑结终端耐压的稳定性。当器件工作在不同环境下时，表面耐压稳定，即击穿电压不会发生漂移或蠕动等现象，尤其是高温下的漏电流要低。

5）考虑工艺实现的简单性与可行性。结终端的制作工艺越简单越好，最好能与有源区的工艺相兼容，增加的额外工艺步骤尽可能少，从而降低工艺的复杂度和工艺成本。

2. 设计步骤

1）根据特性设计指标，确定有源区的纵向结构参数；

2）根据器件的类型，选择相应的结终端结构；

3）分析结终端结构与有源区工艺的兼容性及工艺方法；

4）根据设计好的有源区纵向结构参数及所选的结终端结构，建立结终端结构模型，进行体内击穿电压和终端击穿电压仿真；

5）分析结终端结构参数对终端击穿电压的影响，通过对比分析，确定满足要求的结构参数范围；

6）分析温度变化对结终端结构的影响，选择满足指标要求的最佳的结构参数；

7）根据所选的结终端结构，确定工艺实现方案，并进行工艺仿真，验证工艺可行性；

8）根据设计的横向结构参数确定版图尺寸，设计光刻版图，并制版；

9）根据工艺方案和光刻版图进行工艺试验，测试试验结果，验证结终端结构的有效性和可行性。

10）修正设计参数和工艺实施方案，完成结终端结构设计。

3. 可靠性设计

1）沟道截止环的设计　采用高温扩散形成场限环结终端结构时，由于工艺沾污等因素，硅片表面的氧化层（SiO_2）中会引入一定数量的正电荷（主要是钠离子），使得 n 型硅中的电子流向并聚集在表面，造成表面处的电子浓度高于体内的，于是表面处空间电荷区收缩会变窄，严重时表面会反型，形成导电沟道。如图 7-26a 所示，导致器件表面处提前发生击穿或漏电。为了消除表面可动电荷对结终端击穿电压的影响，在场限环设计时，通常会在场限环的最外侧增加一个 n⁺ 截止环，即沟道截止环（见图 7-26b），防止表面形成反型层，并降低表面沾污等不利因素对耐压的影响，从而提高场限环结终端耐压的稳定性。在场板结构中，若场板上所加的负电压过大，也会引起衬底表面反型而形成沟道，如图 7-26c 所示；也可放置一个沟道截止环来阻止反型沟道的扩展，如图 7-26d 所示[4]。

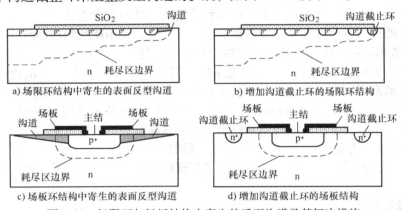

图 7-26　场限环与场板结构中寄生的反型沟道及其解决措施

2）镇流电阻区的设计　为了降低器件的表面电场强度，需要对结终端区进行处理，由此导致器件阴极与阳极（或 pn 结）两侧的面积不同。结终端位于芯片最外侧，与有源区的电极相距较远。当器件导通时，有源区的纵向电流会均匀地流入电极，而结终端区的电流也要流入电极，于是在结终端区与有源区相邻处会产生电流集中，容易发生热击穿，如图 7-27a 所示[14]。为了避免该处发生热击穿，在保持阳极电极位置、场限环宽度及其间距等尺寸不变的前提下，只要将 p 阳极区的横向尺寸增加 L（见图 7-27b），相当于增加了一个镇流电阻 R，可有效缓解该处的电流集中，并有利于减小动态雪崩期间该处的电场强度和电流密度[39]。

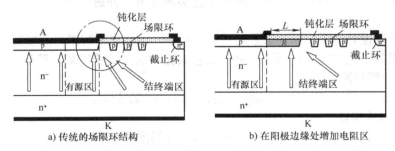

图 7-27　功率二极管的结终端结构

3）终端区背面的注入效率设计　为了改善有源区和结终端区交界处高电场强度和电流集中，还可以从终端区背面考虑，减小阴极侧的电子注入效率，以缓解该处的电流集中。图 2-12e 所示的 FRC 二极管结构中，将结终端区的 n⁺ 阴极完全用 p 区替代，可使结终端区的电子注入效率 $\gamma_n \approx 0$，于是在二极管在导通期间，结终端区不会向 n⁻ 区注入电子，可以有效缓解结终端区与有源区相邻处阳极的电流集中；同时在反向恢复末期，阴极的 p 区会向 n⁻ 区注入空穴，使二极管具有较软的反向恢复特性[40]。

在 IGBT 的结终端设计中，可采用一种线性窄化场限环（Linearly – Narrowed Field Limiting Ring，LNFLR）结构[41]，除了表面采用渐变的场限环设计外，集电极的掺杂浓度也可以设计成不同的，在有源区为中等掺杂浓度，结终端区为低掺杂浓度，从而使有源区的空穴注入效率为 0.2 ~ 0.3，而结终端区的空穴注入效率降为 0[41]。这样可有效缓解结终端区与有源区相邻处的电流集中，保证发射极侧有均匀的电流分布。研究表明，采用这种 LNFLR 结终端，可使 4.5kV CSTBT 的结终端尺寸缩小 50%，同时有极好的动态耐用性。

7.3.2　浅结器件复合结终端的设计

对于功率 MOSFET、IGBT 等器件，由于结深较浅（通常小于 8μm），这意味很难采用机械研磨的方法来形成台面结终端。目前，这类器件大多采用场限环结终端或场限环与场板的复合结终端。当击穿电压要求较高时，采用这些结终端结构所需的结终端尺寸或面积很大，导致芯片面积的有效利用率很低。因此，需要寻求新结终端结构，以满足实际需求。下面介绍两种适用于浅结 MOS 器件的台面结终端结构。

1. 浅沟槽负斜角结终端

如图 7-28 所示，图中点画线所围的区域为功率 MOSFET 芯片结终端区。在主结 p 区的末端处，通过刻蚀工艺形成了一个两侧垂直、底部为大 V 形的负斜角台面结终端结构。与传统的负斜角不同之处在于，深入到 n⁻ 区的沟槽深度很浅，以保证芯片有足够的机械强度。采用感应耦合等离子体（ICP）刻蚀可以精确控制沟槽刻蚀的深度，同时用氮化硅进行沟槽钝化[34]，可以减小漏电流。

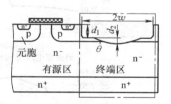

图 7-28　浅沟槽负斜角结终端结构示意图

在阻断期间，因沟槽底部存在负斜角 θ，为了达到电荷平衡，n⁻ 区的空间电荷区向 V 形槽壁收缩，如果能保证空间电荷区的展宽在槽壁斜面上，则该处的电场集中将被有效缓解，器件的击穿电压就可提高。由于 p 区很浅，不能为耗尽区提供足够的扩展宽度空间，所以需要对 pn 结两侧空间电荷区的电荷量加以有效控制。图 7-28 中的负斜角是为了扩展空间电荷区，以降低表面电场强度，浅沟槽是为了限制空间电荷区的电荷量。因此，沟槽深度和宽度变化都会改变空间电荷区的电荷量及空间电荷区的扩展宽度，从而影响器件的结终端耐压。设计时，沟槽深度可控制在 p 区一侧空间电荷区内靠近边界处。如果沟槽底远离其边界，不利于电荷控制；如果沟槽底进入空间电荷区内部太深，则沟槽拐角处会发生电场集中，使器件的击穿电压大幅下降。所以，通过合理地设计沟槽深度 d_1、沟槽宽度 w、负斜角 θ 及斜面高度 d_2 等参数，可以实现器件耐压与芯片面积之间的折中选择。

功率 MOSFET 采用浅槽负斜角结终端时，击穿电压 U_{BRS} 随各参数的变化曲线如图 7-29 所示。可见，U_{BRS} 随沟槽深度 d_1 的增加先增大后减小，且当 d_1 为 3.5μm 时，U_{BRS} 达到最大值 630V；U_{BRS} 随沟槽宽度 w 的增加而增加，但增加幅度逐渐减缓；U_{BRS} 随斜角增加先迅速增加后逐渐减小，且当 θ 为 4° 时，U_{BRS} 达到最大值 630V；U_{BRS} 随斜面高度 d_2 的增大而减小。

相比较而言，沟槽深度 d_1 是 U_{BRS} 的敏感参数，其值取在 p 区空间电荷区内靠近边缘处最好。斜角 θ 对器件面积的影响很大，斜面高度 d_2 则主要取决于耐压要求。理论上，可通过加大沟槽宽度 w 来使器件击穿电压接近于平行平面结击穿电压，但这不仅会增大芯片结终端区的面积，而且会导致反向漏电流增加，使器件特性变差。如果能够保证沟槽内的钝化层在划片过程中不会碎裂，则沟槽宽度 w 会减半，这会大大减小结终端尺寸，提高芯片面积的有效利用率。

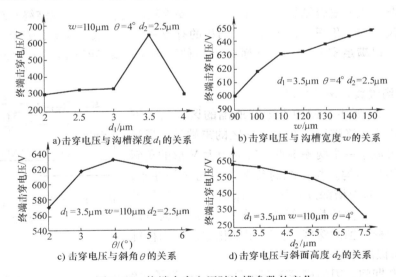

a) 击穿电压与沟槽深度 d_1 的关系

b) 击穿电压与沟槽宽度 w 的关系

c) 击穿电压与斜角 θ 的关系

d) 击穿电压与斜面高度 d_2 的关系

图 7-29 终端击穿电压随沟槽参数的变化

2. 深沟槽斜角结终端

深沟槽斜角结终端结构如图 7-30 所示[42,43]，是在 VDMOS 最外侧元胞的 pn 结弯曲处，通过特殊的刻蚀工艺，形成一个与表面法线方向夹角为 θ 的斜角沟槽，并在沟槽底部通过硼离子注入形成一个 p$^+$ 区，相当于场限环。根据

θ 角的大小和沟槽形状不同，可分为正斜角、直角和负斜角[44]。在外加电压下，p^+n 结两侧的空间电荷区扩展宽度主要在轻掺杂的 n^- 区一侧。如果沟槽设置合适，沟槽壁可阻挡部分电力线，其余大部分的电力线则聚集在沟槽拐角附近。在沟槽底部设置一个 p^+ 区，使体内平行平面结发生击穿前恰好全部耗尽，于是超出沟槽深度的电力线就会沿沟槽底部均匀分布，可有效缓解沟槽拐角处的电场集中。

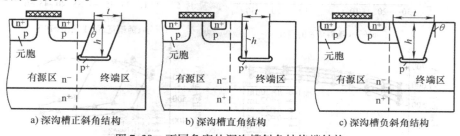

a) 深沟槽正斜角结构　　　　b) 深沟槽直角结构　　　　c) 深沟槽负斜角结构

图 7-30　不同角度的深沟槽斜角结终端结构

由于受到沟槽侧壁的平整度、表面电荷、沟槽造型及填充绝缘介质的质量等因素影响，器件很容易在槽壁 p^+/n 结截止处及沟槽拐角处发生击穿，导致器件的击穿电压下降。为了提高器件的击穿电压及稳定性，需缓解沟槽壁及拐角处的电场强度集中，使击穿稳定发生于体内。采用如图 7-30a 所示的深沟槽正斜角结终端，可使低掺杂浓度一侧的空间电荷区展宽，有效缓解 p^+/n 结截止处的电场强度集中，同时沟槽底部的 p 型掺杂则可缓解沟槽拐角处的电场强度集中。但采用现有的刻蚀工艺很难得到理想的正斜角结构，而通常会形成如图 7-30b、c 所示的直角沟槽或负斜角沟槽。

终端击穿电压 U_{BRS} 随斜角 θ 的变化曲线如图 7-31a 所示，当斜角 θ 从 $-30°$ 到 30° 之间变化时，U_{BRS} 先增大后减小，且当斜角 θ 为 10° 时，U_{BRS} 有最大值；如图 7-31b 所示，当 θ 为 10°、沟槽宽度 t 一定时，U_{BRS} 随沟槽深度 h 的增加而增大，但增加幅度随沟槽宽度 t 增加而逐渐减小；当沟槽深度 h 一定时，U_{BRS} 随沟槽宽度增大而增大，并逐渐趋于稳定；如图 7-31c 所示，当 $\theta = 0°$ 时，U_{BRS} 随沟槽参数变化曲线的趋势与 θ 为 10° 时保持一致；如图 7-31d 所示，当 C_s 为 $5 \times 10^{15} cm^{-3}$、x_j 为 $2 \mu m$ 时，U_{BRS} 保持较高的值。若杂质剂量过高，p^+ 区不能完全耗尽，电场集中于沟槽外侧拐角处，导致击穿电压降低；若杂质剂量过低，耗尽的 p^+ 区对槽底的电场集中起不到很好的缓解作用，沟槽内侧拐角处将首先发生击穿，也会导致击穿电压下降。所以，槽底 p^+ 区的杂质剂量需严格控制。

表 7-1 给出了三种深槽斜角结终端结构的特征参数比较。比如要实现约 600V 的终端击穿电压，采用正斜角时所需的沟槽深度和宽度均比直角或负斜角时要小。在实际刻槽时，要形成一定正斜角且表面平整的深槽，工艺难度较大。综合考虑芯片的耐

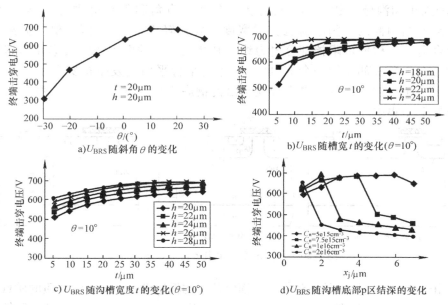

图 7-31　击穿电压 U_{BRS} 随关键结构参数的变化

压效率、结终端面积及制作工艺等来选取沟槽深度、宽度、角度及槽底 p 型区的表面掺杂浓度与结深。研究表明，当耐压效率为 85% 时，采用深槽正斜角结终端尺寸需 25μm，约为场限环结终端尺寸的 13.9%，为浅槽负斜角结终端尺寸的 27.8%。

表 7-1　三种深槽斜角结终端结构比较

	角度 $\theta/(°)$	沟槽深度/μm	结终端尺寸/μm	耐压效率 η_v（%）
正斜角深槽结构	10°	22	45	100
	10°	22	25	85
直角深槽结构	0°	26	50	100
负斜角深槽结构	−2°	36	45	100

深槽斜角结终端结构优点在于所占用芯片面积较小，这与 PIC 追求高效、高集成度、小芯片面积的设计理念极为相符。所以这种深槽斜角结终端结构可用于 PIC 中来提高横向器件的终端击穿电压。

7.3.3　深结器件复合结终端的设计

对于晶闸管类的深结器件，通常采用机械磨角或横向变掺杂技术。下面以波状基区 GCT 为例来介绍三种新的复合结终端结构。

1. 场限环－斜角复合结终端结构

根据波状基区门极换流晶闸管（CP－GCT）的结构特点，提出了一种场限环–负斜角复合结终端结构，如图7-32所示。
它是在CP–GCT主结外侧设置一个或者多个p
型场限环，然后利用传统的机械磨角工艺形成
负斜角结构。结终端区的p^-场限环可以与有
源区的p基区同时形成。于是在结终端区和有
源区相邻处存在一个p^+连通区，使主结承担
分压减小。如果p^+连通区较宽，则场限环不
能起到有效作用，击穿会发生在主结p^+区磨
角斜面处。此外，角度对终端击穿电压的影响较小，但会影响p^+连通区处的电场
强度。当角度较小时，空间电荷区展宽较大，p^+连通区处的电场强度较低。

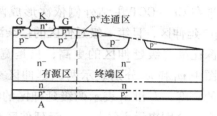

图7-32　场限环–负斜角
复合结终端结构

　　表7-2为场限环–斜角复合结终端的击穿电压与其结构参数之间的关系。其中
s_1和s_2分别表示主结与第1环结、第1环与第2环之间的掩模宽度。可见，随斜角
增加，终端击穿电压有所下降，同时空间电荷区的扩展宽度减小，都可实现体内击
穿电压（5078V）的98%以上，而传统的斜角结终端结构（即$s_1 = s_2 = 0$），只能实
现体内击穿电压的81%。这说明采用该复合结终端结构，可有效地分散结终端区
的电场集中，从而大大提高结终端的击穿电压。

表7-2　场限环–斜角复合结终端的击穿电压与结构参数之间的关系

θ (°)	$s_1/\mu m$	$s_2/\mu m$	空间电荷区宽度/μm	耐压/V	耐压效率 η_v (%)
2.5°	344	145	1740	5061	99.67
3°	305	140	1585	5064	99.72
3.5°	274	138	1430	5041	99.27
4°	255	130	1310	4979	98.05
2.5°	0	0	1660	4144	81.61

　　图7-33所示为负斜角为2.5°时场限环–
斜角复合结终端与传统负斜角结终端在300K
和420K下的击穿特性曲线。可见，复合结
终端结构在常温下的击穿电压略低于体内击
穿电压，但明显高于传统负斜角结构；在
420K下场限环–斜角复合结终端的击穿电压
接近体内击穿电压，也远高于传统结构，并
且漏电流密度也稍低于传统负斜角结构。

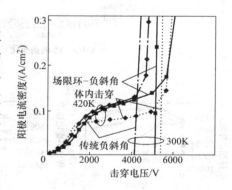

2. 阶梯掺杂延伸型复合平面结终端结构

　　阶梯掺杂延伸型复合平面结终端结构如
图7-34所示[43]，是通过离子注入及高温推

图7-33　场限环–斜角复合结终端与
传统斜角结终端及体内击穿特性的比较

进在 CP–GCT 主结外侧依次形成两级 p 和 p⁻ 延伸区，且第一级延伸区的掺杂浓度、结深比第二级延伸区的更高，只是宽度更窄。图中 w_1 和 w_2 分别表示两级延伸区掺杂窗口的宽度、d_1 和 d_2 表示两级延伸区的深度、s_1 和 s_2 分别表示主结与第一级延伸区和第一级与第二级延伸区的掩模宽度。这种复合结终

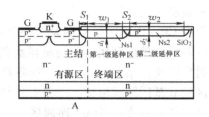

图 7-34　阶梯掺杂延伸型复合结终端结构

端结构结合了结终端延伸、横向变掺杂以及场限环结构的设计思想，其耐压原理与单个平面结终端相似，通过选取合适的结深与各延伸区宽度及掺杂浓度，在减小曲率的同时，使两级延伸区 pn 结上的峰值电场强度与主结尽量接近，并承担最大的分压，从而提高终端耐压。

该复合结终端的击穿电压 U_{BRS} 随各结构参数的变化如图 7-35 所示，随 w_1 增加，U_{BRS} 先增加而后减小；随 w_2 增加，U_{BRS} 增加，且增加的幅度越来越小。随 s_1 和 s_2 的增加，U_{BRS} 都是先增加而后减小，且当 $s_1 = 20\mu m$、$s_2 = 40\mu m$ 时，U_{BRS} 最大达到 5149V。当 d_1 确定时，U_{BRS} 随 d_2 的增加先增加后下降；当 N_{S1} 为 $5 \times 10^{15} cm^{-3}$、N_{S2} 为 $9 \times 10^{14} cm^{-3}$ 时，U_{BRS} 最大。由于实际工艺中结深与表面掺杂浓度有关，为了获得不同的结深，两级延伸区的表面掺杂浓度不宜相近。如果 N_{S1} 取在 $(1 \sim 3) \times 10^{16} cm^{-3}$、$N_{S2}$ 取在 $(7 \sim 9) \times 10^{14} cm^{-3}$，则终端击穿电压可达到体内击穿电压的 90% 以上。这说明该结终端结构参数所允许的工艺容差范围较宽，可以为器件的制作提供更大的自由度。

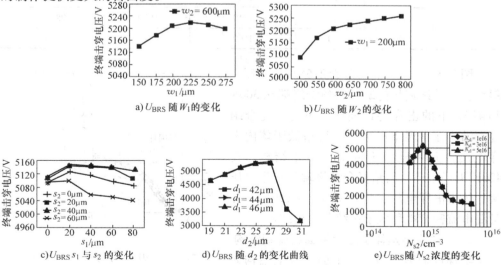

图 7-35　终端击穿电压 U_{BRS} 随终端结构参数的变化

图 7-36 比较了在 300K 和 420K 下该阶梯掺杂延伸型复合结终端的击穿特性与体内击穿特性曲线比较。在 300K 温度下，终端击穿电压为 5078V，达到体内击穿电压的 95%，且高温漏电流较小。这说明采用该平面复合结终端不仅可以大大减小结终端面积，降低漏电流，同时提高器件的高温稳定性。

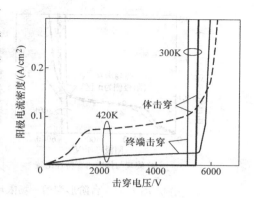

图 7-36　阶梯形平面复合结终端击穿特性曲线

3. 台阶形沟槽 - 场限环复合结终端

台阶形沟槽 - 场限环复合结终端结构如图 7-37 所示[44]，是在主结外侧设置了两个宽度相同、但间距不同的场限环，并通过刻蚀工艺选择性地去除高掺杂浓度的部分 p^+ 区，使沟槽成台阶形。该复合结终端的耐压原理与场限环的基本相同，通过选择性地去除场限环表面重掺杂浓度的 p^+ 区，可有效地控制空间电荷区的电荷量，迫使其耗尽区扩展，以降低表面电场强度。在主结与两个场限环表面存在 p^+ 连通区，可使结终端弯曲度变小，有利于缓解表面电场集中。此外，为了提高结终端耐压的稳定性，将结终端阳极侧的 p^+ 区用 n^+ 区替代，使空穴的注入效率 γ_p 降为零，不仅可以有效缓解导通期间结终端区与有源区交界处的电流集中，而且可以显著降低结终端区的高温漏电流。

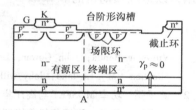

图 7-37　台阶形沟槽 - 场限环
终端结构

为了提高终端击穿电压，需要对槽深和环间距进行严格控制，确保击穿先发生于体内，从而降低表面因素对耐压的影响。通过仿真得到该复合结终端在 300K 和 420K 高温下的结终端击穿特性曲线如图 7-38a 所示。可见 300K 下的终端击穿电压为 5050V，可达到其体内击穿电压的 95.4% 左右，且两者在高温下的漏电流密度接近。值得注意的是，若保持结终端尺寸不变（1.61mm）、将结终端阳极侧 p^+ 区改为 n^+ 区时，在 300K 下终端击穿电压上升到约为 5190V，达到其体内击穿电压的 98.1% 左右，并且 400K 下的漏电流也显著减小。如图7-38b 所示。可见，在终端阳极侧引入 n^+ 区，不仅可以提高终端耐压，而且可以大大改善其高温稳定性，但同时也增加了工艺难度。在逆导器件的终端设计中，采用这种终端结构，使终端阳极侧的 n^+ 区与二极管的阴极区同时形成，可以更好地发挥其优越性。

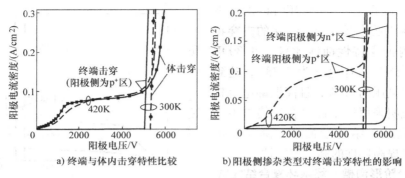

图 7-38　台阶形沟槽 - 场限环复合结终端击穿特性曲线

相比较而言，场限环 - 负斜角复合结终端结构的终端击穿电压最高，且工艺简单，容易实现，但只适合圆形芯片。阶梯掺杂延伸型复合结终端与台阶形沟槽 - 场限环复合结终端结构工艺较为复杂，成本较高，但通用于圆形芯片和方形芯片。由于结终端结构参数与有源区密切相关，并取决于芯片制作工艺，需要严格控制采用，以达到预期目的。

参 考 文 献

[1] Vitezslav Benda, John Gowar, Duncan A Grant. Power Semiconductor Device Theory and Application [M]. England: Johy willey & Sons, 1999.

[2] 陈星弼. 功率 MOSFET 与高压集成电路 [M]. 南京：东南大学出版社，1990.

[3] 王彩琳，于凯. 沟槽负斜角终端结构的耐压机理与击穿特性分析 [J]，固体电子学研究与进展，2011，31（4）：345 - 349.

[4] Vinod Kumar Khanna. Insulated Gate Bipolar Transistor IGBT Theory and Design [M]. John Wiley & Sons Inc, 2003.

[5] 安涛，王彩琳. 平面型电力电子器件阻断能力的优化设计 [J]. 西安理工大学学报，2002，18（2）：154 - 158.

[6] Temple V A K. Junction Terminati on Extension (JTE), a new technique for increasing avalanche breakdown voltage and controlling surface electric fields in P - N junctions [C] //Proceedings of the IEDM'1977, 23：423 - 426.

[7] tengl R S, Gosele U, Fellinger C, et al. Variation of lateral doping as a field terminator for high - voltage power devices [J]. IEEE Trans actions on Electron Devices, 1986 (33)：426 - 428.

[8] Huaping J, Wanjun C, Chuang L, et al. Design and optimization of linearly graded - doping junction termination extension for 3. 3 - kV - class IGBTs [J]. Journal of Semiconductors, 2011, 32（12）：124004.

[9] Iulian Nistor, Maxi Scheinert, Tobias Wikström, et al. An IGCT chip set for 7. 2 kV (RMS)

VSI application [C] //Proceedings of the ISPSD'2008: 36 - 39.

[10] Ronsisvalle C, Enea V. Improvement of high - voltage junction termination extension (JTE) by an optimized profile of lateral doping (VLD) [J]. Microelectronics Reliability, 2010 (50): 1773 - 1777.

[11] 潘峰, 韩娜, 潘福泉. 高压晶闸管表面造型技术的改进 [J]. 电力电子技术, 2008, 42 (12): 57 - 59.

[12] 周知义. 高压晶闸管的双正斜角造型及表面保护 [J]. 电子元器件应用, 2005, 7 (2): 15 - 23.

[13] Baliga B J. Fundamentals of Power Semiconductor Devices [M]. Springer, 2008.

[14] Lutz J, Schlangenotto H, Scheuermann U, et al. Semiconductor Power Devices Physics, Characteristics, Reliability [M] Berlin, Heidelberg Springer - Verlag, 2011.

[15] Lin J L, Wen L W. Design, Simulation, and Fabrication of Metal - Oxide - Semiconductor Field - Effect Transistor (MOSFET) With New Termination Structure [J]. IEEE Transactions on Electron Devices, 2012, 59 (12): 3179.

[16] El Baradai N, Sanfilippo C, Carta R, et al. An improved methodology for the CAD optimization of multiple floating field - limiting ring terminations [J]. IEEE Transactions on Electron Devices, 2011, 58 (1): 266 - 270.

[17] Chao D S, Hung C C, et al. Optimization and Fabrication of Planar Edge Termination Techniques for a High Breakdown Voltage and Low Leakage Current P - i - N Diode [C] //Proceedings of the APEC'2004, 1: 241 - 245.

[18] tockmeier T S, Rog Piller P. Novel planar junction termination technique for high voltage power devices [C] //Proceedings of the ISPSD'1990: 236 - 239.

[19] Oh J K, Ha M W, Han M K, et al. A new junction termination method employing shallow trenches filled with oxide [J]. IEEE Electron Device Letters, 2004, 25 (1): 16 - 18.

[20] Kim Y H, Lee H S, Kyung S S, et al. A new edge termination technique to improve voltage blocking capability and reliability of field limiting ring for power devices [C] //Proceedings of the ICICDT'2008: 71 - 74.

[21] Dragomirescu D, Charitat G, Morancho F, et al. Novel concepts for high voltage junction termination techniques using very deep trenches [C]//Proceedings of the CAS'99, 1: 67 - 70.

[22] Seto K, Kamibaba R, Tsukuda M, et al. Universal trench edge termination design [C] // Proceedings of the ISPSD'2012: 161 - 164.

[23] 陶崇勃, 王彩琳, 邵永周. 6 英寸整流管工艺设计与研究 [J]. 电力电子技术, 2014, 48 (6).

[24] Seto K, Kamibaba R, Tsukuda M, et al. Universal trench edge termination design [C] // Proceedings of the ISPSD'2012: 161 - 164.

[25] Theolier L, Mahfoz - Kotb H, Isoird K, et al. A new junction termination using a deep trench filled with BenzoCycloButene [J]. IEEE Electron Device Letters, 2009, 30 (6): 687 - 689.

378

[26] Williams B W. Principles and Elements of Power Electronics [M]. University of Strathclyde – Glasgow, 2006.

[27] Baliga J. Advanced High Voltage Power Device Concepts [M]. New York, Dordrecht, Heidelberg, London Springer, 2011.

[28] 贺东晓. 4. 5kV IEGT 的 IE 效应与特性分析 [D]. 西安：西安理工大学，2009.

[29] 张彦飞，吴郁，游雪兰，等. 硅材料功率半导体器件结终端技术的新发展 [J]，电子器件，2009（3）：538 – 546.

[30] Qu Zhijun. Termination Structure for Superjunction Device: US Patent 6 622 122B2 [P]: 2002 – 7 – 3.

[31] Iwamoto S , Takahashi K , Kuribayashi H , et al. Above 500 V class Superjunction MOSFETs Fabricated by Deep Trench Etching and Epitaxial Growth [C] //Proceedings of the ISPSD'2005: 31 – 34.

[32] Jang H, Jung J, Lee J. Superjunction semiconductor device: US. 7301203 [P]. 2007 – 11 – 27.

[33] Heinze B, Lutz J, Felsl H P, et al. Ruggedness analysis of 3. 3 kV high voltage diodes considering various buffer structures and edge terminations [J]. Microelectronics, 2008, 39 (6): 868 – 877.

[34] Miao R, Lu F, Wang Y, et al. Deep oxide trench termination structure for super – junction MOSFET [J]. IEEE Electronics Letters, 2012, 48 (16): 1018 – 1019.

[35] Mahfoz – Kotb H, Theolier L, Morancho F, et al. Feasibility study of a junction termination using deep trench isolation technique for the realization of DT – SJMOSFETs [C] //Proceedings of the ISPSD'2008: 303 – 306 .

[36] FRED, Rectifier Diode and Thyristor Chips in Planar Design, IXYS Inc. 2008, http: // ixdev. ixys. com/datasheet.

[37] Schulze H J. Realization of a high voltage planar junction termination for power devices [J]. Solid state electronics, 1989, 32 (2): 175 – 176 .

[38] Kosier S L, Wei A, Shibib M A, et al. Combination field plate/field ring termination structures for integrated power devices [C] //Proceedings of the ISPSD'93: 182 – 187.

[39] Matthias S, Vobecky J, Corvasce C, et al. Field Shielded Anode (FSA) Concept Enabling Higher Temperature Operation of Fast Recovery Diodes [C] //Proceedings of the ISPSD' 2011: 88 – 91 .

[40] Masuoka F, Nakamura K, Nishii A, et al. Great impact of RFC technology on fast recovery diode towards 600 V for low loss and high dynamic ruggedness [C] //Proceedings of the ISPSD'2012: 373 – 376.

[41] Chen Z, Nakamura K, Nishii A, et al. A balanced High Voltage IGBT design with ultra dynamic ruggedness and area – efficient edge termination [C] //Proceedings of the ISPSD'2013:37 – 40.

[42] 王彩琳. 一种沟槽负斜角终端结构及其制备方法：中国，ZL201110196090. 2 [P]. 2011 – 7 – 14.

［43］于凯．集成化功率 MOS 器件与终端技术的研究［D］．西安：西安理工大学，2011.

［44］王一宇．功率器件结终端结构的设计与验证［D］．西安：西安理工大学，2013.

［45］王彩琳．一种沟槽正斜角终端结构及其制备方法：中国，ZL201110196911.2［P］．2011 – 7 – 14.

第8章 电力半导体器件的制造技术

本章主要介绍电力半导体分立器件与功率集成电路的制造技术。内容包括衬底材料的制备技术、芯片制作的基本工艺技术、寿命控制技术、硅-硅直接键合技术及封装技术。

8.1 概述

8.1.1 发展概况

1. 发展历程

半导体工艺技术与新型电力半导体器件的发展息息相关。最初的半导体工艺主要是通过拉晶法和合金法来制造 pn 结的。自 1954 年发明扩散技术后，当时很快研制出了合金扩散晶体管。但半导体器件的真正发展是在硅平面工艺技术发明之后，首先是在硅片上用热氧化法生长出具有优良的绝缘性能和能掩蔽杂质扩散的二氧化硅层；然后将光刻技术和薄膜蒸发技术引入半导体器件制造中，与扩散、外延等技术相结合，形成了硅平面工艺技术，使硅晶体管在频率、功率、饱和压降及稳定性与可靠性等方面远超锗晶体管。

硅平面工艺技术的开发为电力半导体器件和集成电路制造工艺技术奠定了基础，不仅促进了晶闸管和双极型集成电路的出现和发展，而且也是 MOS 场效应晶体管和 MOS 集成电路诞生的必要和重要条件。1957 年研制成功第一只晶闸管，1958 年研制成功第一块双极型单片集成电路（IC）[1]，1962 年后相继诞生 MOS 场效应晶体管和 MOS 集成电路。从此半导体工艺技术向两个分支发展：一是向高电压、大电流方向发展，形成分立的半导体器件，如 20 世纪 60 年代发展各种派生晶闸管，包括双向晶闸管、逆导晶闸管、门极关断晶闸管，70 年代初期开发的功率 MOSFET、80 年代出现的绝缘栅双极型晶体管（IGBT）、90 年代末出现的由 GTO 和 MOSFET 复合器件，包括发射极关断晶闸管、MOS 关断晶闸管及集成门极换流晶闸管（IGCT）；二是向高集成度的集成电路方向发展，形成功率集成电路（PIC）。由于单片集成减少了系统中元件、互连及焊点数目，不仅提高了系统的可靠性与稳定性，而且减少了系统的功耗、体积、重量及成本。由于 70 年代初的功率集成器件主要为双极型晶体管，所需的驱动电流大，驱动与保护电路复杂，所以 PIC 的研究并未取得实质性进展。直到 80 年代，由 MOS 栅控制、具有输入阻抗高、驱动功耗低、易保护等特点的新型功率 MOSFET 及 IGBT 出现，使驱动电路简单化，且容易与功率器件集成，因而带动了 PIC 的迅速发展，但复杂的系统设计和昂贵的工艺成本限制了 PIC 的应用。随着双极互补 MOS（Bipolar CMOS，BiCMOS）集成电路及双极-互补 MOS-双扩散 MOS（Bipolar-CMOS-DMOS，BCD）工艺相继出现，于 90 年代发展了智能功率集成电路（SPIC），将检测、驱动及自保护电路与功率器件集成在一起，使 PIC 的功能得到显著改善。

2. 发展趋势

半导体工艺的发展趋势之一是将分立器件制造工艺和集成电路制造工艺相结合，并相互促进共同发展。在超结 MOSFET、IGBT 和 IGCT 等新型器件结构中，都采用了浅结、薄片、大尺寸及精细的加工技术，具有大功率分立器件和集成电路制造工艺的共同特征。目前，IGBT 的线宽已经达到 $0.35\mu m$、晶片尺寸达到 $\phi 8in$（$\phi 200mm$）水平，并需要精细的光刻工艺，必须在 IC 工艺线和分立器件工艺线上共同加工完成。为了提高器件工作频率，不仅要对其 n 基区或漂移区厚度、少子寿命及阳极（或集电极）发射效率进行精确控制，同时要求多个单元（或元胞）的工艺一致性高。所以，在新型电力半导体器件的研发中，会逐渐引入集成电路的加工技术，如离子注入、化学气相淀积（CVD）工艺及薄片工艺等，尽可能地降低器件的通态和开关损耗，并提高芯片工艺的均匀性。为了降低芯片损耗、提高器件可靠性，除了采用了薄片工艺外，新材料（如 SiC、GaN 及 SOI 衬底）、新工艺（如硅-硅直接键合技术）及先进的寿命控制技术也逐渐用于新型电力半导体器件的制造。在 PIC 芯片的制作中，也采用类似于分立器件中的三维超结（SJ）技术和局域寿命控制技术，以降低横向高压器件的导通损耗和开关损耗。制作 SJ 所用的离子注入和刻蚀工艺与制作 PIC 的 BCD 工艺完全兼容。BCD 作为一种先进的单片集成工艺技术，是目前电源管理、显示驱动、汽车电子等 PIC 制造工艺的最佳选择，仍将朝着高压、高功率及高密度三个方向发展[2]，并且 BCD 工艺与 SOI 技术相结合是一个非常重要的技术趋势。

半导体工艺发展另一趋势是封装技术逐渐由焊接式向压接式发展，不论是单管封装，还是模块封装，均可采用压接式结构，可以有效缓解封装材料与芯片间的热机械应力，提高器件的可靠性。同时，为了降低单片功率集成电路的技术难度，将 IGBT 芯片和驱动电路、保护电路以及检测电路等通过 DBC 基片集成在一起形成智能功率模块（IPM）；为了提高大功率器件（如 GTO 或 GCT）的可靠性，并减小其体积、重量，将大功率器件与其驱动电路中的 MOS 管、大电容等通过压接封装集成在一个封装体内，再通过印制电路板与驱动电路集成形成组件。

8.1.2　主要制造技术内容

半导体器件制造技术涉及到衬底制备、芯片制造的掺杂技术、薄膜生长技术、微细图形加工技术及背面减薄技术。其中衬底材料涉及到直拉单晶、区熔单晶、高阻外延片及 SOI 衬底，器件制作基本工艺除了热扩散、热氧化、物理和化学气相淀积技术外，还需大面积减薄、微细光刻、大束流离子注入及干法刻蚀等新技术。此外，在新型电力半导体器件的开发过程中，为了改善器件性能、简化其制作工艺，引入了少子寿命控制新技术和硅－硅直接键合技术等。

为了拓宽电力半导体器件的应用范围，提高电力电子装置的可靠性，缩小封装体积，出现了许多封装新技术，如单管大尺寸封装（TO－220以上）、表面贴装、标准功率模块、三维封装模块以及多芯片并联、多芯片串联等形式。

8.2 衬底材料制备技术

8.2.1 硅衬底

半导体器件对硅单晶衬底材料的厚度、晶向、尺寸、电阻率有一定的要求。由于 n 型半导体中载流子的迁移率大于 p 型半导体中载流子的迁移率（$\mu_n > \mu_p$），所以功率器件通常采用 n 型衬底材料以获得较高的频率和电导。为了提高耐压，要求衬底材料具有高的电阻率，并要求径向、轴向及微区的均匀性和真实性要高；同时还要求材料晶格结构完整、无缺陷，载流子寿命应具有较高的均匀性及真实性。通常双极型器件采用 <111> 晶向的硅单晶，MOS 型器件采用 <100> 晶向的硅单晶。硅单晶材料的制作方法通常有直拉法和区熔法。

1. 直拉硅单晶

直拉硅单晶采用直拉单晶生长法（Czochralski，CZ）制备。它是将多晶硅在真空或惰性气体保护下加热，使多晶硅熔化，然后利用籽晶来拉制的单晶。硅单晶的生长过程实际上是由液相向固相的转化过程，要求在液相－固相界面附近必须存在温度梯度（dT/dz）。开始拉制单晶时，可以先将多晶硅和所需掺杂剂一起放入石英坩埚内熔化，然后将籽晶浸入熔体中，缓慢转动并提起。在拉制过程中，籽晶的转动速度、提拉速度及温度分布应严格控制。由于熔硅中的碳（C）与石英坩埚（SiO_2）会发生反应生成一氧化碳（CO），受热对流影响而使 CO 不易挥发，导致直拉单晶中的碳（C）、氧（O）含量高达 10^{18} cm^{-3}。为了抑制热对流，减小熔体中温度的波动，在生产中通常采用水平磁场或垂直磁场等技术。在磁场的作用下，熔硅与坩埚的作用减弱，使坩埚中的杂质较少进入熔体和晶体，从而制成磁控直拉单晶（MCZ）。MCZ 减小了杂质进入，降低了晶体的缺陷密度，提高了晶体纯度和杂质分布的均匀性。

2. 区熔硅单晶

区熔硅单晶通常采用悬浮区熔法（Floating Zone melting，FZ）制备，它是将籽晶和多晶硅棒粘在一起后竖直或水平地固定在区熔炉上、下轴之间，通过分段熔融多晶棒，在熔区由籽晶移向多晶硅棒另一端的过程中使多晶硅转变成单晶硅。利用区熔法也可以制作 n 型和 p 型单晶，掺杂剂是以气体的形式被加入到晶体生长室内的惰性气氛中，通常掺磷时用磷烷（PH_3），掺硼时用乙硼烷（B_2H_6）。由于熔化区仅与周围的惰性气氛接触，所以几乎没有杂质引入到硅中，故其中 C、O 含量较低。如在氩气气氛中制作的区熔单晶，C、O 含量为 $5 \times 10^{15} \sim 2 \times 10^{16} \text{cm}^{-3}$。经过多次这样的熔融过程，单晶的电阻率可以高达 $100 \sim 1000 \Omega \cdot \text{cm}$。目前，利用区熔法生产 $4 \sim 6\text{in}$（$\phi 100 \sim 150\text{mm}$）小直径的硅单晶比较成熟，制作 8in（$\phi 200\text{mm}$）以上的硅单晶尚有困难。所以，区熔单晶具有电阻率高、直径小等特点，适用于制作 2kV 左右的分立器件。

无论是直拉硅单晶还是区熔硅单晶，都存在轴向、径向电阻率的不均匀问题，无法用于 6kV 以上高压器件的制作。为了提高区熔单晶的均匀性，需采用中子嬗变掺杂（Neutron Transmutation Doping，NTD）法来改善其电阻率的均匀性[1]。中子嬗变法是利用硅中存在三种均匀分布稳定的 ^{28}Si、^{29}Si、^{30}Si 同位素［含量（质量分数）分别为 92.21%、4.7%、3.0%］，在热中子（即低能中子）辐照下发生嬗变反应，生成 ^{31}Si 蜕变后形成稳定的 ^{31}P，从而使硅单晶中的磷含量增加，形成均匀的 n 型掺杂。中子辐照不会引入其他杂质，由中子通量密度和辐照时间来精确控制掺杂浓度。虽然中子辐照会产生晶格缺陷，但经退火处理（$750 \sim 800^{\circ}\text{C}$，$1 \sim 3\text{h}$）可以消除这些辐照损伤。由于中子嬗变法只能制作 n 型单晶，不能制作 p 型单晶，所以，n 型区熔中照硅单晶常作为整流二极管、晶闸管及其派生器件、NPT - IGBT 和 FS - IGBT 等器件的衬底材料。

图 8-1 给出了半导体衬底材料逐年发展路线图[3]。可见，在衬底材料制造方面，大直径的磁控直拉（MCZ）单晶正逐渐取代悬浮区熔（FZ）单晶。与硅衬底相比，SiC 衬底的产量很低，所以快速发展 SiC 衬底很有必要。

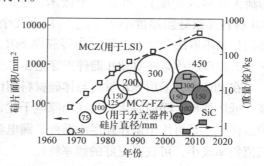

图 8-1　半导体衬底材料的逐年发展路线图

3. 硅外延衬底

硅外延衬底片需采用外延工艺制备。外延（Epitaxy）是指在低于晶体熔点的温度下，在一片表面经过细致加工的单晶衬底上，沿其原来的结晶轴方向，生长一层导电类型、电阻率、厚度及晶格结构完整性都符合要求的新单晶过程。外延技术是获得理想、完美、高质量硅材料的重要手段，也可提供一种掺入杂质均匀分布的控制方法。因外延掺杂需外延生长设备，远比扩散掺杂的成本高。为了获得良好的外延层质量，在外延生长之前需进行原位清洁处理，并要求在高温下进行外延生长。所以，在外延层生长的高温过程中，新生长的外延层和衬底之间会发生对流扩散，导致两者之间的掺杂浓度分布并非突变结分布，而存在一个杂质缓变分布的过渡区。

外延层性能优于本体单晶材料，如 O、C 含量低，表面损伤小，避免了硅中氧化物的沉积，有利于提高少子寿命，减小器件的漏电流[4]。在 n^+ 衬底上外延生长一薄层 n^- 硅层制成 n^-/n^+ 外延片，可用于制作快恢复功率二极管、高频功率双极型晶体管及功率 MOSFET。有源区在 n^- 外延层内，n^+ 硅衬底用作机械支撑层和导电层，以降低集电极（或漏极）的串联电阻。在 p^+ 衬底上外延生长一薄层的 n^- 硅层制成 n^-/p^+ 外延片，可用于制作 PT – IGBT 或功率集成电路（PIC）。在外延层上，通过 p 型杂质深扩散或氧化物沟槽，很容易实现 PIC 中元器件间的隔离。采用 n^-/n^+ 或 n^-/p^+ 外延片制作的功率器件和功率集成电路，可显著提高电路开关速度，并降低 α 粒子引起的软误差。

8.2.2　SOI 衬底

SOI 衬底自 20 世纪 90 年代以来，广泛用于功率集成电路（PIC）。第 6 章中已经介绍了 SOI 基的功率器件和功率集成电路。本节主要介绍 SOI 衬底的制作方法。

1. SOI 衬底的特点

SOI 衬底采用三明治结构，根据顶层硅膜的厚度和掺杂浓度不同，可分为厚膜 SOI 材料和薄膜 SOI 材料[5]。厚膜 SOI 材料是指顶层硅膜厚度大于 $2X_{dmax}$（X_{dmax} 为最大耗尽区宽度），可达几十微米，正面、背面耗尽区之间不相互影响；薄膜 SOI 材料是指硅膜厚度小于 X_{dmax}，只有几个微米甚至更小（$0.25\mu m$），硅膜可全部耗尽而不取决于背栅电压。中等膜厚 SOI 材料是处于厚膜和薄膜之间的 SOI 材料，其膜厚和掺杂将对 SOI 器件击穿电压产生影响。

在 PIC 中，采用 SOI 材料与体硅材料相比，有以下特点：一是可以有效地实现高、低压器件之间的隔离，彻底消除电干扰，简化器件设计，便于集成不同的电路和器件；二是可用于制作耗尽型器件，漏电流小，栅压对漏电流的控制能力强，亚阈值斜率较小，可获得更好的频率特性；三是可用于制作在辐射、高温、低温等恶劣环境中工作的器件；四是 SOI 基 PIC 的隔离区面积小，可以节约芯片面积，减小寄生电容。

2. SOI 衬底制备方法

SOI 衬底的制备有多种方法，见表 8-1[6]。它包括多晶硅或非晶硅的单晶化法、单晶衬底分离法及单晶硅薄膜淀积法。其中，常用的方法是单晶衬底分离法，包括注氧隔离（Separation – by – Implantation of Oxygen，SIMOX）技术[7]、多孔硅氧化全隔离（Full Isolation by Porous Oxidized Silicon，FIPOS）技术[8]及硅 – 硅直接键合（SDB）技术[9]。

（1）注氧隔离（SIMOX）技术　是用能量为（150 ~ 200）keV、剂量为 $1.8 \times 10^{18} cm^{-2}$ 的 O^+ 注入到硅衬底中，在 1300℃高温以上经 5 ~ 6h 退火后，在硅表面以下形成几百纳米的埋氧层，从而形成有三层结构的 SOI 材料。与注氧退火形成埋氧层一样，也可以进行注氮隔离（SIMNI），即用能量为（160~200）keV、剂量为 $1.1 \times 10^{18} cm^{-2}$ 的氮离子（N^+）注入到硅衬底中，经退火形成绝缘层为氮化硅（Si_3N_4）的 SOI 结构。

表 8-1　SOI 衬底材料的制造技术

（2）多孔硅氧化全隔离（FIPOS）技术　是在多孔硅（指内部含有许多空洞的单晶硅）上先生长常规的单晶硅；然后通过腐蚀顶层硅达到多孔硅层，再对隐埋的多孔硅层进行等厚的阳极氧化而形成埋氧层。该技术需要用分子束外延（MBE）或等离子体化学气相淀积（PECVD）来精确控制单晶硅膜的生长，成本较高，现已用于大规模集成电路及薄膜 SOI 基器件的制备。

（3）硅-硅直接键合（SDB）技术　是指将两片已经生长氧化膜的硅片进行键合，然后通过抛光和腐蚀进行减薄，从而形成 SOI 衬底材料。与前两种制备方法相比，采用 SDB 技术制备的 SOI 材料有很多优点：一是工艺简单，不需要大型的复杂设备，故成本低，适合大规模生产和应用；二是埋氧层是由热氧化生成的，厚度和质量好，不会出现针孔现象；三是顶层硅是原单晶硅片的一部分，缺陷密度小，质量高，且厚度由减薄和抛光工艺决定。所以，完全适用于 SOI 基 PIC 的制作。关于硅-硅直接键合技术的原理与方法将在 8.4 节中详细介绍。

8.3　基本制造工艺

电力半导体器件的基本制造工艺包括掺杂技术、薄膜生长技术、光刻技术及背面减薄技术。其中掺杂技术通常包括热扩散、离子注入等，薄膜生长技术包括热氧化、化学气相淀积、物理气相淀积等，光刻技术包括曝光与刻蚀等。

8.3.1　热氧化

在器件的制作过程中，常常需要各种氧化层薄膜。制作氧化层薄膜的方法很多，常用的是热生长与化学气相淀积。根据热氧化气氛不同来分，热生长法可分为干氧氧化、湿氧氧化和水汽氧化。根据氧化层薄膜厚度不同来分，可分为薄膜、超薄膜和厚薄膜。为了改善栅氧化层的质量，也可以在干氧氧化时进行掺氯，即所谓掺氯氧化。

1. 基本制备方法

（1）干氧氧化　干氧氧化是指在反应室中通入纯净、干燥的氧气直接进行氧化。在高温下，当氧气与硅片接触时，氧气分子与硅片表面的硅原子反应生成起始的二氧化硅（SiO_2）层。氧化过程发生的化学反应式如下：

$$Si + O_2 \xleftrightarrow{\triangle} SiO_2 \tag{8-1}$$

式中，"△"表示此反应需要加热（下同）。由于起始的氧化层会阻碍氧分子与 Si 表面直接接触，使得在后续氧化过程中，氧化剂（负氧离子）只能通过扩散穿过已生成的 SiO_2 层，到达 $SiO_2 - Si$ 界面进行反应，使氧化层厚度不断加厚，同时 Si 层不断被消耗。所以在氧化过程中，$SiO_2 - Si$ 界面不断发生变化。当氧化过程结束后，在已生长的氧化层与硅衬底界面间会形成不完整的 SiO_x，这会导致 $SiO_2 - Si$ 界面存在界面态。

干氧氧化得到的 SiO_2 层表面为硅氧烷结构，其中氧原子呈桥联氧（即氧原子为两个硅原子所共有），故干氧氧化形成的 SiO_2 层结构致密，均匀性、重复性好。同时，硅氧烷呈非极性，与光刻胶（非极性）黏附性良好，不易产生浮胶现象，光刻质量好。所以，与光刻胶相接触的氧化层最好是干氧形成的氧化层。

（2）水汽氧化　水汽氧化是指在反应室中通入水汽进行氧化。水汽来源于高纯去离子水汽化或氢气、氧气直接燃烧化合而成。在高温下，当水汽与硅片接触时，水汽会与表面的硅原子反应生成起始 SiO_2 层。氧化过程发生的化学反应式如下：

$$Si + 2H_2O \xleftrightarrow{\triangle} SiO_2 + 2H_2 \uparrow \tag{8-2}$$

水分子先与表面的 SiO_2 反应生成硅烷醇（$Si - OH$），$Si - OH$ 再穿过已生成的氧化层扩散到达 $SiO_2 - Si$ 界面处，与硅原子反应，所生成的 H_2 将迅速离开 $SiO_2 - Si$ 界面，也可能与氧结合形成羟基。

水汽氧化得到的 SiO_2 层表面为硅烷醇结构，其中氧原子呈非桥联氧（即氧原子只与一个硅原子相连接并没有形成氧桥），故水汽氧化形成的氧化层结构疏松，均匀性、重复性较差。同时硅烷醇结构中的羟基极易吸附水，吸附水后呈极性，不易与非极性光刻胶粘附，易产生浮胶现象，所以光刻质量较差。由于水汽在二氧化硅中的溶解度比干氧大许多，并且水汽氧化形成的氧化层结构疏松。所以，在相同的温度下，水汽氧化比干氧氧化快。

（3）湿氧氧化　湿氧氧化是指氧气在通入反应室之前，先通过加热的高纯去离子水，使氧气中携带一定量的水汽。水汽含量的多少由水浴温度和气流决定，饱和情况下，只与水浴温度有关。湿氧氧化兼有干氧氧化和水汽氧化两者的共同特点，湿氧氧化比干氧氧化速度快，但比水汽氧化速度慢；其氧化层质量也介于干氧氧化和水汽氧化之间。

（4）掺氯氧化 掺氯氧化是指在干氧氧化时，加入少量氯气（Cl_2）、氯化氢（HCl）、三氯乙烯（C_2HCl_3 或 TCE）或三氯乙烷（TCA）等含氯的气态物。在干氧氧化时，氯会结合到氧化层中，并集中分布在 $SiO_2 - Si$ 界面附近，可使移到此处的 Na^+ 被陷住不动，从而使 Na^+ 丧失电活性和不稳定性。同时氯在 $Si - SiO_2$ 界面处以氯－硅－氧复合体形式存在，中和了界面电荷，填补了氧空位，故可降低 SiO_2 层中的界面态密度，减少二氧化硅中的缺陷。另外，在高温下，氯气会与氧化炉中的许多杂质发生反应，生成挥发性的化合物而从氧化炉逸出。故掺氯氧化可吸收或提取氧化层下面硅中的杂质，减少复合中心，使少子寿命增加。氯还可以起反应催化作用，有利于提高氧化速度。

2. 特殊制备技术

由于氧化层的生长速度与压力有关，可以利用高压水汽氧化技术来制备厚氧化层，也可以利用低压氧化技术来制备薄氧化层。

（1）高压水汽氧化 是指在 $10 \sim 25$ atm（$1 \sim 2.5$ MPa）压强的密封系统中进行的水汽氧化。在该压力下，氧化温度可降到 $300 \sim 700℃$，并能保证正常的氧化速率。采用这种高压水汽氧化法可将硅中的错位生长降到最小。

（2）低压氧化技术 是指在压强低于 1atm（0.1MPa）的密封系统中进行氧化，以形成氧化层厚度小于 10nm 的薄氧化层。

此外，还可以采用低温氧化技术制备超薄氧化层。低温氧化技术是指将干氧氧化的温度降低到为 $800 \sim 1000℃$。实验证明，在此温度范围内，氧化层厚度仍与时间成正比。通常还有 2nm 的初始氧化层（与天然氧化层厚度相当）。

3. 氧化层薄膜的主要用途

氧化层薄膜在双极型器件中主要用作掩蔽膜，在 MOS 型器件中用作栅氧化层、场氧化层、离子注入的牺牲氧化层，PIC 中用作垫氧化层及侧墙氧化层等[10]。由于氧化层薄膜使用场合不同，对其要求就不同，所用制作方法也不同。比如 HVIC 中要求氧化层薄膜具有低缺陷密度和良好的掩蔽作用、低界面态密度和固定电荷密度，还要求均匀性和重复性好，以及在热载流子应力和辐照条件下具有良好的稳定性等特点。

（1）栅氧氧化层 由于 MOS 型器件的栅氧化层仅为 $100 \sim 150$ nm，并要求结构致密，所以，在干氧氧化后必须通过退火加密来实现。为了改善栅氧化层的质量，还可以采用掺氯氧化，以减小 Na^+ 污染，改善栅氧化层的质量。

（2）场氧化层 在 MOS 型器件的制备过程中，p 阱区和终端场限环可通过硼的选择性掺杂同时实现，所需的扩散掩蔽膜将有源区和终端区隔离开，也可称此掩蔽膜为场氧化膜。场氧化层厚度通常控制在 $0.5 \sim 2.0 \mu m$ 之间，并且对膜层的质量要求不是很高，故可采用干氧（掺氯）－湿氧－干氧交替的氧化方法。

（3）牺牲氧化层 在 IGBT 的 p 基区与发射区离子注入前，为了避免沟道效应,并保护硅衬底,需要制作一层薄氧化层,在离子注入完成后,再去掉该氧化层,故称此氧化层为离子注入的牺牲氧化层。牺牲氧化层厚度通常在 20~50nm 之间,可采用物理气相淀积中的溅射法来制作一层无定形的 SiO_2 层。此外,在沟槽栅结构中,为了去除沟槽刻蚀带来的损伤,可以在沟槽刻蚀后利用热氧化生长约 100nm 的牺牲氧化层,即将损伤的硅层变成氧化层,当牺牲氧化层被腐蚀掉时损伤也随之消除。

(4)垫氧化层 在 PIC 中形成选择性的隔离氧化层时,需要采用氮化硅膜掩蔽。为了缓冲硅与氮化硅膜之间的应力,可以在淀积氮化硅膜之前,先在硅片上淀积一层 10nm 的垫氧化层。

(5)侧墙氧化层 在自对准多晶硅的硅化物工艺中,可以利用低压化学气相淀积(LPCVD)一层氧化层,然后通过刻蚀形成侧壁氧化层。

8.3.2 热扩散

在电力半导体器件的制作过程中,常常需要各种掺杂浓度和掺杂类型不同的区域。掺杂就是将所需要的杂质,以一定的方式加入到半导体晶片内,并使其在晶片中的数量和分布符合预定要求。常用的掺杂技术主要有热扩散和离子注入。

1. 热扩散简介

热扩散是指高温下杂质从硅衬底表面的高浓度区向内部的低浓度区迁移,并形成满足一定要求的杂质浓度分布。硅中常用的扩散杂质主要有硼(B)、磷(P)铝(Al)及镓(Ga)等,分别以替位式或间隙式单机制,以及空位-间隙双机制等方式扩散。

扩散的快慢可用扩散系数来表征,其表达式如下:

$$D = D_\infty \exp[-E_a/(kT)] \tag{8-3}$$

式中,D_∞ 为频率因子或表观扩散系数;E_a 为扩散所需的激活能,表示杂质粒子跃迁的难易程度。室温下杂质的扩散系数极小,扩散极为缓慢,要使扩散达到一定速度,必须在高温(>800℃)下进行。所以扩散通常称为热扩散或高温扩散。

2. 扩散方程

在低杂质浓度下,扩散系数 D 与掺杂浓度 $N(x, t)$ 无关,即与 x 无关。杂质在硅中的扩散分布都遵循扩散方程(即菲克第二定律):

$$\frac{\partial N(x, t)}{\partial t} = D \frac{\partial^2 N(x, t)}{\partial x^2} \tag{8-4a}$$

式中,D 为扩散系数;$N(x, t)$ 为任意时刻 t 和任一点 x 处的杂质浓度分布。式(8-4a)描述了扩散过程中硅片任一点杂质浓度随时间的变化规律,或任意时刻硅片中每一点的杂质浓度分布。

在高杂质浓度下,D 与 x 有关,则扩散方程可表示为

$$\frac{\partial N(x, t)}{\partial t} = \frac{\partial}{\partial x}\left(D \frac{\partial N(x, t)}{\partial x}\right) \tag{8-4b}$$

对于给定的扩散工艺,都可用适当的初始条件和边界条件来求解式(8-4)所示的扩散方程而得到硅中杂质浓度分布。

3. 杂质浓度分布

硅中典型的扩散工艺有恒定表面源扩散、有限表面源扩散及两步扩散。杂质的扩散工艺不同,杂质浓度分布就不同。

(1)恒定表面源扩散 恒定表面源是指在扩散过程中硅片表面处的杂质浓度 N_S 始终保持不变,如真空扩散和闭管扩散。通常在硅片内形成的杂质浓度分布为余误差分布,可用下式来表示:

$$N(x,t) = N_S \mathrm{erfc}\left(\frac{x}{2\sqrt{Dt}}\right) \tag{8-5}$$

式中,D 为扩散系数;t 为扩散时间;N_S 为表面杂质浓度,它等于扩散温度下杂质在硅中的固溶度(即在一定温度下杂质能溶入固体中的最大浓度),用 N_{sol} 表示。N_{sol} 的大小随温度不同而不同,并且有一个最大值,可由 $N_{sol} \sim T$ 曲线图查出。如磷在 1150℃时 N_{sol} 最大值 N_{Pmax} 为 $1.3 \times 10^{21}\mathrm{cm}^{-3}$,硼在 1250℃时 N_{sol} 最大值 N_{Bmax} 为 $6 \times 10^{20}\mathrm{cm}^{-3}$。

通常将扩入单位面积硅中的杂质总数称为杂质剂量 Q_0（cm^{-2}）,可用杂质浓度分布沿扩散深度的积分来表示为

$$Q_0 = \int_0^\infty N(x, t)\mathrm{d}x = 2\sqrt{\frac{Dt}{\pi}}N_S \tag{8-6}$$

余误差分布可用图 8-2 来表示,当表面杂质浓度 N_S、$D(T)$、t 确定时,杂质浓度分布便可确定。当温度 T 一定时,表面杂质浓度 N_S 随着时间的延长始终保持不变,结深 x_j 逐渐增加,杂质剂量 Q_0 增大,杂质浓度梯度随时间或温度的增加而减小(曲线变缓)。

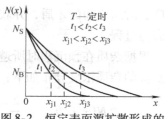

图 8-2 恒定表面源扩散形成的余误差分布

恒定表面源扩散的缺点是,当杂质剂量过大时,易产生杂质沉积和缺陷(特别是采用固态源和液态源进行预淀积时);其次,表面杂质浓度 N_S 较高并保持不变,所以不能满足实际器件掺杂的需要。

(2)有限表面源扩散 是指在扩散过程中杂质源仅限于扩散前淀积到表面薄层内的杂质,这些杂质将全部扩入到硅片内部,如涂源扩散。

有限表面源扩散在硅中形成的杂质浓度分布为高斯分布,可表示为

$$N(x,t) = N_S \exp\left(-\frac{x^2}{4Dt}\right) \tag{8-7}$$

式中，表面杂质浓度 N_S 可表示为

$$N_S = \frac{Q_0}{\sqrt{\pi Dt}} \tag{8-8}$$

式中，Q_0 为单位面积薄层（厚度 $\varepsilon \to 0$）内的杂质总量；D 为扩散系数；t 为扩散时间。对一定杂质而言，当 $D(T)$、时间 t 确定后，则杂质浓度分布就可以确定。

高斯分布可用图 8-3 来表示。当温度 T 一定时，随时间 t 的延长，由于表面杂质总量 Q_0 保持不变，表面杂质浓度 N_S 不断下降，结深 x_j 随时间 t 增加而推进。

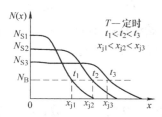

图 8-3　有限表面源扩散形成的高斯分布

有限表面源扩散的缺点是，要获得较低的表面杂质浓度 N_S，就要延长高温过程持续的时间，这会导致已扩杂质再分布，影响器件特性。

（3）两步扩散　是指扩散过程分两步进行。第一步采用恒定表面源扩散，在硅片表面淀积一定数量的杂质原子，称为预淀积或预沉积，其温度较低，时间较短；第二步采用有限表面源扩散，把淀积好的硅片放入高温炉中推进，使表面杂质浓度和结深达到最终要求为止，称为再分布、主扩散或推进，其温度较高，时间较长。两步扩散在实际生产中使用较为广泛，如晶闸管的发射区的磷扩散、功率集成电路中的硼隔离扩散通常都采用两步扩散。采用两步扩散能很好地解决表面杂质浓度 N_S、结深 x_j 与扩散温度、时间之间的矛盾，并获得较高的表面杂质浓度 N_S 和较深的结深 x_j，但需两个高温过程。

根据杂质在预沉积时所遵循余误差分布和再分布时所遵循的高斯分布，得到两步扩散的杂质浓度分布如下：

$$N(x,t_1,t_2) = \frac{2N_{S1}}{\pi} \sqrt{\frac{D_1 t_1}{D_2 t_2}} \exp\left(-\frac{x^2}{4D_2 t_2}\right) = N_S \exp\left(-\frac{x^2}{4D_2 t_2}\right) \tag{8-9}$$

式中，表面杂质浓度 N_S 可表示为

$$N_S = \frac{2N_{S1}}{\pi} \sqrt{\frac{D_1 t_1}{D_2 t_2}} \tag{8-10}$$

令两者的相对扩散长度 $\lambda_t = \sqrt{D_1 t_1 / (D_2 t_2)}$，则当

1）$\lambda_t \geqslant 4$ 时，预淀积起主要作用，杂质剖面呈余误差分布；

2）$\lambda_t \leqslant 1/4$ 时，再分布起主要作用，杂质剖面呈高斯分布；

3）$1/4 < \lambda_t < 4$ 时，两步扩散的最终分布可用史密斯（Smith）函数[1]来表示。

通常，预淀积的温度和时间相对于再分布较低，满足 $\lambda_t \leqslant 1/4$，可用式（8-9）所示的高斯分布来估算扩散参数。

（4）推进兼氧化　在器件的实际制作过程中，为了减少高温过程，杂质的推进与后续的氧化可同时进行，这时需要注意杂质在二氧化硅与硅界面的分凝效应。常用分凝系数（即杂质在硅中的平衡杂质浓度与 SiO_2 中的平衡杂质浓度之比）来表示。不同杂质在硅与二氧化硅界面的分凝系数不同，杂质硼和铝的分凝系数为 0.1，杂质磷的分凝系数为 10。所以，氧化结束后在表面形成的杂质分布会出现杂质积累和耗尽现象[1,11]，如图 8-4a 所示，如果扩散杂质为 n 型（磷），则扩散后表面杂质浓度会增加，出现杂质堆积，这是因为氧化层排斥杂质。如图 8-4b 所示如果扩散杂质为 p 型（硼或铝），则扩散后硅表面杂质浓度会降低，出现杂质耗尽，这是因为氧化层在夺取硅表面的杂质。另外，当温度较高时，氧化速率高于扩散速率，杂质来不及向硅侧迁移就被生长中的氧化物包住，结果使 p 型硅表面更加耗尽；而 n 型杂质在硅表面堆积更快，使表面处的杂质浓度更高（见图 8-4 中虚线）。在实际工艺中，可根据氧化后表面杂质浓度的变化情况，设计推进兼氧化工艺的有关参数。如果希望得到低的 n 区掺杂表面杂质浓度，则推进时最好不要同时氧化，以免因分凝效应导致表面杂质浓度提高。

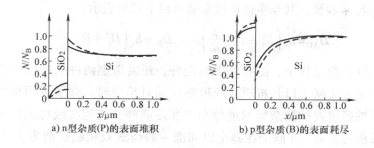

a) n型杂质(P)的表面堆积　　b) p型杂质(B)的表面耗尽

图 8-4　氧化扩散过程后杂质的最终分布

4. p 型扩散方法

双极型器件中常用掺杂方法是扩散，如功率二极管的阳极区、晶闸管的 p 基区，由于结深较深，需采用铝（Al）、镓（Ga）等扩散系数较大的杂质扩散。由于硼（B）的固溶度较高，对高掺杂浓度的浅结，可采用硼固态陶瓷片扩散形成。由于 Al 扩散时，杂质 Al 会与石英管壁反应导致表面杂质浓度降低，所以对低掺杂浓度的深结，常采用铝或镓的涂层、开管或闭管扩散来形成。但对高掺杂浓度的深结，则需采

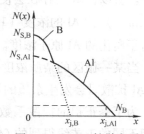

图 8-5　B-Al 扩散杂质浓度分布

用硼－铝（B－Al）双质扩散才能同时满足结深和表面杂质浓度的要求。对低掺杂浓度的浅结，需采用特殊的硼扩散方法形成，如稀释的硼源涂层扩散等。

（1）双质扩散　对普通晶闸管而言，p 基区较深，表面杂质浓度也较低，通常采用 Al 扩散或 Ga－Al 扩散均能满足要求。对 GCT 和 GTO 而言，由于 J_3 的次表面杂质浓度要求比普通晶闸管高出 1 个数量级，故需采用 B－Al 双质扩散来实现，如图 8-5 所示。高杂质浓度由 B 扩散表面杂质浓度决定，结深则由 Al 扩散深度决定[12]。在通常使用的电阻率范围内，当硼的表面掺杂浓度在 $10^{18} \sim 10^{19} \mathrm{cm}^{-3}$ 之间，硼在 n 型硅中的扩散结深大约为铝的一半，或者 Al 扩散的结深大约为 B 扩散结深的 2.1 倍，即 $x_{j, \mathrm{Al}} / x_{j, \mathrm{B}} \approx 2.1$。相比较而言，采用 Ga－Al 扩散可以获得比 B－Al 扩散更好的均匀性。但由于 Ga 扩散后表面杂质浓度比 B 扩散低，故 Ga－Al 扩散虽然可获得更好的均匀性，但无法同时满足高表面杂质浓度和深结的要求。

B－Al 扩散属于双受主掺杂，是一个很复杂的扩散过程。当杂质铝和硼在硅中扩散时，受荷正电空位和中性空位的影响，其本征扩散系数可用下式来描述[1]：

$$D_{i, \mathrm{Al}} = D_i^0 + D_i^+ \qquad D_{i, \mathrm{B}} = D_i^0 + D_i^+ \tag{8-11}$$

考虑到杂质离子与载流子之间的场助效应[1]后，铝和硼的扩散都会加快，可用场助因子 h_e 来表征，其非本征扩散系数可用下式来表示：

$$D_{\mathrm{Al}} = h_e \left(D_i^0 + D_i^+ \frac{p}{n_i} \right) \qquad D_{\mathrm{B}} = h_e \left(D_i^0 + D_i^+ \frac{p}{n_i} \right) \tag{8-12}$$

在 B－Al 扩散过程中，除有场助效应外，还需考虑两种杂质原子之间的相互作用。根据参考文献 [13] 报道，两种杂质同时扩散时，除了表面杂质浓度以及很接近表面的薄层内扩散杂质浓度分布有所提高外，其他区域与纯铝的扩散时相同。从扩散机理来看，B 原子在硅中以间隙－替位式双机制扩散为主[3]，而铝在硅中的扩散主要以间隙式扩散为主，替位式扩散相对较少[14]。但当扩散温度较高时，替位式扩散的比例会增加[15]。由于 Al 的扩散系数大于 B 的，因此 Al 比 B 扩散快。所以，Al 的存在会使 B 的扩散加快。实际扩散中，因为 B 的浓度（$10^{19} \sim 10^{20} \mathrm{cm}^{-3}$）比 Al 的浓度（$10^{16} \sim 10^{17} \mathrm{cm}^{-3}$）高 3 个数量级，离化的 B 原子浓度也远高于离化的 Al 原子浓度。沿扩散方向各点的杂质浓度不同，其扩散系数也不相同。当某一微区的杂质浓度接近饱和杂质浓度时，导致有效扩散系数增加。所以，B－Al 扩散时会发生杂质的增强扩散。

为了修正铝的扩散系数，假设修正因子为 f，则 f 值可根据实际工艺来确定，采用不同的工艺线得到的 f 值大小有可能不同。考虑到杂质增强扩散效应后，铝和硼的扩散系数可分别用下式表示：

$$D_{Al} = f_{Al} h_e \left(D_i^0 + D_i^+ \frac{p}{n_i} \right) \qquad D_B = f_B h_e \left(D_i^0 + D_i^+ \frac{p}{n_i} \right) \qquad (8\text{-}13)$$

式中，f_{Al} 和 f_B 分别为 B – Al 扩散时增强效应的修正因子，f_{Al} 表示 B 对 Al 扩散增强的影响程度；f_B 表示 Al 对 B 扩散增强的影响程度。

图 8-6a 给出了在 1250℃ 下 Al 扩散 35h 得到的杂质浓度分布实测曲线（■ 状线）与仿真曲线（虚线）。图中，Al 扩散后的结深为 105μm，表面杂质浓度为 $4 \times 10^{16} cm^{-3}$，远低于 Al 的固溶度（1250℃ 下为 $2 \times 10^{19} cm^{-3}$），与实际经验值（一般在 $1 \times 10^{16} \sim 1 \times 10^{17} cm^{-3}$[13]）一致。图 8-6b 所示是在 1250℃ 下先进行 35h Al 扩散、再进行 10h 的 B 扩散后得到的杂质浓度分布测试曲线（■ 状线）与仿真曲线（虚线）。图中，B – Al 扩散后的表面杂质浓度约为 $5.5 \times 10^{18} cm^{-3}$，结深约为 120μm。与纯 Al 扩散相比，B – Al 扩散后的表面杂质浓度较高，并且在 B 与 Al 衔接处有明显的拖尾现象。靠近表面处的测试结果与 $f_B = 1$ 时的仿真结果符合较好；与 Al 扩散衔接处的测试结果与 $f_B = 2.5$ 时的仿真结果符合较好。这是由于 Al 扩散系数比 B 大，先扩 Al、后扩 B 时，靠近表面处的 Al 原子数少，对 B 的影响可忽略，修正因子 f_B 为 1；先扩 B，后扩 Al 时，与 B 扩散衔接处的 Al 原子数较多，对 B 的影响较大，修正因子 f_B 为 2.5。对于 Al 扩散而言，有 B 扩散时也会加快 Al 扩散，当 f_{Al} 为 1.1 时，仿真得到的结深与实际扩散结深符合得很好。这表明采用 B – Al 同时扩散时，B 和 Al 有相互促进作用。相比较而言，Al 对 B 的影响较大（B 扩散系数的修正因子为 2.5），B 对 Al 的影响较小（Al 扩散系数的修正因子为 1.1）。当 B – Al 分别扩散，即先扩 Al、后扩 B 时，这种促进作用会明显减弱。

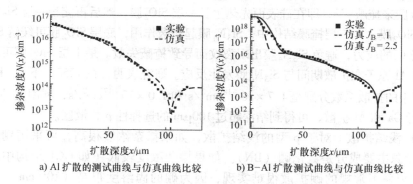

a) Al 扩散的测试曲线与仿真曲线比较　　b) B–Al 扩散测试曲线与仿真曲线比较

图 8-6　Al 扩散与 B – Al 扩散时的杂质浓度分布

（2）镓扩散　由于 Ga 在 SiO₂ 中的扩散系数比在硅中的大（如 1230℃ 时 $D_{SiO_2} \approx 10^{-9} cm^2/s$，$D_{Si} \approx 10^{-12} cm^2/s$），并且在 Si – SiO₂ 界面存在分凝效应（分凝

系数 < 1），以及在硅中具有较高的固溶度（1250℃时 $N_{\text{Sol(SiO}_2)} \approx 10^{16}\,\text{cm}^{-3}$，
$N_{\text{Sol(S)}} \approx 10^{19}\,\text{cm}^{-3}$）等特性[16]，因此可在 SiO_2 膜的覆盖下进行开管 Ga 扩散。通
过严格地控制硅片的温度（1200~1250℃）、杂质源的反应温度（800~1000℃）、
氢气的流量（100~200mL/min）、预沉积时间及再分布的时间等参数，可在硅中得
到理想的掺杂浓度分布，且具有高均匀、高重复的扩散表面和非常均匀的平面结。
由于 Ga 原子是通过 $Si-SiO_2$ 界面扩散，避免了外界一切沾污，可获得高质量的扩
散表面，可以避免硅表面因 Ga 富集而形成的合金点、腐蚀坑、表面薄层电阻不均
匀等弊端[17]。

Ga 闭管扩散是将杂质源（高纯镓或镓硅粉）和硅片放在一个小石英管内抽真
空后封管，然后将小石英管放在扩散炉中进行扩散。由于高纯镓蒸气压极高，同时
在高温下 Ga 与石英的化学反应极为微弱，一般扩散浓度都比较高。采用镓硅粉是
为了稀释 Ga 源，降低 Ga 的蒸气压，以控制表面杂质浓度。镓硅粉扩散适应于低
表面杂质浓度（$10^{17}\,\text{cm}^{-3}$ 左右）的深扩散。闭管扩散的均匀性和重复性好，受外
界影响小，适用于大面积的深扩散，但工艺操作复杂，需换石英管。

（3）选择性的深结扩散　在功率器件制作中，通常需要选择性的 P 型杂质深
扩散，由于二氧化硅膜对杂质铝（Al）或镓（Ga）并没有掩蔽作用，所以不能采
用常规的二氧化硅膜掩蔽方法实现 p 型深结扩散的选择性。

采用氮化硅（Si_3N_4）膜可以实现 SiO_2 膜无法掩蔽的杂质（如 Al、Ga、In 等）
扩散，并且 Si_3N_4 膜对常用杂质（如 B、P、As 等）的掩蔽来也比 SiO_2 膜要强得多，
所需掩蔽膜厚度比 SiO_2 膜小一个数量级[10]。但由于 Si_3N_4 膜与 Si 之间会产生应力，
导致 Si_3N_4 膜产生裂纹。所以，对于选择性的 Al、Ga 扩散，可采用一种 $SiO_2/Si_3N_4/$
SiO_2 复合膜来掩蔽[18]，即在硅表面先热生长一层 SiO_2 膜，然后再淀积一层 Si_3N_4 膜和
另一层 SiO_2 膜。在三层掩膜结构中，Si_3N_4 膜起掩蔽作用，底层 SiO_2 膜可缓解 Si_3N_4 与
硅衬底之间的应力，避免 Si_3N_4 膜出现裂纹而导致掩蔽失效。最上层 SiO_2 膜可防止气
相 Ga 或 Al 原子在扩散期间与 Si_3N_4 膜发生反应。研究表明，在 1250℃下 Ga 和 Al 在
Si_3N_4 膜中的扩散系数分别是 $1.7 \times 10^{-18}\,\text{cm}^2/\text{s}$ 和 $1.0 \times 10^{-17}\,\text{cm}^2/\text{s}$，利用这种复合掩
蔽膜进行 Ga 和 Al 扩散，可得到结深超过 $100\mu m$ 的选择性 p 扩散区。

（4）浅结扩散　对于 p 型的浅结扩散，如果掺杂浓度很高，可采用硼固态源
扩散。硼源主要成分是氮化硼（BN）。如果掺杂浓度较低（如 GCT 结构中的透明
阳极），则采用常规的硼扩散很难实现，因为硼的固溶度很高（$10^{20}\,\text{cm}^{-3}$ 以上），
要降到 $10^{18}\,\text{cm}^{-3}$ 级的掺杂浓度很难。除了采用离子注入与高温推进的方法来实现
外，可采用稀释的三氧化二硼（B_2O_3）涂层低温扩散方法来制作透明阳极区，通
过改变 B_2O_3 源饱和溶液的稀释比例可以控制扩散后的表面杂质浓度[12,13]。表 8-2
给出了硼源稀释度与表面杂质浓度的关系。可见，当 B_2O_3 饱和溶液与稀释液的比例

选为 1:80 时，可得到 $(3 \sim 4) \times 10^{18} \text{cm}^{-3}$ 的表面杂质浓度。显然，用此扩散法形成的低掺杂浓度浅结比用离子注入法所需的成本低得多，并可避免注入引起的损伤。但是，由于涂层扩散杂质剂量的重复性及均匀性较难保证，所形成的表面杂质浓度和结深均匀性没有离子注入效果好。

表 8-2　硼源稀释度与表面杂质浓度的关系

B_2O_3 饱和溶液：稀释液	表面杂质浓度 $/\text{cm}^{-3}$
1:1	1×10^{20}
1:10	1×10^{19}
1:20	$(7 \sim 8) \times 10^{18}$
1:40	5×10^{18}
1:80	$(3 \sim 4) \times 10^{18}$
1:100	2.5×10^{18}
1:120	2×10^{18}
1:200	$(2.5 \sim 4) \times 10^{17}$

5. n 型扩散方法

在电力半导体器件中，n 型扩散通常采用三氯氧磷（$POCl_3$）液态源两步扩散。由于磷的固溶度很高，对高掺杂浓度的浅结，采用磷预沉积即可；对高掺杂浓度的深结（如整流二极管和晶闸管的阴极区），采用磷预沉积和再分布。对低掺杂浓度的深结（如快恢复功率二极管和GCT 的 n 场阻止层），需采用磷低温预沉积和高温长时间推进。为了改善 n 型掺杂均匀性，高掺杂质浓度的 n 扩散层也可采用片状固态磷源扩散来实现[19]。

（1）液态源扩散　常用的液态源扩散是利用气体通过 $POCl_3$ 液态源瓶时携带杂质磷进入扩散炉内在高温下实现掺杂。采用 $POCl_3$ 液态源进行两步扩散的预沉积，其表面杂质浓度主要取决于扩散炉中杂质蒸气压、$POCl_3$ 源的分解能力及在硅中的最大溶解度。杂质蒸气压与携带源气体（通常为氮气）的流量、稀释源气体（通常为氮气及氧气）的流量及源温有关。由于杂质蒸气压对源温的变化极为敏感，为了便于控制，通常将 $POCl_3$ 源置于 0℃ 的冰水中，使得杂质蒸气压仅取决于流量，同时在扩散炉中还通入适量氧气，以利于 $POCl_3$ 源的分解。为了获得扩散的重复性和均匀性，要求携带源的氮气流量为大流量（约 200mL/min），这样可以使杂质蒸气压达到饱和状态，以提高磷扩散的表面杂质浓度。

（2）固态磷源扩散　固态磷源（PDS）是一种灰白色陶瓷圆片，直径为 $\phi 100 \sim 200\text{mm}$，其活性成分为焦磷酸硅（$SiP_2O_7$）和焦磷酸锆（$ZrP_2O_7$）及二氧化硅（$SiO_2$）按 6:3:1 比例形成的化合物[19]。使用前只需一次高温活化，扩散时可以高温进出扩散炉。扩散温度范围为 $975 \sim 1025℃$，可获得 $3 \sim 25\Omega/\square$ 的方块电阻。固态 PDS 磷源具有直径大、使用简便、扩散浓度高、使用寿命长（$4 \sim 6\Omega/\square$ 为 120h）、工艺成本低等优点，还可以根据工艺参数选择不同规格的磷源片。图 8-7 所示为 PDS 源片装舟方式，硅片背靠背与 PDS 源片交替放置在石英舟上。

PDS 的掺杂机理与 $POCl_3$ 液态源的稍有不同。在室温下，SiP_2O_7 和 ZrP_2O_7 不发生化学反应。当温度升高到 700℃ 以后，SiP_2O_7 和 ZrP_2O_7 发生分解，化学反应式如下：

$$SiP_2O_7 \xrightarrow{700℃} SiO_2 + P_2O_5 \uparrow \quad (8-14)$$

$$ZrP_2O_7 \xrightarrow{875℃} ZrO_2 + P_2O_5 \uparrow \quad (8-15)$$

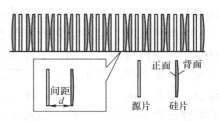

图 8-7 PDS 源片装舟方式

反应生成的 P_2O_5 在 358.9℃ 时就可升华，使得炉管内充满饱和蒸气。P_2O_5 与硅片表面硅原子发生还原反应，生成磷（P）原子和 SiO_2。P 原子在高温下扩散进入硅片内部，实现对硅片的掺杂。化学反应式为

$$2P_2O_5 + 5Si \rightarrow 5SiO_2 + 4P \quad (8-16)$$

PDS 固态磷源片最理想的使用条件是在真空状态下，即炉管内不通气流。但在实际的开管中使用时，为了保护石英炉管，防止氧气（O_2）与源片接触，须通入一定流量的氮气（N_2）。

采用 $POCl_3$ 预淀积时，必须通过氮气（N_2）携带 $POCl_3$ 到达硅片表面，并在高温下分解，会发生如下反应：

$$5POCl_3 \xrightarrow{>600℃} P_2O_5 \uparrow + 3PCl_5 \quad (8-17)$$

反应生成的 P_2O_5 在硅片表面与 Si 发生如式（8-16）所示的还原反应，生成 P 原子扩入硅片。此外，$POCl_3$ 预淀积时，需通入适量的 O_2，以促进 PCl_5 分解，防止其对硅片产生腐蚀。其化学反应如下：

$$4PCl_5 + 5O_2 \rightarrow 2P_2O_5 \uparrow + 10Cl_2 \uparrow \quad (8-18)$$

相比较而言，PDS 与 $POCl_3$ 预淀积时反应物分解的温度不同，通 N_2 的目的和作用也不同，受气流影响结果也有差异。PDS 与 $POCl_3$ 工艺过程的温度控制如图 8-8 所示。图中，t_1 为升温时间，t_2 为恒温时间，t_3 为降温时间。用 PDS 进行预沉积时，当炉温升高到 800℃ 后，将硅片缓慢推入恒温区，稳定 10~15min 后，以一定的速率将炉温升高到恒温温度，恒温一段时间。然后以一定的速率降到 800℃，再稳定 10~15min 后将硅片缓慢拉到炉口。待冷却至常温后取出石英舟，将 PDS 源片放入氮气烘箱中保存。相比较而言，$POCl_3$ 预沉积时，石英舟进、出炉的温度仅为 600℃，并在温度达到恒温温度时才开始通源，恒温时间为 t_2。而 PDS 预沉积时石英舟进、出炉的温度为 800℃，明显比 $POCl_3$ 时高，并且 PDS 的活性成分在温度上升到 875℃（未达到恒温温度 975℃）时，就会发生分解反应，恒温时间小于 t_2 时间段。可见，PDS 预沉积时间比 $POCl_3$ 预沉积时间更短。

图 8-9 所示是典型的 PDS 与 $POCl_3$ 预沉积后方块电阻分布比较。PDS 扩散所得到方块电阻近似环形分布，且硅片中心区域方块电阻最小，向边缘依次增大。这说明硅片中心区域的杂质浓度稍高，边缘处的杂质浓度稍低。这是因为 PDS 源扩散时，在扩散炉内通入了一定流量的 N_2 作为保护气体，它会带走硅片边缘处的部分 P_2O_5 蒸气，使该处参与反应的源量变少，导致杂质浓度降低，方块电阻偏高。

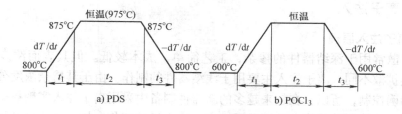

图 8-8　PDS 与 POCl$_3$ 工艺高温过程比较

POCl$_3$ 预淀积结果则与 PDS 的相反，中心方块电阻偏高、边缘杂质浓度高。这是由于扩散过程中 N$_2$ 携带 POCl$_3$ 从硅片边缘向中心漫延所致。由图中标识可见，PDS 源扩散的方块电阻平均值为 6.939 Ω/□，POCl$_3$ 预淀积的方块电阻平均值为 5.798 Ω/□。相比较而言，采用 PDS 预沉积的均匀性明显比 POCl$_3$ 的好，通过对 N$_2$ 流量的控制，可获得更均匀的杂质浓度分布及稍低的表面杂质浓度。

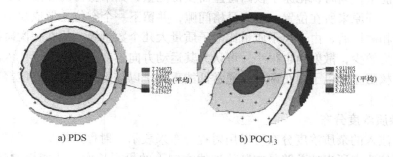

图 8-9　PDS 与 POCl$_3$ 预淀积后方块电阻分布比较

（3）"倒扩散" 工艺　在传统非对称器件的制作中，磷扩散通常在铝（Al）扩散之后完成，即先进行 p 基区深扩散，然后磨去背面一层较深的 p 型层，再在背面进行 n 缓冲层的磷扩散并推进。所谓的 "倒扩散" 工艺是指先进行 n 型磷扩散，然后再在正面进行 p 基区铝深扩散，同时 n 型缓冲层继续推进。由于铝扩散的表面浓度较低，对背面的 n 型缓冲层的补偿很小。尤其是对于 n 型低掺杂浓度的深结，如 GCT 的 n 场阻止（FS）层，浓度约 10^{16} 数量级，厚度在 20 μm 以上，采用 "倒扩散" 工艺则很容易实现。若采用常规工艺实现时需要严格控制掺杂剂量，并进行长时间的高温推进。可见，采用 "倒扩散" 工艺不仅可以避免磨片所带来的碎片率增加，而且可以避免长时间的高温过程导致芯片的性能劣化。

8.3.3 离子注入

1. 离子注入原理

热扩散常用于深结器件的掺杂，工艺简单，成本较低。但其表面浓度较难控制。与热扩散不同，离子注入主要用于浅结器件的制作。由于其掺杂浓度分布及结深可以精确控制，所以，在越来越多的新器件制备中采用离子注入实现掺杂。

离子注入掺杂就是将杂质原子通过离子注入机的离化、加速及质量分析，形成一束由所需杂质离子组成的高能离子束而投入半导体晶片（靶）内部，并通过逐点扫描完成对整块晶片的注入。

从离子注入机出来的高能离子都会进入靶内，不断受到靶原子的阻挡作用，逐步损失能量，最终能量耗尽，停止在靶内某处。靶原子的原子核和核外电子因质量不同，它们对入射离子的阻挡作用也不同。由于靶原子的原子核与入射离子质量属于同一数量级，每次碰撞之后，入射离子的运动方向将产生较大角度的散射，并失去一定的能量；同时，靶原子核因碰撞而获得能量，如果获得的能量大于原子束缚能，就会离开原来所在位置，进入晶格间隙，并留下一个空位，形成缺陷。入射离子与电子相碰撞后，由于离子质量比电子质量大几个数量级，故在一次碰撞后的离子能量损失较少，散射角也很小，可认为其运动方向不变。可见离子注入的能量损失机构有核阻止和电子阻止两种。通常低能重离子以核阻止为主，高能轻离子则以电子阻止为主。

2. 杂质浓度分布

离子注入的杂质浓度分布可以用射程分布来表示。射程是指从离子进入靶内从起始点到停止点所走的总路径在靶片法线方向上的投影长度。从能量的观点来看，射程就是离子能量由进入靶时的 E_0 减小到接近于 0 时的过程，可用 x_p 表示。

单个离子在靶中的射程是随机分布的。当大量离子注入到靶内以后，射程表现出一定的分布规律。为了描述离子注入到靶中形成的杂质浓度分布，可用四个参量来表征，即投影射程 R_p、标准偏差 ΔR_p、偏斜度 γ_1 及峭度 β_2。其中 R_p 反映离子注入的平均深度，ΔR_p 反映射程的分散程度，γ_1 反映分布的对称性，峭度 β_2 反映分布的顶部尖峰特征。

（1）离子浓度分布 大量实验证明，离子注入到非晶靶中形成的离子浓度分布可近似为对称的高斯分布。图 8-10 给出了离子注入的二维分布图。可见，离子注入后，在平行和垂直于硅片表面的两个方向上形成的离子浓度分布均为对称的高斯分布，可用下式来表示：

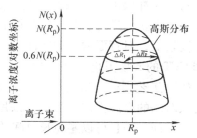

图 8-10 离子注入的二维分布

$$N(x) = \frac{Q_0}{\sqrt{2\pi}\Delta R_p}\exp\left[-\frac{(x - R_p)^2}{2\Delta R_p^2}\right] = N_{max}\exp\left[-\frac{(x - R_p)^2}{2\Delta R_p^2}\right] \tag{8-19}$$

可见，峰值离子浓度 N_{max} 位于 $x = R_p$ 处，而在 $x = (R_p + \Delta R_p)$ 处的离子浓度约下降到峰值 N_{max} 的 60%。其中，N_{max} 与注入剂量有关，R_p 与注入能量有关。为了获得较深的结深和较低的表面杂质浓度，可在注入后进行推进。

离子注入与扩散形成的掺杂剖面和高斯分布[20]如图 8-11 所示，有两点不同：一是扩散形成的掺杂浓度峰值在表面；而离子注入形成的掺杂浓度峰值在距表面 R_p 的位置处；二是扩散形成的杂质剖面横向效应较大，横向系数 f_l 为 $0.7 \sim 0.8$，而离子注入掺杂剖面横向效应较小，横向系数 f_l 约为 0.5。

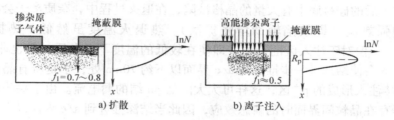

图 8-11　扩散与离子注入形成掺杂剖面和分布

（2）沟道效应　是指当杂质离子沿着某一晶向进入由晶格原子包围的一系列平行通道（称为沟道）时，来自晶格原子的阻力很小，离子会在其中前进，此时射程很大，很难得到重复性好的离子浓度分布。这种现象被称为"沟道效应"。与离子注入时的入射方向有关。在实际的离子注入工艺中，为了避免产生"沟道效应"，可采用晶片偏斜工艺。使单晶靶偏离晶向 $7° \sim 8°$，同时将大圆片主参考面相对于离子束扫描方向偏转 15°，此外，也可在硅片表面涂一层光刻胶，或者生长一层 SiO_2，或者在硅片表面预先注入 Si^+ 或 Ar^+ 等惰性离子使之成为非晶硅层。在形成超浅的 p^+/n 结时，为了降低沟道效应，通常采用 Ge^+ 注入使 Si 衬底的注入区预非晶化；然后在极低能量（<10keV）下进行 B^+ 注入。由于 B^+ 质量较轻，注入后的离子浓度分布会出现较长的拖尾，因此制备浅 p^+/n 结比 n^+/p 结更难。

为了获得更浅的深度，在 $0.25\mu m$ 以下的工艺中，通常采用 BF_2 注入。BF_2 的分子量比 B^+ 的大，沟道效应有所改善。但是即使在很低的能量下，离子浓度分布仍然存在不可忽略的拖尾现象，并且由于 BF_2 注入时存在氟，通过退火去除缺陷较困难，所以通常选用极低能量的 B^+ 注入效果较好。

3. 退火与推进

离子注入后会产生大量的晶格缺陷，导致半导体中载流子的迁移率下降、少子寿命缩短。同时注入后大部分离子并不是正好处于晶格的格点上，没有电活性，只有激活后才能导电。因此，为了消除缺陷并激活杂质离子，在离子注入后，必须进行退火处理。

（1）退火方式与退火效果　退火方式包括普通热退火和快速热退火（Rapid Thermal Annealing，RTA）[21]。普通热退火的退火温度为 600 ~ 800℃，退火时间为 15 ~ 30min。快速热退火的退火温度为 1000℃，退火时间通常在几秒之内。退火效果常用注入离子的激活率 α_n 来衡量。激活率与退火温度及注入剂量有关。在适当退火温度与注入剂量下，B^+、P^+ 的激活率可达 90%。为了防止沟道效应，在注入前进行非晶化处理，并要求非晶化注入的深度必须足够浅，因为当非晶体和晶体（a/c）界面处的缺陷分布较深时，很难通过退火完全消除，激活率无法保证。因此，B^+ 注入的深度必须小于 a/c 界面的深度，否则非晶化将失去作用。另外，由于离子注入后的硅衬底中有大量的晶格缺陷，在退火过程中，杂质离子会在硅中发生扩散增强效应（即缺陷辅助增强扩散）。热退火温度虽然低于热扩散温度（>900℃），但对于注入区的杂质，即使在较低的温度下，杂质扩散也非常显著。因此，退火会使结深进一步推进到 a/c 界面以下约 70nm 处，于是所有晶体缺陷都局限在 B^+ 注入形成的 p^+ 区，这样可大大降低 pn 结的漏电流。由于缺陷辅助增强扩散只是存在晶粒间界面时的瞬态效应，因此当结深推进到 a/c 界面以下时，大部分的晶粒间界面消失，增强扩散也不再发生。

对 IGBT 而言，背面的透明集电极和 FS 层的离子注入是在正面所有工艺（包括金属化）完成后进行的，注入后需要退火来激活杂质。由于受金属化的限制，退火的温度不能超过 500℃。在这样低的温度下，硼和磷的激活率很低，不足 10%。为了在低于 500℃ 的温度下提高杂质的激活率，可采用短波激光退火设备。利用绿色激光（553nm），通过调整时间和能量，把激光的穿透深度控制在 1μm 范围内，再调整脉冲持续时间（如 200 ~ 1000ns）加热，使硅片的加热层控制在 0.3 ~ 2μm 之间。在此条件下，硼的激活率可达 100%，磷的激活率约为 50%（双步退火）[22]。

（2）热退火过程中的杂质再分布　热退火后的离子浓度分布就是求解以刚注入后离子浓度分布为初始条件的扩散方程。低掺杂浓度下扩散系数与掺杂浓度无关，可求解扩散方程式（8-4a）；高掺杂浓度下扩散系数与掺杂浓度有关，可求解扩散方程式（8-4b）。假设刚注入后的离子浓度为高斯分布，则高温下杂质从峰值离子浓度 R_p 处分别向靶表面和内部扩散。若假设衬底相对于 R_p 的两边为无限厚，则注入的杂质经退火后在靶内的分布仍然是高斯函数，但对标准偏差要进行修正，可用下式来表示：

$$N(x,t) = \frac{Q_0}{\sqrt{2\pi(\Delta R_p^2 + 2D_a t)}} exp\left[-\frac{(x - R_p)^2}{2(\Delta R_p^2 + 2D_a t)} \right] \qquad (8-20)$$

如果 R_p 靠靶表面的一侧不能看作为无限大，则会对离子浓度分布产生影响，在杂质不能扩散逸出表面的情况下，其扩散方程的近似解为

$$N(x,t) = \frac{Q_0}{\sqrt{2\pi(\Delta R_{\rm p}^2 + 2D_a t)}}\Big\{\exp\Big[-\frac{\Delta R_{\rm p}}{R_{\rm p}} \cdot \frac{(x - R_{\rm p})^2}{2(\Delta R_{\rm p}^2 + 2D_a t)}\Big]+$$

$$\exp\Big[-\frac{\Delta R_{\rm p}}{R_{\rm p}} \cdot \frac{(x + R_{\rm p})^2}{2(\Delta R_{\rm p}^2 + 2D_a t)}\Big]\Big\} \tag{8-21}$$

式中，t 为退火时间；D_a 为退火（Anneal）温度 T_a 下的杂质扩散系数，其值要比相同扩散温度下正常晶体中的杂质扩散系数 D 大几倍，甚至几十倍，增大的幅度与能量 E、剂量 Q 和注入速度等因素有关，并且对不同注入区，损伤不同，各处的扩散系数也有很大不同。

图 8-12 所示为离子注入推进后离子浓度分布[1]。当 $Dt < 2.5\Delta R_{\rm p}^2$ 时，随着 Dt 的增加，表面杂质浓度增大，峰值离子浓度下降，但其位置没有明显地偏离 $R_{\rm P}$，如图 8-12a 所示呈"古钟"形分布。当 Dt 的足够大时，初始注入层可看作有限表面源，离子浓度分布如图 8-12b 所示，呈

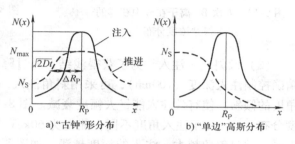

图 8-12　离子注入并推进后的杂质离子浓度分布

"单边"高斯分布。如 GCT 的透明阳极、IGBT 的 nFS 层及透明集电区硼离子注入推进后的离子浓度分布均属于"单边"高斯分布。

4. 特殊离子注入方法

在很多实际应用中，要求离子浓度不是简单的高斯分布。为了获得特殊的离子浓度分布，可采用一些特殊的离子注入方法。

（1）覆盖注入　为了消除离子注入的沟道效应，精确地控制掺杂剖面，在离子注入前，先在表面溅射一层氧化层覆盖注入窗口，然后进行离子注入，注入后再刻蚀掉该氧化层（故称为牺牲氧化层），此时离子注入相当于 SiO_2 - Si 两层靶的情况。采用这种覆盖注入，不仅可以防止沟道效应，还可以将离子注入后的峰值离子浓度移到硅片表面。

（2）多次注入　对于有特殊要求和扩散不能实现的掺杂浓度分布，可以进行多次注入。利用各种剂量和能量的组合，可以获得不同掺杂浓度梯度、峰值掺杂浓度和射程要求的分布。如用多次注入获得平坦的掺杂浓度分布。图 8-13 给出了经过四次 B^+ 离子注入后在硅中获得的组合掺杂浓度分布[20]。可见，通过不同能量的多次注入，在硅中 $0.6\mu m$ 的深度范围内得到峰值掺杂浓度约为 $(2 \sim 3) \times 10^{17} cm^{-3}$。

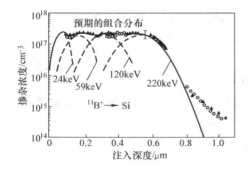

图 8-13　四次 B⁺ 离子在硅中获得的
组合掺杂浓度分布

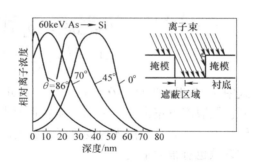

图 8-14　倾斜注入形成的离子浓度分布

（3）倾斜离子注入　为了获得浅结，通过降低注入离子的能量来实现。如需精确控制注入深度（100nm），可采用斜角注入，即让硅片相对于离子束流作一定角度的倾斜，使有效注入能量大幅度衰减。图 8-14 给出了斜角注入形成的离子浓度分布[20]。由于注入角度不同，能量为 60keV 的 As⁺ 注入到 Si 中后形成的深度不同，并且斜角越大，注入的深度越浅。如图所示，当 $\theta = 86°$ 时，注入的深度极浅，大约在 5nm 以下。

（4）高能深结注入　采用高能离子注入可以实现深结掺杂。当注入能量在 1keV ~ 1MeV 范围内时，离子注入的平均深度在 10nm ~ 10μm 范围内。目前，已有能量高达 1.5 ~ 5MeV 的高能离子投入使用，使得离子浓度分布的平均深度在几微米，不需要在高温下进行长时间推进。

（5）大束流注入　离子注入剂量不同，获得掺杂浓度不同。对于低掺杂浓度，采用常规的束流注入即可，如阈值电压调整所需剂量为 10^{12} cm⁻²；但对高掺杂浓度要求，如 PIC 的埋层所需剂量高达 10^{18} cm⁻²，在进行杂质预沉积时，可用大束流 10 ~ 20mA 的离子注入来实现，然后在高温下推进同时兼退火，以消除大束流引起的注入损伤。

5. 离子注入应用

离子注入法在 MOS 型器件中较为常用。如功率 MOSFET 和 IGBT 结构中 MOS 元胞、源极或发射极接触区、p 阱区、终端场限环区、背面的 nFS 层和 p⁺ 透明集电区都可以用离子注入来实现掺杂。为了达到所需的结深，离子注入后还需要进行高温推进兼退火。在超结器件中，p 柱区和 n 柱区通常采用多次离子注入与外延交替进行；在氧化物扩展沟槽栅超结 MOS 器件中，可采用斜角注入来形成柱区掺杂。随着离子注入工艺技术的发展，在晶闸管类的器件中也逐渐采用 Al 离子注入来替代 Al 扩散，以改善芯片掺杂的均匀性或形成特殊的掺杂浓度分布，比如在普通晶闸管中，采用 Al⁺ 注入来形成均匀的 p 基区，改善晶闸管的浪涌电流容量[23]，又如在 GCT 和 RC – GCT 中采用硼离子（B^+）注入实现 p^+ 透明阳极区、用 Al 离子注入来实现波状 p 基区和 pnp 隔离区[24]。所以，Al^+ 注入代表功率器件中深结制作未来的发展方向[25]。

随着 PIC 工艺技术的不断发展，离子注入在 HVCMOS 工艺中的应用越来越广泛。图 8-15 给出了 HVCMOS 中源、漏区掺杂结构发展示意图[3]，最初主要是通过杂质硼（B）、磷（P）扩散形成源、漏区，如图 8-15a 所示。随着离子注入技术的出现，采用自对准工艺通过硼离子（B^+）、砷离子（As^+）注入实现源、漏区，减弱了横向扩散，使得寄生电容减小，如图 8-15b 所示。为了提高源 – 漏击穿电压，并降低漏区高电场强度引起的热载流子效应，采用氧化物侧墙工艺通过注入 P^+、As^+、B^+ 和 BF_2 形成 LDD 结构，如图 8-15c 所示。随着器件特征尺寸的进一步减小，为了获得超浅结和高掺杂浓度，以抑制沟道效应并改善器件的特性，采用低能 As^+ 和 BF_2 注入形成源漏扩展结构，如图 8-15d 所示，其中浅的扩展区用以抑制沟道效应，较深的源漏区用以形成良好的欧姆接触。为了进一步降低沟道效应和源漏扩展区的横向扩散、提高掺杂浓度分布梯度并降低源漏串联电阻，采用超低能 As^+、In^+ 和 BF_2 大角度斜角注入反型杂质[3]，在源漏扩展区周围形成反型的掺杂区，形成图 8-15e 所示的晕环（Halo）或袋状（Pocket）结构[26]。

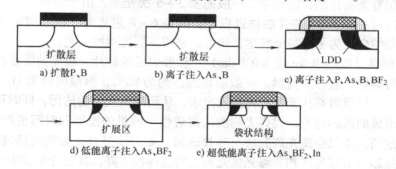

a) 扩散 P、B b) 离子注入 As、B c) 离子注入 P、As、B、BF_2

d) 低能离子注入 As、BF_2 e) 超低能离子注入 As、BF_2、In

图 8-15 HVCMOS 芯片中源、漏区掺杂结构的演变

8.3.4　光刻与刻蚀

光刻技术是半导体工艺中非常关键的工艺。通常把线宽作为光刻工艺水平的标志，一般用加工图形的最小线宽来表征半导体工艺水平。功率分立器件和 PIC 芯片相对于普通 IC 的线宽较宽，目前基本不受光刻工艺水平的限制。

1. 光刻技术

光刻（Lithography）是一种图形复印和化学腐蚀相结合的精细表面加工技术。目的是在二氧化硅或金属薄膜表面刻蚀出与掩模版完全对应的几何图形，从而实现扩散、离子注入、氧化及外延等定域工艺，及金属布线或表面钝化。光刻工艺流程一般分为七个步骤，即涂胶、前烘、曝光、显影、坚膜、刻蚀及去胶。

（1）涂胶（Priming） 目的是在硅片表面形成厚度均匀、附着性强、没有缺陷的光刻胶薄膜。在涂胶之前，硅片一般需要经过脱水烘焙，并涂上能增加光刻胶与硅片表面附着能力的化合物，通常称为打底膜。目前应用较多的打底膜是六甲基乙硅氮烷（Hexa‐Methyl‐Disilazane，HMDS）或三甲基甲硅烷基二乙胺（Tri‐Methyl‐Silyl‐Diethyl‐Amine，TMSDEA）。

光刻胶（Photoresist）是由抗蚀剂（聚合物或树脂）、感光剂［光敏化合物（PAC）］及溶剂组成。根据抗蚀剂在曝光前后溶解性的变化来划分，抗蚀剂可分为正性抗蚀剂和负性抗蚀剂。负性抗蚀剂曝光后不溶于显影液，具有感光度或灵敏度高（即分辨能力弱）、稳定性好、针孔少、耐腐蚀及附着性好等特点，主要用于线宽大于 $3\mu m$ 的分立器件。正性抗蚀剂曝光后可溶于显影液，具有分辨能力强（即感光度或灵敏度低）、对比度较高、线条边沿好、寿命长及不易发生热膨胀等优点，主要用于线宽小于 $3\mu m$ 的大规模和超大规模集成电路。

采用负性光刻胶和正性光刻胶在硅片表面所得到的光刻图形不同。负性光刻胶光刻后得到的芯片表面图形与光刻版上的图像正好相反，是掩模图像的负影像。正性光刻胶光刻后得到的芯片表面图形与光刻版上的图像相同，是掩模图像的正影像。在晶闸管类器件制作过程中，一般需要 3~5 次光刻，由于线条较粗，采用负性光刻胶即可；在 IGBT 芯片制作过程中，需要 6~8 道光刻工艺，可采用正、负性光刻胶相结合。为了提高分辨率，还可以采用多层光刻胶工艺。

（2）前烘（Pre‐Bake 或 Soft Bake） 涂胶以后的硅片，曝光前需要在一定的温度下进行烘烤，故称为前烘。一般前烘温度约为 80℃，恒温时间为 10~15min。通过前烘，可以使溶剂从光刻胶内挥发出来，从而降低灰尘的沾污，同时可减轻因高速旋转形成的薄膜应力，提高光刻胶的附着性。前烘的温度和时间要严格控制，如果温度过高，不仅会使光刻胶层与硅片表面的黏附性变差，曝光的精确度变差，而且会使显影液对曝光区和非曝光区光刻胶的选择性下降，并使光刻胶中的感光剂发生反应，导致光刻胶在曝光时的敏感度变差，图形转移效果不好。

（3）曝光（Exposure） 光刻过程的关键步骤是曝光。曝光就是通过曝光源将掩模图形转移到抗蚀膜上，在基片的抗蚀膜上形成微细的加工图形。掩模通常采用金属铬/玻璃版。曝光光源有紫外光（UV）、深紫外光（DUV）电子束及 X 射线。曝光时要求掩模图形与先前刻蚀在晶片上的图形能精确对准，采用逐步对准技术可补偿硅片尺寸的变化，提高对准精度，也可以降低对硅片表面平整度的要求。半导体器件制作需要经过多次光刻，要求在各次曝光图形之间都要相互套准。当图形线宽在 $1\mu m$ 以下时，通常采用自对准技术来实现精密的套刻对准。

光学曝光方法有接触（Contact）式、接近（Proximity）式和投影（Projection）式，以及分步重复（Step‐repeat）曝光。分步重复曝光是通过缩小投影系统成像，不需要 1:1 精缩掩模，使得掩模尺寸较大，制作方便；并且因使用了缩小透镜，原版上的尘埃、缺陷也相应地缩小，因而可减小原版缺陷的影响。电子束曝光是把各次曝光图形用计算机设计，改变图形时只要重新编程即可，不要掩模版，因而改变光刻图形也十分简便。由于电子束的斑点可以聚焦得很小，且聚焦的景深很深，可用计算机精确控制，分辨率高，但设备复杂，成本较高，曝光图形存在邻近效应。

曝光质量与曝光时间、光线平行度、光刻版的质量和分辨率、光刻版和抗蚀剂的接触情况及抗蚀剂的性能和膜厚等因素有关。

（4）显影（Develop） 在曝光之后，为了显示出光刻胶膜的图形，需要进行显影。在显影过程中，正胶曝光区和负胶非曝光区的光刻胶在显影液中溶解，于是在光刻胶层中形成了潜在图形，显影后便显现出光刻胶的三维图形，作为后续工艺的掩膜。严格地说，显影时曝光区与非曝光区的光刻胶都有不同程度的溶解，光刻胶溶解速度反差越大，显影后得到的图形对比度越高。

显影方式有多种，目前广泛使用喷洒方法。先将硅片放在旋转台上，并在硅片表面喷洒显影液；然后将硅片在静态下进行显影，显影液在没有完全清除之前，仍然会起作用，所以显影后需要对硅片进行漂洗和甩干。显影效果与曝光时间、前烘温度和时间、光刻胶膜厚度、显影液浓度和温度等因素有关。

（5）坚膜（Post – Bake 或 Hard Bake） 是在一定温度下对显影后的硅片进行烘焙，除去显影时胶膜所吸收的显影液和残留的水分，改善胶膜对基片的黏附性，增强胶膜的抗蚀能力。坚膜温度一般为140℃，时间约为40min[27]。

坚膜的温度和时间要选择适当。坚膜不足，则抗蚀剂胶膜没有烘透，膜与硅片黏附性差，腐蚀时易浮胶；坚膜温度过高，则抗蚀剂胶膜会因热膨胀而翘曲或剥落，腐蚀时同样会产生钻蚀（即横向腐蚀）或浮胶。要求坚膜的温度稍高于光刻胶的玻璃态转变温度。在此温度下，光刻胶软化，可使光刻胶在表面张力的作用下平坦化，以减少光刻胶膜中的缺陷（如针孔），并修正光刻胶图形的边缘轮廓。温度太高（在170~180℃以上）时，聚合物会分解，影响黏附性和抗蚀能力。

此外，对于腐蚀时间较长的厚膜刻蚀，可在腐蚀一半后再进行一次坚膜，以提高胶膜的抗蚀能力。

（6）刻蚀（Etch） 对坚膜后的硅片进行刻蚀，去除光刻窗口处的氧化层，暴露出硅衬底，以便于进行后续的选择性扩散工艺或薄膜生长工艺等。关于刻蚀的方法将在8.3.4节中详细说明。

（7）去胶（Photoresist Strip） 在腐蚀之后，需要将硅片表面的光刻胶去掉。去胶（Photoresist Strip）方法包括湿法去胶和干法去胶。湿法去胶又分为有机去胶剂去胶和无机去胶剂去胶。有机去胶剂去胶主要是将光刻胶溶于有机溶剂中，从而达到去胶的目的。对 SiO_2、Si_3N_4、多晶硅等非金属衬底上的光刻胶，通常采用无机去胶剂去胶，即采用浓硫酸（H_2SO_4）和双氧水（H_2O_2）按3:1配成混合液，将光刻胶中的碳元素氧化成为二氧化碳，就可把光刻胶从硅片表面上除去。对 Al、Cr 金属衬底上的光刻胶，因为无机溶液对金属有较强的腐蚀作用，需采用专门的有机去胶剂。有机去胶剂主要有丙酮和芳香族有机溶剂，同时用三氯乙烯作为涨泡剂，因其毒性较大且三废处理困难，实际工艺中较少使用。

干法去胶包括紫外光分解去胶和等离子体去胶[1]。紫外光分解去胶是指光刻胶薄膜在强紫外光照射下，分解为可挥发性气体（如 CO_2、H_2O），被侧向空气带走。等离子体去胶是利用氧气产生的等离子进行反应刻蚀，让硅片上的光刻胶在氧等离子体中发生化学反应，生成气态的 CO，CO_2 及 H_2O，由真空系统抽走。通常用紫外光分解去除表层胶，等离子体去除胶底膜。与湿法去胶相比，干法去胶操作简单、安全，处理过程中引入污染的可能小，并且能与干法腐蚀在同一台设备内完成，不会损伤下层衬底表面。但干法去胶存在反应残留物的沾污问题，因此干法去胶与湿法去胶经常搭配进行。

2. 刻蚀技术

显影后在光刻胶膜上形成的微图形，只给出了器件的形貌，并不是真正的器件结构图形，还需要通过刻蚀工艺将光刻胶膜的图形转移到晶片表面的各层材料（如 Si、SiO_2 或金属膜等）上，才能得到与抗蚀膜图形完全对应的晶片表面图形。

（1）指标要求　通常用保真度、选择比、均匀性及清洁度等指标来衡量刻蚀图形的质量。

1）保真度（Fidelity）转换图形的保真度 A_f 可以用刻蚀后的图形尺寸来表示：

$$A_f = 1 - \frac{|d_f - d_m|}{2h} \tag{8-22a}$$

式中，d_f 表示掩蔽膜窗口的尺寸，d_m 表示刻蚀窗口的尺寸，h 为刻蚀的深度。当 $d_f = d_m$ 时，$A_f = 1$。此外，A_f 与纵、横向腐蚀速率有关，也可表示为[4]：

$$A_f = 1 - \frac{v_l}{v_v} \quad (0 < A_f < 1) \tag{8-22b}$$

式中，v_v 为纵向腐蚀速度；v_l 为横向腐蚀速度。保真度 A_f 通常在 $0 \sim 1$ 之间。横向速率越小，保真度越高，即掩膜上的图形可以不失真地转移到硅片表面。

根据刻蚀剖面图形，将刻蚀效果分为各向异性（Anisotropic）和各向同性（Isotropic），如图 8-16 所示。各向异性是指 $v_v \gg v_l$，即 $A_f = 1$（理想情况）；各向同性是指 $v_v = v_l$，即 $A_f = 0$。多数湿法刻蚀和少数干法刻蚀呈现各向同性。实际情况往往是不同程度的各向异性，故保真度也称各向异性度。

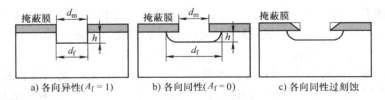

图 8-16　刻蚀剖面示意图

2）选择比（Selectivity） 是指不同材料间的腐蚀速率之比，是度量被刻蚀材料和表面其他材料刻蚀速率相对大小的量。比如刻蚀 SiO_2 时，要求对光刻胶和硅衬底的刻蚀速率很低，而对 SiO_2 的刻蚀速率要很高。图 8-16c 所示为过刻蚀的示意图，其中对硅衬底进行刻蚀的同时，窗口的光刻胶也被刻蚀掉一部分。

刻蚀的选择比 S_{fm} 可用下式来表示：

$$S_{fm} = \frac{v_f}{v_m} \tag{8-23}$$

式中，v_f 表示对薄膜的腐蚀速率，v_m 表示对掩蔽膜或衬底的腐蚀速率。选择比 S_{fm} 的大小与工艺参数相关，如湿法刻蚀的腐蚀液浓度、温度等有关，干法刻蚀的等离子体参数、气压及气体流量等。一般要求 S_{fm} 在 25 ~ 30 之间比较合理。

3）均匀性（uniformity） 刻蚀的均匀性可用平均厚度、平均刻蚀速率及刻蚀时间差来表示。刻蚀速率为刻蚀厚度与刻蚀时间的比值。设硅片平均厚度为 h，各处厚度的变化因子为 δ（$0 \leq \delta \leq 1$），则硅片最薄处厚度为 $h(1-\delta)$，最厚处厚度为 $h(1+\delta)$；又设平均刻蚀速率为 v，各处刻蚀速率的变化因子为 ξ（$0 < \xi < 1$），则硅片最小刻蚀速率为 $v(1-\xi)$，最大刻蚀速率为 $v(1+\xi)$，则刻蚀时间差可用下式计算[3]：

$$\Delta t = t_{max} - t_{min} = \frac{h(1+\delta)}{v(1-\xi)} - \frac{h(1-\delta)}{v(1+\xi)} \tag{8-24}$$

由于实际硅片不同位置的表面状态不同，导致腐蚀速率也不同，会出现过刻蚀或欠刻蚀。刻蚀时间过长、刻蚀速率和膜层厚度不均匀，都会引起过刻蚀。

4）清洁度 在腐蚀过程中，如果引入玷污，既会影响图形转移的精度，又增加了腐蚀后清洗的复杂性和难度。比如在干法刻蚀过程中出现的聚合物再淀积，将会影响刻蚀质量；在接触孔部位的重金属玷污将会引起结漏电。

（2）刻蚀方法 包括湿法刻蚀（Wet Etch）和干法刻蚀（Dry Etch）。由于两种刻蚀方法的作用机理不同，刻蚀效果也不同。图 8-17 给出了湿法刻蚀和干法刻蚀的剖面示意图。可见，湿法刻蚀在各方向上以同样的速度进行刻蚀，刻蚀后的剖面为各向同性；干法刻蚀仅在一个方向刻蚀，刻蚀后的剖面为各向异性。

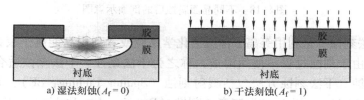

a) 湿法刻蚀（$A_f = 0$）　　　　b) 干法刻蚀（$A_f = 1$）

图 8-17　湿法和干法刻蚀剖面示意图

1）湿法刻蚀。是利用化学反应进行接触型腐蚀。湿法刻蚀的主要参数有腐蚀液浓度，腐蚀时间，反应温度以及溶液的搅拌方式。湿法刻蚀可处理的材料包括硅

（Si）、二氧化硅（SiO_2）、氮化硅（Si_3N_4）及铝（Al）。

SiO_2膜常用氢氟酸（HF）来腐蚀，HF与SiO_2反应生成六氟硅酸（H_2SiF_6），由于H_2SiF_6是可溶性的络合物，使SiO_2被HF溶解。其化学反应式如下：

$$SiO_2 + 6HF \rightarrow H_2SiF_6 + 2H_2O \tag{8-25a}$$

还可以用氟化铵（NH_4F）与HF的混合液来腐蚀SiO_2膜，NH_4F: HF（40% ~ 49%）为6~7:1（体积比），其中NH_4F为缓冲剂，可分解成氨气和HF，以补充腐蚀过程中HF的消耗。其化学反应式如下：

$$SiO_2 + 5HF + NH_4F \rightarrow NH_3 \uparrow + H_2SiF_6 + 2H_2O \tag{8-25b}$$

Al的腐蚀常用热H_3PO_4与乙醇（比例按70:30）的混合液，温度为80~85℃。其化学反应式如下：

$$6H_3PO_4 + 2Al \rightarrow 2Al(H_2PO_4)_3 + 3H_2 \uparrow \tag{8-26}$$

Si的腐蚀可以用酸性腐蚀液和碱性腐蚀液。酸性腐蚀液为氢氟酸（HF）、硝酸（HNO_3）及醋酸（CH_3COOH）按一定配比制成的混合液，先用强氧化剂对硅片进行氧化，再用HF与SiO_2反应去掉氧化层。其化学反应式如下：

$$SiO_2 + HNO_3 + 6HF \rightarrow H_2SiF_6 + HNO_2 + H_2O + H_2 \uparrow \tag{8-27}$$

碱性腐蚀液为KOH水溶液与异丙醇（IPA）相混合，腐蚀速度v_e取决于晶向，由于不同晶向原子面密度不同，其腐蚀速度的顺序为$v_e(100) > v_e(110) > v_e(111)$。

图8-18所示为不同晶面的硅腐蚀后剖面示意图[3]。对（100）晶面，当腐蚀窗口较小时，会形成V形槽；当腐蚀窗口较大或时间较短时，会形成开口较大的掩蔽膜U形槽（见图8-18a）；对（110）晶面，不论窗口大小，会形成侧壁陡直的U形槽（见图8-18b）。

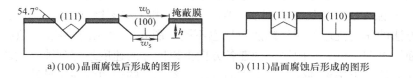

a)(100)晶面腐蚀后形成的图形　　　　b)(111)晶面腐蚀后形成的图形

图8-18　不同晶面腐蚀后的剖面示意图

2）干法刻蚀。是利用等离子体激活化学反应或者利用高能离子束轰击去除物质的方法。由于刻蚀过程不使用溶液，称之为干法刻蚀。干法刻蚀适合小于3μm宽的窗口刻蚀。干法刻蚀方法包括溅射刻蚀（Sputter Etching，SE）、等离子体刻蚀（Plasma Etching，PE）和反应离子刻蚀（Reactive Ion Etching，RIE）。溅射刻蚀是用惰性气体活性离子（Ar^+）轰击待刻蚀材料，控制机制为物理溅射，刻蚀效果为各向异性。等离子体刻蚀是利用辉光放电产生化学活性离子的化学反应来进行刻蚀，是一种选择性刻蚀方法，控制机制为化学反应，刻蚀效果为各向同性。反应离子刻蚀是利用具有活性的化学反应离子去轰击待刻蚀材料，控制机制是化学反应与物理溅射相结合，刻蚀效果为各向异性，并具有一定的选择性。

硅、氧化硅及氮化硅的刻蚀通常用 CF_4、CHF_3、C_2F_6、SF_6 及 C_3F_8 等气体源产生的活性氟基（用 F^*）。多晶硅刻硅用 Cl_2，HCl 和 $SiCl_4$ 等产生的活性氯基（Cl^*）。化学反应如下：

$$Si + 4F^* \rightarrow SiF_4 \uparrow \qquad\qquad (8\text{-}28)$$

$$SiO_2 + 4F^* \rightarrow SiF_4 \uparrow + O_2 \uparrow \qquad\qquad (8\text{-}29)$$

$$Si_3N_4 + 12F^* \rightarrow 3SiF_4 \uparrow + 2N_2 \uparrow \qquad\qquad (8\text{-}30)$$

SiO_2/Si 的选择性随 C/F 的增加而增加，刻蚀速率与氧化层的生长方法有关。热生长的 SiO_2 膜刻蚀速率低于 CVD 形成的 SiO_2 膜，PECVD 法形成的 Si_3N_4 膜的刻蚀速率则高于 LPCVD 法形成的 Si_3N_4 膜。

表 8-3 为各种材料常用的刻蚀剂。硼硅玻璃（BSG）常用氢氟酸（HF）和氟化铵（NH_4F）腐蚀，但如果硼含量过高，则必须采用干法刻蚀、物理喷砂或研磨等物理方法。

表 8-3　各种材料常用的刻蚀剂

刻蚀方式	待刻蚀材料	刻蚀剂
湿法刻蚀	Si	$HF + HNO_3$，N_2H_4，$KOH + C_3H_8O$
	多晶硅	$HF + HNO_3$（$+ CH_3COOH$）
	SiO_2	$HF + H_2O$，$HF + NH_4F$（$+ CH_3COOH$）
	BSG	$HF + NH_4F + H_2O$
	Si_3N_4	HF，H_3PO_4
	Al	$H_3PO_4 + HNO_3$（$+ CH_3COOH$）
	光刻胶	$H_2SO_4 + H_2O_2$，有机去胶剂
干法刻蚀	Si	CF_4，$CF_4 + O_2$，CHF_3，C_2F_6，SF_6，C_3F_8
	多晶硅	CF_4，$C_2F_6 + Cl_2$，$CCl_6 + Cl_2$
	SiO_2	$CF_4 + H_2$，C_3F_8
	BSG	CCl_4
	Si_3N_4	CF_4，$CF_4 + O_2$，$CF_4 + H_2$
	Al	$BCl_3 + Cl_2$，$CCl_4 + Cl_2$
	光刻胶	O_2

通常用干法刻蚀进行沟槽刻蚀。设槽深为 h，槽宽为 w，则沟槽的深度和宽度之比，即深宽比（Aspect ratio，AR），可用下式来表示：

$$AR = \frac{h}{w} \qquad (8-31)$$

沟槽深宽比（AR）越大，刻蚀难度就越大。沟槽扩展型 SJMOS 结构的 AR 可达到 18[28]，此时需要采用深硅刻蚀工艺。

深硅刻蚀通常选用感应耦合等离子（Inductively Coupled Plasma，ICP）刻蚀设备[29]。ICP 刻蚀过程包括复杂的物理和化学反应。物理反应过程是利用反应腔体内的离子对样品表面进行轰击，使化学键断裂，以增加表面的黏附性，同时促进表面生成非挥发性的残留物等；化学反应是利用刻蚀气体通过辉光放电，使腔体内的各种离子、原子及活性游离基等发生化学反应，同时这些粒子也会和基片表面材料反应生成气体，形成刻蚀的沟槽。

8.3.5 化学气相淀积

化学气相淀积（Chemical Vapor Deposition，CVD）是指使一种或多种物质的气体，以特定方式激活后，在衬底表面发生化学反应，并淀积出所需固体薄膜的生长技术。如 IGBT 芯片制作过程中，多晶硅栅、钝化用的氮氧化硅（Silicon Oxynitride，SiON）、磷硅玻璃（Phosphosilicate Glass，PSG）、以及侧墙氧化层（Spacer Oxide）等薄膜，均需采用 CVD 工艺来制作。与气相外延和热氧化相比，化学气相淀积有许多优点，如温度比较低（600～900℃），淀积膜厚度范围宽（几百埃（Å）～毫米），样品本身不参与化学反应；所淀积的薄膜可以是导体、绝缘体或者半导体材料；淀积膜结构完整、致密，与衬底黏附性好等。

1. 化学气相淀积方法

化学气相淀积系统的分类很多。按淀积时的温度分，有低温 CVD（200～500℃）、中温 CVD（500～900℃）；按淀积系统的压强来分，有常压 CVD（APCVD）、低压 CVD（LPCVD）；按淀积系统壁的温度来分，有热壁 CVD、冷壁 CVD；按淀积反应激活方式来分，有热 CVD、等离子增强 CVD（13.3～26.6Pa）光 CVD 及微波 CVD 等。常用的方法为 LPCVD 和 PECVD。

（1）LPCVD　是指在 30～250Pa 压强下进行的化学气相淀积。由于系统压强较低，化学反应速率低于反应剂的气相质量传输速率，并且在较低的温度下，淀积速率可以摆脱固体表面解吸与吸附的控制。因此，LPCVD 的淀积速率仅受固体表面化学反应的控制。LPCVD 可用于制备多晶硅、Si_3N_4、SiO_2、磷硅玻璃（PSG）及硼磷硅玻璃（BPSG）和金属钨（W）膜等。LPCVD 制备薄膜时，淀积速率低，温度较高（600～700℃），薄膜的均匀性好、纯度高、膜层绝对误差小及成本低。

利用低温 APCVD 或 LPCVD 淀积 SiO_2 膜可采用硅烷（SiH_4）－氧气（O_2）体系，化学反应式如下：

$$SiH_{4(g)} + O_{2(g)} \xrightarrow{250～450℃} SiO_2 + 2H_2 \uparrow \qquad (8-32a)$$

$$SiH_{4(g)} + 2O_{2(g)} \xrightarrow{600℃} SiO_2 + 2H_2O \uparrow \qquad (8\text{-}32b)$$

用 LPCVD 制备 SiO_2 膜时，淀积速度与温度及反应剂分压等有关，可用氮气（N_2）来调节系统压强，淀积速率约为 $200 \sim 500nm/min$。但淀积膜表面不十分光洁，台阶覆盖差，密度低，需在 $700 \sim 1000℃$ 下增密，并且硅烷遇空气时容易燃烧，存在安全隐患。通常采用正硅酸四乙酯 $[Si(OC_2H_5)_4]$（常记为 TEOS）与氧气（O_2）来淀积 SiO_2 膜，其化学反应式如下：

$$Si(OC_2H_5)_4 + 12O_2 \xrightarrow{500℃} SiO_2 \downarrow + 10H_2O + 8CO_2 \uparrow \qquad (8\text{-}33)$$

用 LPCVD 制备 SiO_2 膜时，淀积速度较低，在 TEOS 中加入少量的臭氧（O_3），可将淀积速率提高到 $100 \sim 200nm/min$，并获得均匀的覆盖膜。

（2）等离子增强 CVD（PECVD）　是由气体辉光放电的物理过程与化学反应相结合的薄膜生长技术。在一定压力（$13.3 \sim 26.6Pa$）的反应器内加上射频电源，其中的气体分子发生碰撞电离，产生大量的正、负离子，使反应器处于等离子体状态，这些带电离子会发生辉光放电而成为中性粒子，并放出能量。在这种活跃的等离子场中，化学反应在低温下就可发生，于是在衬底表面淀积成膜。

PECVD 的突出优点是淀积温度低，淀积速度比 LPCVD 要快，制备的薄膜具有附着性好、针孔密度低、台阶覆盖好及电学性能好等特点，因此特别适用于金属化后钝化膜和多层布线介质膜的淀积。PECVD 常用于制备 Si_3N_4、SiO_2、PSG 及 BPSG 等薄膜，对高深宽比沟槽或间隙，可用高密度等离子体化学气相淀积（HDP–CVD），具有良好的填充能力。但 PECVD 会引起辐射损伤，可通过适当的淀积条件及低温退火来消除。

利用 PECVD 制作 Si_3N_4 膜，常用硅烷（SiH_4）– 氨气（NH_3）– 氮气（N_2）体系，其化学反应式如下：

$$SiH_4 + NH_3 \xrightarrow{200 \sim 450℃} Si_xN_yH_z + H_2 \uparrow \qquad (8\text{-}34)$$

SiON 膜的性能介于氮化硅与氧化硅之间，可用硅烷（SiH_4）– 氨气（NH_3）– 笑气（N_2O）体系，其化学反应式如下：

$$SiH_4 + NH_3 + N_2O \xrightarrow{200 \sim 450℃} SiO_xN_y \ (H_z) \qquad (8\text{-}35)$$

由于 SiO_2 膜具有压应力（Compressive Stress），Si_3N_4 膜具有张应力（Tensile Stress），故 SiO_xN_y（H_z）膜应力接近于零，作为钝化层可用以防潮和防污染。

在功率 MOSFET 与 IGBT 芯片制作中，多晶硅平面栅采用 LPCVD 制作，多晶硅沟槽栅、侧墙氧化层及 SiON、PSG 钝化膜则采用 PECVD 来制作。

2. 台阶覆盖

在薄膜淀积过程中，由于芯片表面存在台阶，导致薄膜在芯片表面各处覆盖的厚度均不相同。根据表面的覆盖情况，可分为保形覆盖和非保形覆盖。理想的覆盖为保形覆盖，即芯片表面各处覆盖膜厚完全相同。若形成非保形覆盖，会造成金属布线在台阶处开路或无法通过较大的工作电流。所以台阶覆盖（Step Coverage）是薄膜的重要特性。

图 8-19 给出了晶片经 CVD 后表面台阶覆盖剖面的示意图。台阶覆盖形状可用侧壁台阶覆盖（b/a）、底部台阶覆盖（d/a）、共形性（b/c）、悬突（$(c-b)/b$）以及深宽比（h/w）五个特征量来描述。其中 a 为台阶上表面处的纵向膜厚，c 为台阶上侧壁处的横向膜厚，b 为台阶下

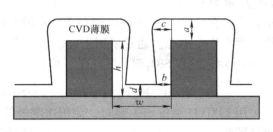

图 8-19　晶片经 CVD 后表面台阶覆盖剖面的示意图

侧壁处的横向膜厚，d 为台阶下表面处的纵向膜厚。通常台阶覆盖是指侧壁台阶覆盖盖，保形覆盖时侧壁台阶覆盖（b/a）等于1。

3. 通孔填充

在 HVIC 多层布线的制作过程中，存在通孔填充问题。通孔填充与台阶覆盖均取决于 CVD 反应剂向衬底表面的输运机制，包括直接入射、再发射及表面迁移，其中表面迁移起决定性作用，再发射也很关键。覆盖情况主要与反应物或中间产物在晶片表面的迁移、气体分子的平均自由程及台阶的深宽比等因素有关。当反应物或中间产物在晶片表面能迅速迁移时，晶片表面的反应物浓度处处均匀，与几何尺寸形貌无关，就得到厚度均匀的保形覆盖和理想的通孔填充，如图 8-20a 所示。当吸附在晶片表面的反应物不能沿表面明显迁移且气体平均自由程大于台阶宽度时，淀积膜在间隙入口处产生夹断现象，导致在间隙填充中出现空洞，如图 8-20b 所示。当没有表面迁移、平均自由程又较小时，在台阶顶部弯角处产生较厚的淀积，而底部淀积得很少，如图 8-20c 所示，底部填充较差。

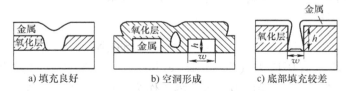

图 8-20　通孔填充情况示意图

为了改善台阶覆盖与通孔填充效果，在晶片表面淀积金属膜时，可采用多源淀积、旋转晶片或增加校准器等方法；也可以采用高密度等离子体化学气相淀积（HDP-CVD）或淀积-刻蚀-淀积交替工艺。

8.3.6　物理气相淀积

金属膜通常采用物理气相淀积方法来形成。物理气相淀积（Physical Vapor Deposition，PVD）是指利用某种物理过程实现物质的转移，即原子或分子由源转移到衬底硅表面上，并淀积成薄膜。PVD 的控制机制为物理过程，包括真空蒸发和溅射两种方法。

1. 物理气相淀积方法

（1）真空蒸发　是利用蒸发材料在高温时所具有的饱和蒸气压进行薄膜制备，因此也称为"热蒸发"。基本原理是在真空条件下加热蒸发源，使其原子或分子从蒸发源的表面逸出形成蒸气流，并入射到衬底表面凝结成固态薄膜。根据加热源不同，可分为电阻加热蒸发、电子束加热蒸发、高频感应加热蒸发及激光束加热蒸发。

电阻加热蒸发是将被蒸发的材料（如铝丝）悬挂于钨丝上，下面放置硅片，在真空下加热钨丝，被蒸发的材料汽化后淀积在硅片表面形成薄膜。常用于制备铝、金、铬等易熔化、汽化的材料薄膜，方法简单、易操作、成本低，应用广泛。

电子束加热蒸发是在电场作用下，电子获得动能轰击处于阳极的蒸发材料，使其加热汽化后，蒸发并凝结在衬底表面上形成薄膜。蒸发源温度高达 3000℃，蒸发速率高，特别适合高熔点、高纯度的薄膜材料制备，常用于制备难熔金属 W、Mo 膜，SiO_2 及 Al_2O_3 膜。由于直接加热蒸发材料表面，故热效率高，设备成本高。

高频感应加热蒸发是利用高频感应线圈对装有蒸发材料的大体积坩埚加热，使蒸发材料在高频电磁场的感应下产生强大的涡流损耗和磁滞损耗，导致蒸发材料升温，直至汽化蒸发。高频感应加热蒸发速率高，源温度均匀、稳定，并可精确控制，操作比较简单，但成本高，使用时要防止外界的电磁干扰。

激光束加热蒸发是利用连续的高密度功率或脉冲激光束（功率密度约为 $10^6 W/cm^2$）作为加热源对蒸发材料进行加热。激光源通常采用波长为 $10.6\mu m$ 连续输出的 CO_2 激光器。激光束功率密度高，蒸发源温度高，蒸发速率高，容易控制；并且激光束局部加热，可避免坩埚污染，实现高纯度薄膜淀积，特别适合制作成分比较复杂的合金或化合物的薄膜材料。但大功率激光器成本高，限制其广泛应用。

（2）溅射　是利用高能离子轰击固体源材料（阴极靶），通过动量交换，使淀积源的分子或原子足以克服彼此间的束缚从材料表面飞溅出来，淀积在阴极靶前方的衬底上形成薄膜。溅射成膜与溅射刻蚀机理相同，但两者针对的对象不同，溅射刻蚀是将被刻蚀的晶片放置在靶位，用高能离子去轰击达到刻蚀的目的；溅射成膜是将薄膜材料放置在靶位，将被溅射的晶片放置在靶的前方位置，这些被溅射出来的薄膜原子带有一定的动能，会沿一定方向射向衬底，从而实现衬底上的薄膜淀积。

溅射方法包括直流溅射、射频（RF）溅射、磁控溅射、反应溅射、离子化的金属等离子体（Ionized Metal Plasma，IMP）溅射及偏压溅射等。由于溅射过程中入射离子与靶材料之间有很大的能量传递，溅射出的原子可获得足够的能量（10～50eV），提高溅射原子在衬底表面的迁移能力，故溅射成膜的台阶覆盖好。与蒸发膜相比，溅射膜可以改善台阶覆盖及其与衬底附着性。此外，溅射可利用化合物作为靶材料，很好地控制多元化的组分，通过使用高纯靶、高纯气体可提高溅射膜的质量。溅射可用来形成金属 Al、Cu 膜，难熔金属钨（W）、钼（Mo）膜，合金或各种氧化物、碳化物、氮化物、硫化物及各种复合化合物薄膜。

2. 多层金属化

金属化包括芯片表面金属化和背面金属化。在 FRD、IGBT 及 GCT 中，表面金属化常用蒸铝方法，膜厚为 2～10μm。背面金属化常用多层金属化（内黏附层＋中间阻挡层＋外导电层）结构[30]，并在多层金属膜的蒸发和刻蚀后再采用快速退火，以提高其黏附性，并降低接触电阻。一般选择钛（Ti）、铬（Cr）及铝（Al）膜作为内粘附层，因为这些金属与 Si 或 SiO$_2$ 的浸润性好、黏结力强，热膨胀系数与 Si 相近，且与 Si 的欧姆接触系数小。外导电层可用性能稳定、不易氧化、容易焊接且具有良好的导电和导热性能的金属银（Ag）或金（Au）等。从经济角度出发，常选 Ag 作为外导电层。中间阻挡层是为了阻挡内黏附层与外导电层之间的相互扩散。一般选择热匹配性能良好的镍（Ni）膜为阻挡层。所以，三层金属化膜通常选择 Ti/Ni/Ag，其厚度分别为 200～300nm、600～700nm、400～500nm。此外，由于 Al/Ti/Ni/Ag 四层金属膜的应力更小，在实际的芯片制作中，背面金属化常选 Al/Ti/Ni/Ag 四层金属化膜。

为了提高金属电极膜的稳定性，防止金属膜与半导体间发生任何反应，在制作发射极金属铝膜时，除了选择与硅接触稳定的金属作为中间阻挡层外，还可以在 Al 中加入少量的硅或铜，形成铝硅（Al – Si）或铝 94% – 硅 2% – 铜 4% 复合膜[1]。

8.3.7 背面减薄工艺

对于 PT – IGBT 或 PIC 芯片而言，由于 p 型衬底较厚，导致其串联电阻和热阻都很大，不利于散热和减小装配时的热应力，而且硅片较厚时不容易划片。所以，在芯片正面工艺完成后，需要对背面进行减薄，以降低衬底的厚度。对于 NPT – IGBT 或 FS – IGBT，由于采用区熔单晶作为衬底，导致 n⁻ 区较厚。为了降低其通态损耗，在形成背面的 p⁺ 集电区或 n FS 层之前，也必须减薄 n⁻ 区。减薄的厚度可根据特性设计和工艺设备容限的要求而定。

背面减薄技术有磨削、研磨、干式抛光（Dry Polishing）、化学机械抛光

（Chemical Mechanical Polishing，CMP）、电化学腐蚀（Electrochemical Etching）、湿法腐蚀（Wet Etching，WE）、等离子增强化学腐蚀（Plasma – Enhanced Chemical Etching，PECE）、常压等离子腐蚀（Atmosphere Downstream Plasma Etching，ADPE）等。

1. 标准的减薄工艺

减薄工艺一般采用机械磨削法，是利用固定在特定模具上尺寸适宜的金刚砂轮对硅片背面进行磨削，标准的减薄工艺流程包括贴片、磨片（粗磨、细磨）及腐蚀，这三道工序相互配合可得到最终所要求的厚度、最小的厚度变化以及最优的表面品质。机械磨削不可避免地会造成硅片表面损伤。表面损伤层分为有微裂纹的非晶层、较深的晶格位错层及弹性变形层。粗磨、细磨后，硅片背面仍留有深度为 15 ~ 20μm 的微损伤及微裂纹，会严重影响硅片的强度。因此，磨片后还需要用腐蚀法来去除硅片背面残留的晶格损伤层，避免因残余应力引起硅片翘曲而发生碎裂。

减薄后的硅片被送进划片机进行划片，划片槽的断面往往比较粗糙，通常存在少量微裂纹和凹坑，对芯片后续加工过程中的碎裂有直接影响。采用非机械接触加工的激光划片技术可避免机械划片所产生的微裂痕、碎片等现象，大大提高成品率。

2. 背面减薄新技术

为了减少划片工艺对芯片的损伤，目前已提出了新减薄划片技术，如划后减薄（Dicing Before Grinding，DBG）法和减薄划片（Dicing By Thinning，DBT）法[31]。划后减薄法是在背面磨削之前将硅片的正面切割出一定深度的切口，然后再进行背面磨削；减薄划片法是在减薄之前，先用机械或化学的方式在正面切割出切口，再用磨削方法减薄到一定厚度以后，采用常压等离子体腐蚀技术去除掉剩余加工量，实现芯片的自动分离。这两种方法可以很好地避免或减少因减薄引起的硅片翘曲以及划片引起的芯片边缘损伤。特别对于 DBT 技术，各向同性的 Si 刻蚀剂不仅能去除硅片背面研磨损伤，而且能除去芯片边缘由于划片引起的微裂缝和凹槽，大大增强了芯片的抗碎裂能力。这两种方法多用于 PIC 芯片的制造。

IGBT 芯片减薄时，通常采用大面积减薄和局部减薄两种技术。局部减薄技术是采用直径小于硅片直径的磨削头进行机械磨片，使得硅片背面实现局部减薄，即硅片圆周处形成台阶、而中央部分很薄，以便于芯片分割。

8.3.8 PIC 典型工艺

PIC 一般使用 BiCMOS 或 BCD 工艺。高性能 BiCMOS 电路于 20 世纪 80 年代初提出并实现，主要用于高速静态存储器、高速门阵列器件以及其他高速数字电路，还可用于含有数/模混合电路的系统集成芯片制造及系统集成。BCD 是一种先进的单片集成工艺技术，1986 年由意法半导体（ST）公司率先研制成功，这种技术能够将双极型晶体管 Bipolar、CMOS 和 DMOS 制作在同一芯片上，故称为 BCD 工艺。目前已成为 PIC 制作的主流工艺技术。

1. BiCMOS 工艺

采用高、低压兼容工艺的 600V Bi CMOS 芯片纵向结构剖面如图 8-21 所示。先在 p 型衬底上注入砷作为 n 埋层，然后再生长 n 型外延层，并通过硼扩散形成隔离区，将纵向 npn 晶体管、横向 pnp 晶体管、CMOS 及高压 LDMOS 分别做在不同的隔离岛内 n 外延层上，以实现高低压相容。其中高压 LDMOS 采用双埋层结构实现高压隔离。

在智能功率集成电路（SPIC）中，为了节约芯片面积，将内部 LDMOS 元胞用 VDMOS 元胞替换[32]，可以实现 1kV 的击穿电压和 0.34 Ω·cm² 的特征导通电阻，同时也能简化工艺，使 SPIC 具有更好的性能和更低的成本。

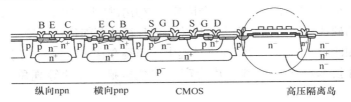

图 8-21　高、低压兼容工艺的 600V Bi CMOS 芯片纵向结构剖面示意图

2. BCD 工艺

采用 BCD 工艺可将双极模拟电路、CMOS 逻辑电路和高压 DMOS 器件集成在同一块芯片上。典型 BCD 工艺可制作低压 CMOS 管、高压 MOS 管、各种击穿电压的 LDMOS、纵向 npn 与 pnp 晶体管、横向 pnp 晶体管、阱电阻、多晶电阻及金属电阻等元器件；有些工艺甚至还集成了电可擦可编程只读存储器（Electrically Erasable Programmable Read – Only Memory，EEPROM）、齐纳二极管（Zener Diode）、肖特基二极管（Schttky Diode）等器件，如图 8-22 所示[33]。由于集成了如此丰富的器件，这给电路设计者带来极大的灵活性，可根据应用需要来选择最合适的器件，从而提高整个电路的性能。

由于 BCD 工艺包含的器件种类多，必须做到高压器件和低压器件兼容，双极工艺和 CMOS 工艺兼容，尤其是要选择合适的隔离技术。考虑到器件各区的特殊要求，为了减少实际光刻次数，降低制造成本，应尽量使同种掺杂能兼容进行。所以，需要采用精确的工艺仿真和巧妙的工艺设计，有时可能要在性能与工艺兼容性之间作折中选择。BCD 通常采用双阱工艺，有时会用三阱甚至四阱工艺来制作不同击穿电压的高压器件。

目前，BCD 工艺向高压、大功率、高密度三个方向分化发展。高压 BCD 工艺主要用于制作如 300V 以上的高压照明 LED 驱动、半桥/全桥驱动及 AC/DC 电源转换等高耐压但工作电流要求不大的器件。多采用外延工艺、pn 结隔离和 RESURF

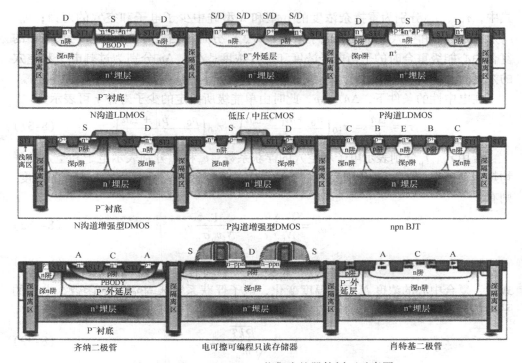

图 8-22   0.18μm BCD 工艺集成的器件剖面示意图

LDMOS 结构，以提高器件的耐压。大功率 BCD 工艺主要用于大电流、中等电压（40~90V）控制电路的应用，如汽车电子等。重点是如何降低控制电路的成本和 DMOS 的导通损耗，并提高其可靠性。高集成度 BCD 工艺则主要用于需要与 CMOS 非挥发性存储电路工艺兼容的领域，电压范围是 5~50V。目前的发展重点是 100V 以下的 BCD 工艺，应用领域最为广泛，趋势是线宽更小，功耗更低及更智能化。

8.4   寿命控制技术

8.4.1   少子寿命

1. 少子寿命的决定因素

少子寿命是度量过剩载流子浓度从非平衡状态恢复到平衡状态所需的时间。根据肖克莱 - 里德 - 霍尔（SRH）复合模型可知，在稳定状态下，通过禁带中单能级复合中心的复合率 R 可由下式给出[18]：

$$R = \frac{\Delta n p_0 + \Delta p n_0 + \Delta n \Delta p}{\tau_{p0}(n_0 + n_1 + \Delta n) + \tau_{n0}(p_0 + p_1 + \Delta p)} \tag{8-36}$$

式中，τ_{n0}、τ_{p0}分别为重掺杂浓度的 p 型和 n 型硅中少子电子和空穴的寿命；n_0、p_0分别为电子和空穴的平衡载流子浓度；n_1、p_1分别为当费米能级位置与禁带中的复合中心能级重合时的平衡电子浓度和空穴浓度；Δn、Δp分别为过剩电子和空穴的浓度。

在电中性的条件下，$\Delta n \approx \Delta p$，此时由单能级所决定的少子寿命$\tau$可表示为

$$\tau = \frac{\Delta n}{R} = \tau_{p0}\left(\frac{n_0 + n_1 + \Delta n}{n_0 + p_0 + \Delta n}\right) + \tau_{n0}\left(\frac{p_0 + p_1 + \Delta n}{n_0 + p_0 + \Delta n}\right) \tag{8-37}$$

若用r_n、r_p分别表示电子和空穴的俘获系数；v_n和v_p分别表示电子和空穴的平均热运动速度；σ_n、σ_p分别表示电子和空穴的俘获截面；N_t表示复合中心的浓度，则有

$$\tau_{n0} = \frac{1}{N_t \cdot r_n} = \frac{1}{N_t v_n \sigma_n} \tag{8-38a}$$

$$\tau_{p0} = \frac{1}{N_t \cdot r_p} = \frac{1}{N_t v_p \sigma_p} \tag{8-38b}$$

式中，复合中心的浓度N_t不随温度变化，电子俘获系数r_n是温度的函数，电子的平均热运动速度v_n和电子的俘获截面σ_n均与温度有关，可表示为

$$v_n = \sqrt{\frac{2kT}{m_n^*}} \tag{8-39}$$

$$\sigma_n = 3.5 \times 10^{-15}\left(\frac{T}{300}\right)^{-5/2} \tag{8-40}$$

将式（8-39）、式（8-40）代入式（8-38a），可得到电子寿命与温度的关系为

$$\tau_{n0} \propto \left(\frac{T}{300}\right)^2 \tag{8-41}$$

对 n 型硅中的少子空穴，也可以得到类似的关系。

（1）小注入寿命τ_L　在小注入条件下，$\Delta n \ll n_0 + p_0$，代入式（8-37），于是少子寿命τ_L可以表示为

$$\tau_L = \tau_{p0}\left(\frac{n_0 + n_1}{n_0 + p_0}\right) + \tau_{n0}\left(\frac{p_0 + p_1}{n_0 + p_0}\right) \tag{8-42}$$

在 n 型硅中，如果复合中心能级位于禁带中央位置，则有$n_0 \gg p_0$，$n_0 \gg n_1$，且$n_0 \gg p_1$，于是小注入寿命τ_L为

$$\tau_L = \tau_{p0}\left(1 + \frac{n_1}{n_0}\right) \tag{8-43a}$$

对于 p 型硅，在类似的条件下，小注入寿命τ_L为

$$\tau_L = \tau_{n0}\left(1 + \frac{p_1}{p_0}\right) \tag{8-43b}$$

可见，小注入寿命τ_L既与复合中心能级的位置有关，又与复合中心的载流子

浓度和俘获截面有关。

（2）大注入寿命 τ_H　在大注入条件下，$\Delta n \gg n_0 + p_0$，代入式（8-37），于是大注入寿命 τ_H 可以表示为

$$\tau_H = \tau_{p0} + \tau_{n0} \tag{8-44}$$

可见，大注入寿命仅取决于复合中心的浓度及其俘获截面，而与复合中心能级的位置无关。

（3）空间电荷区的寿命 τ_H　在反偏的 pn 结空间电荷区内，假设载流子的产生率是均匀的，则根据单能级复合中心的复合率，可得到空间电荷区的产生寿命 τ_{SC} 为[34]

$$\tau_{SC} = \tau_{p0}\exp\left(\frac{E_T - E_i}{kT}\right) + \tau_{n0}\exp\left(\frac{E_i - E_T}{kT}\right) \tag{8-45}$$

式中，E_i 为本征费米能级位置；E_T 为复合中心的能级位置；由式（8-45）可知，当复合中心位于禁带中央（即 $E_T \approx E_i$）时，$\tau_{n0} \approx \tau_{p0}$，空间电荷区载流子的产生寿命 τ_{SC} 最低。

2. 少子寿命对器件特性的影响

电力半导体器件的特性由其结构参数决定，但受少子寿命的影响很大，因此不同的器件特性对少子寿命有不同的要求。少子寿命对器件特性的影响主要体现在两个方面：一是为了获得良好的通态特性，需提高少子寿命，故在器件制造工艺中需预防或去除使少子寿命减少的缺陷或复合中心；二是为了缩短器件的关断时间或减小其恢复电荷，提高开关速度，需降低少子寿命，故向器件内部引入适当的复合中心。

少子寿命对器件特性的影响可通过器件的工作状态来理解。在导通期间，器件内部存在的大量的非平衡少子，此时载流子的寿命为大注入寿命 τ_H，它决定了器件的通态特性，τ_H 越高，则器件的通态压降就越小。在关断期间，随着器件内部载流子的不断被抽取，少子数目不断减少，此时少子的寿命为小注入寿命 τ_L，它决定了器件的关断特性，τ_L 越小，则器件的关断时间 t_{off} 就越短。在阻断期间，器件耗尽区内的载流子产生寿命 τ_{SC} 决定了器件的漏电流 I_R，τ_{SC} 越大，漏电流越小。

为了使器件同时具有通态压降低、高温漏电流小及开关时间短等良好性能，要求 τ_H 和 τ_{SC} 要高，τ_L 要低，即 τ_H/τ_L 和 τ_{SC}/τ_L 越高越好。所以，为了使器件在很宽的温度范围内能稳定工作，防止其漏电流过大，要求引入的复合中心能级位置远离禁带中央[34]。在实际制作工艺中，不仅要防止有害的重金属杂质引入的复合中心导致载流子寿命降低，而且要避免为改善器件开关速度而引入的低寿命区位于 pn 结空间电荷区，导致漏电流增大。

8.4.2　吸杂技术

为了保证电力半导体器件在使用过程中不发生局部击穿和失效，必须对其少子

寿命进行严格的在线控制。特别是在大直径 $\phi5in$（$\phi125mm$）的超高压晶闸管（7200V 以上）的制作过程中，每次高温扩散工艺之后，要求少子寿命在 $300\mu s$ 以上[35]，此外还要求严格控制少子寿命的纵、横向均匀性，所以在器件制造过程中，为了提高少子寿命，必须预防各种有害杂质的玷污与侵入，同时需要采用吸收工艺，以消除杂质或缺陷。

1. 预防措施

（1）硅片清洗方法　在传统的半导体器件生产工艺中，通常采用手工清洗方式，增加了金属离子污染的概率。采用自动化的 RCA 标准清洗工艺有利于提高少子寿命及其均匀性。RCA 清洗是 1965 年由 Kern 和 Puotinen 等人在 N. J. Princeton 的美国无线电公司（RCA）实验室首创的，并由此而得名，至今仍是一种普遍使用的湿式化学清洗方法，主要用于清除有机表面膜、粒子和金属玷污。清洗时，首先用 H_2SO_4、H_2O_2 及 H_2O 混合液（称为 SPM）去除硅片表面的有机玷污，因为有机物会遮盖硅片部分表面，从而使氧化膜和与之相关的玷污难以去除；然后用 HF、H_2O_2 及 H_2O 混合液（称为 DFH）溶解表面氧化膜，同时除去金属玷污，因为氧化层通常是"玷污陷阱"，也会引入外延缺陷；再用 NH_4OH、H_2O_2 及 H_2O 混合液（称为 APM）去除颗粒、部分有机物和金属等玷污，同时使硅片表面钝化；最后用 HCl、H_2O_2 及 H_2O 混合液（称为 HPM）去除硅片表面的钠、铁、镁等金属玷污。

（2）扩散用具　在电力半导体器件制造过程中，采用不同材料制成的高温扩散管、扩散舟、铲等，会直接影响器件的少子寿命。由于碳化硅材料的杂质含量明显高于多晶硅和石英材料，因此扩散用的碳化硅铲需经过特殊涂层处理。此外，多晶硅材料因其特殊的分子结构，容易吸收杂质，且用氯离子清洗效果不佳。所以，为了保证高的少子寿命，扩散时应尽量选用高纯石英材料用具。但石英材料的耐高温特性相对较差，高温长时间扩散容易变形，故要定期检查更换。

（3）材料缺陷　原始硅材料中存在的 D 缺陷（即空位团）会影响其中的载流子寿命分布。D 缺陷源于扩散时混入不洁净的空气，或用 KOH 腐蚀硅片时在表面薄层内产生的重金属污染，在高温过程中会在硅中引入 D 缺陷，形成的空位能级位于导带下方 0.45eV 处，成为重金属杂质的复合 - 产生中心，使硅中载流子寿命存在严重的横向分布，如图 8-23a 所示[36]，中心寿命仅为 $150\mu s$，而外围寿命可达 $1000\mu s$，这种非均匀的寿命分布会导致器件的漏电流很大。为了消除原始衬底材料中的 D 缺陷，需注入间隙原子。具体方法是，采用湿氧氧化或 $POCl_3$ 扩散，在 1150℃ 下预处理 3h，间隙原子会扩入整个硅片。然后，腐蚀掉表面氧化层和磷掺杂层，在 1240℃ 下推进 5h。预处理后的寿命分布趋于均匀，同时寿命也有所提高（见图 8-23b），在 500 ~ 1500μs 之间。

2. 吸杂方法

为了提高少子寿命，需要减少有害杂质的污染，并控制缺陷的产生。因此，在

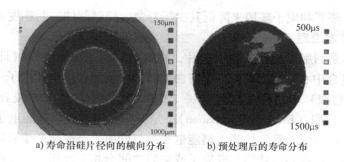

a) 寿命沿硅片径向的横向分布　　　b) 预处理后的寿命分布

图 8-23　原始衬底材料中的 D 缺陷引起的寿命分布

工艺过程中，要加强表面清洁处理，防止高温掺杂时有害杂质，如铜（Cu）、铁（Fe）等，从表面扩入硅片，并尽量采用低温工艺或闭管扩散及慢降温等。此外，还可以采用特殊的吸收工艺来消除芯片中的杂质或微缺陷，如采用掺氯氧化、阳极的硼硅玻璃（BSG）吸收工艺、阴极的磷硅玻璃（PSG）吸收工艺等。

表 8-4 比较了采用不同的吸收方法处理后少子寿命和 pn 结漏电流的变化[36]。相比较而言，采用双面磷吸收工艺可显著提高少子寿命，降低 pn 结反向漏电流。为了了解器件中的少子寿命分布，可以在 n^+ 阴极区的 $POCl_3$ 扩散后，通过测试 n 基区少子扩散长度的横向分布来观察少子寿命情况。吸收后的寿命可采用光致发光成像（Photoluminescence Imaging，PL）技术来测量[37]。

表 8-4　采用不同的吸收方法处理后少子寿命和 pn 结漏电流的变化

吸收方法	少子寿命 $\tau/\mu s$	pn 结的漏电流/（$\mu A/cm^2$）
高温掺杂	31	5.8
双面 $POCl_3$ 吸收	166	1.1
单面 $POCl_3$ 吸收	87	2.4
单面磷注入	64	3.1
淀积多晶硅	52	3.9
湿氧氧化	38	5.6

8.4.3　辐照技术

电力半导体器件在开关或高频场合应用时，对其开关速度要求较高。为了改善双极型器件的关断特性，需要对其中的少子寿命进行控制。传统方法是在金属化之前通过掺金（Au）、铂（Pt）、钯（Pd）及铱（Ir）等金属在硅的禁带中引入深能级作为复合中心[38]来降低其少子寿命。但是，由于这些金属都是快扩散杂质（Au 的扩散系数比 B、P 的扩散系数高 5 个数量级），要精确控制其最终的缺陷分布和掺杂剖面很困难，所以在 FRD、PT - IGBT 等新型器件制作中，在金属化之后，常用电子辐照和质子辐照来降低其少子寿命、控制器件关断速度。

1. 辐照技术原理

辐照技术是利用高能粒子轰击硅片，在其内部引入感生缺陷（即空位和间隙原子）作为复合中心，达到控制少子寿命的目的。辐照技术包括电子（β射线）辐照、质子（α射线）辐照或轻离子（H^+、He^{++}）辐照[39,40]及其复合技术等。

（1）电子辐照（Electron Irradiation） 是指在室温下利用高能电子照射半导体表面，在芯片内部引入感生缺陷。高能电子束与硅原子碰撞会产生硅间隙原子和空穴等基本缺陷，这些基本缺陷与硅原子或缺陷之间会相互作用，产生次级缺陷。高能电子束的剂量大小可通过束流来控制，如果剂量过大，需在较高的温度下进行退火。辐照后，通过测量器件关断时间、正向压降及漏电流可以了解寿命控制的效果。辐照前的寿命 τ_0 和辐照后的寿命 τ 之间有如下关系[41]：

$$\tau = \frac{\tau_0}{1 + K\Phi\tau_0} \tag{8-46}$$

式中，Φ 为辐照剂量；K 为辐照损伤系数，与辐照类型、能量、硅片电阻率及温度有关。电子辐照的能量选择在 0.5~15MeV 之间，在此范围内，电子束完全可以贯穿器件，在整个器件内部形成分布均匀的感生缺陷，所以电子辐照得到的少子寿命为均匀分布。

电子辐照很容易控制，重复性也很好。通过控制辐照剂量可以精确地控制感生的缺陷浓度。但由于电子辐照感生的缺陷不稳定，在较低温度下退火就会消失，因此用电子辐照制成的器件长期稳定性不好。

（2）质子或轻离子辐照 质子辐照（Proton Irradiation）或轻离子辐照产生的缺陷和电子辐照产生的缺陷性质相同。由于质子质量比电子质量重，所以注入射程较短。若注入射程小于器件厚度，就会在射程末端形成缺陷浓度比其他位置高得多的缺陷峰（即高浓度复合中心区）。辐照表面与缺陷峰之间的缺陷密度只是缺陷峰处的 10%~20%，称为缺陷拖尾。缺陷峰的位置可通过辐照能量来调节，使质子在硅中的穿入深度控制在硅片厚度范围内，如 3MeV 的质子在硅中的穿入深度约为 100μm，而相同能量的电子穿入深度为 6000μm。质子辐照产生的缺陷峰纵向宽度最小值可控制在 10μm 以内。所以，质子辐照能在器件内很窄的范围内进行局部少子寿命控制，于是在不牺牲其他特性参数（如通态压降和漏电流）的情况下，可以提高器件的开关速度。质子辐照也可离线进行，但需要在真空条件下进行，导致工艺成本增加。

在现有可用的离子注入能量下，只有 H^+ 与 He^{++} 这两种轻离子的射程可达几十至几百微米，符合功率器件轴向尺寸的使用要求。比如，利用低能量（50~80keV）、高剂量（1×10^{16}~$6 \times 10^{16} cm^{-2}$）的 He^{++} 注入形成 IGBT 的 nFS 层，在 900℃ 下退火 1h，产生的空位缺陷可控制在小于 100nm 厚的范围内。表 8-5 列出了

H^+ 注入射程和能量的大致关系[22]。

表 8-5　H^+ 注入射程和能量的大致关系

能量/keV	200	500	750	1200	1500
H^+ 射程/μm	2	6.5	10	20	30

据文献报道，H^+ 注入的功能随退火温度不同而起不同的作用。当在 350℃ 以下退火时，起复合中心的作用，可以减小少子寿命；当在 450～550℃ 退火时，起施主的作用，可形成 n 型掺杂区。

2. 复合中心能级位置

图 8-24 给出了各种少子寿命控制技术在硅中产生的复合中心能级位置[41,42]。图中 $VO^{(-/0)}$ 表示空位－氧复合体形成的缺陷能级，$V2^{(-/0)}$ 表示双空位形成的缺陷能级，这些能级在硅中起复合中心的作用。可见，掺金（Au）引入的复合中心能级接近禁带中央，导致其 τ_L 和 τ_{sc} 较低；掺铂（Pt）、钯（Pd）和铱（Ir）引入的复合中心能级位置远离禁带中央，其 τ_{sc} 较高，而 τ_H 较低，故掺铂、钯及铱的器件漏电流较小，高温稳定性好；掺金器件漏电流较大，在 100℃ 下比掺铂器件高 1～2 数量级，且高温稳定性差。相比较而言，掺铱引入的能级位于铂和金之间，故掺铱器件的特性介于掺金器件与掺铂、掺钯器件之间，并且由于铱的扩散系数比金和铂低，在 850～950℃ 就可形成铱的深能级[36,42]。

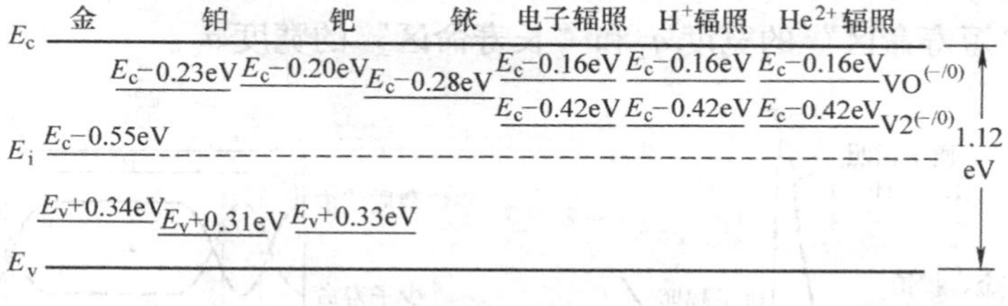

图 8-24　各种技术在硅中产生的复合中心能级位置

电子辐照在硅中引入的主要电活性缺陷是氧－空位对和双空位，前者能级位置靠近导带，决定了大注入少子寿命 τ_H，而后者能级位置靠近禁带中央，决定了小注入少子寿命 τ_L 和耗尽区内的载流子产生寿命 τ_{sc}。H^+ 或 He^{++} 注入在禁带中央引入两个确定的陷阱能级，与电子辐照的感生能级相同。可见，辐照引入的感生缺陷的能级位置介于金和铂能级之间，所以，辐照也会导致器件的漏电流偏大，稳定性较差。并且，H^+ 或 He^{++} 辐照会感生浅施主杂质，其掺杂浓度随辐照剂量增加而增大，导致 n^- 基区的掺杂浓度增大，引起器件的击穿电压下降[43]。所以，选择合适的剂量和退火温度非常关键。

为了形成任意可控的复合中心浓度分布，可在器件与辐照源之间使用掩模进行阻挡，掩模厚度会影响离子穿过的能量，从而控制注入的深度。所以，与传统寿命控制技术相比，H⁺或He⁺⁺离子辐照形成的缺陷峰为器件性能优化提供了更大的自由度。除纵向寿命控制外，通过横向寿命控制，可进一步优化器件的性能。如果将纵向与横向寿命控制结合使用，可得到一种三维寿命控制技术[44]。

3. 缺陷浓度分布

图 8-25 给出了各种少子寿命控制技术在硅中产生缺陷浓度分布示意图[42]。其中掺金、掺铂形成的缺陷浓度为 U 型分布，这是因为金、铂原子在硅中扩散系数大，在高温下向表面扩散所致。由于金、铂在硅中的实际扩散有许多复杂的行为特性，很难精确地控制整个扩散过程和由此形成的缺陷浓度，故目前较少使用。电子辐照形成了均匀的缺陷浓度分布，如图中虚线所示；质子辐照或 H⁺、He⁺⁺辐照在射程末端形成了缺陷浓度比其他位置高得多的缺陷峰。因此，电子辐照在硅中产生的寿命是均匀分布的，而质子辐照或 H⁺、He⁺⁺辐照产生的少子寿命是非均匀分布的。

4. 少子寿命的横向控制

少子寿命横向非均匀分布（Minority Carrier Lifetime Lateral Nonuniform Distribution，MLD）是通过少子寿命控制技术在硅中形成一种"波状"的缺陷浓度分布，导致少子寿命也存在横向分布，如图 8-26 所示[45,46]。假设在 x 方向上宽度 $0 \sim a_1$ 之间为"短寿命区"，宽度 $0 \sim a_2$ 之间为"长寿命区"，两者之间交界处少子寿命呈近似指数衰减或正弦曲线变化。需要控制的关键参数为"短寿命区"的少子寿命 τ_p、"短寿命区"的宽度 a_1 和"长寿命区"的宽度 a_2。

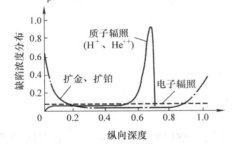

图 8-25　不同寿命控制技术产生缺陷浓度分布　　图 8-26　少数载流子寿命横向非均匀分布

为了改善快恢复二极管（FRD）的反向恢复特性，可采用横向少子寿命控制技术。若用反向恢复时间 t_{rr} 随温度的变化比 η 来表征 FRD 的 $t_{rr}-T$ 稳定性，η 越小，$t_{rr}-T$ 的稳定性越好。采用不同少子寿命控制技术获得的 FRD 的 η 可用下式表示：

$$\eta = \frac{t_{rr(100℃)}}{t_{rr(27℃)}} = \begin{cases} 3 & \text{（均匀掺铂）} \\ 2 & \text{（均匀掺金）} \\ 1.4 & \text{（掺铂的 MLD）} \\ 1.2 & \text{（掺金的 MLD）} \end{cases} \tag{8-47}$$

可见，掺铂、掺金形成的 MLD 比传统的均匀掺杂时具有较低的 η 值。这说明，对 FRD 的寿命控制，采用掺铂、掺金形成的 MLD 获得的反向恢复特性稳定性好。

研究表明，减小"短寿命区"宽度 a_1 值，反向漏电流也减小；增加"长寿命区"宽度 a_2 值，可以提高其 $t_{rr} - T$ 稳定性。当 a_1 减小、a_2 增大时，采用 MLD 二极管的 $t_{rr} - T$ 稳定特性增强。因此，在不影响 $t_{rr} - T$ 稳定性的前提下，应当尽量减小"短寿命区"宽度 a_1 值。与采用均匀寿命控制的 FRD 相比，采用 MLD 的 FRD 具有非常良好的反向恢复时间与温度（$t_{rr} - T$）稳定特性；但其正向压降 – 反向恢复时间（$U_F - t_{rr}$）兼容特性略差，且反向漏电流大约高出一个数量级。

5. 辐照后的退火

利用辐照进行少子寿命控制后，需要对硅片进行退火，以消除辐照引起的损伤。退火温度和时间的选择与辐照剂量有关。剂量越大，退火温度越高（通常在 500℃ 以下），退火时间控制在 0.5h 以内。下面介绍一种新的激光退火工艺，即利用适当功率的激光进行退火，可以选择性地修复电子辐照所产生的缺陷，从而实现少子寿命的局部控制。

2008 年日本富士公司采用这种电子辐照和激光退火相结合的局部少子寿命控制技术在区熔硅单晶上制成了一种区熔二极管（Float Zone Diode，FZ – D）[47]。图 8-27a 所示为区熔二极管结构及其载流子寿命分布。先在二极管阳极进行电子辐照，然后在阴极面（即背面）利用适当功率的激光进行退火，以修复阴极侧的部分缺陷，从而使二极管的阴极侧的少子寿命比阳极侧的更长。由于激光退火使二极管内部的少子寿命得到优化，可以减小反向恢复尖峰电压，提高二极管的可靠性。如图 8-27b 所示，与电子辐照的二极管相比，采用激光退火的 FZ – D，可有效地消除反向恢复期间的高电压振荡。

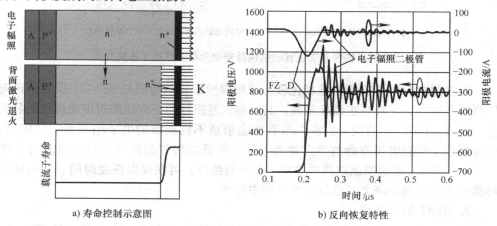

a) 寿命控制示意图　　　　　　　b) 反向恢复特性

图 8-27　区熔二极管的寿命控制示意图及反向恢复特性

8.4.4 应用举例

在 FRD、快速晶闸管、RB – GTO[39,48]、RC – GCT[49] 及 PT – IGBT 等器件中，都需要进行少子寿命控制。

1. 快恢复二极管的双质子辐照

在高压二极管中，为了获得快速的反向恢复特性，常用电子辐照对其中的少子寿命进行控制。由于电子辐照得到的是均匀的少子寿命，不利于改善反向恢复特性和正向导通特性之间关系。所以，高压 FRD 一般采用双质子辐照控制其中的少子寿命，以获得较低的正向压降和快速的反向恢复特性。

图 8-28 所示为采用双质子辐照控制的 SPT$^+$（是在 SPT 结构的基础上通过元胞优化来获得发射极侧的高载流子浓度）型结构中少子寿命及载流子浓度分布[50]。可见，从阳极和阴极两侧分别进行少子寿命控制，于是在 p$^+$ 阳极区内形成了第一个缺陷峰，在靠近 n 缓冲层的 n$^-$ 区内形成了第二个缺陷峰（见图 8-28b），导致这两处形成局部的低寿命区（见图 8-28a），而 n$^-$ 中间区域的寿命保持不变，这样中间区域的高寿命可以保证低的正向压降，两侧的低寿命可以改善反向恢复特性。

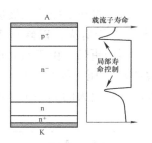

a) 二极管的结构及寿命控制

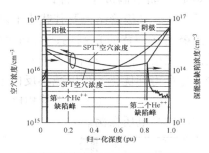

b) 内部缺陷峰值浓度与空穴浓度分布

图 8-28　快恢复二极管的结构及寿命分布和载流子浓度分布

与常规的 SPT 二极管特性相比较，采用双质子辐照形成的 SPT$^+$ 二极管的正向压降明显较低，并具有正温度系数，其反向恢复损耗与正向压降折中曲线也明显改善。此外，He^{++} 辐照退火后在二极管中会形成不同能级的电子陷阱和空穴陷阱，可分别用于控制电子寿命与空穴寿命，从而降低二极管的损耗和反向恢复峰值电压[51]。所以，通过控制陷阱的类型、能级及浓度，可在反向恢复时间、反向恢复峰值电流及正向压降之间取得很好的折中选择。

2. IGBT 质子辐照

图 8-29 给出了一种内部透明集电极 IGBT（ITC – IGBT）[52] 与传统的 PT – IG-BT 结构。可见，在 ITC – IGBT 集电区内靠近 n 缓冲层的 p$^+$n 结处有一载流子低寿

命控制区，其厚度为 $0.5\mu m$，是由 He^{++} 辐照后（能量为 370keV、剂量为 4×10^{16} cm^{-2}）在 700℃ 下退火 60min 形成的。而 PT – IGBT 是采用电子辐照，其他工艺则完全相同。特性测试表明，ITC – IGBT 在室温下和高温下与 $I-U$ 曲线的交点〔即零温度系数（ZTC）点〕对应的电流密度约为 $80A/cm^2$，远低于额定电流密度（约 150 ~ $200A/cm^2$）。而采用电子辐照的 PT – IGBT 的 ZTC 点对应的电流密度约为 $180A/cm^2$。

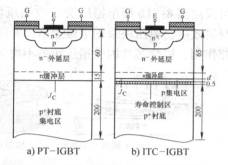

图 8-29　ITC – IGBT 中的少数载流子寿命控制

所以，采用局部寿命控制的 ITC – IGBT 在饱和电压和关断时间之间获得更好的折中。

3. IEGT 质子辐照

图 8-30a 所示为 IEGT 中质子辐照的缺陷位置及寿命分布。可见，采用质子辐照来控制 IEGT 中的少子寿命时，质子从集电极一侧射入，并终止在靠近 n 缓冲层处的 n^- 漂移区内形成缺陷峰，导致此处寿命最低，并在 n 缓冲层和 p^+ 集电区处形成低浓度的缺陷拖尾。于是 IEGT 中载流子寿命为局部的非均匀分布。图 8-30b 给出了不同的少子寿命分布对 IEGT 通态 $I-U$ 特性曲线[53]。可见，采用电子辐照的 IEGT，其 ZTC 点对应的集电极电流约为 1500A，采用质子辐照的 IEGT，与其 ZTC 点对应的集电极电流降到 500A 左右。这说明采用质子辐照可改善器件的高温导通特性，使饱和电压在额定电流下为正的温度系数，有利于提高器件的高温稳定性。

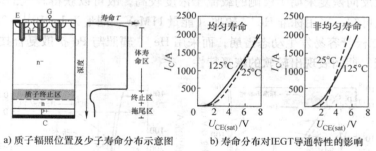

a) 质子辐照位置及少子寿命分布示意图　　　b) 寿命分布对IEGT导通特性的影响

图 8-30　IEGT 的质子辐照产生的少子寿命分布及其对通态 $I-U$ 特性的影响

4. RC – GCT 的局部电子辐照

在 RC – GCT 中，由于非对称 GCT 采用了透明阳极，不需要进行寿命控制，但与之反并联的集成二极管必须进行少子寿命控制，才能在无吸收和高 di/dt 下实现关断。图 8-31 所示为 RC – GCT 的局部电子辐照方法及配件示意图[54]。如图8-31a 所示，在实际的电子辐照时，为了避免非对称 GCT 部分（位于芯片外围）被照射，可采用图8-31b所示铅压块（或钼压块）来保护非对称GCT。为了减缓辐照区的深阱效应，铅压块采用了锥形口，并用图8-31c所示的铝合金垫块垫在芯片下起支撑作用，以免芯片因受铅压块的不均匀应力而破裂，其尺寸同芯片相匹配。

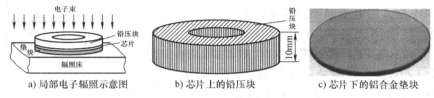

a) 局部电子辐照示意图 b) 芯片上的铅压块 c) 芯片下的铝合金垫块

图8-31 RC–GCT的电子辐照方法及配件示意图

5. 特殊用法

（1）利用复合控制技术形成隐埋的 p^- 区 在快恢复二极管中，将 He^{++} 辐照与Pd扩散相结合，不仅可以控制局部的少子寿命，而且可以在阳极侧处形成一个隐埋的 p^- 区，能有效抑制二极管反向恢复时的动态雪崩，并获得更好的导通特性和阻断特性，以及低关断功耗。这种采用 He^{++} 辐照与Pd扩散复合技术形成的二极管也被称为辐照增强扩散（Radiation Enhanced Diffusion，RED）二极管[56]，因为通过 He^{++} 辐照增强了Pd扩散。

p^+pnn^+ 二极管阳极面经 He^{++} 辐照后，在725℃高温下进行Pd扩散，然后在350~700℃下退火，于是在阳极缺陷处形成一个隐埋的 p^- 区，使二极管变成 $p^+pp^-nn^+$ 结构（见图8-32a）[55]，由此导致二极管的峰值电场降低，其位置也发生变化，在反向恢复末期阴极侧的载流子浓度较高，故可以获得较大的软度因子。由图8-32b可知，采用标准 He^{++} 辐照（能量11MeV、剂量为 $1 \times 10^{11} \sim 2.5 \times 10^{11}$ cm^{-2}）的二极管容易发生动态雪崩，而采用 He^{++} 辐照与Pd扩散复合技术的二极管在反向恢复期间表现出较软的恢复特性。

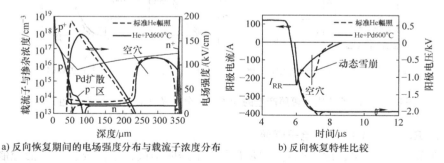

a) 反向恢复期间的电场强度分布与载流子浓度分布 b) 反向恢复特性比较

图8-32 采用钯（Pd）扩散与 He^{++} 辐照复合技术与标准的 He^{++} 辐照技术的比较

（2）利用质子辐照技术制作n缓冲层 质子辐照技术可以获得局部的少子寿命控制，除了用于改善器件的导通特性和关断特性、提高可靠性外，还可用来制作

IGBT 的 n 缓冲层。参考文献［57］报道了利用质子辐照技术开发的一种 PT – IGBT 结构，它是在原始 n⁻硅衬底上先通过扩散形成 100μm 厚的 p 集电区，然后进行质子辐照，通过退火将质子辐照区转换成施主区，于是在 p 集电区和 n⁻漂移区之间形成了一个比 n⁻漂移区掺杂浓度稍高的 n 缓冲层，如图8-33所示。采用这种方法制作的 PT – IGBT，n⁻层厚度可根据耐压来确定，并与集电结在 n⁻区的耗尽层有关，比常规 PT – IGBT 的 n⁻漂移区厚约 10μm。故具有更宽的 SOA 和类似于 NPT – IGBT 的短路承受能力，并且通态特性和关断特性的折中关系比 NPT – IGBT 的更好。只是因 n⁻漂移区稍厚，导致关断拖尾时间稍长，因拖尾电流较小，其关断损耗仍然较小。

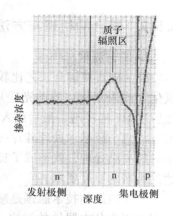

图 8-33　质子辐照形成的
n 缓冲层掺杂浓度分布

值得一提的是，在 RC – IGBT 中，采用 FS 耐压结构的 IGBT 不需要控制寿命，但需要对其中集成的二极管进行横向寿命控制。采用质子辐照或 H⁺ 注入在 RC – IGBT 限定的局部区域内进行寿命控制，可能需要厚胶或金属掩模来掩蔽。

8.5　硅－硅直接键合技术

8.5.1　技术特点

硅－硅直接键合（SDB）是指在不需要任何粘结剂和外加电场情况下，将两个表面经过亲水处理的硅片面对面贴合，通过高温处理直接键合在一起，形成一个具有一定强度的键合片。

SDB 技术自 1985 年 J. B. Lasky 首次报道[58]以来，得到了快速发展，目前广泛地应用于电力半导体器件、SOI 衬底制备及微机械加工（MEMS）等领域。由于该工艺简单，两键合片的晶向、电阻率、导电类型、厚度、掺杂浓度等可自由选择，克服了常规外延的自掺杂效应，避免了高温深扩散产生的热诱生缺陷，且与半导体工艺完全兼容。在 IGBT、IGCT 等新型器件结构中，相继出现了 FS 层、透明阳极（或集电极）及逆导二极管等技术，这些技术与 VLSI 的工艺相兼容，对器件的性能起决定性的影响。如果采用集成电路中的离子注入、结隔离等集成技术，则管芯制作的工艺难度和成本明显增大。采用 SDB 工艺可以简化其制作工艺，所以 SDB 技术非常适合新型电力半导体器件的制作[59]。本节主要介绍 SDB 的机理与工艺方法，以及 SDB 技术在新型电力半导体器件中的应用。

8.5.2 键合的机理与方法

1. 工艺流程

硅-硅直接键合工艺比较简单,其工艺流程如图 8-34 所示。键合前,先对经氧化(或未氧化)的抛光硅片进行亲水处理,即选用 $H_2O_2 - H_2SO_4$ 混合液清洗,然后用 HF 液浸泡,最后放入稀 H_2SO_4 溶液使表面形成一层亲水层。键合时,在室温下将两个经亲水处理硅片的抛光面贴合在一起,然后放在氧气或氮气环境中经数小时的高温处理,就形成了良好的键合片。键合后,对表面再进行研磨、减薄,以达到所需的厚度要求。

SDB 应用的技术瓶颈是减薄工艺。无论是用键合片作为 HVIC 的 SOI 衬底,还是用于制作分立器件的衬底,都必须进行减薄。减薄是为了使晶片达到所需的厚度,因此其关键指标是晶片的最小厚度和晶片的均匀性。此外,硅片平整度也是其主要技术指标,SDB 技术要求硅片表面的起伏不超过 1nm。键合时通常采用化学机械抛光(CMP)方法,减薄后可利用半导体特性测试仪,通过逐点测试电容-电压(C-V)特性来确定每个样品上不同点的厚度,以确保晶片的均匀性。

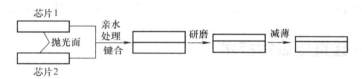

图 8-34 SDB 的工艺流程

2. 键合机理

硅-硅直接键合是依靠分子或原子键合力作用形成良好的界面连续。键合过程分为三个步骤:表面清洁、预键合和热处理。

硅片经亲水液处理后,当温度从室温升高到 200℃,两硅片表面吸附 OH^- 团,形成硅烷醇(Si-OH)结构。硅烷醇键之间发生如下聚合反应,形成硅氧烷(Si-O-Si)结构,并产生硅氧键及水。在温度达到 400℃ 时,聚合反应基本完成。

$$Si - OH + HO - Si \xrightarrow{200 \sim 400℃} Si - O - Si + H_2O \tag{8-48}$$

当温度达到 500~800℃ 时,形成硅氧键时产生的水向 SiO_2 中的扩散不明显,而 OH^- 团可以破坏桥联氧原子一个键使其转变为非桥联氧原子,并发生如下反应:

$$HOH + Si - O - Si \xrightarrow{500 \sim 800℃} 2Si - O^- + 2H^+ \tag{8-49}$$

当温度高于 800℃ 后,水向 SiO_2 中扩散变得显著。键合界面处的空洞和间隙处的水分子可在高温下扩散进入四周 SiO_2 中,从而产生局部真空,硅片会发生塑性变形使空洞消除。同时,在此温度下的 SiO_2 黏度降低,会发生黏滞流动,从而消除了微间隙。所以，键合前两硅片间有较大空洞，在室温下键合时空洞减小，在高温下键合时空洞会消失[60]。当温度超过1000℃时，界面处的氢原子很容易扩散出来，邻近原子间相互反应产生共价键，使键合得以完成。图8-35给出了亲水处理的Si片在退火前和退火后的化学结构。可见，退火前，硅烷醇（Si－OH）结构中的氧原子为非桥联氧；反应生成的硅氧烷（Si－O－Si）结构中，氧原子为桥联氧，使原子间牢固结合。

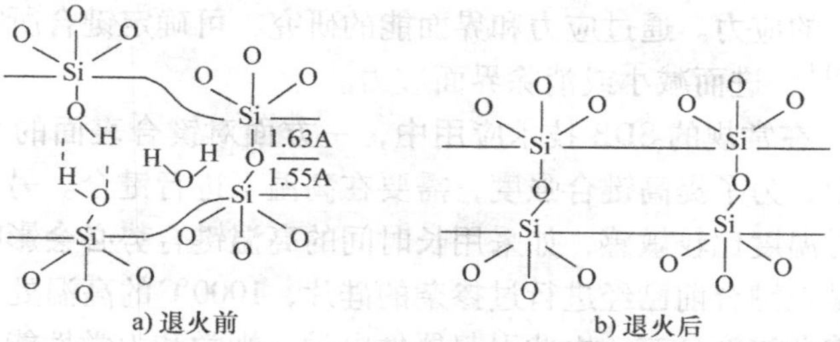

a) 退火前　　　　　　　　　b) 退火后

图 8-35　亲水的 Si/Si 在退火期间和退火之后的化学结构

3. 键合条件

键合片的性能与其键合条件密切相关，键合界面的优劣直接受键合条件的影响。键合条件包括温度、硅片表面平整度及表面清洁度。

（1）温度　键合最终是靠加热来实现的，因此温度在键合过程中起关键作用。键合强度随温度升高而增加，提高键合温度，可以改善键合界面的质量。

（2）硅片表面平整度　抛光硅片或热氧化硅片表面并不是理想的晶面，总是有一定的起伏和表面粗糙度。如果硅片的表面粗糙度较小，在键合过程中由于硅片的弹性形变或者高温下的黏滞回流，使两键合片完全结合在一起，界面不存在空洞。若表面粗糙度很大，键合后就会使界面产生空洞。

（3）表面清洁度　键合需在100级的超净环境中进行，才能实现较好的键合质量。否则，硅片表面的尘埃颗粒会使键合硅片产生空洞。此外，室温下贴合时，陷入界面的气体也会引起空洞。

4. 键合过程存在的问题及其解决方法

（1）键合片表面　对于热氧化的抛光片而言，热生长的 SiO_2 具有无定型的网络结构。在 SiO_2 膜的表面和体内，一些氧原子处于不稳定状态。在一定条件下，这些氧原子得到能量会离开硅原子，使表面产生悬挂键。对于原始抛光硅片，纯净的硅片表面是疏水性的，若将其浸入在含有氧化剂的溶液中，瞬间会在硅片表面吸附一层单氧层。随溶液温度的提高（75~110℃），单氧层会向一氧化物、二氧化物过渡。所以，键合前对硅片进行表面处理，使其表面吸附 OH^- 至关重要。由化学溶液形成的硅氧化物表面有非桥键的羟基存在，有利于硅片在室温下的键合。

（2）界面空洞　当键合界面存在空洞时，会影响键合强度。界面空洞源于硅片表面不平整、外来粒子玷污及陷入的气体。硅片表面不平整可用化学机械抛光来保证，陷入的气体可通过横向间隙扩散或在氧气中完成键合来消除。

（3）界面应力 键合时产生的界面应力对键合片的性能会产生很大的影响。键合过程中引入的界面应力主要源于室温下两硅片贴合时表面起伏引起的弹性应力，高温退火时因两硅片的热膨胀系数不同引起的热应力，或由界面氧化层键合时发生粘滞流动引起的粘滞应力。另外，键合界面的气泡、微粒和带图形的硅片键合时都会引入附加的应力。通过应力和界面能的研究，可确定键合所需的硅片平整度及热膨胀系数[61]，进而减小或消除界面应力。

5. 新技术 在常规的 SDB 技术应用中，一方面对键合表面的平整度和键合环境要求十分苛刻，为了提高键合强度，需要在高温下进行键合。另一方面，由于电力半导体器件对温度比较敏感，如采用长时间的高温键合势必会影响硅材料与器件的性能。尤其是在键合前已经进行过掺杂的硅片，1000℃ 的高温处理，会改变在硅片中已形成的掺杂浓度分布，由此引起器件电学、光学和力学性能的改变，从而导致器件性能的劣化甚至失效[62]。因此，为了使 SDB 技术更好地适应电力半导体器件应用要求，需要低温键合或快速键合。

（1）低温键合 是指利用激光可实现常温下的硅 - 硅直接键合[63]。由于硅材料对激光的吸收很少，故采用激光可以在较低的温度甚至常温下进行键合。与常规的键合方法比较，激光键合可大大改善常规硅 - 硅直接键合的不良影响。

（2）快速键合 是指利用电磁感应加热（Electromagnetic Induction Heating，EMIH）技术实现硅 - 硅直接键合[64]。电磁辐照范围为几兆赫~几十吉赫，在几秒内就可将硅片加热到 1000℃，直径为 75 ~ 100mm 的硅片加热功率仅为 900 ~ 1300W，并且采用电磁感应加热可以同时进行多个芯片键合，提高键合效率（4 对硅片/5min）。所以，采用电磁感应加热实现硅 - 硅直接键合，速度快，生产效率高，有很大的发展潜力。

8.5.3 应用举例

硅 - 硅直接键合（SDB）技术在电力半导体器件中的应用主要体现在以下几个方面：一是代替传统的三重扩散工艺或高阻厚外延工艺提供衬底材料或者制作 SOI，如用 SDB 技术制作功率双极型晶体管和 IGBT[65]；二是将复杂的器件结构分解，通过具有不同掺杂浓度分布的芯片键合，使复杂结构的器件工艺简化，降低了工艺难度和成本，如用 SDB 技术制作静电感应晶闸管（Static Induction Thyristor，SITH）[66]、IGBT 及 IGCT 等器件；三是通过不同器件结构的键合，实现新器件的集成，以简化或取消外部驱动电路，如 MOSFET 芯片和 pnp 结构的键合可以制作 MTO[67]，或将两个 MOSFET 背对背键合来制作双向 IGBT 芯片（如 5.3.2 节所述）等；四是用于薄片工艺加工，如临时键合技术。

1. 衬底材料制备

采用 SDB 技术可制备各种 Si 衬底，形成 n⁻/p（n⁺）或 p⁻/n⁺ 衬底结构以代替厚外延技术，用于许多分立器件的制作；也可以制备 SOI 衬底或者带有深阱区的 SOI 衬底，用于 PIC 的制作。

（1）制作 Si 衬底　采用 SDB 技术制作 Si 器件的衬底，可代替三重扩散和外延工艺。制备功率双极型晶体管时，常用传统的三重扩散和高阻厚外延工艺。三重扩散工艺需高温（1150℃）、长时间（数十甚至上百小时）热扩散，会引起硅中大量再生缺陷；采用高阻厚外延工艺，当外延层厚度达到 $100\mu m$、电阻率为 $100\Omega\cdot cm$ 以上时，所得外延层缺陷多、成品率低、电阻率一致性差，且自掺杂严重影响，这些缺点严重影响器件制备的成本及性能。采用 SDB 技术，可以克服上述缺点，为功率器件的衬底制备提供一种全新的工艺技术。

（2）制作 SOI 衬底　通常将两个已生长氧化膜的硅片相贴进行键合后，通过抛光或腐蚀进行减薄，可形成 SOI 衬底材料。根据减薄技术的不同，可分为键合与背面腐蚀 SOI（Bonding and Etch Back SOI，BESOI）技术、键合与等离子辅助化学腐蚀 SOI（Plasma Assisted Chemical Etching SOI，PACE SOI）技术及智能剥离（Smart Cut）技术。

其中，智能剥离技术是离子注入与键合技术的结合，也称单键合 SOI（Unibond SOI）技术。1995 年由 M. Bruel 等人提出[68]，它是利用 H⁺（或 He⁺⁺）注入在硅中形成起泡层，将注氢片（硅片 1）与另一个表面带 SiO₂ 支撑片（硅片 2）键合，经退火使注氢片从起泡层处完整裂开，形成 SOI 结构，如图 8-36 所示。智能剥离技术是利用注氢后退火时起泡剥离来减薄。其中 H⁺（或 He⁺⁺）注入深度由 SOI 顶层硅膜的厚度来决定；硅片 2 上热氧化层厚度由埋氧层（BOX）厚度来决定。

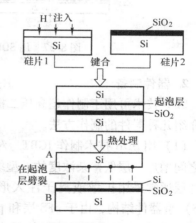

图 8-36　用智能剥离技术制备 SOI 材料

采用 SDB 技术制备的 SOI 衬底材料，因二氧化硅层是由热氧化生成的，厚度和质量好，不会出现针孔现象；顶硅层是原单晶硅片的一部分，缺陷密度小，质量高，厚度由减薄和抛光工艺决定，可以根据要求进行；该工艺简单，不需要大型的复杂设备，价格便宜，适合大规模生产和应用。目前采用 SDB 技术形成的 SOI 衬底[69]，已研制出 580V 的阳极短路 SOI – LIG-BT，关断时间为 250ns。

除了制作 SOI 衬底外，还可以利用 SDB 技术制作 SOI 基 PIC 的高压 n 阱和 p 阱等工艺[70]。如图8-37a所示，在常规工艺中，硅片氧化后与另一个硅片进行键合，然后通过磨片与抛光进行减薄，最后通过离子注入制作高压阱，也就是说，高压阱是在SOI衬底制作好之后注入的。如图8-37b所示，在新工艺中，先通过注入形成高压阱，然后将注入过高压阱的硅片1与另一个硅片2进行反向键合。相比较而言，采用常规工艺形成的高压阱区表面浓度比底部高，采用新工艺形成的高压阱区表面浓度比底部低，即所谓倒置阱，有利于提高器件的可靠性。

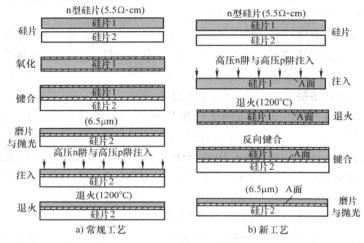

图8-37　用SDB技术实现SOI基PIC的制作

2. 器件制备

SDB技术可用于制作超高压二极管、超高压晶闸管、IGBT及MTO等器件。下面介绍几种器件的制作方法。

（1）用SDB技术制作IGBT　对于穿通型（PT）器件结构，在n⁻区和p集电区之间增加一层低掺杂浓度的n型缓冲层，以提高器件的耐压，并降低饱和电压。缓冲层通常采用扩散或离子注入形成，导致工艺难度和成本较大。对于场阻止（FS）型器件结构，由于nFS层和p集电区是在正面元胞完成后通过注入形成的，退火工艺会对正面的元胞结构及金属化产生严重影响。若采用SDB技术来制作PT-IGBT和FS-IGBT，则工艺大大简化。

如图8-38所示，采用SDB技术制作平面栅PT-IGBT的工艺过程如下[71]：首先，在n⁻区熔硅片1上利用磷离子注入形成n掺杂区；然后，将含有n掺杂区的区熔硅片1的n侧与p型直拉单晶硅片2相贴进行键合，可形成掺杂浓度和厚度均满足要求的n缓冲层。接着，将键合片经退火、磨片、化学机械抛光（CMP）后形成约为100μm的n⁻漂移区，再在n⁻区上面形成元胞结构及其金属化层，然后减薄背面p衬底，并制作金属化电极。

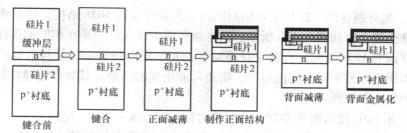

图 8-38　SDB 技术制作 PT – IGBT 的工艺流程

SDB 技术也可用于实现具有正斜角终端结构的 IGBT[73]，如图 8-39a 所示。先在 p⁺ 衬底与 n⁻ 衬底片上分别进行 B⁺ 和 P⁺ 注入，形成相应的缓冲层。接着，对 n/n⁻ 片进行终端正斜角腐蚀，使 p⁺⁺/p⁺ 硅片的 p⁺⁺ 注入层与带腐蚀槽的 n⁻/n 硅片的 n 缓冲层相贴进行键合，然后通过 CMP 减薄 n⁻ 衬底，于是形成带有正斜角（45°～85°）和 n 缓冲层的硅衬底。最后在含有正斜角的硅衬底上，采用大面积的高质量栅氧化、多晶硅栅淀积、自对准进行离子注入等工艺，实现图 8-39b 所示的 IGBT 结构。可见，在结终端元胞处自然形成了一个正、反向均带有正斜角为 θ 的终端结构。

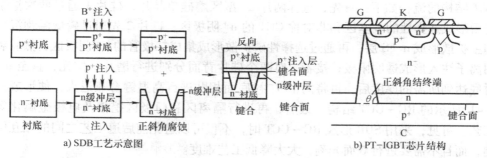

a) SDB 工艺示意图　　　　　　　　　　　　b) PT–IGBT 芯片结构

图 8-39　用 SDB 技术同时实现正斜角终端和缓冲层的工艺示意图及 PT – IGBT 芯片结构

在如图 8-40a 所示的双向 IGBT 芯片制作过程中，需采用双面光刻，并需要多次离子注入与退火工艺（如终端的 p⁺ 场限环、p 基区与 p⁺ 阱区及 n⁺ 发射区离子注入），且退火温度高达 1100℃。若采用 SDB 工艺，不仅可以省去双面光刻，而且可有效地利用高温退火过程来实现两硅片的高温键合，这与 IGBT 芯片制作工艺完全兼容[74]。采用高温 SDB 工艺制作 RB –

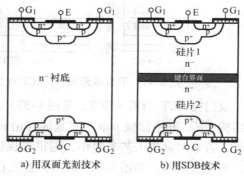

a) 用双面光刻技术　　b) 用 SDB 技术

图 8-40　用 SDB 技术实现双向 IGBT 结构剖面

IGBT 时，先分别在两个硅片上利用相同的工艺条件实现 MOS 结构，然后两硅片背面相贴进行键合，如图 8-40b 所示。这样做有两个优点：一是在相同的条件下实现正面和背面的 MOS 结构，有利于获得对称的正、反向特性；二是与常规的双面光刻工艺相比，可显著减小高温时间，防止可能出现的污染。其缺点是键合界面会影响器件的导通和阻断特性。

（2）用 SDB 技术制作 GCT 由于非对称 GCT（A – GCT，见图 3-32a）是一个含有五层 $n^+pn^-np^+$ 的晶闸管结构，与普通的非对称型晶闸管不同，因其中含有 nFS 层和透明阳极，其掺杂浓度较低且厚度较薄。采用常规工艺形成 A – GCT 时，很难精确控制 p 基区与 n FS 层及透明阳极区之间的相互影响。若将非对称 GCT 芯片分为上、下两部分来制作（见图 8-41a），进行减薄后利用 SDB 技术键合成一个完整结构，可大大简化工艺。

逆导 GCT（RC – GCT，见图 3-32b）是由一个非对称的五层 $n^+pn^-np^+$ 晶闸管与一个四层的 $p^+n^-nn^+$ 二极管反并联的集成，FS 层和透明阳极的实现也存在上述问题。并且非对称 GCT 和集成二极管的 n^+ 阴极区形成时需要进行双面光刻，所以采用常规工艺制作 RC – GCT 的难度比 A – GCT 更大。采用 SDB 技术形成 RC – GCT 结构的流程如下：首先，选择两片 n^- 型区熔硅单晶片，硅片 1 通过两次掺杂先后形成选择性的 p 基区和非对称 GCT 的 n^+ 阴极区；硅片 2 先通过磷低温预沉积和主扩散形成 n FS 层，再通过选择性磷扩散形成集成二极管的 n^+ 阴极区，然后利用离子注入形成透明阳极；接着，对两个硅片背面分别进行磨片、抛光，直至 n^- 衬底达到所需的厚度后，再将两个 n^- 衬底面相贴进行高温键合兼退火，便形成图 8-41b 所示的 RC – GCT 结构。最后，再进行隔离区和门极区挖槽及电极金属化等工艺。可见，采用 SDB 形成 RC – GCT 时，不仅可以避免前后道工艺之间的相互影响，而且不需要进行双面光刻，大大降低工艺难度。

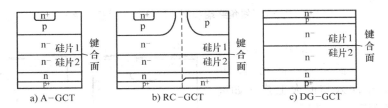

图 8-41 用 SDB 形成 A – GCT 和 RC – GCT 及 DG – GCT 的示意图

双门极 GCT（DG – GCT，见图 3-33）结构是以中央的 n^- 基区为中心的上下对称结构[59]，其中阳极 pnp 为宽基区（由 nn^- 组成）晶体管，阴极 npn 为窄基区晶体管，若采用常规工艺来制作，则很难保证两者的基区宽度，而采用 SDB 工艺控制，则比较简单。如图 8-41c 所示，首先在 n^- 衬底上通过扩散或离子注入分别形成 n^-pn^+ 结构（硅片 1）和 n^-np^+ 结构（硅片 2）；其次，对两硅片的 n^- 侧进行减薄，使 n^- 区达到一定的厚度；再将两者的 n^- 区表面相贴进行键合；最后完成门极挖槽、电极制作等工艺。可见，利用 SDB 技术来制作 DG – GCT，不仅可以简化工艺步骤，降低了工艺难度和成本，而且避免了直接形成五层 $p^+nn^-pn^+$ 结构的多次高温过程，可大大改善器件的特性。

3. 薄片加工

采用 SDB 技术可实现薄片工艺加工。在 FRD、IGBT 等器件的制作中，由于芯片太薄，且较脆，在传输和加工过程中容易发生碎片。除了采用真空吸笔、改造芯片夹具及承片台等措施外，还可以采用一种临时 SDB 技术。它是在硅片正面工序或大部分工序完成后，把硅片减薄，再把薄硅片和一个支撑托片粘接在一起，形成一个"厚"片，继续进行后面的加工工序。等加工完成或部分完成后，再设法把支撑托片拿走或把支撑片磨掉，继续完成后面的工艺。

如图 8-42 所示，采用 SDB 技术辅助制作平面栅 FS – IGBT 的工艺过程如下[72]：首先，在硅片 1 上通过离子注入依次形成 nFS 层和 p^+ 透明集电区，由于没有热条件限制，FS 层和 p^+ 透明集电区的掺杂浓度和深度可以自由调节。然后，利用化学气相淀积工艺在硅片 1、硅片 2（支撑片）上分别生长 CVD 氧化层；接着，将两个硅片的氧化层相贴进行键合，并对硅片 1 正面进行减薄，厚度和表面质量应符合器件要求；然后在键合片的正面形成元胞结构，不受温度和片厚的限制，可完成正面器件的金属化层及钝化层；之后，利用 CVD 氧化层作为研磨的阻挡层，磨去背面支撑的硅片 2，并保持器件厚度；最后进行背面金属化。可见，采用 SDB 技术可精确控制 n^- 漂移区及 n 缓冲层的厚度和掺杂浓度，并降低工艺难度和成本。

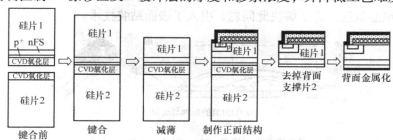

图 8-42　用 SDB 技术辅助制作 FS – IGBT 的工艺流程

4. SDB 工艺特点

采用 SDB 技术制作电力半导体器件，使硅片经历的高温时间缩短，温度相对较低，并可灵活地选择硅片的晶向、掺杂浓度和电阻率，并且能显著简化器件的制作工艺，提高其成品率。当然，SDB 技术本身也存在一些缺点，如 SDB 技术同时需要两个硅片，当芯片厚度较薄时，碎片率增加，都会导致材料成本和工艺成本增加。

用 SDB 技术制作电力半导体器件是基于成熟的 SDB 工艺以及比常规工艺更低的工艺成本。当芯片很厚或结构比较复杂时，SDB 技术的优越性才会发挥出来。所以，用 SDB 技术替代传统工艺用来制作超大功率器件或结构复杂的电力半导体器件，可以更好地改善器件的性能、简化其制作工艺，有广泛的应用前景。

8.6 封装技术

8.6.1 中小功率器件的封装

1. 塑料封装技术

小功率器件常采用单芯片独立封装，目前最有代表的是 TO - 220 和 TO - 247 塑料封装。如 IR 公司采用 super TO - 247 封装的 MOSFET (IR - FP3707)，可传导 210A 的电流。图 8-43a 给出了 TO 封装的原理图[75]，是用焊锡将功率芯片直接焊在铜基板上作为安装表面，封装内部没有固有的电绝缘。接触引线或引脚通过压注模具外壳固定，引线直接与铜基板连接，其他引线通过铝键合线与硅片上的负载和控制极相连。由于硅片与铜底板的热膨胀系数不同，会产生一定的热机械应力，从而限制了这种封装的可靠性。IXYS 公司提出的 ISOPLUS 塑料封装结构[75]如图 8-43b所示，采用了类似于模块中常用的 DBC 基板替代了铜底板，可直接固定在散热器上，不仅可以更好地适应热膨胀，提高器件的可靠性，而且内部绝缘性能好，寄生电容更小。但因封装体内采用了多根铝键合线，既要考虑欧姆电阻，还需考虑键合线的电感效应。为了解决此问题，引入了表面贴装技术。

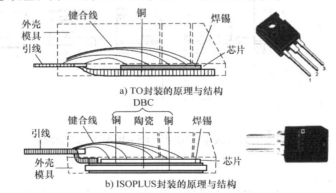

a) TO封装的原理与结构

b) ISOPLUS封装的原理与结构

图 8-43 TO 及其改进 ISOPLUS 封装

2. 表面贴装技术

图 8-44 所示为两种表面贴装器件 (Surface Mounted Device, SMD) 结构[76]。可见，这两种结构有很短的引线，并有相同的引脚表面积，非常适用于多层的印制

电路板（PCB）。SMD 封装不仅可以使封装的寄生电感减小约 1/3，还可以进行双面贴装，进一步缩小电路的体积。

3. 倒装技术

倒装（Flip）技术可以彻底消除接触引线与键合线的问题，在 IC 封装中已广泛应用，也可用于功率 MOS 器件封装。IR 公司采用倒装技术先后形成 FlipFET 和 DirectFET，如图 8-45 所示[76]。

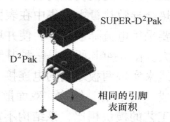

图 8-44　两种表面贴装器件结构

FlipFET 的芯片在工艺上巧妙地把源和漏都做在同一个表面上，并采用特殊的表面钝化技术，使器件具有很强的表面保护能力，有利于器件采用球栅阵列（BGA）方式来封装和焊接，使用时芯片反转过来焊在 PCB 上。FlipFET 芯片面积和封装面积比几乎为百分之百，已经达到了芯片级封装（Chip Scale Package，CSP）水平（CSP 指芯片面积和封装面积之比大于 80% 的封装）。

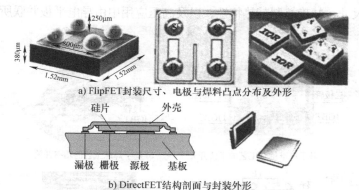

a) FlipFET封装尺寸、电极与焊料凸点分布及外形

b) DirectFET结构剖面与封装外形

图 8-45　FlipFET 与 DirectFET 的封装与外形结构

DirectFET 封装采用了倒装芯片和 SMD 相结合的方式，通过一次简单的回流焊就可将栅、源、漏极同时焊好。该结构没有引线，电、热通道都十分通畅，不仅消除了由键合线产生的寄生电感和接触引线对电流的限制，还可以采用双面散热，并且由漏极金属壳耗散的热量比由 PCB 耗散的更多。DirectFET 的尺寸相当于传统的 SO–8 塑料封装外壳。然而，由于这种封装结构的密封性能有限，使得硅器件易受湿气和腐蚀气体影响，同时因器件已安装在 PCB 上，不便了解封装下方的焊接互连情况。

4. 3D 封装技术

传统的功率模块结构通常采用标准的键合工艺。如图 8-46a 所示，由 IGBT 和二极管形成的半桥开关模块中[77]，IGBT 的集电极和二极管的阴极直接焊接在 DBC 基板上，IGBT 栅极、发射极及二极管阳极均通过键合线实现电连接。这种封装结构存在以下缺点：一是经热循环和功率循环后，容易引起金属接触退化和键合线脱落；二是模块在高频率下工作时，高的寄生电感会引起功率不平衡；三是单面散热会导致热量主要集中在表面，会影响器件的开关性能及寿命。因此，这种模块需要采用电流降额设计，使并联 IGBT 与二极管的芯片数比为 2∶1，故模块的尺寸较大。图 8-46b 所示是一种基于焊球工艺形成的功率开关，采用了一种铜柱代替键合线来实现两板之间的电连接，表面用焊球，底部用焊接，将芯片与两侧陶瓷衬底做成"三明治"结构，双面散热，有利于改善模块的性能和可靠性。与用标准键合工艺的模块相比，该结构不需要进行电流降额设计，IGBT 与二极管芯片数比是 1∶1，可通过 1200A 额定电流，所需面积减小 1/3。若采用图 8-46c 所示的纵向叠装结构，可进一步缩小封装尺寸（仅纵向尺寸加倍）。基于这种集成方法开发的 3D 封装如图 8-46d 所示，将 IGBT 栅极通过焊球焊接在上部的平板导电条上，可以有效地减小互连和布局的寄生电感，实现芯片的双面冷却和功率密度的优化分布，为电力电子集成开辟了一个新技术途径。但 3D 封装需要严格检查和优化焊球的几何图形、材料及尺寸，精确控制其热特性，以及高压应用中由导电平板并联所产生的寄生电容等问题。

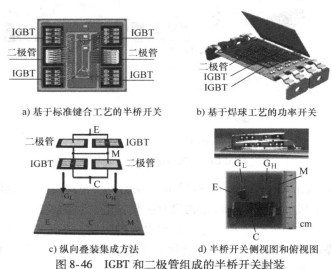

a) 基于标准键合工艺的半桥开关　　b) 基于焊球工艺的功率开关

c) 纵向叠装集成方法　　d) 半桥开关侧视图和俯视图

图 8-46　IGBT 和二极管组成的半桥开关封装

5. 多芯片并联压接技术

为了增加电流容量，需多个芯片并联起来使用。图 8-47 给出了 IGBT 并联压接式封装结构[75,78]，其中多个 IGBT 芯片（共 21 个）被安装在一个大钼片盘上，相对位置由定位框架确定。在集电极侧装有一个小方钼片，发射极接触面上也放置了带有栅极接触图形的小方钼片，栅极连接由压力弹簧通过定位结构引出。集成在上面的压力元件是通过表面贴装工艺安装在一个带有栅极电阻的 PCB 上。要求上方压力元件必须给每个芯片施加一个均匀的压力，且封装内每个部件的容差要很小。采用这种压接式并联结构可提高电流容量，实现两面散热，但必须考虑多个部件的精确定位与容差要求。目前，采用这种封装结构可以实现 4.5kV/2kA 的容量，并且将这种压接式的金属封装结构再串联起来，可以进一步实现大功率。

a) 发射极压力单元　　　b) 芯片的排列　　　c) 封装组成部分　　　d) 封装外形

图 8-47　IGBT 并联压接式封装结构

　　除了压接式的金属管壳封装外，大功率的 IGBT 还可以采用压接式模块封装。图 8-48 给出了 4.5kV/1.2kA 的 IGBT 压接式模块封装结构[79]。在整个封装内含有 12 个 IGBT 芯片，且各自有单独压力弹簧作为引线。当机械应力一定时，每个压脚的应力为 $F = c\Delta x$，其中 c 为弹性模量，Δx 为行进距离。于是每个芯片上的压力差异不再取决于整个芯片组的压力均匀性，仅与弹性模量和行进距离的容差有关，过剩的压力由框架来承担。对于更多芯片的组合，即使整个模块上存在应力分布不均匀的问题，也是容易安装的。

a) 子模块与完整模块　　　b) 各芯片有单独压力弹簧　　　c) 每个芯片承受不同的压力

图 8-48　4.5kV/1.2kA 压接式 IGBT 模块

8.6.2　大功率器件的封装

1. 晶闸管的焊接封装

　　普通晶闸管和 GTO 通常采用焊接技术，将管芯阳极和钼片通过烧结焊在一起形成管芯，然后与上、下管壳压接在一起，阳极由下管壳引出，阴极由上管壳引出，中心门极通过特殊的引线从侧面引出。图 8-49 所示为焊接式晶闸管封装外形与剖面结构[75]。晶闸管通常采用金属 – 陶瓷管壳封装，上、下管壳为金属（无氧铜），侧面为陶瓷。通过焊接将上、下管壳密封在一起，内部充氮气。这种封装结构可以很好地解决晶闸管的散热问题。但由于硅片和钼片是焊接在一起的，在热循环过程中，会导致两者界面产生较大的热机械应力。

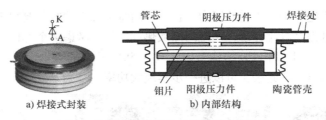

图 8-49　晶闸管的焊接式封装及内部结构

2. 全压接技术

采用全压接封装可以减少热机械应力。除了大功率晶闸管采用全压接封装外，现有的 GCT 必须采用全压接封装。因为 GCT 管芯中的透明阳极很薄，采用传统的焊接技术无法保证背面透明阳极区的可靠性。图 8-50 给出了 GCT 管芯及其全压接封装内部结构[80]。如图 8-50a 所示，GCT 管芯的阴极单元分别位于九个同心环内，环形门极位于第 5 环和第 6 环之间，管芯上表面为分立的铝金属化阴极，下表面为多层金属化阳极。封装时管芯分别与上、下钼片相接，门极引线与管芯的环形门极相接，并通过在上、下管壳间施加压力封装而成。采用这种封装结构，使每个阴极单元与阳极之间有相同的电位差，但同时必然会引起横向电流分布（见图 8-50b 中箭头），造成不平衡的加载，这个问题在 3.6.3 节中已经进行了讨论。

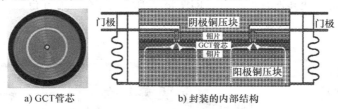

图 8-50　GCT 管芯及其压接式封装内部结构

3. 多管芯串联压接技术

采用压接式封装可以将两个管芯串联在一起。比如逆阻 GCT（RB-GCT）就是将非对称 GCT 和二极管通过压接串联在一个管壳中[81]。对超高压晶闸管，也可采用非对称晶闸管和二极管压接式封装来满足反向耐压要求[43]，不仅可以降低具有对称结构高压管芯的制造难度，而且可以节省封装和冷却的成本。为了满足超高压的使用要求，需要将多个管芯串联起来，以提高其耐压。如将三个 4.5kV 的非对称 GCT 串联可以实现 13.5kV 的超高压。由于非对称 GCT 的反向阻断电压很低（仅为 17V），为了满足高反向阻断电压的要求，还可以串联一个 4.5kV 的二极管。

图 8-51 给出了 ABB 公司 5SPB36Z1350（53mm×φ120mm）的封装外形、组成部件及集成结构[82,83]。如图 8-51a 所示，整个封装高度为 54mm，直径为 120mm，管壳侧面为环氧树脂，并带有门极光纤接口。图 8-51b 所示为多管芯压接剖面，可见封装体内包含三个 GCT 管芯和一个二极管管芯，通过压接串联在一起。为了使这些管

芯能快速开通，并通过很高的 di/dt，要求封装所用的每个部件（如图 8-51c 所示的 GCT 管芯、钼片、银片、门极连接环及上、下管壳等）的平整度符合严格的质量标准。采用多管芯串联压接，不仅可以提高 GCT 的耐压容量，并且可以有效地缩小装置的体积、节约成本。但多管芯串联压接结构采用一个门极连接环时，会使 di/dt 能力稍有降低，并且由于多管芯的散热能力有限，仅适合单脉冲和低频应用。

a) 多芯片压接封装外形

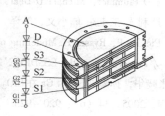

b) 多芯片压接剖面与电路

c) 多芯片压接所需部件

d) 带集成驱动器的多芯片集成结构

图 8-51　多管芯压接式 IGCT 封装及内部结构

参 考 文 献

[1] 李乃平. 微电子器件工艺 [M]. 武汉：华中理工大学出版社，1995.

[2] 张波. 功率半导体技术与产业发展 [R] //中国半导体产业发展文集. 2012.

[3] Ohashi H. Power devices now and future, strategy of Japan [C] //Proceedings of the ISPSD'2012：9 – 12.

[4] 关旭东. 硅集成电路工艺基础 [M]. 北京：北京大学出版社，2005.

[5] J. P. 考林基. SOI 技术 21 世纪的硅集成电路技术 [M]. 北京：科学出版社，1993.

[6] 黄如，张国艳，李映雪，等. SOI CMOS 技术及其应用 [M]. 北京：科学出版社，2005.

[7] Izumi K, Doken M, Ariyoshi H. CMOS devices fabricated on buried SiO_2 layers formed by oxygen implantation into silicon [J]. IEEE Electronics Letters, 1978, 14 (18)：593 – 594.

[8] 黄宜平，李爱珍，蒋美萍. 采用多孔氧化硅形成超薄 SOI 结构的研究 [J]. 半导体学报，1998, 19 (2)：103 ~ 107.

[9] Lasky J B, et al. Silicon – on – insulator by bonding and etch back [C]. //Proceedings of the IEDM' 1985：684 – 687.

[10] 李惠军. 现代集成电路制造技术原理与实践 [M]. 北京：电子工业出版社，2009.

［11］Victor E Borisenko, Peter J Hesketh. Rapid Thermal Processing of Semiconductors［M］. New York：Plenum Press, 1997.

［12］北变. 大功率可控硅组件原理与设计［M］. 北京：人民教育出版社, 1975.

［13］第一机械工业部整流器研究所, 可控硅整流器工艺设计手册［M］：上海：上海人民出版社, 1972.

［14］（美）James D Plummer, Michael D Deal, 硅超大规模集成电路工艺技术—理论、实践与模型［M］. 严利人 王玉东 熊小义, 等译. 北京：电子工业出版社, 2005.

［15］Krause O, Pichler P, Ryssel H. Modelling of Intrinsic Aluminum Diffusion for Future Power Devices［C］//Proceedings of the ESSDERC'2000：176 – 179.

［16］裴素华, 张晓华, 孙海波, 等. Ga 在 $SiO_2 – Si$ 系下的扩散模型与分布规律［J］. 稀有金属材料与工程, 2005, 34（6）：920 – 923.

［17］刘秀喜, 王公堂. Ga 在裸 Si 系的扩散模型及掺杂效应分析［J］. 稀有金属材料与工程, 2008, 37（11）：2049 – 2053.

［18］巴利伽 BA. 硅功率场控器件和功率集成电路［M］. 王正元, 刘长吉, 译. 北京：机械工业出版社, 1987.

［19］王彩琳, 赵万里, 刘永祥. 新型片状磷平面扩散源的应用研究［J］, 固体电子学研究与进展, 2009, 29（2）：297 – 301.

［20］Gray S May, 施敏. Fundamentals of Semiconductor Fabrication［M］. John Willey &Sons Inc. 2003.

［21］Peter Van Zant. 芯片制造—半导体工艺制程实用教程［M］. 赵树武, 朱践知, 等译. 北京：电子工业出版社, 2004.

［22］许平. IGBT 器件和相关制备工艺技术评述［J］. 电力电子技术, 2010（2）：6 – 13.

［23］Plumpton A T, Taylor A D. Maximising Current Rating Transient Surge Performance on the New Generation Range of Dynex Semicondugtor i2 Phase Controlled Thyristors［C］// Proceedings of the PCIM'2003.

［24］Tobias Wikstrom, Sven Klaka. A tiny dot can change the world – High – Power Technology for IGCTs［J］. ABB Review, 2008（3）.

［25］柯雷 S, 米林顿 A, 普鲁姆顿 A. 铝注入的电力半导体器件产品的优势及其进一步开发［J］. 电力电子, 2006（3）：14 – 19.

［26］Codella C F, Ogura S. Halo doping effects in submicron DI – LDD device design［C］//Proceedings of the IEDM'1985, 31：230 – 233.

［27］夏海良, 张安康. 半导体器件制造工艺［M］. 上海：上海科学技术出版社, 1986.

［28］Yamauchi S, Shibata T, Nogami S, et al. 200V Super Junction MOSFET Fabricated by High Aspect Ratio Trench Filling［C］//Proceedings of the ISPSD'2006.

［29］王蔚, 田丽, 任明远. 集成电路制造技术 – 原理与工艺［M］. 北京：电子工业出版

社，2010.

［30］唐晓颖，叶婵，宫艳娟．功率半导体器件芯片双面多层金属化技术及应用［J］．森林工程．2003，19（4）：36－37.

［31］康仁科，郭东明，霍风伟，等．大尺寸硅片背面磨削技术的应用与发展［J］．半导体技术，2003，28（9）：33－38.

［32］Park N, Cha J, Lee K, et al. aBCD18 – an advanced 0. 18 um BCD Technology for PMIC Application［C］// Proceedings of the ISPSD'2009：231－234.

［33］Cheng J, Chen X. A novel low – side structure for OPTVLD – SPIC technologically compatible with BiCMOS［C］// Proceedings of the ISPSD'2013：123－126.

［34］聂代祚．电力半导体器件［M］．北京：电子工业出版社，1994.

［35］李建华．直流输电用超大功率晶闸管少子寿命在线控制［J］．电力电子技术，2005，39（1）：106－108.

［36］Kurt BAUER, Hans – Joachim SCHULZE, Franz – Josef NIEDERNOSTHEIDE. Diffusion processes for high – power devices［C］// Proceedings of the DSL'2005：17－21.

［37］Lim S Y, Forster M, Zhang X, et al. Applications of Photoluminescence Imaging to Dopant and Carrier Concentration Measurements of Silicon Wafers［J］. IEEE Journal of Photovoltaics, 2013, 3（2）：649－655.

［38］Vitezslav Benda, Martin Cernik. Fast Soft Recovery Diodes and Thyristors with Axial Lifetime Profile Created by Iridium Difffusion［C］// Proceedings of the IPEMC'2004：332－337.

［39］Hazdra P, Brand K, Vobecky J. Effect of defects produced by MeV H and He ion implantation on characteristics of power silicon PiN diodes［C］// Proceedings of the IEEE Conference on Ion Implantation Technology, 2000：135－138 .

［40］Siber D. Improved dynamic properties of GTO thyristors and diodes by proton implantation［C］// Proceedings of the IEDM'1985：162－167.

［41］Vitezslav Benda, John Gowar and Duncan A Grant. Power Semiconductor Device Theory and Application［M］. England：Johy willey & Sons, 1999.

［42］Vobecky J. Lifetime Engineering in High – Power Devices［C］// Proceedings of the ASDAM'2000：21－28.

［43］Hazdra P, Komarnitskyy V. Local lifetime control in silicon power diode by ion irradiation：introduction and stability of shallow donors. Power Semiconductors［J］, IET Circuits Devices Syst, 2007, 1（5）：321－326.

［44］Onozawa Y, Takahashi K, Nakano H, et al. Development of the 1200V FZ – diode with soft recovery characteristics by the new local lifetime control technique［C］// Proceedings of the ISPSD'2008：80－83.

［45］Feixi P, Lin H, Tiankang L, et al. Minority – Carrier Life Time Lateral Non – Uniform Distribution

Fast Recover Diode [J]. Chinese Journal of Semiconductors, 2004, 25 (3): 301 – 305.

[46] 潘飞蹼, 陈星弼. MLD 结构快恢复二极管 trr – T 特性的理论分析 [J]. 半导体学报, 2005, 26 (1): 126 – 132.

[47] Onozawa Y, Takahashi K, Nakano H, et al. Development of the 1200V FZ – diode with soft recovery characteristics by the new local lifetime control technique [C] //Proceedings of the ISPSD' 2008: 80 – 83.

[48] Weber A, Galster N, Tsyplakov E. A New Generation of Asymmetric and Reverse Conducting GTOs and their Snubber Diodes [C/OL] //Proceedings of the PCIM'97, http: //www. abb. com.

[49] Stiasny T, Oedegard B, Carroll E. Lifetime Engineering for the Next Generation of Application – Specific IGCTs [J], Controls & Drives, London, 2001 (3).

[50] Kopta A. , Rahimo M, Schlapbach U. New plasma shaping technology for optimal high voltage diode performance [C] //Proceedings of the EPE'2007: 1 – 10.

[51] Kameyama S, Hara M, Kubo T, et al. Study of electron and hole traps in freewheeling diodes for low loss and low reverse recovery surge voltage [C] // Proceedings of the ISPSD' 2012: 369 – 372.

[52] Hu D, Wu Y, Kang B, et al. A New Internal Transparent Collector IGBT [C] //Proceedings of the ISPSD'2009: 287 – 290.

[53] Eicher S, Ogura T, Sugiyama K, et al. Advanced Lifetime Control for Reducing Turn – off Switching Losses of 4. 5 kV IEGT Devices [C] //Proceedings of the ISPSD'1998, 39 – 42.

[54] 蒋谊, 雷云, 彭文华. 1145RC—GCT 局部电子辐照技术 [J]. 大功率变流技术, 2010 (2): 9 – 11.

[55] Vobecky J, Hazdra P. Radiation – enhanced diffusion of palladium for a local lifetime control in power devices [J]. IEEE Transactions on Electron Devices, 2007, 54 (6): 1521 – 1526.

[56] Vobecki J, Záhlava V, Hemmann K, et al. The Radiation Enhanced Diffusion (RED) Diode realization of a large area p + pn – n + structure with high SOA [C] // Proceedings of the ISPSD'2009: 144 – 147.

[57] Iwamoto H, Haruguchi H, Tomomatsu Y, et al. A new punch – through IGBT having a new n – buffer layer [J]. IEEE Transactions on Industry Applications, 2002, 38 (1): 168 – 174.

[58] Lasky J B, et al. Silicon – on – insulator by bonding and etch back [C] // Proceedings of the. Proceedings of IEDM'1985: 684 – 687 .

[59] 王彩琳, 高勇, 张新. 硅直接键合 (SDB) 技术在新型电力电子器件应用中的新进展 [J]. 电子器件, 2005, 128 (4): 945 – 948.

[60] 杨晶琦. 电力电子器件原理与设计 [M]. 北京: 国防工业出版社, 1999.

[61] 陈新安, 黄庆安, 李伟华, 等. 硅/硅直接键合的界面应力 [J]. 微纳电子技术, 2004, 10: 29 – 43.

［62］肖滢滢. 硅 – 硅直接键合的理论及工艺研究 ［D］. 合肥: 合肥工业大学, 2005.

［63］Thompson K, Gianchandani Y B, Booske J, et al. Si – Si Bonding Using RF and Microwave Radiation ［C］//Proceedings of the IEEE International Conference on Solid – State Sensors and Actuators, 2001.

［64］杨道虹, 董典红, 徐晨等. 激光在 MEMS 键合技术中的应用 ［J］. 半导体光电, 2004, 25 (2): 143 – 146.

［65］Etsuro Morita, Chizuko Okada, Shinsuke Sakai, et al. On the Properties of Silicon Wafers for IGBT Use, Manufactured by Direct Bonding Method ［C］//Proceedings of the ISPSD'95: 212 – 215.

［66］陈新安, 刘肃, 黄庆安. 硅 – 硅直接键合制造静电感应器件 ［J］. 电力电子技术, 2004, 38 (2): 92 – 94.

［67］Christoph M, Rik W. De Doncker. Power Electronics for Modern Medium – Voltage Distribution Systems ［C］//Proceedings of the IPEMC'2004.

［68］Bruel M. Silicon on insulator material technology ［J］. IEEE Electronics letters, 1995, 31 (14): 1201 – 1202.

［69］杨健, 张正璠, 李肇基, 等. 高压高速 SOI – LIGBT 的研制 ［J］. 微电子学, 1999, 129 (5): 366 – 369.

［70］Liu S, Sun W, Huang T, et al. Novel 200V power devices with large current capability and high reliability by inverted HV – well SOI technology ［C］//Proceedings of the ISPSD'2013: 115 – 118.

［71］Yun C, Kim S, Kwon Y, et al. High performance 1200 V PT IGBT with improved short – circuit immunity ［C］//Proceedings of the ISPSD'1998: 261 – 264.

［72］Tan C S, Chen K N, Fan A, et al. Low – temperature direct CVD oxides to thermal oxide wafer bonding in silicon layer transfer ［J］. Electrochemical and solid – state letters, 2005, 8 (1): G1 – G4.

［73］何进, 王新, 陈星弼. 基于 SDB 技术的新结构 PT 型 IGBT 器件研制 ［J］. 半导体学报, 2000, 21 (9): 877 – 881.

［74］Bourennane A, Tahir H, Sanchez J L, et al. High temperature wafer bonding technique for the realization of a voltage and current bidirectional IGBT ［C］//Proceedings of the ISPSD'2011: 140 – 143.

［75］Lutz J, Schlangenotto H, Scheuermann, U, et al. Semiconductor Power Devices Physics, Characteristics, Reliability ［M］. Berlin, Heidelberg: Springer – Verlag, 2011.

［76］Swawle A, Standing M, Sammon T, et al. DirectfetTM – a Proprietary New Source Mounted Power Package for Board Mounted Power ［C］//Proceedings of the PCIM'2001: 473 – 477.

［77］Castellazzi A, Mermet – Guyennet M. Power Device Stacking using Surface Bump Connections ［C］//Proceedings of the ISPSD'2009: 204 – 209.

[78] Golland A, Wakeman F, Li G. Managing power semiconductor obsolescence by press – pack IGBT substitution [C] //Proceedings of the EPE'2005: 10.

[79] Eicher S, Rahimo M, Tsyplakov E, et al. 4.5kV Press Pack IGBT Designed for Ruggedness and Reliability [C] //Proceedings of the IAS'2004, 3: 1534 – 1539.

[80] Wikstrom T, Stiasny T, Rahimo M, et al. The Corrugated P – Base IGCT – a New Benchmark for Large Area SQA Scaling [C] //Proceedings of the ISPSD'2007: 29 – 32.

[81] Ajit K Chattopadhyay. High Power High Performance Industrial AC Drives – A Technology Review [R]. IEEE – IAS Distinguished Lecturer, 2003 .

[82] Spahn E, Buderer G, Brommer V, et al. Novel 13.5 kV multichip thyristor with an enhanced dI/dT for various pulsed power applications [C] //Proceedings of the IEEE Pulsed Power Conference, 2005: 824 – 827.

[83] Welleman A, Spahn E, Scharnholz S. Compact High Performance 13.5kV Multi Wafer Discharge Thyristor for High di/dt Application [QC/OL]. Proceeding of the EML' 2010. http: //www. abb. com.

第9章 电力半导体器件的应用共性技术

电力半导体器件的实际性能除了与器件的结构设计及制造工艺有关外，还与电路的运行条件及正确使用有关。本章主要介绍电力半导体器件使用过程中存在的共性问题，包括电力半导体器件的驱动电路、串并联、保护电路及热传输。

9.1 电力半导体器件的驱动电路

9.1.1 概述

驱动电路是电力电子主电路与控制电路之间的接口。良好的驱动电路可使电力半导体器件工作在较理想的开关状态，缩短开关时间，减小开关损耗。驱动电路对装置的运行效率、可靠性和安全性都有重要的意义。有些保护措施可以设在驱动电路中或通过驱动电路来实现。

1. 驱动电路的基本任务

驱动电路的基本任务是按控制目标的要求给器件施加开通或关断信号。对半控型器件，只需提供开通控制信号；对全控型器件，则既要提供开通控制信号，又要提供关断控制信号。此外，驱动电路还要提供控制电路与主电路之间的电气隔离环节，通常采用光隔离或电隔离。

光隔离一般采用光耦合器。光耦合器由发光二极管和光敏晶体管组成，封装在一个壳内。光隔离有普通、高速和高传输比三种类型，接法如图 9-1 所示[1]。

电隔离的元件通常采用脉冲变压器。当脉冲较宽时，为了避免铁心饱和，常采用高频调制和解调的方法。

2. 驱动电路的分类

按驱动信号的性质来分，可分为电流驱动型和电压驱动型两类。普通晶闸管与 GTO 的驱动信号为电流驱动型，功率 MOSFET 和 IGBT 的驱动信号为电压驱动型。晶闸管的驱动电路常称为触发电路。图 9-2 给出了晶闸管与功率 MOSFET 的驱动要求[2]。

驱动电路具体形式可分为分立元器件驱动电路和专用集成驱动电路。目前发展趋势是采用专用集成驱动电路，有双列直插式集成电路及集成了光耦隔离电路的混合集成电路。为达到参数最佳匹配，首选所用器件生产厂商专门开发的集成驱动电路。

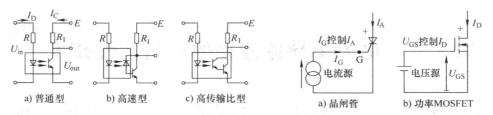

a) 普通型	b) 高速型	c) 高传输比型

图 9-1　光耦合器的类型及接法

a) 晶闸管	b) 功率MOSFET

图 9-2　晶闸管与功率 MOSFET 的驱动要求

9.1.2　电流驱动

1. 普通晶闸管的触发电路

普通晶闸管触发电路的作用是产生符合要求的门极触发脉冲，保证其在需要的时刻由阻断状态转为导通状态。普通晶闸管触发电路往往还包括对其触发时刻进行控制的相位控制电路。

（1）普通晶闸管触发电路　有以下四点要求：一是触发脉冲的宽度应保证晶闸管可靠导通，比如对感性和反电动势负载的变流器应采用宽脉冲或脉冲列触发；二是触发脉冲应有足够的幅度，对温度较低的应用场合，脉冲电流的幅度应为器件门极触发电流 I_{GT} 的 $3\sim5$ 倍，脉冲前沿的陡度也需增加，一般需达 $1\sim2A/\mu s$；三是触发脉冲不能超过晶闸管门极电压、门极电流及功率的额定值，且在门极伏安特性的必定触发区（见图 3-17）之内；四是要有良好的抗干扰性能、温度稳定性及与主电路间的电气隔离。图 9-3 给出了理想的普通晶闸管触发脉冲电流波形。其中 $t_1\sim t_2$ 为脉冲前沿上升时间（$<1\mu s$）；$t_2\sim t_3$ 为强脉冲宽度；I_M 为强脉冲幅值（$3I_{GT}\sim5I_{GT}$），$t_1\sim t_4$ 为脉冲宽度；I 为脉冲平顶幅值（$1.5I_{GT}\sim2I_{GT}$）。

（2）普通晶闸管触发电路　图 9-4 所示为常见的晶闸管触发电路。由 V_1、V_2 构成的脉冲放大环节和脉冲变压器 TM 及附属电路构成的脉冲输出环节两部分组成。当 V_1、V_2 导通时，通过脉冲变压器向晶闸管的门极和阴极之间输出触发脉冲。VD_1 和 R_3 是为 V_1、V_2 由导通变为阻断时脉冲变压器 TM 释放其储存能量而设的。为了获得触发脉冲波形中的强脉冲部分，还需适当附加其他电路环节。

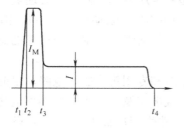

图 9-3　理想的晶闸管触发脉冲电流波形

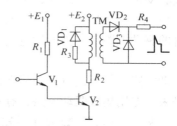

图 9-4　常见的晶闸管触发电路

2. GTO 的驱动电路

GTO 不仅需要用门极信号开通，还需要门极信号来关断。因此，要求其门极电流能快速关断阴极 npn 晶体管，从而破坏 GTO 内部的正反馈。

（1）GTO 驱动电路要求　与普通晶闸管相比，GTO 的开通对触发脉冲前沿的幅值和陡度要求更高，并且在整个导通期间一般需要施加正门极电流。GTO 关断时给门极施加负脉冲电流，并对其幅值和陡度有严格的要求。图 9-5 所示为 GTO 门极电压、电流波形，其关断脉冲的幅值需达到阳极可关断电流的 1/3 左右，前沿陡度可达 50A/μs，强负脉冲宽度约为 30μs，负脉冲总宽约为 100μs。在 GTO 关断期间，施加约 5V 的负偏压，以提高抗干扰能力。

（2）GTO 的驱动电路　GTO 的驱动电路通常包括开通驱动电路、关断驱动电路及门极反偏电路三部分，可分为脉冲变压器耦合式和直接耦合式两种类型。直接耦合可避免电路内部的相互干扰和寄生振荡，得到较陡的脉冲前沿，缺点是功耗大，效率较低。图 9-6 所示为典型的直接耦合式 GTO 驱动电路。电路的电源由高频电源电压经二极管整流后提供，VD$_1$ 和 C$_1$ 提供 + 5V 电压，VD$_2$、VD$_3$、C$_2$、C$_3$ 构成倍压整流电路提供 + 15V 电压，VD$_4$ 和 C$_4$ 提供 − 15V 电压。VM$_1$ 开通时，输出正强脉冲；VM$_2$ 开通时，输出正脉冲平顶部分；VM$_2$ 关断而 VM$_3$ 开通时，输出负脉冲；VM$_3$ 关断后，R$_3$ 和 R$_4$ 提供门极负偏压。其中，电感 L 是关断回路的关键元件，电感 L 值较小，一般在微亨级，它限制了负门极电流的上升率与关断增益。电阻 R$_3$ 与 L 并联，可抑制电感电流的振荡。

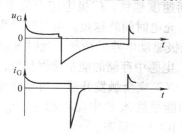
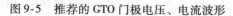
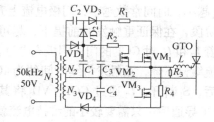

图 9-5　推荐的 GTO 门极电压、电流波形　　图 9-6　典型的直接耦合式 GTO 驱动电路

3. IGCT 的驱动电路

在大功率 IGCT 的应用中，为了从门极全部抽取阳极电流，要求门极电感（包括 GCT 内部的封装电感）足够小，可通过减小连线长度、电容器解耦及并联往返通路来实现，典型的 IGCT 门极驱动、连接线及内部封装电感各约为 2nH。于是，用 − 15V 负门极直流电源，可获得 di/dt 超过 5kA/μs 的负门极电流。因此，可认为 IGCT 采用的是硬驱动技术，在驱动电路中需要使用大量 MOSFET 和解耦电解电容器并联，以降低阻抗。

（1）IGCT 驱动电路的要求　IGCT 驱动电路与 GCT 的电流容量有关。对于 5SHX 26L4510 型 IGCT[3]，驱动电路的基本要求：开通电路的门极电流上升率通常有两个脉冲，第一个触发脉冲的电流上升率大于 $100A/\mu s$，第二个触发脉冲的电流上升率大于 $50A/\mu s$，开通门极峰值电流越大越好（$I_{GM} > 200A$），最小开通延迟时间大于 $3.5\mu s$，开通后维持电流大于 2.1A。关断电路要求门极关断电流的上升率至少为 $1000A/\mu s$，GCT 的存储时间降到 $1\mu s$ 最小的关断延迟时间大于 $7\mu s$，最大可关断电流 I_{TGQM} 越大越好（$I_{TGQM} \leq 2200A$）。

（2）IGCT 的驱动电路原理　如图 9-7 所示，U_1、U_2 为电源电压，S_1、S_2、S_{off} 为 MOS 开关，L_1、L_2 为电感，VD_1、VD_2 为续流二极管，VD_3、VD_4、VD_5 为限流管，C 为电解电容。开通电路由 U_1、U_2、VD_4、S_1、L_1、S_{off}、VD_1、C、VD_3 组成。按开关工作状态，可将开通过程分为两个阶段。第一阶段为强触发阶段，当加上开通信号时，同时闭合开关 S_1、S_{off}，电源电

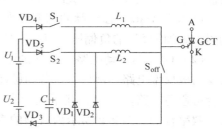

图 9-7　IGCT 主驱动电路原理图

压 $U_1 + U_2$ 对小电感 L_1 充电，使流过 L_1 的电流幅值快速上升到 200A，达到强触发脉冲幅值的要求，此时断开 S_{off}，电源电压 U_1 和电感 L_1 对 GCT 的门 – 阴极进行充电，瞬间可使门极电流充电到 200A。门极电流上升率的快慢取决于开关 S_{off} 的关断速度和 L_{GK}（GCT 门 – 阴极寄生电感）的大小。S_{off} 关断速度越快，门极电流上升率越大；L_{GK} 越小，时间常数越小，门极电流上升率越大，充电时间就越短。第二阶段为重触发阶段，在保证重触发的前提下，尽可能减小门极驱动电路的功耗。此时 S_{off} 断开，随着 L_1 和 U_1 对 GCT 的门 – 阴极充电过程的持续，电感中存储的能量缓慢释放，门极电流缓慢下降，重触发持续时间约为 $100\mu s$ 直至 GCT 完全触发开通。当器件完全开通后，S_1 断开，L_1 通过 GCT、VD_1 将其上储存的能量注入 C 中储存起来，I_G 下降。IGCT 导通后，只需要较小的维持电流就可以维持 IGCT 的通态。

维持电路由 U_1、VD_5、S_2、L_2、S_{off}、VD_2、C 组成。维持电流通过降压斩波电路来完成。维持状态时，S_2 闭合，在 U_1 作用下，对 L_2、GCT 门极充电，I_G 上升至 4.5A。电流检测发送关断信号，S_2 关断，L_2 经 GCT 门极、C、VD_2 放电，将储存的能量存入 C，I_G 开始下降直至下降到 2.5A 时，电流检测装置发送开通信号，S_2 重新闭合充电，此斩波过程一直循环直至维持过程结束。

IGCT 关断时，S_{off} 直接闭合，S_1、S_2 断开，C 上反向电压加在 GCT 的门 – 阴极之间。由于 C 是大电解电容，电流容量较大，因此反向关断时，既可以反向抽取载流子，又可以承受大电流。由于 GCT 门极关断电路的寄生电感小，在 U_2 作用下，反向抽取电流上升率非常大，时间常数较小。虽然，U_2 越大，抽取时间越短，

但 U_2 最大值不能超过 GCT 器件门 - 阴极 J_3 结的反向击穿电压（20 ~ 25V）。IGCT 关断时阳极电流被换至门极，阳极电流通过门极驱动电路继续流通，IGCT 的关断变为阳极 pnp 晶体管的关断，在晶体管模式下，阳极电流被关断。

9.1.3 电压驱动

1. MOS 型功率器件的栅极特征

功率 MOSFET 的栅 - 源极和 IGBT 的栅 - 射极之间都是通过栅氧化层隔离。当在栅极上加电压时，理论上没有电流流入栅极，实际上为了维持栅极电压，栅极电流给栅电容充电，故栅极存在一个 nA 级的漏电流。当功率 MOSFET 栅 - 源极之间未加电压时，器件处于阻断状态，仅有一个小于 mA 级的漏电流流入漏极，直到外加电压超过漏 - 源击穿电压。当栅极所加的正电压超过阈值电压时，漏极电流开始流动。假设外部电路的阻抗对漏极电流无限制作用，则最大漏极电流取决于栅压的高低。当栅压低于阈值电压时，漏极电流减小到漏电流水平，功率 MOSFET 将会关断。功率 MOSFET 和 IGBT 开关速度本质上由栅源电容的充放电速度来决定。虽然栅源电容是一个很重要的参数，但由于存在密勒效应，使得栅漏电容比栅源电容更重要。在开关期间，动态的栅漏电容比栅源电容更大，密勒电容比栅源电容需要更多的电荷。

2. MOS 型功率器件的栅极驱动方法

在功率 MOSFET 和 IGBT 实际的开关过程中，由于内部寄生电容充放电，因此需要一定的驱动功率，并且驱动功率与其开关频率有关。另外，换相过程受驱动回路和模块内寄生电感的影响，会产生瞬间过电压，在电路和器件内部的寄生电容之间引起振荡。所以，功率 MOSFET 和 IGBT 的开关过程可通过栅电容的充放电来进行有效控制。栅电容的充放电可归纳为电阻控制、电压控制和电流控制三种方法，图 9-8 给出了 IGBT 栅极驱动的控制方法[4]。如图 9-8a 所示，电阻控制是指用一个栅极驱动电阻来控制栅极电容的充放电（或用两个电阻来分别控制开通和关断）。若栅极电源电压 U_{GG} 保持不变，调整栅极电阻 R_G 便可改变开关速度。R_G 越小，开关时间越短。但是电阻控制存在两个缺点：一是栅极电容的偏差会直接影响开关时间和开关损耗；二是栅极电压会形成一个密勒平台。如图 9-8b 所示，如果将电压直接作用于栅极，则开关速度直接由栅极的 du/dt 决定，于是栅极电压特性中将不再出现密勒平台。但电压控制要求驱动电路有足够大的电流输出能力。此外，也可采用一个可输出正、反向电流的电流源（见图 9-8c）来控制栅极的充放电特性，其效果类似于电阻控制法。

3. MOS 型功率器件对驱动电路的要求

功率 MOSFET 和 IGBT 栅极驱动电压的设置需要考虑栅极击穿电压和饱和电压。一方面，栅极驱动电压的幅值取决于栅极击穿电压，栅极击穿电压一般被限定

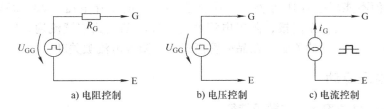

图 9-8 IGBT 栅极驱动的三种控制方法

为 20V，瞬态时也要满足此要求，故在功率 MOSFET 和 IGBT 的关断过程中，需要采用特别的保护措施，以防止栅极过电压。另一方面，在功率 MOSFET 和 IGBT 导通时，饱和电压随栅极电压的增大而下降（如 5.1.2 节所述）。在饱和导通的状态下，功率 MOSFET 的栅极驱动电压 U_{GS} 必须达到 + 10V，IGBT 的栅极驱动电压 U_{GE} 必须达到 + 15V。因此，功率 MOSFET 开通的栅源极间驱动电压一般取 10 ~ 15V，IGBT 开通时栅射极间的驱动电压一般取 15 ~ 20V。

在关断过程中，IGBT 的栅极施加一个 –5V ~ –8V ~ –15V 的负偏压，以便在整个关断期间维持一个足够大的反向栅极电流（包括在 U_{GE} 接近 U_T 时）。利用关断过程中高的 du_{CE}/dt 值来抽取 n^- 漂移区的空穴，从而缩短拖尾时间，以减小关断损耗。在栅极串入一只低值电阻（数十欧左右）可以减小寄生振荡，且阻值应随被驱动器件额定电流值的增大而减小。

4. 驱动电路

功率 MOSFET 的驱动电路如图 9-9a 所示，包括电气隔离和晶体管放大电路两部分。当无输入信号时，高速放大器 A 输出负电平，V_3 导通输出负驱动电压，当有输入信号时，A 输出正电平，V_2 导通输出正驱动电压。

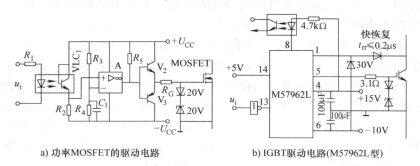

a) 功率MOSFET的驱动电路   b) IGBT驱动电路(M57962L型)

图 9-9 功率 MOSFET 和 IGBT 驱动电路

由于 n 沟道增强型功率 MOSFET 和 IGBT 具有较低的阈值电压，很容易用逻辑电平集成电路来驱动，允许采用小功率数字逻辑电路来直接控制大功率。所以，

IGBT多采用专用混合集成驱动器，常用的有三菱公司的M579系列（如M57962L和M57959L）和富士公司的EXB系列（如EXB840、EXB841、EXB850和EXB851）。图9-9b所示为M57962L型IGBT驱动器电路[5]。

9.2 电力半导体器件的串并联技术

当单个功率器件的耐压或电流容量都达不到实际应用要求时，需考虑将两个以上的器件串并联起来使用。特别是在牵引与电力传输领域，通常要求的工作电压会高于单个器件的击穿电压，这时需要将器件串联起来；若要求的电流大于单个器件的最大工作电流时，需要将器件并联起来。比如，ABB公司采用288个硬驱动的GTO开发了100MVA的大功率变流器[6]，用于德国的高速铁路机车牵引；另外，高压直流输电的换流阀都是由晶闸管串联组成的，通常每个换流阀中包含78个串联的光控晶闸管；又如将80个高压二极管串联起来，开发出最高电压达200kV、电流为几安的高压整流电源，广泛应用于环境保护的静电除尘、污水处理。

在串联或并联应用时，必须考虑器件特性参数之间的差异。器件特性参数取决于其结构和工艺参数，尽管芯片是同一批制造的，由于工艺的离散性，并不能保证每个器件的参数完全相同。如果各器件之间存在差异，串联或并联应用时就会引起不均衡的加载，所以将多个器件串联使用以提高电压容量时，必须解决均压问题，将多个器件并联使用以提高电流容量时，必须解决均流问题，并要求各器件阻断时的漏电流、导通时的通态压降以及开关时间等参数有良好的匹配。

9.2.1 概述

1. 串联技术

串联使用时，首先根据断态和动态特性，选用阻断特性和开关特性尽量匹配的器件。此外，可采用以下几种均压方法：一是给每个器件并联一个电阻或一个电容。采用辅助电阻可实现静态均压，采用电容可实现瞬态均压；二是对于有控制极（包括门极或栅极或基极）的器件，用陡度和幅度较大的脉冲触发，保证开关特性的均衡和一致性；三是采用有源箝位网络进行均压，即通过对输出电压进行反馈控制实现器件驱动信号的同步。

2. 并联技术

并联使用时，首先根据通态和动态特性，选用通态特性和开关特性尽量匹配的器件。此外，可采用以下几种均流方法：一是给每个器件串接一个电阻或串接一个电抗；二是用很陡的门极脉冲（$di_G/dt > 1A/\mu s$，$I_{GM} > 5I_{GT}$）和足够长的持续时间来触发，保证开关特性的均衡；三是采用有源箝位网络进行均流；四是用均衡变压器改善电流分配。

3. 串并联技术

对于大功率变流器，需要将多个器件进行串并联，以同时满足其电流和电压的要求。串并联时，要精心挑选器件，并尽量采用较高容量的器件，以减小串并联的器件的个数。同时采用辅助电路来抑制器件中的过电压和过高的 du/dt，以免器件受到过应力冲击。但辅助电路中使用无源元件（电阻、电容及均衡变压器）会使设备体积增加，失效率也增大。

当多个二极管并联使用时，既可以先串后并，也可以先并后串。当需要多个晶闸管串联和并联使用时，通常采用先串后并的方法连接。图 9-10 给出了多个器件的串并联混合连接。

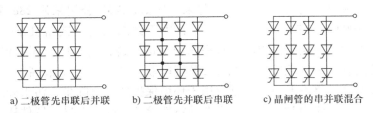

a) 二极管先串联后并联   b) 二极管先并联后串联   c) 晶闸管的串并联混合

图 9-10　各种器件的串并联混合

需要说明的是，尽管采用各种均压或均流措施可以实现器件的串并联，但要真正解决功率器件串联均压和并联均流问题，还需要从器件的制作工艺上进行控制，确保器件特性参数的一致性，并尽可能提高单个器件的电压和电流容量，以减少串并联器件的个数，从而提高串并联系统的可靠性。

9.2.2　功率二极管的串并联

1. 功率二极管的串联

功率二极管串联时，需要注意阻断特性和反向恢复特性的对称分布。图 9-11 给出了二极管串联时的均压电路。其中 R 为静态均压电阻，C 为动态均压电容。

均压电阻 R 和均压电容 C 要满足一定的约束条件。对 n 个具有给定截止电压的二极管串联电路，R、C 计算公式：

$$R < \frac{nU_R - U_M}{(n-1) \cdot \Delta I_R} \tag{9-1}$$

$$C > \frac{(n-1) \cdot \Delta Q_{RR}}{nU_R - U_M} \tag{9-2}$$

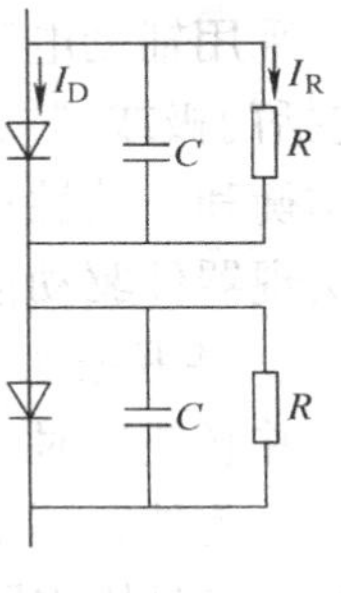

式中，n 是串联二极管的个数，U_R 是二极管的截止电压，U_M 是串联电路中二极管电压的最大值，ΔI_R 是二极管漏电流的最

图 9-11　功率二极管
串联均压电路

大偏差，ΔQ_{RR} 是二极管存储电荷量的最大偏差。并且 ΔI_R 和 ΔQ_{RR} 分别满足以下约束条件：

$$\Delta I_R = 0.85 I_{RM} \tag{9-3a}$$

$$\Delta Q_{RR} = 0.3 Q_{RR} \tag{9-3b}$$

式中，I_{RM} 是二极管的最大漏电流，Q_{RR} 是二极管的存储电荷量。

按上式估计，为了达到电压均衡，流过均压电阻的电流大约是二极管漏电流的 $3\sim5$ 倍。经验表明，当流过均压电阻的电流约为 I_{RM} 的 3 倍时，均压电阻就可以满足要求。在此条件下，均压电阻的损耗仍很大。

2. 功率二极管的并联

功率二极管并联时不需要 RC 吸收电路，只需串联均流电阻。由于功率二极管的导通 $I-U$ 特性曲线与温度密切相关。当温度变化时，正向压降变化很大，要求通态压降的偏差尽可能小。

图 9-12 给出了两种不同类型的功率二极管导通时的 $I-U$ 特性对温度的依赖关系曲线[4]。由图 9-12a 可见，对于给定的任何电流，随温度升高，正向压降 U_F 明显下降，说明这种二极管的 U_F 有很大的负温度系数（大于 2mV/K），在高温下，容易发生热击穿，不能并联使用。由图 9-12b 可见，该二极管在常温与高温下的 $I-U$ 特性相交。当额定电流大于 75A 时，正向压降具有正的温度系数，因此这种二极管可以并联使用。

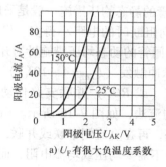 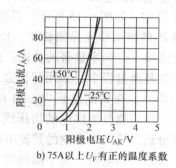

a) U_F 有很大负温度系数　　　b) 75A 以上 U_F 有正的温度系数

图 9-12　两种不同类型的功率二极管通态特性与温度的关系

二极管并联时，通常采用均衡变压器来改善的电流分配，如图 9-13 所示。每个二极管都通过一个均衡变压器绕组与其他二极管相并联。如果流经二极管 VD_1 的电流 I_{D1} 大于流经二极管 VD_2 的电流 I_{D2}，变压器磁心就会因电流差（$I_{D1}-I_{D2}$）产生一个磁通量。该磁通量

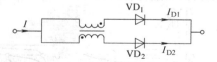

图 9-13　二极管采用均衡变压器进行并联均流

的变化会在变压器的两臂感生出电压，其极性设置恰好使流经二极管 VD_2 的电流

I_{D2}增加、流经二极管 VD_1 的电流 I_{D1} 减小，从而达到均流的目的。

9.2.3 普通晶闸管的串并联

1. 普通晶闸管的串联

普通晶闸管理想的串联希望器件的分压相等，但因各器件的特性差异，往往使器件电压分配不均匀。所以，晶闸管串联使用时，也要考虑静态和动态不均压。

（1）静态不均压 静态不均压是指晶闸管串联使用时流过的漏电流相等，但因静态伏安特性的分散性，导致各器件的分压不等。如图 9-14a 所示，当流过两个器件的漏电流 I_R 相等时，VT_1 管的阻断电压低于 VT_2 管的阻断电压，即 $U_{T1} < U_{T2}$，所以串联时分配在 VT_1 管的电压就低于 VT_2 管。对反向阻断特性也是一样，如图 9-14b 所示[7]，反向阻断时，分配在 VT_1 管的电压就低于 VT_2 管，此外，也受到因功耗所引起温升的影响，漏电流会发生变化。温度升高，漏电流急剧增加，阻断电压也会随之变化。所以，静态电压分配取决于阻断特性的差异及温度。

（2）动态不均压 动态不均压是由于器件动态特性参数差异造成的不均压。尤其是在开通过程中，电压分配与延迟时间的差异有关。延迟时间长的器件最后导通，在开通之前会承受短时间的过电压，开通后又会承受过快的电流上升率 di/dt。在关断过程中，电压分配与存储时间的差异有关。存储时间短的器件最先关断，关断后就会承受过电压，造成电、热击穿，可能将器件烧毁。

（3）均压措施 如图 9-15 所示，晶闸管的静态均压措施一般是采用电阻 R_p 均压，均压电阻 R_p 的阻值应比晶闸管正、反向阻断时的电阻小得多。但由于辅助电阻占用较大的体积，会产生显著的功耗。晶闸管的动态均压措施针对开通和关断过程有所不同。在开通过程中，采用门极强脉冲触发（$I_{GM} = 4 - 10 I_{GT}$）可减小器件延迟时间 t_d 的差异。在关断过程中，用 RC（或 RCD）并联支路作动态均压。此外，还可以采用变压器分组供电的均压或均流法，如图 9-16 所示。用有几个二次绕组的变压器分别供给几个独立的整流电路，再在直流侧串联或并联，从而可以得到很高的电压和很大的电流。每个晶闸管并不需要均压或均流电阻，而是由变压器的漏抗代替了均流电抗器，可降低功率损耗，并避免连锁击穿事故。只是其中的变压器需要进行特殊设计。

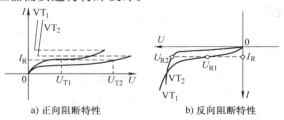

a) 正向阻断特性   b) 反向阻断特性

图 9-14 晶闸管 $I-U$ 特性的差异

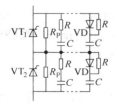

图 9-15 晶闸管的串联均压方法

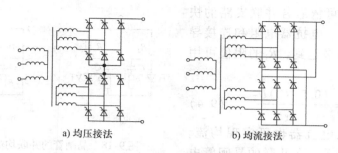

a) 均压接法　　　　　　　　b) 均流接法

图 9-16　变压器分组供电的均压、均流的接法

2. 普通晶闸管的并联

在大功率晶闸管装置中，常用多个器件并联来承担很大的电流。晶闸管并联使用时，也要考虑静态和动态不均流问题。

（1）静态不均流　如图 9-17a 所示[8]，当并联器件两端的电压相同，为 $U_{T(AV)}$ 时，由于导通特性存在差异，导致 VT_1 的电流 I_{T1} 大于 VT_2 的电流 I_{T2}。因此，在并联时，先根据特性差异将器件分组（见图 9-17b）[9]，挑选通态特性参数一致的器件，并在可以接受的电流容差范围内，选择通态压降差异较小的器件进行并联，使同组的两个器件并联时有接近均衡的电流分配。

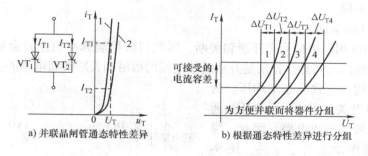

a) 并联晶闸管通态特性差异　　　　b) 根据通态特性差异进行分组

图 9-17　晶闸管导通特性差异及其分组

（2）动态不均流　在开通过程中，电流分配与延迟时间 t_d 的差异有关。t_d 短的器件最先导通，在开通之后会承受短时间的过电流和过快的电流上升率 di/dt。在关断过程中，电流分配也与存储时间 t_s 的差异有关。t_s 长的器件最后关断，会承受较大的过电流，造成热击穿，可能将器件烧毁。采用门极强脉冲触发，可减小延迟时间的差异，有助于动态均流。

（3）均流措施　对于晶闸管的静态均流，通常采用串联电阻来实现，如图 9-18a 所示。串入均流电阻 R_J 后，电流分配的均匀性可大大改善。但因电阻上有损耗，并且对动态均流不起作用，故此方法只适用于小功率场合。对于大电流器件的并联，均流可依靠各并联支路的快速熔断器电阻、电抗器电阻和连接导线电阻的总和来达到。R_J 的阻值可用下式来表示：

$$R_J = \frac{(0.5 \sim 2)U_T}{I_T} \qquad (9\text{-}4)$$

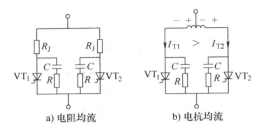

a) 电阻均流　　b) 电抗均流

图 9-18　晶闸管的并联均流措施

采用串联电抗器也可实现均流。如图 9-18b 所示，在并联的晶闸管电路中接一个均流电抗器，利用电抗器中感应电动势的作用达到均流。即当两器件中电流均匀一致时，铁心内励磁安匝可相互抵消，电抗不起作用；若电流不相等，合成励磁安匝产生电感，在两管与电抗回路中产生环流，使电流小的增大、电流大的减小，从而达到均流目的。此外，还可采用图 9-16b 所示的变压器分组供电均流法。

9.2.4　GTO 的串并联

GTO 串并联使用时，也必须解决器件之间的均压与均流问题。GTO 断态不均压和通态不均流与普通晶闸管完全相似，只是开关过程中的不均压和不均流与普通晶闸管有所不同。

1. GTO 的串联

由于 GTO 用门极信号来开通和关断，因此门极控制脉冲的差异会导致其开通时间与关断时间的差异，特别是开通瞬间电压的后沿和关断瞬间电压的前沿所产生的过电压，均会导致动态不均压。为了抑制 GTO 开关过程中的过电压，通常在电路中增加吸收电路。因此，吸收电路可兼作动态均压电路。图 9-19a 所示为 GTO 串联使用的均压电路[8]，图中 $R_{11} \sim R_{22}$ 为静态均压电阻；$C_1 \sim C_2$ 为动态均压电容；L 为动态均压电感。

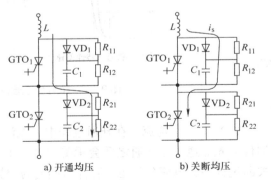

a) 开通均压　　b) 关断均压

图 9-19　串联 GTO 均压措施

在开通过程中，如图 9-19a 所示，如果 GTO_1 先开通、GTO_2 后开通，那么后开通的 GTO_2 要承受较高的失配电压。开通时的失配电压 ΔU_{on} 与两者延迟时间之差 Δt_d 的二次方成正比。在关断过程中，如图 9-19b 所示，如果 GTO_1 先关断、GTO_2 后关断，那么先关断的 GTO_1 要承受较高的失配电压。关断时的失配电压 ΔU_{off} 与存储时间之差 Δt_s 成正比，与

C_1 成反比。在实际应用中，通过改变门极电路参数可间接地调整存储时间和反向恢复电荷，进而减小串联电路的失配电压。

2. GTO 的并联

GTO 自身是由若干小 GTO 单元并联的，由于原材料、制作工艺等因素导致各单元的开关时间等特性参数存在差异，会影响整个 GTO 的可关断电流。根据 GTO 自身的特点，在并联使用时，需要注意以下几个问题：一是 GTO 具有最大阳极可关断电流，并联支路的不平衡电流不能超过此值，否则有被损坏的危险；二是各单元的开关损耗分布不均衡会产生局部过热，造成 GTO 损坏；三是 GTO 的可关断阳极电流、开通延迟时间以及存储时间等参数与门极信号密切相关，因此门极电路的参数对 GTO 的并联使用有一定影响；四是电路结构、阴极引线电感及均流电抗器漏电感等参数对 GTO 的并联使用均有影响。

GTO 常用的并联均流方法有强迫均流法和直接并联法两种。强迫均流法是采用串联均流电抗器进行均流；直接并联法通过在门极串联一定的阻抗进行均流。图 9-20 所示为 GTO 直接并联的两种基本电路[8]。图 9-20a 所示为非门极直接耦合电路，是在每个 GTO 的门极串联一定阻抗后与门极信号电路相连接。图 9-20b 为门极直接耦合电路，是先将门极端连接在一起，然后再串联一阻抗。由于其中门极电流、电压的相互作用对并联 GTO 因延迟时间、存储时间的差异所造成的动态电流不均衡有自调节作用，所以这种门极直接耦合方式的均流效果要比非门极直接耦合的好得多。

尽管连接两个 GTO 阴极端的导线较短，电感很小，但是由于开通时各 GTO 的 $\mathrm{d}i/\mathrm{d}t$ 差别较大，在阴极连线上感应的电压仍然相当可观。这种感应电压会干扰门极电流的正常运行，严重影响 GTO 的开通和关断过程。因此，GTO 直接并联使用时，必须采用相同的阴极连线，并尽量缩短其长度。

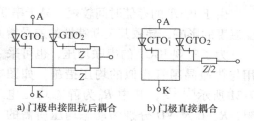

a) 门极串接阻抗后耦合　　b) 门极直接耦合

图 9-20　GTO 直接并联的基本电路

3. ETO 的串并联

ETO 是通过在 GTO 发射极串联一个 MOS 管来实现单位关断增益和快速关断的。在单位增益关断下，存储时间就是用于移除 p 基区中少子的时间。由于阴极 J_3 截止，关断时要移除的 p 基区少子数目减少，同时移除 p 基区少子的门极电流等于阳极电流，所以移除 p 基区中少子的时间大大缩短，故 ETO 的存储时间很短。

（1）串联运行　ETO 串联的关键问题是如何解决关断瞬态过程中的动态均压[10]。由于 ETO 存储时间很短，且存储时间分散性远比 GTO 的好，同一批次 ETO 的存储时间差 Δt_s 可以控制在 ±10% 之内，最大 Δt_s 在 100ns 以内。若两个 Δt_s

为100ns 的 ETO 串联使用时，其动态均压电容可降低到 0.5μF，此时关断过程中失配电压为 0.2kV，小于额定电压的 5%，开通延迟时间的差异 Δt_d 几乎为零。串联 ETO 的存储时间 t_s 可通过在其发射极 VM 的门极上串联一个电阻来调整。该门极电阻会延迟 VM 的关断过程，从而延迟了 ETO 的关断过程。如果存储时间匹配得很好，ETO 甚至可在没有 di/dt 吸收电路的情况下串联，其均压性能仍然可满足要求。

（2）并联运行　由于 ETO 的通态压降具有正温度系数，与其发射极串联的 MOS 管也具有很高的正温度系数，所以 ETO 并联运行的静态均流效果更好。对于 ETO 的动态均流，当两个 ETO 并联运行时，在速度较快的 ETO 存储过程结束之后，电流将转入存储时间较长的器件使其电流增加，而阳极电流的增加会使少子移除速度加快，反过来会使该器件的存储时间缩短。可见，并联 ETO 之间会形成负反馈过程，能自动调节其存储时间的差异，并且存储时间差异越大，这种调节能力越强。所以，ETO 并联之后也可实现无缓冲关断。

9.2.5　IGCT 的串并联

在静止无功补偿器（SVC）、柔性交流输电系统（FACTS）以及大功率交流传动装置中，要求器件的额定电压值很高，这时需要将多个集成门极换流晶闸管（IGCT）串联来获得更高的输出电压。

1. IGCT 的串联

由于 IGCT 的存储时间较短，易于串联使用。但是如果开通信号有延迟，或者受温度的影响，导致其关断特性的差异增大，会影响其动态均压。

为了实现 IGCT 的串联均压，也可采用与普通晶闸管相似的均压措施，如图 9-21 所示[11,12]，其中 R_p 为静态均压电阻，R、C 及 VD 分别为动态均压所需的吸收电阻、电容和二极管。可见，IGCT 也可以采用 RC 或 RCD 吸收电路来进行串联均压。

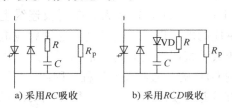

a) 采用 RC 吸收　　　b) 采用 RCD 吸收

图 9-21　串联 IGCT 的均压措施

图 9-22 所示为两个串联 IGCT 的开关特性曲线。可见，当两个串联 IGCT 门极信号有 95ns 的延迟，即 IGCT$_2$ 在 IGCT$_1$ 之前 95ns 开通时，两者开通瞬态的特性差异很小，但关断瞬态的特性差异较大，特别是电压偏差明显很大。

图 9-23 所示为给定结温下两个 IGCT 的电压偏差与输出电流和直流母线电压的关系。可见，瞬态最大电压偏差 ΔU_{max} 总是高于稳态的偏差 ΔU_{stdy}，但两者之间的差异很小。最大电压偏差随直流母线电压和输出电流的增加而增大。此外，电压偏差还受绝对温度及温度差异的影响。

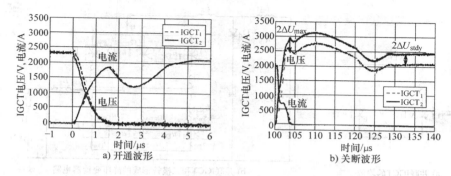

图 9-22　两个 IGCT 串联时的开关波形

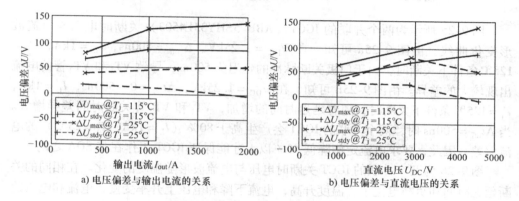

图 9-23　两个 IGCT 串联时电压偏差与输出电流和直流电压的关系

2. IGCT 的并联

IGCT 导通时的通态压降具有正温度系数,所以 IGCT 易于并联使用。IGCT 采用硬驱动电路,并要求开关回路的电感尽可能小。当 IGCT 并联使用时,均流措施与 IGCT 的驱动电路的开通延迟时间、电路的分布电感和器件工作温度有关。此外,还与负载电流有关。

为了解决 IGCT 并联使用的均流问题,可在 IGCT 阳极串联均流电抗,如图 9-24a 所示[13]。图 9-24b 所示为采用 n 个 IGCT 和二极管形成的降压变流器电路,其中包括 IGCT 开通箝位电路和滤波电路。各电路参数:$f_s = 200\text{Hz}$,$D = 0.5$,$R_L = 75\text{m}\Omega$,$L_L = 0.125\text{mH}$,$U_G = 400\text{V}$;$L_{c1} = 0.5\mu\text{H}$,$C_{c1} = 5\mu\text{F}$,$R_{c1} = 1\Omega$;$C_f = 20\text{mF}$,$L_f = 800\mu\text{H}$。在 IGCT 自然换流期间(即从二极管的关断到 GCT 的开通瞬态),杂散电感 L_{sTx}(见图 9-24b 中 L_{sT1}、L_{sT2} 及 L_{sTn})的对称分布很关键。在两个并联的 IGCT 开通瞬间,杂散电感有 50% 的偏差会导致电流产生 20% 的偏差,且电流偏差随并联器件数的增加而增加。所以,要求这些杂散电感必须尽可能相等。

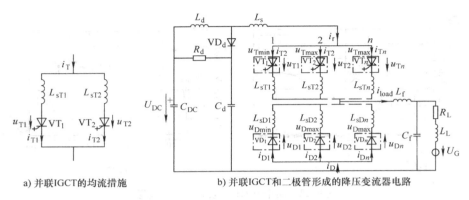

a) 并联IGCT的均流措施　　　　　　b) 并联IGCT和二极管形成的降压变流器电路

图 9-24　两个 IGCT 并联时电压偏差与直流电压和输出电流的关系

图 9-25 所示为两个并联的 IGCT（ABB 5SHY35L4503）关断时电压与电流波形变化曲线。由图 9-25a 可知，在 $U_{DC} = 1.25\text{kV}$、$\Delta t_{off} = 500\text{ns}$，$I_L = 1\text{kA}$，$T_j = 125℃$ 条件下关断时，由于门极关断脉冲的延迟为 500ns，导致 VT_1 和 VT_2 管的电流出现较大的差异。由图 9-25b 可知，在 $U_{DC} = 1.25\text{kV}$，$\Delta t_{off} = 0 \sim 500\text{ns}$，$I_L = 1\text{kA}$，$T_j = 125℃$ 条件下关断时，随着延迟时间的增加，VT_1 和 VT_2 管关断时间差异增大。当 $\Delta t_{off} = 500\text{ns}$ 时，两个并联的 IGCT 会产生高于 80%（$I_L = 1\text{kA}$，$T_j = 25℃$）的电流偏差。因此，要求电流定额降低 40% 以上才能保证 IGCT 工作在其 SOA 之内。

图 9-26 为两个并联的 IGCT 关断时电压与电流波形随温度的变化。在相同的关断延迟时间和负载电流下，温度升高，电流下降和电压上升率变慢，电流和电压的差异减小。

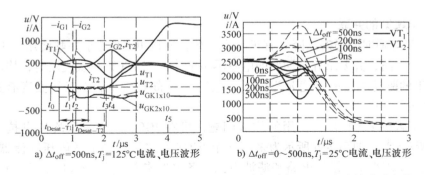

a) $\Delta t_{off} = 500\text{ns}$, $T_j = 125℃$ 电流、电压波形　　b) $\Delta t_{off} = 0 \sim 500\text{ns}$, $T_j = 25℃$ 电流、电压波形

图 9-25　两个并联的 IGCT（5SHY35L4503）关断瞬态电压、电流的波形变化

此外，分布电感对 IGCT 并联影响很大。如果分布电感不对称，两个反并联的二极管在反向恢复过程中的电流变化率 $\text{d}i/\text{d}t$（见图 9-24b，$\text{d}i/\text{d}t = U_{DC}/L_{C1}$）不同，后关断的二极管 $\text{d}i/\text{d}t$ 较大，引起反向恢复峰值电流增加，导致二极管工作电

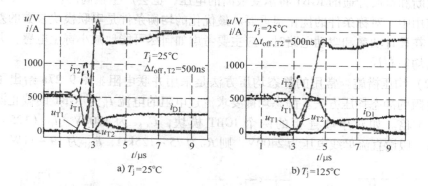

图 9-26　两个并联 IGCT 关断时（$\Delta t_{off} = 500ns$，$I_L = 1kA$）电压与电流波形随温度变化

流超出其 SOA 而损坏。为了实现多个 IGCT 和二极管的并联应用，需要对电路对称布局进行严格设计，并严格按照器件的通态特性和开关延迟时间偏差来挑选器件。

9.2.6　IGBT 模块的串并联

单个功率 MOSFET 与 IGBT 通常工作在高频开关电路中，常用 R 与 C 串联来实现动态电压的均衡。由于分布参数的影响，难以得到理想的结果。所以，单个功率 MOSFET 和 IGBT 很少串联使用。

由于功率 MOSFET 的导通电阻 R_{on} 具有正温度系数，可实现自动均流，所以功率 MOSFET 容易并联。由于 IGBT 芯片与功率 MOSFET 相似，也是由多个元胞并联而成的。所以，从理论上讲，IGBT 芯片适宜并联。但是由于纵向结构不同，导致 IGBT 的通态特性差异较大。对 NPT‐IGBT 而言，其额定电流通常位于零温度系数点之上，所以，饱和电压具有正的温度系数，可实现自动均流，适合并联使用。对 PT‐IGBT 而言，其额定电流通常位于零温度系数点之下，所以饱和电压具有负的温度系数，则不适合并联。所以，IGBT 并联时，要选择 NPT 结构的器件才能实现大电流。IGBT 芯片的并联可通过压接式封装结构很容易实现。

1. IGBT 模块的串联

为了提高 IGBT 的耐压，通常将多个 IGBT 模块串联使用。IGBT 模块串联运行时，要求单个模块在静态、动态均达到理想的对称均衡状态。

（1）不均压的原因　静态均压条件由串联 IGBT 的阻断特性决定。漏电流 I_R 越高，即阻断电压越低，串联时分配的电压则越低；并且漏电流 I_R 具有正温度系数，即漏电流随温度增加而线性上升。动态均压条件由 IGBT 开关时间的差异决定。阈值电压、开关延迟时间、上升时间及下降时间、驱动回路的输出阻抗（包括栅极串联电阻）与电感，以及总回路电感（包括模块内外）等参数都会影响动态均衡。

最先关断和最后开通的 IGBT 将承受最高的电压，也会产生很高的功耗。在实际的串联应用中，对称条件的优化很重要。最优化的均衡条件是串联模块参数的差异为最小。在设计功率和驱动电路时，应主要考虑如何尽可能地减小寄生电感，并进行严格的均衡布局。

（2）均压措施　常用的静态均压方法是采用并联电阻。图 9-27a 给出了采用并联电阻的静态均压方法。静态均衡要求流过电阻的电流 I_R 为 IGBT 的截止漏电流的 3～5 倍。如对串联连接的两个 IGBT 模块，U_{CES} 为 1700V，i_C（125℃）为 4.5mA，假设直流母线电压为 2400V，则 R_P 为 75～125kΩ，P_{RP} 为 19～11W。

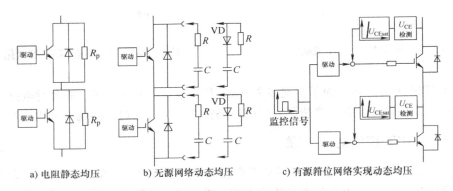

a) 电阻静态均压　　　　b) 无源网络动态均压　　　　c) 有源箝位网络实现动态均压

图 9-27　IGBT 模块串联时的均压措施

动态均压可以采用无源或有源网络。最优化的动态均衡条件是驱动级信号的传输时间偏差最小。图 9-27b 给出了采用 RC 和 RCD 无源网络进行动态均压。采用 RC 和 RCD 无源网络，可减小并平衡开关期间的 du/dt。但由于无源元件必须承受高压，会导致其成本增加；另外，无源元件会引起附加损耗，并且系统的特性与实际电路的工作点有关。图 9-27c 所示是采用有源箝位网络实现动态均压[4]。先测量出每个 IGBT 的 U_{CE} 或 du_{CE}/dt，并通过箝位网络反馈到栅极。如果 IGBT 两端的电压超过所给定的最大电压值，则栅极电压将被提升，从而使集电极电流增加，导致工作点移至输出特性的饱和区，于是 IGBT 两端的电压减小。在有源箝位期间，IGBT 内部产生的功耗很低。有源箝位对开关的上升和下降沿的均衡没有作用。有源箝位没有时间延迟，电压的箝位值与逆变器的工作点无关。即使在驱动器电源失效的情况下，保护仍然起作用。同样也要求驱动信号传输时间偏差最小。

2. IGBT 模块的并联

为了提高 IGBT 的通流能力，可以将 IGBT 模块并联使用。NPT‑IGBT 芯片的饱和电压具有正温度系数，对并联模块之间取得良好的热耦合极其重要。

（1）不均流的原因　造成 IGBT 不均流的主要原因有饱和电压、集电极电流、阈值电压及开关延迟时间、上升时间及下降时间等与驱动有关的参数偏差。此外，换相电路的电感、驱动回路的输出阻抗（包括栅极串联电阻）和电感、总回路电感（包括模块内外）及承载集电极电流的驱动电路电感等都会影响动态均流。对所有并联的 IGBT 而言，若在稳定的导通期间产生的饱和电压相同，则电流分布取决于每个输出特性之间的偏差[4]。如图 9-28 所示，由于两个器件的输出特性曲线不一致，且 $I_{C1} > I_{C2}$。在关断时，较大部分的电流将流经具有低饱和特性的 IGBT$_1$，这会导致 IGBT$_1$ 较高的导通损耗和开关损耗，由此引起结温快速上升。

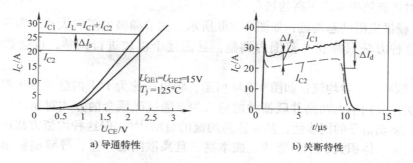

图 9-28　具有不同输出特性的两个 IGBT 并联后的静态电流分布

由于 IGBT 的转移特性、阈值电压及开关延迟时间的不一致，在开关瞬间产生动态的不均衡，因而导致开关损耗不一致[4]。如图 9-29 所示，由于密勒电容效应导致两个器件的转移特性曲线不一致，且 $I_{C1} > I_{C2}$。具有较陡转移特性的 IGBT$_1$ 将在动态期间通过较大部分的电流，并由此产生较大的关断功耗。

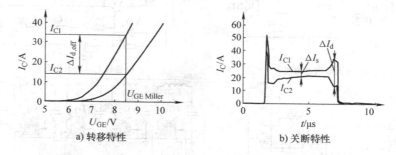

图 9-29　两个并联的 NPT – IGBT 的转移特性及开关期间的动态电流分布

IGBT 换相电路的电感在开通时有降低损耗的作用，在关断时产生过电压。当 IGBT 并联时，也意味着换相电路的并联。如果换相电路有不同的电感，可能在 IGBT 中引起不同的开关速度，进而导致动态不均衡。此外，驱动电路的阻抗若存在偏差，将会导致开关时刻不一致，加剧开关损耗分布的不均衡。驱动电路的电感与输入电容相结合，可能会产生严重的振荡，可能在并联的 IGBT 之间传播。此外，在开关期间，当集电极电流流经驱动电路的电感时，因电流快速变化而感应出一个电压，会阻止栅极充放电，使得开关过程因此而变慢，开关损耗也会因此增加。

（2）均流措施　IGBT模块并联时，可采用无源网络、栅极电阻、脉冲变压器及有源栅极网络等均流措施。

1）无源网络：如图9-30a所示，在集 – 射极串联由电阻或电感组成的无源网络，可实现并联各支路的静态和动态均流。这种方法简单易行、成本低，适用于低损耗和对均流效果要求不高的场合。

2）栅极电阻动态均流：如图9-30b所示，调节栅极电阻的大小，实现动态均流。但这种方法只能在小范围内调整，且需逐个模块进行调整，也会影响开关速度。

3）脉冲变压器均流：如图9-30c所示，将电压比为1:1的脉冲变压器的一次侧和二次侧分别串入两路并联器件的输入端，通过磁耦合的方式对驱动信号做补偿，实现驱动信号的同步性，从而达到均流的目的[14]。但这种均流方法所需的变压器数量多、体积大、不易集成、成本高，且离散问题严重，导致栅极出现过电压、欠电压和相应离散。

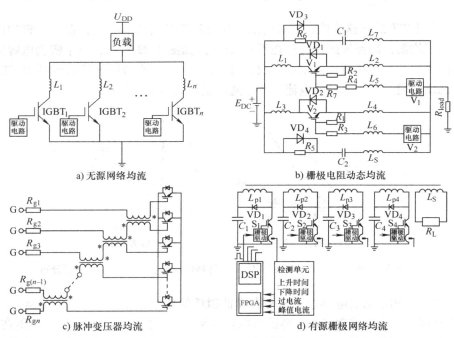

a) 无源网络均流　　　　b) 栅极电阻动态均流

c) 脉冲变压器均流　　　　d) 有源栅极网络均流

图9-30　IGBT模块并联时的均流措施

4）有源栅极网络均流[15]：如图9-30d所示。采用均流脉冲变压器（其中，

$L_{p1} \sim L_{p4}$ 表示均流脉冲变压器二次绕组的感抗），可对负载端的信号进行采样，再经数字逻辑电路处理，用于下周期驱动信号的调整。这种方法均流效果好，但电路复杂，需要数字逻辑芯片（如 DSP、FPGA 及 MCU 等），成本较高，且只能在发生电流失衡的下一周期对栅极信号进行调整。

此外，由于电路中电感值的差异会加剧开关损耗分布的不均衡，因此在 IGBT 模块制作时，合理的布线有利于降低接线电感，实现并联均流。接线时应注意栅极到各模块驱动极的配线长短和引线电感要相等；主电源到各模块的接线长短和引线电感要相等；控制电路的接线应使用双芯线或屏蔽线；主电路采用低电感线，并使接线尽量靠近输出端，以降低接线电感。

IGBT 并联使用时，在参数和特性选择、电路布局和走线、散热条件等方面也应尽量一致。要求使用同一等级 U_{CES} 的模块，各 IGBT 之间的 I_C 不平衡率 ≤18%，各 IGBT 的 U_T 应一致，否则会产生严重的电流分配不均衡，并要求各模块所接的栅极电阻 R_G 的推荐值误差尽可能小。即使模块的选择、驱动电路和线路布置都已经达到最优化，但其静态和动态仍然不可能达到理想的均衡。因此，总的开关电流相对于额定负载电流必须有一个适度的降额。在实际应用中，一般采用大约15% ~ 20%的降额幅度。例如，对于 3 个 u_{CE} 为 1200V、i_C 为 300A 的 IGBT 模块的并联，并联电路的额定电流为 $I_{CM} = （3 \times 300A） \times （0.8 \sim 0.85） = 720 \sim 765A$。

9.3　电力半导体器件的过应力保护

9.3.1　概述

1. 过电压

（1）过电压（Over-Voltage）　对于电力半导体器件，任何高于断态重复峰值电压 U_{DRM} 和反向重复峰值电压 U_{RRM} 的电压都视为过电压[9]。当器件两端的电压超过这两个峰值电压时，会发生击穿，此时的电流会引起很大的功耗，导致器件产生局部温升。如果温升足够大，导致温度达到本征温度，即使这一情况发生在局部，形成的电流集中也有可能造成热奔（Thermal Runaway），导致器件烧毁。

（2）过电压的分类及产生的原因　过电压分为外因过电压和内因过电压两类。外因过电压是指由外部原因形成的过电压，主要来自雷击和系统中的操作过程等原因。其中操作过电压是指由于变流器分闸、合闸、直流快速断路器的切断等开关操作引起的过电压；或由雷击等偶然原因引起，从电网进入变流器的过电压。内因过电压是指由内部原因形成的过电压，包括换相过电压和关断过电压。主要来自电力电子装置内部器件的开关过程。其中，换相过电压是指与主器件反并联的二极管在换相结束后，反向电流急剧减小，由线路电感在器件两端感应出过电压。关断过电压是指工作在较高频率下的全控型器件关断时，因正向电流的迅速降低而由线路电感在器件两端感应出的过电压。

（3）过电压保护的基本原则　根据过电压产生部位的不同，在电路中加入不同附加保护电路。当达到一定的过电压值时，附加电路自动开通，使过电压通过附加电路形成通路，消耗过电压存储的电磁能量，以免过电压能量加到主开关器件上，从而达到保护主开关器件的目的。

（4）过电压的抑制方法　主要是采用过电压抑制电路或半导体浪涌保护器件来抑制。如图 9-31a 所示，当过电压出现时，采用过电压保护器件可以转移或分流由过电压源（如闪电）产生的浪涌电流。通常有两种过电压的抑制措施[2]。图 9-31b 所示是采用过电压箝位保护器件可将过电压箝位（Caping）在较低的水平；图 9-31c 所示是采用过电压开关保护器件可使过电压返回（Fold - back）到很低的电压。相比较而言，采用开关保护器件比箝位器件更容易将设备中的过电压应力减小到很低的水平。

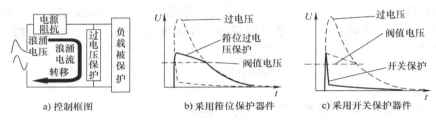

a) 控制框图　　　b) 采用箝位保护器件　　　c) 采用开关保护器件

图 9-31　两种过电压控制措施

2. 过电流

（1）过电流（Over - Current）　功率器件的额定电流是指在推荐的冷却条件下，器件工作时的结温升高到最高极限时的电流。当器件中通过的电流超过其额定电流时，将产生很大的功率损耗，会导致结温升高。若超出最高结温，最终会导致器件烧毁。通常在感性负载或故障条件下都会发生过电流，器件一般能在过电流条件下短时间工作而不出现劣化。为了避免过流时间较长而出现问题，常用非重复浪涌电流脉冲极限（I_{TSM}）作为衡量器件过电流的参数[9]。当流过功率器件中的电流超过其非重复浪涌电流脉冲极限时视为过电流。过电流时器件极易损坏。所以，发生过电流时需要及时切断有关电路，以免故障扩大。

（2）过电流的分类及其产生的原因　过电流现象通常发生于故障状态，包括过载和短路两种情况。变流器内器件产生的过电流原因有器件击穿或短路、触发电路或控制电压发生故障、外部出现负载过载、直流侧短路、可逆传动系统产生环流或逆变失败、交流电源电压过高或过低、断相等。

（3）过电流的抑制方法　通常有三种限流措施[2]，如图 9-32 所示。当浪涌电流通过时，利用过电流保护使浪涌电流切断、减小或分流，从而使预期的过电流得以抑制。在抑制浪涌电流的同时，通过增加多个过电流抑制器件，限制浪涌电流持续的时间。

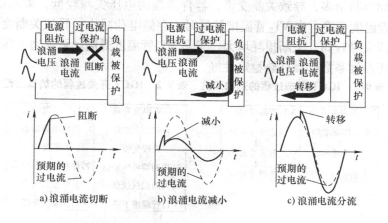

图 9-32　三种过电流限制措施

3. 过热

（1）过热　是指器件的结温超过允许的最高结温，导致器件性能劣化甚至烧毁。最高结温与器件工作时产生的功率损耗以及外部散热条件有关。

（2）功率损耗　器件的功率损耗包括导通损耗（即导通状态下器件两端的压降和流过电流的乘积）、断态损耗（即阻断状态下器件承受的电压和漏电流的乘积）、开关损耗（即器件在开关期间电流和电压的乘积）以及控制极损耗（即控制极的电流和电压的乘积）。这些损耗是限制器件电流和电压容量的主要原因。当电路出现过电压或过电流时，同时伴随产生过热现象。

器件使用时，必须保证在手册规定的温度值之下运行。随着器件运行时间延长，不断产生功耗，导致环境温度升高。于是器件中的电流和电压参数也随温度而变化。在恶劣的环境下，器件的额定值会下降，性能劣化，可靠性降低。当温度高于 50℃后，每升高 10 ~ 15℃，电力电子装置的故障率将翻倍。装置中任何一个元器件的性能变化，都有可能导致整个装置失效。为此，必须解决电力半导体器件的散热问题，保证器件在额定温度以下正常工作。

（3）热稳定性　为了描述了两个 IGCT 串联工作时在通态和开关过程中的热稳定性[13]，表 9-1 给出了 IGCT 通态特性参数随温度的变化[13]。由于 IGCT 的通态压降 U_T 或导通电阻 r_r 具有正的温度系数，在通态期间，当 VT$_1$ 温度升高时，其导通电阻增加，导致流过的电流减小，于是 VT$_1$ 管温度下降；当 VT$_2$ 管温度较低时，其导通电阻降低，导致流过的电流增大，于是 VT_2 管温度升高。在开关期间，由于载流子的迁移率随温度升高而下降、寿命随温度增加而增大，因而导致存储电荷具有正的温度系数。表 9-2 给出了 IGCT 开关特性参数随温度的变化[13]。当 VT_1 管温度升高时，其存储电荷增多，导致关断变慢，器件两端的电压尖峰较低，关断损耗较低，于是 VT_1 管温度下降；当 VT_2 管温度较低时，存储电荷减小，导致关断变快，器件两端的电压尖峰较高，关断损耗增大，于是 VT_2 管温度升高。可见通态压降或导通电阻具有正温度系数的器件热稳定性好。

表 9-1　IGCT 通态过程的热稳定性　　表 9-2　IGCT 开关过程的热稳定性

VT₁管温度升高	VT₂管温度较低
通态压降增加	通态压降下降
电流减小	电流增大
VT₁管温度下降	VT₂管温度升高

VT₁管温度升高	VT₂管温度较低
存储电荷增加	存储电荷减小
关断变慢	关断变快
器件两端电压较低	器件两端电压较高
关断损耗较低	关断损耗较大
VT₁管温度下降	VT₁管温度升高

4. 过 du/dt 与过 di/dt

在电力电子装置中，除了过电压、过电流及过热保护外，还需要考虑 du/dt 和 di/dt 过应力的影响。当电路中的 di/dt 超过器件开通时所允许的 di/dt 时，称为 di/dt 过应力，当电路的 du/dt 超过器件关断时所允许的 du/dt 时，称为 du/dt 过应力。过高的 di/dt 和 du/dt 应力会导致电路产生过电压和过电流，使器件的结温超过允许的最高结温，导致器件性能劣化甚至烧毁。当电路出现 di/dt 和 du/dt 过应力时，同时伴随过电压、过电流及过热现象，也会导致出现电磁兼容、损耗、效率等问题，因此需要采用吸收电路。

（1）du/dt 和 di/dt 过应力产生的原因　　du/dt 过应力产生的原因主要有以下两个方面：一是由电网侵入的过电压；二是由器件关断时产生的 du/dt。di/dt 过应力产生的原因主要有以下三个方面：一是由于交流侧电抗太小或交直流侧阻容吸收装置的电容量太大，器件导通时流过大附加电容的充放电电流；二是与器件并联的吸收保护电路在器件开通时的放电电流；三是由于

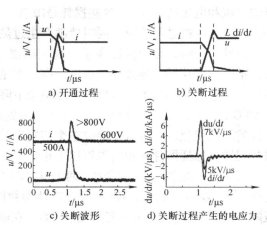

a) 开通过程　　b) 关断过程

c) 关断波形　　d) 关断过程产生的电应力

图 9-33　IGBT 开关过程实验波形及产生的电应力

器件开通时电流增长过快。

（2）du/dt 和 di/dt 过应力的影响 在器件开关过程中，所在电路及其本身的杂散电容和电感很重要。du/dt 和 di/dt 通过主开关器件及其周边的寄生电感和电容进行相互转化，总是相伴出现，如图 9-33 所示[16]。开通过程中的 di/dt 可转化为关断过程中的 du/dt，从这个角度讲，电力半导体器件既是 du/dt 和 di/dt 电应力的产生者，也是 du/dt 和 di/dt 电应力的主要承受者。因此，每个功率器件都有自身的 du/dt 耐量和 di/dt 耐量。只是器件结构不同，所能承受的 du/dt 和 di/dt 的高低不同。

在实际器件的开通过程中，因为在初始时间内电流特别集中（如电容性负载，有很大的冲击电流），或因为开通时电流只能分布在初始导通区的狭小区域内，故 di/dt 很高。对晶闸管而言，开通过程初始导通面积很小，导通扩展的速度很慢（约 $1mm/\mu s$），在大电流晶闸管的设计中，引入各种形状的放大门极结构来加快扩展速度，但其 di/dt 耐量实在有限，因此这个问题较为严重。不过对多元胞并联的GTO 结构，可使器件初始导通面积倍增，使其 di/dt 耐量有极大提高。对功率MOSFET 和 IGBT 而言，开通过程只取决于沟道反型层与栅极电容的充电过程。由于是多个元胞并联，故其开通很快，且 di/dt 耐量相当高。

在实际器件的关断过程中，pn 结要反向恢复，C_J 与 du/dt 的乘积就形成了位移电流 $i_c = C_J du/dt$；在晶闸管的关断末期，晶闸管承受较大的正向电压，且阳极电压的上升率 du_{AK}/dt 很高，内部的 J_2 结的电容效应会引起较大的注入电流，容易导致晶闸管误触发。在功率 MOSFET 关断过程中，漏源两端承受较大正向电压。如果 du_{DS}/dt 上升很快，内部 pn 结的电容效应引起很大的位移电流，该电流流过 p 体区横向电阻 R_B 时，引起寄生的 npn 晶体管导通而失效。在 IGBT 关断过程中，集－射极承受较大的正向电压，如果 du_{CE}/dt 上升很快，J_2 结电容效应会引起较大的位移电流，该电流流过 p 基区的横向电阻 R_B 时，也会诱发 IGBT 闩锁而失效。

（3）du/dt 和 di/dt 过应力的抑制方法 为了抑制电路中的 du/dt 过应力，可同时采用 RC 阻容保护电路及串联电感。采用适当的电感可以减小 du/dt，使其低于器件自身所允许的 du/dt。在交流侧有整流变压器和阻容保护电路的变流器中，变压器的漏感和阻容电路可以起到衰减侵入过电压、减小 du/dt 的作用。在无整流变压器的变流器中，可在电源输入端串入交流进线电感，配合阻容吸收电路来抑制du/dt。为了抑制电路中的 di/dt 过应力，可在桥臂和交流进线侧都串联电感。

9.3.2 保护元器件

由于过电压、过电流或过热都会损坏电力半导体器件，所以要使用辅助保护器件。为了加强电力半导体器件的热耗散，还需要加散热器。

1. 浪涌保护器件

（1）浪涌保护器件分类 浪涌保护器件分为开关保护器件和箝位保护器件两大

类。开关保护器件也称为"撬棍"（Crowbar）器件，如气体放电管（Gas Discharge Tube，GDT）和晶闸管浪涌抑制器等。箝位器件，如金属氧化物压敏电阻（Metal Oxide Varistor，MOV）和瞬态电压抑制器（Transient Voltage Suppressor，TVS）等。

1）气体放电管（GDT）：采用陶瓷封装的 GDT，内部充满电气性能稳定的惰性气体，在正常条件下是关断的，极间电阻达兆欧以上。当浪涌电压超过电路系统耐压时，气体放电管被击穿而发生弧光放电现象。由于弧光电压仅为几十伏，因而可在短时间内限制浪涌电压进一步上升。

2）金属氧化物压敏电阻（MOV）：当电压低于压敏电阻的阈值电压时，流过其中的电流极小；当电压超过阈值电压时电流激增。利用该功能可抑制电路中出现的异常过电压，保护电路免受损害。

3）瞬态电压抑制器（TVS）：是一种特殊的稳压二极管，当承受高能量大脉冲时，其阻抗立即降至极低的导通值，允许大电流通过，把电压箝位在预定水平，其响应时间极快。TVS 分为单向（Unidirectional）和双向（Bidirectional）两种，如图 9-34 所示。单

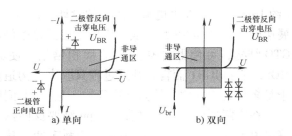

图 9-34　单向 TVS 与双向 TVS

向 TVS 由一个齐纳二极管组成，具有非对称的 $I-U$ 特性，用于直流保护；双向 TVS 由两个背靠背的齐纳二极管组成，具有对称的 $I-U$ 特性，可以实现双向箝位，用于交流保护。

4）聚合物静电抑制器（P - ESD）：由于聚合物（高分子功能材料）内部分子以规则离散状排列，当静电电压超过触发电压时，内部分子迅速产生尖端对尖端放电，将静电在瞬间泄放到地。其特点是响应速度快（0.5 ~ 1ns）、极间电容（0.05 ~ 3pF）和漏电流（1μA）很低，适用于各种接口的防护。

5）陶瓷静电保护器（C - ESD）：除了具有 P - ESD 所有功能和特性外，兼有触发电压更低、工作寿命更长等优点，在静电保护元器件中性价比最好。

（2）保护器件的特性　浪涌保护器件作为过电压保护时通常并联在被保护器件两端，作为过电流保护时串联在电路中。在过应力期间，当达到触发电压时，开关保护器件导通而产生短路；而箝位器件会将电压箝位在一个确定电压值。如图 9-35a 所示，开关保护器件具有低的通态压降，可将敏感电子元器件的电压等级维持在临界值以下。由于功耗很低，可以传导大电流。图中的擎住点（Holding Piont）是开关保护器件的重要参数，对应于维持通态所需的最低电压和电流。如果被保护的电气节点能提供擎住点的电压和电流水平，则在电应力消除后，开关保护器件可以不用关断，否则开关保护器件必须保证在电应力消除后彻底关断，并在正

常工作期间不开通,而箝位不存在应力过后的不关断问题。

箝位器件会产生很高的功耗,并由内部耗散,因此在通态时要求箝位器件有较低的动态电阻,以确保流过大电流时产生压降不超过电路中敏感元器件所允许的电压等级。如图9-36b所示,开关保护器件(包括GDT和导通的晶闸管)工作电流较大、电压较低;箝位器件(包括MOV、TVS、GDT及阻断的晶闸管)的电压较高,电流相对较低。相比较而言,GDT可提供最好的AC功率和高浪涌电流容量,低电容使GDT更适合高速系统;晶闸管在低电流下可以提供更好的脉冲保护;MOV成本较低;TVS在低损耗应用中可提供更好的性能。

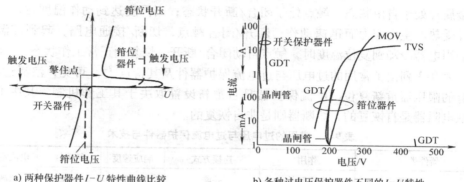

a) 两种保护器件$I-U$特性曲线比较　　　　b) 各种过电压保护器件不同的$I-U$特性

图9-35　各种过电压保护器件不同的$I-U$特性

2. 过电流或过热保护器件

过电流或过热保护器件包括正温度系数(Positive Temperature Coefficient,PTC)热敏电阻、负温度系数(Negative Temperature Coefficient,NTC)热敏电阻、熔断器(Fuses)、加热线圈(Heat Coil)、馈线电阻(Line Feed Resistors)以及热开关(Thermal Switches)。

(1)正温度系数(PTC)热敏电阻　在正常情况下线路中电流所产生的热量很小,因而电路保持低阻导通;当电流增加时温度会升高,PTC热敏电阻的阻抗迅速提高,使回路的电流迅速变小,达到保护的目的。PTC热敏电阻的温度系数α_T可达60%/℃(α_T表示温度变化1℃时的阻值变化率,单位为%/℃),转换温度或居里温度(指阻值突变时的温度)一般为60~120℃。

(2)负温度系数(NTC)热敏电阻　NTC热敏电阻的阻值随温度升高而降低,利用这一特性可制成测温、温度补偿和控温元件及功率型元件,抑制电路中的浪涌电流。NTC热敏电阻可以承受大功率,也称为功率热敏电阻。

(3)熔断器　当电流异常上升到一定幅值并持续一段时间后,熔断器自身熔断,切断电流,起到保护电路的作用。自恢复熔断器是一种正温度系数(PTC)热敏电阻,当电路发生过电流时内阻升高,当达到转换温度时呈阶跃式突变,内部呈雪崩态，电流被夹断，从而对电路进行限制和保护；当断电和故障排除后，能恢复为常态，无须人工更换。低熔点合金温度熔断器（熔丝）是防止发热电器（例如变压器、电动机等）温度过高而进行保护的，通过调整合金的配方就能够调节熔化的温度。

（4）熔断电阻器（俗称保险电阻）　当电路出现异常或过载超过其额定功率时，熔断电阻器会像熔丝一样熔断，使电路断开而起到保护作用。通常仅能应用于短路保护，兼有电阻器和熔断器功能。

（5）热开关/热继电器　是用双金属片作为感温组件的温控器，正常工作时，双金属片处于自由状态，触点处于闭合/断开状态；当温度达到动作温度时，双金属片受热产生内应力而迅速动作，断开/闭合触点，切断/接通电路，起到控温作用。当电器冷却到复位温度时，触点自动闭合/断开，恢复到正常工作状态。

表9-3列出了常用的过电压与过电流保护器件及其特点[2]。可见，浪涌过后，所有的限压器重新复位，电流保护器是否重新设置取决于其工作机制。其中PTC热敏电阻器是自恢复的，熔断器则是非自恢复的。

表9-3　常用的过电压与过电流保护器件与技术

器件类别		作用	连接方式	响应速度	精确性	电流定额
过电压保护	GDT	电压开关	并联	一般	一般	很高
	晶闸管	电压开关	并联	一般	好	高
	MOV	电压箝位	并联	一般	差	高
	TVS	电压箝位	并联	快	好	低
过电流保护	聚合物 PTC 热敏电阻	自恢复	串联	一般	好	低
	陶瓷 PTC 热敏电阻	自恢复	串联	慢	好	低
	熔断器	非自恢复	串联	很慢	一般	中/高
	加热线圈	非自恢复	并联或串联	很慢	差	低
	热开关，馈线电阻	非自恢复	串联	很慢	差	高

9.3.3　吸收电路

吸收电路（Snubber Circuit）又称为缓冲电路，其作用是抑制电力半导体器件的内因过电压和过高的电压上升率 du/dt、或者过电流和过高的电流上升率 di/dt，减小器件的开关损耗，是功率器件的一种重要保护电路。

1. 吸收电路的分类

吸收电路可分为关断吸收电路和开通吸收电路。关断吸收电路又称为 du/dt 抑制电路，用于吸收器件的关断过电压和换相过电压，抑制 du/dt，减小关断损耗。开通吸收电路又称为 di/dt 抑制电路，用于抑制器件开通时的过电流和 di/dt，减小器件的开通损耗。关断吸收电路和开通吸收电路结合使用时，称为复合吸收电路。通常将吸收电路专指关断吸收电路，而将开通吸收电路称为 $\mathrm{d}i/\mathrm{d}t$ 抑制电路。

吸收电路还可分为耗能式吸收电路和馈能式吸收电路。耗能式吸收电路是指将储能元件的能量消耗在其吸收电阻上；馈能式吸收电路是指将储能元件的能量回馈给负载或电源，也称为无损吸收电路。

2. 吸收电路

通常半控型器件和全控型器件的吸收电路有所不同。对于高频的自关断器件，吸收电路的主要作用是减少器件的开关损耗，并抑制电压尖峰。

图 9-36 给出了 IGBT 的吸收电路及其关断时电流、电压波形及负载线[1]。如图 9-36a 所示，IGBT（图中用 V 表示）采用了复合吸收电路，开通时需要 $\mathrm{d}i/\mathrm{d}t$ 抑制电路，关断时需要 $\mathrm{d}u/\mathrm{d}t$ 吸收电路。如图 9-36b 所示，在无吸收电路的情况下 IGBT 开通时 $\mathrm{d}i/\mathrm{d}t$ 很大，关断时 $\mathrm{d}u/\mathrm{d}t$ 很大，并出现很高的过电压；在有吸收电路的情况下，IGBT 开通时，C_s 先通过 R_s 向 IGBT 放电，使 i_C 先上一个台阶，以后因为 L_i 的作用，i_C 的上升速度减慢。IGBT 关断时，负载电流通过 VD_s 向 C_s 分流，减轻了 IGBT 的负担，抑制了 $\mathrm{d}u/\mathrm{d}t$ 和过电压。因为关断时电路中（含布线）电感的能量要释放，所以还会出现一定的过电压。如图 9-36c 所示，当无吸收电路时，u_{CE} 迅速上升，负载线从 A 移动到 B，之后 i_C 才下降到漏电流的大小，负载线随之移动到 C。当负载线在到达 B 时，很可能超出安全区，使 IGBT 损坏，当有吸收电路时，由于 C_s 的分流使 i_C 在 u_{CE} 开始上升的同时就下降，负载线经过 D 到达 C，因此负载线 ADC 是很安全的，并且损耗小。

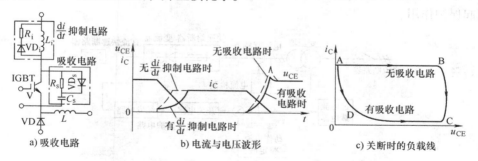

a) 吸收电路　　　　　b) 电流与电压波形　　　　　c) 关断时的负载线

图 9-36　IGBT 的吸收电路及其电流与电压波形和负载线

9.3.4　保护电路

1. 保护电路概述

（1）过电压保护　当电力电子电路出现过电压时，需要采用各种过电压保护措施来抑制。图 9-37 给出了典型的过电压保护措施及配置[1]。其中 F 为避雷器；D 为变压器静电屏蔽层；C 为静电感应过电压抑制电容；RC_1 为阀侧浪涌过电压抑

制用 RC 电路；RC_2 为阀侧浪涌过电压抑制用反向阻断式 RC 电路；RV 为压敏电阻过电压抑制器；RC_3 为阀器件换相过电压抑制用 RC 电路；RC_4 为直流侧 RC 抑制电路；RCD 为抑制阀器件关断过电压用的电路。不同的电力电子装置可视具体情况只采用其中的几种。

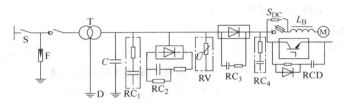

图 9-37　典型的过电压保护措施及配置

（2）过电流保护　当电力电子电路出现过电流时，可采用快速熔断器、快速断路器和过电流继电器及过电流保护电路等措施来切断电流。通常电力电子装置同时采用几种过电流保护措施，以提高保护的可靠性和合理性。图 9-38 给出了过电流保护措施及其配置[1]。通常电子保护电路作为第一保护措施，直流快速断路器整定在电子电路动作之后实现保护，过电流继电器整定在过载时动作，快速熔断器（简称快熔）仅作为短路时部分区段的保护，是电力电子装置中最有效、应用最广的一种过电流保护措施，也是防止过电流损坏的最后一道防线。快熔对器件的保护方式可分为全保护和短路保护两种。全保护是指过载、短路均由快熔进行保护，适用于小功率装置或器件裕度较大的场合。短路保护是指快熔只在短路电流较大的区域起保护作用。

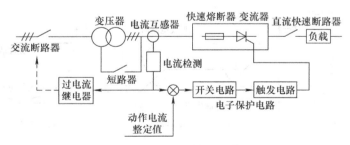

图 9-38　过电流保护措施及其配置

对重要的且易发生短路的晶闸管或全控型器件很难用快熔保护，需采用反馈电路进行过电流保护。即采用电流互感器检测主电路电流，转换成直流电压后送给电压比较器，与设定值进行比较，一旦超过阈值即关断主电路。这种保护响应迅速，设定过电流值方便。对全控型器件，常在驱动电路中设置过电流保护环节，一旦器件电流超过阈值立即关断器件。它对电流的响应是最快的，因此是过电流保护中最快保护措施。

2. 晶闸管的保护电路

（1）过电压保护　当晶闸管两端的正向电压超过转折电压值时，会误导通，引发故障；当反向电压超过反向不重复峰值电压一定值时，晶闸管会立即损坏。

在实际应用中，普通晶闸管一般只承受换相过电压，没有关断过电压，关断时也没有较大的 du/dt，一般采用最为常见 RC 吸收电路，其典型的连接方式如图 9-39a 所示。对大容量的电力电子装置，可采用如图 9-39b 所示的反向阻断式 RC 电路。

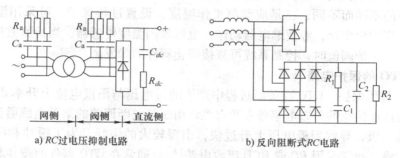

a) RC 过电压抑制电路　　　　b) 反向阻断式 RC 电路

图 9-39　晶闸管典型的 RC 过电压抑制电路

（2）过电流保护　在晶闸管变流器中，快速熔断器是应用最普遍的过电流保护措施，可用于交流侧、直流侧和装置主电路中，如图 9-40 所示。其中交流侧接快速熔断器能对晶闸管元件短路及直流侧短路起保护作用，但要求正

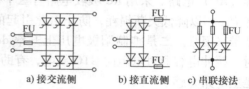

a) 接交流侧　　b) 接直流侧　　c) 串联接法

图 9-40　快速熔断器（FU）的接法

常工作时，快速熔断器电流定额要大于晶闸管的电流定额，这样对元件的短路故障所起的保护作用较差。直流侧接快速熔断器对器件无保护作用，只对负载短路起保护作用。只有晶闸管直接串接快速熔断器才对元件的保护作用最好，因为它们流过同一个电流，因而被广泛使用。选择快速熔断器时应根据熔断后快熔实际承受的电压来确定电压等级，电流容量应按其在主电路中的接入方式和主电路连接形式确定。快熔的 I^2t 值应小于被保护器件的允许 I^2t 值。为保证熔体在正常过载情况下不熔化，应考虑其时间-电流特性。

晶闸管撬棍电路（crowbar circuit）如图 9-41 所示[2]。当通态电流超过额定电流时，过电流

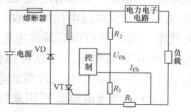

图 9-41　晶闸管的撬棍电路

检测单元就会产生一个门极信号，于是跨接在电源两端的晶闸管开通，使得过电流得以分流。这种短路作用会使过电流保护器件（如快速熔断器）起作用，从而达

到保护的目的。

（3）过热保护　晶闸管的特性和安全工作区（SOA）与温度有很大关系。当结温升高时，SOA 缩小。当结温超过最高允许范围值，器件将产生永久性损坏。晶闸管在工作过程中产生的损耗使其本身成为发热源，所以必须考虑过热保护。通常采用以下措施：一是对器件加强散热，可根据运行特点和使用环境条件来选择适当的冷却方式和散热器，并保证器件和散热器之间有良好的导热性能；二是器件不宜在额定参数下长期工作，应留有一定裕量（降额使用）。降额幅度可根据设备和环境条件的不同而不同；三是应监测工作温度，设置过热保护。可采用温度继电器，当温度发生变化，温度继电器动作。也可采用温度传感器，当检测散热器的温度达到过热保护阈值时，控制系统可直接停止器件的触发。

3. GTO 的保护电路

（1）过压保护　GTO 在关断过程中产生的过电压与阳极电流上升率 di/dt、电路中元器件连接线的分布电感等参数有关。由于其关断回路的杂散电感通常在微亨（μH）数量级，导致阳极电压上升过快，出现较大的尖峰。为了缓冲和吸收这些过电压尖峰，通常采用 RC 或 RCD 吸收电路[8]。通常在 GTO 器件两端并联的是阻容（RC）电路。采用 RC 吸收电路有三个作用：一是 GTO 关断时抑制阳极电压尖峰 U_{PK}，以降低关断损耗，防止由此引起的温升导致电流增益 α_1 和 α_2 增大，给关断带来困难。二是抑制阳极电压上升率 du_{AK}/dt，以免关断失败。三是 GTO 开通时，缓冲电容通过电阻向 GTO 放电，有助于所有 GTO 单元达到擎住电流值，尤其是主电路为感性负载时。

RC 电路中的 C_s 会吸收电路中的过电压。但当 GTO 导通时，C_s 将有很大的放电电流流过 GTO，其上升率过大时也会损坏器件。为了减小 C_s 的放电速率，在 C_s 上串联一个吸收电阻 R_s，使得放电电流以 $R_s C_s$ 的时间常数来衰减，同时还可阻止 C_s 与电路中的杂散电感 L_s 产生振荡。为了不影响过电压的吸收速度，可在 R_s 两端并联二极管 VD_s，形成 RCD 吸收电路，如图 9-42 所示。于是吸收过电压时就可以不经过 R_s，以加快对过电压的吸收。而电容 C_s 只能通过电阻 R_s 放电，这样就可以衰减放电电流，以保护 GTO。可见，采用 RCD 吸收电路，不仅可以快速吸收 GTO 的过电压，而且不会在 GTO 中引入过高的电流上升率。

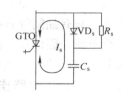

图 9-42　GTO 吸收电路

GTO 的吸收电路除了用来抑制换相过电压、限制 du/dt、实现动态均压之外，还关系到 GTO 的可靠开通和关断。可见，GTO 的关断不仅要依靠合适的门极负脉冲参数，而且要有合理的吸收电路参数，两者缺一不可。抑制过电压时，不宜过分增大 C_s，应尽量减小连线的分布电感。为此，尽可能缩短二极管 VD_s、电容器 C_s 和主器件的连线长度。此外，C_s 和 R_s 还应该是无感元件（如 R_s 应选用无感电阻），以减小吸收电路的杂散电感 L_s，R_s 阻值一般为 $10 \sim 20\,\Omega$。同时要求二极管 VD_s 开通快、反向恢复时间短和反向恢复电荷尽量小。

（2）过电流保护 GTO 的过电流包括过载和短路两种情况。负载过大产生的过电流一般可用负反馈控制法进行保护。短路过电流产生的原因主要有逆变器的桥臂短路、输出端的线间短路及输出端线对地短路。针对这些短路，可分别采用桥臂互锁串联快速熔断器以及撬棍保护电路等措施进行保护。此外，还可利用 GTO 自身具有的自关断能力，通过保护电路进行过电流保护。在驱动电路中也可以设置过电流保护。

值得注意的是，当 GTO 损坏后，会引起门极驱动电路因过电流而损坏，所以，必须对门极驱动电路加以保护。通常在门极电路的输出端接一个快速熔断器以实现过电流保护，或者在门极电路的输出端同时接一个齐纳二极管，使门极电路箝位在安全电压范围之内。

4. IGCT 的保护电路

（1）开通缓冲短路 IGCT 采用了低感的硬驱动电路，在感性负载下也有很好的开通特性，由门极正电流脉冲的快速上升使得 IGCT 有一个更均匀的开通瞬态。当阳极电流上升率达到 $3\mathrm{kA}/\mu s$ 时，IGCT 仍表现出的均匀电流分布[17]。但是，为了使与之集成的二极管在反向恢复过程中仍处于 SOA 范围内，必须限制 IGCT 开通瞬态的电流上升率 di/dt。由于 IGCT 开通期间存在擎住效应，不能提供对 di_A/dt 控制。所以，需要有一个小而集中的开通吸收电路来抑制集成二极管反向恢复过程中的 di/dt，如图9-43

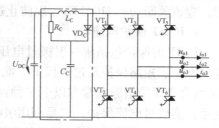

图 9-43 含开通吸收电路的 IGCT 两电平逆变器电路

（虚线）所示，该吸收电路由电感器 L_C、续流二极管 D_C、电阻 R_C 及箝位电容 C_C 组成。另外，di/dt 吸收电路可以缓解 IGCT 开通瞬态过程，并将功耗传输给能够承受高温且冷却要求比半导体器件更低的吸收电阻。

（2）输出短路保护 IGCT 输出短路保护得益于 IGCT 能快速开关。如果外部短路电流上升率（di/dt）受限于一个滤波器或缆线电感，IGCT 可以在最大可关断电流达到之前关断[17]。在这种情况下，通过逆变器箝位电路内部的 di/dt 过冲限制了最大峰值电流。为了减小缺相产生的应力，要对所有元件触发进行保护。由于 IGCT 在失效条件下能安全短路，di/dt 过冲可通过直流母线安全地放电。如果 IGCT 被损坏，压接式封装就短路，所以 IGCT 串联逆变器通常采用冗余设计。

5. 功率 MOSFET 的保护电路

功率 MOSFET 的保护包括漏 – 源极过电压保护、栅 – 源极过电压保护和静电保护、过热保护及短路、过电流保护。

（1）过电压保护 源－漏极过电压的产生包括在非箝位电感性负载关断时漏－源极瞬态过电压和在箝位电感性负载关断时由电路杂散电感产生的漏－源极瞬态过电压。功率 MOSFET 过电压保护通常采用漏－源极箝位稳压管来限制瞬态过电压，也可采用 RC 或 RCD 吸收电路限制瞬态过电压。此外，功率 MOSFET 需要静电保护，保护措施详见第 6 章。此外，还可采用 9.3.2 节所述的 P－ESD 和 C－ESD 静电保护器。

（2）过电流保护 在实际应用电路中，如对光电、热和电机类负载不加以限制就会产生很大的冲击电流，超过其峰值电流 I_{pk} 时，功率 MOSFET 就不能可靠工作，故过电流是功率 MOSFET 最容易发生的故障，必须进行保护。当功率 MOSFET 突然与一个导通的续流二极管接通时，由于二极管的反向恢复作用，会产生很大的瞬态电流。需选用快速软恢复二极管（FSRD），或降低功率 MOSFET 的开关速度，以限制续流二极管的反向恢复峰值电流。

所有的功率 MOSFET 都有一个最大的连续直流电流 I_D。在实际工况下，功率 MOSFET 的电流总有效值不得超过该额定值。要求功率 MOSFET 的内引线、压焊点和金属化设计必须能承受这个连续的额定电流。当漏极电流大于或等于电流额定值时，应该关断功率 MOSFET，以防止过电流发生。

6. IGBT 保护电路

IGBT 的保护包括集－射极过电压保护、栅－射极过电压保护和静电保护、过电流保护、短路保护及过热保护。此外，还有欠电压保护等。在实际使用中，IGBT 的自身保护措施通常有以下三种：一是利用过电流信号的检测来切断栅极控制信号，实现过电流保护；二是利用吸收电路抑制过电压，并限制过高的 du/dt；三是利用温度传感器检测出 IGBT 的壳温，当壳温超过允许温度时，主电路跳闸，实现过热保护。

（1）过电压保护 IGBT 的栅极驱动电压 U_{CE} 的保证值为 20V，若 $U_G > 20V$，则可能会损坏 IGBT；如果设备在运输或振动过程中使栅极回路断开，若给主电路加上电压，则 IGBT 就可能会损坏。另外，若 IGBT 的栅－射极间开路，随 U_{CE} 的变化，由于密勒电容的存在，U_G 升高会使 IGBT 发热甚至损坏。所以，IGBT 栅极出现过电压的原因有两点：一是静电聚积在栅极电容上引起过电压；二是电容密勒效应引起的栅极过电压。图9-44给出了 IGBT 的栅极过电压保护，在靠近栅射极之间并联一个几十千欧的电阻 R 和箝位的稳压二极管 VS。其中电阻 R 可以为栅极的积累电荷提供泄放通路，VS 可以将栅极电压箝位在较低的电压值。此外，IGBT 与功率 MOSFET 一样，栅极也要进行静电保护。

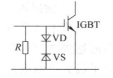

图 9-44 IGBT 栅极过电压保护

图 9-45 所示为常用的 IGBT 栅－射极过电压保护电路。通常采用 C、RC、RCD

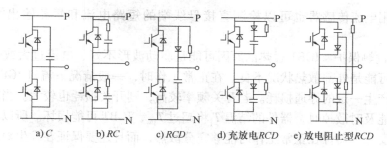

a) C　　　b) RC　　　c) RCD　　　d) 充放电RCD　　　e) 放电阻止型RCD

图 9-45　IGBT 的过电压保护电路

等吸收电路。图 9-45a 所示为 C 吸收电路。该电路简单，但主电路的分布电感 L 与 C 会形成谐振电路，易产生电压振荡；图 9-45b 所示为 RC 吸收电路，对关断电压有明显的抑制。但对大容量 IGBT，R 必须小，否则因电容的充电电流在电阻上产生压降，还会造成过电压。仅适用于斩波电路。图 9-45c 所示为 RCD 吸收电路，其中 VD 必须选择快速软恢复二极管，否则在其反向恢复时电压可能产生振荡。图 9-45d 所示为充放电型 RCD 吸收电路，外加二极管旁路了电阻上的充电电流，R 可以变大，吸收能力增强，但功耗较大。图 9-45e 所示为放电阻止型 RCD 吸收电路，吸收电容的放电电压为电源电压，每次关断前吸收电容将上次关断电压的过冲部分能量回馈给电源，减小了吸收电路的功耗，适合高频应用。

　　（2）过电流保护　IGBT 中过电流多数是在短路情况下产生的。产生短路的原因可能是 IGBT 或二极管损坏导致支路短路或控制回路、驱动回路的故障或因噪声引起的误动作导致串联支路短路，形成桥臂短路；此外，因配线等人为的错误或负载的绝缘损坏导致输出短路或接地。此时电路中的电流变化非常迅速，IGBT 要承受极大的电压和电流，必须快速检测出过电流，在器件未被破坏之前使其关断。故障电流通常会使 IGBT 因功耗过高而导致热损坏，或发生动态雪崩击穿，或发生静态或动态闩锁效应而损坏。

　　IGBT 的过电流保护取决于模块的电路结构。图 9-46 给出了 IGBT 的过电流的保护措施[4]。通过在发射极串联电流检测电阻或者在直流母线端接电流检测电阻来检测短路电流，同时，在每相输出端也可接电流检测电阻来检测逆变电流。

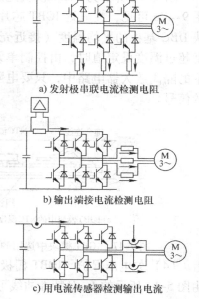

a) 发射极串联电流检测电阻

b) 输出端接电流检测电阻

c) 用电流传感器检测输出电流

图 9-46　IGBT 过电流的保护措施

此外，采用电流传感器也可以检测直接母线端的短路电流和每相输出端的逆变电流。

（3）过热保护　IGBT 过热的原因可能是驱动波形不好、电流过大或开关频率太高，也可能是外部散热状况不良。在正常工作时，一般情况下流过 IGBT 的电流较大，会产生一定的导通损耗。若开关频率较高，则开关损耗也较大。当功耗聚集的热量不能及时散掉时，器件的结温 T_j 将超过 T_{jm}，IGBT 可能损坏。所以，热设计时，不仅要保证器件在正常工作时能够充分散热，而且还要保证在发生短路或过载时，内部的 $T_j < T_{jm}$。

IGBT 过热保护方法一般是利用温度传感器检测外部的散热器温度，当超过允许温度时，使主电路停止工作。温度传感器通常采用负温度系数（NTC）热敏电阻。在较小的温度范围内，NTC 热敏电阻的电阻－温度特性关系为

$$R_T = R_0 \exp\left[B\left(\frac{1}{T} - \frac{1}{T_0}\right) \right] \tag{9-5}$$

在小电流范围内，端电压和电流成正比，因为电压低时电流也小，温度不会显著升高，其电流和电压关系符合欧姆定律。但是，当电流增加到一定数值时，由于温度升高而元件阻值下降，故电压反而下降。因此，要根据热敏电阻的允许功耗来确定电流，在测温时电流不能选得太大。

图 9-47 所示为 IGBT 模块选用的温度传感器示意图及隔离放大器原理图。由图 9-47a 可见，在靠近 IGBT 芯片处加一 NTC 温度传感器，可以检测出 IGBT 模块 DBC 基板的平均温度（接近壳温），实时监控 IGBT 的工作温度。当检测的温度超过温度设定值时，由控制单元切断 IGBT 的输入，关断 IGBT。在图 9-47b 所示的隔离放大器电路中，只要电阻 R_2 和 R_3 有温差，放大器就会输出与温差有关的信号。

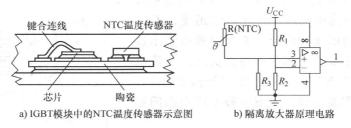

a) IGBT模块中的NTC温度传感器示意图　　　b) 隔离放大器原理电路

图 9-47　IGBT 模块中选用的 NTC 温度传感器示意图及隔离放大器原理电路

（4）欠电压保护　IGBT 栅极电压 U_G 过低，会引起较高的 U_{CEsat} 和导通损耗。由图 5-14 所示的 $I - U$ 特性曲线可知，在一定的集电极电流密度下，当 U_{GE} 从 15V 下降到 10V 时，其饱和电压明显增加，导致 IGBT 的功耗会显著增加。为了进行 IGBT 欠电压保护，许多驱动器中内置了 UVLO（低电压切断）功能。当电源电压太低时，可以关断 IGBT。

9.3.5 软开关技术

为了减小器件的功率损耗,在实际使用中,可采用软开关技术,即通过改变电路结构来达到降低开关损耗的目的。下面对比说明硬开关和软开关技术的区别。

1. 硬开关

硬开关在开关过程中,电压、电流均不为零,出现了重叠,有显著的开关损耗。由于电压和电流变化的速度很快,波形出现了明显的过冲,因而产生了开关噪声。并且开关损耗与开关频率之间呈线性关系,因此,当硬开关电路的工作频率不太高时,开关损耗占总损耗的比例并不大,但随着开关频率的提高,开关损耗就越来越显著。图9-48 给出了硬开关在开关过程中的电流 $i(t)$ 和电压 $u(t)$ 及功耗 $p(t)$ 的变化曲线。可见,在开通过程中,器件中的电流有明显的过冲;在关断过程中,器件两端的电压有明显的过冲,由此导致开通和关断过程出现较大的开关功率。由此可见,电力半导体器件的硬开关过程存在上述三

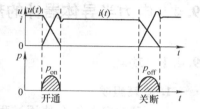

图 9-48 硬开关在开关过程中的电流、电压及功耗的变化曲线

个弊端:开关功耗大、开关频率受限、$\mathrm{d}i/\mathrm{d}t$ 和 $\mathrm{d}u/\mathrm{d}t$ 对主开关器件形成过电流或过电压冲击并产生电磁干扰。

2. 软开关

为了避免或消除硬开关的弊端,提出了软开关的概念,即通过在电路中引入谐振,使主开关器件在开通或关断过程中的功耗近似为零。软开关包括零电压开关(Zero Voltage Switch, ZVS)和零电流开关(Zero Current Switch, ZCS)两类。它们既可以用于开通,也可以用于关断。零电压开关指在开关过程中电压为零或接近于零;零电流开关指在开关过程中电流为零或接近于零。图9-49 给出了在软开关过程中的电流 $i(t)$ 和电压 $u(t)$ 及功耗 $p(t)$ 的变化曲线。可见,在开通之前,器件两端的电压已经下降到零,因此开通功耗为零;在关断之前,器件中的电流已经减小到零,因此关断功耗为零。

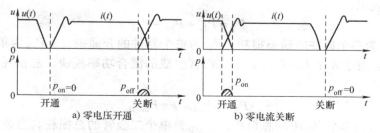

a) 零电压开通   b) 零电流关断

图 9-49 在软开关过程中的电流和电压及功耗的变化曲线

可见，采用软开关技术，通过在电路中引入谐振，改善了主开关器件的开关条件，大大降低了硬开关电路的开关损耗和开关噪声问题。与吸收电路的不同之处在于，软开关技术是利用电感和电容对主开关器件的轨迹进行整形，真正减小开关损耗，而不是将开关损耗转移到吸收电路来消耗掉。

采用软开关技术和吸收电路都是为了降低器件功耗，不同的是软开关技术是采取"堵"的方法抑制 di/dt 和 du/dt，吸收电路则是采取"疏通"的方法吸收 di/dt 和 du/dt，并将吸收的能量反馈至电源或负载中。相比较而言，吸收电路比软开关技术更有发展前景。

9.4　电力半导体器件的热传输与热分析

9.4.1　功耗

1. 功耗组成

任一种功率器件在使用过程中都必须同时受通态功耗、开关功耗和耐用性（Ruggedness）的制约。总损耗越大，耐用性就越低；通态损耗越小，动态损耗就越大；反之亦然。所以，功率器件的设计思想是，在不断提高电压容量的前提下，更好地协调导通特性与开关特性两者之间的矛盾，将总功耗降至最低，并尽可能提高器件使用时的可靠性，使其结实、耐用。

功率器件在开关运行状态下的功率损耗分为静态损耗、动态损耗及控制极驱动损耗。相比较而言，驱动损耗很低，可以忽略。静态损耗包括断态损耗和通态损耗，其中断态损耗主要由阻断状态下器件的漏电流决定。常温下器件的漏电流很小，故断态损耗极小，可以忽略。但在高温下漏电流会显著增加，断态损耗也增大，不可忽略。通态损耗由通态压降或导通电阻决定，并受负载电流（由 U_{CEsat} 给定）、结温及占空比等因素的影响。动态损耗包括开通损耗和关断损耗，受负载电流、直流母线电压、结温及开关频率等因素影响。减小开关时间可降低器件的开关损耗。当功率频率较高时，开关损耗很高。

通常单个芯片的断态损耗较小，所以总损耗主要由导通损耗和开关损耗组成，可用下式表示：

$$P_{\text{T}} = P_{\text{fw}} + P_{\text{on}} + P_{\text{off}} \tag{9-6}$$

式中，P_{fw} 为单个器件的通态损耗；P_{on} 为单个器件的开通损耗；P_{off} 为单个器件的关断损耗。对于 n 个 IGBT 和 m 个二极管组成的混合功率模块，总损耗 P_{T} 可用下式来计算[4]：

$$P_{\text{T}} = nP_{\text{tot/T}} + mP_{\text{tot/D}} \tag{9-7}$$

式中，$P_{\text{tot/T}}$ 为单个 IGBT 的总损耗；$P_{\text{tot/D}}$ 为单个二极管的总损耗。当频率较高时，开关损耗与频率成正比。

2. 最高允许结温

由于功率损耗会导致器件的工作温度（即结温）上升，因此，要确定器件安全区工作（SOA）所允许的最高结温 T_{jm}，任何工作情况下都不允许超过此值。最高结温 T_{jm} 是指器件正常工作时的 pn 结最高温度，一般低于本征失效温度，对于硅器件，T_{jm} 通常在200℃以下[18]。

本征失效温度 T_{int} 定义为本征载流子浓度 n_i 等于本底掺杂浓度 N_D（cm^{-3}）时所对应的温度。根据以下经验式来确定[19]：

$$n_i(T_{int}) = 3.88 \times 10^{16} T_{int}^{3/2} \exp\left(-\frac{7000K}{T_{int}}\right) = N_D \tag{9-8}$$

本征失效温度与器件的材料种类和掺杂浓度有关。如硅掺杂浓度为 $10^{10} cm^{-3}$ 时，本征失效温度为230℃；而掺杂浓度为 $10^{16} cm^{-3}$ 时，本征失效温度则为450℃。实际上，因工艺、材料和结构的不完善以及产品可靠性、成本要求，结温需降额。

在可靠性要求不同的设备中，器件的 T_{jm} 也不同。可靠性要求越高，要求器件正常工作的最高结温就越高。对于高可靠性军用设备，硅器件 T_{jm} 取 150 ~ 175℃；对于普通军用设备，T_{jm} 取 125 ~ 135℃。对于高可靠性民用设备，硅器件 T_{jm} 取 135 ~ 150℃；对于普通民用设备，T_{jm} 取 125℃。

3. 常用散热器

为了防止功率器件工作过热，通常采用外加的散热器来加强热传导，及时将器件工作时产生的热量通过传热通路散发出去。功率器件散热器设计的优劣，将会影响电力电子设备的可靠性。当温度高于50℃后，每升高 10 ~ 15℃，设备的故障率将翻倍。常用的散热器有风冷式（包括自然风冷和强迫对流）、液体冷却式（包括油冷式和水冷式）和热管蒸发冷却式等，如图9-50所示。

（1）风冷　自然风冷式散热是指器件和散热器依靠周围空气的自然对流和热辐射来散热，如图9-50a ~ c所示。一般仅用于电流容量较小的器件。散热器的制造、安装、使用方便，但散热效果差。强迫风冷式散热是指器件和散热器依靠流动的冷空气来散热。冷空气由专门的风扇或鼓风机通过一定的风道供给。风冷式散热效果比自冷式好，使用和维护也比较方便，适用于中等容量和大容量的电力半导体器件。其缺点是有噪声，并且当容量较大时，散热器的体积、重量都很大。

（2）液体冷却　油冷式散热通常是采用变压器油作为冷却介质，分为油浸冷却和油管冷却两种。散热效果好、低噪声，能同时冷却辅助器件[20]，并且能防止外界尘埃，散热器几乎不用维修，但体积和重量较大。这种技术常用于机车牵引系

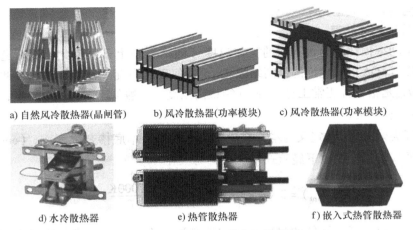

a) 自然风冷散热器(晶闸管)　　b) 风冷散热器(功率模块)　　c) 风冷散热器(功率模块)

d) 水冷散热器　　　　　e) 热管散热器　　　　　f) 嵌入式热管散热器

图 9-50　功率器件和模块用散热器

统中。水冷式散热通常是用水作冷却介质，如图 9-50d 所示，散热效果好，体积小，适用于大容量器件，但需循环供水系统，对水质要求也较高，常用于电解电镀电源和中频感应加热电源等现场有供水系统的场合。

（3）热管冷却　利用液体沸腾蒸发时吸收热量的原理将器件产生的热量传递到散热面，如图 9-50e 所示的热管散热器。冷却介质常采用氟利昂、水或甲醇等低沸点低腐蚀性液体。这种方式散热效果好，散热器体积小、重量轻，是一种较好的冷却方式。但散热器结构复杂，工艺要求高。热管的冷却功耗可达到 2kW，而且体积小，这在机车牵引应用中很有优势[9]。

（4）嵌入式热管　如图 9-50f 所示，嵌入式热管散热器是 2012 年 Aavid 公司开发的一种新型散热器[21]。它是通过在普通风冷散热器基座表面内镶嵌热管，将器件工作时产生的热量快速地传递到散热面的四周，使散热面积的利用率大幅度提高，从而改善了散热器的散热效率。

在功率器件使用时，要合理选择散热器，首先考虑自然冷却或用风扇冷却，最后考虑采用水冷或油冷。在设备初始设计阶段，就应考虑好散热器的尺寸和重量及在设备柜内的位置和周围可能产生的温度（按最差工况考虑），注意使其有充足的空间产生对流。在安装不同散热器时，要根据产品手册中的要求进行安装，在使用中应保证符合规定的冷却条件，特别是水冷散热器使用过程中，应注意防漏水、防堵塞、防凝露，出现问题时应及时处理或更换散热器。

9.4.2　热传输与热阻

1. 热传输方式

热传输是由于物体内部或物体之间温度不同引起的。当没有外部做功时，根据热力学第二定律，热量总是从高温部分自动传到低温部分。根据传热机理不同，热传输可分为热传导、热对流以及热辐射三种基本方式[22]。从芯片到外壳的热传输主要是热传导，相比较而言，热对流和热辐射可忽略。但在高空条件下，主要是热传导与热辐射，热对流处于次要地位。

（1）**热传导** 是指当物体内部或者两个直接接触的物体之间存在温度差异时，物体各个部分之间没有相对移动，依靠分子和原子及自由电子等微观颗粒热运动所产生的热量传递。热能就从物体内温度较高的部分传到温度较低的部分，或者从一个温度较高的物体传递给直接接触的另一个温度较低的物体。其特点是物体各部分之间不发生宏观的相对位移。热传导的基本规律可用一维傅里叶方程来表示[22]：

$$Q = -kA \frac{\mathrm{d}T}{\mathrm{d}x} \tag{9-9}$$

式中，Q 为热量（W）；k 为材料的热导率[W/(m·K)]；A 为导热面积（m²）；$\mathrm{d}T/\mathrm{d}x$ 为温度梯度（℃/m）；负号表示导热方向与温度梯度方向相反。

热导率 κ 表示物质导热能力的大小。热导率越大，表示该物质的导热性能越好。一般情况下，金属的热导率最大，非金属的固体次之，液体的较小，气体的最小。在电力半导体器件封装过程中，常用热导率大的封装材料，如铜、铝及银等金属材料，可以很好地改善器件的散热效果。

（2）**热对流** 是指流体与其接触的固体表面之间，因温度不同而发生的热量转移过程。对流仅发生在流体中，对流的同时伴随着导热现象。根据流体产生流动的原因不同，可分为自然对流和强制对流。其中自然对流是由于流体冷热各部分密度不同而引起的流体流动，强制对流则是由于流体在外力（如风扇、水泵等）作用下所导致的流体流动。对流换热的基本规律可用牛顿冷却公式来表示[22]：

$$Q = Ah\Delta T \tag{9-10}$$

式中，Q 为热量（W）；A 为换热面积（m²）；h 为对流换热系数[W/(m²·K)]；ΔT 为固体表面和流体间的温差（K）。

对流换热系数 h 表示在单位温差作用下，通过单位面积的热量，对流换热系数越大，传递热量越多。h 的大小与传热过程中许多因素相关，不仅取决于物体的物理性质，换热面积的形状、大小及相对位置，而且还与流体的流速有关。就介质而言，水的对流换热系数要比空气的大；就换热方式而言，有相变的强于无相变的；强制对流强于自然对流。

（3）**热辐射** 是指物体因热而发出辐射能的现象。只要物体温度高于绝对零度，总是不断地把热能变为辐射能，向外进行热辐射；同时又不断地吸收周围其他物体发出的辐射能，并将其重新转换为热能。物体温度越高，单位时间辐射的热量越多。物体辐射的热量可根据斯蒂芬–玻耳兹曼（Stefan–Boltzmann）定律给出[22]：

$$Q = \varepsilon A \delta T^4 \tag{9-11}$$

式中，Q 为物体自身向外辐射的热量；ε 为发射率，与物质表面性质有关，其值介于 0 和 1 之间（$\varepsilon = 1$ 时是黑体）；A 为辐射表面积（m^2）；δ 为物体斯蒂芬 – 玻耳兹曼常数，其值为 $5.67 \times 10^{-8} W/(m^2 \cdot K^4)$；$T$ 为热力学温度（K）。

在上述的三种传热方式中，热传导和热对流只在有物质存在的条件下才能实现，而热辐射则不需要中间介质，可以在空气中传递，并且在真空中辐射能的传递最有效。在一个完整的功率器件封装结构中，芯片工作时产生的热量，在管壳内部和各部分接触的区域（如芯片和钼片之间），主要是依靠热传导的方式来传递热量，在管壳及散热器的外表面和空气接触区域，以热对流为主、热辐射为辅的方式进行热量传递。

2. 热流与热阻

在电路中，电阻指的是电流流动时所受阻力的大小。类似地，在热传导过程中，热阻表示为热量传递时所受阻力的大小。热传导方程类似于电流流过导体的欧姆定律，热流 P 相当于电流 I，温度差 ΔT 类似于电压降 ΔU。据此可以定义热阻 R_{th} 为

$$R_{th} = \frac{\Delta T}{P} = \frac{L}{\kappa A} \tag{9-12}$$

式中，R_{th} 为热阻（℃/W）；L 为热传递长度（cm）；κ 为材料热导率 [W/（cmK）]；A 为端面积（cm^2）；ΔT 为温度差（K）。

对于图 9-51 所示的热传导小单元，与热流方向垂直的单元两端面积为 A、间距为 L、两端面温度分别为 T_1 和 T_2。假设热流 P 由第一个端面流入，并全部由第二端面流出，通过该单元的热流（即功率）P 为

图 9-51　热传导小单元

$$P = \frac{\kappa A}{L}(T_1 - T_2) \tag{9-13}$$

式中，热流 P 由芯片在导通与阻断期间及开关过程中产生的总损耗决定。假设 T_1 是芯片结温 T_j，T_2 是散热器温度 T_s，则 ΔT 为芯片与散热器间的温差 ΔT_{js}，将式（9-12）代入式（9-13），可得

$$P = \frac{T_j - T_s}{R_T} = \frac{\Delta T_{js}}{R_T} \tag{9-14a}$$

或

$$R_T = \frac{T_j - T_s}{P} = \frac{\Delta T_{js}}{P} \tag{9-14b}$$

式（9-14）表明，器件工作时产生的功耗会转化成热量，导致结温上升，温升的大小与热阻有关，热阻越小，温升越低，或者当温差一定时，热阻越大，能耗散的热流越小，即说明热量传递越不容易。因此，热阻表示器件的散热能力。

常用等效热路来分析功率器件的散热回路。如图 9-52 所示，T_j 为芯片结温；T_c 为器件壳温；T_s 为散热器温度；T_a 为环境温度；R_{jc} 为芯片到管壳的热阻；R_{cs} 为管壳至散热片的热阻；R_{sa} 为散热片至环境的热阻；R'_{ca} 为管壳至环境的热阻。当 $R'_{ca} >> R_{cs} + R_{sa}$ 时，经过 R'_{ca} 的热路可以忽略，图 9-52a 所示的热阻可简化成图 9-52b 所示。于是封装系统的总热阻可以表示为

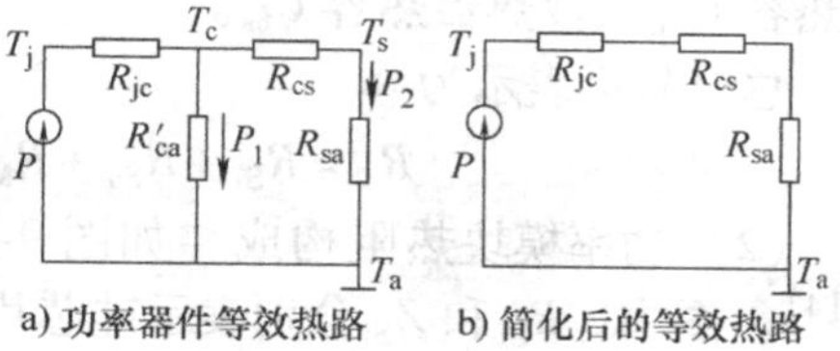

a) 功率器件等效热路　　b) 简化后的等效热路

图 9-52　功率器件等效热路

$$R_T = R_{jc} + R_{cs} + R_{sa} \qquad (9\text{-}15)$$

该热阻是指系统的稳态热阻（也称静态热阻）。此外，还有瞬态热阻（也称为动态热阻），是指过渡过程中的热阻，用 Z_T 表示。实际器件工作时，在脉冲电源的驱动下，有源区的温度要经一定弛豫时间，温度场及热阻才达到稳定，在此之前，热阻随时间呈指数变化。

$$T_j - T_c = \Delta T = P_C R_T \left[1 - \exp\left(-\frac{t}{\tau} \right) \right] = P_C Z_T \qquad (9\text{-}16)$$

于是，瞬态热阻 Z_T 可表示为

$$Z_T = R_T \left[1 - \exp\left(-\frac{t}{\tau} \right) \right] \qquad (9\text{-}17)$$

式中，τ 为热时间常数，与热阻及材料的热容 C_S 有关，可表示为[4]

$$\tau = \pi R_T C_S / 4 \qquad (9\text{-}18)$$

热容 C_S 是指材料的热能随温度的变化率。可表示为

$$C_S = A d C_v = A d \, dQ/dt \qquad (9\text{-}19)$$

式中，C_v 为每单位体积的热能随温度的变化率；A 为材料的横截面积；d 为沿热传导方向的厚度。

式（9-17）表明，瞬态热阻总是小于稳态热阻，即 $Z_T < R_T$。

（1）晶闸管热阻构成　图 9-53 所示为晶闸管的焊接式封装结构及等效热路。可见，系统热阻包括晶闸管硅芯片的热阻 R_{Si}、焊料热阻 R_{So}、钼片热阻 R_{Mo}、银垫

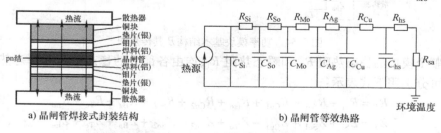

a) 晶闸管焊接式封装结构　　　　　　　b) 晶闸管等效热路

图 9-53　晶闸管的焊接式封装结构及等效热路

片热阻 R_{Ag}、铜管壳热阻 R_{Cu}、散热器热阻 R_{hs} 及散热片至环境的热阻 R_{sa}；对应的热容分别为硅芯片热容 C_{Si}、焊料热容 C_{So}、钼片热容 C_{Mo}、银垫片热容 C_{Ag}、铜管壳热容 C_{Cu} 及散热器热容 C_{hs}。

总热阻可表示为

$$R_T = R_{Si} + R_{So} + R_{Mo} + R_{Ag} + R_{Cu} + R_{hs} + R_{sa} \tag{9-20}$$

（2）功率模块热阻构成　如图 9-54 所示，功率模块总热阻与其结构密切相关[4]。图中，R_{Si} 和 Z_{Si} 分别表示硅芯片的稳态热阻和瞬态热阻；R_{So1} 和 Z_{So1} 分别表示芯片与顶层铜膜间焊片的稳态和瞬态热阻；R_{Cu1} 和 Z_{Cu1} 分别表示顶层铜膜的稳态和瞬态热阻；R_{Iso} 和 Z_{Iso} 分别表示绝缘体的稳态和瞬态热阻；R_{Cu2} 和 Z_{Cu2} 分别表示底层铜膜的稳态和瞬态热阻；R_{So2} 和 Z_{So2} 分别表示底层铜膜与底板之间焊片的稳态和瞬态热阻；R_{Ba} 和 Z_{Ba} 分别表示底板的稳态和瞬态热阻；R_{Tc} 和 Z_{Tc} 分别表示导热脂的稳态和瞬态热阻；R_{ha} 和 Z_{ha} 分别表示散热器与环境的稳态和瞬态热阻。

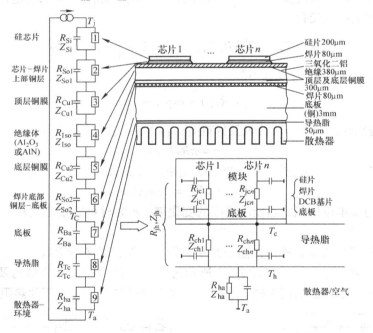

图 9-54　功率模块基本结构及其传热图

整个模块的稳态热阻 R_T 和瞬态热阻 R_{TS} 均由各部分的稳态热阻和瞬态热阻组成，可分别用下式表示：

$$R_T = R_{Si} + R_{So1} + R_{Cu1} + R_{Iso} + R_{Cu2} + R_{So2} + R_{Ba} + R_{Tc} + R_{ha} \tag{9-21}$$

$$Z_T = Z_{Si} + Z_{So1} + Z_{Cu1} + Z_{Iso} + Z_{Cu2} + Z_{So2} + Z_{Ba} + Z_{Tc} + Z_{ha} \tag{9-22}$$

影响模块总热阻 R_T 和 Z_T 的因素很多，包括芯片表面、厚度、几何形状和放置位置，DBC 基板的材料、厚度、基片上表面的结构；芯片与基片之间的连接材料

（焊接、粘贴）和质量；底板是否存在及其材料和形状；基片底面与底板之间的焊接材料与质量；模块安装时的表面状况、与散热片表面的热连接、导热脂的厚度与质量；以及功率模块中芯片与芯片之间的热耦合等。

为减小热阻，在保证模块机械强度的前提下，可以去掉模块的底板，也可在器件和散热器的接触面上涂适量导热脂，并给接触面加一个恒定压力，以保证芯片到散热器之间有良好的导热性。但是，如散热器表面不平整，引起导热脂的厚度增加，会增大接触热阻，影响模块散热的均匀性与温度分布。如图9-55所示，当导热脂增厚，会导致热分布不对称，对散热产生不良的影响。

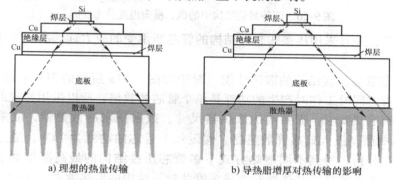

图 9-55　功率模块中散热情况

9.4.3　热分析

采用 ANASYS 软件可以对分立器件与模块进行热分析与模拟，关于 ANASYS 软件的使用方法详见第 10 章。本节主要以门极换流晶闸管（GCT）和 IGBT 模块为例，介绍分立器件和模块的散热特性。评价器件散热性能的优劣，可以通过给定功耗或最高温度下，器件的最高温度与最低温度之差 ΔT（即 $\Delta T = T_{max} - T_{min}$）来衡量，温差越小，说明其散热特性越好。

1. GCT 的散热分析

（1）单管芯封装结构的散热性能　GCT 通常采用图 8-50 所示的压接式封装结构。与焊接式封装结构不同，它是将管芯分别与上、下钼片和上、下管壳及散热器直接压接在一起。因两种封装结构不同，其散热性能也有所不同。

图 9-56 所示是在外加相同的风冷散热器、芯片功耗为 1kW 的条件下，压接式和焊接式封装的温度分布曲线[23]。相比较而言，压接式结构的温度分布是上下对称的；焊接式结构的温度分布是上下不对称的，底部阳极面的热量耗散比底部阴极面（$y = 0$）稍快。可见，在相同载荷条件下，压接式结构芯片表面最高温度高于焊接式结构芯片表面最高温度。

通过对压接式和焊接式封装结构内管芯的热机械应力分析可知[24]，压接式封装结构的应力主要集中在硅管芯中央位置，焊接式封装结构的应力基本上占据

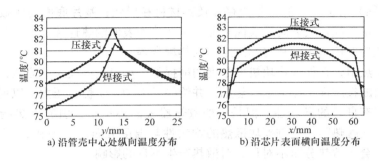

a) 沿管壳中心处纵向温度分布　　　b) 沿芯片表面横向温度分布

图 9-56　两种封装结构中的纵、横向温度分布曲线

了整个管芯，并且采用压接式封装结构的管芯所承受的应力远远小于焊接式封装结构。

（2）多管芯压接结构的散热性能　对于如图 8-51a 所示的多管芯压接封装，由于多个管芯同时工作时产生的功耗是单个管芯的数倍，所以采用常规的风冷散热无法达到散热要求，需要增加散热器尺寸，或采用水冷散热器，或采用如图 9-50f 所示的新型嵌入式热管散热器。假设每个管芯的功耗为 1kW，通过对封装结构的散热分析，得到不同散热方式下多管芯压接结构的最高温度如表 9-4 所示。可见，嵌入式热管散热器对改善多管芯封装结构的散热效果、体积及成本方面均有优势。

表 9-4　采用不同散热方式时多管芯压接结构的最高温度及其特点比较

散热方式	传统散热	热管散热	水冷散热	嵌入式热管散热	
最高温度	202.19℃	100.97℃	75.3℃	154.22℃ （自然对流）	96.785℃ （强迫风冷）
优点	易安装，成本低	散热效果较好，节省空间	散热效果好	散热效果较好，体积小	
缺点	体积大	体积大成本高	水循环系统成本高	成本较高	

2. IGBT 模块的散热分析

IGBT 模块的衬底由 DBC 基极和底板组成，对芯片起机械支撑、散热、电气连接及绝缘等作用，会直接影响芯片和模块的电气性能和热性能。选取合适模块结构和衬底材料，不但能够改善模块散热特性，还能够提高器件抗环境应力冲击和电流承载能力，提高模块整体性能和可靠性。

（1）DBC 基板的热特性　常用的 DBC 基板分别是基于 Al_2O_3、BeO 和 AlN 三种陶瓷片形成的。图 9-57 给出了采用三种陶瓷片的 IGBT 模块内部纵向温度分布和热机械应力分布。如图 9-57a 所示，采用 Al_2O_3、AlN 和 BeO 陶瓷片时，温

差 ΔT 依次减小，说明采用 BeO 陶瓷片时，DBC 基板的导热效果最好，采用 Al_2O_3 陶瓷片时，导热效果最差。但因 BeO 是一种有毒物质，易挥发，实际中很少使用。AlN 和 BeO 的导热效果差别不大，可用 AlN 代替 BeO 形成 DBC 基板。如图 9-57b 所示，采用 AlN 陶瓷片时，芯片上的应力最小，DBC 基板上的应力最大，且最大值均位于芯片边缘界面处。所以采用 AlN 陶瓷片可以降低芯片界面处的热机械应力。

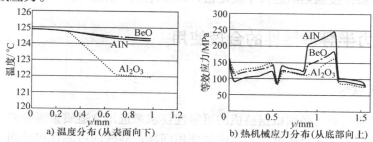

图 9-57　采用不同陶瓷片时模块内部的温度分布和热机械应力分布比较

从结构上来说，AlN 陶瓷片在简化结构设计、降低热阻和增加布线密度、使基板和封装一体化等方面均有较大优势，其热膨胀系数和 Si 很接近，可靠性高。所以，随着功率模块对功率耗散要求的不断提高，AlN 陶瓷片已经成为了电力半导体器件封装中一种重要的新型无毒电子封装材料。

（2）底板的热特性　常用的底板材料有 Cu、Al 及复合材料合成的 AlSiC 底板，根据应用要求不同来选择。采用不同的底板材料时，模块的温差分布和热机械应力分布也不同。如图 9-58 所示，采用 Cu 底板时，温差相对最小，说明其散热效果最好。采用 AlSiC 底板时，热机械应力相对最小，说明其热循环性能好。若直接将芯片安装在 AlSiC 底板上，既有利于散热，也可以获得很好的热循环能力。

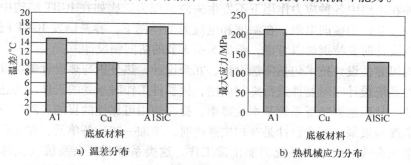

图 9-58　不同底板对模块热特性的影响

3. 散热措施

由于电力半导体器件的功率耗散较大，为了提高散热能力，在实际中需要采用一定措施来改善散热效果，比如采用铜、铝或银等热导率高且厚度薄的封装材料来降低自身的总热阻，通过安装散热面积大且散热效率高的散热器来增加与空气的接触面积，采用强迫对流来提高对流换热系数，在管壳和散热器表面均匀地涂覆一层厚度合适的导热脂以降低接触热阻，或将散热器外表面涂成黑色以提高散热器的热辐射系数等。为了改善热性能，采用热膨胀系数比较匹配的封装材料，依靠材料自身的属性来减小热机械应力。在实际使用中，若不能保证散热器温度低于规定值，或散热器与器件接触热阻远大于规定值，则器件应降额使用。

9.5 电力半导体器件的合理使用

9.5.1 可靠性

在实际使用中，必须根据整机的可靠性要求来选用合适质量等级的器件，不能用降额补偿的方法来解决低质量器件的使用问题。器件的可靠性包括固有可靠性和使用可靠性。固有可靠性由生产者在器件设计、工艺和原材料选用等过程的质量控制所决定，是在设计阶段赋予的，并在制造过程中加以保障。使用可靠性主要由器件使用者对元器件的选用、采购、使用设计、静电防护和筛选等过程的质量控制所决定。即在使用过程中（包装、运输、贮存、安装后）存在的可靠性。

1. 固有可靠性

固有可靠性受限于器件的可靠性设计。可靠性设计是指在进行器件功能和特性设计的同时，针对器件在以后工作条件和应用环境下，以及在规定的工作时间内可能出现的失效模式，采取相应的设计技术，使这些失效模式能得到控制或消除，从而使设计同时满足功能、特性及可靠性要求。可靠性设计的思路是查找器件或工艺设计中可靠性薄弱环节，改进器件的结构或工艺设计，减少引起失效的应力条件，提高器件在电路中各种应力作用下不发生失效的能力。比如在 IGBT 结构中，最薄弱环节为 p 基区的横向电阻，在温度和电应力的作用下，容易诱发 IGBT 闩锁，所以在结构设计时要特别加以考虑，参见 5.4.3 节的防闩锁设计。

常规可靠性设计技术包括降额设计、冗余设计、热分析与热设计等。降额设计就是指在系统设计时对器件进行降额使用，使器件工作时承受的工作应力适当低于其额定值，从而达到降低系统基本故障率、提高使用可靠性的目的。降额设计的关键是降额度与效果。冗余设计是在构成系统时，增加一些后备单元，在工作中即使有一个单元失效，但整个系统仍能正常工作，这类系统叫冗余系统（又称贮备系统）。比如高压直流输电系统的换流阀，需要 75 个晶闸管，通常采用 78 个晶闸管，其中 3 个就是冗余设计时需要的。热分析是为了获得产品的温度分布，热设计是采取温度控制措施来控制设备的温度。由于电力半导体器件的可靠性对温度是非常敏感的，通过热分析与热设计，进行合理的温度布局和温度控制，从而提高器件的可靠性。

在器件设计与制造时，应尽量提高器件的固有可靠性，如采用薄片工艺降低器件的通态压降及高温漏电流，减小总损耗；采用合适的横向结构设计，增加晶闸管 di/dt 和 du/dt 耐量，提高 IGBT 的闩锁电流容量及雪崩耐量，以及抗浪涌电流及短路电流冲击的能力。

2. 使用可靠性

电力半导体器件特性参数与其所处的使用环境条件密切相关。在器件贮存、运输及工作过程中可能遇到的环境条件包括温度、湿度、沙尘、盐雾、低气压、振动、冲击及辐射等。器件使用环境不同，需要考虑的使用条件也不同。比如晶闸管在低温、高海拔环境下工作时，与常温下有所不同，需要合理地使用，保证其可靠地工作。因为晶闸管出厂时，阻断电压、漏电流、di/dt、du/dt 等参数都是在额定结温下的测试值，这几项参数在低温下仍可保证其性能；但门极触发电流和触发电压是 25℃ 时的测试值，并随温度降低而增加。在 -40℃ 时晶闸管的门极触发电流值会比 25℃ 时增加一倍，门极触发电压约增加 30%，因此要保证设备可靠启用，需要足够强度的晶闸管门极触发电流（$I_{GM} = 10I_{GT}$）。采用强触发措施，可提高器件的 di/dt 耐量、减小开通时间和开通损耗，有利于器件串、并联运行。在高海拔条件下，风冷散热器的散热能力会减小，但较低的环境温度又有利于器件散热，因此在使用中须根据现场可能出现的最高环境温度考虑器件与散热器的选择，要留有一定电流裕度。如果设备非常频繁地启用、停止，器件频繁地在 -35～125℃ 之间进行温度循环，器件的寿命及可靠性会比正常工作时有所降低，使用中应注意。

为了提高器件的使用可靠性，在器件投入使用前，针对某些敏感的应力条件，需进行相关的可靠性环境试验，如高温贮存（或工作）试验、温度循环试验、热冲击试验、低气压试验、耐湿试验、盐雾试验、辐照试验及长期工作寿命试验等，对器件加以筛选。在实际应用中，还需根据器件的工作环境，选用合适的器件。比如在潮湿和盐雾的地区，尽量避免使用气密性差的塑封器件；在辐射环境工作的器件，除了采用全屏蔽和良好的接地等措施外，对器件进行抗辐射加固，提高器件自身的抗辐射能力。特别是在高温潮湿、沙尘及高海拔等恶劣的环境条件下，还要防宇宙射线感生的中子对 MOS 型器件的损伤。因此，对器件进行有效保护和降额使用很有必要。

9.5.2 有效保护

在实际使用中，要注意对器件的过电应力限制。如果器件的工作状态不超过产品手册提供的指标，那么可以实现全寿命工作。如果器件的电应力超过其极限值，需及时采用过电应力保护措施。这就需要使用者能准确把握时机，了解器件结构及其在过电应力下的失效状态。通常晶闸管在正向过电压情况下会发生转折导通，表现为短路状态，此时如果除去过电压，晶闸管不会被损坏。如果过电压时没有得到及时保护，则导通后的大电流必然会诱发局部热击穿而损坏。功率 MOSFET 和 IG-BT 在正向过电压情况下会发生动态雪崩。如果能及时关断器件，也不会瞬间失效。但如果雪崩电流诱发功率 MOSFET 中的寄生 npn 晶体管导通，或者 IGBT 中的寄生 pnpn 晶闸管导通，会导致器件因热击穿而损坏。温度过高时会导致键合线脱落，引起开路。所以，晶闸管、GTO 及 IGCT 的损坏通常表现为短路，而功率 MOSFET 和 IGBT 的损坏则表现为开路，这与器件的内部结构和封装结构有关。

9.5.3 降额使用

在实际使用中，除了要处理好驱动、各种过电应力保护及散热等这些共性问题外，还可以选择降额使用。电应力的降额度可用最差工况（Worst Case）下可施加的最大应力值（即工作应力）与额定最大应力的比值来表示，也称为降额因子（或降额系数）。最差工况就是器件工作时承受着最大应力的工作状况，一般由外部环境的参数，如温度、电压、开关次数、负载等条件中的一种或多种组成。根据器件使用场合不同，选用适当电流、电压、功率及结温的降额因子，一般选为 0.7 ~0.8，不宜小于 0.5，过度的降额会增加整机的成本、体积、重量及设计难度，并且会减少电路的动态范围，或引入新的失效机理。各种器件均有一个最佳的降额范围，在此范围内应力变化对其故障率影响较大。工程中可参照 GJB/Z-35《元器件降额准则》指导来进行降额设计。温度降额主要依靠热设计，一般随着温度的升高，器件的输出能力下降。对不同的器件，即使降额等级相同，降额因子也不同。如晶闸管与二极管结温的降额因子为 0.75，而功率 MOSFET 结温降额因子为 0.8。

当功率模块并联使用时，通过优化的模块选择、驱动设计及导线布局仍不可能完全达到一个理想的静态和动态平衡，必须根据开关的总额定负载，考虑电流降额使用，建议降额因子为 0.9。比如 IGBT 单独使用时的额定电流为 100A，但在并联使用时只能当作 90A 的器件使用。

参 考 文 献

[1] 王兆安，刘进军. 电力电子技术 [M]. 5 版. 北京：机械工业出版社，2009.

[2] Williams B W. Principles and Elements of Power Electronics, Devices, Drivers, Applications, and Passive Components [M]. 2nd ed, Glasgow：University of Strathclyde. 2006.

[3] 5SHX 26L4510, www. abb. com/semiconductors.

[4] Wintrich A, Nicolai U, Tursky W, et al. Application Manual Power Semiconductors [M]. ISLE – Verlag, 2011.

[5] 周志敏，周纪海. IGBT 和 IPM 及其应用电路 [M]. 北京：人民邮件出版社，2006.

[6] Steimer P K, Gruning H E, Werninger J, et al. State – of – the – art verification of the hard – driven

GTO inverter development for a 100 – MVA intertie [J]. IEEE Transactions on Power Electronics, 1998, 13 (6): 1182 – 1190.

[7] 王云亮. 电力电子技术 [M]. 北京: 电子工业出版社, 2009.

[8] 李序葆, 赵永健. 电力电子器件及其应用 [M]. 北京: 机械工业出版社, 2003.

[9] Benda V, Gowar J, Grant D A. Power semiconductor devices: theory and applications [M]. Toronto, Canada: Wiley, 1999.

[10] 于飞, 张晓锋, 李槐树. 新型大功率器件 ETO 及其应用 [J]. 电力电子技术, 2004, 38 (1): 112 – 114.

[11] Nagel A, Bernet S, Bruckner T, et al. Characterization of IGCTs for series connected operation [C] // Proceedings of the IEEE Industry Applications Conference, 2000, 3: 1923 – 1929.

[12] Jiming L, Dan W, Chengxiong M, et al. Study of RC – snubber for series IGCTs [C] // Proceedings of the International Conference on Power System Technology, 2002, 1: 595 – 599.

[13] Hermann R, Bernet S, Suh Y, et al. Parallel Connection of Integrated Gate Commutated Thyristors (IGCTs) and Diodes [J]. IEEE Transactions on Power Electronics, 2009, 24 (9): 2159 – 2170.

[14] Brehaut S, Costa F. Gate driving of High power IGBT through a double gavanic insulation transfer [C] // Proceedings of the IECON' 2006: 2505 – 2510.

[15] Bortis D, Biela J, Kolar J W. Active gate control for current balancing of parallel – connected IGBT modules in solid – state modulators [J]. IEEE Transactions on Plasma Science, 2008, 36 (5): 2632 – 2637.

[16] 袁立强, 赵争鸣, 宋高升, 等. 电力半导体器件原理与应用 [M]. 北京: 机械工业出版社, 2011.

[17] Grüning H E, φdegard B. High performance low cost MVA inverters realized with integrated gate commutated thyristors (IGCT) [C] // Proceedings of the EPE' 1997: 2060 – 2065.

[18] 高光勃, 李学信. 半导体器件可靠性物理 [M]. 北京: 科学出版社, 1987.

[19] Pawel I, Siemieniec R, Ro sch M, et al. Experimental study and simulations on two different avalanche modes in trench power MOSFETs [J]. IET Circuits, Devices Systems, 2007, 1 (5): 341 – 346.

[20] 王彦海, 张世伟. Icepak 仿真软件在水冷底板热设计中应用 [J]. 电子机械工程, 2008, 24 (1): 27 – 29.

[21] Kang S S. Advanced Cooling for Power Electronics [C] // Proceedings of the CIPS' 2012: 1 – 8.

[22] Incropera F P, DeWitt D P. 传热和传质基本原理 [M]. 北京: 化学工业出版社, 2007.

[23] 杨鹏飞, 王彩琳. 压接式 GCT 封装的热特性分析 [J]. 固体电子学研究与进展, 2013, 33 (2), 199 – 204.

[24] 杨鹏飞. IGCT 器件热特性的研究 [D]. 西安: 西安理工大学, 2013.

第10章 电力半导体器件的数值分析与仿真技术

半导体数值分析是研究半导体器件的一个非常重要的手段，可用来分析器件的工作机理及失效原因，预测器件的电、热特性及制作工艺。本章主要介绍电力半导体器件的数值分析方法与仿真技术，并举例说明了常用器件与工艺仿真软件，如（ISE、MEDICI 及 ANASYS）器件与工艺仿真软件的使用方法。

10.1 数值分析方法

10.1.1 概述

1. 半导体器件的数值分析定义

半导体器件的数值分析是指对所研究的半导体器件建立或选用合适的物理模型，并对其抽象得到相应的数学表述，然后利用适当的数值方法开发计算机软件，并赋以器件的工艺、几何尺寸及电学方面的模型参数，借助计算机进行计算，得到器件的特性及内部的物理图像[1]。也有人称器件数值分析就是以发展模型为目的而进行的器件分析[2]。

数值分析并不排斥应用传统分析而得到的公式。当在定性的意义上或数量级的估计上需要对某个器件特性作基本了解时，应使用基本公式。在这种情况下，正确了解这些公式对精度的限制以及在推导过程中所加的限制条件很重要。这些限制条件意味着没有其他选择而只有引用数值分析，即使缺乏经验法则也要引用。

2. 半导体器件数值分析技术的发展

半导体器件数值分析的概念起源于肖克莱（Shockley）于 1949 年发表的论文，这篇文章奠定了结型二极管和晶体管的基础[3]。但这是一种局部分析方法，不能分析晶体管大注入情况以及集电结的扩展。1964 年 H. K. 古默尔（Gummel）首先用数值分析方法代替解析方法仿真了一维双极型晶体管[4]，使半导体器件数值分析向计算机化迈进。1969 年 D. P. Kennedy 和 R. R. O Brien 第一个用二维数值分析方法研究了 JFET；J. W. Slotboom 用二维数值分析方法研究了晶体管的直流特性。从 1970 年起，斯坦福大学的计算机辅助设计技术（Technology of Computer – Aided – Design，TCAD）项目组开始编写了基于漂移扩散模型的二维半导体器件的 PIS-CES 仿真软件[5]。清华大学余志平教授是该项目组的成员，也是 PISCES – 2ET 主要作者之一[6]。1990 年后先驱（Avant!）公司和 SILVACO 公司先后分别推出了 PISCES 商业包装后的版本 MEDICI[7] 和 ATLAS[8]。功能相同的软件还有 ISE 公司推出的 DESSIS[9]（目前 Avant! 和 ISE 公司已被 Synopsys 公司收购），以及奥地利的 MINIMOS 等。

国内在半导体器件数值分析方面的研究开始于 20 世纪 80 年代后期，首先出现了半导体器件数值分析方面的译著[2,10]，随后许多高校和研究所逐渐开始进行半导体数值分析研究，相继出现了各种半导体器件数值分析的书籍[11-13]，对国内半导体器件数值分析有很大的帮助和推动。经过 30 多年的发展，目前半导体器件数值分析已经成为器件设计和工艺制造中不可或缺的一部分。

3. 计算机辅助分析分类

半导体器件的计算机辅助分析可以从不同的角度来分类。从器件空间维数划分，可分为一维（1D）、二维（2D）及三维（3D）；从器件特性与时间的关系划分，可分为瞬态分析和稳态分析；从器件应用的物理模型划分，可分为经典模型、半经典模型和全量子模型；从分析对象划分，可分为 MOS 型器件、双极型器件及其他半导体器件分析。随着数值分析技术的不断发展，这些类别间的界限也越来越模糊。图 10-1 给出了不同划分方法的内在联系。可见，对于大尺寸的功率器件，通常可以进行 2D 仿真，采用物理模型是经典模型，基本方程包括泊松方程、电流连续性方程。其中，对大电流器件，通常采用耦合（coupled，即 Newton）方法求解非线性偏微分方程组；对小电流器件，则采用非耦合（De - coupled，即 Gummel）方法来求解。数值分析方法包括有限元法、有限差分法或蒙特卡罗法。

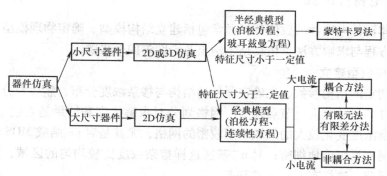

图 10-1　不同划分方法之间的内在联系

4. 数值分析的重要性

采用数值分析技术可以对器件特性与工艺进行计算机辅助设计（CAD），预测所设计器件的特性与掺杂浓度分布，可以缩短器件的研制周期、降低工艺成本。图 10-2 给出了利用传统的器件试制过程得到电参数与利用数值分析提取电参数方法。

相比较而言，采用数值分析技术，对所提取的器件参数多了一重保障，大大降低了器件制作的成本，避免实验的盲目性。

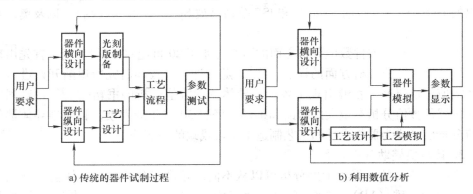

图 10-2　传统的器件试制过程与利用数值分析得到电参数的方法比较

随着半导体工艺技术的飞速发展，功率器件的容量不断增加，集成度也越来越高，器件的 2D 和 3D 效应已非常明显，出现了许多新结构。采用数值分析技术对复杂器件结构进行计算机辅助分析（CAA），不仅可以得到器件的外部特性，而且可以获得不同工作状态下器件内部载流子的运动轨迹、浓度分布及电场强度分布等，从而了解新器件内部潜在的新机理。例如 GE 公司于 1984 年通过计算机 2D 数值分析发现，在 IGBT 的 p 基区中心增加一个 p^+ 阱区可有效防止闩锁效应发生，使他们从器件研究到商用化只用了不到半年的时间[15]。

10.1.2　电特性仿真

半导体器件电特性的数值分析通常包括建立结构模型、确定物理模型与边界条件、特征方程与求解方法、仿真结果输出及绘图等四个步骤。

1. 结构模型建立

根据初定的结构参数，先确定器件的结构与掺杂浓度分布，然后划分网格。由于功率器件的尺寸较大、节点较多，网格划分对求解速度和结果是否收敛很重要。通常对掺杂浓度变化较大的区域采用较密的网格，尤其是对 pn 结或 MOS 器件的沟道部分，网格尽可能地细密；对 n^- 基区这样掺杂浓度比较均匀的区域，网格的划分尽可能稀疏，这样有利于节省节点。

2. 物理模型与边界条件

（1）物理模型　包括载流子的复合产生模型、迁移率模型、能带平衡模型，以及与载流子密度和电场强度有关的禁带变窄（Bandgap Narrowing）、费米－狄拉克（Fermi－Dirac）或玻耳兹曼统计、量子力学（Quantum Mechanical）模型等。

对功率器件的仿真，通常选用的载流子产生－复合模型有：肖克莱－里德－霍尔（Shockley – Read – Hall，SRH）复合模型、雪崩产生模型及俄歇（Auger）复合模型，迁移率模型选用与掺杂浓度、电场强度及载流子间散射有关的模型，能带结构模型则考虑能带变窄模型。

（2）边界条件　包括器件的电极和电流密度消失的界面。通常默认电极为欧姆接触，电极的电位等于外加电压；载流子密度可通过空间电荷中性区边界进行计算。在这些接触上可加一个集总电阻或电容，特殊的肖特基（Schottky）接触，或者采用电流边界条件。当掺杂区域浓度较低或者厚度很薄时，需要考虑表面复合，此时可认为该电极表面为高复合速率的欧姆接触。如对于双极型晶体管，需在基极接触上加一个基极电流（即电流边界条件），对仿真 BJT 特性更为有用的是在发射极接触加一个表面复合速率模型。对 MOSFET，需要在多晶硅栅极加一个固定的功函数，在漏极加一个集总电阻。此外，还需要在硅衬底和栅氧化层界面处加一个固定的界面电荷密度。

3. 特征方程与求解方法

（1）特征方程　包括泊松方程（Poisson's Equation）、电子与空穴的电流连续性方程（Current – Continuity Equation）、晶格温度（热）方程（Lattice Temperature (Heat) Equation）、以及电子与空穴的能带平衡方程（Energy – balance Equation）。

对常温特性分析，只需要求解如下的泊松方程和电子电流与空穴电流的连续性方程：

$$\nabla \cdot \varepsilon \nabla \psi = -q(p - n + N_D^{+} + N_A^{-}) - \rho_s \tag{10-1}$$

$$\frac{\partial n}{\partial t} = \frac{1}{q} \nabla \cdot \boldsymbol{J}_n - U_n \tag{10-2}$$

$$\frac{\partial p}{\partial t} = -\frac{1}{q} \nabla \cdot \boldsymbol{J}_p - U_p \tag{10-3}$$

式（10-2）中的电子电流密度 J_n 和式（10-3）中的空穴电流密度 J_p 可分别表示为

$$\boldsymbol{J}_n = q\mu_n \psi n + qD_n \nabla n \tag{10-4}$$

$$\boldsymbol{J}_p = q\mu_p \psi p - qD_p \nabla p \tag{10-5}$$

对高温特性分析，还需添加能带平衡方程。

工艺仿真通常求解如下的杂质输运方程：

$$\frac{d}{dt} \int_{z_1}^{z_2} N(z,t) \, dz = -[J(z_2) - J(z_1)] + \int_{z_1}^{z_2} (G - V) \, dz \tag{10-6}$$

式中，方程左边表示 t 时刻、在（$z_1 \sim z_2$）区间内的单位面积的杂质数，记为 $Q(z_1, z_2, t)$，方程右边第二项表示在（z_1, z_2）体积元中单位时间内产生的净杂质数，可记为 $G_V(z_1, z_2, t)$，则上式可写为

$$\frac{d}{dt} Q(z_1, z_2, t) = G_V(z_1, z_2, t) - [J(z_2) - J(z_1)] \tag{10-7}$$

将杂质流 $J(z)$ 的变化来源归纳为：①界面移动的感生流，即外界－硅界面不断移动而感生出的杂质流；②扩散流，即高温下杂质热扩散引起的杂质流；③界面流，包括中性气氛下热处理引起的由体内至表面的杂质蒸发、氧化气氛下热处理引起的界面杂质分凝，以及掺杂气氛下引入的掺杂流。

（2）求解方法　通常求解四个方程时采用耦合的牛顿法。如果求解四个以上的方程，则采用非耦合 Gummel 法来求解其他的方程。一般情况下，采用牛顿法求解，但有时用非耦合方法可以获得更好的初始收敛。图 10-3 给出了三种求解方法的流程。

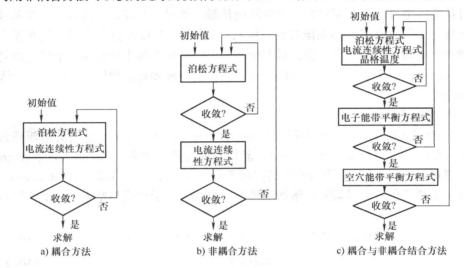

图 10-3　三种求解方法比较

（3）迭代步长　数值计算时，选择合适的迭代步长至关重要。若步长太大，则不易收敛；若步长太小，会导致计算时间较长，效率降低。通常求解不收敛的原因有以下几点：一是初始值不合适或者步长太大。比如对某些结构 0.1V 的步长都偏大；二是缺少必要的物理模型；三是网格划分不好，比如 pn 结或沟道以及掺杂浓度变化较大的区域网格尺寸太大；四是耗尽层与电极相接。

4. 结果输出

仿真结果的输出有数据和绘图两种形式。对常规的特性曲线都可以直接画出图形，同时可以保存数据。采用这些数据，可以进行其他特性参数的计算。

10.1.3　热特性仿真

在第 9 章中已经介绍了热传输的分析模型（即热传导、热对流以及热辐射），下面主要介绍半导体器件热特性的数值分析方法。

1. 热特性仿真方法

通常采用有限元分析法可以对电力半导体器件的热特性进行研究。有限元分析法可以分为三个阶段：一是建立有限元模型，完成单元网格划分；二是求解热分析方程；三是处理分析结果，使用户能简便提取信息，了解计算结果。指导思想是化整为零、变繁为简，即把一个大的结构划分为有限个小单元，每个单元的变形和应力都容易通过计算机求解出来，进而获得整体结构的变形和应力。因此，当划分的单元足够小，每个单元内的变形和应力就会趋于简单，计算的结果也就越接近真实情况。当单元数目足够多时，有限单元解就越精确，但是计算量也会相应地增加。为此，在实际仿真时要在计算量和计算精度之间进行折中选择。

2. 热特性仿真步骤

用有限元分析法求解问题的基本步骤通常为：

1）建立求解结构模型。根据实际问题的要求，确定求解域的几何区域以及物理性质。

2）有限元的网格划分。先把求解域近似成由有限个单元组成的离散域，这些单元具有不同形状和有限的大小且彼此相连。划分的单元越小，说明离散域近似的程度就越好，计算的结果就越精确。

3）确定状态变量和边界条件。通常用一组包含问题状态变量的边界条件的微分方程来表示一个具体的物理问题，然后将微分方程简化成等价的泛函形式，适合有限元的求解。

4）对单元构造一个适合的近似解，即推导有限单元的列式。选择合理的单元坐标系，建立单元的试函数，以某种方法给出单元各状态变量的离散关系，从而形成单元矩阵。

5）总装求解。将单元总装形成离散域的总矩阵方程，联立方程组求解，可用直接法、选代法和随机法。最后求解结果是单元节点状态变量的近似值。对于计算结果的质量，将通过与设计准则提供的允许值比较来评价，并确定是否需要重复计算。

3. 相关热参数的计算

（1）封装热阻计算　在9.4.2节已经介绍了热阻的概念。热阻是电力半导体器件封装结构的重要技术指标，也是热分析中常用的评价参数。良好的热设计要求封装结构的热阻越小越好。

在实际应用中，通常是先测试芯片温度、管壳表面温度和环境温度，然后再利用与式（9-14b）相似的如下公式来计算：

$$R_{js} = \frac{T_j - T_s}{P} \tag{10-8a}$$

$$R_{jc} = \frac{T_j - T_c}{P} \tag{10-8b}$$

式中，R_{js}和R_{jc}分别为结 - 散热器之间的热阻和结 - 管壳的热阻（K/W）；T_j为芯片 pn 结温；T_s 为散热器温度；T_c 为管壳温度（℃）；P 为功耗（W）。

根据仿真得到温度分布进行热阻计算时，分别提取器件 pn 结、管壳或散热器的最高温度，通过式（10-8）计算得出结 – 管壳热阻或结 – 散热器热阻。

（2）热机械应力　当器件内各部分之间因温度分布不均匀，或者外部温度发生变化，器件各部分就会因热膨胀系数的差异而产生热形变，进而产生热机械应力（即由温度变化而引起的应力）。

热机械应力的计算公式为

$$\delta = E\varepsilon_e \tag{10-9}$$

$$\varepsilon_e = \frac{1}{1+\nu}\left(\frac{1}{2}\left[(\varepsilon_1 - \varepsilon_2)^2 + (\varepsilon_2 - \varepsilon_3)^2 + (\varepsilon_3 - \varepsilon_1)^2\right]\right)^{1/2} \tag{10-10}$$

$$\varepsilon_{1,2,3} = \alpha\Delta T \tag{10-11}$$

式中，δ 为热机械应力；E 为弹性模量；ε_e 为等效的弹性应变；ν 为泊松比；ε_1，ε_2，ε_3 为三个方向的弹性应变；α 为热膨胀系数；ΔT 为温差；。

将封装结构热分析得到的温度分布作为载荷条件导入到热机械应力分析中，进行封装结构的热机械应力分布仿真，便可得到该封装结构的热机械应力分布图。

10.2　MEDICI 软件使用实例

MEDICI 是 AVANT! 公司研发的一款用来进行 2D 器件仿真的软件。针对势能场和载流子的 2D 分布建模，通过求解半导体器件的特征方程来获取特定偏置下的电学特性。采用该软件可以对双极型（如二极管、晶体管及晶闸管等）、单极型（如 MOSFET，JFET 及 MESFET 等）及复合型的器件（如 IGBT 等）电力半导体器件进行仿真。另外，还可以借助虚拟的测试电路来分析器件在瞬态情况下的电流和电压变化。MEDICI 软件的主要缺点是没有图形界面，必须采用命令方式输入，直观性不如其他软件。

10.2.1　使用方法

1. 功能简介

（1）网格划分　在 MEDICI 软件中使用了非均匀的三角形网格，可以处理具有平面和非平面表面的特殊器件，并能根据电势或杂质浓度分布的情况自动进行优化。

（2）杂质浓度分布　可以通过 MEDICI 函数从 AVANT! 的其他工艺建模软件

（如 SUPREM）或者是包含杂质浓度分布的文本文件中获得，也可以在文本文件中描述[16]。

（3）物理模型　为了获得精确的仿真结果，必须考虑载流子的复合、光子注入、碰撞电离效应、禁带变窄效应、能带间隧穿、迁移率的变化、载流子寿命、载流子的玻耳兹曼（Boltzman）和费米–狄拉克（Fermi–Dirac）统计分布，部分离化效应等模型。对不同的器件或者不同的特性进行仿真时，必须选择不同的物理模型。

（4）其他特性　MEDICI 软件中电极可以放在结构中的任何位置。对电极的描述包括集总电阻（Lumped Resistive）、电容和电感型元件，也可用分布式接触电阻；可以描述电压和电流的边界条件，$I-U$ 曲线自动跟踪；为了计算和频率相关的电容、电导或导纳（阻抗的倒数）及 s 参数，可在任何虚拟的频率下进行交流小信号分析。

2. 图形输出

1）可以用电极端数据的一维图形来显示直流特性，如所加的电压、端电压、端电流、时间（瞬态特性），还能够用来显示交流量，如电容、电导或导纳、频率及用户定义的一些变量。

2）可以显示沿器件结构特定路径上某一参量的一维分布，包括势能、载流子的准费米势能、电场强度、载流子浓度、杂质浓度、复合和产生率，以及电流密度。

3）可以显示网格、边界、电极、结的位置、耗尽区边界的二维结构图。如势能、载流子的准费米势能、电场强度、载流子浓度、杂质浓度、复合和产生率、电流密度和电流分布等参量的 2D 图形分布。

4）可以输出势能、载流子的准费米势能、电场强度、载流子浓度、杂质浓度、复合和产生率、电流密度等量的 3D 分布图。

3. MEDICI 的语法

（1）器件结构定义语句　包括 MESH、X. MESH、Y. MESH、ELIMINATE、SPREAD、BOUNDRY、REGRID、REGION、ELECTRODE、PROFILE 及 TSUPREM4。这些语句定义了器件的结构和仿真用的网格。其中，MESH 表示初始化网表的生成；X. MESH 用于描述 x 方向上的网格线的位置；Y. MESH 用于描述 y 方向上的网格线的位置；ELIMINATE 用于缩减沿网格线的节点；SPREAD 用于沿着水平网格线调整节点的垂直位置；BOUNDRY 用于调整仿真网格，以适应边界的界面；REGRID 用于对网格进一步优化；REGION 用于定义区域；ELECTRODE 用于定义电极；PROFILE 用于定义掺杂；TSUPREM4 用于调用工艺仿真得到的杂质分布。

（2）材料物理性能描述语句　包括 REGION、INTERFACE、CONTACT 及 MATERIAL。其中，REGION 用于描述材料在结构中的区域；INTERFACE 用于说明界

面层电荷、陷阱和复合速率；CONTACT 用于说明电极边上的特殊边界条件；MA-
TERIAL 用于改变结构的材料属性。

（3）物理模型和求解语句　包括 MOBILITY、MODELS、SYBOLIC、METHOD
及 SOLVE 等语句。其中 MOBILITY 用于描述与各迁移率模型相关的参数；MODELS
用于描述仿真过程中的物理模型；SYBOLIC 用于选择求解方法；METHOD 用于描
述特定求解方法选择的特殊技巧；SOLVE 用于选择偏置条件和分析类型，可用于
稳态、瞬态和交流小信号。

（4）图形化结果的输出语句　包括 PLOT. 3D、PLOT. 2D 及 PLOT. 1D 来表示。
其中，PLOT. 3D 用于显示初始化 3D 图形，与它配套语句有 3D. SURFACE、TITLE-
COMMENT 等；PLOT. 2D 用于显示初始化 2D 图形，与它配套语句有 CONTOUR、
VERCTOR、E. LINE、LABEL、TITLE 及 COMMENT 等；PLOT. 1D 用于显示初始化
1D 图形，与它配套语句有 E. LINE、LABEL、TITIE、COMMEN 及 CONTOUR 等。
此外，采用 EXTRACT 语句可以用内部参数或端特性对新变量进行计算，或者对器
件分析进行辅助优化。比如可以对双极晶体管的电流增益或 pn 结的注入效率进行
分析。

（5）语句格式　MEDICI 的输入语句具有自由的格式。每个语句都由语句名称
开始，后面再跟一些参数名和值，可以占用一行以上的地方，且行与行之间用连接
符号（" + "）连接；并且每行最多由 80 个字符构成。

（6）参数类型　是指接在每一个语句名称后，用来定量实现该语句功能的符
号，有逻辑（logical）、数值（numerical）、数组（array）及字符（character）四种
参数。如果语句中出现 logical 参数，则表示为 true。

（7）网表描述　先定义一系列有间隔的 x 和 y 方向网格线构成的一个简单的
矩形。为了将网格进行优化，将网格线适当调整以适应非平面图形或者与杂质分
布相匹配（平面性很差的结构很难处理好）；然后将多余的节点从网格中去除
掉，最后描述材料区域和电极。输入有限制，要求最多 1000 个语句，最多 2000
行，最多 60000 个字符。

4. 仿真流程

MEDICI 的仿真过程如图 10-4 所示。在仿真时，首先建立器件结构，并设定其
杂质浓度分布，进行网格优化；然后指定物理模型，确定特征方程及其求解方法，
最后进行器件仿真。通过数值分析可以对器件的性能做出定量预测，包括器件的端
特性和内部物理量分布。

10. 2. 2　仿真实例

下面以普通晶闸管为例来介绍 MEDICI 软件的使用方法。

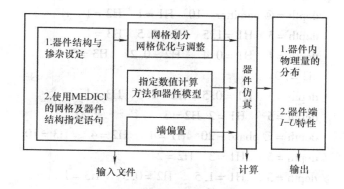

图 10-4 MEDICI 的仿真过程示意图

1. 建立结构模型

确定晶闸管的结构，建立 mesh 文件

Comment	MEDICI program code ——程序注释	
TITLE	1600V Thyristor Characteristic Simulation——标题	
loop	step = 1 ——定义循环次数	
Comment	assign the structural parameter—注释结构参数设定语句	

assign   name = nemitter   c. value = 20   delta = 0——定义 n 发射区厚度

assign   name = pbase   c. value = 50   delta = 0——定义 p 基区厚度

assign   name = nbase   c. value = 260   delta = 0——定义 n 基区厚度

assign   name = panode   c. value = 50   delta = 0——定义 p 阳极区厚度

assign   name = ppanode   c. value = 20   delta = 0——定义 p^+ 阳极区厚度

assign   name = wgate   c. value = 100   delta = 0——定义门极区宽度

assign   name = wemitter   c. value = 200   delta = 0——定义 n 发射区宽度

Comment   Create an initial simulation mesh

MESH   RECTANGU out. file = mesh_ th1600 ——定义 mesh 文件

Comment   DEPTH = size，H1 is the grid lines on the left side，H2 is on the right side，H3 is in the middle——注释横向 mesh 语句参数含义

X. MESH   width = 90   H1 = 10 H2 = 2 H3 = 5

X. MESH   width = 20   H1 = 1

X. MESH   width = 20   H1 = 1 H2 = 5

X. MESH   width = 160 H1 = 5 H2 = 5 H3 = 10

X. MESH   width = 10   H1 = 5

Comment   DEPTH = size（radius），H1 is the distance of HORIZONTAL grid lines ——注释纵向 mesh 语句参数的含义

Y. MESH   depth = 5 H1 = 1

Y. MESH	depth = @ nemitter − 10 H1 = 1 H2 = 1 H3 = 3
Y. MESH	depth = 3 H1 = 1.5 H2 = 0.5 H3 = 1
Y. MESH	depth = 4 H1 = 0.4 H2 = 0.2 H3 = 0.4
Comment	xj3 = 20
Y. MESH	depth = 3 H1 = 0.5 H2 = 1.5 H3 = 1
Y. MESH	depth = 5 H1 = 2 H2 = 3
Y. MESH	depth = @ pbase − 20 H1 = 4 H2 = 4 H3 = 10
Y. MESH	depth = 5 H1 = 3 H2 = 2
Y. MESH	depth = 3 H1 = 1.5 H2 = 0.5 H3 = 1
Y. MESH	depth = 4 H1 = 0.4 H2 = 0.2 H3 = 0.4
Comment	xj2 = 70——注释 J2 深度
Y. MESH	depth = 3 H1 = 0.5 H2 = 1.5 H3 = 1
Y. MESH	depth = 10 H1 = 2 H2 = 5 H3 = 3
Y. MESH	depth = 30 H1 = 5 H2 = 15 H3 = 10
Y. MESH	depth = @ nbase − 90 H1 = 20
Y. MESH	depth = 30 H1 = 15 H2 = 5 H3 = 10
Y. MESH	depth = 10 H1 = 5 H2 = 2 H3 = 3
Y. MESH	depth = 3 H1 = 1
Comment	wn1 = 270 ——注释 n1 区厚度
Comment	xj1 = 70 ——注释 J1 深度
Y. MESH	depth = 4 H1 = 0.4 H2 = 0.2 H3 = 0.4
Y. MESH	depth = 3 H1 = 0.5 H2 = 1.5 H3 = 1
Y. MESH	depth = 5 H1 = 2 H2 = 3
Y. MESH	depth = @ panode + @ ppanode − 20 H1 = 4 H2 = 4 H3 = 10
Y. MESH	depth = 5 H1 = 3 H2 = 2
Y. MESH	depth = 5 H1 = 1.0
Comment	Create an optimal mesh——注释优化网格语句
Eliminate	column x. min = 95 x. max = 114 y. min = 23
Eliminate	column x. min = 90 x. max = 115 y. min = 24
Eliminate	column x. min = 70 x. max = 95 y. min = 25
Eliminate	rows x. min = 0 x. max = 105 y. min = 18 y. max = 22
Eliminate	rows x. min = 0 x. max = 105 y. min = 18 y. max = 22
Eliminate	rows x. min = 0 x. max = 103 y. min = 16 y. max = 23
Comment	define the device region——注释区域设定
REGION	NAME = Silicon SILICON——设定区域为硅材料

Comment	define the electrodes——注释电极定义语句
ELECTR	name = anode bottom x. min = 0 x. max = @ wgate + @ wemitter
ELECTR	name = gate top x. min = 0 x. max = @ wgate − 10
ELECTR	name = cathode top x. min = @ wgate + 10 x. max = @ wgate + @ wemitter
Comment	Specify impurity profiles——注释掺杂定义语句
PROFILE	N − TYPE N. PEAK = 7E13 UNIFout. file = doping——定义 n 基区
PROFILE	P − TYPE N. PEAK = 5E17 x. min = 0 x. max = @ wgate + @ wemitter
+	y. min = 0 y. junc = @ nemitter + 20 xy. rat = 0. 8 ——定义 p + 基区掺杂
PROFILE	P − TYPE N. PEAK = 3E16 x. min = 0 x. max = @ wgate + @ wemitter
+	y. min = 0 y. junc = @ pbase + @ nemitter ——定义 p 基区掺杂
PROFILE	N − TYPE N. PEAK = 1. 5E20 x. min = @ wgate + 0. 8 ∗ @ nemitter
+	x. max = @ wgate + @ wemitter xy. rat = 0. 8 y. min = 0y. junc = @ nemitter
	——定义 n 发射区掺杂
PROFILE	P − TYPE N. PEAK = 3E16 x. min = 0 x. max = @ wgate + @ wemitter
+	y. min = @ nbase + @ pbase + @ nemitter + @ panode + @ ppanode
+	y. junc = @ nbase + @ pbase + @ nemitter ——定义 p 阳极区掺杂
PROFILE	P − TYPE N. PEAK = 5E19 x. min = 0 x. max = @ wgate + @ wemitter
+	y. min = @ nbase + @ pbase + @ nemitter + @ panode + @ ppanode
+	y. junc = @ nbase + @ pbase + @ nemitter + @ panode
	——定义 p + 阳极区掺杂
Comment	Specify PLOT − 2D——注释绘图语句
PLOT. 2D	GRID TITLE = " mesh of the thyristor structure " fill——画网格结构
PLOT. 2D	TITLE = " the thyristor structure" fill—— 画剖面结构
Comment	Specify label of profiles——注释掺杂标注
labe	label = "n + 1e20" x = 9. 5 y = 13. 6cm
labe	label = "p2 5e17" x = 9. 5 y = 12cm
labe	label = "n − 6e13" x = 9. 5 y = 6cm
labe	label = "p1 5e17" x = 9. 5 y = 3. 2cm
labe	label = "p + 1e20" x = 9. 5 y = 2. 2cm
PLOT. 1D	DOPING x. START = （@ wgate + @ wemitter）/2
+	x. END = （@ wgate + @ wemitter）/2 Y. START = 0
+	Y. END = @ nbase + @ pbase + @ nemitter + @ panode + @ ppanode
+	RIGHT = @ nbase + @ pbase + @ nemitter + @ panode + @ ppanode
+	LEFT = 0 y. log bot = 1E12 top = 5E21 symbol = 1 line = 1 color = 1
+	TITLE = " The thyristor Doping" ——画晶闸管 2D 掺杂分布图

label　　　　label = "n + pn - pp + "symbol = 1　color = 1　START. LE　LX. F = 9　X = 10

+　　　　　　Y = 13. 1　cm　——注释掺杂区域标注

PLOT. 3D　　DOPING　log　TITLE = "The thyristor 3D doping distribution"

　　　　　　3D. SURF　COLOR = 1　——画晶闸管 3D 掺杂浓度分布图

L. END——结束循环

上述程序运行后，可得到图 10-5 所示的掺杂浓度分布、网格及掺杂剖面结构。同时已经产生了 mesh 文件，在后续的特性仿真中直接调用该 mesh 文件即可。

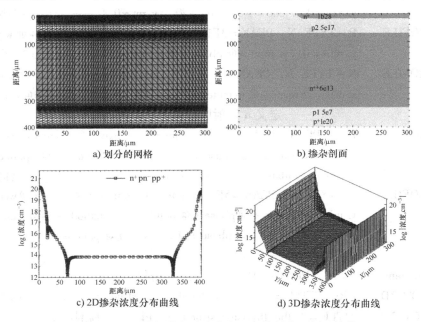

图 10-5　晶闸管的掺杂浓度分布、网格划分及剖面结构

2. 阻断特性仿真

Comment　　　MEDICI　program code

TITLE　　　　1600V thyristor blocking Characteristic Simulation

Comment　　　Create an initial simulation mesh

MESH　　　　in.　FILE = mesh_ th1600

COMMENT　　　Attach a lumped resistance to the Anode contact

CONTACT　　　NAME = Anode　RESIST = 1e5

CONTACT　　　NAME = gate　　RESIST = 1e5

COMMENT　　　solution part

models　　　　impact. i phumob consrh auger bgn temperat = 298

material　　　region = Silicon v0. bgn = 6. 92e - 3n0. bgn = 1. 3e17 con. bgn = 0. 5

+	taup0 = 1e − 5 taun0 = 1e − 5
Comment	symbolic selects the equations
symbolic	carriers = 0
symbolic	carriers = 2 newton
Comment	define the output file for all solutions
Comment	ramp um solution：at first solve for V = 0
Comment	the maximum number of iterations is set to 100
method	itlimit = 50
Solve	v(Anode) = 0 v(gate) = 0 out. file = mthbvef00
log	out. file = mthbv1600t298
Comment	stoppes calculation if c. vmax or c. imax is reached
Comment	c. dvmax = 1 and c. toler = 0. 01 are important for"snap back"
solve	continue elec = Anode c. vmin = 0 c. vstep = 0. 00005
+	c. vmax = 2500 c. imax = 1e − 6 IMPACT. i c. toler = 0. 01
+	c. dvmax = 5 v(gate) = 0 out. file = mthbvef01
Comment	PLOT Anode Current vs. Anode Voltage forward
extract	name = JA UNITS = A/cm^2 express = @ I(Anode)/3E − 6
PLOT. 1D	in. file = mthbv1600t298 Y. AXIS = JA X. AXIS = V(Anode)
+	POINTS LEFT = 0 RIGHT = 2500 BOTTOM = 0 TOP = 10e − 3
+	^order color = 1 line. type = 1 SYMBOL = 1
+	TITLE = "Anode current vs. Anode voltage forward"

上述程序运行后，可以画出晶闸管的阻断特性曲线，同时已将阻断特性仿真数据存入 mthbv1600t298 文件中。如果仿真高温下的阻断特性，需将 models 语句中的 temperat 值进行修改，并另外保存数据文件即可。如果仿真反向阻断特性，可将阳极的初始电压设为零，然后步长逐渐减小，采用上述的方法可以进行仿真。为了得到晶闸管在高、低温下的阻断特性，或了解在阻断期间器件内部的耗尽层的展宽情况，可以利用下列程序调用上述计算结果，画出相应的阻断特性曲线及不同电压下的电场强度分布曲线。

Comment	MEDICI program code
Comment	thyristor Blocking Characteristic Simulation
MESH	in. FILE = mesh_ th1600
assign	name = nemitter c. value = 20 delta = 0
assign	name = pbase c. value = 50 delta = 0

assign	name = nbase	c. value = 260	delta = 0
assign	name = panode	c. value = 50	delta = 0
assign	name = ppanode	c. value = 20	delta = 0
assign	name = wgate	c. value = 100	delta = 0
assign	name = wemitter	c. value = 200	delta = 0

PLOT. 1D in. file = mthbv1600t298 y. log Y. AXIS = I (Anode)

+   X. AXIS = V (Anode) SYMB = 1 POINTS LEFT = 0 RIGHT = 2500

+   BOTTOM = 1e − 12 TOP = 1e − 1 ^order color = 1 line. type = 1

+   TITLE = " Anode current vs. Anode voltage forward"

LABEL   LABEL = T = 298" START. LE LX. F = 3 line = 1 color = 1

+   SYMB = 1 X = 3. 6 Y = 13. 2cm

PLOT. 1D in. file = mthbv1600t423 y. log Y. AXIS = I (Anode)

+   X. AXIS = V (Anode) POINTS LEFT = 0 RIGHT = 2500

+   BOTTOM = 1e − 12 TOP = 1e − 1 ^order color = 1 line. type = 1 unch

+   TITLE = " Anode current vs. Anode voltage forward" SYMB = 2

LABEL   LABEL = "T = 398" START. LE LX. F = 3 line = 1 color = 1

+   SYMB = 2 X = 3. 6 Y = 12. 2 cm

extract   name = JA units = a∕cm^2 express = @ i (anode) ∕3e − 6

PLOT. 1D in. file = mthbv1600298r Y. AXIS = JA X. AXIS = V (Anode)

+   POINTS LEFT = − 2500 RIGHT = 0 BOTTOM = − 20e − 3 TOP = 0

+   ^order color = 1 line. type = 1 SYMBOL = 1

PLOT. 1D in. file = mthbv1600t398r Y. AXIS = JA X. AXIS = V (Anode)

+   POINTS LEFT = − 2500 RIGHT = 0 BOTTOM = − 20e − 3 TOP = 0

+   ^order color = 1 line. type = 1 SYMBOL = 2 unch

+   TITLE = " Anode current vs. Anode voltage Backward"

LABEL   LABEL = "T = 298K"   START. LE LX. F = 13 line = 1

+   color = 1 SYMB = 1 X = 13. 6 Y = 5. 6 cm

LABEL   LABEL = "T = 398K"   START. LE LX. F = 13 line = 2

+   color = 1 SYMB = 2 X = 13. 6 Y = 4. 6 cm

load   in. file = mthbvef00

plot. 1d   e. field x. start = (@ wgate + @ wemitter)∕2

+   x. end = (@ wgate + @ wemitter)∕2 y. st = 0

+   y. en = @ nbase + @ pbase + @ nemitter + @ panode + @ ppanode left = 0

```
+               right = @ nbase + @ pbase + @ nemitter + @ panode + @ ppanode
+               bot = 1e0   top = 2. 3e5   color = 1   symb = 3      line. type = 1
+               title = "the thyristor   electric field distribution"
load            in. file = mthbvef30
plot. 1d        e. field     x. start = ( @ wgate + @ wemitter )/2
+               x. end = ( @ wgate + @ wemitter )/2   y. st = 0
+               y. en = @ nbase + @ pbase + @ nemitter + @ panode + @ ppanode  left = 0
+               right = @ nbase + @ pbase + @ nemitter + @ panode + @ ppanode
+               bot = 1e0   top = 1e6   color = 1   symb = 3   line. type = 1   unch
load            in. file = mthbvef40
plot. 1d        e. field     x. start = ( @ wgate + @ wemitter )/2
+               x. end = ( @ wgate + @ wemitter )/2   y. st = 0
+               y. en = @ nbase + @ pbase + @ nemitter + @ panode + @ ppanode  left = 0
+               right = @ nbase + @ pbase + @ nemitter + @ panode + @ ppanode
+               bot = 1e0   top = 1e6   color = 1   symb = 3   line. type = 1   unch
load            in. file = mthbvef45
plot. 1d        e. field     x. start = ( @ wgate + @ wemitter )/2
+               x. end = ( @ wgate + @ wemitter )/2   y. st = 0
+               y. en = @ nbase + @ pbase + @ nemitter + @ panode + @ ppanode  left = 0
+               right = @ nbase + @ pbase + @ nemitter + @ panode + @ ppanode
+               bot = 1e0   top = 1e6   color = 1   symb = 8   line. type = 1   unch
load            in. file = mthbvef50
plot. 1d        e. field     x. start = ( @ wgate + @ wemitter )/2
+               x. end = ( @ wgate + @ wemitter )/2   y. st = 0
+               y. en = @ nbase + @ pbase + @ nemitter + @ panode + @ ppanode  left = 0
+               right = @ nbase + @ pbase + @ nemitter + @ panode + @ ppanode
+               bot = 1e0   top = 1e6   color = 1   symb = 4   line. type = 1   unch
load            in. file = mthbvef55
plot. 1d        e. field     x. start = ( @ wgate + @ wemitter )/2
+               x. end = ( @ wgate + @ wemitter )/2   y. st = 0
+               y. en = @ nbase + @ pbase + @ nemitter + @ panode + @ ppanode  left = 0
+               right = @ nbase + @ pbase + @ nemitter + @ panode + @ ppanode
+               bot = 1e0   top = 1e6   color = 1   symb = 6   line. type = 1   unch
```

```
load          in. file = mthbvef60
plot. 1d      e. field      x. start = ( @ wgate + @ wemitter)/2
+             x. end = ( @ wgate + @ wemitter)/2      y. st = 0
+             y. en = @ nbase + @ pbase + @ nemitter + @ panode + @ ppanode  left = 0
+             right = @ nbase + @ pbase + @ nemitter + @ panode + @ ppanode
+             bot = 1e0  top = 1e6  color = 1  symb = 1  line. type = 1  unch
load          in. file = mthbvef65
plot. 1d      e. field   x. start = ( @ wgate + @ wemitter)/2
+             x. end = ( @ wgate + @ wemitter)/2      y. st = 0
+             y. en = @ nbase + @ pbase + @ nemitter + @ panode + @ ppanode  left = 0
+             right = @ nbase + @ pbase + @ nemitter + @ panode + @ ppanode
+             bot = 1e0  top = 1e6  color = 2  symb = 7  line. type = 1  unch
load          in. file = mthbvef70
plot. 1d      e. field      x. start = ( @ wgate + @ wemitter)/2
+             x. end = ( @ wgate + @ wemitter)/2      y. st = 0
+             y. en = @ nbase + @ pbase + @ nemitter + @ panode + @ ppanode   left = 0
+             right = @ nbase + @ pbase + @ nemitter + @ panode + @ ppanode
+             bot = 1e0  top = 1e6  color = 1  symb = 2  line. type = 1  unch
load          in. file = mthbvef73
plot. 1d      e. field   x. start = ( @ wgate + @ wemitter)/2
+             x. end = ( @ wgate + @ wemitter)/2      y. st = 0
+             y. en = @ nbase + @ pbase + @ nemitter + @ panode + @ ppanode   left = 0
+             right = @ nbase + @ pbase + @ nemitter + @ panode + @ ppanode
+             bot = 1e0  top = 1e6  color = 1  symb = 5  line. type = 1  unch
label         label = " wn2 = 20um  wp2 = 50um  wp1 = 260um  wp1 = 70um"
+             x = 4  y = 11. 8cm
label         label = " electric field" start. le lx. f = 12  line = 2  x = 13  y = 9. 3cm
```

上述程序运行后，可得到晶闸管在正、反向阻断时的 $I-U$ 特性曲线如图 10-6a，b 所示。对应的电场强度分布曲线如图 10-6c、d 所示。图 10-6c 显示随外加电压的增加，耗尽层逐渐扩展。

3. 导通特性仿真

```
Comment       MEDICI  program  code
TITLE         thyristor forward conducting Characteristic Simulation
```

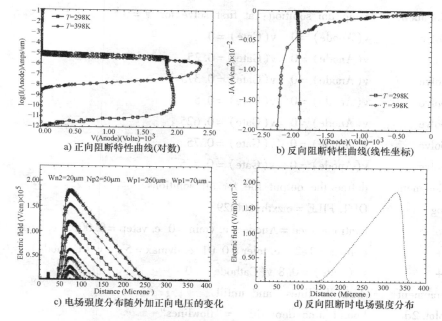

a) 正向阻断特性曲线(对数)

b) 反向阻断特性曲线(线性坐标)

c) 电场强度分布随外加正向电压的变化

d) 反向阻断时电场强度分布

图 10-6 晶闸管的阻断特性仿真曲线

Comment	Calling an initial simulation mesh
MESH	in. file = mesh_ th1600
COMMENT	Attach a lumped resistance to the Anode contact
CONTACT	NAME = Anode RESIST = 1e4
CONTACT	NAME = gate RESIST = 1e4
COMMENT	solution part
models	phumob consrh auger bgn temperature = 298
comment	for phumob model the changed bandgap parameters
material	region = silicon v0. bgn = 6. 92e − 3 n0. bgn = 1. 3e17 con. bgn = 0. 5
+	taup0 = 1e − 5 taun0 = 1e − 5
Comment	symbolic selects the equations
Comment	at first solve only Poisson's equation
symbolic	carriers = 0
Comment	Newton − − > coupled method; Gummel − − > de − coupled method
Comment	solve Poissons's equation and both hole and electron DD equations
symbolic	carriers = 2 newton
Comment	the maximum number of iterations is set to 60
method	itlimit = 60

Comment	ramp um solution：at first solve for $V = 0$
Solve	v(Anode) = 0 v(Gate) = 0
Solve	v(Anode) = 0 v(Gate) = 0.25
Solve	v(Anode) = 0 v(Gate) = 0.375
Solve	v(Anode) = 0 v(Gate) = 0.5
Solve	v(Anode) = 0 v(Gate) = 0.625
Solve	v(Anode) = 0 v(Gate) = 0.75
Solve	v(Anode) = 0 v(Gate) = 0.875
Comment	define the output file for all solutions
log	OUT. FILE = mzxth1600t298
solve	continue elec = Anode c. vmin = 0 c. vstep = 0.0005 c. vmax = 10
+	c. imax = 1e2 c. toler = 0.01 c. dvmax = 5 v (Cathode) = 0
+	v (Gate) = 0.8 v(Cathode) = 0
comment	draw flowlines and unfill
plot. 2d	bound junc depl title = "flowlines"
contour	flowlines ncont = 70 color = 1

上述程序运行后，已将导通特性仿真数据存入 mzxth1600t298 文件中，如果想仿真高温下的阻断特性，需要将 models 语句中的 temperature 值进行修改，并另外保存数据文件即可。为了得到晶闸管在高、低温下的导通特性曲线，可利用下列程序：

Comment	MEDICI program code
Comment	thyristor conducting Characteristic curve
MESH	in. file = mesh_ th1600
extract	name = JA UNITS = A/cm^2 express = @ I(Anode)/3E − 6
PLOT. 1D	in. file = mzxth1600t298 Y. AXIS = JA X. AXIS = V(Anode)
+	POINTS LEFT = 0 RIGHT = 2 BOTTOM = 0 TOP = 3e2 ^order
+	color = 1 line. type = 1 SYMBOL = 1
+	TITLE = " Anode current vs. Anode voltage forward"
PLOT. 1D	in. file = mzxth1600t398 Y. AXIS = JA X. AXIS = V(Anode)
+	POINTS LEFT = 0 RIGHT = 2 BOTTOM = 0 TOP = 3e2 ^order
+	color = 1 line. type = 2 SYMBOL = 2 unch
+	TITLE = " Anode current vs. Anode voltage forward"
LABEL	LABEL = " T = 298K" START. LE LX. F = 3 line = 1
+	color = 1 SYMB = 1 X = 3.6 Y = 11.6cm
LABEL	LABEL = " T = 398K" START. LE LX. F = 3 line = 2

+	color = 1 SYMB = 2 X = 3.6 Y = 10.9 cm
LABEL	LABEL = "Wn2 = 20um Wp2 = 50um Wp1 = 260um Wp1 = 70um"
+	X = 2.6 Y = 13.3 cm

上述程序运行后,可得到图 10-7 所示的导通时的电流轨迹线及不同温度下的导通特性曲线。

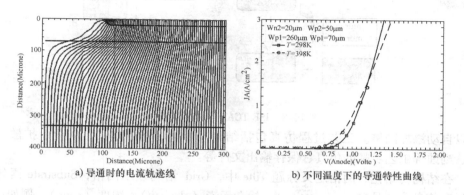

a) 导通时的电流轨迹线   b) 不同温度下的导通特性曲线

图 10-7   晶闸管的导通特性

10.3   ISE 软件使用实例

ISE – TCAD10.0 是 Synopsys 公司开发的一款商用 EDA 软件,主要包括了 DIOS 和 DESSIS 两大功能模块。其中,DIOS 是一个 2D 工艺仿真器,可以仿真完整的工艺制造流程,包括光刻、淀积、离子注入、扩散、氧化、退火等。DESSIS 是器件特性与电路仿真器。它是以半导体三大基本方程为基础、采用物理模型和数学方法来仿真器件的电学、热学和光学及电路的特性,可处理 1D、2D 及 3D 器件结构,以及混合模式电路。

图 10-8 给出了 ISE TCAD 基本仿真流程。可见,ISE 中除了 DIOS 功能模块与 DESSIS 功能模块之外,还有器件描述功能及仿真结果显示功能。MDRAW 是器件描述功能模块,可以在工艺仿真后对电极进行定义,同时定义结构边界、掺杂、电极及网格优化,生成器件结构,并输出". dat" 和". grd"。而且仿真结果可以通过 Inspect 和 Tecplot 查看。

10.3.1   DIOS 模块

1. DIOS 功能简介

DIOS 模块能仿真完整的工艺制造流程,其输入文件由一系列的命令所构成,

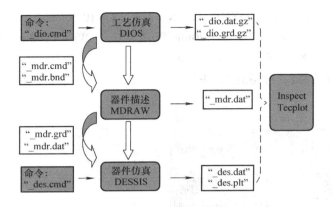

图 10-8 ISE TCAD 基本仿真流程

可以自动添加网格。工艺过程仿真包括结构初始化、网格定义，氧化、扩散、光刻、刻蚀等工艺步骤的仿真、保存输出文件等。

在结构初始化、网格定义标题 Tilte 中，Grid 语句表示网格，Substrate 语句表示衬底信息，如晶向（orientation）、掺杂元素（element）、浓度（conc）。例如：

网格划分语句 graph（triangle = on，plot），文件保存中 1D（file = final，xsection（0.1），spe（btot，ptot，netact），fac = −1，append = off）表示 x 或 y 方向的掺杂浓度分布，save（file ='final'，type = MDRAW）表示保存为 MDRAW 格式（结构剖面图）的文件。

在光刻工艺定义中，mask 表示掩模，etch 表示刻蚀，例如：

mask（material = resist，thickness = 800nm，xleft = 6.5，xright = 18）

etch（material = poly，stop = oxgas，rate（anisotropic = 100））

etch（material = resist）

离子注入工艺采用 implant 语句。例如：

implant（element = P，dose = 4.5e15，energy = 110keV，tilt = 7，rotation = 30）

其中默认参数为 tilt = 7，rotation = −90。

在热退火、氧化、外延生长、硅化物生长工艺中，diffusion 语句可用于所有高温步骤。例如：

干氧氧化：diffusion（atmosphere = O2，time = 70，Temperature = 1100）

外延生长：diffusion（atmosphere = epitaxy，growthrate = 1000，time = 1，element = P，conc = 2e18，temperature = 1150）

在各向同性、各向异性淀积工艺、表面平坦化与化学机械抛光工艺中，采用 desposit 语句。例如：

deposit（material = poly，thickness = 0.65um）

2. DIOS 仿真实例

平面栅 PT – IGBT 的工艺流程：衬底制备→外延 n 缓冲层→外延 n⁻ 漂移区→干氧—湿氧—干氧交替生长场氧→光刻 p 阱区（1#）→ p 阱区 B⁺ 注入→推进兼氧化→栅氧化→多晶硅淀积→光刻多晶硅栅（2#）→p 基区 B⁺ 注入→推进兼氧化→光刻 n⁺ 源区（4#）→p⁺ 注入→推进兼氧化→淀积 PSG →PSG 回流→光刻蚀接触孔（5#）→溅射铝→反刻铝。仿真程序如下：

```
Title （'substrate'） ——标题
repl （cont （ngra = 1000）） ——网格结构初始化
! variables representing size of the simulation domain——定义仿真区域的尺寸
set sim_ y1 = – 30
set sim_ y2 = 0
set sim_ x1 = – 12
set sim_ x2 = 12
Grid （X （ – 12，12），Y （ – 30，0），Nx = 20） ——建立网格及区域
repl （cont （maxtrl = 5，RefineGradient = – 6，RefineMaximum = 0，RefineJunc-
tion = – 6，RefineBoundary = – 6）） ——对网格进行调整
Substrate （Element = B，Ysubs = 0，Orientation = 100，Concen = 1e19） ——定义
衬底
Comment （'Process start'） ——注释语句
Comment （'n buffer layer'）
Diffusion （Atmosphere = EPI，Time = 10，Temperature = 1200，Thickness =
10um，Element = P，Concentration = 1e16） ——外延 n 缓冲层
Comment （'n – drift region'）
Diffusion （Atmosphere = EPI，Time = 100，Temperature = 1200，Thickness =
100um，Element = P，Concentration = 1e14） ——外延 n⁻ 漂移区
Comment （'p + well region'）
Deposit （Material = ox，Thickness = 30nm） ——注入前先溅射 30nm 牺牲氧化层
Mask （Material = Resist，Thickness = 2um，X （ – 11.0，11.0）） ——开 p⁺ 阱
区注入窗口
Implantation （Element = B，Dose = 1e16，Energy = 60kev，Tilt = 0degree，Rota-
tion = – 90degree，NumSplits = 2） ——p⁺ 阱区 B⁺ 离子注入
etch （material = ox） ——注入后刻蚀牺牲氧化层
etch （material = Resist） ——刻蚀光刻胶
Diffusion （Time = 20，Temperature = 1100，Atmosphere = Mixture Flow （O2 = 3）
Pressure = 1） ——退火、推进兼氧化（干氧）
```

Diffusion （Time＝30，Temperature＝1100，Atmosphere＝Mixture Flow（H2O＝3）Pressure＝1）——推进兼氧化（湿氧）

Diffusion （Time＝20，Temperature＝1100，Atmosphere＝Mixture Flow（O2＝3）Pressure＝1）——推进兼氧化（干氧）

etch （material＝ox）——刻蚀氧化层

Comment （'poly－Si'）

Deposit （Material＝OX，Thickness＝0.1um）——淀积栅氧化层

Deposit （Material＝PO，Thickness＝0.8um，Element＝P，Conc＝1e20）——淀积多晶硅

Mask （Material＝Resist，Thickness＝2um，X（－5.0，5.0））——光刻形成多晶硅栅

etch （material＝po，stop＝oxgas，rate（anisotropic＝100））——刻蚀多晶硅

etch （material＝ox，stop＝sigas，Rate（Aniso＝100））——刻蚀栅氧化层

etch （material＝Resist）——刻蚀光刻胶

Comment （'p base region'）

Deposit （Material＝ox，Thickness＝30nm）——注入前先溅射30nm牺牲氧化层

Implantation （Element＝B，Dose＝1e14，Energy＝80kev，Tilt＝0degree，Rotation＝－90degree，NumSplits＝2）——p体区 B^+ 注入

etch （material＝ox，remove＝30nm，Rate（Aniso＝100））——刻蚀牺牲氧化层

Diffusion （Time＝30，Temperature＝1100，Atmosphere＝Mixture Flow（O2＝3）Pressure＝1）——退火、推进兼氧化（干氧）

Diffusion （Time＝60，Temperature＝1100，Atmosphere＝Mixture Flow（H2O＝3）Pressure＝1）——推进兼氧化（湿氧）

Diffusion （Time＝40，Temperature＝1100，Atmosphere＝Mixture Flow（O2＝3）Pressure＝1）——推进兼氧化（干氧）

Comment （'n＋emitter region'）——n^+ 发射区注入

etch （material＝ox，remove＝690nm，Rate（Aniso＝100））——刻蚀（干湿干）氧化层

Deposit （Material＝ox，Thickness＝30nm）——注入前溅射30nm牺牲氧化层

Mask （Material＝Resist，Thickness＝2um，X（－12.1，－6.0，6.0，12.1））——光刻 n^+ 发射区注入窗口

Implantation （Element＝P，Dose＝2e15，Energy＝50kev，Tilt＝0degree，Rotation＝－90degree）——n^+ 发射区 P^+ 注入

etch （material＝ox，remove＝30nm，Rate（Aniso＝100））——刻蚀牺牲氧化层

etch （material＝resist）——刻蚀光刻胶

Diffusion （Time＝50，Temperature＝1100，Atmosphere＝Mixture，Flow（N2＝

3）Pressure = 1）——退火兼推进

　　Deposit（Material = ox，Thickness = 0.9um）——淀积 PSG 氧化层

　　diffusion（time = 10，temperature = 1050）—— PSG 回流

　　mask（material = resist，thickness = 800nm，x（-12，-4.6，4.6，12））——光刻栅上 PSG 窗口

　　etch（material = ox，stop = pogas，rate（aniso = 100））——刻蚀多晶硅栅上 PSG 层

　　etch（material = Resist）——刻蚀光刻胶

　　mask（material = resist，thickness = 800nm，x（-6.2，6.2））——光刻 p 基区 PSG 层窗口

　　etch（material = ox，stop = sigas，rate（aniso = 100））——刻蚀 p 基区上 PSG 层

　　etch（material = Resist）——刻蚀光刻胶

　　Deposit（Material = Al，Thickness = 3um）——淀积金属铝电极

　　mask（material = resist，thickness = 800nm，x（-12，-6.2，6.2，12））——反刻铝电极窗口

　　etch（material = Al，stop = pogas，rate（aniso = 100））——刻蚀铝电极

　　etch（material = Resist）——刻蚀光刻胶

　　Comment（'save profile'）

　　1d（file = n @ node @ _ nwell _ to，xsection（6.0），spe（btot，ptot，itot），fact = -1，append = off）——保存任何 $x-y$ 分布的 DIOS 变量

　　save（file = n@ node@ ，type = MDRAW，synonyms（po = metal，al = metal，ms = metal）compress = off——按 MDRAW 格式保存文件

　　contacts（contact1（name = 'emitter1'，x = -6.0，y = 0）

　　contact2（name = 'emitter2'，x = 6.0，y = 0）

　　contact3（name = 'gate'，x = 0.0，y = -0.6）

　　contact4（name = 'collector'，location = bottom）

　　）——定义电极接触

exit

End

　　利用上述程序仿真得到的 IGBT 的掺杂剖面及掺杂浓度分布曲线如图 10-9 所示。

10.3.2　MDRAW 模块

1. MDRAW 功能简介

MDRAW 模块作为 ISE – TCAD 环境中的一部分，主要提供 2D 器件结构描述，

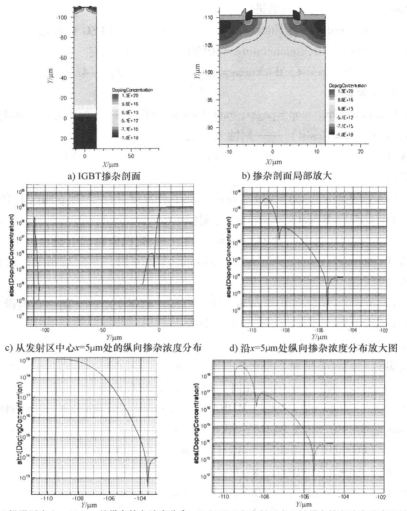

a) IGBT掺杂剖面   b) 掺杂剖面局部放大

c) 从发射区中心$x=5\mu m$处的纵向掺杂浓度分布   d) 沿$x=5\mu m$处纵向掺杂浓度分布放大图

e) 沿阱区中心$x=11.5\mu m$处纵向掺杂浓度分布 f) 沿阱区和发射区中心处纵向掺杂浓度分布比较

图 10-9　IGBT 的掺杂剖面及掺杂分布仿真曲线

包括结构的边界、掺杂浓度及其优化。其中集成了 MESH 网格编辑器，可以对所画的结构进行网格编辑，为器件仿真建立适当的网格。网格生成可以在图形界面下进行或者利用命令生成，也可直接调用由 DIOS 工艺仿真生成的结构。边界编辑和掺杂分布的优化可以使用同一个图形界面。

　　MDRAW 输入：MDRAW 中的器件结构信息存储在两个文件中。几何结构存入 ［basename］.bnd 边界文件中，掺杂浓度分布和网格优化存入 ［basename］.cmd 命令文件中。

MDRAW 输出：结构文件被 DESSIS 调用的是〔basename〕．grd 网格文件和〔basename〕．dat 数据文件。〔basename〕．grd 网格文件中包含结构中所有的节点信息，如节点之间的关联以及所属的区域及材料。数据文件包含所有的数据设置信息，如节点处的掺杂浓度分布。

2. MDRAW 使用举例

下面以 VDMOS 为例，介绍 MDRAW 的用法。

（1）进入 MDRAW 的图形用户界面

首先，创建一个 MDRAW 项目，创建步骤如图 10-10 所示。

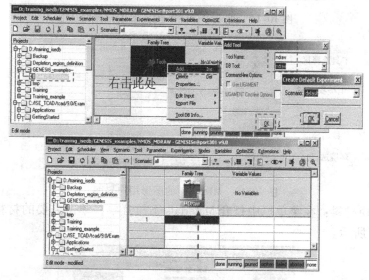

图 10-10　创建一个 MDRAW 项目

其次，进入 MDRAW 的图形用户界面，步骤如图 10-11 所示。

（2）图形用户界面

在 MDRAW 图形界面（见图 10-12）中，边界编辑窗口包括菜单栏、工具选择区、电极操作区、参数选择区、环境选择区、绘图区及坐标指示器。这些部分构成了友好的图形界面，帮助用户更快地熟悉并使用 MDRAW 软件。

菜单栏和工具选择区：菜单栏使得用户可以更加方便地使用 MDRAW 命令，包括"文件保存"、"编辑图形"、"查看信息"等。工具选择区包含了最常用的一些命令，多数通过单击选择即可在绘图区使用。

电极操作区：电极操作区的选项可以方便用户定义电极。

参数选择区：参数选择区的选项可以控制环境设置，例如"坐标精准度"、"标尺显示"等。

（3）VDMOS 结构的创建

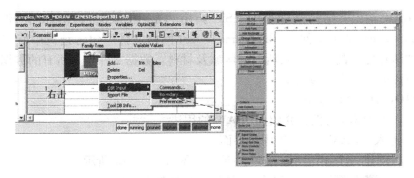

图 10-11　进入 MDRAW 的图形用户界面

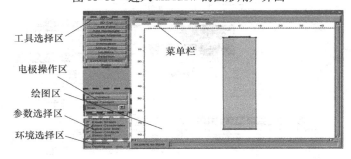

图 10-12　MDRAW 的图形用户界面

1）选择材料：在菜单栏中打开 Materials 下拉菜单，单击需要的材料：Silicon，如图 10-13 所示。

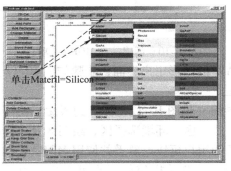

图 10-13　选择材料

2）创建硅衬底：从工具选择区中选择 Add Rectangle。先勾选参数选择区的 Exact Coordination；再单击"Add Rectangle"；最后按衬底尺寸要求画一个矩形，填入边界值，如图 10-14 所示。

3）添加栅氧化层：先将当前材料设置成 SiO_2；再在工具选择区中选择 Add Rectangle；最后按栅氧化层尺寸要求画一个矩形，填入边界值，如图 10-15 所示。

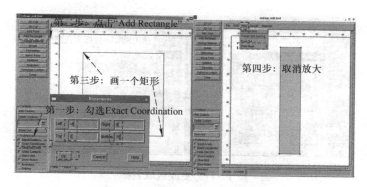

图 10-14　创建硅衬底

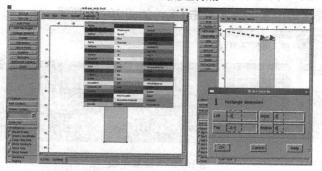

图 10-15　添加 100mm 栅氧化层

4）添加多晶硅栅：先将当前材料设置为 Polysilicon（多晶硅）；再从工具选择区中选择 Add Rectangle；最后按多晶硅栅尺寸要求画一个矩形，填入边界值，如图 10-16 所示。

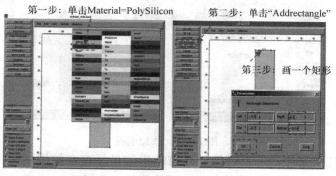

图 10-16　添加 Polysilicon（多晶硅）栅

5）更改区域名：MDRAW 默认的区域名称为 Region_ 1、Region_ 2、Region_ 3，依次类推。改变区域名称：从工具选择区中选择 Information，单击器件结构任意一点，出现一个 Region Information 对话框，更改名称即可，如图 10-17 所示。

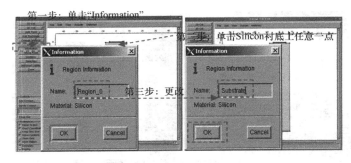

图 10-17　更改区域名称

6）设置电极：从电极操作区中选择 Add Contact，将会出现 Contact Information 对话框，输入栅极等电极名称，单击 OK，如图 10-18 所示。

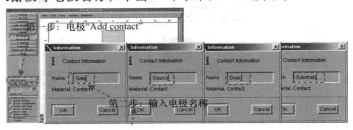

图 10-18　设置电极

7）添加或者更改电极，先在电极区域单击 Reset contact 中的黑色三角下拉菜单，选择其中一项；再选择要添加当前电极的边缘，从工具箱中选择 Set Contact，然后单击各自电极所对应的边缘，如图 10-19 所示。

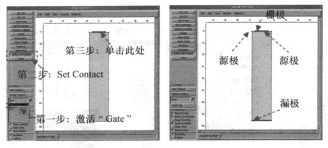

图 10-19　添加电极

8）保存几何文件：一个器件的几何结构信息保存在扩展名为 *.bnd 的文件中。为了保存边界文件，从菜单条 File 下拉菜单中选择 Save 或者 Save as。输入名称 mdraw_ mdr.bnd，如图 10-20 所示。

（4）VDMOS 结构的掺杂

1）衬底掺杂：因衬底为 n 型且均匀分布，故在工具选择区中选择 Add Constant P.，按住鼠标左键拖曳，画一个与衬底面积近似的矩形框，然后释放鼠标，

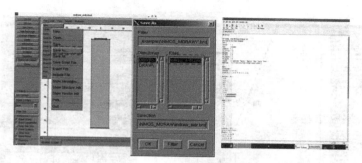

图 10-20　保存边界文件

填入相应的参数值，如图 10-21 所示。

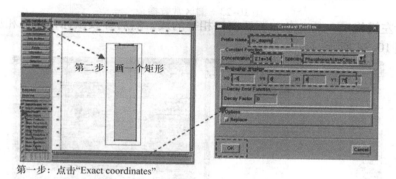

第二步：画一介矩形

第一步：点击"Exact coordinates"

图 10-21　衬底常数掺杂

2）多晶硅掺杂：在工具选择区中选择 Add Constant P.，按住鼠标左键拖曳，画一个与多晶硅面积近似的矩形框，然后释放鼠标，填入相应的参数值，如图 10-22 所示。

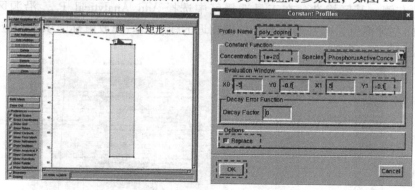

图 10-22　衬底多晶硅常数掺杂

3）漏区掺杂：在工具选择区中选择 Add Constant P.，按住鼠标左键拖曳，画一个与漏区面积近似的矩形框，然后释放鼠标，填入相应的参数值，如图 10-23 所示。

4）左侧 p 基区掺杂：在工具选择区中选择 Add Analytical P.，沿源区电极，

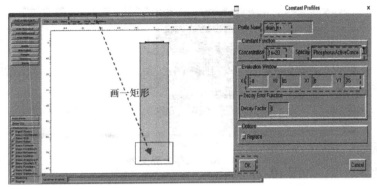

图 10-23　漏区常数掺杂

按住鼠标左键拖曳，画一条与源区窗口相等的线，然后释放鼠标，填入相应的参数值。如图 10-24 所示。

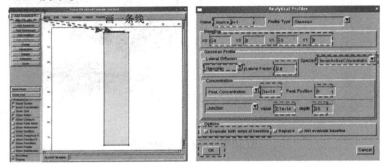

图 10-24　p^+ -1 区解析掺杂

5）右侧 p 基区掺杂：在工具选择区中选择 Add Analytical P.，沿源区电极，按住鼠标左键拖曳，画一条与源区长度相近的线，然后释放鼠标，填入相应的参数值，如图 10-25 所示。

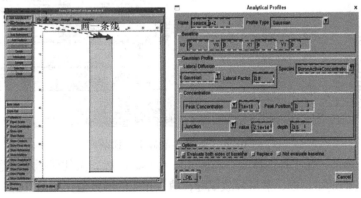

图 10-25　p^+ -2 区解析掺杂

6）左侧 n⁺ 源区掺杂：在工具选择区中选择 Add Analytical P.，沿左侧源区电极，按住鼠标左键拖曳，画一条与源区窗口相等的线，然后释放鼠标，填入相应的参数值，如图 10-26 所示。

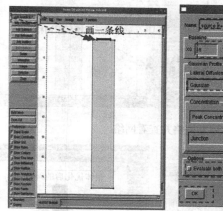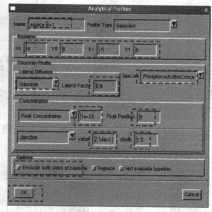

图 10-26　源 n⁺ -1 区解析掺杂

7）右侧 n⁺ 源区掺杂：在工具选择区中选择 Add Analytical P.，沿着右侧源区电极，按住鼠标左键拖曳，画一条与漏区窗口相等的线，然后释放鼠标，填入相应的参数值，如图 10-27 所示。

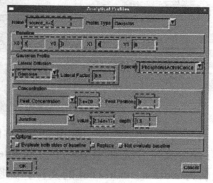

图 10-27　源 n⁺ -2 区解析掺杂

8）建立网格并查看网格：至此，器件的掺杂描述已全部完成，单击 Show Mesh，显示网格，也可以单击使其他参数（如图例、标尺等）显示或者不显示。如图 10-28 所示。

（5）VDMOS 结构的优化编辑

1）整体优化：先在菜单栏中打开 View 下拉菜单，单击 List of References；再单击 Default Region；并编辑相应的参数值；最后勾选第一项 Doping Concentration，如图 10-29 所示。

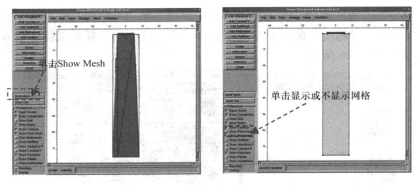

图 10-28　建立网格并查看网络

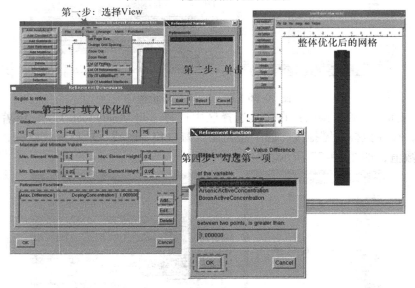

图 10-29　整体优化

2）保存命令文件：先在菜单栏中打开 File 下拉菜单，单击"Save Mesh As"；再保存后缀名为 mdraw_ mdr. cmd 的文件，如图 10-30 所示。

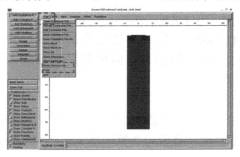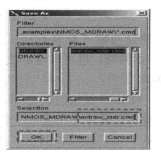

图 10-30　保存 Command 文件

3）切换执行模式：选择"二——"执行模式，如图 10-31 所示。

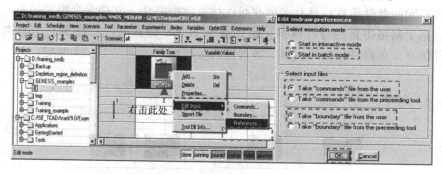

图 10-31　切换执行模式

4）运行程序并查看结果：在 batch 模式下运行程序，利用 TECOPLOT 查看 .dat 文件，查看步骤及结果如图 10-32 所示。

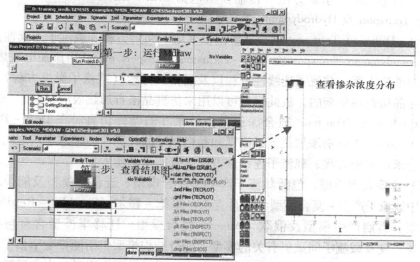

图 10-32　运行程序并查看结果

10.3.3　DESSIS 模块

1. DESSIS 模块功能简介

DESSIS 模块是仿真 1D、2D 及 3D 器件电学、热学和光学特性与电路仿真器。在仿真过程中，首先将器件结构通过网格划分离散为有限元网格，网格中每个节点的特性与器件的特征参数相关。在一定的边界条件下，通过求解各个节点的泊松方程、电流连续性方程以及能量平衡方程等特征方程，可得到半导体器件端电流、电压、电荷及内部载流子浓度分布、电场强度分布和产生复合率等。

DESSIS 模块具有丰富的半导体器件物理模型（漂移－扩散，热力学等模型），可支持不同的器件仿真；具有多种非线性仿真解决办法，支持混合模型仿真，电热网表有基于网格仿真的器件模型，也有基于 SPICE 仿真的电路模型。仿真类型有单器件仿真、单器件与电路仿真、多器件与电路仿真，如图 10-33 所示。

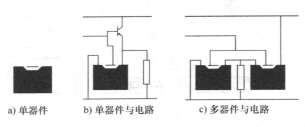

a) 单器件   b) 单器件与电路   c) 多器件与电路

图 10-33   三种仿真类型

（1）传输模型与求解方法   传输模型包括 Drift－Diffusion Transport、Thermodynamic Transport 及 Hydrodynamic Transport。

Drift－Diffusion Transport 耦合求解泊松（Poisson）方程和载流子连续性方程；

Thermodynamic Transport 在 Drift－Diffusion Transport model 中添加电致热效应。耦合求解泊松方程、载流子连续性方程以及晶格热方程（载流子温度方程）。假定载流子与晶格是热平衡的，故此模型可以用来仿真晶格自加热效应。

Hydrodynamic Transport 适合深亚微米级尺寸的器件仿真。在 Drift－Diffusion Transport model 中分别添加载流子温度和晶格温度的计算项，考虑它们之间的热交换。耦合求解泊松方程、载流子连续性方程以及能量平衡方程。

（2）主要物理模型   包括载流子产生－复合模型、迁移率模型及能带结构模型。其中载流子产生－复合模型含有肖克莱－里德－霍尔（Shockley－Read－Hall）复合模型、雪崩产生模型及俄歇（Auger）复合模型；迁移率模型含有与掺杂浓度、电场强度及载流子间散射有关的模型；能带结构模型包括能带变窄模型。由于不同的物理机理在 ISE 软件中对应不同的方程，同时求解方程时，许多经验参数与物理模型的选取也有很大关系。对于确定的器件结构，采用什么样物理模型，直接关系到仿真结果的精度和速度，所以物理模型的选取很重要。

（3）器件结构   可用网格和掺杂两个文件来描述。网格文件包括整个器件每一区域的详细定义，即边界、材料类型、电极接触位置等，还要描述器件区域的网格和网格的连接关系。掺杂文件主要是器件属性的定义，包括掺杂浓度分布、网格点数据格式及网格优化等，也可将工艺仿真结果导入，定义电极、物理模型、数学算法、输出内容以及电压（或电流）扫描。

（4）输入命令   包括 File（文件）section、Electrode（电极）section、Physics（物理模型）section、Plot（画图）section、Math（网格）section 及 Solve（求解）

section。

File section 用于定义输入输出文件，主要包括 Grid、Contact、Doping、Current、Plot 及 Output。其中，Grid 表示器件各个区域的材料、结构；Contact 表示接触的位置以及网格节点的信息；Doping 表示器件的掺杂信息；Current 表示器件的电学输出数据；Plot 表示器件每个格点上变量的最终解；Output 表示仿真过程的日志。

Electrode section 用于指定电极，主要包括 name 与 Voltage。其中，name 用于定义每个电极；电极名称必须与 grid 文件一致；Voltage 用于定义电极的电压初始值。

Physics section 用于选择求解中需要定义的物理模型，主要包括 EffectiveIntrinsicDensity 与 Mobility。其中，EffectiveIntrinsicDensity 表示能带变窄，影响本征载流子浓度；Mobility 表示掺杂浓度（DopingDep）、高饱和电场（HighFieldSat）等对载流子迁移率的影响。

Plot section 用于指定输出 Plot 文件中所要求的变量，仅能存储 Physics 模型中可求解出的物理量的值，主要包括 Potential 与 Electricfield、eDensity 与 hDensity、ConductionBand 与 ValenceBand、BandGap 与 Affinity，以及 eTemperature 与 hTemperature 等。

Math section 用于选择求解半导体方程时所采用的算法，其中，Extrapolate 表示外推法（默认为 off）；Iterations = 20 为指定最大 Newton 迭代次数（默认为 50）；Notdamped = 50 表示在最初的 50 次牛顿迭代中不采用衰减算法（默认为 1000）；NewDiscretization 表示改进的离散化载流子连续性方程、能量平衡方程以及晶格温度方程方案（默认为 off）；RelErrControl 表示激活误差控制模式（默认为 on）；Transient = BE 表示向后欧拉法（默认为 BD）；RBDF 表示倒推微分。

Solve section 用于定义求解输出特性的步骤，必须先求解初始方程才能进行准静态仿真、扫描电压设置，通过设定合适的步长，可以使计算迅速收敛，缩短程序运行时间。

（5）输出结果查看 Inspect 用于查看端特性；Tecplot 用于查看内部电场强度、电势、载流子浓度等内部特性。

利用 DESSIS 模块仿真器件的电学特性的流程如图 10-34 所示。

2. DESSIS 仿真实例

DESSIS 命令文件主要由命令和描述语句组成，书写顺序没有一定的要求。下面以 VDMOS 为例，先介绍其导通特性的仿真语句及结果，然后介绍开关特性的仿真方法。

（1）导通特性仿真

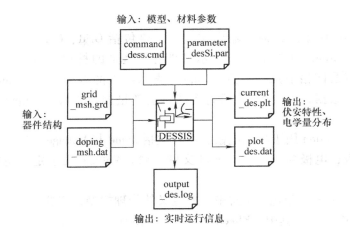

输入：模型、材料参数

输入：
器件结构

输出：
伏安特性、
电学量分布

输出：实时运行信息

图 10-34　DESSIS 器件模拟流程

Electrode ｛　　　　　　　　——定义器件的电极信息

　　　｛ name = " source"　voltage = 0　Resist = 100｝

　　　　——定义每个电极，这个电极名称必须和 grid 文件定义一致；

　　　｛ name = " drain"　voltage = 0　Resist = 100｝ " voltage = 0"

　　　　——定义电极电压初始值；

　　　｛ name = " gate"　voltage = 0　Barrier = − 0. 55｝ " Barrier = − 0. 55"

　　　　——定义金属 – 半导体功函数差，多晶硅被认为是电极；

　　　｝注意在多晶硅 "gate" 上的接触定义必须是欧姆接触。

File ｛　　　　　　　　——定义器件结构的输入文件和输出文件的名称

　　Grid = " @ grid@ "　——指定器件结构的网格文件

　　Doping = " @ doping@ "　——指定器件结构的掺杂文件

　　Output = " @ log@ "　——输出日志文件，记录 DESSIS 运行情况，扩展名为
" _ des. log"

　　Current = " @ plot@ "　——定义最后输出的电学数据（可以是电流、电压、
电极上的电荷等，后缀名为 " _ des. plt"

　　Plot = " @ dat@ "　　——定义仿真时计算的变量，扩展名为 " _ des. dat"

　　* param = " @ parameter@ "　——定义模型参数文件

　　｝

Thermode ｛　　　　　　　　——定义器件的结温

　　　｛ name = " source"　　　temperature = 300　SurfaceResistance = 5e − 4｝

　　　｛ name = " drain"　　　temperature = 300　SurfaceResistance = 5e − 4｝

　　　｛ name = " gate"　　　temperature = 300

```
    }
plot {                        ——定义输出要求解的变量
    eDensity hDensity         ——定义电子和空穴密度
    eCurrent hCurrent         ——定义电子和空穴电流
    ElectricField             ——定义电场
    eQuasiFermi hQuasiFermi      ——定义电子和空穴准费米能级
    Potential Doping SpaceCharge   ——定义电势、掺杂浓度分布、空间电荷
    SRH Auger Avalanche  ——定义直接复合、俄歇复合、雪崩产生和复合
    eMobility hMobility    ——定义电子与空穴迁移率
    DonorConcentration AcceptorConcentration——定义受主与施主浓度
    EffectiveIntrinsicDensity——定义本征载流子浓度等所有的计算变量
    }
Math {                        ——定义求解方程时所用的算法
    Iterations = 20          ——定义迭代次数
    NotDamped = 50
    Derivatives
    AvalDerivatives
    Extrapolate      ——定义仿真时采用外推法定义迭代下一步的数值
    NewDiscretization
    RelErrControl        ——定义迭代反复计算时加入误差控制
    BreakCriteria {LatticeTemperature (maxval = 1580)}
    }
Physics {          ——定义器件仿真过程中所使用的物理模型
        * AreaFactor normalizes to an area of 1 cm^2
    AreaFactor  = 1e6——定义面积因子，表示器件模型宽度为100μm
    EffectiveIntrinsicDensity (oldSlotboom) ——定义载流子的浓度
    Mobility ( DopingDependence HighField Saturation Enormal )
        ——定义与掺杂、高饱和电场及横向电场有关的迁移率模型
    CarrierCarrierScattering (BrooksHerring))
        ——定义与散射有关载流子的迁移率模型
    Recombination (SRH (DopingDependence) Auger Avalanche) ——定
义与掺杂有关的直接复合、俄歇复合及与雪崩有关的载流子复合模型
    Hydrodynamic——定义流体动力学模型
    }
Physics (MaterialInterface = "Oxide/Silicon") {charge (surfconc = 1. e11)}
```

　　　　　　　　　——定义两种不同材料的界面及其固定电荷密度

　　说明："AreaFactor"调节器件 z 轴方向的宽度，可调节电极处电流大小及电荷量。通常用器件模型宽度的倒数来表示单位面积的电流密度；"Hydrodynamic"定义了流体动力学模型，除了包含泊松方程和载流子连续性方程以外，还包含了载流子的温度和热流方程。这种模型可以仿真器件击穿特性，避免漂移 – 扩散模型中的过早击穿。

　　　　Solve {　　　　　　——定义求解时一些参数，如最大步长，栅压，漏极电压

　　　　Poisson　　　　——定义初始化采用非线性泊松方程

　　　　Coupled { Poisson Electron Hole }　——定义用耦合法求解泊松方程，电子及空穴连续性方程

　　　　Quasistationary（Initialstep = 1. e – 3　MaxStep = 0. 005　Minstep = 1. e – 7

　　　　　　　　increment = 1. 5

　　　　　　Goal { name = "gate"　voltage = 10 })

　　　　{Coupled { Poisson Electron Hole}}

　　　　Quasistationary（Initialstep = 1　MaxStep = 1　Minstep = 1. e – 7

　　　　　　　　increment = 1. 5

　　　　　　Goal { name = "drain"　voltage = 25 })

　　　　{Coupled {Poisson Electron Hole }}

　　　　}

　　仿真完成之后，选择合适的变量，可通过 INSPECT 工具得到 VDMOS 导通时 I – U 特性曲线如图 10-35a 所示，通过 Tecplot – ISE 工具得到的 VDMOS 中载流子浓度分布剖面如图 10-35 所示。也可以通过 Tecplot – ISE 工具得到器件电势和电场强度分布等。

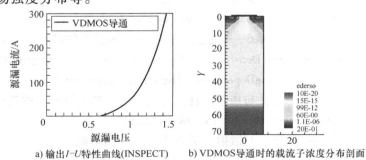

　　　　a) 输出 I–U 特性曲线(INSPECT)　　　b) VDMOS 导通时的载流子浓度分布剖面

图 10-35　输出 I – U 特性曲线及导通时载流子浓度分布剖面

（2）开关特性仿真

　　VDMOS 开关特性需采用器件 – 电路混合仿真，与单个器件仿真相比，混合仿真需要在器件结构定义之后，对电路进行一定设置，增加了一些命令，下面加以说

明（未加说明的语句意义均与器件仿真中一致）。

Plot {

        eCurrent/Vector hCurrent/Vector

        eDensity hDensity

        ElectricField

        eQuasiFermi hQuasiFermi

        eEparallel hEparallel

        Potential SpaceCharge

        SRH Auger

}

Physics {

        * AreaFactor normalizes to an area of 1 cm^2

        AreaFactor = 1e6

        Mobility（PhuMob

            DopingDependence

            HighFieldSaturation

            NormalElectricField

            CarrierCarrierScattering （BrooksHerring）

            ）

        EffectiveIntrinsicDensity （Slotboom）

        Recombination （

            SRH （DopingDependence）

            SurfaceSRH

            Auger

            Avalanche （Eparallel）

            ）

        AnalTep

        Thermodynamic

}

说明："Thermodynamic" 语句定义热动力学模型

Math {

        RelErrcontrol

        Iterations = 10

        Derivatives

        AvalDerivatives

```
                AutomaticCircuitContact
                NewDiscretization
                DirectCurrentComp
        }
#if @ KG@ = =0
Electrode {
                { name = " gate"      voltage = 0   barrier = −0. 55}
                { name = " drain"     voltage = 0  }
                { name = " source"    voltage = 0  }
                }

File {
        grid      = " @ grid@ "
        doping = " @ doping@ "
        current   = " @ plot@ "
        output   = " @ log@ "
        plot      = " @ dat@ "
        save      = " @ save@ "
    }
Solve {
        poisson
        coupled { poisson electron hole contact }
                Quasistationary (
                InitialStep = 1e − 4  MaxStep = 0. 1  MinStep = 1e − 4
                        Increment = 2  Decrement = 3
                        Goal { name = " drain"  value = 100}
                                    )
                { coupled { poisson electron hole contact } }
                }
#else
 ∗ Circuit Simulation
File {
        output    = " @ log@ "
        save      = " @ save@ "
            }
Dessis VDMOS {
```

```
        Electrode  {
                { name = "gate"       voltage = 0    barrier = -0.55 }
                { name = "drain"      voltage = 0 }
                { name = "source"     voltage = 0 }
                }
File  {
        grid = "@ grid@ "
        doping = "@ doping@ "
        }
        }
System  { VDMOS   MOS1  ( "gate" = n2 "drain" = n4 "source" = n3 )
                { File {
                        plot     = "@ dat@ "
                        current = "@ plot@ "
                        load     = "@ save: -1@ "
                        }
                }
Vsource_ pset v0  ( n1  n3 )  { pulse = ( 0       #dc
                                11         #amplitude
                                0.5e -7    #td
                                2e -7      #tr
                                2e -7      #tf
                                1.5e-7     #ton
                                6e-7       #period )
                        }
Vsource_ pset v1  ( n7  n3 )      { dc = 100 }
                rr2( n1  n2 )    { r = 5 }
                rr1( n7  n6 )    { r = 30 }
                I12( n4  n6 )    { I0 = 1e -8 }
                set( n3 = 0 )
plot "n@ node@ _swith. plt" ( time( ) n1 n2 n3 n4 n6 n7  i( I2 n4) i( r2 n6) i( r1 n2))
                initialize  ( gate = 0  drain = 100  source = 0 )
                set  ( source = 0 )
                }
```

说明："System" 部分定义电路仿真设定，采用 SPICE 语句描述。器件输入是

542

电压数字信号，输出是两个电阻和一个电感负载。

"Vsource_ pset"语句定义 n1 和 n3 之间上升沿的输入电压信号（0～11V）

```
Solve {  coupled     {hole electron poisson contact}
         coupled {  hole electron poisson contact circuit }
         Transient（InitialStep = 1. 0e − 10  MinStep = 1e − 30  MaxStep = 1e − 6
                      InitialTime = 0    FinalTime = 8e − 7
                      Increment = 1. 12    Decrement = 4. 0）
         {coupled {  hole electron poisson contact circuit}}
      }

#endif
```

仿真完成之后，选择合适的变量，通过 INSPECT 工具得到 VDMOS 的开通和关断特性曲线如图 10-36 所示。

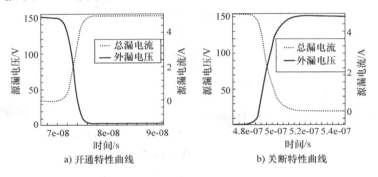

a) 开通特性曲线 b) 关断特性曲线

图 10-36　VDMOS 开通和关断特性仿真曲线（INSPECT）

10.4　ANSYS 软件使用实例

ANSYS 软件由全球最大的有限元分析软件公司之一的美国 ANSYS 公司开发，是集结构、流体、电场、磁场和声场分析于一体的大型通用有限元分析软件。AN-SYS 软件自 20 世纪 70 年代诞生至今，现已发展成为一个功能丰富、用户界面良好、前后处理和图形功能完备、使用高效的有限元软件系统。ANSYS 软件拥有丰富和完善的单元库、材料模型库和求解器，在处理热分析问题方面具有强大的功能，并且界面友好，易于掌握，可以随意地选择图形用户界面方式（GUI）或命令流方式进行计算，同时具有强大的网络划分功能及其结果后处理功能，可以和大多数 CAD 软件接口，实现所需数据的交换和共享，是产品设计中非常先进的 CAD 工具之一。

本节介绍 ANSYS 公司的新一代 ANSYS Workbench 有限元数值分析软件。

它不仅继承了其经典平台的所有功能，而且融合了CAD软件强大的几何建模功能，可实现产品的设计、仿真及优化，大大简化产品研发流程。ANSYS Workbench集多种应用模块于一身，可进行流体力学、热力学、电磁学、机械和多场耦合等领域的仿真。软件包括三部分：前处理模块、分析计算模块以及后处理模块。前处理模块提供一个强大的实体建模和划分网格工具，方便用户构造有限元模型；分析计算模块则包括流体动力学分析、结构分析（可进行线性分析、非线性分析以及高度非线性分析）、电磁场分析、压电分析、声场分析和多物理场耦合分析，能够仿真多种物理介质之间的相互作用，具有优化分析能力及灵敏度分析；后处理模块可以将计算得到的结果通过彩色等值线显示、梯度显示、矢量显示、立体切片显示、粒子流迹显示、透明和半透明显示（可以看到结构内部）等图形方式显示出来，还可以将计算结果采用图表、曲线形式显示或者输出。

10.4.1 软件介绍

1. 功能简介

ANSYS Workbench有限元数值分析软件用来仿真复杂的、多物理场环境的实际工程问题，在工程页面引入了工程流程图的概念，通过各个分析系统间的连接，将数值仿真过程结合在一起，每个分析系统的数值仿真过程一般是采用简化假定或者真实的物理模型，将CAD模型构造成有限元网格模型，再通过施加载荷和边界条件后运行求解得到分析结果，分析系统之间通过共同变量建立关联。

实际的工程问题往往涉及结构、流体流动、热传导、电磁学等各种不同的物理环境，多数情况下，使用对称、反对称、平面应力、平面应变等简化的假设，能更有效的完成3D模型的数值分析。也就是说，如果工程问题满足简化条件，我们就应该使用这些简化假设，而不必进行3D整体模型的数值分析。

ANSYS Workbench提供的分析类型如下：

（1）结构静力分析　用来求解外载荷引起的位移、应力和约束反力。静力分析很适合求解惯性和阻尼对结构的影响并不显著的问题。静力分析不仅可以进行线性分析，而且也可以进行非线性分析，结构非线性导致结构或部件的响应随外载荷不成比例地变化。可求解的静态非线性问题，包括材料非线性（如塑性、大应变）、几何非线性（如膨胀、大变形）及单元非线性（如接触分析等）。

（2）结构动力学分析　用来求解随时间变化的载荷对结构或部件的影响。与静力分析不同，动力学分析要考虑随时间变化的力载荷及其对阻尼和惯性的影响。动力学分析可以分析大型三维柔体和刚体运动。当运动的积累影响起主要作用时，可使用这些功能分析复杂结构在空间中的运动特性，并确定结构中由此产生的应力、应变和变形。结构动力学分析类型包括模态分析、谐波响应分析、响应谱分析、随机振动响应分析、瞬态动力学分析及显式动力学分析等。

（3）热分析　软件处理热传递的三种基本类型为传导、对流及辐射，并且三种热传递类型都可以进行稳态与瞬态、线性与非线性分析。热分析不仅能够仿真材料的固化及熔解过程的相变，还可以进行热和结构应力之间的耦合分析。

（4）流体动力学分析　ANSYS 流体动力学分析包含 CFX 和 Fluent，分析类型可以为瞬态或稳态。分析结果可以是每个节点的压力和通过每个单元的流速。并且可以利用后处理功能产生压力、流速和温度分布的图形显示。

（5）电磁场分析　主要用于电磁场问题的分析，如电感、电容、磁通密度、涡流、电场强度分布、磁力线分布、力、运动效应、电路和能量损耗等，还可用于螺线管、变压器、发电机、电解槽及无损检测装置等设计和分析领域。

（6）耦合场分析　通过直接耦合或载荷传递顺序耦合求解不同场的交互作用，用于分析诸如流体－结构耦合、结构－热耦合、热－电耦合等问题。

2. 仿真流程

利用 ANSYS Workbench 平台分析不同类型的工程问题时，比如静力分析、动力分析、自由振动等，这些分析类型中可能包含不同的材料非线性、瞬态载荷、刚体运动等特征，这就需要增加相应的属性定义以帮助完成分析。

ANSYS Workbench 数值分析一般采用如下流程：

1）选择工程问题的分析类型，将分析系统加入工程流程图；

2）使用分析系统；

3）用 DesignModeler 建立几何模型或 CAD 接口关联几何模型；

4）利用提供的工程材料或自定义来分配材料属性；

5）施加载荷和边界条件；

6）设置需要求解得到的结果；

7）计算求解；

8）查看评估结果；

9）添加关联系统；

10）查看参数和设计点；

11）生成有限元数值分析报告。

10.4.2　分析实例

下面以压接式 GCT 封装结构为例，利用 ANSYS Workbench 软件进行 GCT 的散热分析。

1. 结构模型

为了分析图 8-50 所示的 GCT 压接式封装的散热特性，首先需要建立结构模型，表10-1给出了相关尺寸。仿真时，对芯片的体模型施加功率载荷，散热器和封装管壳的外表面与空气接触的区域施加自然对流换热系数和热辐射载荷。

表10-1　压接式 GCT 封装结构的相关尺寸

名　称	尺寸/mm	名　称	尺寸/mm
GCT 厚度	0.3	Al 电极厚度	0.05
Mo 厚度	1.6	Cu 厚度	11
Al 散热器底座厚度	8	Al 散热片高度	47

2. 分析流程

（1）选择稳态分析系统

1）从 Analysis Systems 中调入 Steady – State Thermal（ANSYS）［稳态热分析（系统）］，如图 10-37 所示。

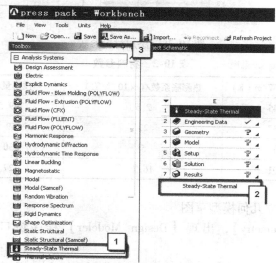

图 10-37　调入稳态热分析（系统）

2）工程命名 Thermal analysis，另存工程名为 Steady – State Thermal。

3）编辑工程数据模型，添加材料的热导率，右击鼠标选择【Engineering Data】→【Edit】。

（2）确定材料参数

1）工程数据属性中增加新材料：【Outline of Schematic：Engineering Data】→【Click here to add new material】输入相应材料名称，如图 10-38 所示。

2）选择【Thermal】→【Isotropic Thermal Conductivity】。

3）选择材料属性【Properties of Outline Row】→【Isotropic Thermal conductivity】。单击 Value 所对应的材料属性参数：热导率 10W/m·K，见表 10-2。

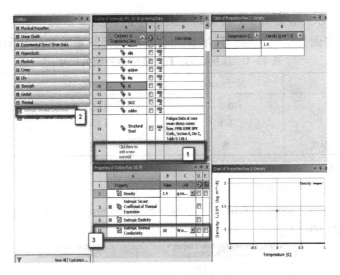

图 10-38　添加材料参数

表 10-2　材料参数

材料名称	热导率/(W/m·K)	热膨胀系数/(×10⁻⁶/℃)	弹性模量/GPa	泊松比
Si	145	2.6	169.5	0.23
Al	237	23	69	0.3
Mo	138	5	230	0.38
Cu	401	16.7	127	0.3

（3）用 DM 建立几何模型草图

1）双击【Geometry】，出现【Design Modeler】程序窗口，选择尺寸单位【Millimeter】。

2）在【Design Modeler】中 XYPlane（工作平面）创建铜压块体截面草图，如图 10-39 所示。

3）选择【Sketching】。

4）选择【Draw】→【Polyline】。

5）在图形区坐标原点处单击鼠标左键，拖放鼠标画多段线，然后选择【Dimensions】（尺寸标注），对各段线进行标注。

6）在【Details View】→【Dimensions】，设置各段线的相应尺寸。

（4）草图选择生成铜压块圆柱体（见图 10-40）

1）选择【Modeling】模式。

2）选择矩形草图【XYPlane】–【Sketch1】。

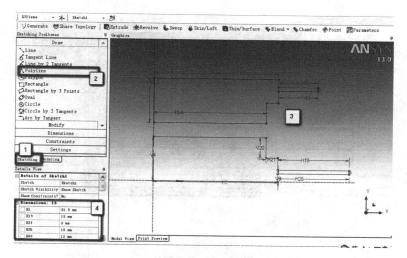

图 10-39 模型草图

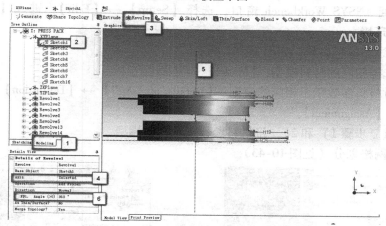

图 10-40 生成实体

3）工具栏中选择旋转命令【Revolve】。

4）选择旋转轴：图形区中单击 Y 轴。

5）确认旋转轴：【Details View】-【Details of Revolve1】-【Axis】= Apply。

6）设置旋转角度：【Details View】-【Details of Revolve1】-【FD1, Angle】= 360°。

7）生成实体：选择【Generate】。

8）重复步骤3）和4）分别建立芯片、钼片以及散热器等模型。

（5）将所有建立好的模型合为一体，选择全部模型，单击右键选择 Form New Part.（见图 10-41）

（6）进入【Mechanical】分析程序

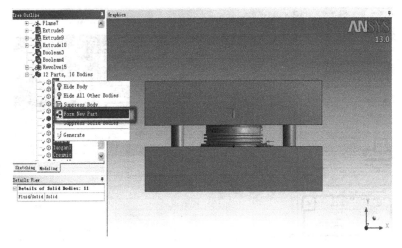

图 10-41　合成整体

切换回 ANSYS Workbench 窗口，选择【Setup】→【Edit】，进入【Mechanical】分析环境。

（7）添加材料参数，如图 10-42 所示。

1）选择相应的材料模型：【Model】→【Ag】。

2）对材料参数赋予相应的模型：【Details of "Ag"】→【Definition】→【Material】→【Assignment】。

3）重复步骤 1）和 2），将材料参数赋予其他模型。

（8）网格划分（见图 10-43）

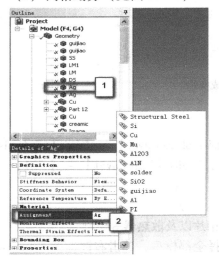

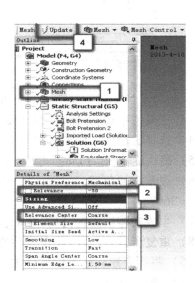

图 10-42　添加材料参数　　　　　　　　图 10-43　网格划分

1）选择【Mesh】→【Generate Mesh】。

2）【Details of "Mesh"】→【Relevance】→ -50。

3）【Sizing】→【Relevance Center】→ Coarse。

4）单击【Update】进行网格划分。

（9）施加边界条件

首先，对芯片施加功率载荷，如图 10-44 所示。

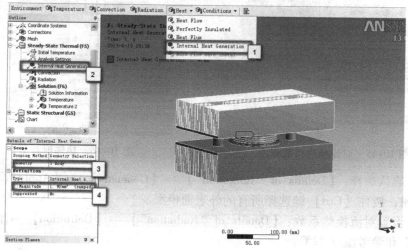

图 10-44　施加功率载荷

1）工具栏中选择【Heat】→【Internal Heat Generation】。

2）单击【Internal Heat Generation】。

3）确认选择：【Details of "Internal Heat Generation"】→【Geometry】→【Apply】→选择芯片的体模型。

4）设置功耗：【Details of "Internal Heat Generation"】→【Definition】→【Magnitude】= 1W/mm^3。

其次，施加对流换热系数载荷，如图 10-45 所示。

1）工具栏中选择【Convection】。

2）单击【Convection】。

3）确认选择：【Details of "Convection"】→【Geometry】→【Apply】，单击面选择按钮，按住【Ctrl】键选择所有的外表面模型。

4）设置对流换热系数：【Details of "Convection"】→【Definition】→添加对流换热系数 2×10^{-5} W/mm^2℃和参考温度 22℃。

再次，施加热辐射载荷，如图 10-46 所示。

1）工具栏中选择【Radiation】。

2）单击【Radiation】。

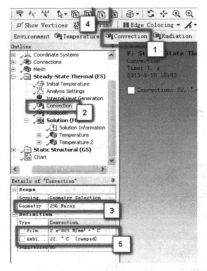

图 10-45 对流换热系数载荷

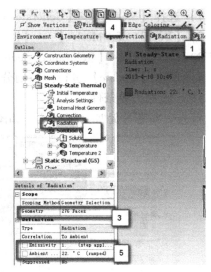

图 10-46 热辐射载荷

3）确认选择：【Details of "Radiation"】→【Geometry】→【Apply】，单击面选择按钮，按住【Ctrl】键选择所有的外表面模型。

4）设置对流换热系数：【Details of "Radiation"】→【Definition】→添加热辐射系数 1 和参考温度 22℃。

（10）设置需要的结果（见图 10-47）

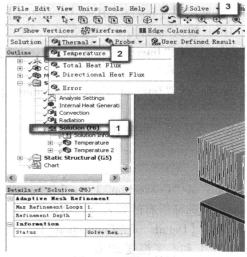

图 10-47 设置结果

1）选择【Solution】。

2）工具栏中选择【Thermal】→【Temperature】。

3）选择【Solve】进行求解。

（11）温度分布结果

求解结束后，选择【Temperature】得出整体温度分布，如图 10-48 所示。

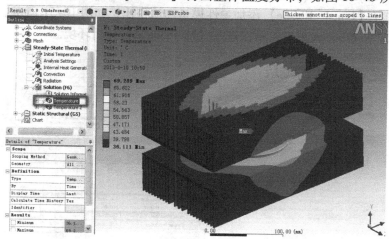

图 10-48　温度分布结果

（12）热应力分析（见图 10-49）

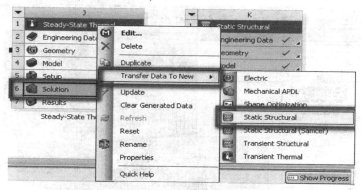

图 10-49　热应力分析

切换回 Workbench 窗口，用右键选择【Solution】→【Transfer Data To New】→
【Static Structural】，再次进入【Mechanical】分析环境。

（13）确定材料参数（见图 10-50）

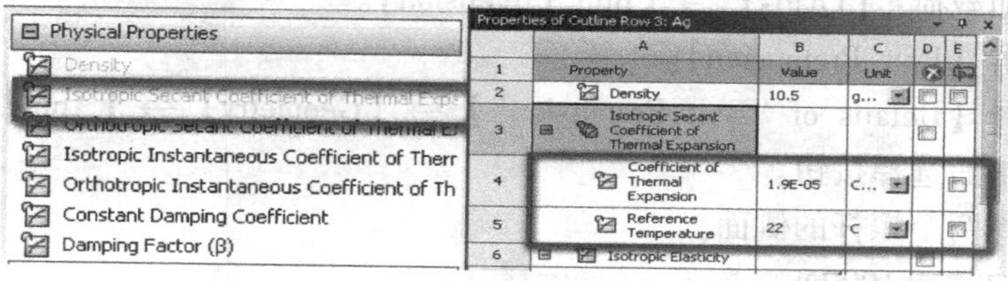

图 10-50　热膨胀系数

1）编辑工程数据模型，添加材料的热膨胀系数和弹性模量，右击鼠标选择【Engineering Data】→【Edit】。

选择【Physical Properties】，添加热膨胀系数参数。

2）选择【Linear Elastic】添加弹性模量和泊松比，如图 10-51 所示。

切换回 Workbench 窗口，再次进入【Mechanical】分析环境。

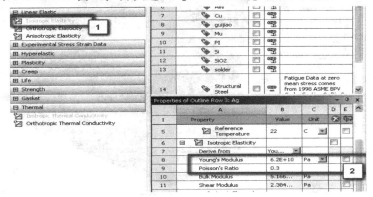

图 10-51 弹性模量和泊松比

（14）施加边界条件（见图 10-52）

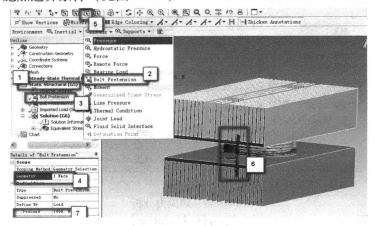

图 10-52 施加边界条件

1）选择【Static Structural】。

2）施加载荷：【Loads】→【Bolt Pretension】。

3）单击【Bolt Pretension】。

4）选择【Details of "Bolt Pretension"】→【Geometry】→【Apply】。

5）单击面选择按钮。

6）选择两个螺杆的侧面。

7）施加载荷 1000N。

（15）导入热分析中的温度结果（见图 10-53）

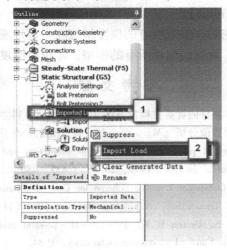

图 10-53　导入温度结果

1）选择【Static Structural】→【Import Load】。

2）用右键单击【Import Load】。

（16）设置求解结果（见图 10-54）

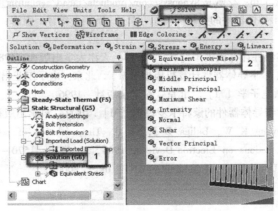

图 10-54　设置求解结果

1）单击【Solution】。

2）选择【Stress】→【Equivalent（von – Mises）】。

3）单击【Solve】，进行求解。

（17）选择【Solution】→【Equivalent Stress】，查看热应力模拟结果

3. 注意事项

1）添加材料参数时要注意单位的相互一致。

2）建模时，如果有多种材料模型，生成每个实体时按【Details View】→【Operation】→【Add Frozen】。

3）所有的模型建完后，要将所有的模型组装在一起形成一个新的整体。

4）热应力分析时，首先要选择所有的模型，才可将温度仿真结果导入。

参 考 文 献

［1］何野，魏同立. 半导体器件的计算机模拟方法［M］. 北京：科学出版社，1989.

［2］仓田卫. 半导体器件的数值分析［M］. 张光华，译. 北京：电子工业出版社，1985.

［3］Shockley W. The Theory of p - n Junctions in Semiconductors and p - n Junction Transistors ［J］, Bell System Technical Journal, 1949, 28（3）：435 - 489.

［4］Gummel H K. A Sell - Consistent Iterative Scheme for One - Dimensional Steady State Transistor Calculations ［J］. IEEE Transactions on Electron Devices, 1964（11）：455 - 465.

［5］Pinto M R, Rafferty C S, Dutton R W. PISCES - II - poisson and continuity equation solver ［R］. Stanford University Stanford electronics laboratory, 1984.

［6］Yu Z, Chen D, So L, at al. PISCES - 2ET and its application subsystems［M］. Manual, integration circuit laboratory, California Stanford：Stanford University, 1994.

［7］Synopsys Company. http：//www. synopsys. com/products/tacad/taurus_MEDICI_ds. html.

［8］Silvaco Company. http：//www. silvaco. com/products/device_simulation/atlas. html.

［9］Synopsys Company. http：//www. synopsys. com/products/tacad/sentaurus_device_ds. html.

［10］S. 赛尔勃赫. 半导体器件的分析与模拟［M］. 阮刚，等译. 上海：上海科学技术文献出版社，1988.

［11］赵鸿麟. 半导体器件计算机模拟［M］. 天津：天津大学出版社，1989.

［12］张义门，任建民. 半导体器件计算机模拟［M］. 北京：电子工业出版社，1991.

［13］吉利久. 计算微电子学［M］. 北京：科学出版社，1996.

［14］叶良修. 小尺寸半导体器件的蒙特卡罗模拟［M］. 北京：科学出版社，1997.

［15］Adler M S, Owyang K W, Baliga B J, et al. The evolution of power device technology ［J］. IEEE Transactions on Electron Devices, 1984, 31（11）：1570 - 1591.

［16］TCAD Business Unit, Users of Medici. AVANT! Inc. , 2000.

电力电子新技术系列图书
目　录

- 电力电子装置中的典型信号处理与通信网络技术　李维波编著
- 电力电子装置中的信号隔离技术　李维波编著
- 三端口直流变换器　吴红飞、孙凯、胡海兵、邢岩著
- 风力发电系统及控制原理　马宏伟、李永东、许烈等编著
- 电力电子装置建模分析与示例设计　李维波编著
- 碳化硅功率器件：特性、测试和应用技术　高远、陈桥梁编著
- 光伏发电系统智能化故障诊断技术　马铭遥、徐君、张志祥编著
- 单相电力电子变换器的二次谐波电流抑制技术　阮新波、张力、黄新泽、刘飞等著
- 交直流双向变换器　肖岚、严仰光编著